U0309764

轻水堆核电厂严重事故现象学

Severe Accident Phenomenology of Light Water Reactors

苏光辉　田文喜　张亚培　秋穗正
陈义学　季松涛　余红星　著

国防工业出版社
·北京·

图书在版编目(CIP)数据

轻水堆核电厂严重事故现象学 / 苏光辉等著. —北京：国防工业出版社，2016.10
ISBN 978 - 7 - 118 - 10467 - 7

Ⅰ. ①轻… Ⅱ. ①苏… Ⅲ. ①核电厂 - 类型 - 轻水堆 - 反应堆事故 - 研究 Ⅳ. ①TM623.91

中国版本图书馆 CIP 数据核字(2016)第 226613 号

※

国防工业出版社出版发行
(北京市海淀区紫竹院南路 23 号　邮政编码 100048)
腾飞印务有限公司印刷
新华书店经售

*

开本 710 × 1000　1/16　**插页** 4　**印张** 28　**字数** 525 千字
2016 年 10 月第 1 版第 1 次印刷　**印数** 1—2500 册　**定价** 128.00 元

国防书店：(010)88540777　　发行邮购：(010)88540776
发行传真：(010)88540755　　发行业务：(010)88540717

致　读　者

本书由国防科技图书出版基金资助出版。

国防科技图书出版工作是国防科技事业的一个重要方面。优秀的国防科技图书既是国防科技成果的一部分，又是国防科技水平的重要标志。为了促进国防科技和武器装备建设事业的发展，加强社会主义物质文明和精神文明建设，培养优秀科技人才，确保国防科技优秀图书的出版，原国防科工委于1988年初决定每年拨出专款，设立国防科技图书出版基金，成立评审委员会，扶持、审定出版国防科技优秀图书。

国防科技图书出版基金资助的对象是：

1. 在国防科学技术领域中，学术水平高，内容有创见，在学科上居领先地位的基础科学理论图书；在工程技术理论方面有突破的应用科学专著。

2. 学术思想新颖，内容具体、实用，对国防科技和武器装备发展具有较大推动作用的专著；密切结合国防现代化和武器装备现代化需要的高新技术内容的专著。

3. 有重要发展前景和有重大开拓使用价值，密切结合国防现代化和武器装备现代化需要的新工艺、新材料内容的专著。

4. 填补目前我国科技领域空白并具有军事应用前景的薄弱学科和边缘学科的科技图书。

国防科技图书出版基金评审委员会在总装备部的领导下开展工作，负责掌握出版基金的使用方向，评审受理的图书选题，决定资助的图书选题和资助金额，以及决定中断或取消资助等。经评审给予资助的图书，由总装备部国防工业出版社列选出版。

国防科技事业已经取得了举世瞩目的成就。国防科技图书承担着记载和弘扬这些成就，积累和传播科技知识的使命。在改革开放的新形势下，原国防科工委率先设立出版基金，扶持出版科技图书，这是一项具有深远意义的创举。此举势必促使国防科技图书的出版随着国防科技事业的发展更加兴旺。

设立出版基金是一件新生事物，是对出版工作的一项改革。因而，评审工作需要不断地摸索、认真地总结和及时地改进，这样，才能使有限的基金发挥出巨大的效能。评审工作更需要国防科技和武器装备建设战线广大科技工作者、专家、教授，以及社会各界朋友的热情支持。

让我们携起手来，为祖国昌盛、科技腾飞、出版繁荣而共同奋斗！

国防科技图书出版基金
评审委员会

序一

核反应堆的严重事故，即反应堆堆芯严重损伤的事故并不是一个新概念，而是人类在反应堆发展的初期就已经关注的事情。20 世纪 40 年代末到 50 年代初，美国在研究性反应堆的安全管理中，就是假设发生"最坏的可想象事故"，实际上就是全堆芯熔化事故，采取了"远距离厂址"政策，以保护公众的健康和安全。

当核能发展到以核电厂为主要代表的和平利用阶段时，由于受到送配电等因素的制约，需要将核电厂址选在负荷中心位置，此时"远距离厂址"政策已不再适用，此时核电厂的安全主要依赖"工程安全设施"，如包容放射性物质的安全壳。

20 世纪 60 年代中，当核电厂向大型化发展时，人们开始怀疑在堆芯熔化后，安全壳是否能够包容堆芯熔融物，即所谓"中国综合征"问题。由于当时没有手段能够解决堆芯熔融物对安全壳底板的破坏，人们开始将注意力转移到应急堆芯冷却系统的性能，以防止堆芯的熔化。通过对应急堆芯冷却系统的大量改进，人们相信堆芯熔化的事故已经"不可信"。

1975 年，美国发表了著名的《反应堆安全研究》，即 WASH－1400 报告。该报告的结论之一就是核电厂的主要风险并不是来自于设计基准事故，而是严重事故。但由于当时对 WASH－1400 所采用的方法和假设存在大量争论，所以它的一些结论也没有得到足够的重视。

1979 年，美国发生了三哩岛核电厂事故，原来认为"不可信"的事情真实发生了。三哩岛核电厂事故的厂外后果"不可察觉"，但原有的核安全理念受到质疑。三哩岛核电厂事故后，新一轮的大量核安全研究工作得到开展，其中一项重要的内容就是核电厂严重事故的现象、机理及预防和缓解措施。20 世纪 80 年代后，许多国家开展了新一代核电厂的研究开发工作，新一代核电厂的典型特征之一就是从设计之初就对严重事故的预防和缓解措施给予了较完善的考虑。其后发生的苏联切尔诺贝利核电厂事故和日本福岛核电厂事故更加凸显了核电厂对严重事故预防和缓解的重要性和必要性，而福岛核电厂事故，则大大扩展了人们观察核电厂严重事故问题的视野，特别是对外部事件所导致的严重事故的重视和研究。

近些年来，我国核电事业得到了比较快速的发展。从能源供给，以及环境保护、减少温室气体排放等多方面分析，我国未来对核电有着相当大的需求。持续不断地提高核电厂的安全水平，不但是增加社会对核电的信心和接受度，保障我国核电事业顺利发展的需要，也是提高我国核电的技术水平，使我国从核电大国走向核电强国的必然要求。而加强对核电厂严重事故的研究，搞清严重事故的现象和机理，以确定合理的严重事故预防和缓解措施，是其中不可或缺的重要环节。

随着核电事业的发展，多年来我国的一些单位也开展了若干核电厂严重事故方面的研究工作，但总体而言这些研究工作相对分散和不成体系，研究多集中在对国外资料的吸收和消化方面，实验工作开展较少，更鲜见相关研究成果的公布和报道，相关的学术著作更是屈指可数。

《轻水堆核电厂严重事故现象学》对轻水堆核电厂严重事故的进程、机理和现象学，严重事故的研究和评价方法，以及所开展的一些实验工作做了系统和全面的阐述，这部学术专著对于我国进一步开展轻水堆核电厂严重事故的研究有着重要的参考价值，也可作为核电厂设计和研究单位开展相关工作的重要参考，以及高校的教学参考书。

汤搏*

2014 年 12 月

* 汤搏，环境保护部核电安全监管司司长。

序二

随着我国核电的快速发展，核电安全开始受到全社会的关注，特别是2011年的日本福岛核电厂事故对我国核电安全性敲响了警钟。核安全是核电发展的根本保证，核电厂严重事故研究是保证核安全的基石。严重事故的研究从人类建造第一座商用核电厂起就已经开始，直到1979年美国三哩岛核电厂事故之后才得到全世界的重视，三哩岛事故使人们认识到堆芯会发生熔化，之后美国和欧洲针对压水堆严重事故开展了大量的实验和理论研究。

近年来，我国核电发展迅速，为了改变我国现有的能源结构，增强能源安全性、缓解对环境的压力、实现减排目标，国家制定了庞大的核电中长期发展规划。我国在快速发展核电的同时也开始加强核电安全的研究，特别是2011年日本福岛核电厂事故后，我国政府开始高度重视核电的安全问题，国务院常务会议对全国核设施进行的安全检查等一系列举措表明了我国政府对核安全的高度重视和加强核电厂严重事故研究的重要性和必要性。

严重事故过程是一个极其复杂和具有极大不确定性的过程，开展压水堆严重事故机理及关键技术研究可以了解和熟悉严重事故过程，为核电厂制定完善的严重事故缓解策略提供技术支持，制定一些防止严重事故发生的措施，减少严重事故发生的可能性和概率。严重事故的缓解措施可以及时终止严重事故，减少放射性物质外泄的概率，对于保障核电安全具有重要意义。

本书重点介绍了西安交通大学核反应堆热工水力教研室十几年来在重要人才基金项目、国防预研项目、国际合作项目及国家重大专项等项目的支持下，在核电厂严重事故机理及现象学领域的研究成果，同时对目前国际上开展的相关的研究成果进行了整理和吸收，使本书的内容更加系统和完善，同时也增加了本书的参考价值。本书首先简单回顾核电历史上发生的三次核电厂严重事故，基于核电厂严重事故进程重点介绍了堆芯早期行为、堆芯过热氧化、堆芯熔化和重定位、堆芯碎片床特性等堆内严重事故现象和相关分析，在此基础上，介绍了堆芯熔化机理、堆芯碎片床形成和冷却机理、氢气产生机理等；作者在国际上首次提出了“热斑”形成、迁徙和消失理论，同时从第7章可以发现，作者最近几年在IVR研究领域开展了大量深入的研究，并取得了相当多的研究成果。然后，重点介绍了压力容器失效堆芯熔融物进入安全壳后的行为及安全壳内相关现象学；在此基础上，介绍了安全壳内可能发生并可能导致安全壳失效的一些事故现象及相关机理，如熔融物与混凝土反应、氢气爆炸等。本书还对国内外相关的严重事故分析程序进行了系统的分析和总结。最后,本书整理给出了核电厂及相关核动力系统严重事故分析过程中需要的各种材料的热物性。

核电厂严重事故研究是一个系统性工程,由于其复杂性且需要巨大的财力投入,严重事故研究一直是国内外核电安全领域的一个研究难题,本书系统地介绍了核电厂严重事故各个阶段的重要事故过程和事故现象,其目的是为核反应堆安全研究提供较为系统的核电厂严重事故过程和现象学分析,为核反应堆安全研究和分析的相关科技人员提供一本系统全面介绍核电厂严重事故过程的专著。从高校学科发展、教学情况分析和核电厂严重事故过程机理及现象学研究的现状来看,特别是日本福岛核电厂事故后对核安全研究带来的影响,本书的内容都是急需的。

本书研究内容丰富,系统性地介绍了核电厂严重事故过程、现象和机理,从理论到实践,从分析研究到实验研究和程序开发,具有重要的学术和应用价值。本书的内容将提高我们对核电厂严重事故的认识水平,增强有关人员对核安全的重视。本书可供从事核电厂及核动力系统安全分析和严重事故分析等与核安全相关研究领域的科技人员参考,也适合大学核安全相关专业的师生阅读,同时也可以作为核电厂相关专业研究生课程的教材。

欧阳晓平*

2014 年 12 月

---

* 欧阳晓平,中国工程院院士。

前言

随着世界核科学的发展与技术的进步,核能已成为世界能源结构的重要组成部分。我国为了优化能源结构,制定了"积极推进核电建设"的战略,坚持"引进、消化、吸收、再创新"的核电发展计划,组织并实施了"大型先进压水堆和高温气冷堆核电厂"的重大专项。先进核能系统对核电安全性提出了新的更高的要求。核安全是核电发展的根本保证,核电厂严重事故研究是保证核安全的基础。我国政府历来高度重视核安全,2011 年日本福岛核电厂事故后,我国政府更加重视核安全,并加强了对核电厂严重事故的研究。

围绕核电厂安全和严重事故过程机理及相关现象学,作者及其课题组从 2000 年开始,经过十多年的科学研究工作,取得了一些突破性的研究进展,已经建立起较为完善的研究方法与理论体系。本书是在归纳、整理和总结作者多年来研究成果的基础上完成的一部学术专著。同时,为了尽可能全面地反映国际研究动态,书中也介绍了其他研究者的成果。

本书共分为 13 章。作者的分工如下:苏光辉教授(西安交通大学)撰写第 1 ~ 7 章,秋穗正教授(西安交通大学)撰写第 8 章,陈义学教授(华北电力大学)撰写 9.1 ~9.8节,张亚培博士(西安交通大学)撰写 9.9 节,季松涛研究员(中国原子能科学研究院)撰写第 10 章,余红星研究员(中国核动力研究设计院、核反应堆系统设计技术重点实验室)撰写第 11 章,田文喜教授(西安交通大学)和张亚培博士撰写第 12、13 章。全书由苏光辉教授策划和统稿。

本书第 1 章对核电厂严重事故进行了简单的概述,简要介绍了目前国内外严重事故相关研究工作以及核电厂严重事故过程中可能出现的一些重要事故现象;第 2 章简单回顾了核电历史上发生的三次核电厂严重事故及其产生的影响;第 3 章结合相关研究工作对严重事故过程堆芯早期热工水力、燃料元件应力行为等特性进行了分析和介绍,同时介绍了严重事故早期堆芯再淹没过程特性及其分析模型和方法;第 4 章结合国内外相关研究工作介绍了堆芯过热氧化和熔化过程的行为特性,第 5 章介绍了堆芯碎片床的形成和冷却特性,同时结合相关研究工作介绍了堆芯碎片床冷却特性分析模型和方法,并结合实验研究简要分析了三哩岛核电厂事故过程中压力容器内壁面热斑形成、迁徙和消失的机理;第 6 章结合蒸汽爆炸分析程序 TEXAS - VI 对蒸汽爆炸过程的四个阶段高温熔融物与冷却剂粗混合、蒸汽爆炸触发、爆炸压力传播和膨胀过程进行了详细的分析,同时对 OECD 蒸汽爆炸实验进行了分析计算，并与数据进行了对比分析。

近年来，利用压力容器外部冷却来实现堆芯熔融物堆内保持（IVR）的严重事故缓解策略已被第三代压水堆核电技术所采用，同时一些现役二代压水堆核电厂通过技术改造也可以实现 IVR。第 7 章重点介绍了压力容器下封头内熔融池换热特性及 IVR，首先介绍了熔融池换热特性实验研究情况及分析方法，然后介绍了 IVR 特性相关实验研究及理论分析模型，最后介绍了压力容器内可能存在的窄缝换热特性及纳米流体增强 IVR 特性研究。

第 8 章重点介绍了压力容器失效堆芯熔融物进入安全壳后的行为及安全壳内相关现象学，在此基础上，介绍了安全壳内可能发生并可能导致安全壳失效的一些事故现象及相关机理，如熔融物与混凝土反应、氢气爆炸等；第 9 章主要介绍严重事故过程中放射性源项行为特性的分析方法；第 10 章对堆芯损伤程度评价进行了介绍；第 11 章对严重事故管理导则 SAMG 进行了初步论述；第 12 章对国内外严重事故分析程序进行了系统的分析和总结；第 13 章整理给出了核电厂及相关核动力系统严重事故分析过程中需要的各种材料的热物性。

本书的工作先后得到了国家自然科学基金杰出青年基金项目（11125522）、教育部创新团队项目（IRT1280）、教育部长江学者特聘教授项目、教育部博士点基金项目（20110201110036）、国家“大型先进压水堆核电厂重大专项”严重事故机理及现象学研究课题（2011ZX06004 －008HZ、2011ZX06004 －024 －02 －00）、环保部基金（JG201312）、中国核动力研究设计院、上海核工程研究设计院（728）、核动力运行研究所（武汉 105）、国际合作项目、中广核集团、中国核电工程有限公司等的支持。

本书初稿完成于 2012 年 12 月。特别说明的是，自从 2000 年苏光辉教授从事严重事故研究以来，作者所在课题组毕业的历届硕士和博士研究生，对本书的形成做出了贡献，由于人员众多，在此不具体列出名单。在书稿排版、整理及校对等方面，张亚培博士等付出了艰辛的劳动，在此一并表示衷心的感谢。

非常感谢中国核动力研究设计院孙玉发院士和中国工程物理研究院刘汉刚研究员推荐本书出版；特别感谢汤搏副司长和欧阳晓平院士在百忙中为本书写序；同时，感谢国防科技图书出版基金资助本书出版。

核电厂严重事故过程涉及的事故现象非常多且非常复杂，限于我们的学识水平，书中不足之处在所难免，深切希望使用本书的兄弟院校师生及各研究、设计和生产单位的广大读者、专家学者不吝批评指正。

作 者

2015 年 6 月于西安交通大学

目录

Contents

符号表

a　热扩散率,m^2/s

A　表面面积,流动横截面积,m^2

bu　燃耗,MW · d/kg 和 GW · d/t

c　裂纹尺寸,m

c_p　比定压热容,J/(kg · K)

C_0　黑体辐射系数,5.67W/(m^2 · K^4)

D　直径,湿周,特征长度,m

D_e　等效直径,m

D_v　质量扩散率,m^2/s

E　弹性模量,Pa

F　形状因子,份额乘子;阻力,N/m^3;应力强度因子,$Pa \cdot m^{\frac{1}{2}}$

F_{IC}　材料断裂韧性,$Pa \cdot m^{\frac{1}{2}}$

f　阻力因子

g　重力加速度,m/s^2

G　质量流速,kg/(m^2 · s);切变模量,Pa

H　高度,m;焓值,J

h　对流换热系数,W/(m^2 · K);比焓,J/kg

J　表观速度,m/s

K　渗透率

k　湍流脉动动能,J

L　长度,m;熔化潜热,kJ/kg

M　质量,kg;摩尔质量,g/mol

p　压力,Pa,MPa

Δp　压降,Pa,MPa

Q　热量,J,kJ

$\dot{Q}$　体积释热率,W/m^3

q　热流密度,W/m^2

r　径向坐标,m

R　半径,m;理想气体常数,8.314J/(mol·K)

S　源项

T　温度,K,℃

t　时间,s

u　流速,m/s

V　体积,m^3

$\dot{V}$　体积膨胀率

v　流速,m/s;比体积,m^3/kg

w　流速,m/s;通道宽度,m

W　质量流量,kg/s

x　质量含气率;氧化层厚度,m

$\dot{x}$　氧化层厚度变化率,m/s

z　圆柱坐标系的轴向坐标,m

Z_q　骤冷前沿位置,m

α　空泡份额

β　热膨胀系数,K^{-1}

γ　泊松比;汽化潜热,J/kg

Δ　差值

δ　厚度,m

ε　发射率;湍流脉动动能耗散率;孔隙率;应变;热膨胀率

θ　极角,倾斜角

Θ　无量纲温度

λ　热导率,W/(m·K);扩散系数

μ　动力黏度,Pa·s

ν 运动黏度,$m^2 \cdot s$;频率,Hz

ρ 密度,kg/m^3

σ 应力,Pa;表面张力,N/m,斯忒藩-玻耳兹曼常量

τ 剪切应力,N/m^2

Γ 蒸发率或冷凝率,$kg/(m^3 \cdot s)$

ζ 坐标系参数

ξ 汽液相界面曲率,m^{-1}

ϕ 主参数标示符

部分缩略词

缩略词	英文/法文/德文	中文
AST	Alternative radiological Source Terms	替代辐射源项法
ATWS	Anticipated Transients Without Scram	未能紧急停堆的预期瞬态
BWR	Boiling Water Reactor	沸水堆
CCFL	Counter Current Flow Limitation	逆向对流限制
CEA	Commissariat àlĕnergie Atomique	原子能委员会(法国)
CEFR	China Experimental Fast Reactor	中国实验快堆
CHF	Critical Heat Flux	临界热流密度
CIAE	China Institute of Atomic Energy	中国原子能科学研究院
DCF	Dose Conversion Factor	剂量因子转化法
DCH	Direct Containment Heating	安全壳直接加热
DDT	Deflagration to Detonation Transition	爆燃向爆轰转化
DOE	Department of Energy	能源部(美国)
EAL	Emergency Action Level	应急行动水平
ECCS	Emergency Core Cooling System	应急堆芯冷却系统
EDF	Electricite De France	法国电力公司
EOP	Emergency Operating Procedures	应急运行规程
EP	Emergency Plan	应急计划
EPRI	Electric Power Research Institute	电力研究院(美国)
ERVC	External Reactor Vessel Cooling	压力容器外部冷却
ESF	Engineered Safety Feature	专设安全设施
FA	Flame Acceleration	火焰加速
FCI	Fuel Coolant Interaction	燃料熔融物冷却剂相互作用

（续）

缩略词	英文/法文/德文	中文
FOREVER	Failure Of REactor VEssel Retention	反应堆压力容器滞留失效
FVM	Finite Volume Method	有限容积法
FZK	ForschungsZentrum Karlsruhe	卡尔斯鲁厄研究所（德国）
GRS	Gesellschaft für Anlagen-und Reaktorsicherheit	核设施安全评审中心（德国）
HPME	High Pressure Melt Ejection	高压熔融物喷射
IAEA	International Atomic Energy Agency	国际原子能机构
IKE	Institut für Kernenergetik und Energie	斯图加特核能研究所（德国）
INEEL	Idaho National Engineering and Environmental Laboratory	爱德荷国家实验室（美国）
IRSN	Institut de Radioprotection et de Sûreté Nucléaire	核防护和安全研究所（法国）
IVR	In-Vessel Retention	熔融物堆内保持
JAERI	Japan Atomic Energy Research Institute	日本原子能研究所
JRC	Joint Research Centre	联合研究中心（欧盟）
KAERI	Korea Atomic Energy Research Institute	韩国原子能研究所
KINS	Korea Institute of Nuclear Safety	韩国核安全研究所
KIT	Karlsruher Institut für Technologie	卡尔斯鲁厄理工大学（德国）
KTH	Kungliga Tekniska Högskolan	瑞典皇家工学院
LANL	Los Alamos National Laboratory	洛斯阿拉莫斯国家实验室（美国）
LBLOCA	Large Break Loss Of Coolant Accident	大破口失水事故
LIQSOL	LIQuefaction-flow-SOLidification	液化－流动－凝固
LOCA	Loss Of Coolant Accident	失水事故
LWR	Light Water Reactor	轻水堆
MCCI	Molten Corium Concrete Interaction	熔融物与混凝土反应
MMD	Mass Median Diameter	质量中值直径
MPS	Moving Particle Semi-Implicit	移动粒子半隐式
NNC	National Nuclear Corporation	哈萨克斯坦国家核公司
NPSH	Net Positive Suction Head	净正吸入压头
NRC	Nuclear Regulatory Commission	核管会（美国）

（续）

缩略词	英文/法文/德文	中文
NUPEC	NUclear Power Engineering Corporation	核电工程公司
NuTHeL	Nuclear THermal-hydraulic Laboratory	核反应堆热工水力研究室（西安交通大学）
OECD	Organisation for Economic Cooperation and Development	世界经合组织
OIL	Operational Intervention Levels	操作干预水平
PASS	Post Accident Sampling System	事故后取样系统
PORV	Pilot-Operated Relif Valve	先导式泄压阀
PRA	Probability Risk Assessment	概率风险评价
PSA	Probabilistic Security Assessment	概率安全评价
PWR	Pressurized Water Reactor	压水堆
RCS	Reactor Coolant System	反应堆冷却剂系统
RPV	Reactor Pressure Vessel	反应堆压力容器
RSS	Reactor Safety Study	反应堆安全研究
SAMG	Severe Accident Management Guidelines	严重事故管理导则
SBLOCA	Small Break Loss Of Coolant Accident	小破口失水事故
SNL	Sandia National Laboratories	桑迪亚国家实验室（美国）
TEXAS	Thermal EXplosion Analysis Software	蒸汽爆炸分析程序
TMI – 2	Three Mile Island-2	三哩岛核电厂 2 号机组
TSC	Technical Support Centre	技术支持中心
UCSB	University of California-Stanta Barbara	加州大学圣塔芭芭分校
UKAEA	United Kingdom Atomic Energy Agency	英国原子能管理委员会
UW	University of Wisconsin	威斯康星大学（美国）
VIP	Vessel Investigation Project	压力容器研究工程
VOF	Volume Of Fluid	流体体积函数
VTT	Technical Research Center of Finland	芬兰国家技术研究中心
VVER	Water – Water Energetic Reactor	水 – 水高能反应堆

第1章
核电厂严重事故概述

核电作为清洁、经济和可以实现大规模利用的能源，从1954年苏联第一座核电厂运行发电到现在已经取得了可观的发展。目前，全世界已建成发电的核电机组有442台，总装机容量超过3.7×10^9kW，占全世界总发电量的16%。其中：美国有104台，占美国总发电量的19.8%；法国有58台，占法国总发电量的80%；日本有54台，占日本总发电量的33.8%（福岛核电厂事故前）。目前我国已经建成发电的核机组有13台，核电总装机容量为8.7×10^6kW，核电总发电量还不到我国总发电量的2%，远低于核能发达国家的水平。随着我国经济的持续高速发展，对电力的需求也越来越大；同时我国作为一个负责任的大国积极调整优化能源结构，在国际上承诺二氧化碳减排，缓解环境压力，决定了我国必须积极发展核电。同时，发展核电也是保证我国能源战略安全的重要举措。《核电中长期发展规划（2005—2020年）》中明确提出积极发展核电的指导方针，到2020年使我国核电厂总装机容量达到7×10^7kW，使核电总装机容量由占全国总电力装机容量的2%提高到4%。在我国核电快速发展的背景下，已开展了第三代压水堆（Pressurized Water Reactor，PWR）AP1000的引进、消化、吸收和再创新工作，该堆型已在我国浙江三门和山东海阳开工建设。同时，我国将以AP1000核电技术为基础，开发具有我国自主知识产权的、先进的、非能动的大型压水堆核电厂CAP1400和CAP1700。到目前为止，我国正在建设的第三代及自主开发的新型的核电机组数目达26台。

在人类和平利用核能的道路上先后发生了三次核电厂严重事故，分别是1979年的美国三哩岛核电厂事故[1]、1986年的苏联切尔诺贝利核电厂事故[2]和2011年的日本福岛第一核电厂事故[3]。三哩岛核电厂事故使人们认识到核反应堆堆芯是会发生熔化的。三哩岛事故之后美国、法国、德国和日本等核电强国开始加大对核电安全的研究，特别是核电厂严重事故相关现象的机理研究。切尔诺贝利核电厂事故非常严重，造成了大量放射性物质释放，对周围环境产生了致命的影响，同时对世界核电发展也产生了深远影响。在我国核电快速发展和世界核电即将复苏时发生的福岛第一核电厂事故，为我国核电安全敲响了警钟。福岛第一核电厂事故再次说明了核电安全的重要性，核电安全是发展核电的根本保障。为了适应我国核电快速发展的需要，我国制定了《核电安全规划(2011—2020 年)》和《核电中长期发展规划(2011—2020 年)》。对当前和今后一个时期的核电建设做出部署：①稳妥恢复正常建设，合理把握建设节奏，稳步有序推进；②科学布局项目，“十二五”时期只在沿海安排少数经过充分论证的核电项目厂址，不安排内陆核电项目；③提高准入门槛，按照全球最高安全要求新建核电项目，新建核电机组必须符合三代安全标准。开展核电安全研究，特别是核电厂严重事故研究以确保核反应堆的安全是十分重要和必要的。

实际上，核电厂严重事故研究从人类建造第一座商用核电厂起就已经开始，直到 1979 年三哩岛核电厂事故之后才得到全世界的重视。此后针对核电厂严重事故开展了大量实验和理论研究。

从 1987 年开始，美国对三哩岛事故反应堆进行了历时 5 年的清理和检查工作，通过对采集试样的检测，分析事故过程中反应堆结构的行为特性和完整性。TMI-2 压力容器研究工程(Vessel Investigation Project，VIP)采集到了压力容器钢试样和导向管试样，并对这些试样进行了金相学、放射化学、拉伸实验和力学性能等分析[4-8]，从而得到了不为人们所认识的新发现。例如：①在压力容器下封头的局部区域形成了一个 0.8 ~ 1.0m 近似椭圆的热斑，热斑区的最高温度达 1100℃，并持续了大约 30min，远离热斑处的压力容器温度低于转变温度 727℃；②进入下封头的堆芯熔融物，经过冷却后形成了多孔性凝固物，即在下封头内的堆芯熔融物中存在许多窄缝通道，这可能有利于熔融物的冷却。在此基础上提出了几种压力容器失效模型，并根据试样检测的数据，计算分析了各种模型的失效裕量。由于熔融物冷却模型存在一定的不确定性，在没有足够冷却，且压力容器不能有效卸压的条件下，会导致压力容器失效。通过 TMI-2 的 VIP 获得了大量关于压水堆严重事故过程和机理的真实数据，这些数据可以用来验证以后开发的严重事故分析程序。

在三哩岛事故后的几十年间，针对压水堆严重事故过程开展的实验研究有 CORA[9]、LOFTLP-FP-1[10]、PHEBUS-SFD[11]、PBF-SFD[12]、ACRR&ST[13]等，研究了压水堆堆芯过热熔化过程、熔融物再分布行为特性及堆芯碎片床的形成和冷却特性等重要的严重事故现象，这些现象决定了压力容器内部严重事故的事故序列和压力容器的完整性；同时针对堆芯熔融物再分布进入压力容器内部，并将压力容器熔穿的事故序列开展了反应堆压力容器滞留失效(Failure Of REactor VEssel Retention，FOREVER)实验研究，通过实验分析了压力容器熔穿过程特性和破裂位置等特性[14]。

堆芯燃料组件发生熔化后，高温液态熔融物(二氧化铀、二氧化锆、不锈钢、金属锆等)再分布进入压力容器下封头，形成液态熔融池。高温液态熔融物会出现分层和自然循环现象，熔融池的流体动力学特性直接决定了熔融物与压力容器壁面直接的传热特性,因此熔融池的自然循环特性就决定了压力容器壁面的热通量和压力容器的完整性。为此开展了关于熔融物分层和自然循环特性的实验研究,主要有 UCLA[15]、Min-ACOPO[16]、COPO[17]等实验,但这些实验中熔融物的瑞利数只有 10^{14} 数量级,远小于真实熔融物条件下 10^{17} 的数量级;之后,Theofanous 等人利用大型实验装置 ACOPO[18],研究瑞利数高达 10^{17} 数量级条件下熔融池内热分层现象和自然循环特性。

Asmolov 等人利用世界经合组织(Organisation for Economic Cooperation and Development,OECD)MASCA 实验装置研究了高温熔融池内二氧化铀、二氧化锆及金属锆之间复杂的化学反应过程,发现有重金属铀生成,于是在研究的基础上提出了三层熔融池构型,而传统的二层熔融池构型主要是二氧化铀层、二氧化锆层和上部轻金属层,三层构型是在氧化物层下面多了一个重金属层(主要有铀和锆等)[19];Bechta 等人在 ISTC CORPHAD 和 METCOR 实验装置上也发现了相同的现象[20]。

在实验和理论分析的基础上,开发了用于严重事故分析的软件,主要有 MAAP(Modular Accident Analysis Program)[21]、MELCOR(Methods for Estimation of Leakages and Consequences Of Release)[22]、SCDAP(Severe Core Damage Analysis Program)/RELAP5 (Reacfor Excursion and Leak Analysis Program 5)[23]、KESS(KErnschmelz-Simulations-System)[24]、SAMPSON(Severe Accident analysis code with Mechanistic, Parallelized Simulations Oriented towards Nuclearfield)[25]、MIDAC(Modular In-vessel Degradation Analysis Code)[26]等,利用这些软件可以对压水堆严重事故重要现象进行定性分析。同时,针对熔融物在压力容器外部的行为特性也开展了大量的理论分析,开发了软件用来分析安全壳内熔融物的行为特性,如安全壳直接加热(Direct Containment Heating,DCH)现象;COCOSYS[27]和 CONTAIN[28]软件是专门用来分析安全壳内复杂现象的工具,可以用来分析 DCH、裂变产物输运和扩散行为特性等。德国卡尔斯鲁厄理工大学(Karlsruher Institut für Technologie,KIT)在计算流体动力性的基础上开发的 GasFlow 软件[29],专门用来分析安全壳内氢气的分布、燃烧、爆炸等特性。

三哩岛核电厂事故导致堆芯熔化,19t 的堆芯熔融物再分布进入压力容器下封头,由于成功注入冷却水将熔融物的衰变热带走,保持了反应堆压力容器的完整性,从而终止了严重事故的进一步发展,也避免了后续事故的发生,如熔融物与混凝土反应(Molten Corium Concrete Interaction,MCCI)和 DCH 等可能导致安全壳失效的事故序列[30]。福岛核事故过程也发生了堆芯熔化[31],堆芯熔融物再分布进入压力容器下封头,由于事故过程中没有及时恢复堆芯注水冷却,在事故过程中可能发生压力容器下封头失效,堆芯熔融物进入安全壳堆腔,直接导致大量放射性物质的释放[32]。

随着对严重事故过程和现象研究的深入,人们开始考虑在对严重事故重要现象认识的基础上提出缓解严重事故的措施。通过压力容器外部冷却(External Reactor Vessel Cooling,ERVC)实现熔融物堆内保持(In-Vessel Retention,IVR)的概念最早是由 Condon 在 1982 年提出的[33],其精髓思想是保持压力容器的完整性。1989 年,Theofanous 等人首先将压力容器进行外部冷却的概念用于芬兰 Loviisa VVER 的严重事故分析中[34]。随后,ERVC 技术应用于美国西屋公司的先进非能动核电厂 AP600 和 AP1000,作为其严重事故的一项重要的缓解措施[35]。韩国开发的 APR1400 核电厂也采用了 ERVC 技术作为一项重要的严重事故缓解策略[36]。

针对堆芯熔化事故下的 IVR 特性开展了很多相关的研究,但针对压力容器下封头条件的大尺寸和面朝下加热曲面的临界热流密度(Critical Heat Flux,CHF)研究还较少开展。在实验方面,主要有 Rouge 的 SULTAN 实验[37]、Chu 等人的 CYBL 实验[38]、Cheung 等人的 SBLB 实验[39]、Theofaneous 等人的 ULPU 实验[40]和苏光辉等人的实验[41-44]。Cheung 等人在 SBLB 基础上优化了压力容器外表面与绝热层之间冷却剂流道结构,减小了两相流动阻力,可以显著地提高 CHF 限值[45];Dizon 等人在 SBLB 基础上研究了面朝下加热曲面有多微孔涂层条件下的 CHF 实验,发现加热曲面喷有多微孔涂层时,可以较大地提高 CHF 限值[46];Yang 等人结合了前两种提高 CHF 的方法,结果表明面朝下加热曲面在优化的冷却剂流道和有多微孔涂层条件下可以大大提高 CHF 限值[47];苏光辉等人比较系统全面地研究了面朝下加热的窄缝内的沸腾换热特性,主要包括过冷沸腾、自然对流换热、过渡沸腾以及 CHF 限制这几个方面。结果表明,在实验进行的条件下,面朝下加热的沸腾要弱于面朝上加热时的沸腾,并总结出了窄缝宽度等参数对自然对流换热、过渡沸腾及 CHF 的影响,提出了相应的分析模型。Uchibori[48]等人开展了加热的环形窄缝通道内的冷却特性研究,解释了环形窄缝通道内的两相沸腾流动及干涸机理。

随着人们对 IVR 研究的深入,由于纳米流体具有显著增强换热的能力,目前很多学者开始研究纳米流体增强 IVR 的能力。J. Buongiorno 教授利用纳米流体作为添加剂,在发生事故后 AP1000 堆腔充水的过程中将纳米流体注入,研究了纳米流体浓度对增强压力容器外部换热的影响,实验发现纳米流体可以增强 40% 的换热能力,同时还研究了化学条件(硼酸、氢氧化锂、磷酸三钠等)对纳米流体稳定性的影响[49]。武俊梅教授[50,51]针对纳米流体增强换热做了全面的总结,并指明了纳米流体后续的研究方向;文献[52]采用移动粒子半隐式(Moving Particle Semi-implicit,MPS)方法模拟了 Al_2O_3/H_2O 纳米流体流动沸腾过程中单个气泡的生长和脱离行为。

欧盟各成员国从 2002 年开展的 SARNET 项目在欧洲第五、六、七框架合作协议支持下针对目前尚未充分认识和了解的严重事故重要机理和现象进行研究,例如严重事故过程蒸汽爆炸负荷量的确定和研究,放射性裂变产物 ^{131}I 在安全壳内发生复杂的化学反应产生放射性碘气的过程和碘气行为特性的研究等[53]。ASTEC 软件是 SARNET 项目正在完善和重点推出的压水堆核电厂一体化严重事故分析软件，由于结合了最新的严重事故研究成果，它可以对压水堆核电厂严重事故进行更加准确的分析[54]。德国 KIT 的 QUENCH 系列实验装置专门用来研究堆芯损坏条件下向堆芯注水再淹没过程堆芯的行为特性[55]；HYKA 实验装置是目前世界上较大的研究氢气爆燃和爆炸特性的装置，该装置可以模拟安全壳空间内氢气爆炸的过程和条件[56]；LIVE（Late In-Vessel phase Experiment）是一个三维 ERVC 实验装置，专门用来研究熔融物在压力容器内部的冷却特性和 IVR 能力[57]。

韩国的 TROI[58] 和日本的 FARO[59] 是用来研究高温熔融物与冷水接触时发生蒸汽爆炸的实验装置，这些实验装置可以对蒸汽爆炸过程进行比较全面的实验研究，分析蒸汽爆炸的条件和影响因素。

与核电发达国家相比，我国的严重事故研究处于刚刚起步并快速发展的时期，随着我国引进美国 AP1000 核电技术，并在消化和吸收 AP1000 核电技术的基础上开发我国具有自主知识产权的 CAP1400 核电厂，我国很多高校和研究所正在开展严重事故方面的相关研究工作，西安交通大学、清华大学、上海交通大学、中国核动力研究设计院及中科华核电技术研究院也开展了一些相关的实验研究工作。

上海交通大学和清华大学利用 GasFlow 和 Fluent 软件对严重事故条件下安全壳内氢气分布、氢气爆炸行为进行了分析计算，并研究了通过布置消氢器和点火器消除氢爆的措施。上海交通大学基于 CPR1000 核电厂压力容器下封头结构，搭建了一个 1∶1 比例的压力容器下封头外部冷却循环回路实验装置[60]，试验段为一个二维压力容器下封头切片，利用该实验装置研究 CPR1000 压力容器下封头外壁面的自然循环冷却特性。通过非加热实验研究，认为压力容器下封头试验段进出口面积是影响自然循环能力的主要因素，优化和改进试验段进出口流道结构可以减小流动阻力进而提高自然循环冷却能力。在 AP1000 压力容器下封头外壁面冷却特性研究的背景下，上海交通大学和成都核动力研究设计院共同研究了面朝下加热的倾斜矩形通道表面的气泡动力学特性[61]，采用可视化的实验装置，通过改变矩形通道的倾角来模拟压力容器下封头不同位置处的壁面，矩形通道可以从 0°变化到 30°的位置，矩形通道的尺寸可以从 3mm 变化到 8mm。实验结果表明，加热面蒸汽和水的波动界面的脱离是产生 CHF 的主要原因。西安交通大学建立了基于 ACP1000 压力容器下封头 1∶1 比例的二维切片实验装置 COPRA，采用 $NaNO_3$-KNO_3 熔盐来模拟熔融物与压力容器内壁面的换热特性，获得自然循环驱动下大型熔融池的瞬态换热特性和长期冷却的稳态换热特性，以及壁面硬壳的分布特性[62]。

在理论研究方面，西安交通大学基于压力容器下封头壁面汽液两相流边界层理论和微液层理论，建立微液层内汽相和液相守恒关系式以及边界层厚度模型，提出了压力容器下封头壁面在饱和沸腾条件下壁面发生 CHF 的理论预测模型[63]。利用该模型研究了壁面 CHF 沿着压力容器壁面的变化，同时预测了不同的压力容器半径对下封头壁面 CHF 的影响。计算结果表明，下封头壁面 CHF 随着半径的增大而减小，但是变化越来越小，当半径增大到一定值后，它对 CHF 的影响可以忽略。理论模型计算结果与 Cheung 的实验结果[64]符合得很好，从而验证了理论预测模型的正确性。

严重事故过程是一个多成分（燃料、包壳、冷却剂、H_2）、多相态（固态燃料和结构材料、液态熔融物、液态冷却剂、蒸汽、不凝结气体）、多物理场的复杂耦合过程，同时严重事故过程还具有很大的不确定性，如堆芯再淹没过程可能终止事故的进一步发展，也可能加速堆芯熔化，这取决于堆芯损坏状态和注水时间等因素。因此，严重事故的研究是一项十分复杂且难度很大的系统性工程，严重事故过程涉及大量的事故过程和事故现象，包括相变、剧烈物理－化学反应过程、堆芯熔化和氢气爆炸等。为了对严重事故过程进行科学、有效的分析和研究，在开展严重事故分析之前，首先要构建严重事故分析的顶层框架，以顶层框架为基础指导严重事故过程中主要事故过程和事故现象的分析和研究。在总结国内外严重事故研究成果的基础上，通过对核电厂严重事故过程中主要事故序列和现象的分析，绘制了严重事故序列总体控制图，如图 1－1 所示。

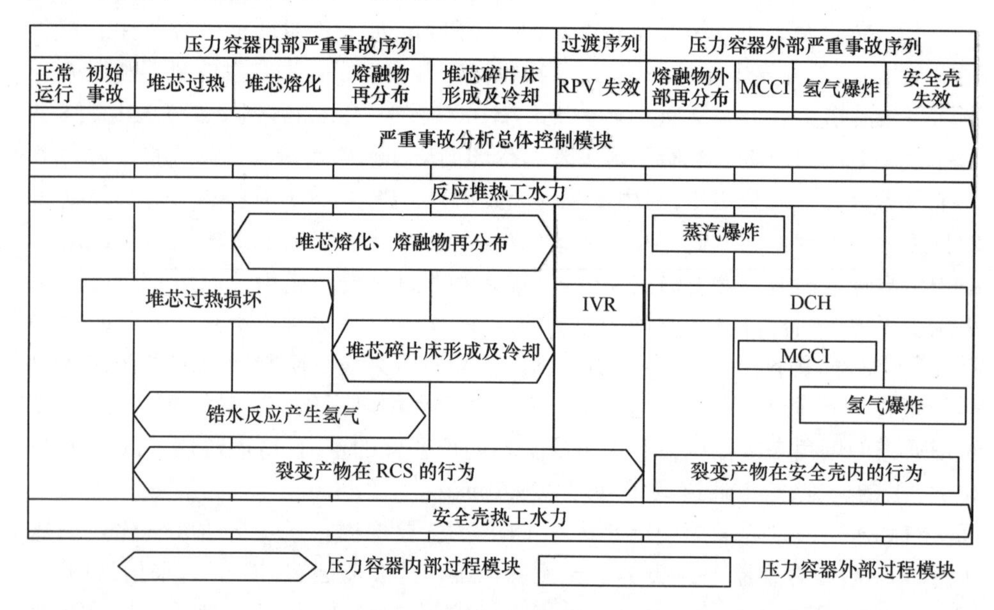

图 1－1　严重事故序列总体控制

严重事故序列总体上可以分为堆内事故序列和堆外事故序列两大部分。堆内事故序列主要包括：堆芯过热；锆水反应；控制棒材料熔化和低温共晶作用导致包壳和燃料芯块熔化；堆芯熔融物流动和再分布；堆芯碎片床的形成和冷却；一回路系统内裂变产物释放、气溶胶的形成、扩散和沉降；压力容器下封头内熔融池的形成及换热特性。堆外事故序列主要包括压力容器失效后熔融物在堆腔内的再分布，燃料冷却剂相互作用（Fuel Coolant Interaction，FCI），熔融物与混凝土反应

(Molten Corium Concrete Interaction,MCCI)MCCI,蒸汽爆炸,氢气爆炸,DCH 及安全内裂变产物的释放,气溶胶(Aerosol)的形成、扩散和沉积行为等。严重事故过程及现象如图 1-2 所示。

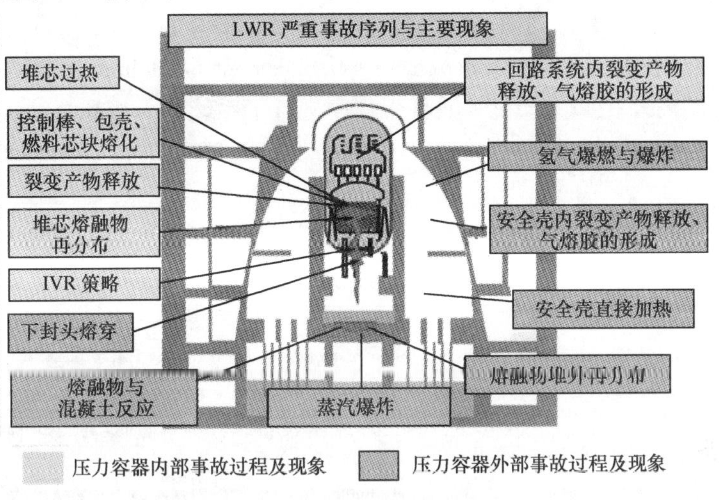

图 1-2　严重事故过程及现象

从图 1-2 可以看出,堆内事故过程和堆外事故过程的分水岭是压力容器下封头能否保持其完整性,如果能够保持压力容器的完整性就可以避免堆外后续事故的发生,从而终止严重事故过程。如果没有采取 IVR 措施,堆内过程的后期就可能导致压力容器下封头的失效,发生一系列的堆外事故过程和现象;如果发生蒸汽爆炸和氢气爆炸等剧烈的堆外事故,就可能导致安全壳的早期失效,最终导致大量放射性物质释放到大气环境中,危害周围环境。

开展核电厂严重事故机理及现象学研究可以了解和熟悉严重事故过程,为核电厂制定完善的严重事故缓解与预防策略提供技术支持,制定一些防止严重事故发生的措施,减少严重事故发生的可能性和概率;通过相应的缓解措施可以及时终止严重事故,减少放射性物质外泄的概率。

核电厂严重事故研究是一个系统性工程,由于其复杂性且需要巨大的财力投入,因此,严重事故研究一直是国内外核电安全领域的一个研究难题。本书基于核电厂严重事故进程系统介绍了核电厂严重事故各个阶段的重要事故过程和事故现象,重点介绍了西安交通大学核反应堆热工水力研究室(Nuclear THermal-hydraulic Laboratory,NuTHeL)十几年来在国家自然科学基金项目、教育部博士点基金项目以及创新团队项目、国际合作项目、国家重大专项和研究院所项目等的支持下,在核电厂严重事故机理及现象学领域的研究成果,同时吸收和总结了国内外在核电厂严重事故机理研究方面一些有价值的成果。本书主要内容:首先简单回顾核电历史上发生的三次核电厂严重事故;基于核电厂严重事故进程重点介绍了堆芯早期行为、堆芯过热氧化、堆芯熔化和重定位、堆芯碎片床特性等堆内严重事故现象机理和相关现象;在此基础上,介绍了堆芯熔化机理、堆芯碎片床形成和冷却机理、氢气产生机理等;然后,重点介绍了压力容器失效堆芯熔融物进入安全壳后的行为及安全壳内相关现象学,并简单介绍了安全壳内可能发生并可能导致安全壳失效的一些事故现象及相关机理,如 MCCI、氢气爆炸等;本书还对堆芯损伤程度评价以及严重事故管理导则(Severe Accident Management Guidelines,SAMG)进行了初步论述,对国内外相关的严重事故分析程序进行了系统的分析和总结;最后本书整理给出了核电厂及相关核动力系统严重事故分析过程中需要的各种材料的热物性。

参考文献

[1] Wolf J R, Akers D W, Neimark L A. Relocation of molten material to the TMI-2 lower head[J]. Nuclear Safety, 1994, 35(2): 269 –279.

[2] Kress T S, Jankowski M W, Joosten J K, et al. The chernobyl accident Sequence[J]. Nuclear Safety, 1987, 28(1): 1 –45.

[3] Holt M, Campbell R J, Nikitin M B. Fukushima nuclear disaster[R]. Tokyo:TEPCO, CRS 7-5700, 2012.

[4] Rubin A M, Beckjord E. Three Mile Island- New findings 15 years after the accident[J]. Nuclear Safety, 1994, 35(2): 256 –269.

[5] Korth G E. Metallographic and hardness examinations of TMI-2 lower pressure vessel head samples[R]. Washington: NRC,NUREG/CR-6194,1994.

[6] Diercks D R, Korth G E. Results of metallographic examinations and mechanical tests of pressure vessel samples from the TMI-2 lower head[J]. Nuclear Safety, 1994,144(6):39 –40.

[7] Akers D W, Schuetz B K. Physical and radiochemical examinations of debris from the TMI-2 lower head[J]. Nuclear Safety, 1994, 35(2): 288 –300.

[8] Diercks D R, Neimark L A. Mechanical properties and examination of cracking in TMI-2 pressure vessel lower head material[R]. IL (United States):ANL,ANL/ET/CP-79638,1993.

[9] Hagen S, Hofmann P, Noack V, et al. Thecora-program: Out-of-pile experiments on severe fuel damage[C]. Proceedings of the Fifth International Topical Meeting on Nuclear Thermal-Hydraulics, Operations and Safety, Beijing,China, 1997.

[10] Schuster E. FP release and deposition in LOFT-PL-FP-1[C]. Proceedings of Open Forum on the OECD/LOFT Project, Achievements and Significant Results. Madrid, Spain, 1990.

[11] Gonnier C, Georoy G, Adroguer B. PHEBUS-SFD programme, main results. In:ANS Proceedings[C]. ANS Meeting, Portland: 1991.

[12] Hobbins R R, Petti D A, Osetek O J, et al. Review of experimental results of light water reactor core melt progression[J]. Nuclear Technology, 1991, 95(3):287 –307.

[13] Wright R W. Current Status of core degradation and melt progression in severe aecident[J]. Advances in Nuclear Scieuce and Teohnology,1997,24:283 –315.

[14] Sehgal B R, Nourgaliev R R, Dinh T N, et al. FOREVER experimental program on reactor pressure vessel creep behavior and core debris retention[C]. Proceedings of the 15th International Conference on Structural Mechanics in Reactor Technology (SMiRT-15), Seoul, Korea, 1999.

[15] Asfia F J, Dhir V K. An experimental study of natural convection in a volumetrically heated spherical pool

bounded on top with a rigid wall[J]. Nuclear Engineering and Design, 1996, 163(3): 333 - 348.

[16] Theofanous T G, Liu C, Additon S, et al. In-vessel coolability and retention of a core melt[R]. Nuclear Engineering and Design, 1997, 169(1)1 - 48.

[17] Helle M, Kymäläinen O, Tuomisto H. Experimental COPO Ⅱ data on natural convection in homogenousand stratified pools[C]. 9th International Topical Meeting on Nuclear Reactor Thermal-Hydraulics (NURETH-9), San Francisco, USA, 1999.

[18] Theofanous T G, Maguire M, Angelini S, et al. The first results from the ACOPO experiment[J]. Nuclear Engineering and Design, 1997, 169(1-3): 49 - 57.

[19] Asmolov V G, Bechta S V, Khabensky V B, et al. Partitioning of U, Zr and Fe between molten oxidic and metalliccorium[C]. Proceedings of MASCA Seminar 2004, Aix-en-Provance, France, 2004.

[20] Bechta S V, Khabensky V B, Granovsky V S, et al. Experimental study of interactions between suboxidized corium and reactor vessel steel[C]. Proceedings of ICAPP 2006, Reno NV, USA, 2006.

[21] MAAP4. MAAP4: modular accident analysis program for LWR plants, code manual, vols. 1 - 4[CP]. Prepared by Fauske & Associates, Inc., Burr Ridge, IL, USA for the EPRI, Palo Alto, CA, USA, 1994.

[22] Summers R M, et al. MELCOR 1.8.0: A computer code for nuclear reactor severe accident source term and risk assessment analysis [CP]. NUREGKR- 5531, SAND90- 0364, Sandia NationalLaboratories, Albuquerque, NM, January 1991.

[23] Allison C M, et al. SCDAP/RELAP5/MOD3.2 code manual, volume I-V[CP]. NUREG/CR-6150, INEL 96/0422, Revision 1, October, 1997.

[24] Schatz A, Hocke K D. KESS-a modular program system to simulate and analyze core melt accidents in light water reactors[J]. Nuclear Engineering and Design, 1995, 57: 269 - 280.

[25] Hidaka M, Sato N, Ujita H. Verification for flow analysis capability in the model of three dimensional natural convection with simultaneous spreading, melting and solidification for the debris coolability analysis module in the severe accident analysis code. 'SAMPSON', (Ⅱ)[J]. J. Nucl. Sci. Technol., 2002, 39: 520 - 530.

[26] Wang J, Tian W, Fan Y, et al. The development of a zirconium oxidation calculating program module for Module In-vessel Degraded Analysis Code MIDAC[J]. Progress in Nuclear Energy, 2014, 73: 162 - 171.

[27] Allelein H J, Arndt S, et al. COCOSYS: Status of development and validation of the German containment codesystem[J]. Nuclear Engineering and Design, 2008, 238: 872 - 889.

[28] Murata K K, et al. User's Manual for CONTAIN 1.1: A computer code for severe nuclear reactor accident containment analysis[CP]. NUREGKR-5026, SAND87-2309, Sandia National Laboratories, November 1989.

[29] Travis J R, Royl P, Redlinger R, et al. GASFLOW-Ⅱ: A three-dimensional-finite-volume fluid-dynamics code for calculating the transport, mixing, and combustion of flammable gases and aerosols in geometrically complex domains, theory and computational model, vol. 1[CP]. Reports FZKA-5994, LA-13357-MS, 1998.

[30] Rempe J, Stickler L, Chavez S, et al. Margin-to-failure calculations for the TMI-2 vessel[J]. Nuclear Safety, 1994, 35(2): 313 - 327.

[31] Yoshioka R, Iino K. Technica Report: fukushima accident summary (AUG. 19, 2011)[EB/OL]. Association for the Study of Failure, 2011[2015 - 05 - 15]. http://www.shippai.org/images/html/news 559/Fuku-AccSummary//0819 Final. pdf.

[32] Koshizuka S. Report from Investigation Committee on the Accident at the Fukushima Nuclear Power Stations of Tokyo Electric Power Company[J]. Atomos, 2012, 54(10): 642 - 646.

[33] Greene S R, Condon W A, Harrington R M, et al. SBLOCA outside containment at browns ferry unit one-accident sequence analysis[R]. Washington: NRC, NUREG/CR-2672, 1982.

[34] Theofanous T G, et al. Some considerations on severe accidents at loviisa[R]. Finland: NPE, 1989.

[35] Theofanous T G, Oh S J. In-vessel retention technology development and use for advanced PWR design in the USA and Korea[R]. Santa Barbara:UC,DOE/RL/14337,2004.

[36] Yang J, Dizon M B, Cheung F B, et al. CHF enhancement by vessel coating for external reactor vessel cooling [J]. Nuclear engineering and design,2006. 236(10):1089 – 1098.

[37] Rouge S. SULTAN test facility for large-scale Vessel coolability in natural convection at low pressure[J]. Nuclear Engineering and Design, 1997, 169(1-3): 185 – 195.

[38] Chu T Y, Brainbridge B L, Bentz J H, et al. Observations of quenching downward facing surfaces[C]. Proceedings of the Workshop on Large Molten Pool Heat Transfer, Grenoble, France, 1994.

[39] Cheung F B, Haddad K, Liu Y C. Critical Heat Flux (CHF) phenomena on a downward facing curved surface [R]. Washington:NRC,NUREG/CR-6507, 1997.

[40] Theofanous T G, Syri S, Salmassi T, et al. Critical heat flux through curved, downwards facing thick wall [J]. Nuclear Engineering and Design, 1994, 151(1): 247 – 258.

[41] Zhao D W, Su G H, Tian W X, et al. Experimental and theoretical study on transition boiling concerning downward-facing horizontal surface in confined space[J]. Nuclear Engineering and Design, 2008, 238(9): 2460 – 246.

[42] Wu Y W, Su G H, Sugiyama K. Experimental study on critical heat flux on a downward-facing stainless steel disk in confined space[J]. Annals of Nuclear Energy, 2011, 38(2): 279 – 285.

[43] Su G H, Wu Y W, Sugiyama K. Natural convection heat transfer of water in a horizontal gap with downward-facing circular heated surface[J]. Applied Thermal Engineering, 2008, 28(11): 1405 – 1416.

[44] Su G H, Wu Y W, Sugiyama K. Subcooled pool boiling of water on a downward-facing stainless steel disk in a gap[J]. International Journal of Multiphase Flow, 2008, 34(11): 1058 – 1066.

[45] Cheung F B, Yang J, Dizon M B. On the enhancement of external reactor vessel cooling of high-power reactors [C]. The 10th International Topical Meeting on Nuclear Reactor Thermal Hydraulics (NURETH-10), Seoul, Korea, 2003.

[46] Dizon M B, Yang J, Cheung F B, et al. Effects of surface coating on nucleate boiling heat transfer on a downward facing surface[C]. Proceedings 2003 ASME Summer Heat Transfer Conference, Las Vegas, Nevada, USA, 2003.

[47] Yang J, Cheung F B. A hydrodynamic CHF model for downward facing boiling on a coated vessel[J]. International Journal of Heat and Fluid Flow, 2005, 26(3): 474 – 484.

[48] Uchibori A, Matsumoto T, Morita K, et al. Evaluation of cooling capability in a heated narrow flow passage [J]. Journal of Nuclear Science and Technology, 2003, 40(10): 796 – 806.

[49] Buongiorno J, Hu L W, Apostolakis G, et al. A feasibility assessment of the use of nanofluids to enhance the in-vessel retention capability in light-water reactors[J]. Nuclear Engineering and Design, 2009, 239: 941 – 948.

[50] Wu J M, Zhao J. A review of nanofluid heat transfer and critical heat flux enhancement—research gap to engineering application[J]. Progress in Nuclear Energy, 2013, 66: 13 – 24.

[51] Wu J M, Zhao J Y, Wang Y. Nanofluid boiling heat transfer and critical heat flux enhancement-mechanism to be revealed[C]. 21st International Conference On Nuclear Engineering(ICONE21), Chengdu, China, 2013.

[52] Wang Y, Wu J M. Research of bubble dynamics for the forced flow boiling process of nanofluids[C]. International Workshop on Nuclear Safety and Severe Accident (NUSSA), Beijing, 2012.

[53] Sehgal B B. Status of severe accident research for resolution of LWR safety issues[C]. The 8th International Topical Meeting on Nuclear Thermal-Hydraulics, Operationand Safety (NUTHOS-8), Shanghai, 2010.

[54] Meignen R, Mikasser S, et al. Synthesis of analytical activities for direct containment heating[C]. The second

European Review Meeting on Severe Accident Research (ERMSAR-2007), Germany, 2007.

[55] Hofmann P, Hering W, et al. QUENCH-01, experimental and calculational results[R], Karlsruhe: FZK, FZKA-6100, 1998.

[56] Miassoedov A, Jordan T, et al. Overview of severe accident research activities at the karlsruhe institute of technology[C]. The 8th International Topical Meeting on Nuclear Thermal-Hydraulics, Operation and Safety (NUTHOS-8), Shanghai, 2010.

[57] Fluhrer B, Miassoedov A, Cron T, et al. The LIVE-L1 and LIVE-L3 experiments on melt behaviour in RPV lower head[R]. Karlsruhe:FZK,FZKA-7419, 2008.

[58] Song J H, Park I K, Shin Y S, et al. Fuel coolant interaction experiments in TROI using a UO_2/ZrO_2 mixture [J]. Nuclear Engineering and Design, 2003, 222: 1 – 15.

[59] Tromm W, Foit J J, Magallon D. Dry and wet spreading experiments with prototypic materials at the FARO facility and theoretical analysis[R]. Karlsruhe:FZK,FZKA-6475, 2000.

[60] 文青龙,陈军,卢冬华,等. 倾斜下朝向加热表面起泡行为可视化实验研究[J]. 核动力工程,2012,33(3):52 – 55.

[61] 李永春,杨燕华,匡波,等. 压力容器外部冷却非加热实验研究[J]. 核动力工程,2010,31(S1). 53 – 56.

[62] Zhang L T, Zhou Y K, Zhang Y P, et al. COPRA experiments on natural convection heat transfer in a volumetrically heated hemi-cylindrical slice pool[C]. International Workshop on Nuclear Safety and Severe Accident, Kashiwa,Japan,2014.

[63] 巫英伟,杨震,苏光辉,等. 基于微液层理论的下封头外部流体 CHF 理论计算[C]. 核反应堆系统设计技术重点实验室会议,成都,2010.

[64] Cheung F B, Haddad K, Liu Y C. Critical Heat Flux (CHF) phenomena on a downward facing curved surface [R]. Washington:NRC,NUREG/CR-6507, 1997.

第2章 轻水堆核电厂概率安全评价及重大安全事故简介

2.1 核电厂概率安全评价

概率安全评价(Probabilistic Security Assessment,PSA)又称概率风险评价(Probability Risk Assessment,PRA),是20世纪70年代以后发展起来的一种系统工程方法。它采用系统可靠性评价技术(故障树、事件树分析)和概率风险分析方法对复杂系统的各种可能事故的发生和发展过程进行全面分析,从它们的发生概率以及造成的后果综合进行考虑。美国在1975年发表了《反应堆安全研究》(*The Reactor Safety Study*)报告(WASH-1400)[1]。自从这次具有里程碑意义的研究以来,在方法上已经有了实质性的发展,PSA已经成为核电厂安全评价的一个标准化工具。

三哩岛核电厂事故发生后,人们发现该事故的整个发生发展过程在WASH-1400中已有明确预测。从此以后,PSA得到广泛的承认,许多工业发达国家和一些发展中国家先后组织了专门小组来研究这一方法,并在各方面得到广泛应用,以此分析设计中的薄弱环节、改进设计、诊断故障、指导运行、制定维修策略等,并逐步发展为进行安全评价和安全决策的重要工具。

2.1.1 核电厂安全性两种评价方法的比较

目前,评价核电厂安全性的方法有两种:一种是依据设计基准事故的确定论评价方法;另一种是概率安全评价方法。确定论评价方法是核电厂发展史上长期使用的方法,其基本思想是根据反应堆纵深防御的原则,除反应堆设计得尽可能安全可靠外,还设置了多重的专设安全设施(Engineered Safety Feature,ESF),以便在一旦发生最大假想事故情况下,依靠安全设施能将事故后果减至最轻程度。在确定安全设施的种类、容量和响应速度时,需要一个参考的假想事故作为设计基础,并将这一事故看作最大可信事故,认为所设置的安全设施若能防范这一事故,就必定能防范其他各种事故。PSA方法是应用概率风险理论对核电厂安全性进行评价的,PSA 方法认为核电厂事故是个随机事件,引起核电厂事故的潜在因素很多,核电厂的安全性应由全部潜在事故的数学期望值表示。

确定论评价方法是根据以往的经验和社会可接受的程度,人为地将事故分为可信与不可信两类[2]。对压水堆核电厂来说,将主冷却剂管道冷管段双端剪切断裂作为最大可信事故,在设计中做了认真考虑,并加以严密的设防。即便这种严重的初始事件发生,因有应急堆芯冷却系统(Emergency Core Cooling System,ECCS)等安全设施的严密设防,未必会产生严重的后果。但对后果较轻的事故,例如一回路管道小破口失水事故(Small Break Loss Of Coolant Accident,SBLOCA)、核电厂运行中发生的运行瞬变等未进行深入研究,在核电厂运行管理和人员培训等方面也未予应有的重视。而三哩岛核电厂事故的主要原因是:由于对过渡工况和 SBLOCA 的现象缺乏充分的了解,操作人员判断错误,操作一再失误,使原来并不严重的事故一再扩大,成为商用核电史上一次严重的堆芯损坏事故。PSA 方法认为事故并不存在“可信”与“不可信”的截然界限,仅仅是事故发生的概率有大小之别,一座核电厂可能有成千上万种潜在事故,事故所造成的社会危害应该用所有潜在事故后果的数学期望值来表示,这个数学期望值就是风险。核电厂风险研究中指出,堆芯熔化是导致放射性物质向环境释放的主要因素,而 SBLOCA 和运行瞬变是引起堆芯熔化的主要原因。三哩岛事故的教训说明,采用 PSA 方法更为合理[3]。

2.1.2 WASH-1400

美国核管会(Nuclear Regulatory Commission,NRC)于 1974 年成立,它早期赞助了一项由 MIT 的 Norman Rasmussen 教授领导进行的核电厂公共风险研究项目,并在《反应堆安全研究》报告[4]中分析了两个参考核电厂:西屋公司 775MW 的“塞瑞”1 号(Surry-1)压水堆和通用电气公司 1065MW“桃花谷”2 号(Peach Bottom-2)沸水堆(Boiling Water Reactor,BWR)。

RSS 采用了一个全面详细的故障事件树分析方法来获得故障发生的概率及预测能够导致放射性释放到环境中并威胁公共安全的事故,对选取的两个参考核电厂进行了一级、二级和三级 PSA 分析。虽然,该研究所采用的严重事故进程及后果模型不是十分详细完善,但是与先前的研究相比,对超设计基准事故序列的后果估计已相当准确。

RSS 共研究了压水堆 4800 种事故序列,对其中可能导致堆芯熔化的 1000 多种序列进行了事件树、故障树和后果分析。给出压水堆堆芯熔化总概率为 6×10^{-5}/(堆·年),并指出 SBLOCA 序列是堆芯熔化频率的主要贡献者,其他初始事件,如余热排出系统失效附加失去厂外电源引起的瞬变事故,对堆芯熔化频率也有贡献。表 2-1 列出了压水堆各种始发事件对堆芯熔化频率的贡献。

表 2-1 压水堆各种始发事件对堆芯熔化频率的贡献[5]

始发事件	频率/(堆·年)$^{-1}$	引起堆芯熔化频率/(堆·年)$^{-1}$	总熔化频率中所占份额/%
大破口失水事故	1×10^{-4}	3.4×10^{-6}	6
中破口失水事故	3×10^{-4}	6.9×10^{-6}	12
小破口失水事故	1×10^{-3}	2.6×10^{-5}	46
压力容器破裂	1×10^{-7}	1.1×10^{-7}	0.2
二回路压力边界设备失效	4×10^{-6}	4.8×10^{-6}	8
瞬态	2×10^{-1}	1.6×10^{-5}	28
全部始发事件	—	5.7×10^{-5}	100

2.1.3 概率安全分析的基本概念

PRA 方法,基于概率统计的方法论并引入了风险的概念,运用了事件树及故障树的系统可靠性评价技术,它不仅能够定性地分析工业系统的安全性,而且能够用概率与风险这两个统计量来定量描述工业系统的安全性能及事故的影响大小。

核电厂的始发事件主要分为失水、瞬变、外部事件三大类。而始发事件的详细确定过程,则主要运用工程评价法和演绎法两种方法。工程评价法是根据核电厂的运行历史和设计数据并参照其他核电厂的 PSA 经验来评价及判定始发事件的方法。而演绎法是通过构造顶-底逻辑图来寻找和分析始发事件,因此也称为构造顶-底逻辑图法。

1. 事件树方法简介[6]

当事故始发事件发生时,要求核电厂的有关功能和系统响应以消除或缓解事故严重程度。在事件树的分析过程中,通常把这些响应的功能或系统当作事件,并按照响应顺序或时间先后排列在一条横线上,作为事件树的顶事件,然后把每一个顶事件当作节点,在每个节点上画出上、下两个分支(上分支代表响应成功,下分支代表响应失效),这就形成了事件树。

事件树分为功能事件树与系统事件树两种类型。按照功能来建立事件树是一种原理性建树过程。其优点:在初始建树时可忽略许多具体的设计上的差别,集中精力保证功能原理的正确性。如若发生始发事件,为了能及时排除或缓解事故严重程度,则需要与安全功能相关的系统相继响应。为此,以系统作为顶事件所构成的事件树称为系统事件树。在 PSA 中主要应用系统事件树来分析事件序列。

事件树与故障树两者结合起来使用,相应的方法分为大事件树-小故障树法和小事件树-大故障树法。

大事件树-小故障树法也称为带有边界条件的事件树方法,或者带有支持系统状态的小故障树法。在这种方法中,所有支持系统的状态将明显地出现在事件树题头中,有时还考虑基本事件和人员操作。其优点:在事件树中反映了现有的相关性及与事件树相关联的故障树,由于不包括支持系统的前沿系统,该故障树规模不大,对计算机程序的需求相对较低,每个事故序列的发生频率的计算也很简单,为相应各分支概率的乘积。其缺点:通常只有经验丰富的专家经过精心处理才可能在事件树中建立起正确的相关性;事件树的复杂程度随着树中支持系统数目和支持系统状态数目的加大而迅速加大;虽然故障树的规模变小,但其数目增加。

在小事件树－大故障树法中,首先形成以安全功能为题头的事件树,然后再扩展事件树,将前沿系统的状态作为题头形成最后的事件树。小事件树法产生的事件树是简洁的,便于对事故序列进行综合审查。只要拥有进行大故障树分析的计算机程序,那么小事件树－大故障树法是一种行之有效的方法,容易分析计算。

2. 故障树方法简介

故障树分析法是把系统最不希望发生的状态作为系统故障的分析目标,然后寻找直接导致这一状态发生的全部因素,再找出造成下一级事件发生的全部直接因素,直到无须再深究其发生的因素为止。

故障树中的顶事件为最不希望发生的事件;而底事件是指系统内各个单元的独立失效、相依失效、人因失误以及维修和实验的基本事件,涉及相依故障及人因工程分析。介于顶事件和底事件的一切事件称为中间事件。

在故障树的定性分析过程中,可以使用逻辑简化和模块分解等方法对故障树进行处理,将求解故障树的过程转化为求解故障树的最小割集和最小路集问题,而一个最小割集恰好代表系统发生故障的一种模式。

故障树分析除定性地确定各底事件对顶事件的发生的影响方式(系统故障模式)外,还定量地分析这种影响的程度,即由各底事件的发生概率计算出顶事件的发生概率。基本内容包括以下四个部分:

(1) 底事件概率的定量分析。收集数据,统计分析。

(2) 顶事件概率的定量分析。根据故障树结构函数,确定最小割集。

(3) 为确定顶事件的变化范围、误差限或分布,需要进行误差传播分析。

(4) 底事件的结构重要度和概率重要度计算。有助于系统的可靠性设计、诊断和优化。

概率安全分析方法是一种系统的安全评价技术。对于复杂的核电厂系统进行系统性的分析评价,以严格的数理逻辑推理和概率论为理论基础,提供一种综合的结构化的处理方法,找出可信的事故序列,并定量地评价相应事故序列的发生概率和将造成的后果。在实施 PSA 的过程中,还能对系统相关性、人因失效问题、结果的不确定性及事故序列的重要度等方面做出全面完整的分析。

核电厂概率安全分析的主要目的之一是:从定量的角度来评估核电厂的安全性,找出核电厂设计建造和运行中的薄弱环节。

PSA 分析的基本任务包括确定始发事件、定义事故序列、系统模型化、数据收集与处理、堆芯熔化过程分析、放射性核素在一回路和安全壳内的迁移、放射性核素的释放及在环境中的迁移、厂外后果分析、外部事件分析、不确定性分析、故障模式重要度及灵敏度分析等。

核电厂的 PSA 分为三个等级:

(1) 一级 PSA,即系统分析。它对核电厂的运行系统和安全相关系统进行可靠性分析,确定造成堆芯损坏的事故系列,并做定量化的分析,给出各事故序列的发生频率及堆芯损坏概率。这级分析可以帮助分析核电厂设计中的弱点,指出防止堆芯损坏的途径。

(2) 二级 PSA,即系统分析及安全壳的响应评价。它不仅包含一级 PSA 的过程,且利用一级 PSA 的结果来分析堆芯熔化物理过程和安全壳响应特性,包括分析安全壳在堆芯损坏事故下所受的载荷、安全壳失效模式、MCCI、放射性物质在安全壳内的释放和迁移,并获得后面三级 PSA 的放射性源项数据。这级分析可以评估各种堆芯损坏事故序列所造成的放射性释放的严重程度,找出设计上的弱点,并对减缓堆芯损坏后事故后果的途径和事故处理提出具体意见。

(3) 三级 PSA,即系统分析、安全壳响应评价及事故厂外后果评价。相对二级 PSA,它增加了对放射性物质在环境中的迁移的分析,以获得核电厂厂外不同距离处放射性浓度随时间的变化,并结合二级 PSA 的结果根据公众风险的概念来确定放射性事故造成的厂外后果。三级 PSA 除具有前面一级 PSA 和二级 PSA 的功能外,还能够对应急响应计划的制定提供支持。

核电厂概率安全分析评价的程序如图 2-1 所示。

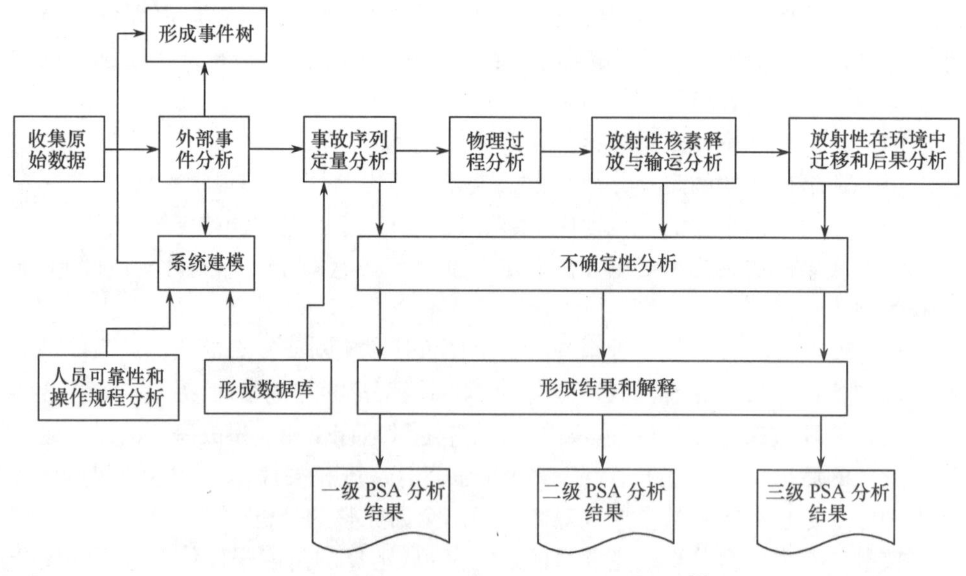

图 2-1 核电厂概率安全分析评价的程序[6]

2.2 三哩岛核电厂事故

1979 年 3 月 28 日，宾夕法尼亚州哈里斯堡附近的三哩岛核电厂 2 号机组发生了 SBLOCA，导致堆芯部分熔化。这一严重事故是当时人们完全没预料到的，让全世界认识到了核电厂发生堆芯熔化是可能的。在那之前，核电厂堆芯发生熔化并且熔化非常迅速仅仅是人们的假想，并没有引起人们的重视。人们普遍认为，即使发生堆芯熔化，也仅仅是很小的一部分堆芯发生熔化。然而，三哩岛事故却证实了至少 50% 以上的堆芯发生了熔化，并且约 19t 的堆芯熔融物掉落到了压力容器下封头。

2.2.1 三哩岛核电厂简介

如图 2－2 所示，三哩岛核电厂有 TMI-1 和 TMI-2 两个机组。TMI-1 是由 Babcock and Wilcox(B&W)公司建造的一个压水反应堆，发电量为 802MW，初始造价为 4 亿美元。TMI-1 于 1974 年 4 月 19 日并网，1974 年 9 月 2 日开始商业运行。其运行执照年限 40 年，这意味着可以运行到 2014 年 4 月 19 日。1979 年，TMI-2 发生事故时，TMI-1 正在脱网换料。经过一系列的技术、法律和管理审查后于 1985 年 10 月重新并网。目前的业主 AmeriGen 已经申请再运行 20 年的执照。TMI-2 也是压水反应堆，与 TMI-1 的唯一区别是，它的发电量稍微大一点，为 906MW。TMI-2 于 1978 年 2 月 8 日获得运行执照，1978 年 12 月 30 日开始商业运行。

图 2－2　三哩岛核电厂全貌[7]

TMI-2 堆芯直径为 3.27m、高为 3.65m，由 177 盒燃料组件构成。每盒燃料组件内有 208 根燃料元件，按照 15×15 栅格排列。燃料是富集度为 2.57% 的二氧化铀，包壳材料为 Zr-4，碳钢压力容器直径为 4.35m、高为 12.4m。反应堆有两个环路，每个环路上有两台主循环泵和一台直流式蒸汽发生器。一次侧冷却剂运行压力为 14.8MPa，出口温度为 319.4℃。反应堆有一个稳压器维持压力。稳压器通过一个先导式泄压阀（Pilot-Operated Relif Valve，PORV）与反应堆冷却剂排放箱相连。专设安全设施包括反应堆控制棒、高压注射 ECCS、含硼水箱和安全壳内 ECCS 再循环水坑等。

2.2.2 事故过程分析

事故由凝结水流量丧失触发给水总量的丧失开始，当时反应堆在 97% 额定功率下运行。由于丧失给水，蒸汽发生器的二次侧在 10～15min 发生干涸，造成了反应堆的热量不能够及时导出，从而使压力容器内压力升高。同时，故障致使汽轮机自动停止运行，反应堆紧急停堆。压力容器内的压力升高引起泄压阀开启，以降低压力容器内的压力。但是，随着容器内的压力降低，本应该关闭的泄压阀却没有关闭。冷却剂不断地从压力容器中流出，容器内压力开始下降。这引起了高压安注系统的投入，冷却剂注入压力容器内。压力的降低同时也引起了冷却剂的大量蒸发，产生的蒸汽由于逆向对流限制（Counter Current Flow Limitation，CCFL）阻止了稳压器内的水流入到压力容器，造成了稳压器满信号。当操作员意识到卸压阀仍处于打开状态并立即关闭卸压阀时，为时已晚，已经有大量的冷却剂从压力容器中流出。操作员犯下的另一个错误是在看到稳压器满信号时关闭了安注系统。核电厂设备的失效再加上操作员的误操作导致堆芯失去了大量的冷却水，在没有安注水注入压力容器的情况下，压力容器内的水发生沸腾，最终使反应堆堆芯在事故发生 130min 后处于裸露状态。主泵和安注系统的关闭使得没有冷却剂注入压力容器内，冷却剂持续地沸腾蒸发最终使堆芯发生完全裸露。燃料的衰变热不能够及时导出，引起包壳温度逐渐升高并与蒸汽发生锆水反应，放出大量化学热，约 50% 的堆芯发生了熔化，堆芯熔融物下落进入压力容器下封头底部位置。

所幸的是，操作员重新启动了高压安注泵，向压力容器内注入了冷却剂。虽然此操作阻止了燃料元件的继续熔化，但熔融物与水发生相互作用形成了碎片结构。由于衰变热的存在，这些碎片形成的堆积床即使在被水完全淹没的情况下也不能被完全冷却。这些碎片在衰变热的作用下再次发生熔化，形成的熔融物最终掉落到压力容器下封头。最后，下封头内的冷却剂冷却了这些熔融物。压力容器没有被熔穿，保持了其完整性，压力容器与蒸汽发生器之间形成的自然循环足以带走堆芯衰变余热。TMI-2 事故的发生过程见表 2－2。

表 2-2　TMI-2 事故发生过程[7]

时间序列	事故序列
0s	因微小的功能故障，二回路的泵自动停车
1s	控制室内报警
2s	二回路传热能力下降，一回路的水压和水温上升。这是正常的，无须关注
3s	卸压阀自动打开，将蒸汽释放到排放箱
4s	二回路内备用泵自动启动。然而，这些泵被切断阀与系统分开。操纵员以为这些泵正在按要求运行
9s	控制棒插入堆芯，减慢了堆芯内的核裂变链式反应。但热量仍在继续产生。卸压阀指示灯熄火，表明阀门关闭，但实际上是开启的。蒸汽和水继续从卸压阀流出，造成 SBLOCA
2min	应急注水启动，冷却剂注入一回路。在发生失水事故（Loss Of Coolant Accident，LOCA）时将水注入堆芯，并保持在安全水位。操纵员没注意到该件事情的发生，在并没有泄漏发生时，应急注水自动启动了多次
4min30s	当操纵员观察到一回路水位上升、压力下降，便关闭应急注水。水位看上去仍在上升，但实际上在下降。水和蒸汽从卸压阀释放出去
8min	操纵员意识到二回路备用泵阀门处于关闭状态，就打开该阀门，二回路恢复正常运行
15min	大约 14t 冷却剂流出一回路，监测放射性水平的仪表没有报警，操纵员仍没有发现发生了 SBLOCA
45min	一回路水位继续下降，控制室的仪表错误地显示水位上升
1h20min	流经主泵的蒸汽造成主泵剧烈抖动，4 台主泵中的两台被操纵员关闭
1h40min	另两台主泵也被关闭。由于一回路强迫循环停止，一回路的蒸汽增多，堆芯继续升温，产生更多的蒸汽
2h15min	堆芯顶部开始裸露，裸露部分堆芯产生的热量迅速将蒸汽加热成过热蒸汽，发生锆水反应，开始释放氢和放射性气体，并通过卸压阀释放
2h20min	下一班的操纵员注意到卸压阀排放温度异常高，关闭卸压阀备用泵制止泄漏。自卸压阀第一次打开后已有 1136t 的放射性冷却水被排放。但操纵员仍未意识到一回路的水位已经很低。回路内的水继续蒸发，堆芯冷却不足开始发生过热熔化，释放更多的放射性物质
2h30min	操纵员收到了第一个指示：辐射水平在上升
2h45min	响起辐射警报，进入现场应急状态。一半堆芯已发生裸露，一回路水的放射性已达到正常水平的 350 倍
3h	升高的辐射水平促使进入全面应急状态。堆芯内的高温使部分人相信堆芯已发生裸露，但其他人不相信温度读数
7h30min	操纵员向一回路注水，一回路压力依然很高，卸压阀泵被打开以降低压力
9h	安全壳内发生氢气爆燃，造成控制室压力仪表达到峰值并可听到“砰”声。一些人认为峰值是电气故障造成的，“砰”声是通风机阻尼器的声音
15h50min	一回路主泵被启动，恢复堆芯冷却剂循环。虽然一半的堆芯已经熔化，部分已经分解，但堆芯温度终于得到控制

2.2.3 事故影响

事故过程中锆水反应产生的大量氢气通过处于开启状态的泄压阀进入安全壳。氢气在安全壳内积聚并发生爆燃,产生了 2bar① 的压力冲击。TMI-2 安全壳的设计压力是 5bar,因此安全壳内的氢气爆燃并没有破坏安全壳的完整性。堆芯过热,包壳和燃料熔化过程中产生的不稳定裂变产物同样也在安全壳内积聚,安全壳内检测到了放射性。事故发生时,安全壳与辅助厂房间的门处于打开状态,操作员发现此情况后关闭大门,但是已经有一部分放射性物质进入辅助厂房内。尽管辅助厂房并没有像安全壳那样做防泄漏设计,但是仅约 0.01% 的裂变产物释放到环境中。总共有不到 10^{-5}% 的 ^{131}I 释放到空气中。在事故发生 16h 后,仅仅有 10Ci($1Ci = 3.7 \times 10^{10}$ Bq)的 ^{131}I 进入大气,在后续的 30 天内,^{131}I 的释放约 70Ci。测得在临近核电厂的撤离区域还包含了约 0.5Ci 的 ^{137}Cs 和约 0.1Ci 的 $^{90}S_r$。

事后,美国政府负责调查的特别委员会发现,这次事故中存在 18 处错误和失误[8],包括 5 处设计错误、2 处规则制度错误和 11 处操作错误。尽管三哩岛核电厂事故没有造成任何人员伤亡,除撤离区域有轻度的污染外,释放的裂变产物由于量较少并没有污染周围的环境;但这为美国人民带来了严重的心理阴影,再加上不科学的报道,曾一度引起社会恐慌。

在三哩岛核电厂事故过程中,堆芯发生裸露并熔化,部分高温堆芯熔融物进入压力容器下封头,由于成功实现堆芯注水,下封头内可能存在窄缝传热及熔融物细粒化过程。美国学者认为[9]堆芯熔融物的衰变余热最终通过堆芯与蒸汽发生器之间建立的自然循环被带走。而苏光辉教授和 Sugiyama 教授[10,11]认为:当压力容器内的蒸汽与熔融物接触时,发生强烈的氧化反应,释放出大量的热量,导致热斑产生;而氧化反应后生成的细小碎片在其内部毛细力的作用下具有很强的冷却能力,从而使得热斑消失,热斑的形成和消失过程带走了大量的热,保证了压力容器的完整性,安全壳内氢气爆燃也没有破坏安全壳结构。事故过程中产生的大量的碘和铯都转变成了可溶于水的成分[12],因此安全壳内没有检测到明显的放射性。这些都在一定程度上说明,核电厂本身是安全的。三哩岛核电厂事故后,轻水堆(Light Water Reactor,LWR)严重事故的研究引起了高度重视[13-16],甚至之后的很长一段时间,LOCA 的理论和实验研究没有中断过,轻水堆安全研究的重心转移到超基准事故上。

2.3 切尔诺贝利核电厂事故

1986 年 4 月 26 日,苏联切尔诺贝利核电厂 4 号机组的压力管式反应堆(RB-

① $1bar = 10^5$ Pa,后文同。

MK)发生了堆芯解体的严重核电事故。该事故是在反应堆安全系统实验过程中发生功率瞬变而引起瞬发临界而造成的。反应堆堆芯、厂房和汽轮机厂房都遭到了严重的破坏，大量的放射性物质释放到大气中，造成了非常严重的后果。

2.3.1 切尔诺贝利核电厂简介

切尔诺贝利核电厂共有 4 台机组，位于乌克兰首都基辅以北 105km。核电厂职工居住于专门为之建造的城市普里皮亚季，距离核电厂 3km，拥有人口约 45000[17]。

切尔诺贝利核电厂的 4 台机组都是石墨慢化、轻水冷却的压力管式反应堆，如图 2-3 所示。反应堆堆芯由石墨块(7m × 0.25m × 0.25m)组成，堆芯直径为 12m、高为 7m 的圆柱体。整个石墨块有约 2000 个通道，每个通道内有一根压力管，大部分的压力管内都有燃料棒且有冷却水自下而上流过堆芯。通过集流器，这些通道的底端与冷却水的入口相连；通道的顶部与大量的管道相连接，将汽液两相混合物带到汽水分离器，分离出来的蒸汽进入到汽轮机，而冷却水流回到通道底部的入口管道。汽水分离器可以允许外来给水的供给。反应堆燃料是用锆合金(Zr-2.5% Nb)管做包壳的二氧化铀，富集度为 2.0%，每一组件内含有 18 根燃料棒。

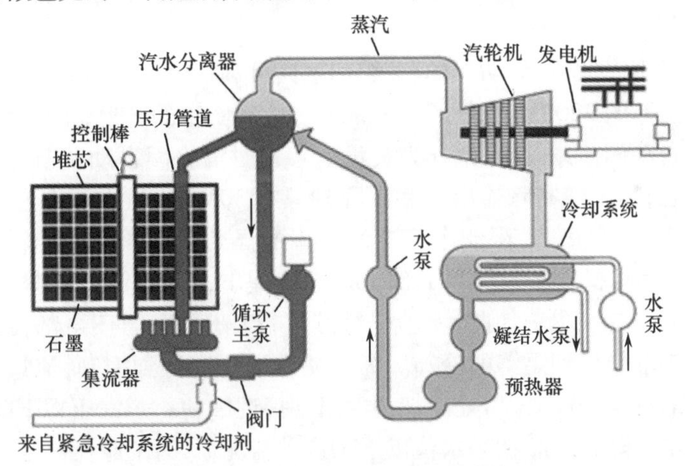

图 2-3 RBMK-1000 简图[17]

RBMK 反应堆采用石墨为慢化剂，其堆芯体积远大于压水堆的堆芯体积，因此对中子具有很大的扩散和慢化长度。堆芯通过堆芯反射层上面的换料机实现不停堆换料。

RBMK 与压水堆相比，除慢化剂的区别外，还有一个很大的不同，即 RBMK 是压力管式，由压力管承压，因此没有压力壳，反应堆厂房为不承压的普通厂房，因此可以认为它不具有真正意义上的安全壳。即使在反应堆正常运行过程中，反应堆厂房都是允许核电厂相关人员进入的。RBMK 在堆芯的下面设置了一个水池，当反应堆堆芯下面入口管道破裂时，释放的蒸汽会被及时冷却。

RBMK 的控制棒从顶部插入,与轻水堆的控制棒不同,RBMK 的控制棒并不是石墨跟随着吸收体插入堆芯的跟随控制棒。在这场事故中,RBMK 的控制棒严重失效。此外,RBMK 与轻水堆在其他方面还有反应性反馈特性和低功率下稳定特性两个很大的不同。轻水堆中的冷却剂具有负的反应性反馈特性。例如,当冷却剂发生沸腾时,冷却剂密度下降,反应性减小。因此,在沸水堆中空泡份额增加会引起很大的反应性负反馈。这种反应性负反馈特性使得在反应堆控制棒没有插入堆芯时,反应堆的功率水平也会降低。而 RBMK 采用石墨作为慢化剂,具有反应性的正反馈特性。正的空泡反馈效应以及低功率下的不稳定运行,要求反应堆必须运行在严格限制的条件下。这个条件是:只有在堆芯中有一定数量的控制棒时,反应堆才能运行;不允许出现反应堆功率低于 20% 满功率的情况。在堆芯没有插入所要求数量的控制棒时,严格禁止 RBMK 运行。

2.3.2 事故过程分析

1986 年 4 月 25 日,4 号机组反应堆按照预定计划关闭,以进行定期维修。事故是由 8 号汽轮机发电机组开展实验时触发的。实验的目的在于:探讨场内外全部断电的情况下汽轮机发生中断蒸汽供应,利用转子惰转动能来满足该机组本身电力需要的可能性。

为了进行更安全、更低功率的测试,切尔诺贝利核电厂 4 号机组反应堆的能量输出从正常功率的 3200MW 减少至 700MW。由于实验的延迟,按低功率下运行规程解除局部自动调节系统时,操作人员没能够及时消除因自动调节棒部件所引起的不平衡状态,结果使实际输出功率下降到只有 30MW。在如此低的功率下积累的氙 -135 引起的氙中毒,限制了反应堆功率的提升。操作员仅能将热功率稳定在 200MW。此时,操作员已经将大部分控制棒提出,所提升的控制棒数目已经超过运行规程的限制。尽管如此,实验仍继续进行。8 台主循环泵都投入运行以保证实验后反应堆能得到足够的冷却。为了使沸腾程度得到抑制,流过堆芯的冷却剂具有很高的流速,堆芯入口处冷却剂的温度接近饱和。蒸汽压力下降,汽水分离器内的水位也下降到紧急状态水位以下。这种情况下,为了避免停堆,操作人员切断了与这些参数有关的事故保护系统,这个操作是相当危险的,可惜操作人员没意识到。

1 时 23 分 04 秒,实验开始。反应堆的不稳定状态在控制板没有显示任何异常,监控反应堆的操作员也并未充分地意识到危险。为了实验关闭了汽轮机入口截止阀,随着汽轮机的隔离,4 台循环水泵开始惰转,水循环的速度降低。实验开始不久,反应堆功率开始急剧上升,反应堆内的冷却剂被蒸发,形成了许多蒸汽。由于 RBMK 具有一个相当高的“正空泡系数”,因此反应堆的功率迅速增加,对反应堆进行操作将逐渐地变得不稳定且更加危险。

1 时 23 分 40 秒,操作员按下了意味着“紧急停堆”的 AZ-5(迅速紧急防御 5)

按钮,要把所有的控制棒和紧急停堆棒全部插入堆芯。几秒后,控制室感觉到了若干次震动,操作员看到控制棒已经不能插入堆芯底部,于是切断了控制棒的电源,使其靠重力下降。其间,反应堆功率在4s内大约增大到满功率的100倍。功率的突然暴涨,使得燃料碎裂成热的颗粒,这些热的颗粒使得冷却剂急剧蒸发,从而引起了蒸汽爆炸,反应堆堆芯发生解体,反应堆厂房被炸毁。由于反应堆体积太大且在设计时为了减少费用,没有设计承压的安全壳,放射性污染物因而进入了大气。在堆芯发生解体之后,氧气进入反应堆与极端高温的反应堆燃料和石墨慢化剂发生反应,造成了石墨起火,燃烧产生的浓烟进入大气使得放射性物质扩散和污染的区域更广。

两次爆炸发生后,浓烟烈火直冲天空,高达1000多米。火光溅落在反应堆厂房等建筑物屋顶,引起屋顶起火。同时,由于油管损坏、电缆短路以及来自反应堆的强烈热辐射,反应堆厂房、7号汽轮机厂房内及其邻近区域多处起火,总共有30多处大火。1时30分,执勤消防人员从附近城镇赶到事故现场,经过消防人员、现场值班运行和检修人员以及附近5号、6号机组施工人员共同努力,于5时左右将大火全部扑灭。爆炸后的切尔诺贝利核电厂3号、4号机组如图2-4所示。

图2-4 爆炸后切尔诺贝利核电厂3号、4号机组[18]

2.3.3 事故影响

由切尔诺贝利核电厂事故而漏出的放射性物质飘过俄罗斯、白俄罗斯和乌克兰,也飘过欧洲的其他地区,如土耳其、希腊、摩尔多瓦、罗马尼亚、立陶宛、芬兰、丹麦、挪威、瑞典、奥地利、匈牙利、捷克、斯洛伐克、斯洛文尼亚、波兰、瑞士、德国、意大利、爱尔兰、法国和英国,影响范围相当广。

作为人类核电历史上非常严重的一次核电事故,切尔诺贝利核电厂事故沉重地打击了全球范围内的核电事业,再加上一些专家的夸大其词和普通民众核电知识的匮乏,核电的发展因而陷入低迷时期。切尔诺贝利核电厂事故并不是轻水堆事故,因为其反应堆的设计与轻水堆大不相同,本身设计存在着很多缺陷,固有安全性很差。从本质上来说,切尔诺贝利核电厂事故是由过剩反应性引入而造成的严重事故。管理混乱、严重违章是这次事故发生的主要原因。

2.4 福岛核电厂事故

2011 年 3 月 11 日 13 时 46 分在日本东海岸附近海域发生里氏 9.0 级地震,地震引发大规模海啸,造成重大人员伤亡,并引发福岛第一核电厂发生核泄漏事故。

2.4.1 福岛核电厂简介

福岛第一核电厂采用沸水堆,如图 2-5 所示。沸水堆利用堆芯产生的蒸汽直接推动汽轮机发电。沸水堆以轻水作为冷却剂和中子慢化剂。反应堆冷却系统压力保持在 70atm(1atm = 0.1013MPa)。来自汽轮机的给水进入压力容器后,在 280℃左右发生沸腾。汽水混合物经过堆芯上方的汽水分离器和蒸汽干燥器过滤掉液滴后直接送入汽轮机。离开汽轮机的蒸汽经过冷凝器凝结为液态水后,由给水泵输送到反应堆,完成一个闭式循环。

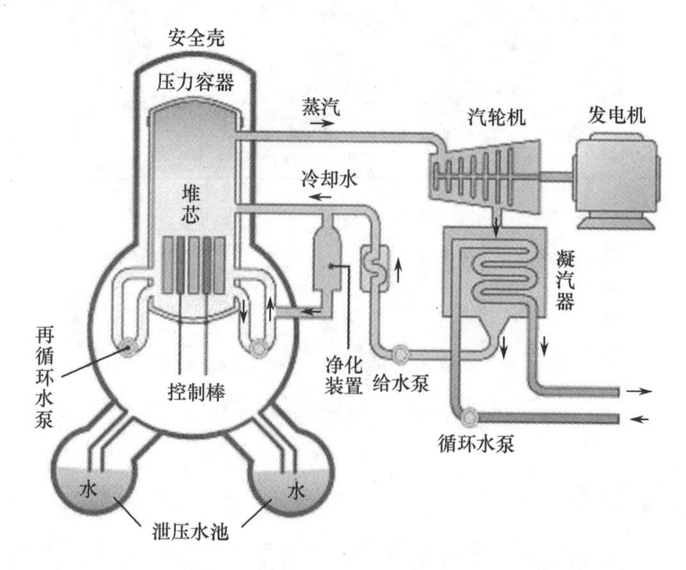

图 2-5 福岛第一核电厂反应堆原理图[19]

沸水堆中所用核燃料是铀的氧化物,其熔点很高,接近 2800℃。燃料芯块为高 1cm、直径为 1cm 的圆柱体,存放于由锆锡合金制成的燃料包壳内,包壳的熔点为 1200℃。压力容器的工作压力为 7MPa,它的设计涵盖了发生事故时产生的高压情况。压力容器以及水泵、冷却剂管道等封装在安全壳内。安全壳是钢筋混凝土结构,并且高度密封。安全壳的外围又浇灌了一层很厚的混凝土外壳,作为双重保障。

2.4.2 事故过程

地震发生前,福岛第一核电厂1~3号机组运行,4~6号机组换料大修。地震发生后,控制棒上插,运行中的机组成功实现自动停堆,但此时核电厂失去了外部电源和厂用电,紧急柴油发电机启动向余热排出系统供电以冷却堆芯。但也仅仅只有1台空冷式发电机和9台水冷式发电机组正常运作。56min后,海啸来临,柴油机房被淹没,应急柴油机停止运作,仅剩1台空冷式发电机给5号、6号机组供电,1~4号机组厂内应急电源切换至蓄电池供电,蓄电池的供电能力设计为8h,电池供电不足后引起堆芯余热不能排出。8h后,蓄电池电源耗尽,有些蓄电池未能工作8h,此时卡车运来了移动式柴油机,但柴油发电机的接口和核电厂的接口不兼容,堆芯冷却暂时停止。为了保住压力容器,电厂运维人员采取措施卸压,防止压力容器超压爆炸。从3月12日起,1号机组首先失去冷却水,堆内压力升高,辐射水平上升到正常值的1000倍,堆芯发生裸露,燃料元件的锆合金包壳在高温下与水反应产生大量氢气。15时36分,反应堆厂房发生氢爆,厂房顶盖被摧毁,只剩下钢结构,厂房内的放射性物质释放入大气,引起大范围场外应急;14日和16日,福岛第一核电厂的3号、2号和4号机组及乏燃料水池相继发生爆炸或缺水、燃烧,核辐射影响到几乎整个关东地区,并波及东京和美国参与救灾的海军舰只等敏感目标,造成严重的社会影响。随着事态的不断恶化,日本政府加大了事故的抢险力度,通过利用各种手段向反应堆和乏燃料池加注海水,并抢修冷却系统电源,最终各机组的冷却得到基本恢复,事故逐步受到控制,但1~4号机组的反应堆基本报废。福岛第一核电厂1~6号机组的事故序列与时间序列见表2-3~表2-7。

表2-3 福岛第一核电厂1号机组事件序列[20-22]

时间		主要事件
11日	14:42	丧失电源
	15:36	堆芯安注系统失效
	23:49	压力容器压力异常升高
12日	13:30	开始卸压
	14:36	氢爆
	19:20	向压力容器内注海水
13日	10:55	开始利用消防设施向1号机组安全壳内注海水
14日	00:10	临时中断注水作业
19日	19:10	已成功连接场外电源

表2-4　福岛第一核电厂2号机组事件序列[21,22]

时间		主要事件
11日	14:42	丧失电源
	15:36	堆芯安注系统失效
13日	13:00	维持2号机组的注水功能
14日	12:25	堆芯冷却功能丧失
	13:18	2号机组堆内水位有下降倾向
	19:10	准备利用消防设施向2号机组注海水
	21:50	压力容器内压力异常升高,水位再次下降
	23:00	开始卸压
15日	05:10	听到爆炸声,抑压水池破损
	07:25	机组冒白烟
19日	19:10	已成功连接场外电源
20日	—	检查电气设备

表2-5　福岛第一核电厂3号机组事件序列[21-23]

时间		主要事件
11日	14:42	丧失电源
13日	04:10	堆芯冷却功能丧失
	07:41	开始卸压
	10:55	开始利用消防设施向3号机组安全壳内注淡水
	12:12	开始利用消防设施向3号机组安全壳内注海水
14日	00:10	因1号、3号机组注水口海水减少,停止注水
	02:20	再次开始注入海水
	06:44	压力容器内压力异常升高
	10:01	氢爆
15日	09:22	辐射剂量升高
16日	07:34和09:00	厂房有白烟冒出,可能是从堆芯蒸发的蒸汽
17日	07:47	辐射剂量达到400mSv/h
	08:48	利用直升机注水
	18:05	利用消防设施注水
	18:35	再次通过直升机注水
18日	13:00	利用消防设施注水
	13:42	利用美国军用消防车进行注水(1台)
	23:30	东京消防厅进行地面注水20min,注水60t

（续）

时间		主要事件
19 日 23:30 ~20 日 02:40		持续注水 13.5h,注水量是乏燃料池容量的 2 倍以上
20 日	11:30	安全壳压力在上升
	14:30	东京电力辅导事务所报告,安全壳压力已稳定

表 2-6　福岛第一核电厂 4 号机组事件序列[22-24]

时间		主要事件
14 日	03:08	乏燃料池水温升高至 84℃
15 日	05:14	确认 4 号机组厂房外墙部分坍塌
	08:38	反应堆厂房 3 层着火,被扑灭
16 日	04:45	发生火灾,自行熄灭
17 日		确认 4 号机组乏燃料池中有水存在
20 日	08:30	停止向 4 号机组乏燃料池注水,注水工作持续了 1h 多,共注水 80t

表 2-7　福岛第一核电厂 5、6 号机组事件序列[21-23]

时间		主要事件
15 日	20:00	乏燃料池水温升高
		水位高出燃料组件 2.1m 以上,但与 5h 前相比,水位下降了 40cm
17 日		仍处于安全状态
18 日		乏燃料池中水温在缓慢上升
		在反应堆厂房屋顶开洞孔,防止发生氢爆
19 日	凌晨	修复了一台 6 号机组的应急柴油发电机
19 日	04:00	5 号机组余热排出系统泵恢复运行,水温开始下降

2.4.3　事故影响

日本原子能安全保安院 2011 年 3 月 13 日按照“国际核能事件分级表”,把核电厂发生氢气爆炸及放射性物质泄漏事故定为 4 级(“国际核能事件分级表”把核事件按严重程度分为 0~7 级)。日本福岛核电厂事故对环境造成了很大的危害,福岛核电厂周边检测到了^{131}I和^{137}Cs等放射性核素,随着这些放射性核素的扩散,福岛周边的部分蔬菜、饮用水等都检测出放射性物质的超标。福岛核电厂事故同样引发世界范围内的社会恐慌,在中国和日本、美国、法国等分别发生抢购碘盐和碘片的现象。同时,此次事故在一定的时期将对世界核电的发展产生重要影响。福岛核电厂事故发生后,德国决定将于 2022 年前关闭国内所有的核电厂,从而成为首个不再使用核能的主要工业国家。世界上其他各国纷纷对正在运营的核电厂开展进一步的安全检查与防范措施,同时暂停实施部分核电厂延寿计划,以及调整核电发展规划。尽管日本福岛核电厂事故再次给世界核电工业发展蒙上了一层阴影,然而在能源紧缺、全球变暖的时代背景下,考虑到各国的国情和经济发展需要,大多数国家仍选择继续审慎发展核电工业。此外,日本福岛核电厂事故使得核电厂的超基准事故的研究受到了更高程度的重视。

参考文献

[1] Nuclear Regulatory Commission. Reactor safety study: an assessment of accident risks in U. S. commercial power plants[R]. Washington:NRC,WASH-1400, 1975.

[2] International Atomic Energy Agency. Review of probabilistic safety assessments by regulatory bodies[R]. Vienna:IAEA,2002.

[3] 朱继洲,等. 核反应堆安全分析[M]. 西安:西安交通大学出版社,2004.

[4] Nuclear Regulatory Commission. PRA procedures guide:a guide to the performance of probabilistic risk assessment for nuclear power plants[R]. Washington:NRC,NUREG/CR-2300, 1983.

[5] US Nuclear Regulatory Commission. Severe accident risks: an assessment for five US nuclear power plants[J]. NUREG-1150,1990, 64: 65 -66.

[6] Lee J C, McCormick N J. Risk and safety analysis of nuclear systems[M]. California: John Wiley & Sons, 2011.

[7] 中广核工程有限公司. 三哩岛核事故三十周年纪念专刊[J]. 核电工程设计,2009,1.

[8] President's Commission. Report of the president's commission on the accident on three mile island[R]. Washington:NRC,1979.

[9] Viskanta R, Mohanty A K. TMI-2 accident: postulated heat transfer mechanisms and available data base[R]. IL(USA):ANL,1981.

[10] Sugiyama K, Aoki H, Su G, et al. Experimental study on coolability of particulate core-metal debris bed with oxidization,(Ⅰ) fragmentation and enhanced heat transfer in zircaloy-50 wt% Ag debris bed[J]. Journal of Nuclear Science and Technology, 2005, 42(12): 1081 -1084.

[11] Su G, Sugiyama K, Aoki H, et al. Experimental study on coolability of particulate core-metal debris bed with oxidization,(Ⅱ) Fragmentation and enhanced heat transfer in zircaloy debris bed[J]. Journal of Nuclear Science and Technology, 2006, 43(5): 537 -545.

[12] Cubicciotti D, Sehgal B R. Vapor transport of fission products in postulated severe light water reactor accidents[J]. Nucl. Technology, 1984, 65(2): 266 -291.

[13] Cronenberg A W, Tolman E L. Thermal interaction of core melt debris with the TMI-2 baffle, core-former, and lower head structures[R]. Idaho Faus(USA):EG and G Idoho,Inc. ,1987.

[14] Suh K Y, Henry R E. Debris interactions in reactor vessel lower plena during a severe accident I. predictive model[J]. Nuclear engineering and design, 1996, 166(2): 147 -163.

[15] Henrie J O, Postma A K. Lessons learned from hydrogen generation and burning during the TMI-2 event[R]. Richland:Atomil znternational Div. , 1987.

[16] Cannon N S, Patterson B A, Cannon CP. LOCA/post-LOCA aging effects on TMI-2 cable/connector components[R]. Richland:HEDL,1986.

[17] Sehgal B R. Nuclear safety in light water reactors[M]. San Diego:Academic Press Inc. , 2012.

[18] IAEA. Chernobyl Nuclear Accident:25th anniversary[EB/OL]. 2011[2015 -05 -15]. http://www.iaea.org/

newscenter/focus/chernobyl/25years/.
[19] Headquarters NER. Report of Japanese government to the IAEA ministerial conference on nuclear safety-the accident at TEPCO's fukushima nuclear power stations[J]. Tokyo:NERH,2011.
[20] 核能灾害研究总部. 日本政府关于核能安全对 IAEA 的会议报告书[R]. 东京:核能灾害研究总部, 2011[2011-06-07]. http://www. kantei. go. jP/jp/topics/2011/iaea-houkokusho. html.
[21] Wakeford R. And now, fukushima[J]. J Radiol Prot, 2011, 31(2): 167-176.
[22] 核能灾害研究总部. 东京电力福岛第一核电厂二号机组事故·东京:核能灾害研究总部[OL]. 2012, [2012-01-31]. http://www. kantei go. jp/saigai/gensai. html.

第3章

事故早期堆芯行为

3.1 事故早期堆芯应力特性

严重事故状态下堆芯的破坏过程分早期和晚期两个阶段。早期破坏过程是指堆芯破坏的开始阶段,这一阶段的主要物理过程包括包壳氧化、力学行为及部分堆芯材料的熔化和再定位。晚期破坏过程是指堆芯材料的移位阶段,在这一阶段,大量的堆芯材料熔化、再定位、形成碎片床并且熔化物质向压力壳下封头和安全壳转移。

3.1.1 国内外研究现状

日本福岛第一核电厂事故发生后,严重事故分析、后果评价及预防和缓解措施等问题受到了世界各国的密切关注。许多早期从事反应堆事故分析的国家都投入了大量的资金和精力进行这方面的工作。

作为最早的燃料元件分析程序之一,TRANSURANUS 是由欧洲铀燃料元件研究中心开发的堆芯物理化学分析程序,现在已经被欧洲各国广泛使用[1]。此外,欧洲各国都独立开发出了自己的分析软件[2,3]。

ICARE2[4]程序是法国核防护和安全研究所(Institut de Radioprotection et de Sûreté Nucléaire,IRSN)开发的一个机理性的严重事故分析程序,用于分析轻水堆核电厂在严重事故状态下堆芯的破坏过程。ICARE2 包括的物理模型的机理性很强,并经过大量实验验证。因此,能够比较细致地描述堆芯损坏过程,有助于运行和安全分析人员对堆内严重事故过程的认识和理解。ICARE2mod2.3 程序不能对堆芯损坏的全过程进行整体分析,而是分为早期和晚期两个阶段分别进行分析。ICARE2 程序的主要物理模型有热工水力模型、熔融物的径向及轴向移动、力学模型 CREE 和化学反应模型(ZROX(锆氧化模型)、FEOX(铁氧化模型))等。

法国原子能委员会(Commissariat à l'énergie Atomique,CEA)的核防护与安全研究所耦合模拟堆芯变化的分析程序 ICARE 和热工水力计算的程序 CATHARE,

得到了严重事故分析程序 CATHARE/ICARE。该程序可以模拟堆芯的破坏过程：堆芯升温熔化，包壳材料脆化，材料迁移和阻塞模块形成[5]。为了更好地对堆芯进行分析，法马通公司，CEA 连同法国电力公司（Electricite De France，EDF）在 TRANSURANUS 程序的基础上开发出了 METEOR 程序[6]。该程序不仅能够对二氧化铀燃料，还能对含钆的燃料元件以及 MOX 燃料进行分析。此外，法国的 PHEBUS实验计划研究辐照后的燃料棒、控制棒以及堆内构件的熔化过程，这个计划的开展对研究堆芯熔化开始阶段的物理现象有很大的帮助[7]。

ATHLET-SA 由德国核设施与安全研究中心开发，它耦合了 ATHLET 程序以及斯图加特核能研究所（Institut für Kernenergetik und Energie，IKE）开发的堆芯性能分析程序 KESS，可以处理堆芯升温、降解与裂变产物泄漏相关的物理化学行为[6]。

为了帮助 NRC 进行严重事故分析，美国爱达荷国家实验室（Idaho National Engineering and Environmental Laboratory，INEEL）开发了 SCDAP/RELAP5 程序[6]。其核心部分包括模拟反应堆内部热工水力现象的 RELAP5 程序以及能详尽模拟严重事故过程中堆芯变化的程序 SCDAP。模拟的堆芯现象包括燃料膨胀与坍塌导致的堆芯几何形状变化对冷却剂回路的影响，燃料棒升温、膨胀、破裂、氧化，燃料元件的热力耦合、蠕变、与包壳的接触以及包壳的脆化，熔融物的流动，重新定位等。在早期，SCDAP 和 RELAP 没有完全耦合，为了进行轻水堆燃料元件的瞬态分析，美国开发了 FRAPCON 燃料元件分析程序，将其计算结果作为 RELAP 的输入参数进行耦合分析。自 1976 年 FRAPCON1 诞生后，经不断改进，引入更加精确的新模型以及对比耦合实验数据，1997 年升级为包含 200 多个子程序的 FRAPCON3[8-10]。FRAPCON3 对燃耗的考虑较详尽，但也存在着不足，该程序的机械计算中仅把燃料元件当成刚体，忽略了燃料元件在裂变气体作用下的应变。

日本原子力研究所开发的燃料元件性能分析程序 FEMAXI 同样能对多种燃料的性能进行分析[11-13]。与其他堆芯性能分析软件相比，FEMAXI 在求解应力方面优势明显。但是，由于 FEMAXI 程序中的部分模型没有考虑燃耗的影响，在反应堆运行周期内进行燃料元件的性能分析，结果会不够精确。

中国原子能科学研究院（China Institute of Atomic Energy，CIAE）在堆芯性能方面也开展了许多研究工作：针对中国实验快堆（China Experimental Fast Reactor，CEFR）的燃料元件开发了快堆的燃料元件性能分析程序 LIFEANLS，程序对于机械的考虑十分简单，关系式的适用范围有限[14]；为了针对不同堆芯材料进行分析，他们在法国 METEOR 程序的基础上加入 MOX 燃料的相关模型，开发出了水堆 MOX 燃料元件性能分析程序[15]。

西安交通大学针对压水堆棒状燃料元件给出了完整的数学物理方程及相关的边界条件，并基于这些模型自主开发了棒状燃料元件稳态性能分析程序 FROBA[16]，对棒状燃料元件的热工－机械－材料特性进行模拟分析，计算得到了不同燃耗深度下燃料元件的温度、应力、应变、裂变气体释放率等关键参数。FROBA 程序不仅可以对棒状燃料进行分析计算，而且可以对环状燃料棒进行分析计算。

3.1.2 燃料元件应力特性分析

在严重事故早期，由于冷却剂流失，并且 ECCS 不能投入使用，堆芯的水位以及一回路内的压力不断下降，堆芯的冷却条件逐渐恶化。当一回路的压力达到安注箱的设定压力后，安注箱内的水注入堆芯。但是，在大量的衰变热作用并且缺乏冷却的条件下，堆芯开始裸露，温度上升并最终破坏。为了比较可靠地估计严重事故的进程，必须对事故早期的燃料元件性能变化做出合理的分析。

燃料元件的性能分析主要包括热工水力分析、力学性能分析、材料氧化分析三个部分。热工水力的计算可得到燃料元件的温度、功率、燃耗分布、包壳和冷却剂的温度变化、裂变气体的释放以及整个寿命期内气隙换热的影响。力学性能方面主要研究芯块和包壳的变形，芯块对包壳的机械影响，热应力导致的材料变形，密实化造成的体积变化，肿胀的影响以及气隙的变化。其中，气隙的变化是机械以及热工耦合的主要联系点[17-21]。材料氧化分析部分主要包括氧化模型，材料密实化，肿胀，膨胀等各种变形系数以及燃料和包壳的热导率等。热工水力模型在 3.2 节中详细介绍，氧化模型在第 4 章中详细介绍，本节主要介绍应力应变模型。

1）弹性方程

对于非刚性物体，其体内各点在受力时所发生的变形程度不尽相同。由固体力学的理论可知，在任何受力体的每一点上都可以作出三个互相垂直的面，经由这三个面来传递三个主应力。应力平衡的微分方程[22]：

$$\begin{cases}\dfrac{\partial\sigma_x}{\partial x}+\dfrac{\partial\tau_{yx}}{\partial y}+\dfrac{\partial\tau_{zx}}{\partial z}=0\\[2ex]\dfrac{\partial\sigma_y}{\partial y}+\dfrac{\partial\tau_{xy}}{\partial x}+\dfrac{\partial\tau_{zy}}{\partial z}=0\\[2ex]\dfrac{\partial\sigma_z}{\partial z}+\dfrac{\partial\tau_{xz}}{\partial x}+\dfrac{\partial\tau_{yz}}{\partial y}=0\end{cases}\tag{3-1}$$

式中：σ 为应力（Pa）；τ 为切应力（Pa）。

几何方程[22]：

$$\begin{cases}\varepsilon_x=\dfrac{\partial u}{\partial x},\gamma_{yz}=\dfrac{1}{2}\left(\dfrac{\partial v}{\partial z}+\dfrac{\partial w}{\partial y}\right)\\[2ex]\varepsilon_y=\dfrac{\partial v}{\partial y},\gamma_{zx}=\dfrac{1}{2}\left(\dfrac{\partial w}{\partial x}+\dfrac{\partial u}{\partial z}\right)\\[2ex]\varepsilon_z=\dfrac{\partial w}{\partial z},\gamma_{xy}=\dfrac{1}{2}\left(\dfrac{\partial u}{\partial y}+\dfrac{\partial v}{\partial x}\right)\end{cases}\tag{3-2}$$

式中：ε 为应变；γ 为切应变。

根据棒状燃料元件几何结构的轴对称性，计算中采用了圆柱坐标系，即三个主应力分别对应于圆柱坐标系下的径向应力 σ_r、周向应力 σ_θ 和轴向应力 σ_z。其中，对称轴为 Z 轴，旋转体的子午面（通过 Z 轴的平面，即 θ 平面）始终保持平面，各子午面之间的夹角保持不变，故沿 θ 坐标方向上的位移分量为 0：

$$\begin{cases} u_r = f(r,z) \\ u_\theta = 0 \\ u_z = f'(r,z) \end{cases} \tag{3-3}$$

式中：u 为位移量（m）。

代入几何方程，便能得到位移和应变的关系式[23]：

$$\begin{cases} \varepsilon_r = \dfrac{\partial u_r}{\partial r}, \varepsilon_\theta = \dfrac{u_r}{r}, \varepsilon_z = \dfrac{\partial u_z}{\partial z} \\ \dfrac{d\sigma_r}{dr} + \dfrac{\sigma_r - \sigma_\theta}{r} = 0 \\ \dfrac{d\varepsilon_\theta}{dr} + \dfrac{\varepsilon_\theta - \varepsilon_r}{r} = 0 \end{cases} \tag{3-4}$$

为了解出芯块的力学参数，还必须列出应力应变关系式（本构方程）。对于各向同性材料，当三个主应力同时不为 0 时，本构关系可用下式表示[24]：

$$\begin{cases} \varepsilon_r = \dfrac{1}{E}[\sigma_r - \gamma(\sigma_\theta + \sigma_z)] + \int \alpha_r dT + \varepsilon_r^p + d\varepsilon_r^p + \varepsilon_r^{sw} + \varepsilon_r^{den} \\ \varepsilon_\theta = \dfrac{1}{E}[\sigma_\theta - \gamma(\sigma_r + \sigma_z)] + \int \alpha_\theta dT + \varepsilon_\theta^p + d\varepsilon_\theta^p + \varepsilon_\theta^{sw} + \varepsilon_\theta^{den} \\ \varepsilon_z = \dfrac{1}{E}[\sigma_z - \gamma(\sigma_\theta + \sigma_r)] + \int \alpha_z dT + \varepsilon_z^p + d\varepsilon_z^p + \varepsilon_z^{sw} + \varepsilon_z^{den} \end{cases} \tag{3-5}$$

式中：σ_r 为径向应力（Pa）；σ_θ 为周向应力（Pa）；σ_z 为轴向应力（Pa）；ε^p、$d\varepsilon^p$ 分别为塑性应变量和塑性应变增量；E 为弹性模量（Pa）；γ 为泊松比。

由于燃料棒的长度远大于其半径尺寸，计算时可以把它看成一维平面应力问题进行处理，即

$$\varepsilon_z = \text{常数} \tag{3-6}$$

2）弹塑性转变及塑性方程

包壳在加载较大负载时，负载可能会超过其材料的屈服极限而发生塑性变形，图 3-1 中 P 点是材料从弹性到塑性的过渡点[25]。

材料弹性变形以及塑性变性转换的判断，可选用米塞斯型判断准则[26]。该准则指出，材料的等效应力达到一定数值后，材料特性表现为塑性。同时，要使塑性变形状态持续进行所必须遵守的条件：无论在何种应力状态下，只要变形体单位体积的弹性形变能量达到某一定值，材料就进入塑性状态，表述为

$$\begin{cases} \sigma_e^2 = 0.5[(\sigma_1 - \sigma_2)^2 + (\sigma_1 - \sigma_3)^2 + (\sigma_3 - \sigma_2)^2] \\ \sigma_e \geq \sigma_y, \quad \text{材料开始进入塑性} \end{cases} \tag{3-7}$$

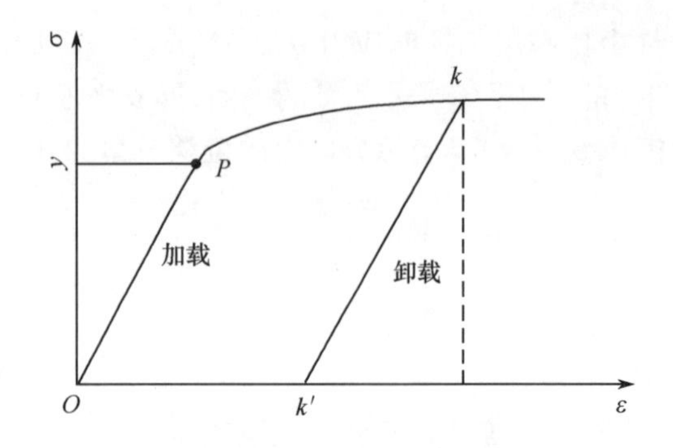

图 3-1　弹塑性的转换[25]

式中：σ_y为屈服应力（Pa）；σ_e为有效应力（Pa）。

当材料性质转变成塑性后，应力与应变关系不再保持弹性阶段的单值关系，而变成非线性关系。对于塑性变形后的应力与应变关系，缺乏一个像弹性范围内的胡克定律那样的统一理论来进行描述。塑性范围内应力与应变的理论描述，总体上可归纳为两大类：描述应变速率与应变增量之间关系的增量理论（Levy-Mises 理论和 Prandtl-Reuss 理论）[26]；描述应力与全量应变之间关系的全量理论[26]。

3）弹塑性参数

芯块在不同燃耗情况下其体积变化不尽相同，存在拉伸以及压缩两种情况，因而要同时已知材料的压缩弹性模量和拉伸弹性模量。在工程应用中，金属材料一般只测定拉伸弹性模量，同时将它作为这种金属的拉伸弹性模量以及压缩弹性模量。本书采用拉伸弹性模量进行计算，关系式选用[27]。

$$E = 2.334 \times 10^{11}[1 - 2.752(1-d)][1 - 1.0915 \times 10^{-4}T] \qquad (3-8)$$

式中：E 为弹性模量（Pa）；d 为燃料理论密度的百分比；T 为温度（K）。

图 3-2 为该关系式与实验值对比，式（3-8）的计算结果与实验测量值的变化趋势吻合得很好。

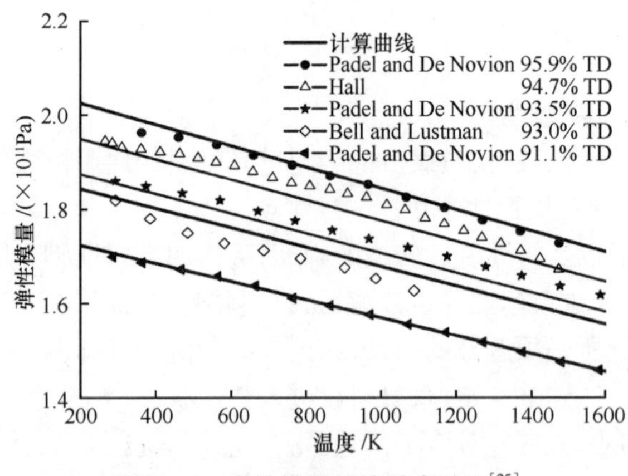

图 3-2　弹性模量的关系式对比[25]

结合弹性模量和剪切力的关系得到泊松比的表达式为

$$\gamma = E/2G - 1 \tag{3-9}$$

式中：G 为切变模量（Pa）。

Wachtman 等人开展了二氧化铀的压缩和剪切实验，并得到二氧化铀的平均拉伸弹性模量为 2.3×10^{11} Pa，平均剪切模量为 8.74×10^{10} Pa，泊松比为 0.316[28]。Padel 和 Novion 指出，Wachtman 等人的实验仅考虑了 25℃时的单晶体二氧化铀。他们在 Wachtman 研究结果的基础上结合多晶二氧化铀的实验得到其泊松比为 0.314[29]。

4）热膨胀模型

芯块变形不仅与腔室气压变化有关，还与芯块温度变化有关，这就是热变形。热变形大小与材料的热膨胀系数有关。燃料元件的热膨胀模型选用。

$$\frac{\Delta L}{L} = K_1 T - K_2 + K_3 \mathrm{e}^{-\frac{E_D}{kT}} \tag{3-10}$$

式中：$\frac{\Delta L}{L}$为膨胀导致的热应变；T 为温度（K）；k 为玻耳兹曼常数，$k = 1.38 \times 10^{-23}$ J/K；E_D、K_1、K_2、K_3 为经验常数，$E_D = 6.9 \times 10^{-20}$，$K_1 = 1.0 \times 10^{-5}$，$K_2 = 3.0 \times 10^{-5}$，$K_3 = 3.0 \times 10^{-2}$。

式（3-10）拟合了低温状态下 Sears 和 Zemansky 关系式的作用以及高温状态下 Schottky 缺陷造成的燃料元件的非线性膨胀的影响[30]。

5）辐照膨胀模型

二氧化铀在运行过程中会发生辐照肿胀现象，主要包括由固态裂变产物引起的肿胀以及由气态裂变产物引起的肿胀[31]。肿胀主要是由于裂变产物的体积大于所消耗的新鲜燃料的体积造成的。它会直接导致燃料芯块的径向尺寸变大，从而使芯块与包壳直接接触，进而发生相互作用[32-34]。

固态裂变产物引起的肿胀率较小，且与燃耗成正比，变化规律明确，可以通过下式进行计算[25]：

$$\dot{V}_{\mathrm{sold}} = 7.435 \times 10^{-13} \times \rho_0 (\mathrm{bu} - \mathrm{bu}_1) \tag{3-11}$$

式中：$\dot{V}_{\mathrm{sold}}$为由于固态裂变产物引起的体积肿胀率；ρ_0为燃料元件反应起始阶段的密度（$\mathrm{kg/m^3}$）；$\mathrm{bu} - \mathrm{bu}_1$ 为燃耗的增加量（MW · d/kg）。

气态裂变产物会先留在晶界内，晶界中的气泡在原子扩散以及辐照重溶作用下形成大量的平衡气体原子[35]。当原子扩散至晶界后，气泡便成核、长大，从而引起燃料的肿胀。高温状态下晶粒的长大效应明显，相应的肿胀作用十分突出，如图 3-3所示。由于这个物理过程十分复杂，若详细考虑每一个影响因素是不现实的，因而只能选用实验得到的关系式。本书采用综合 Battelle Columbus 实验室 Turnbull 以及 Chubb 等人的实验数据得到的指数关系式[25]，即

$$\dot{V}_{\mathrm{gas}} = 2.617 \times 10^{-39} \times \rho_0 (\mathrm{bu} - \mathrm{bu}_1)(2800 - T)^{11.73} \times \mathrm{e}^{-0.0162(2800 - T)} \mathrm{e}^{-2.4 \times 10^{-10} \times \mathrm{bu} \times \rho_0} \tag{3-12}$$

式中：$\dot{V}_{gas}$为由于气态裂变产物引起的体积肿胀率；ρ_0为燃料元件反应起始阶段的密度（kg/m^3）；T 为温度（K）；bu 为燃耗（MW · d/kg）。

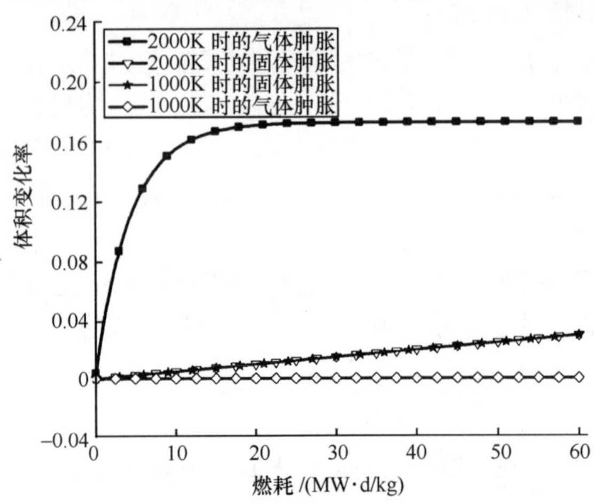

图 3－3　不同温度下的气体、固体肿胀随燃耗的变化[25]

6）燃料密实化模型

燃料密实化即运行过程中，随着燃耗的加深二氧化铀密度是增加的，密度的增加直接导致芯块尺寸的减小。这种收缩现象主要是由于二氧化铀的塑形流动造成了芯块内部孔隙的逐渐消失从而使得芯块体积变小。美国爱迪生电力研究所的实验结果表明，其密度变化主要发生在运行初期燃耗较小的一段时间内（<3.5MW · d/kg），而在大于该燃耗的时间范围内芯块尺寸的变化十分小，可以忽略不计[25]。这与 Rolstad 等人的实验结论一致，本书采用的就是 Rolstad 模型。Rolstad 先利用燃料元件的烧结温度及其理论密度得到芯块总的密实化变化率[36]，即

$$\left(\frac{\Delta L}{L}\right)_{\mathrm{m}} = \frac{-22.2(100-d)}{T_{\mathrm{sint}}-1453} \tag{3-13}$$

式中：$\left(\frac{\Delta L}{L}\right)_{\mathrm{m}}$为最大尺寸的变化（%）；$T_{\mathrm{sint}}$为燃料的烧结温度（K）；$d$ 为理论密度的百分数。

Rolstad 在总的密实化变化率的基础上通过主曲线法得到不同燃耗下芯块的密实化程度，即

$$\frac{\Delta L}{L} = -3.0 + 0.93 \cdot \mathrm{e}^{-\mathrm{bu}} + 2.07 \cdot \mathrm{e}^{-35\mathrm{bu}} \tag{3-14}$$

其计算过程如图 3－4（a）所示，其主曲线图 3－4（b）所示。其中，图 3－4（b）表示的是式（3－14）的绝对值的变化。计算中首先根据已知的烧结温度及燃料元件的理论密度求得芯块的最大尺寸变化，然后在该点处作 X 轴平行线，并延长至与图 3－4（b）的曲线相交。将交点作为新的坐标原点，其燃耗和尺寸变化率均为

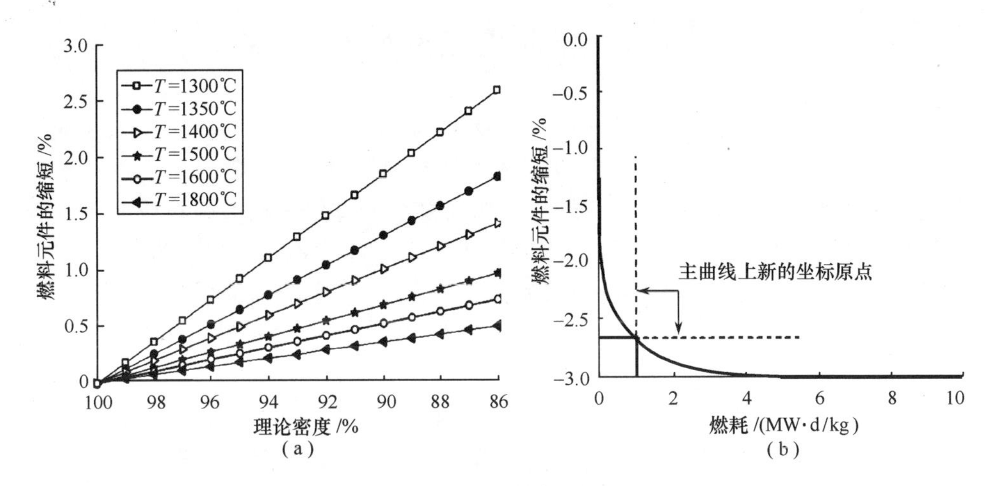

图 3-4 密实化模型的曲线

(a)芯块总的密实化；(b)芯块密实化随燃耗深度的变化。

0。以此点作为基准便能从图 3-4(b)的坐标中得到不同燃耗深度下的尺寸变化率。根据该曲线的特点，其交点值的大小可利用 Newton 迭代法进行迭代得到(一般通过 4~10 次迭代便可收敛)。

$$e_r = 100 \cdot (bu_n - bu_1)/bu_n \tag{3-15}$$

式中：e_r 为收敛标准，可选取收敛标准为 0.0002%；bu_n 为选取的新的燃耗(MW·d/kg)；bu_1 为上次迭代所采用的燃耗(MW·d/kg)。

7) 燃料芯块龟裂模型

在反应堆正常运行温度范围内，二氧化铀主要表现为脆性，在较低应力下会发生龟裂，整体分裂成许多小碎片。芯块龟裂的机械原理十分复杂，一般的轴对称方法不能适用，而芯块龟裂的后果只是改变元件内的间隙宽度。因此，METEOR 程序中提到一种简化的处理方法：可以将龟裂后的芯块当作均匀材料，只是其弹性模量以及泊松比比正常的燃料芯块小。这称为燃料的再分布或重排列。

8) 燃料芯块的重结构

由于燃料芯块中的气孔(制造气孔以及燃料开裂而后愈合所形成的透镜状气孔)向燃料中心迁移，原先结构均匀的燃料芯块在堆内受辐照时就会出现明显的结构变化。其中，最为典型的是形成同心的三区结构：在无初始中心孔的芯块中心区域出现中心孔，从中心孔边缘到芯块外缘依次是柱状晶区、等轴晶区以及初始晶区。燃料芯块重结构的出现是燃料芯块温度以及温度梯度造成的气孔迁移的结果。可以根据不同晶区的阈值温度采用牛顿迭代法解出其区域半径，其中：柱状晶区的阈值温度为 1800℃；等轴晶区的阈值温度为 1600℃。温度小于等轴晶区的阈值温度时，不会出现重结构。

3.2 堆芯再淹没特性

在大破口失水事故(Large Break Loss Of Coolant Accident,LBLOCA)中,从应急冷却水到达堆芯底部开始,一直到冷却水抵达燃料元件顶部,燃料元件重新被冷却,这一过程称为再淹没过程。它是一个相当复杂的过程。在大破口或中等破口失水事故喷放结束时,衰变热使包壳温度升得很高。应急冷却水进入堆芯时,并不能立即润湿包壳表面。当水接近炽热的包壳壁面时,急剧蒸发的蒸汽形成汽膜把冷却水和壁面分开,形成反环状流。然而,蒸汽和两相混合物对壁面会起到预冷作用。当温度降到一定值时,壁面上建立湿斑,液体开始浸润壁面。随后,湿斑范围迅速扩展,在整个壁面上建立起稳定的核态沸腾工况,壁温很快下降。这种冷却水重新浸润壁面,温度突然降低的过程称为再润湿(Re-wet)过程。随着润湿区下游壁面不断被冷却,骤冷前沿将不断向下游推进[37]。

3.2.1 燃料元件再淹没的物理过程

再淹没过程开始于冷却剂从堆芯底部向堆芯顶部上升的时刻[38],在这一过程中会发生以下现象:

(1) 第二峰值包壳温度:在应急冷却水进入堆芯底部时,它被加热并开始沸腾。在堆芯底部以上大约0.5m处,由于包壳表面很热,该沸腾过程变得十分强烈,使蒸汽快速向上流过堆芯。这股汽流夹带着相当数量的液滴,它们为堆芯的较热部分提供初始的冷却。但是堆芯上部燃料元件包壳可能继续升温,随着水位的上升,冷却效果越来越强,包壳温度上升速率逐渐减小,直到被抑制,包壳温度达到峰值。最后,在冷却剂丧失事故瞬变开始后60~80s,热点的温度开始下降。

(2) 骤冷:当包壳温度再次下降得足够多(下降到350~550℃)时,应急冷却水终于再湿润包壳表面,并且由于高得多的冷却速率,温度急剧下降(骤冷)。骤冷前沿从顶端和底端两边传向堆芯(当冷管段和热管段同时注入时)。当整个堆芯被骤冷,且水位最终升到堆芯顶端时,认为再淹没阶段结束。它在冷却剂丧失事故瞬变开始后的1~2min时出现。

(3) 蒸汽黏结:在某些情况下,堆芯再淹没过程可能受到不利影响。从堆芯流出来的蒸汽在流向破口时会受到阻力,在上腔室形成一个背压。下腔室和堆芯内水位上升的速率取决于驱动力和流动阻力。由于下降段同堆芯之间的水位差引起的驱动力是有限的,所以蒸汽流动阻力变得重要,从而产生了蒸汽黏结现象。

在热管段破裂的情况下,蒸汽流动阻力比较小,蒸汽可以容易地流出堆芯。在冷管段破裂的情况下,蒸汽在到达破口之前,必须克服热管段管道、蒸汽发生器和泵的阻力。

在蒸汽流过蒸汽发生器时,二回路流体对一回路蒸汽加热,蒸汽夹带的水蒸发和蒸汽过热，使蒸汽流的流速增加，从而使流动阻力进一步增加。在蒸汽发生器和泵之间的U形管段里会积聚水，它可能形成一个附加的蒸汽流动阻力。

在蒸汽发生器与泵之间的管道破裂的情况下，这个蒸汽黏结效应更为显著。因此，蒸汽黏结降低再淹没速率，减少燃料元件与冷却剂之间的传热，延长了再淹没阶段的时间，增加了包壳温升，产生了更高的第二峰值温度。

(4) 锆水反应：当温度达到1000℃以上时，锆水反应相当剧烈，使包壳氧化加剧。

3.2.2 再淹没过程传热模型

根据应急冷却水注入流量的不同，再淹没过程可分为两种，如图3-5所示。图3-5(a)表示注水速度比较高(大于4cm/s)时的情形。此时液位向上移动的速度大于骤冷前沿移动的速度，骤冷前沿下游处于反环状流膜态沸腾。图3-5(b)表示注水速度比较低时的情况。此时液位向上移动的速度不及骤冷前沿的移动速度。骤冷前沿下游是环状流。两种再润湿过程的共同点是：在骤冷前沿附近换热系数特别高，跨越骤冷前沿前后包壳温度有一个较大的温度梯度。

1. 燃料棒导热模型[39]

本模型考虑了一个内充燃料芯块的燃料棒，包壳的表面覆盖有氧化层(图3-6)。芯块的材料是氧化锆或氧化铀。芯块和包壳的温度分布采用了轴对称边界条件进行模拟计算。

在柱坐标系中，二维温度分布的导热方程为

$$c(T,r)\rho(T,r)\frac{\partial T}{\partial t}=\frac{1}{r}\frac{\partial}{\partial r}\left(r\lambda(T,r)\frac{\partial T}{\partial r}\right)+\frac{\partial}{\partial z}\left(\lambda(T,r)\frac{\partial T}{\partial z}\right)+\dot{Q}\qquad(r_0\leqslant r\leqslant r_{cs},0\leqslant z\leqslant H)\tag{3-16}$$

式中：t为时间(s)；T为温度(K)；c为比热容(J/(kg·K)；ρ为密度(kg/m^3)；λ为热导率(W/(m·K))；$\dot{Q}$为体积释热率(W/m^3)；r_0为燃料芯块的中心(m)；r_{cs}为包壳的外径(m)；H为燃料元件的高度(m)。

2. 燃料棒与冷却剂对流换热模型[40]

燃料棒与冷却剂对流换热过程包括辐射传热、沸腾换热和与蒸汽的换热。基于分离流模型，向上流动垂直通道内的两相流体质量、动量和能量方程如下：

气相质量守恒方程为

$$\frac{\partial(\alpha\rho_g)}{\partial t}+\frac{\partial(\alpha\rho_g u_g)}{\partial z}=\Gamma\tag{3-17}$$

液相质量守恒方程为

$$\frac{\partial((1-\alpha)\rho_l)}{\partial t}+\frac{\partial((1-\alpha)\rho_l u_l)}{\partial z}=-\Gamma\tag{3-18}$$

气相动量守恒方程为

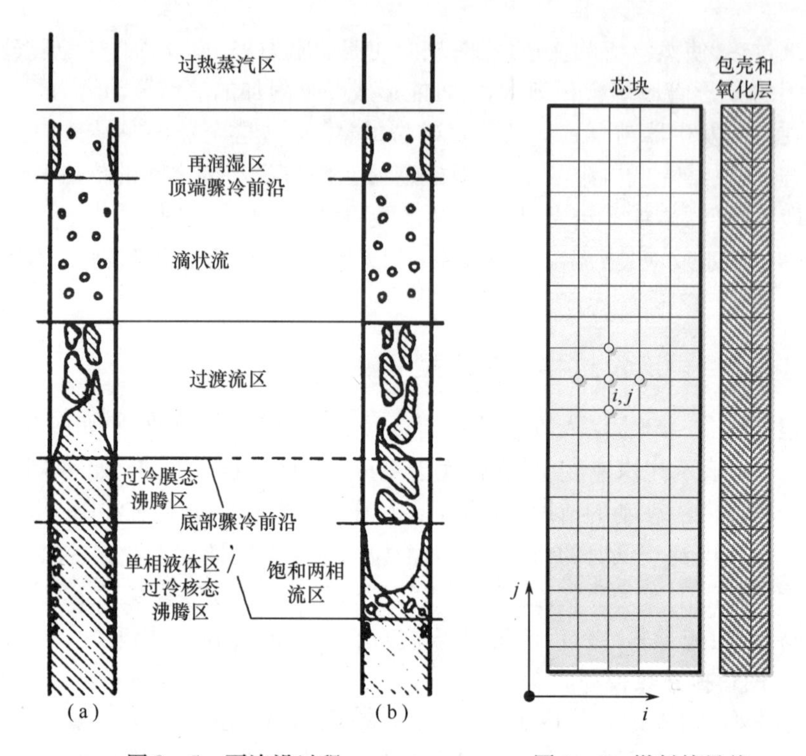

图 3-5 再淹没过程

(a)注水速度比较高;(b)注水速度比较低。

图 3-6 燃料棒导热模型节点划分

$$\frac{\partial(\alpha\rho_g u_g)}{\partial t}+\frac{\partial(\alpha\rho_g u_g^2)}{\partial z}+\alpha\frac{\partial p}{\partial z}+\alpha\rho_g g+\Delta F_g=\Gamma u_l \tag{3-19}$$

液相动量守恒方程为

$$\frac{\partial((1-\alpha)\rho_l u_l)}{\partial t}+\frac{\partial((1-\alpha)\rho_l u_l^2)}{\partial z}+(1-\alpha)\frac{\partial p}{\partial z}+(1-\alpha)\rho_l g+\Delta F_l=-\Gamma u_l \tag{3-20}$$

气相能量守恒方程为

$$\frac{\partial(\alpha\rho_g h_g)}{\partial t}+\frac{\partial(\alpha\rho_g u_g h_g)}{\partial z}=\dot{Q}_g+\Gamma h_g \tag{3-21}$$

液相能量守恒方程为

$$\frac{\partial((1-\alpha)\rho_l h_l)}{\partial t}+\frac{\partial((1-\alpha)\rho_l u_l h_l)}{\partial z}=\dot{Q}_l-\Gamma h_g \tag{3-22}$$

假设:(1) 两相是完全分开的,即采用分离流模型。

(2) 液体物性只是温度的函数,两相流中的液体温度是饱和温度。

(3) 蒸汽物性是系统压力和蒸汽温度的函数,蒸汽的比热容为常数,并假定蒸汽为理想气体,即

$$h_g=h_{sat}+r+c_{p,g}(T_g-T_{sat}) \tag{3-23}$$

$$p_g = p_{gsat} \cdot \frac{T_{sat} + 273.16}{T_g + 273.16} \tag{3-24}$$

式中：h_g 为蒸汽比焓（J/kg）；h_{sat}为饱和比焓（J/kg）；r 为汽化潜热（J/kg）；$c_{p,g}$为蒸汽比热容（J/(kg·K)）；T_g 为蒸汽温度（K）；T_{sat}为饱和温度（K）；p_g 为蒸汽压力（MPa）；p_{gsat}为蒸汽饱和压（MPa）。

（4）堆芯入口压力即为系统压力。

基于以上假设，相间转化率为

$$\Gamma = \frac{\dot{Q}_1}{r + c_{p,g} \cdot (T_g - T_{sat})} \tag{3-25}$$

为了封闭方程组，需要一个附加动量方程，现在引入一个滑速关联式 ΔU 来代替附加动量方程，u_{gl}定义为 $u_g - u_1$。如果给定 G、G_g，则空泡份额为

$$\alpha = \frac{1}{2}\left(1 + \frac{C_1 + C_2}{u_{gl}} - \sqrt{1 + \frac{2(C_2 - C_1)}{u_{gl}} + \left(\frac{C_1 + C_2}{u_{gl}}\right)^2}\right) \tag{3-26}$$

式中

$$C_1 = \frac{G_g}{\rho_g} \tag{3-27}$$

$$C_2 = \frac{G - G_g}{\rho_1} \tag{3-28}$$

在各个流型区域所采用的热工水力经验关系式如下：

（1）单相液体和过冷沸腾区域。

水力模型关系式如下：

$$\Delta p_f = f \cdot \frac{1}{2} \cdot \frac{\rho_1 u_1^2}{D_e} \tag{3-29}$$

$$f = \begin{cases} 0.3164 \times Re^{-0.25}, & Re \geqslant 2300 \\ 64/Re, & Re < 2300 \end{cases} \tag{3-30}$$

式中：Δp_f为摩擦压降项（N·m^{-3}）；f 为摩擦阻力系数。

换热模型采用饱和核态沸腾模型：

$$\dot{Q}_1 = \frac{D}{A} \cdot q \tag{3-31}$$

$$q = 2.555 \times 10^{-6} \cdot \Delta T^4 \cdot e^{0.645p} \tag{3-32}$$

式中：$\dot{Q}_1$ 为单位体积冷却剂的加热率（MW/m^3）；D 为湿周（m）；A 为流通面积（m^2）；q 为热流密度（MW/m^2），本书采用 Jens-Lottes 关系式计算[41]。

（2）饱和沸腾区域。

假设两相间处于热力学平衡状态，换热模型采用饱和核态沸腾模型，见式(3-31)和式(3-32)。空泡份额 α 采用修正的 Cunningham-Yeh 关联式和修正的 Lockhart-Martinelli 关联式[41]进行计算，并利用该空泡份额计算汽液相间速度差

u_{gl},即

$$u_{gl}=\frac{G'_g}{\rho_g\cdot\min(\alpha_{Yeh},\alpha_{LM})} \tag{3-33}$$

式中

$$\frac{\partial G_g'}{\partial z}=\Gamma \tag{3-34}$$

$$\alpha_{Yeh}=\min\left(0.925\cdot\left(\frac{\rho_g}{\rho_l}\right)^{0.239}\cdot\left(\frac{u_{go}}{u_{bcr}}\right)^{a},1\right) \tag{3-35}$$

$$\alpha_{LM}=1+0.84\cdot\left(\frac{u_{lo}}{u_{go}}\right)^{0.64}\cdot\left(\frac{\rho_l}{\rho_g}\right)^{0.28}\cdot\left(\frac{\mu_l}{\mu_g}\right)^{0.07} \tag{3-36}$$

(3) 过渡流区域。

过渡流区域的水力模型采用饱和沸腾区域的模型,考虑对流换热和辐射换热,换热系数关联式采用由 Murao 和 Sugimoto 拟合的关联式计算[40]:

$$\dot{Q}_l=\frac{D}{A}\cdot h\cdot(T_w-T_{sat}) \tag{3-37}$$

$$h=h_{sat}+h_{rad} \tag{3-38}$$

$$h_{sat}=0.94(1-\alpha)^{0.25}\left(\frac{\lambda_g^3\rho_g(\rho_l-\rho_g)\cdot r}{L_Q\mu_g\cdot(T_w-T_{sat})}\right)^{0.25} \tag{3-39}$$

$$h_{rad}=\frac{C_0\cdot(1-\alpha)^{0.5}\cdot\varepsilon\cdot(T_w^4-T_{sat}^4)}{T_w-T_{sat}} \tag{3-40}$$

式中:h_{sat}为对流换热系数($W/(m^2\cdot K)$);h_{rad}为辐射换热系数($W/(m^2\cdot K)$);L_Q为与骤冷前沿的距离(m);C_0为黑体辐射系数,$C_0=5.67W/(m^2\cdot K^4)$;ε为发射率。

(4) 过冷膜态沸腾区域。

由于蒸汽膜起到了润滑作用,该区域忽略摩擦压降。

该区域的换热模型采用过渡流区域的模型:由于液体过冷度是对该区域换热影响最大的参数,基于 PWR-FLECHT 实验数据,Sudo 提出了对对流换热系数的修正,采用一种乘子计算关系式[40],即

$$F=1.0+0.025\cdot(T_{sat}-T_l) \tag{3-41}$$

(5) 滴状流区域。

假设:① 该区域的换热分为两种:一种是从加热壁面到蒸汽的换热和从蒸汽到液体的对流换热;另一种是从加热壁面到液滴的辐射换热。可表示为

$$Q_l=Q_{gl}+Q_{wl} \tag{3-42}$$

② 假设液滴为球形,以此计算黏性力和换热。

③ 滑速差 $u_{gl}(u_{gl}=u_g-u_l)$ 等于液滴的自由落体速度,即重力与拖曳力处于平衡状态,有

$$(1-\alpha)\rho_l g + \Delta p_{fl} = 0 \tag{3-43}$$

④ 液滴直径由临界韦伯数的关系式求得,即

$$We_c = \frac{\rho_g \cdot u_{gl,crit}^2 \cdot D_d}{\sigma} \tag{3-44}$$

韦伯数是代表液滴周围流体动能和液滴表面张力效应的比值的无量纲量。通常,韦伯数有最大值,因为当液滴动能增大到某极限值时,液滴就会不稳定,进而破裂。基于对 FLECHTSEASET 实验数据的分析[40],该临界值取为 0.1。

⑤ 对于球形液滴的拖曳系数,采用下列关系式[42]:

$$f = \begin{cases} 24/Re, & Re < 2 \\ 17.54Re^{-0.5473}, & 2 \leqslant Re < 1000 \\ 0.4, & 1000 \leqslant Re \end{cases} \tag{3-45}$$

根据对再淹没实验数据的分析,发现在骤冷前沿上端存在液滴集聚区。Murao 等人[42]出了液滴集聚区的模型:

- 当滑速差 u_{gl}超过 $0.1u_{gl,crit}$时,液滴夹带开始出现。该临界值导致骤冷前沿和滴状流起始点基本相同。
- 由于液滴夹带的积聚,在滴状流起始点上方存在液滴集聚区,该区的长度建议值为 0.3m。
- 在液滴集聚区,空泡份额随时间降低,表述为

$$\frac{\mathrm{d}}{\mathrm{d}t}(1-\alpha) = \min\left(\frac{1}{\tau_c} \cdot (\alpha - \alpha_s), C_1 \cdot \frac{G_l}{\rho_l}\right) \tag{3-46}$$

式中:$\tau_c = 15.8$;$C_1 = 2.0$;α_s为过渡流区的空泡份额。

- 在液滴集聚区上方,存在两个不同的水力区,即普通滴状流区和第二液滴集聚区。
- 在第二液滴集聚区的空泡份额为

$$\frac{\mathrm{d}}{\mathrm{d}t}(1-\alpha) = \min\left(\frac{1}{\tau_c} \cdot (\alpha - \alpha_s), C_2 \cdot \frac{G_l}{\rho_l}\right) \tag{3-47}$$

式中:$\tau_c = 15.8$, $C_2 = 0.3$。

- 第二液滴集聚区的换热系数为

$$h = h_d \cdot \frac{\alpha - \alpha_s}{\alpha_d - \alpha_s} + h_s \cdot \frac{\alpha_d - \alpha}{\alpha_d - \alpha_s} \tag{3-48}$$

式中:h_d、α_d分别为弥散流区域的换热系数和空泡份额;h_s 为过渡流区域的换热系数。

(6) 过热蒸汽流区域。

该区域采用单相蒸汽流模型进行计算,即

$$Q_g = \frac{D}{A} \cdot \frac{\lambda_g}{D_e} \cdot Nu \cdot (T_w - T_g) \tag{3-49}$$

式中：λ_g 为蒸汽的热导率（W/(m·K)）；D_e为水力半径（m）。

（7）再润湿区域。

由于当前模型不适用于顶部骤冷，且顶部骤冷对整个再淹没的热工水力行为影响较小，所以未考虑顶部骤冷。

参 考 文 献

[1] Lassmann K. Transuranus：a fuel rod analysis code ready for use[J]. Journal of Nuclear Materials, 1992, 188：295 – 302.

[2] Lassmann K, Walker C T, Laar J. Extension of the Transuranus burnup model to heavy water reactor conditions [J]. Journal of Nuclear Materials, 1998, 255(2/3)：222 – 233.

[3] Schubert A, Gyori C, Elenkov D, et al. Analysis of fuel centre temperatures with the Transuranus code[C]. International Conference on Nuclear Fuel for Today and Tomorrow-Experiences and Outlook, Germany, 2003.

[4] Fichot F, Babik F, et al. Status of ICARE2 and ICARE/CATHARE development[C]. Severe Accident Research(SARJ-97) Yokohama, Japan, 1997.

[5] 孙成林. 用 ICARE/CATHARE 分析百万千瓦级 PWR 严重事故堆芯行为[D]. 北京：中国原子能科学研究院，2006.

[6] 郎明刚，高祖瑛. 严重事故分析程序[J]. 核动力工程，2002，23(2)：46 – 50.

[7] Gonnier C, Georoy G, Adroguer B. PHEBUS SFD programme, main results[C]. ANS Proceedings, ANS Meeting, p. 76, Portland, 1991.

[8] Bernal G A, Beyer C E, Davis K L. FRAPCON-3：a computer code for the calculation of steady-state, thermal-mechanical behavior of oxide fuel rods for high burnup[R]. Washington：INEL, NUREG/CR- 6534, 1997.

[9] Knuutila A. Improvements on FRAPCON3/FRAPTRAN mechanical modeling[R]. Finland：VTT, VTT-R-11337-06, 2006.

[10] 薛卫光. 基于 MELCOR 软件的船用反应堆事故进程分析研究[D]. 哈尔滨：哈尔滨工程大学，2008.

[11] Udagawa Y, Suzuki M, Fuketa T. Analysis of MOX fuel behavior in halden reactor by FEMAXI-6 code[J]. Journal of Nuclear Science and Technology, 2007, 44(8)：1070 – 1080.

[12] Suzuki M, Kusagaya K, Saitou H, et al. Analysis on lift-off experiment in halden reactor by FEMAXI-6 code [J]. Journal of Nuclear Materials, 2004, 335(3)：417 – 424.

[13] Suzuki M, Saitou H, Iwamura T. Analysis of MOX fuel behavior in reduced-moderation water reactor by fuel performance code FEMAXI-RM[J]. Nuclear Engineering and Design, 2004, 227(1)：19 – 27.

[14] Aybar H S, Ortego P. A review of nuclear fuel performance codes[J]. Nuclear Energy, 2005, 46(2)：127 – 141.

[15] 何晓军. 水堆 MOX 燃料性能分析与程序开发[D]. 北京：中国原子能科学研究院，2008.

[16] 杨震. 燃料元件的性能分析及程序开发[D]. 西安：西安交通大学，2011.

[17] Amaya M, Sugiyama T, Fuketa T. Fission gas release in irradiated UO_2 fuel at burnup of 45GWd/t during simulated reactivity initiated accient(RIA) condition[J]. Journal of Nuclear Science and Technology, 2004, 41(10)：966 – 972.

[18] Nakamura T, Sasajima H, Fuketa T, et al. Fission gas induced cladding deformation of LWR fuel rods under reactivity initiated accident conditions[J]. Journal of Nuclear Science and Technology, 1996, 33(12)：924 – 935.

[19] Romano A, Shuffler C A, Garkisch H D. Fuel performance analysis for PWR core[J]. Nuclear Engineering and Design, 2009, 239(8): 1481 – 1488.

[20] Suzuki M, Saitou H, Fuketa T. RANNS code analysis on the local mechanical conditions of cladding of high burnup fuel rods under PCMI in RIA-simulated experiments in NSRR[J]. Journal of Nuclear Science and Technology, 2006, 43(9): 1097 – 1104.

[21] Warner H R, Nichols F A. A statistical fuel swelling and fission gas release model[J]. Nuclear Application and Technology, 1970, 9:148 – 166.

[22] 孙训方. 材料力学[M]. 5 版. 北京:高等教育出版社,2010.

[23] Denis A, Soba A. Simulation of pellet-cladding thermomechanical interaction and fission gas release[J]. Nuclear Engineering and Design, 2003, 223(2): 211 – 229.

[24] Olander D R, Marowen N. Hydride Fuel Behavior in LWRs[J]. Journal of Nuclear Materials,2005, 346 (2/3): 98 – 108.

[25] 杨震. 燃料元件的性能分析及程序开发[D]. 西安:西安交通大学, 2011.

[26] 王仲仁. 弹性与塑性力学基础[M]. 哈尔滨:哈尔滨工业大学出版社,2004.

[27] SCDAP/RELAP5-3D Code Development Team. SCDAP/RELAP5-3D code manual volume 4[CP]. Prepared Under DOE Contract No. DE-AC07-99ID13737, October, 2003.

[28] Wachtman J B, Cannon W R, Matthewson M J. Mechanical properties of Ceramics[M]. New York: John Wiley & Sons,2009.

[29] Padel A, De Novion C. Elastic constants of the carbides, nitrides, and oxides of uranium and plutonium[J]. J. Nucl. Mater. ,1969 33:40 – 51.

[30] Hagrman D L, Reymann G A. MATPRO-VERSION 11: a handbook of materials properties for use in the analysis of light water reactor fuel rod behavior[R]. Idaho Falls (USA):INEL,NUREG/CR-0497, 1979.

[31] Paraschiv M C, Paraschiv A, Grecu V V. On the nuclear oxide fuel densification, swelling and thermal re-sintering[J]. Journal of Nuclear Materials, 2002, 302(2/3): 109 – 124.

[32] Zacharie I, Lansiart S, Combette P, et al. Thermal treatment of uranium oxide irradiated in pressurized water reactor: swelling and release of fission gases[J]. Journal of Nuclear Materials, 1998, 255(2/3): 85 – 91.

[33] Wang W H, Suk H C, Jae W M. A comprehensive swelling model of silicide dispersion fuel for research reactor[J]. Journal of the Korean Nuclear Society, 1992, 24(1): 40 – 50.

[34] 刑忠虎,应诗浩. 弥散性燃料的裂变气体行为研究[J]. 核动力工程,2000,21(6):560 – 563.

[35] Koo Y H, Lee B H, Sohn D S. Analysis of fission gas release and gaseous swelling in UO_2 fuel under the effect of external restraint[J]. Journal of Nuclear Materials, 2000, 280(1): 86 – 98.

[36] Turner R A. Fuel densification report-revision 1[R]. Lynchburg:Babcock and Wilcox Co. ,BAW-1388, 1973.

[37] 于平安. 核反应堆热工分析[M]. 上海: 上海交通大学出版社,2002.

[38] 朱继洲. 核反应堆安全分析[M]. 西安: 西安交通大学出版社,2004.

[39] Berdyshev V, Veshchunov M S, Boldyrev A V, et al. Physico-chemical behavior of zircaloy fuel rod cladding tubes during LWR severe accident reflood[R]. Karlsruhe:FZK,FZKA5846,1997.

[40] Murao Toy, Sugimoto J, et al. Refla-1D/modE3: A computer code for reflood thermo-hydrodynamic analysis during pwr-loca[R]. Tokyo:JAERI,JAERI-M84-243,1985.

[41] 苏光辉,等. 核动力系统热工水力计算方法[M]. 北京:清华大学出版社,2013.

[42] Yoshio M, Okubo T. REFLA-ID/MODE3: A computer code for reflood thermo-hydrodynamic analysis during PWR loca user's manual[R]. Tokyo:JAERI,JAERI-M-9286,1981.

第4章
堆芯氧化和熔化行为

4.1 堆芯氧化行为

堆芯内材料的氧化是在严重事故条件下影响堆芯行为的一个关键现象。锆合金和水或蒸汽的反应是堆芯氧化中最重要的现象,这一化学反应过程会释放大量热量并产生氢气,从而决定氢气的源项,同时伴随着包壳材料的脆化和降解的发生。温度在1500K左右时,锆合金与水的反应变得剧烈,该过程所产生的热量与衰变热相当,因此可能加速堆芯升温并导致堆芯发生熔化。同时,化学反应后锆合金转变为脆性氧化物ZrO_2,使包壳破裂风险加大。而温度高于1800K时,该热量可达衰变热的10倍。因此,锆水反应产生的氢气是严重事故中堆内主要的氢气源项,对后续的事故序列有很大的影响。

对于燃料的锆合金包壳,锆水反应的进行受包壳的肿胀和破裂的影响很大。包壳肿胀会影响冷却剂流量的分配,进而影响锆水反应速率。在包壳破裂后,氧化反应面积加大,锆水反应的速率加快。不锈钢和水或蒸汽的反应也会产生氢气并放出热量,对堆内结构件的影响很大。在反应性控制材料为B_4C的堆芯中,B_4C在高温的蒸汽下也会发生氧化,在严重事故中也应重视反应性控制材料的氧化分析。

4.1.1 锆水反应

在轻水堆严重事故期间,锆合金结构的氧化对堆芯会产生严重后果。锆的氧化速率随温度指数增长,一旦堆芯燃料温度超过1500K,就会导致温度迅速上升。任何严重事故实验或电厂仿真中都具有这一特征。LOFT LP-FP-2实验[1]中,锆氧化所释放的额外热量,使得堆芯的初始温度增长率迅速增加了一个数量级。因此,燃料棒和堆芯其他结构的温度会迅速增加超过锆合金的熔点。这种情况下,堆芯随后的热响应,尤其是堆芯平均温度或峰值温度,将会强烈地依赖于锆合金的持续氧化。

锆水反应的化学方程式为

$$Zr + 2H_2O \rightarrow ZrO_2 + 2H_2 + \Delta Q \quad (4-1)$$

式中：ΔQ 为每消耗 1mol 的锆产生的化学反应热，通常 $\Delta Q = 6.16 \times 10^8 J/(kg \cdot mol)$[2]。

该方程可用于描述燃料棒、控制棒和水棒包壳的氧化过程。通常，氧在锆合金中扩散系数为温度的指数函数，该反应的扩散控制方程服从抛物线动力学规律。这一规律基本被所有商用软件采用。

1. MAAP 程序中的锆水反应

MAAP 程序将堆芯节点分为淹没节点和裸露节点，在这两种节点中锆合金与水的反应略有不同。对淹没节点的锆水反应提出了三个计算锆包壳氧化层厚度的动力学速率方程[2]：

1）动力学方程一

温度在 1875K 以上时应用 Baker-Just 模型，温度在 1850K 以下时应用 Cathcart 模型[3]，温度在 1850 ~ 1875K 之间时用内插法计算。因为这些关系式是基于氢气的测量，所以包括形成 ZrO_2 和 α-Zr(O)或者 $Zr_{0.7}O_{0.3}$层的耗氧量。一个单 ZrO_2 层的厚度当量变化率为

$$\dot{x} = \begin{cases} \dfrac{294}{2\rho_{Zr}^2 x} e^{-1.671 \times 10^8/RT}, & T \leqslant 1850K \\ \dfrac{3330}{2\rho_{Zr}^2 x} e^{-1.9046 \times 10^8/RT}, & T > 1875K \\ \dfrac{e^{A+B/T}}{2\rho_{Zr}^2 x}, & 1850K < T \leqslant 1875K \end{cases} \quad (4-2)$$

式中：T 为包壳的温度(K)；x 为氧化物厚度，包括 ZrO_2 和有效 α-Zr(O)层(m)；ρ_{Zr} 为 Zr 合金密度(kg/m^3)；R 为理想气体常数，$R = 8314 J/(kg \cdot mol \cdot K)$；

$$A = D_{50} - B/1850 \quad (4-3)$$

$$B = (D_{75} - D_{50}) \Big/ \left(\frac{1}{1875} - \frac{1}{1850}\right) \quad (4-4)$$

其中

$$D_{75} = \ln(3300 e^{-1.9046 \times 10^8/1875R}) \quad (4-5)$$

$$D_{50} = \ln(294 e^{-1.671 \times 10^8/1850R}) \quad (4-6)$$

为了确保氧化膜厚度的结果稳定，对式(4-2)在时间步长 Δt 上进行积分，由此获得氧化层厚度的平均变化率为

$$\dot{x}_{av} = \frac{(x^2 + 2\dot{x}x\Delta t)^{1/2} - x}{\Delta t} \quad (4-7)$$

在反应物有限的情况下，Zr 合金的摩尔消耗率是下面三项中的最小值：

$$\begin{cases}\dfrac{\dot{x}_{av}A_j\rho_{Zr}}{M_{Zr}}(\text{动能率})\\[2ex]\dfrac{W_{st,j}}{2M_{st}}(\text{蒸汽供应})\\[2ex]\dfrac{m_{Zr,j}}{M_{Zr}\Delta t}(\text{锆可用量})\end{cases} \tag{4-8}$$

其中：A_j 为棒节点传热面积（可以乘以小于或等于 2 的常数来增加有效氧化面积）（m^2）；M_{Zr}为 Zr 合金摩尔质量（kg/mol）；M_{st} 为蒸汽摩尔质量（kg/mol）；$m_{Zr,j}$ 为包壳、控制棒或水棒、燃料盒中的锆合金质量（kg）；$W_{st,j}$ 为堆芯节点处的蒸汽流量（kg/s）。

包括对流传热，由化学反应传递给金属的总能量为

$$Q_{rct} = \Delta Q\ \dot{n}_{Zr} + W_{st,rct}h_{in} - W_{H_2,rct}h_{H_2} \tag{4-9}$$

式中：h_{in}为蒸汽入口焓值（J/kg）；h_{H_2}为金属温度下的氢气焓值（J/kg）；$W_{st,rct}$为反应消耗的蒸汽流量（kg/s），$W_{st,rct}=2\dot{n}_{Zr}MW_{st}$；$W_{H_2,rct}$为反应产生的氢气流量（kg/s），$W_{H_2,rct}=2\dot{n}_{Zr}MW_{H_2}$，其中，$M_{H_2}$为氢气的摩尔质量（kg/mol）。

2）动力学方程二

采用 EG&G 材料属性库 MATPRO[4]，这种方法基于 ZrO_2 和 α-Zr（O）的厚度变化从而得到锆水反应的速率。每一层的厚度在等温条件下可以写成

$$x_1^2 = K_1 t \tag{4-10}$$

$$x_2^2 = K_2 t \tag{4-11}$$

式中：x_1 为 ZrO_2 层的厚度；x_2 为 α-Zr（O）层的厚度；K_1、K_2 为每一个抛物线形动力学速率方程的系数。

像第一种方法一样，通过三个温度范围用两个相关的公式来计算 ZrO_2 层，表达式如下：

$$K_1 = \begin{cases}2.252\times10^{-6}e^{-1.8060\times10^4/T}, & T\leqslant1850\text{K}\\ 2.070\times10^{-6}e^{-1.6014\times10^4/T}, & T>1875\text{K}\\ e^{A+B/T}, & 1850\text{K}<T\leqslant1875\text{K}\end{cases} \tag{4-12}$$

式中

$$D_{75} = \ln(2.070\cdot10^{-6}e^{-1.6014\times10^4/1875}) \tag{4-13}$$

$$D_{50} = \ln(2.252\cdot10^{-6}e^{-1.806\times10^4/1850}) \tag{4-14}$$

$$K_2 = 1.523\cdot10^{-4}e^{-2.423\times10^4/T} \tag{4-15}$$

总体上

$$\dot{x} = \frac{1}{2x}K \tag{4-16}$$

两层的厚度也可以写成一个抛物线形式，即

$$x^2 = (x_1 + x_2)^2 = Kt \tag{4-17}$$

式中

$$K = (K_1^{1/2} + K_2^{1/2})^2 \tag{4-18}$$

因为 α-Zr(O) 的化学式为 $Zr_{0.7}O_{0.3}$，所以要产生同样质量的氢气，α-Zr(O) 层的厚度必须是 ZrO_2 层的 14/3 倍。计算氢气产生量的有效系数定义为

$$K = \left(K_1^{1/2} + \frac{3}{14}K_2^{1/2}\right)^2 \tag{4-19}$$

3）动力学方程三

该动力学模型由低于 1850K 的 Cathcart 模型和高于 1875K 的 Urbanic-Heidrick 模型[5]构成，温度介于 1850～1875K 之间的值采用内插法。单个 ZrO_2 层的当量变化率如下：

$$\dot{x} = \begin{cases} \dfrac{294}{2\rho_{Zr}^2 x} e^{-1.654\times 10^8/RT}, & T \leqslant 1850\text{K} \\ \dfrac{87.9}{2\rho_{Zr}^2 x} e^{-1.6610/T}, & T > 1875\text{K} \\ \dfrac{e^{(A_3 + B_3/T)}}{2\rho_{Zr}^2 x}, & 1850K < T \leqslant 1875\text{K} \end{cases} \tag{4-20}$$

式中

$$A_3 = E_{50} - B_3/1850 \tag{4-21}$$

$$B_3 = (E_{75} - E_{50}) \Big/ \left(\frac{1}{1875} - \frac{1}{1850}\right) \tag{4-22}$$

其中

$$E_{50} = \ln(294 e^{-1.654\times 10^8/1850R}) \tag{4-23}$$

$$E_{75} = \ln(87.9 e^{-1.66\times 10^{10}/1875R}) \tag{4-24}$$

对于裸露节点的锆水反应，Cathcart 模型应用于低于温度 1800K 的情况，Baker-Just 或 Urbanic-Heidrick 模型应用于温度高于 1925K 的情况，温度介于 1800～1925K 之间时，可以用内插法计算。

2. SCDAP 程序中的锆水反应

SCDAP 程序中，对锆水反应速率的描述也采用了抛物线动力学规律[6]，但采用了不同的形式。其扩散控制方程为

$$\frac{d\delta^2}{dt} = Ae^{-B/T} \tag{4-25}$$

式中：δ 为 α-Zr(O) 和 ZrO_2 层的厚度或其内部氧气的质量增加量；T 为壁面温度。

当温度恒定时，在时间间隔 Δt 对此方程进行积分，可得

$$\delta^2 - \delta_0^2 = 2Ae^{-B/T}\Delta t \tag{4-26}$$

式中：δ_0 为初始值。

对于锆合金,可以采用三个独立的抛物线方程计算氧气增加量及 α-Zr(O)和 ZrO_2 层厚度的增加,而对于其他材料仅计算增加的氧化质量。

氧化热量的产生速率 Q_{rct}是从增重计算出来的:

$$Q_{rct} = \frac{M}{M_{O_2}} \Delta Q A \frac{dw}{dt} \tag{4-27}$$

式中:M_{O_2}、M 分别为氧的摩尔质量和材料的摩尔质量;ΔQ 为材料发生化学反应释放的化学热(J/kg);A 为初始表面积(m^2);w 为单位表面积增加的氧化质量(kg/m^2),其中初始面积是先前氧化的表面积(包括变形的效果)。

氢气的产生速率 $W_{H_2,rct}$和蒸汽的消失速率 $W_{st,rct}$也可以用氧化增重来计算:

$$W_{H_2,rct} = \frac{1}{8} A \frac{dw}{dt} \tag{4-28}$$

$$W_{st,rct} = \frac{9}{8} A \frac{dw}{dt} \tag{4-29}$$

当锆合金氧化所产生的总热量足以使得堆芯峰值温度超过 3000K 并达到燃料的熔点后,氧化而释放给堆芯的热量将受以下几个条件限制:

(1) 材料全部氧化时氧化停止,对于锆合金则是全部转换成 ZrO_2,即

$$w \leqslant \frac{M}{M_{O_2}} \rho \frac{V}{A} \tag{4-30}$$

式中:ρ 为材料密度(kg/m^3);V 为材料体积(m^3)。

(2) 氧化速率受蒸汽的可用性限制,即

$$\frac{dw}{dt} \leqslant \frac{8}{9} \frac{W_{ST}}{A} \tag{4-31}$$

式中:W_{ST}为氧化表面可用的蒸汽质量流量。

(3) 氧化受蒸汽的扩散的限制。蒸汽摩尔质量流速 G_{H_2O}是由蒸汽分压驱动的,即

$$\frac{G_{H_2O}}{A} = B_{H_2O} p_{H_2O} \tag{4-32}$$

式中:G_{H_2O}为蒸汽摩尔质量流速(kg · mol/s);A 为表面积(m^2);B_{H_2O}为质量交换系数(kg · mol/(s · m^2 · Pa));p_{H_2O}为蒸汽分压力(Pa)。

将质量和热量传递类比,并假定它们的 Colburnj 因子相等,则有

$$\frac{Nu}{RePr^{0.33}} = \frac{Sh}{ReSc^{0.33}} \tag{4-33}$$

式中:Nu 为努塞尔数,$Nu = \frac{hL}{\lambda_{H_2O}}$,其中,$\lambda_{H_2O}$为蒸汽的热导率(W/(m · K)),$h$ 为对流换热系数(W/(m^2 · K)),L 为特征长度(m);Sh 为舍伍德数,$Sh = \frac{B_{H_2O} RTL}{D_v}$,其中,$D_v$ 为质量扩散率(m^2/s),R 为气体常数(Pa · m^3/(kg · mol · K)),T 为温度(K);Pr

为普朗特数，$Pr=\frac{c_{p,H_2O}\mu_{H_2O}}{k_{H_2O}}$，其中，$c_{p,H_2O}$为比定压热容(J/(kg·K))，$\mu_{H_2O}$为蒸汽黏度(kg/(s·m))；$Sc$ 为施密特数，$Sc=\frac{\mu_{H_2O}}{\rho_{H_2O}D_v}$，其中，$\rho_{H_2O}$为蒸汽密度(kg/m^3)。

利用质量和热量传递的类比，氧化表面氧的吸收由下式限制：

$$\frac{dw}{dt}\leqslant\frac{m_{O_2}}{2m_{H_2O}}\frac{G_{H_2O}}{A}=\frac{8}{9}\left(\frac{hD_V}{k_{H_2O}}\right)\left(\frac{p_{H_2O}}{RT}\right)\left(\frac{k_{H_2O}}{\rho_{H_2O}c_{p,H_2O}D_V}\right)^{1/3} \tag{4-34}$$

式中

$$D_V=(1-X)\frac{\mu_{H_2O}RT}{pM_{H_2O}}+\sum_{i=1}^{n}X_i\frac{\mu_iRT}{PM_i} \tag{4-35}$$

式中：M_{H_2O}为蒸汽摩尔质量；M_i 为第 i 种气体的相对分子质量；μ_i 为第 i 种气体的分子黏度(Pa·s)；p 为总压(Pa)；X_i 为第 i 种非凝结气体密度(kg/m^3)；X 为凝结气体密度(kg/m^3)；n 为非凝结气体数目。

对于典型的瞬态序列，在低温时氧气向锆合金中的扩散会限制锆合金的氧化过程。一旦峰值温度超过 1500K，堆芯温度和氧化速率间的正反馈将受到表面 ZrO_2 的增长所限，氧化速率将会随着氧化层厚度增长而降低。然而，扩散速率随温度增长，将会完全压制 ZrO_2 层的保护作用。随着氢气的总产量增加，蒸汽的可用性及蒸汽向锆合金结构表面的扩散会限制氧化速率，此时热工水力条件变得比温度更重要。尤其是，在堆芯上部区域，蒸汽浓度升高而蒸汽产生速率下降，会有效地限制最大氧化速率。

在一个给定的堆芯位置上，锆合金发生了氧化的总量取决于目前该位置上锆合金的量，也受锆合金液化及再定位所限制。对于具有相对较大的初始加热速率的瞬态事件，锆合金包壳外表面上氧化层的累积是有限的，氧化过程会在锆合金原始位置处终止。

尽管再定位的锆合金会继续氧化，但是随着熔融物向堆芯温度更低的区域移动，冷却能力增强，其温度迅速降低，从而终止氧化过程。加热速率低于0.3K/s 的瞬态过程，会形成一个更厚的氧化层，阻止熔融锆合金的再定位，因此该位置内的锆合金可能会完全氧化。对于温升速率处于中间时，再定位的锆合金与锆合金的消耗共同影响其氧化过程。

释放到反应堆冷却剂系统(Reactor Coolant System，RCS)及安全壳内的氢气总量主要与锆合金的氧化有关。尽管堆内结构(不锈钢、B_4C)的氧化对产生的氢气总量也有所贡献，但是这些结构会过早地发生熔化，从而限制其贡献。燃料的氧化也会贡献氢气总量，但是受所接触到的蒸汽量和 UO_2 的氧化速率限制。

锆合金氧化过程直接影响堆芯温度响应。虽然堆芯最高温度最终是受燃料熔化所限制，但是堆芯峰值温度也受峰值氧化速率限制。堆芯加热速率很快时，堆芯峰值温度出现在快速氧化期间，并接近锆合金熔点。堆芯加热速率较慢时，堆芯峰

值温度会受到 ZrO_2 熔点的限制。管束加热熔化实验一般会在快速氧化和熔化发生后终止,实验中测得的堆芯峰值温度与峰值氧化速率直接相关。

3. 锆水反应模型计算结果分析

本小节利用基于 SCDAP 程序中的锆包壳氧化模型自开发的 MIDAC-OX 程序[7],分析了 AP1000 失流事故下包壳氧化的一些热工水力学响应。失流事故中,冷却剂流量与堆功率失配,导致堆芯包壳温度迅速上升。其分类包括流量部分丧失、流量完全丧失、主泵卡轴、主泵断轴。丧失全部流量事故瞬变分两个阶段:第一阶段,在瞬变开始时,冷却剂泵惰转,其惯性压头比重力压头大得多,故此阶段冷却剂流量变化由冷却剂泵的惰转决定。但在此阶段后期,重力压头份额逐渐增加,可认为瞬态流量有一保守下限。第二阶段,泵的惯性压头消失,冷却剂完全靠重力压头驱动,即自然循环。自然循环可由两种方式实现:一种是以一回路作为自然循环回路,其通过蒸汽发生器换热,热阱为二回路水;另一种是非能动余热排出系统的自然循环,其通过内置换料水箱中的非能动余热排出热交换器换热,热阱为内置换料水箱。本节分析中,假设:第二阶段自然循环能力(冷却剂质量流量)为某一常数,不随时间变化;且事故严重,出于某些原因,自然循环能力有不同程度的减弱。

1) 反应堆冷却剂泵惰转时期燃料棒响应

由图 4 - 1 ~ 图 4 - 4 可知,惰转时期的前 20s 内:

(1) 燃料芯块中心最大温升不到 1℃,其中最高芯块中心温度为 2200℃,远未达到芯块熔化温度。

(2) 包壳温度低于 400℃,处在安全范围内。

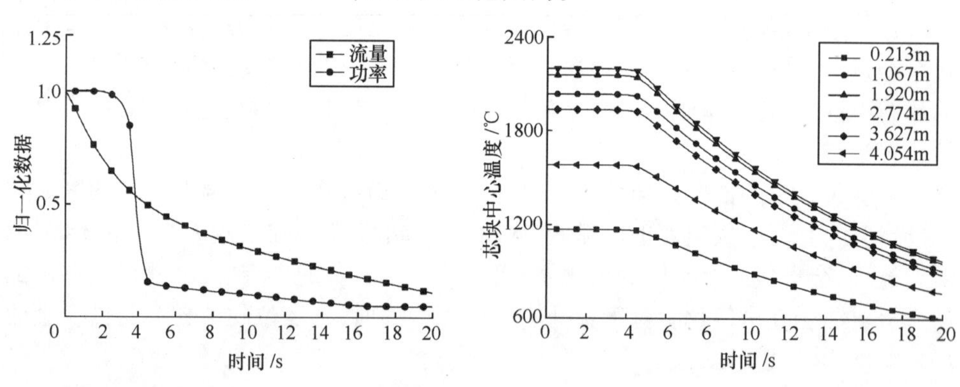

图 4 - 1 惰转时期归一化冷却剂流量和功率 图 4 - 2 惰转时期不同高度燃料芯块中心温度

2) 自然循环阶段中的短期燃料棒响应

紧急停堆后,在泵惰转时期,功率迅速下降至满功率的 6%,包壳表面热流密度急剧减小,偏离泡核不易发生沸腾。故在自然循环阶段,着重关注燃料棒的完整性,即包壳是否破裂。

紧急停堆 100s 后,堆芯余热长期保持在满功率的 0.3% 附近。流量为满功率

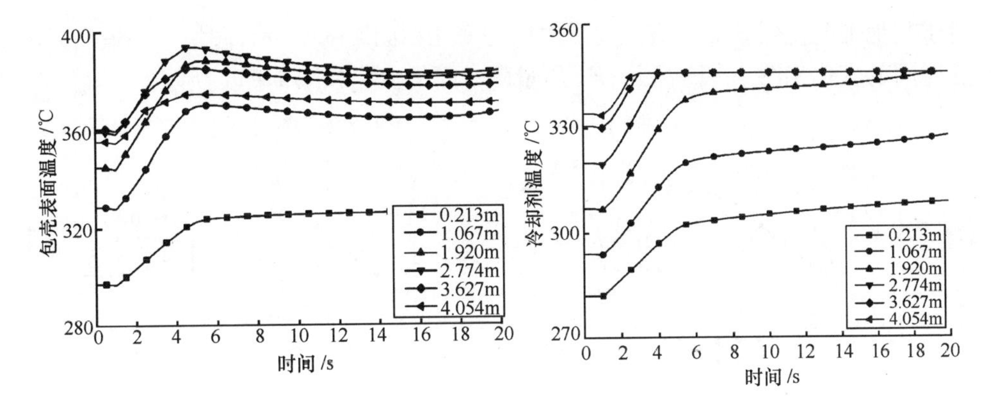

图 4－3　惰转时期不同高度包壳表面温度　　图 4－4　惰转时期不同高度冷却剂温度

的 0. 3% 时:归一化冷却剂质量流量和功率如图 4－5 所示;不同高度包壳表面温度变化如图 4－6 所示;不同高度的芯块中心温度变化如图 4－7 所示;H_2 质量随时间的变化如图 4－8 所示。

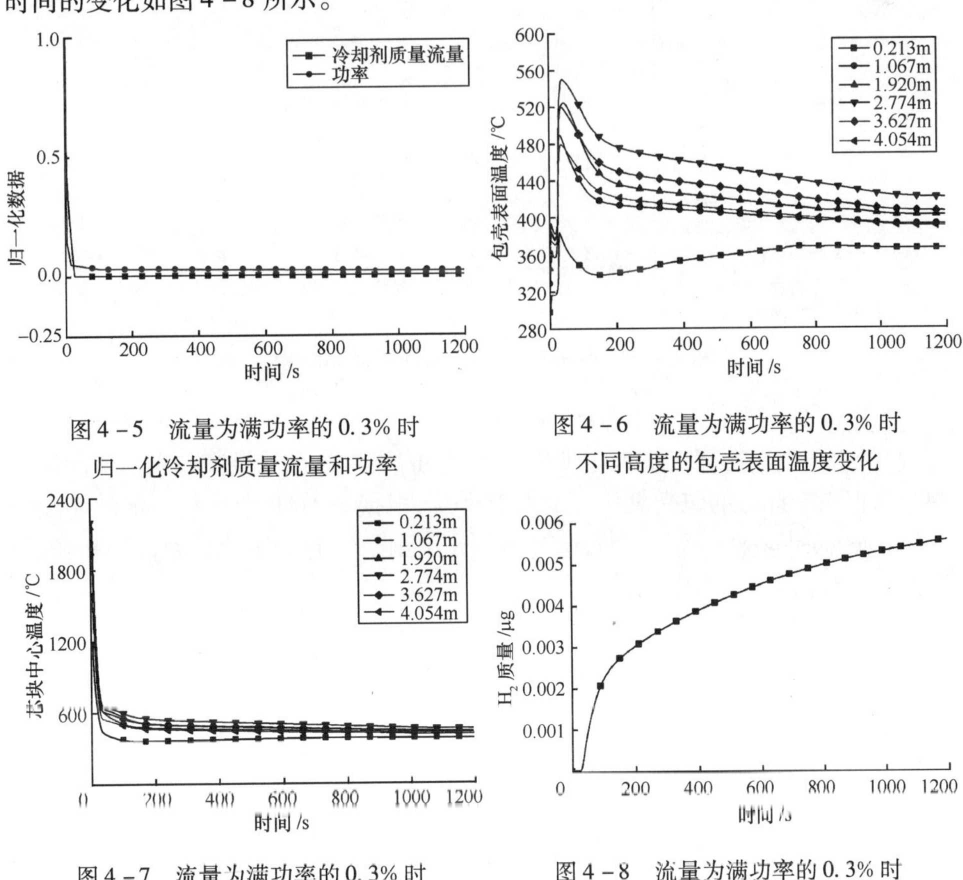

图 4－5　流量为满功率的 0. 3% 时 归一化冷却剂质量流量和功率

图 4－6　流量为满功率的 0. 3% 时 不同高度的包壳表面温度变化

图 4－7　流量为满功率的 0. 3% 时 不同高度的芯块中心温度变化

图 4－8　流量为满功率的 0. 3% 时 H_2 质量随时间的变化

对于其他工况包壳表面最高温度随时间的变化如图 4 -9 所示;芯块中心最高温度随时间的变化如图 4 -10 所示;H_2 质量随时间的变化如图 4 -11 所示。

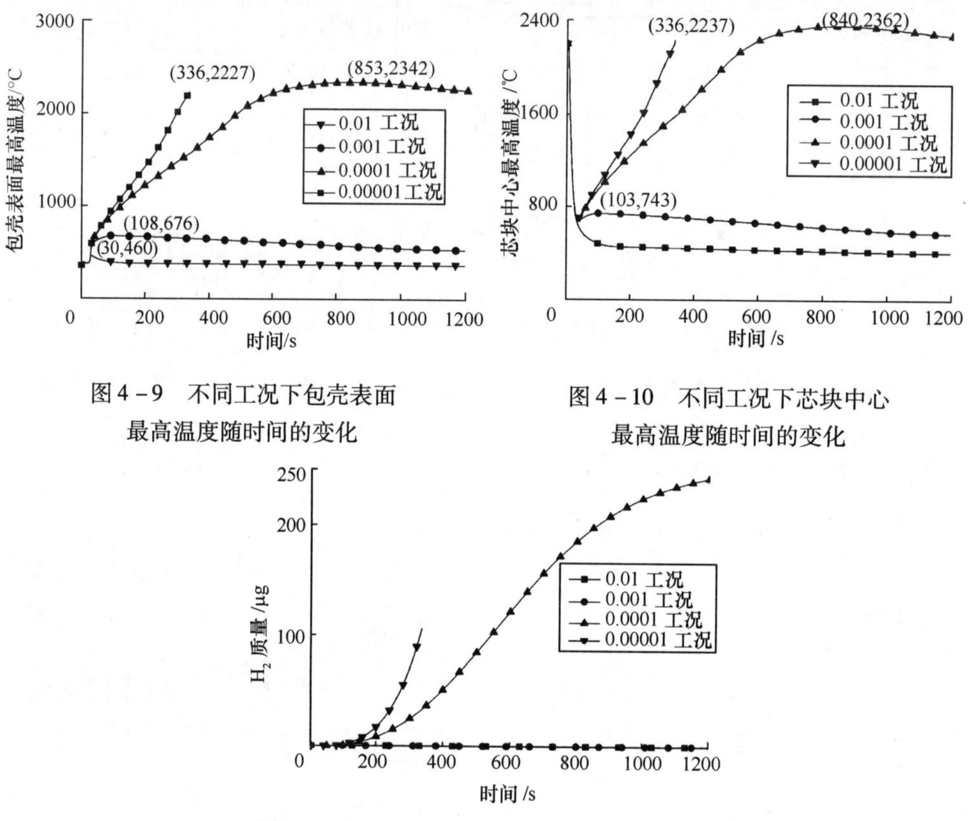

图 4 -9　不同工况下包壳表面最高温度随时间的变化

图 4 -10　不同工况下芯块中心最高温度随时间的变化

图 4 -11　不同工况下 H_2 质量随时间的变化

对图 4 -9 ~ 图 4 -11 对比分析可知:

(1) 对于自然循环流量为正常流量 0.0001 的工况,虽然最高包壳温度能达到 2342℃,但由于此时的包壳氧化程度大于 60%,根据 SCDAP 中液化 - 流动 - 凝固(LIQuefaction-flow-SOLidification,LIQSOL)模型假设[6],包壳不会破裂,说明此时的氧化对包壳起到保护作用。

(2) 对于自然循环流量为正常流量 0.00001 的工况,包壳温度达 1852℃时未破裂,也是由于包壳氧化的保护作用。

(3) 在所计算的时间内,在包壳破裂之前,芯块温度都未达到其熔化温度。

自然循环阶段中氧化对包壳的保护作用:包壳的氧化可使其熔点升高,增加其安全性,但同时锆水反应也会产生氢气。

分别对不同工况进行分析计算,研究氧化对燃料棒的影响。由图 4 - 12 ~ 图 4 - 15可以得到在不同工况下,包壳表面最高温度上升到不同阶段的时间以及对应的氧化程度。将所得结果列于表 4 - 1 中。

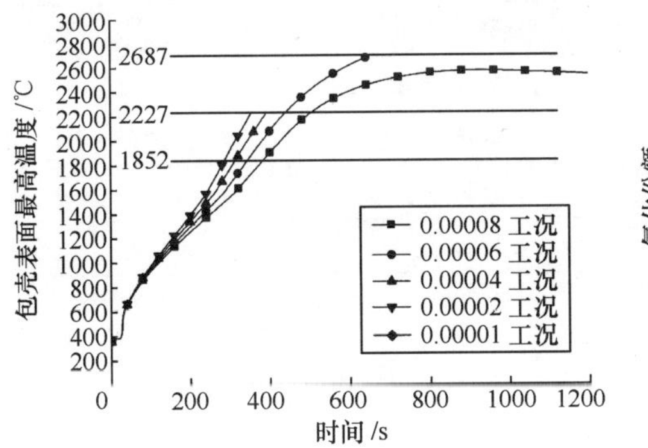

图 4-12　不同工况下包壳表面最高温度随时间的变化

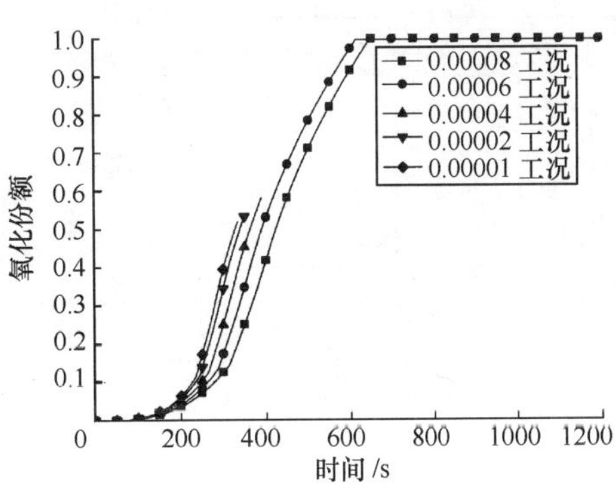

图 4-13　不同工况下包壳氧化份额随时间的变化

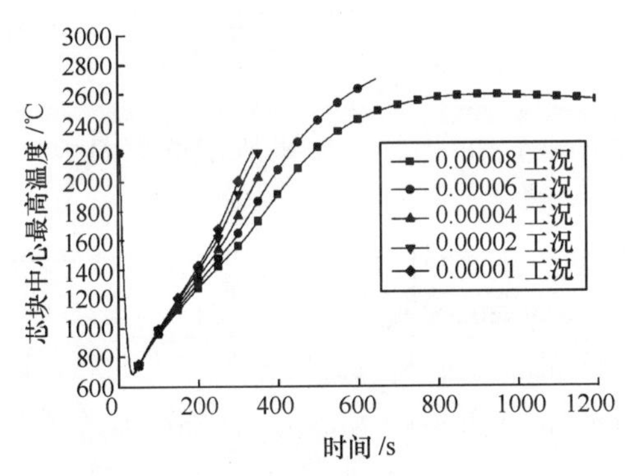

图 4-14　不同工况下芯块中心最高温度随时间的变化

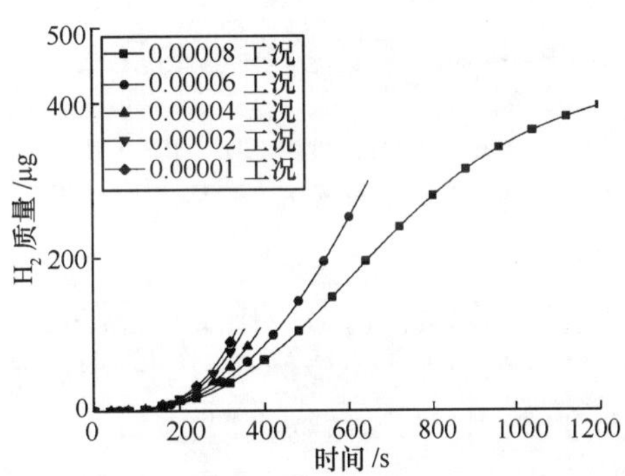

图 4-15　不同工况下的 H_2 质量随时间的变化

表 4-1　包壳表面最高温度及氧化状况

工况	参数			
	时间/s	氧化份额/%	包壳表面最高温度/K	是否破裂
0.00008 工况	386	36.7	2125	未破裂
	524	76.5	2500	未破裂
	935	100	2846	未破裂
0.00006 工况	347	33.6	2125	未破裂
	439	64.2	2500	未破裂
	647	100	2960	破裂
0.00004 工况	316	31.2	2125	未破裂
	391	58.5	2500	破裂

(续)

工况	参数			
	时间/s	氧化份额/%	包壳表面最高温度/K	是否破裂
0.00002 工况	288	28.7	2125	未破裂
	353	54.2	2500	破裂
0.00001 工况	276	28.2	2125	未破裂
	335	52.1	2500	破裂

在 0.0008 工况中,935s 时包壳表面最高温度达到最大值 2846K,此时包壳完全氧化,无破裂风险;在 0.0006 工况中,在 647s 时包壳表面最高温度达到最大值 2960K,此时包壳虽然全部氧化,但温度超过了氧化层的熔点,包壳破裂;对其他三种工况,在包壳表面最大温度达到 2500K 时,氧化程度均小于 60%,包壳破裂[6]。1200s 内单根棒包壳氧化的产氢量不超过 400μg。

4.1.2 不锈钢和水的反应

不锈钢和水反应也能产生氢气,并释放热量,它也是严重事故中的重要现象。不锈钢和水的化学反应方程式为

$$2Cr + Fe + 4H_2O \rightarrow FeO + Cr_2O_3 + 4H_2 + \Delta Q_{SS} \tag{4-36}$$

该反应方程式可应用于不锈钢包壳和沸水堆的控制板。

不锈钢和水反应的动力学速率满足与锆水反应类似的抛物线规律。对较低的温度,采用 White 抛物线型方程;对于高温,采用 ANL 冷凝器的出口数据,两者间的转变温度是得到相同反应率的温度[3]:

$$x^2 = Kt \tag{4-37}$$

式中

$$K = \begin{cases} 2.4 \times 10^8 e^{-3.49 \times 10^8/RT}, & T \leqslant T_{tran} \\ 3.0 \times 10^3 e^{-2.07 \times 10^8/RT}, & T > T_{tran} \end{cases} \tag{4-38}$$

其中

$$T_{tran} = \frac{-2.07 \times 10^8 + 3.49 \times 10^8}{R\ln(2.4 \times 10^8/3.0 \times 10^3)} \tag{4-39}$$

反应的化学热为

$$\Delta Q_{SS} = \Delta Q_{Fe} f_{Fe} + \Delta Q_{Cr} f_{Cr} \tag{4-40}$$

式中:ΔQ_{Fe}为消耗每摩尔的 Fe 反应产生的热量,$\Delta Q_{Fe} = 3.1 \times 10^7$J/(kg · mol);$\Delta Q_{Cr}$为消耗每摩尔的 Cr 反应产生的热量,$\Delta Q_{Cr} = 2.0 \times 10^8$J/(kg · mol);$f_{Fe}$为金属中 Fe 的摩尔比例;$f_{Cr}$为金属中 Cr 的摩尔比例。

利用方程(4-36)计算不锈钢的摩尔消耗率,利用方程(4-37)计算产生的总能量。

4.1.3 B_4C 在蒸汽中的氧化

在严重事故中，沸水堆中大量的碳化硼(B_4C)控制棒材料对整个堆芯降解和裂变产物迁移有很大的影响。控制棒材料碳化硼在高温蒸汽作用下会氧化，该氧化反应释放的化学热会提高堆芯温度。有限数量的再淹没实验表明，B_4C 的氧化对氢气和其他气体如 CO、CO_2 的产量都有贡献，也会产生大量的硼复合气溶胶，这种气体主要在再淹没期间或快速冷却阶段产生[8]。然而，发现甲烷产量很低。更重要的是 CO、CO_2 及硼复合物对于一回路中裂变产物的化学过程有着潜在的影响。B_4C 氧化产生硼酸盐，如可以形成铯的硼酸盐。这种铯的硼酸盐可以改变碘在碘化铯、碘化氢和单质碘中的分布。至于氢气的产量，由于在典型核电厂中 B_4C 与锆合金相比数量较少，所以 B_4C 的影响很有限(B_4C 所产生的氢气最多占 15%)。而且实验发现，在燃料组件恶化阶段，B_4C 有助于堆芯熔化，B_4C 控制棒附近的燃料棒会较早发生恶化。然而，还不清楚局部效应在反应堆水平是否有重大影响。B_4C 的氧化主要影响 RCS 及安全壳内的化学变化。

下面介绍描述严重事故中碳化硼的氧化模型。

对碳化硼吸收体的氧化：

$$B_4C + 7H_2O \rightarrow 2B_2O_3 + 7H_2 + CO \tag{4-41}$$

由于缺乏实验数据，目前采用了指数氧化模型：

$$\frac{dM_{B_4C}}{dt} = -R(T)M_{B_4C} \tag{4-42}$$

$$R(T) = CT + D \tag{4-43}$$

式中：M_{B_4C} 为 t 时刻 B_4C 的质量(kg)；$R(T)$ 为反应率系数，假定和 B_4C 的温度呈线性关系(图 4-16)。

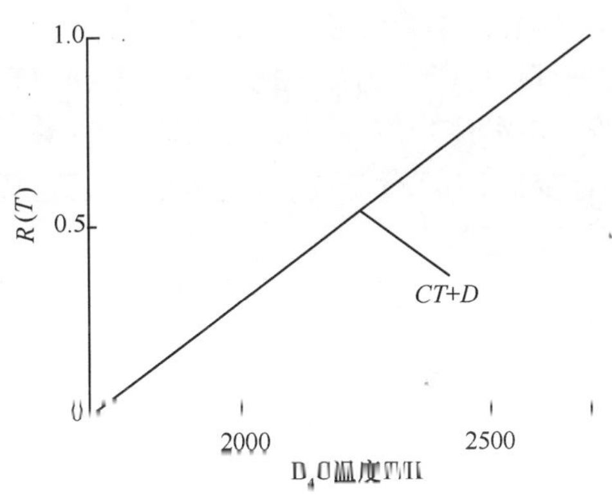

图 4-16 B_4C 反应率系数随温度的变化规律

反应率系数在碳化硼温度小于 1700K 时假定为 0，在 2700K 时假定为 1.0，C、D 分别为 1.0×10^{-3}、-1.7。如果碳化硼温度在一个步长内假定为常数，则

$$M_{BC} = M_{BC,O} e^{-R(T)\Delta t} \tag{4-44}$$

式中：$M_{BC,O}$为步长开始时碳化硼的质量(kg)。

如果已知碳化硼氧化的质量，则氧化释热可以通过反应热来得到。碳化硼的氧化需要考虑非氧化质量和蒸汽提供量的限制。

4.1.4 包壳肿胀及破裂

对于低压事故序列，一旦堆芯温度达1000～2000K，锆合金包壳就开始肿胀破裂。这种情况下，肿胀破裂的时限和温度取决于燃料棒的内压及包壳材料的力学性能。

而对于高压事故序列，包壳在低温时会坍塌到燃料上面，使得锆合金包壳失效延迟直至堆芯温度达1500K。即使这种情况下包壳也没有发生机械失效，锆合金包壳与其他堆芯材料间的化学反应也能够引起包壳的失效。

包壳的肿胀和破裂对严重事故中堆芯的损坏过程有很大影响。许多过程中的现象会受影响，这些现象中最重要的是包壳的氧化和升温。经验表明，如果包壳发生肿胀和破裂，氧化速率会变成之前的2.6倍。其他受影响的现象还包括裂变产物从燃料棒向冷却剂的释放，冷却剂在堆芯区域的流量分配。

对于包壳的弹性－塑性变形可采用机械变形模型进行描述，其中各向同性的塑性变形则用Hill[9]理论和Prandtl-Reuss[10]方程，该模型不考虑温度的周向变化，称为腊肠变形模型。其假设如下：

(1) 包壳的变形是对称的；

(2) 包壳像薄膜变形，没有顽强应变；

(3) 在计算包层屈服应力时假设各向同性硬化；

(4) 一旦包层的外径等于燃料棒间距，就没有额外的变形发生；

(5) 包壳氧化不影响包层的力学性能；

(6) 在燃料棒的外部压力低于内部压力的情况下，一旦包层内径与燃料芯块直径相等，包壳就不发生额外变形。

包壳有弹性－塑性变形，为了保证变形的收敛，需要迭代计算，这就要用到一个小的时间步长，计算的理论如下。

腊肠变形模型是应力驱动的过程，首先使应力在迭代前满足平衡条件：

$$\sigma_h = \frac{p_g r_i - p_c r_o}{r_o - r_i} \tag{4-45}$$

$$\sigma_a = \frac{p_g r_i^2 - p_c r_o^2}{r_o^2 - r_i^2} \tag{4-46}$$

$$\sigma_r = -0.5(p_c + p_g) \tag{4-47}$$

式中：σ_h、σ_a、σ_r分别为环向应力(Pa)、轴向应力(Pa)、径向应力(Pa)；p_g、p_c分别为气体压力(Pa)、冷却剂压力(Pa)；r_i为内径(m)；r_o为外径(m)。

σ_h、σ_a、σ_r都是真实应力，而有效应力为

$$\sigma_e = [\mathrm{ACS}(\sigma_h - \sigma_a)^2 + \mathrm{AAS}(\sigma_a - \sigma_r)^2 + \mathrm{ARS}(\sigma_r - \sigma_h)^2]^{0.5} \tag{4-48}$$

式中：ACS、AAS、ARS 为各向同性强度系数。

如果有效应力比对应的屈服应力大，则塑性变形的增量就用 Hill 理论和 Prandtl-Reuss 方程计算。

包壳的有效真实形变计算过程，考虑了变形速率和包壳温度的影响，塑性变形增量计算如下：

$$\mathrm{d}\varepsilon_{h,p} = d_{ep}[A_1(\sigma_h - \sigma_a) + A_2(\sigma_h - \sigma_r)]/\sigma_e \tag{4-49}$$

$$\mathrm{d}\varepsilon_{a,p} = d_{ep}[A_3(\sigma_a - \sigma_r) + A_2(\sigma_a - \sigma_h)]/\sigma_e \tag{4-50}$$

$$\mathrm{d}\varepsilon_{r,p} = d_{ep}[A_2(\sigma_h - \sigma_h) + A_3(\sigma_r - \sigma_a)]/\sigma_e \tag{4-51}$$

式中：$\mathrm{d}\varepsilon_{h,p}$为环向塑性变形增量；$\mathrm{d}\varepsilon_{a,p}$为轴向塑性变形增量；$\mathrm{d}\varepsilon_{r,p}$为径向塑性变形增量；$d_{ep}$为有效变形的增加；$A_1$、$A_2$、$A_3$ 为用于计算塑性变形增量的各向同性系数。

总的真实环向形变为

$$\varepsilon_h = \varepsilon_{h,e} + \varepsilon_{h,t} + \varepsilon_{h,p_o} + \mathrm{d}\varepsilon_{h,p} \tag{4-52}$$

式中：ε_h为步长末环向总变形；$\varepsilon_{h,e}$为由弹性变形引起的环向变形；$\varepsilon_{h,t}$为由热变形引起的环向变形；ε_{h,p_o}为由时间步长初的塑性变形引起的环向变形。式(4－52)还可写成

$$\varepsilon_h = [\sigma_h - \gamma(\sigma_a + \sigma_r)]/E + (\alpha\Delta T)_h + \mathrm{d}\varepsilon_{h,p} \tag{4-53}$$

式中：γ 为泊松比；E 为弹性模量(Pa)。

类似地，有

$$\varepsilon_a = [\sigma_a - \gamma(\sigma_r + \sigma_h)]/E + (\alpha\Delta T)_a + \mathrm{d}\varepsilon_{a,p} \tag{4-54}$$

$$\varepsilon_r = [\sigma_r - \gamma(\sigma_a + \sigma_h)]/E + (\alpha\Delta T)_r + \mathrm{d}\varepsilon_{r,p} \tag{4-55}$$

从而可计算迭代前后的包壳平均半径为

$$R_{m1} = R_m \cdot e^{\varepsilon_h} \tag{4-56}$$

式中：R_{m1}为迭代后包壳平均半径(m)；R_m为包壳原始平均半径(m)。

包壳壁厚为

$$X_{clad} = \frac{A_c}{2\pi R_{m1}} \tag{4-57}$$

式中：A_c 为包壳横截面积(m^2)，它是不变的。

包壳的内、外半径分别为

$$R_i = R_{m1} - \frac{X_{clad}}{2} \tag{4-58}$$

$$R_o = R_{m1} + \frac{X_{clad}}{2} \tag{4-59}$$

这两个半径可以用来计算每个迭代后的实际体积，该体积在下一迭代中可计

算燃料棒气体压力;还可用来计算相关的应力。塑性变形增量可以计算各向同性强度系数。迭代过程在每个部件节点的平均周向应力收敛后结束。得出的收敛平均周向应力与相应的失效应力进行比较,以决定包壳是否破裂。然后进入下一个时间步长,如果包壳破裂,那么在接下来的分析中包壳变形计算就不再进行。

4.2 堆芯熔化过程

当达到熔化温度时,堆芯材料开始熔化,熔化的过程非常复杂,燃料元件熔化形成的微小熔融液滴或烛流将在熔化部位较低的区域固化,并引起流道的流通面积减少。

随着熔化过程的进一步发展,部分燃料元件之间的流道将会阻塞,流道阻塞使燃料元件冷却更加不足。同时,由于燃料本身仍然产生衰变热,在堆芯有可能出现局部熔透的现象,之后熔化燃料元件的上部分将会坍塌,堆芯熔化区域不断扩大,熔化材料的大部分最终将达到堆芯下部支撑板,并停留一段时间,直到堆芯支撑板也受到破坏。尽管在压力容器的上部存在着高温,压力容器的下部仍可能保留有一定水位的水。图 4-17 为 TMI-2 堆芯熔化后示意图[11]。

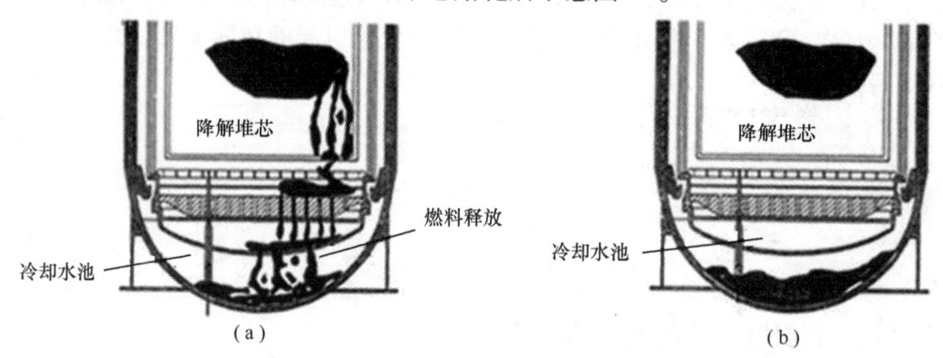

图 4-17 TMI-2 堆芯熔化后示意图
(a)重定位过程;(b)重定位后。

当包壳的温度为 1473~1673K 时,控制棒、可燃毒物棒以及结构材料会形成一种相对低温的液相。这些液化的材料可以重新定位并形成局部肿胀,导致流道堵塞,从而引发堆芯的加速升温。

当温度为 2033~2273K 时,如果锆合金包壳没有氧化,那么它将在约 2030K 时熔化,并沿着燃料棒向下重新定位。

如果在包壳外面已形成一种明显的氧化层,那么任何熔化的锆合金的重新定位将可能被阻止,这是因为氧化层可保留固体状态直到堆芯达到更高的温度(氧化锆的熔点为 2973K),或直到氧化层的机械破坏,或直到氧化层被熔化的锆合金熔解为止。

当温度为2893～3123K时，低共熔混合物的二氧化铀、氧化铀和液态陶瓷相的（铀、锆）氧化物将开始熔化。当温度高于3000K时，氧化锆和二氧化铀层将熔化。所形成的含有更高氧化浓度的低共熔混合物能溶解其他与之接触的氧化物和金属。在此工况下，堆芯内蒸汽的产生量对堆芯材料的氧化速率起决定性作用。

随着锆的液化和重新定位，堆积的燃料芯块得不到支撑而可能坍塌，并在堆芯较低的位置形成一个碎片床。堆芯熔融物的下落和碎片床的形成将进一步改变先前重新定位后堆芯材料的传热和流体特性，在上腔室和损坏的上部堆芯区域之间的自然循环将停止。从这种状态开始，在沿棒束的空隙中，由先前熔化物形成的一层硬壳被一种陶瓷颗粒层覆盖，陶瓷颗粒层由上部堆芯区域的坍塌所形成，熔化物还可能落入下腔室，从而威胁压力容器的完整性。

在熔融物下落过程中，下腔室仍可能留存有一定水位的水，下落的熔融物与下腔室的水作用后分裂成更加细小的碎片，这一过程称为熔融物的细粒化。这些碎片在压力容器底部形成一层多孔性碎片床。这时，水仍能通过多孔性碎片床的缝隙进入多孔碎片床对其进行冷却。

TMI-2事故及严重燃料损坏实验表明，在堆芯跌落入下封头之前堆芯损坏进程包括6个阶段：①包壳由于氧化发生脆裂；②金属包壳熔化，及与包壳相接触的燃料熔解；③容纳液化混合物的氧化硬壳失效而导致液化的包壳和熔解的燃料发生跌落；④跌落的混合物在堆芯一个位置更低、温度更低的地方凝固；⑤堆芯材料熔化跌落入由先前熔化并凝固的陶瓷材料所支撑的熔融池里；⑥支撑熔融池的凝固材料硬壳发生结构性失效或被熔穿后，熔融池跌落入压力容器底部。如图4－18和图4－19所示，损坏进程经历这6个阶段，需要1h或更久。损坏进程的顺序是由堆芯金属和陶瓷材料的熔化温度所确定的。反应堆堆芯越靠下的部分是越晚裸露的，而且其衰变余热比堆芯中心处低，这一事实也能确定损坏进程顺序[11]。

向堆芯注入冷却剂，堆芯损坏进程既能减轻也能加重。一方面，注入的冷却剂能够冷却受损的堆芯，阻止损坏进程；另一方面，冷却剂能够粉碎脆化的燃料棒，使得燃料棒碎片落入多孔碎片床，或者冷却剂使得堆芯中缺少蒸汽而不能发生氧化的燃料棒包壳发生持续氧化。

严重事故期间，随着堆芯损坏进程，堆芯可以变成三种基本结构：第一种基本结构中，由完整燃料棒支撑的无孔碎片沿堆芯径向扩展，这是由于堆芯中金属部分的熔化跌落造成的；第二种基本结构为多孔碎片床；第三种基本结构是由无孔碎片所支撑和容纳的熔融池。在损坏发生之前，堆芯结构的特征参数为燃料棒间距、直径。损坏发生之后，堆芯结构的特征参数为碎片的孔隙度、深度。如果碎片被水覆盖且其孔隙度较大，则碎片中的大部分衰变余热都能通过对流换热带走。但是，如果碎片床很深且碎片孔隙度小，则熔融池将会变大。此时，大量的热材料可能会跌落入压力容器下封头，下封头发生强烈的热冲击。

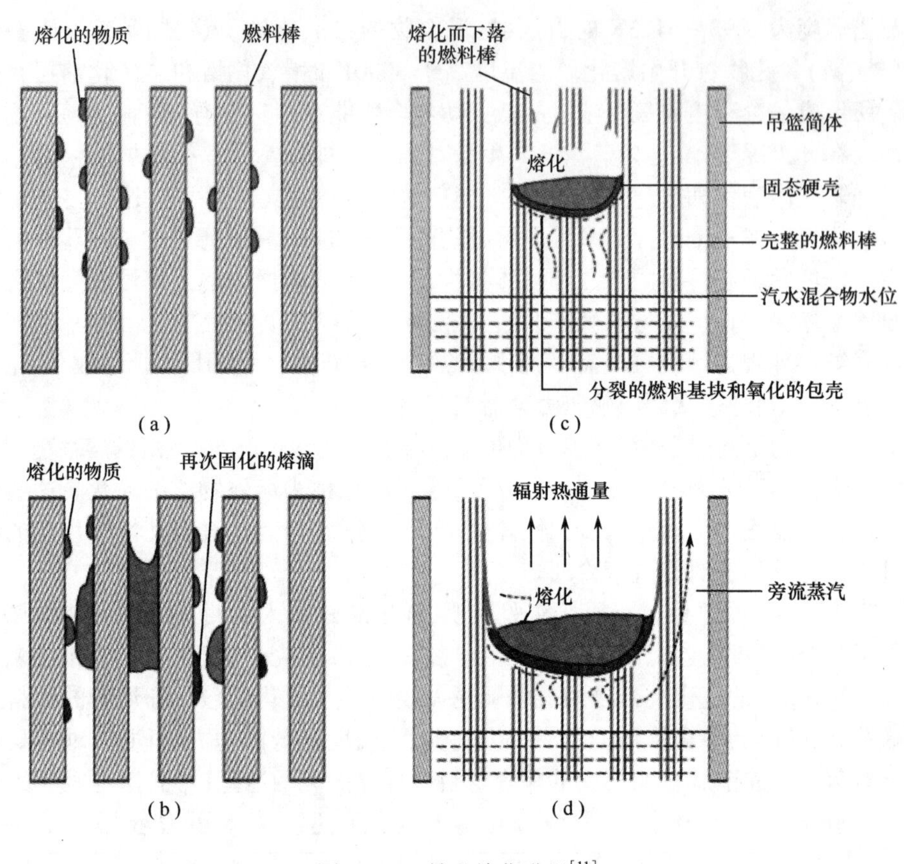

图 4-18　堆芯熔化进程[11]

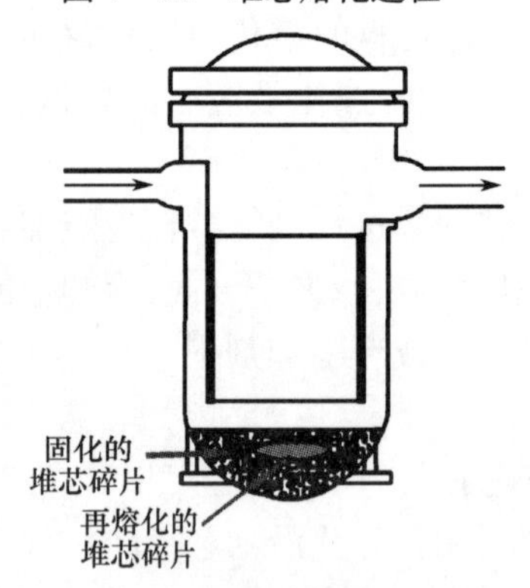

图 4-19　熔融物碎片在下封头的定位

总之,燃料包括以下三种重新定位机理:

(1) 熔化的材料沿棒外表面的蜡烛状流动和再固化;

(2) 在先固化的燃料芯基体硬壳上和破碎的堆芯材料上形成一个碎片床;

(3) 硬壳中的熔化材料形成熔坑,随后硬壳破裂,堆芯熔融物落入堆腔。

4.2.1 堆内材料相变

堆芯熔化过程涉及各种物质或材料的固液气(汽)三相态的复杂变化过程。冷却剂水存在吸热汽化与液化放热两个相态的相互转变过程;而堆内固体材料则是在受热升温熔化与冷却降温固化两个相变过程交替存在。堆芯内不仅存在同一种材料的固液转变,还存在多种材料的相互扩散溶解而形成的共晶体,以及共晶体熔化与凝固的交替变化过程。各种堆内物质在固液气三相间的转化以及液态熔融物的共晶过程是堆芯物质最重要的两类相变现象。

材料的相变会导致堆内部件力学性能及其传热性能的明显变化,关系到堆芯几何结构的完整性及堆芯冷却问题。压力容器内堆芯熔化过程中,在不同的温度点处会形成液相体,这些液相体的出现与时空相关,形式复杂,从而导致堆内的熔化进程将出现在不同的时间和地点,且各种各样的熔融相态随着冷却将在不同的温度下凝固,因此也将在不同的轴向位置上形成堵塞体。这些过程对氢气的产生、自然循环、下封头熔融物的化学成分及其温度都具有重要影响。为此需要考虑堆内材料的相变过程。

在沸水堆与VVER堆以及一些压水堆中,存在碳化硼和不锈钢的共晶作用、锆与因科镍的共晶作用、锆与不锈钢的共晶作用等;熔融的锆合金与氧原子结合形成α-Zr(O)相;UO_2燃料会与固态或者液态的锆合金,通过扩散或溶解作用而形成Zr-U-O合金;高温下,燃料元件与锆包壳在包壳内表面发生反应,生成稳定的α-Zr(O)相、ZrO_2以及U-Zr合金。图4-20总结了轻水堆严重事故时堆芯熔化进程中堆内物质的相变与温度的对应关系。图4-21给出了在1473K下经过180s锆包壳被内外氧化后的金相图[12],这反映了严重事故早期燃料棒包壳内的材料的相态分布。

因为冷却剂的气液两相变化相对简单,所以堆芯熔化过程主要考虑的是堆内固体材料的固液转变及其共晶过程。从堆芯部件的角度来考虑,堆芯熔化早期阶段主要分为燃料棒和控制棒的相变,后期在熔融池出现后,还需要考虑熔融池及其硬壳材料的相变。

1. U-Zr-O在高温下的相态关系

为了认识清楚Zr/UO_2和Zr/H_2O这一复杂相变系统的各种相态关系,国外专门研究了U-Zr-O三元系统在高达2273K下的相平衡关系[12]。该三元系统最重要的特征是存在一个具有扩展性的中心三相区域(UO_2 + α-Zr(O) + U-Zr),如图4-22所示。其中,UO_2燃料只形成稳定的饱和氧化物α-Zr(O)(图4-23),而无β-Zr(O)或β-Zr形成。UO_2-Zr(O)的相互作用,UO_2将会部分转变为金属铀,因为对于锆元素,氧元素还未达到饱和,锆原子需要从UO_2中夺取氧原子。该结果解释了所观察到的化学反应现象。在温度大于1798K时,立方体形的ZrO_{2-x}与α-Zr(O)共存,使UO_{2-x}和ZrO_{2-x}能完全混合(图4-24),形成一个大的两相区

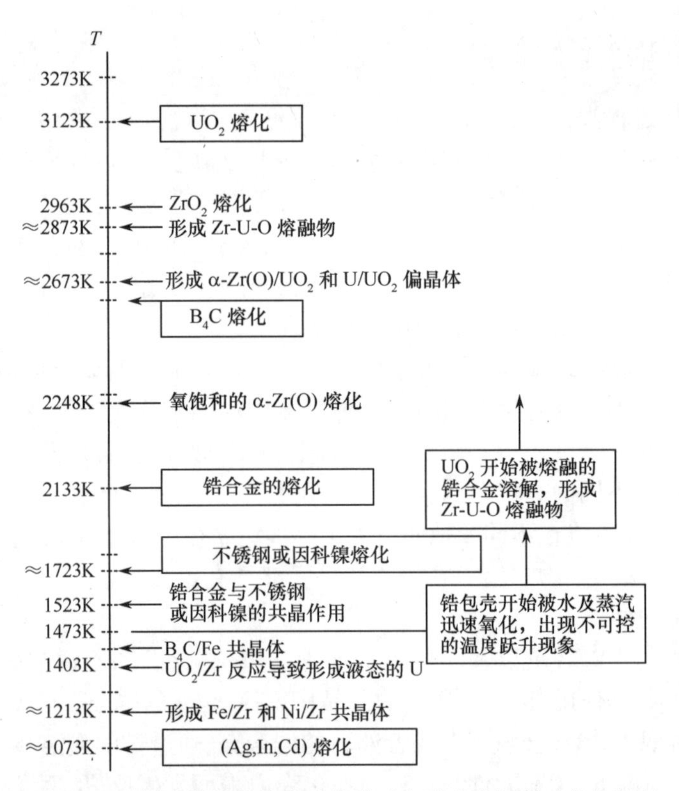

图 4-20　轻水堆堆芯熔化及化学反应形成液相所对应的温度

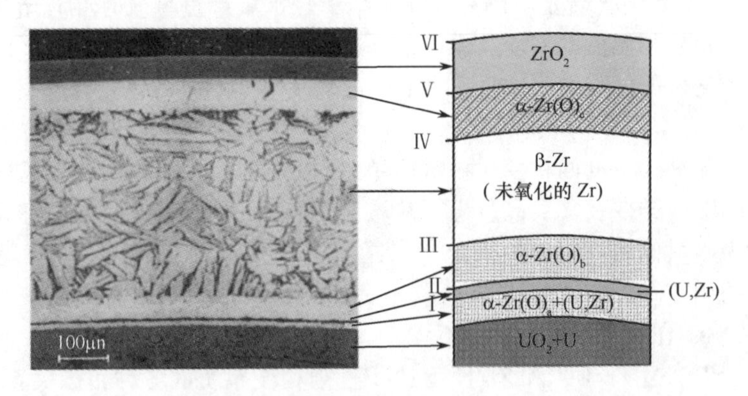

图 4-21　在 1473K 下经过 180s 锆包壳被内外氧化后的金相图[12]

$((U,Zr)O_{2-x}+\alpha\text{-}Zr(O))$取代了一个小于 1525℃时存在的三相区 $UO_{2-x}+ZrO_{2-x}+\alpha\text{-}Zr(O)$（图 4-22）。

实验测得的准二元系统 $\alpha\text{-}Zr(O)\text{-}UO_2$ 的共晶温度与 Zr-O 二元系统的共晶温度相一致。$\alpha\text{-}Zr(O)\text{-}UO_2$ 系统内的相态关系经常被人们错误地使用，实际上它仅可用于当氧饱和的 $\alpha\text{-}Zr(O)$ 与 UO_2 接触时的情形。氧化锆里面的很小的氧浓度偏差能够导致不同的相态及其稳定性。特别是对共晶温度及共晶点，如图 4-23所示,准二元系统 α-Zr(O)-UO_2 的共晶点位于 UO_2 摩尔分数约为 27% 处。在约 2273K 时,能够完全溶解的 UO_2 摩尔分数约为 28%,此时形成均匀的Zr-O-U熔融物。然而,在约 2000℃时,摩尔分数约 85% 的 UO_2 能溶解形成一种不均匀的由液态的 U-Zr-O 及固态的(U,Zr)O_{2-x}颗粒组成的熔融物[12]。

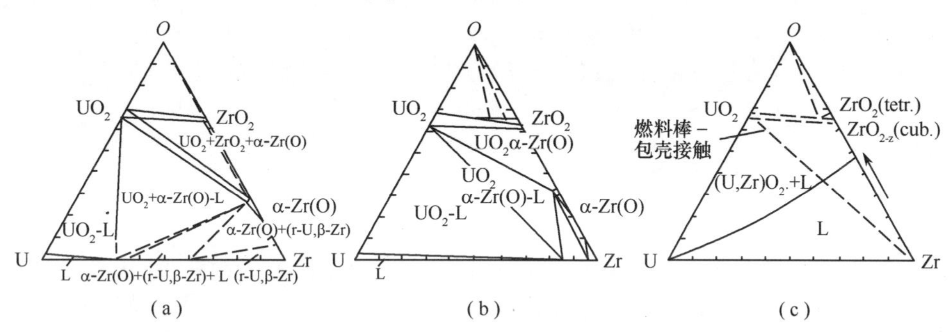

图 4-22　三元体系 Zr-U-O 在 1500℃、1800℃及 2000℃时的平衡相图[12]

(a) t = 1500℃;(b) t = 1800℃;(c) t = 2000℃。

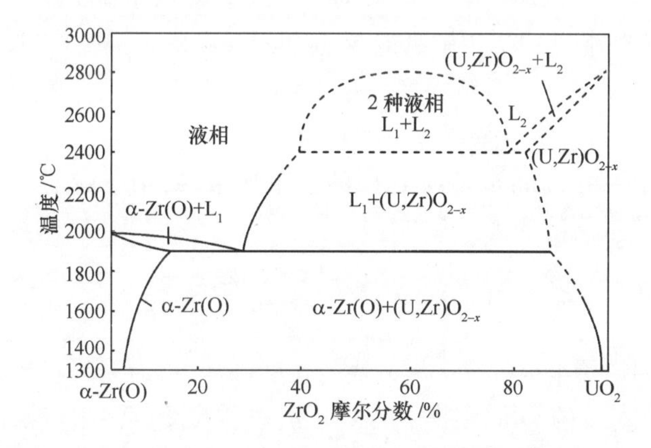

图 4-23　准二元系统 α-Zr(O)和 UO_2 的相图[12]

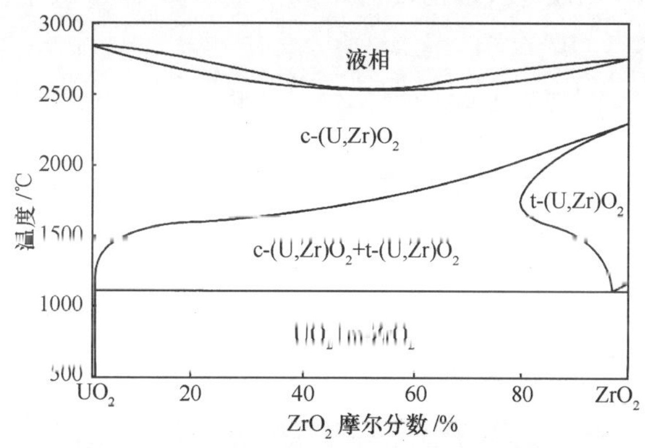

图 4-24　准二元系统 UO_2 和 ZrO_2 的相图[12]

2. 铀锆氧混合物模型

图4－25为燃料棒模块的示意图。锆合金与蒸汽反应生成了 ZrO_2 层，且 ZrO_2 熔解进入（熔融的）锆合金中形成了外 α-Zr(O) 层。内表面的锆合金（和 UO_2 接触）能够和 UO_2 反应生成两种不同的相，分别是（U，Zr）合金及 α-Zr(O)，如图4－26中的 δ_u 层所示。U-Zr-O 混合物包括外 α-Zr(O) 层和内 δ_u 层。

UO_2 芯块内的溶解长度 δ_u 服从霍夫曼动力学关系式所示的抛物线定律：

$$\delta_u^2 = K_u t \tag{4-60}$$

经过一个时间步长后，溶解长度变为

$$\delta_u' = (\delta_u^2 + K_u \Delta t)^{0.5} \tag{4-61}$$

式中：δ_u 为在时间步长初的溶解长度（m）；δ_u' 为在时间步长末的溶解长度（m）；K_u 可表示为

$$K_u = 0.104 e^{-3.10395 \times 10^8 / RT} \tag{4-62}$$

其中：R 为理想气体常数，$R = 8.314 J/(mol \cdot K)$；$T$ 为包壳温度（K）。

根据每根燃料棒的 UO_2 初始质量 $M_{u2,0}$ 和当前质量 M_{u2} 可计算出 δ_u：

$$\delta_u = \frac{M_{u2,0} - M_{u2}}{\pi l \rho_{u2}} \tag{4-63}$$

然后，计算在一个时间步长内 UO_2 的质量溶解率，用于对下一个时间步长内 UO_2 和 U-Zr-O 质量值的变更：

$$\frac{dM_{u2}}{dt} = [(r_0 - \delta_u)^2 - (r_0 - \delta_u')^2] \pi l \rho_{u2} / \Delta t \tag{4-64}$$

式中：r_0 为芯块的初始半径（m）；l 为节块的长度（m）；ρ_{u2} 为 UO_2 的密度（kg/m^3）。

因溶解而进入 U-Zr-O 混合物中的 UO_2 的总质量受其溶解度限制。如果进行严重事故程序设计，则需要专门计算并限定一个在给定温度及在给定 U-Zr-O 混合物中 UO_2 的最大摩尔溶解度，以防在一个较小的 U-Zr-O 节块中，更高温度下，因 UO_2 过量溶解带来大的误差。

用相似的方法计算 α-Zr(O) 的增长。首先，使用 UO_2、U-Zr-O 和 Zr 的质量参数来确定图4－25中所示的每个区域的外径及 δ_z 的长度。U-Zr-O 混合物中的含氧量必须来自 UO_2 和 ZrO_2 的溶解。根据混合物 U-Zr-O 中的铀含量，对于 ZrO_2 的扩散所携带的氧含量，可以通过用混合物中总的含氧量减去 UO_2 中所溶解的氧的量来获得。若已知因 ZrO_2 的扩散而携带的氧的质量，且假设α-Zr(O) 的化学式为 $Zr_{0.7}O_{0.3}$，则 α-Zr(O) 在时间步长初的厚度可以确定。霍夫曼动力学扩散模型非常适用于计算 α-Zr(O) 在时间步长末的增长，其关系式如下：

$$\delta_u' = (\delta_\alpha^2 + K_\alpha \Delta t)^{0.5} \tag{4-65}$$

式中

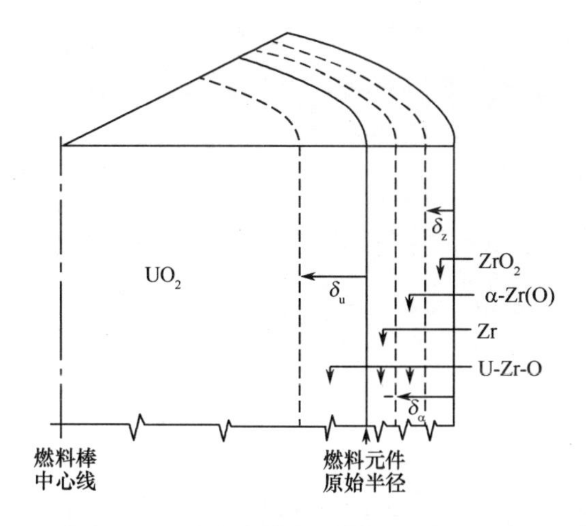

图 4－25　一般的燃料组分及其相互作用

δ_u—UO_2 元件内的溶解长度；δ_z—ZrO_2 氧化层厚度；δ_α—α-Zr(O)反应区域厚度。

$$K_\alpha = \begin{cases} 0.0014956 \times e^{-2.17521 \times 10^8/RT}, & T \leqslant 1373.0\text{K} \\ 0.0001549 \times e^{-1.81885 \times 10^8/RT}, & T > 1373.0\text{K} \end{cases} \tag{4-66}$$

由于氧扩散入 U-Zr-O 形成 $Zr_{0.7}O_{0.3}$，因此需要根据 U-Zr-O 混合物中的 Zr 的质量分数，引入一个摄氧量的最大限值（用于限制摄氧量过度，防止干扰计算）。

3. 银铟镉与锆合金的相互作用

Ag-In-Cd 控制棒的吸收材料银铟镉与锆合金可以发生反应，锆－银的相图如图 4－26[13] 所示。银铟镉吸收材料（Ag 质量分数为 80%，In 质量分数为 15%，Cd 质量分数为 5%）与其不锈钢包壳材料之间是热力学稳定的，甚至在其处于液相时（>1073K）也是如此。然而，控制棒导向管是由锆合金来制造的，高温下，锆合金将与控制棒的不锈钢包壳发生化学反应。在严重事故发生期间，许多部位不锈钢和锆合金将发生局部接触。在 1423K 附近，这两种固相物质因接触而发生的化学反应将导致液相的形成。控制棒包壳的失效之后，熔融的 Ag-In-Cd 合金（熔点约为 1073K）将与锆合金导向管接触并发生化学反应使其损坏。然后，甚至熔融的 Ag-In-Cd 合金能够浸入燃料棒锆包壳并使锆合金在低于自身熔点（约 2133K）的条件下被化学溶解。因此，不断流动的熔融 Ag-In-Cd 合金能够在相对较低的温度下传播和加速堆芯熔化进程[12]。

图 4－27 为反应区域增长率（锆合金壁厚的减少率）的阿伦尼斯（Arrhenius）图，其中横轴为倒数温度。在温度大于 2273K 时，化学反应将导致相容的样品出现完全的熔化。锆包壳能在低于其熔化点（2133K）的条件下被化学熔解，甚至在低温下溶解掉 UO_2 燃料。从相态变化的角度来考虑熔化过程，需要把四元体系 U-Zr-Fe-O 当作一个模型，以此来描述堆芯开始熔化阶段的复杂的多组分系统[12]。

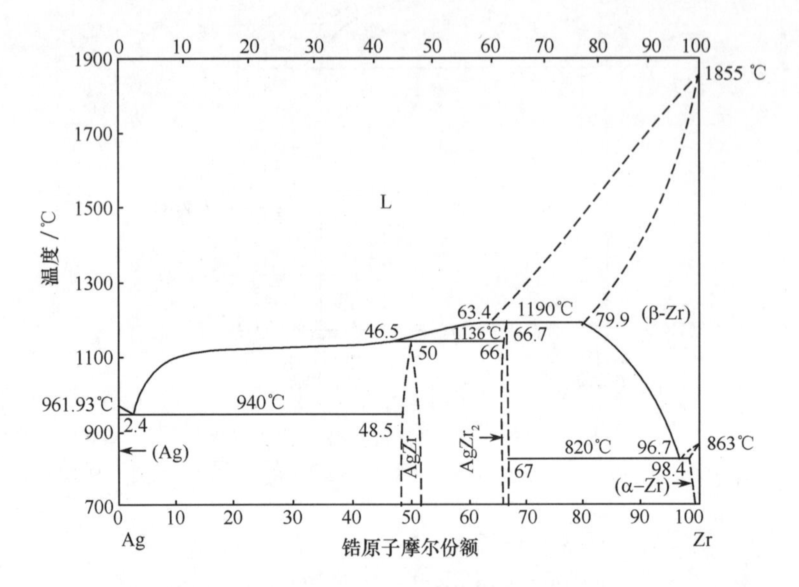

图 4－26　锆－银相图[13]

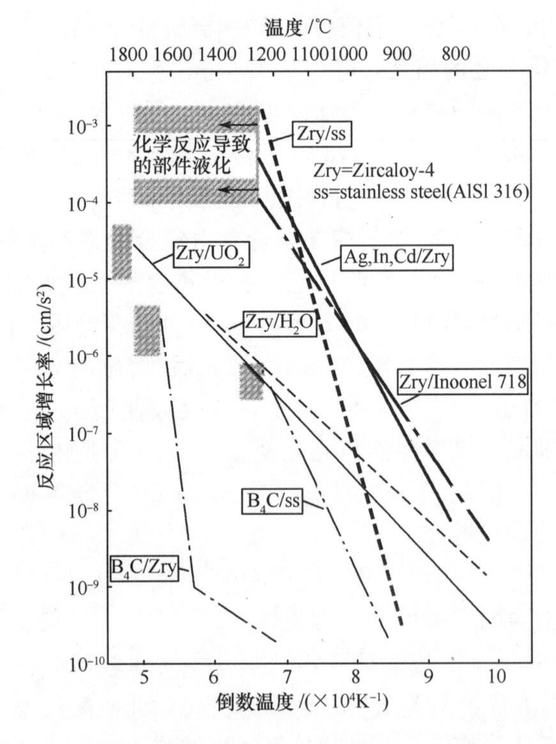

图 4－27　燃料棒基本成分的各组反应的反应区域总增长率[12]

4. 碳化硼与不锈钢或包壳的相互作用

沸水堆、俄罗斯的 VVER-1000 及一些压水堆的控制棒/板由不锈钢管内装上碳化硼元件或粉末构成。在沸水堆中，控制棒被包含在一个四叶片(横截面为十字形)的不锈钢组件内。四个燃料棒棒束分别被一个锆合金盒包围，并分别分布于十字形控制叶片组件的四个象限内。碳化硼/不锈钢是热力学不稳定体系，即在温度高于 800℃时将发生化学反应。控制棒失效之后，碳化硼也可能与组件盒盒壁的锆合金及邻近的燃料棒锆包壳发生反应。

碳化硼/不锈钢及碳化硼/锆合金的动力学反应率可以由抛物线律来描述。实验结果表明，在温度约为 1923K 时，熔化导致碳化硼/锆合金体系完全失效。这个温度比碳化硼/不锈钢体系的(1523K)高出 400K。在这两个反应体系里面，由于共晶相互作用，在熔化点之下也发生熔化。如果锆合金替代不锈钢用于十字形的控制棒包壳，那么液相形成的起始温度将会更高些。此外，在温度小于 1473K 时，碳化硼/锆合金反应率比碳化硼/不锈钢要低很多。因此，可以为严重事故期间的处理措施争取更多的时间[12]。

沸水堆控制棒早期低温失效及其再定位，可能会导致堆芯内碳化硼材料的早期局部再定位，且如果堆芯是被不含硼的水所淹没，还可能引起严重事故中的堆芯临界问题。在 CORA16 实验中，一个沸水堆的燃料棒棒束被加热至 2273K(此为堆外实验)，表明控制棒部件的失效及其在 1473K 和 1573K 时的再定位过程比燃料棒的失效早发生[10]。

5. 锆合金与不锈钢或因科镍的相互作用

在控制棒包壳与锆合金导向接触，以及因科镍定位格架与锆合金燃料包壳接触的情形下，锆合金/不锈钢的反应很重要。两种情形下，铁－锆合金及镍－锆合金的相图表明由于共晶作用，必须预测早期熔化的发生，因为它启动了在低温下燃料组件的熔化进程，在低于 1273K 时可形成液相。然而，在温度高于 1373K 时动力学反应才变得显著。这一现象在 CORA 系列实验测试中可观察到，实验中燃料棒棒束被加热至完全熔化。在所有的情况下，由于锆合金/不锈钢及锆合金/因科镍的反应，而启动了棒束的损毁过程。这些成分的局部熔化起始于 1473K[12]。

锆合金与不锈钢的动力学反应可划分为两个反应区域增长率，一个在锆合金内，另一个在不锈钢内，如图 4－28 所示。可以看到，锆合金区比不锈钢区受到更加强烈的影响。锆包壳外表的氧化层延迟了锆合金与不锈钢的化学反应，但是也不能完全阻止两者的反应过程。当温度大于 1373K 后，氧化层对反应的延迟作用将变得不重要。因为，此时起保护作用的 ZrO_2 层的溶解速度相当快且随后不锈钢与锆合金或氧饱和的 α-Zr(O) 直接接触[12]。

把锆合金/因科镍 718 的反应行为与锆合金/316 不锈钢的反应行为进行比较发现：当温度低于 1373K 时，因科镍对锆合金的侵蚀要比不锈钢的快；当温度高于 1373K 时，情况是相反的。在两种情况下，锆合金大量熔化而其邻近的不锈钢或因

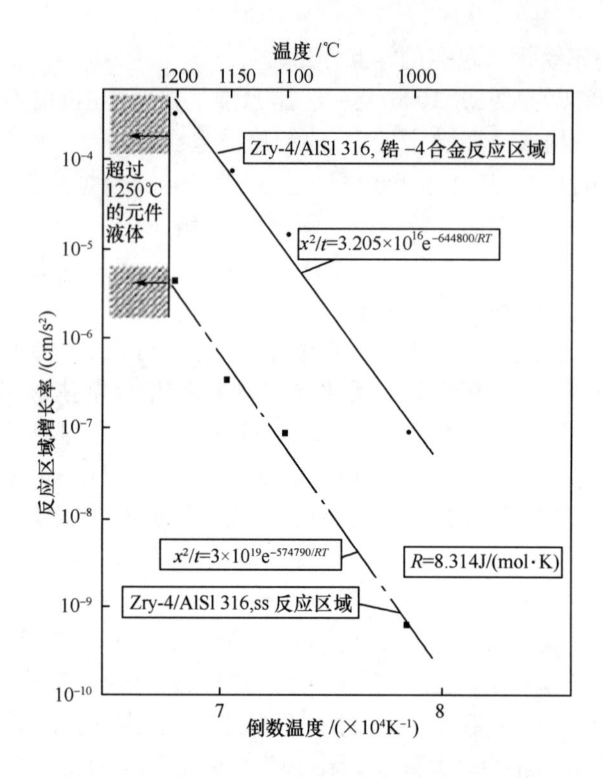

图 4-28　锆合金/不锈钢的反应区域增长率[12]

科镍部分熔化。在对不锈钢/锆合金和因科镍/锆合金两个反应体系的加热过程中,在温度稍微高于 1523K 时,样品发生洪暴般的完全熔化。这可能是由于燃料棒棒束的熔化进程(在早期)启动于控制棒不锈钢包壳/锆合金导向管的接触位置,以及因科镍定位格架/锆合金燃料棒包壳的接触位置[12]。

4.2.2　控制棒及结构材料的熔化和再定位

对于典型的轻水堆,当温度为 1500~1700K 时,Fe-Zr、B_4C-Fe、Ag-Zr、B_4C-Zr等化学反应会导致堆芯结构如定位格架、Ag-In-Cd 或 B_4C 控制棒及与其他材料直接接触的锆合金包壳部分发生早期液化和再定位。对于快速瞬态过程,化学反应开始时间不发生延迟,温度在 1500K 附近时会发生失效。对于慢速过程,失效将会延迟直至温度达 1700K 左右。而后者,在锆合金表面形成的氧化层有助于延迟或限制化学反应。在这一过程中,控制棒材料会与燃料分开,从而增加了堆芯再淹没时重返临界的可能性,这是材料间的化学反应所产生的最严重后果。

压水堆控制棒的不锈钢包壳和锆导向管之间的化学反应可用抛物线动力学模型[6]计算。模型计算铁和锆反应导致材料液化区域的增长情况,如图 4-29 所示。假定不锈钢包壳和导向管接触,所发生的化学反应是与温度紧密相关的函数。因为控制棒的轴向温度分布不同,径向的反应发生程度也随轴向变化而不同。模型的计算目标——反应区的内、外半径，是一个关于时间的函数。如果反应区的外半径达到了导向管的外半径，则会形成一个缺口，液化材料会从缺口流出。反应区的外半径为

$$r_{soN2} = (r_{soN1}^2 + A\mathrm{e}^{-B/RT}\Delta t)^{\frac{1}{2}} \tag{4-67}$$

式中：r_{soN2}为时间步长末轴向节点 N 处反应区的外半径(m)；r_{soN1}为时间步长初轴向节点 N 处反应区的外半径(m)；A,B 为系数，$A=1.02\times10^{-9}$，$B=481.8$；R 为理想气体常数；T 为材料温度(K)；Δt 为时间步长(s)。

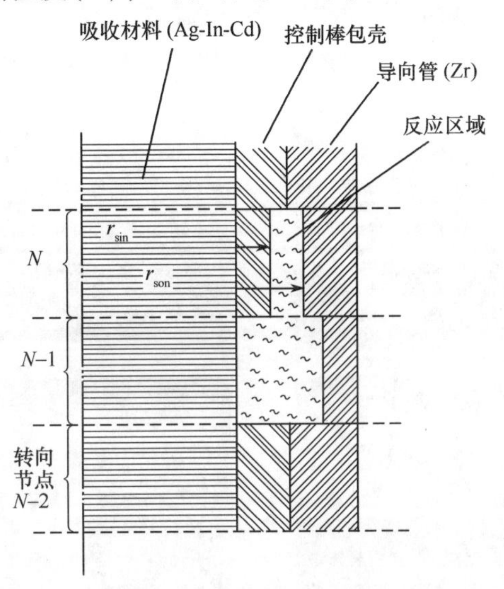

图 4－29　控制棒包壳和导向管之间的反应区

内部半径 r_{sin} 的计算是把式(4－67)中的 A 和 B 的值分别换成 1.19×10^{-6}、435.6。液化区在包壳和导向管温度超过 1201K 时开始形成：如果铁的质量分数保持在 24%，则反应区的增长按动力学方程来计算其速率；如果铁的质量分数增至 40%，则反应区不能持续直到温度上升至 1740K，或足够的锆液化使铁的质量分数降至 24%。

4.2.3　燃料棒熔化及再定位

1. 包壳

锆合金的熔点在 2133K 左右，取决于锆合金及含氧量。温度刚好超过 2000K 时，锆合金包壳开始熔化，某种情况下熔化的锆合金会流到堆芯更低处。包壳外表面形成的保护性氧化层可能会延迟或阻止熔融的锆合金包壳的再定位过程，因而熔融锆合金的再定位很大程度上取决于初期的温度历程。对于加热速率超过 0.3～0.5K/s 或者堆芯水位较低的快速瞬态过程，锆合金包壳将会熔化并在一个很短延迟时间后流入堆芯较低区域。而这种情况下，熔融锆合金对 UO_2 的熔解会

被完全阻止。对于较慢的瞬态,包壳外表面形成的氧化层会抑制熔融锆合金的再定位,而且低于2000K的堆芯加热冷却瞬态过程也会促进氧化层的形成。

处于UO_2芯块和表面ZrO_2间的熔融Zr能够熔解部分的UO_2芯块及包壳氧化层。这些反应包括处于1000K左右的UO_2和ZrO_2的液化反应,而这些反应导致产生的U-O-Zr混合物会一直停留在原处直至ZrO_2层的温度高于2300K发生失效。ZrO_2层越厚,熔融的Zr与UO_2接触熔解的时间越长。这种情况下,熔解过程受液相中Zr质量分数限制。图4-30显示同一个实验棒束下两种不同的情况:液化Zr与UO_2芯块相接触着或沿着燃料棒外部再定位。

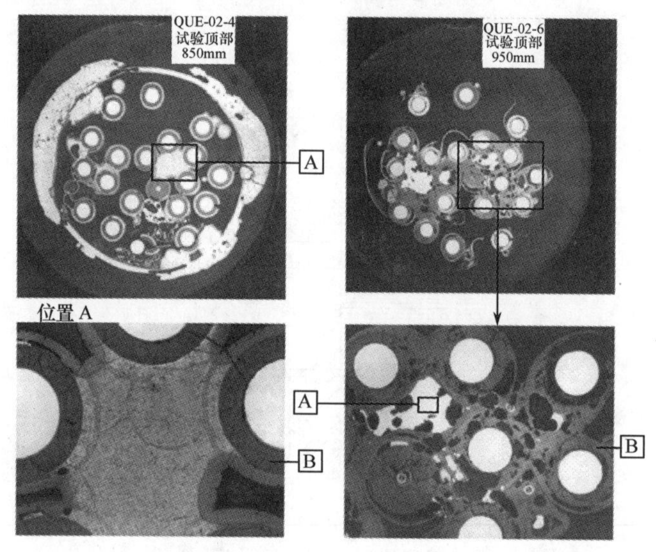

图4-30 QUENCH-02测试中包壳失效和熔融物分布截面图[14]

包壳失效后,重新定位的混合物会继续发生氧化。然而,排空含Zr量很大的熔融混合物之后,会导致的显著现象是氢气产量及锆合金氧化释热量的减少。堆芯内氧化减少是因为熔融锆合金在堆芯温度更低的位置凝固而重新定位并使堆芯局部区域形成阻塞,从而减少了燃料棒锆包壳与蒸汽的接触面积,有效地限制氧化反应及其释热量。

熔融锆合金熔解燃料而造成的另一个后果是影响裂变产物释放。晶体结晶的熔解及相关气泡在大块金属相中的迁移会促进裂变气体释放。

再定位之后,冷却流动通道中充满熔融物使得自然循环流动模式发生改变,从而改变了堆芯的后续加热过程。这些流动阻塞区域,一般位于原始定位格架处或堆芯下部液位附近。然而已有的实验表明,Zr质量分数大的堵塞体对于熔融池区域的形成无关紧要。堆芯内的热传递直接导致形成氧化物硬壳。

2. 燃料

当燃料或包壳内氧化物的温度接近其熔点时,燃料及滞留的氧化物开始熔化并跌落入堆芯更低处,这对堆芯破坏过程有重要影响。在某些情况下,如果燃料已充分燃烧且系统压力足够低,燃料会膨胀,从而引起冷却剂流通面积减少。根据跌落物的位置及堆芯内的温度梯度,燃料和包壳内的氧化物将会再定位于堆芯温度更低处直至其凝固,这会造成大范围阻塞的形成。

这些阻塞会围困住随后在堆芯或上腔室较高处所形成的熔融物。尽管燃料棒坍塌的温度范围取决于燃料和包壳内的氧化物的成分及其他化学反应,但是金属氧化物和陶瓷物会在其温度低于熔点时发生熔化,熔化温度甚至会低于 UO_2-ZrO_2 共晶物的形成温度。预辐照的燃料棒束实验是在氧化条件下进行的,该实验表明燃料在 2500~2600K 温度范围内发生坍塌,随后迅速形成熔融池[14]。

熔融池的形成所带来的后果是十分严重的,因为该阻塞体的尺寸通常会覆盖住很大一部分堆芯,使得堆芯流通模式发生剧烈改变。然而阻塞也许会导致其他未限制区域冷却加强,减缓冷却剂升温,通常是在低功率区域。由于熔融池被外围硬壳所包围,因此裂变产物会被限制在燃料内部,尽管温度高于其熔点。当熔融池的尺寸相当大时,熔融池自然对流能够影响通过周围硬壳向外围边界的热传递。熔融池自然对流引起的最显著的影响是熔融物与两侧及顶部的换热可能高于与底部的换热。因此,硬壳两侧及顶部位置变得比底部更薄,造成顶部硬壳会优先发生失效。

对于燃料棒因熔化产生的变形及在液化包壳下滑处的氧化和热传递现象可以用 LIQSOL 模型[6] 进行计算。LIQSOL 模型用于计算如图 4-31 所示的过程。表 4-2列出了模拟的过程:①计算包壳附近燃料的溶解速率;②计算熔化的燃料和包壳在燃料棒上冲破包壳氧化层的时间和位置;③计算混合熔融物因重力而向下的运动和熔融物在下滑时及因固化而停止下滑后的外形和氧化速率。

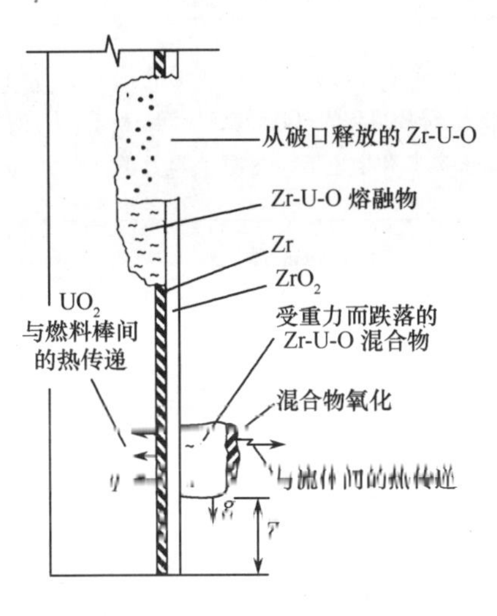

图 4-31　燃料棒熔化过程[6]

表 4-2 LIQSOL 所模拟的过程

堆芯熔毁阶段	建模过程
包壳熔化及氧化层包裹的燃料熔化	① 锆附近燃料的熔解; ② 氧化层的持久度
熔化材料沿燃料棒向下流动	① 熔化材料结构; ② 熔滴运动; ③ 熔滴氧化; ④ 熔滴与燃料棒和流体间的换热
熔滴固化	① 熔滴固化时传递给燃料棒的内能; ② 熔滴固化导致包壳附加比热; ③ 熔滴固化导致的附加氧化

表 4-3 给出了 LIQSOL 模型的一些简化假设,这些假定也是根据实验[15-17]确定的。最重要的假设是熔化的燃料和包壳不会在包壳内壁向下流动,而这一假定仅在燃料棒没有肿胀时有效。对于发生了肿胀且没有破裂的区域,熔融物假定是可以在包壳内部流动,且在包壳间隙足够小至可以阻塞流动的区域聚集;对于燃料有破裂的情况,燃料碎片会充满间隙,在间隙的熔融物其流动会被抑制。

表 4-3 LIQSOL 模型简化假设

序号	假 设
1	包壳内表面与燃料芯块外表面相接触,液状的 Zr-U-O 不在包壳内侧流动
2	如果锆合金包壳氧化层温度低于 2500K,则氧化层能够容纳熔化的包壳;如果温度超过 2500K,则氧化层失效,将释放熔化的包壳和燃料。但是如果有超过 60% 的包壳被氧化了,即使氧化层的温度超过 2500K,氧化层也不会失效,直至其温度到达熔化温度
3	向下滑动的液滴形状是半径为 3.5mm 的半球
4	液滴跌落速度为 0.5m/s
5	先前跌落的液滴如果其温度超过氧化层失效温度将会再次下滑

图 4-32 为 LIQSOL 模型的结构框架。图 4-32 中,燃料棒划成轴向几个区域,轴向一区在底端,其底部高度为 0。模型的计算分三步:①计算包壳核燃料熔化的位置;②计算包壳氧化层壳被破坏的时间和位置;③计算从氧化层缺口中流出的燃料包壳熔融物在棒外表面向下流动时的外形和再定位。

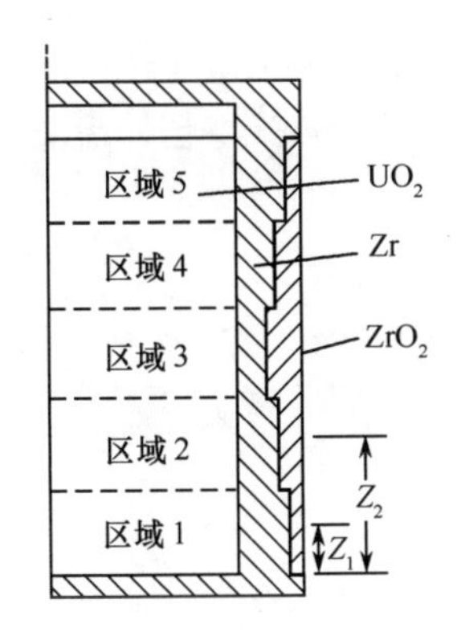

图 4-32 LIQSOL 模型计算框架[6]

4.2.4 熔融池中熔融物在下腔室中的再定位

随着事故进一步发展,熔融池会移向堆芯底部或下腔室。在 TMI-2 事故中,熔融物通过堆芯旁路流入下腔室。虽然该过程的数据有限,但 TMI-2 事故进程分析表明是由于熔融池内熔融物向堆芯外围渗透及其硬壳的失效引起了熔融物的再定位,如图 4-17 所示。熔融物在大量再定位于堆芯外侧前会在堆芯径向和轴向方向移动,这表现为硬壳和熔融池的间断扩张。即使堆芯完全被水淹没,熔融物再定位过程也可能会继续进行,虽然此时额外冷却会减慢甚至阻止熔融物的进一步移动[18]。

TMI-2 事故中,堆芯再淹没先于大量熔融物进入下腔室再定位。尽管注入的冷却水充满堆芯,堆芯内熔融池进程仍不能稳定下来,通过周围硬壳进行的换热不足以带出熔融池内裂变产物产生的衰变热。虽然不知道 TMI-2 事故中熔融物再定位的准确细节,但确定的是一小部分熔融物直接通过一些堆芯外围燃料组件在轴向进行再定位。硬壳失效及部分熔融物再定位伴随着顶部硬壳所支撑的燃料棒及碎片发生局部坍塌。此阶段所熔化的堆芯部分及其再定位于下封头的最终路径取决于堆芯功率分布、周围结构和堆芯设计及热工水力边界条件。

沸水堆堆芯在其燃耗历史某些阶段内轴向功率分布相对平坦,而压水堆堆芯在轴向则为明显的余弦形状分布,两者的轴向功率峰因子存在差异,因此可以假设沸水堆堆芯内熔融池最有可能直接排入下腔室,而压水堆通过堆芯旁路排入下腔室。由于沸水堆中许多严重事故序列也能导致系统早期恶化,这也使得熔融物有可能排入下腔室。

熔融池中的熔融物有两种路径流入压力容器下封头(图 4-33)[6]:第一个路径是由于熔穿了外围结构的整个厚度造成的。如果完全熔穿了外围结构,熔融池将会通过所形成的路径排出去然后沿着结构的外表面落入下封头。第二个路径是由熔融池材料熔穿外围结构,然后进入嵌入式冷却剂流道(且熔融物不会固化形成阻塞)。熔融池将会通过所形成的路径被排出,然后通过嵌入式流道落入下封头。这两种情况下,熔融池中的熔融物都将会外流直至熔融池的高度降至外围结构被熔穿处的高度。

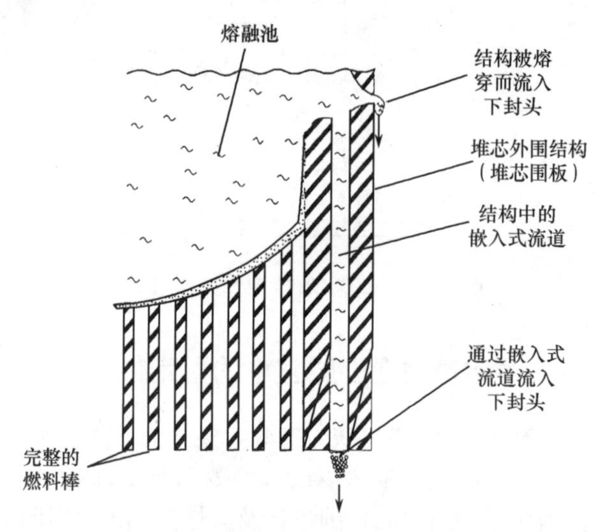

图 4-33　熔融物通过堆芯外围结构跌落入下封头中的两种路径

熔融物落入下腔室再定位所产生的后果完全取决于下腔室中冷却剂的多少。若下腔室充满蒸汽,熔融物则能与下封头结构直接接触,可能较快地熔穿下封头。而更有可能发生的情况是下腔室有水存在,这会延迟下封头结构升温过程,但是熔融物直接与水接触会使得系统压力迅速升高。虽然认为压力容器内熔融物与水发生大量相互作用的可能性较小,但是由于水的存在使熔融物的冷却能力增强,从而导致熔融物碎裂,改变碎片与压力容器壁的长期冷却能力。再定位过程的相对时效及特性对堆芯熔融物在下腔室的分层也有重大影响。例如,堆芯上部的陶瓷物在下腔室早期再定位时会形成多层陶瓷金属物,而后期再定位会促进下腔室熔融物相互混合,使得不同的材料层得以减少。

4.2.5　脆化的堆芯材料在再灌水阶段发生碎裂

若有水注入堆芯,堆芯结构将随着脆化材料碎裂而发生改变,如图 4-34 所示。温度低于 1500K 时,燃料棒材料发生碎裂;温度高于 1500K 时,堆芯几何结构改变取决于恶化的堆芯在再淹没时的几何结构。在熔融金属物或陶瓷熔融物已经凝固的区域内,重凝固的材料可能发生碎裂,但对材料几何结构改变很小。对于燃料棒相对完整且峰值温度低于锆合金熔点的区域,燃料及包壳可能碎裂并发生部分坍塌而形成碎片床。对于燃料棒相对完整但峰值温度已超过锆合金熔点的区域,燃料芯块结构将保持相对不变,即使许多锆合金已经熔化流走。

一旦达到锆合金熔点,燃料芯块的相对稳定性将取决于熔融锆合金对 UO_2 的

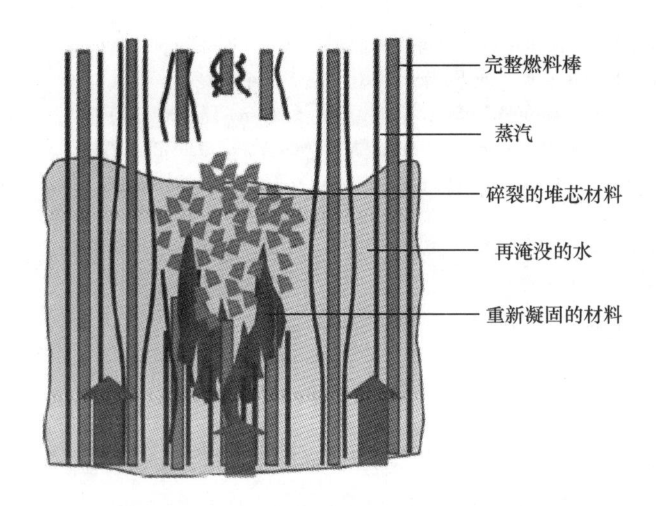

图4－34　再灌水阶段堆芯材料发生碎裂

熔解，因为该过程会导致熔融的 Zr 渗透入包壳裂缝及燃料芯块与包壳间的间隙，从而有效地把芯块焊接在一起。需要注意两个明显的例外：第一，如果锆合金迅速地发生熔化并排走，则在注入冷却剂期间燃料芯块会坍塌。这是因为熔融锆合金没有足够时间渗透入芯块表面及其缝隙。第二，如果燃料长时间暴露于蒸汽中，蒸汽对 UO_2 的氧化会导致燃料在晶粒边界上发生破裂。堆芯结构的这种变化的主要后果是伴随着 ZrO_2 层及其下面富含 Zr 的包壳层发生破裂。燃料棒的破裂能造成大量裂变产物释放，另一个后果是形成的碎片床随后可能改变堆芯内流动模式及燃料棒的换热。

参 考 文 献

[1] Nuclear Regulatory Commission. Thermal-hydraulic post-test analysis of OECD LOFT LP-FP-2 experiment[R]. Washington: NRC, NUREG/IA-0049, 1992.

[2] Fauske and associates, Inc. MAAP4—modular accident analysis program for LWR power plants, vol. 2, Part 2 [CP]. Illinois(USA): EPRI, 1994.

[3] FAI, ANL. Hydrogen generation during severe core damage sequences[R]. Illnois(USA): EPRI and ANL, 1983.

[4] NUREG. SCDAP/RELAP5/MOD3.2 code manual, volume 4: matpro-a library of material properties for light-water-reactor accident analysis[CP]. NUREG/CR-6150, INEL-96/0422, Vol. 4, R1, October, 1997.

[5] Urbanic V F, Heidrick T R. High-temperature oxidation of zircaloy-2 and zircaloy-4 in steam[J]. Journal of Nuclear Materials, 1978, 75: 251－261.

[6] NUREG. SCDAP/RELAP5/MOD3.2 code manual, volume 2: damage progression model theory[CP]. NUREG/CR-6150, INEL-96/0422, Vol. 2, R1, October, 1997.

[7] Wang J, Tian W X, Fan Y Q, et al. The development of a zirconium oxidation calculating program module for module in-vessel degraded analysis code MIDAC[J]. Progress in Nuclear Energy, 2014, 73: 162－171.

[8] Repetto G, et al. B_4C oxidation modelling in severe accident codes: applications to PHEBUS and QUENCH experiments[J]. Progress in Nuclear Energy, 2010, 52: 37 – 45.

[9] Hill R. The mathematical theory of plasticity[M]. Oxford: Clarendon Press, 1950.

[10] Mendelson A. Plasticity: theory and application[M]. New York: MacMillan, 1968.

[11] Müller W C. Review of debris bed cooling in the TMI-2 accident[J]. Nuclear Engineering and Design, 2006, 236: 1965 – 1975.

[12] Hofmann P. A review of current knowledge on core degradation phenomena[J]. Journal of Nuclear Materials, 1999, 270: 194 – 211.

[13] Karakaya I, Thompson W T. The Ag-Zr (Silver-Zirconium) system[J]. Journal of Phase Equilibria, 1992, 13: 143 – 146.

[14] Hofmann P, Homan C, Leiling W. Experimental and calculational results of the experiments QUENCH-02 and QUENCH-03[R]. Karlsruhe: FZK, FZKA6295, 2000.

[15] Sepold L, Hofmann P, Schanz G. Out-of-pile experiments on LWR severe fuel damage behavior[R]. Karlsruhe: FZK KfK 4404, 1988.

[16] Hagen S, et al. Results of SFD experiment CORA-13 (OECD international standard problem 31) [R]. Karlsruhe: FZK, KfK 5054, 1993.

[17] Jensen S M, Akers D W, Pregger B A. Postirradiation examination data and analysis for OECD LOFT fission product experiment LP-FP-2, volumes 1 and 2[R]. Idaho Falls: EG and G Idaho, Inc., OECD LOFT-T-3810, 1989.

[18] Sehgai B R. Nuclear safety in light water reactors: severe accident phenomenology[M]. Sau Diego: Academu Press Inc., 2012.

第5章 堆芯碎片床的形成及冷却

在核反应堆发生严重事故的情况下，堆芯熔融物掉落到压力容器下封头并与下封头内残余的冷却剂发生剧烈的化学反应，堆芯熔融物碎裂成许多细小的形状不规则的颗粒碎片。这些碎片在下封头堆积形成的结构，称为堆芯碎片床。堆芯碎片的衰变余热会持续加热堆芯碎片颗粒，如果碎片床不能得到足够的冷却，堆芯碎片会发生再次熔化，形成堆芯熔融物并滞留在下封头，这会威胁到压力容器的完整性。

5.1 堆芯碎片床的形成和分类

堆芯碎片床的形成是FCI的结果。掉落到下封头的熔融物在与冷却剂发生化学反应后碎裂成了许多细小的不规则的碎片颗粒，这一过程称为熔融物细粒化。这些细小的碎片颗粒堆积于下封头内，从而形成新的碎片床。碎片床可能形成在压力容器底部（容器内）或者是在反应堆堆腔中（容器外），如图5－1所示。堆芯内碎片床的结构（图5－1(a)）比较复杂，底部堆芯的熔化可能在底部对冷却剂存在阻碍的作用，此时只能对其进行顶部注水冷却，但顶部注水的冷却能力是相当弱的。实验表明，冷却剂从碎片床顶部注入时的冷却能力约是从底部注入时的冷却能力的1/10～1/8[1]。由于此时碎片床的冷却能力比较小，碎片床中的热量不能及时排出，从而再次熔化，掉入到充满水的下封头位置，再次形成碎片床（图5－1(b)）。如果下封头形成了一个很大的熔融池，并且不能从外部对其进行冷却，可能导致压力容器失效，熔融物落入压力容器下部的堆坑中，再次形成碎片床（图5－1(c)）[2]。

FARO实验装置的FCI实验[3]、KROTOS实验装置的FCI实验[4]以及阿贡国家实验室的CCM实验装置[5]都得出FCI过程形成的碎片颗粒的中值直径变化范围较大，并且碎片床的孔隙率在空间分布也是不均匀的。此外，FARO的实验结果显示，在某些情况下，形成的碎片床的中间部分成饼状结构，这极其不利于碎片床

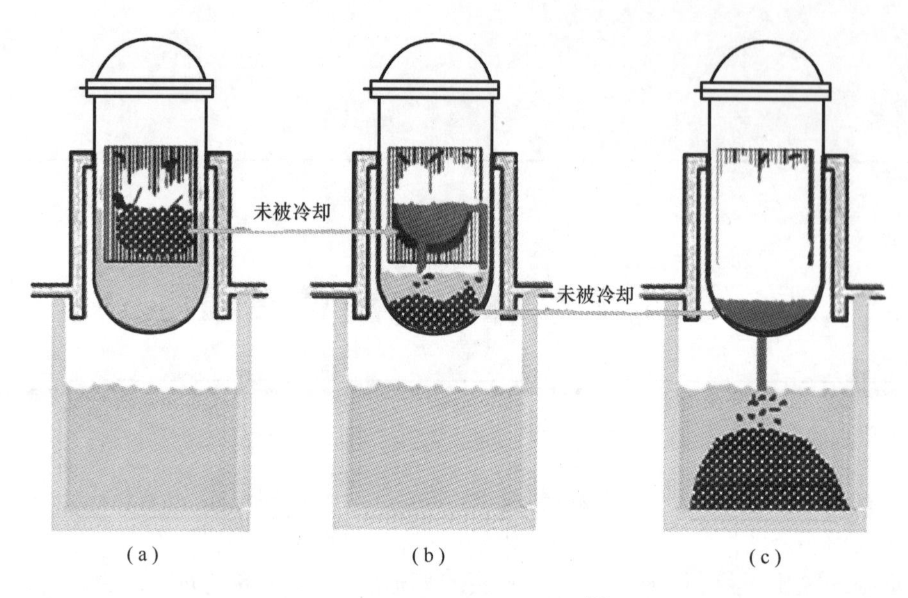

图 5-1 碎片床的形成位置[2]

的冷却。

反应堆严重事故下形成的碎片床结构的多样性很难用相应的准则数来进行判定，对于这种不规则碎片及多尺寸混合颗粒构成的碎片床，研究过程中存在的主要问题是如何计算碎片床颗粒的有效直径（也称平均直径）。对于单一尺寸颗粒形成的碎片床，其颗粒的直径就是其有效直径；而对于由不规则颗粒组成的碎片床，其有效直径的计算则依据不同的方法计算得到。

Soo[6]总结了四种常用的有效直径的计算方法，分别被称为质量平均直径 d_m、面积平均直径 d_a、长度平均直径 d_l、数目平均直径 d_n，计算公式如下：

$$d_m = \sum x_i m_i = \sum \left(x_i \frac{x_i^3 f_i}{\sum x_i^3 f_i} \right) = \frac{\sum x_i^4 f_i}{\sum x_i^3 f_i} \tag{5-1}$$

$$d_a = \sum x_i a_i = \sum \left(x_i \frac{x_i^2 f_i}{\sum x_i^2 f_i} \right) = \frac{\sum x_i^3 f_i}{\sum x_i^2 f_i} \tag{5-2}$$

$$d_l = \sum x_i l_i = \sum \left(x_i \frac{x_i^2 f_i}{\sum x_i f_i} \right) = \frac{\sum x_i^2 f_i}{\sum x_i f_i} \tag{5-3}$$

$$d_n = \sum x_i n_i = \sum \left(x_i \frac{f_i}{\sum f_i} \right) \tag{5-4}$$

式中：x_i 为颗粒尺寸(m)；f_i 为颗粒尺寸在$(x_i, x_i + \Delta x)$范围内的颗粒数目；m_i、a_i、l_i、n_i 分别为对应的质量(kg)、面积(m^2)、长度(m)、数目分布函数。

表 5－1 给出了特定的碎片床的有效直径的四种不同的计算结果。从表 5－1 中可以看出，尽管很多研究者给出了众多平均直径的计算方法，但是即便对同一碎片床，不同的计算方法得到平均直径差异也很大，其值大小甚至相差 1 倍，从而导致它们在流动传热分析的结果不统一，甚至截然相反；由于平均直径选择的不确定性，其研究结果很难令人信服。此外，由于反应堆严重事故下形成的碎片床颗粒极其不规则，如果按照上面的方法估算有效直径需要精确测量各个碎片颗粒的质量份额和尺寸，操作的难度较大。文献[7]提出采用质量中值直径（Mass Median Diameter，MMD）来表征碎片床的特性。颗粒物中小于某一直径的各种粒度颗粒的总质量，占全部颗粒物质量的 50% 时，则称此直径为质量中值直径。文献[8]采用锆合金的碎片床研究了碎片床的碎裂及换热，研究结果表明：锆合金碎片床通过氧化反应从而细粒化后形成的新碎片床的质量中值直径与碎片床的初始温度有关，初始温度越高，质量中值直径越小，如图 5－2 所示。

表 5－1　碎片床有效直径计算值

碎片床颗粒组成/mm	质量份额	d_m/mm	d_a/mm	d_l/mm	d_n/mm
1.5＋3.0＋6.0	1:1:1	3.5	2.57	2.0	1.73

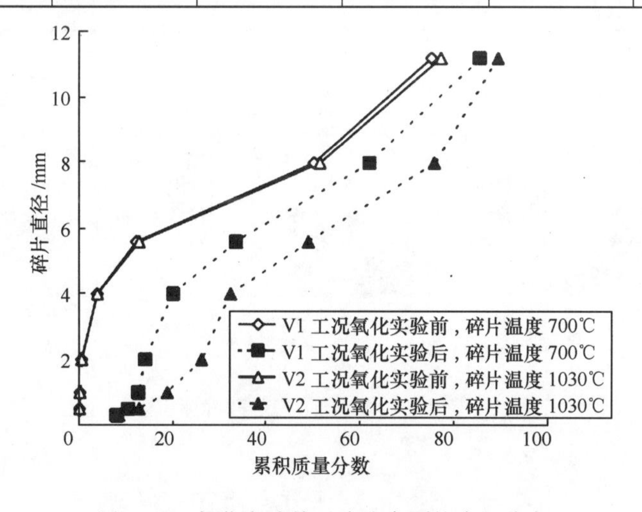

图 5－2　氧化实验前后碎片床颗粒直径分布

由于 FCI 过程的复杂性，其形成的碎片床的结构也是多种多样的，这与熔融物喷射到下封头的位置、速度等因素有关系。在压水堆中，FCI 的结果如图 5－3 所示。图 5－3 仅示意了一些主要的结构，但是由于 FCI 过程的复杂性，形成的碎片床结构也是很多的，这里不详细列出。总的来说，尽管 FCI 过程的复杂多样性，形成的碎片床的结构形式有很多，但是根据其孔隙率的不同，大致可以分为疏松的颗粒碎片床、密实的颗粒碎片床、具有饼状结构的碎片床及它们三种的组合形式，如图 5－4 所示。

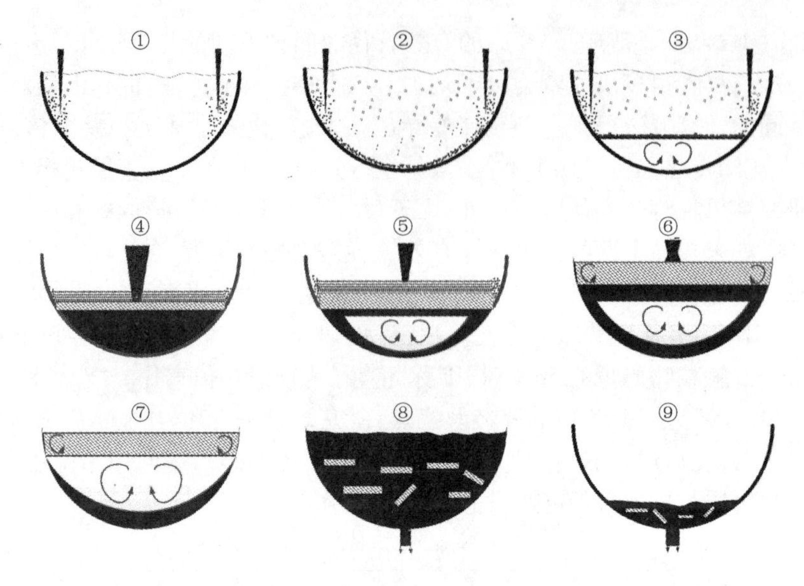

图 5-3　压水堆中熔融物与冷却剂反应示意图[9]

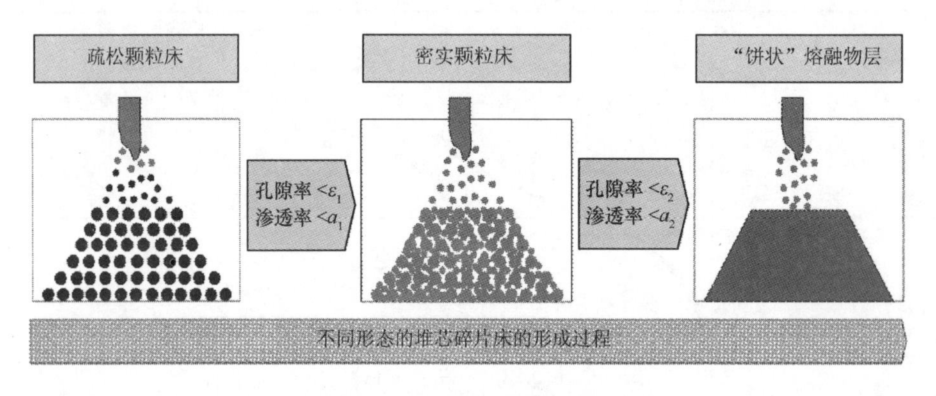

图 5-4　不同形态的碎片床

5.2　堆芯碎片床的再淹没

当压力容器下封头内不存在冷却剂或者冷却剂被蒸干时,此时的碎片床处于干涸状态,如果不能得到及时冷却,碎片床在衰变余热的作用下就将面临再次熔化的危险。向干涸的碎片床注水的过程,称为碎片床的再淹没过程。

为详细研究碎片床能否被顶部注入的冷却剂淹没以及碎片床被淹没所需要的时间,瑞典皇家工学院(Kungliga Tekniska Högskolan,KTH)[10]在 POMECO 实验台架上,实验模拟了碎片床的再淹没过程,实验得出冷却剂顶端注入的情况下,碎片床的再淹没过程受到了 CCFL 的制约。此外,美国布克海文国家实验室(Brookhaven

National Laboratory,BNL)[11]也通过实验研究了冷却剂底部注入的碎片床的再淹没过程,并分析了碎片初始温度,冷却剂注入的流量对再淹没过程的影响。此外,国际上也开展了一些其他类似的实验研究,这些实验为后续的理论分析提供了依据。

碎片床的再淹没过程与燃料棒的再淹没具有相似之处,骤冷前沿位置处的冷却剂迅速蒸发,而碎片颗粒的温度迅速下降。然而,适用于燃料棒再淹没过程的许多关系式并不能直接应用于预测碎片床的再淹没过程。其原因:碎片床再淹没过程的冷却剂是在阻力很大的多孔介质的堆积床中流动的,这与燃料棒的再淹没过程明显不同。国内外许多研究者针对不同形式的干涸的碎片床的再淹没过程,提出了许多碎片床再淹没的模型。一般来说,碎片尺寸较小,孔隙率较低的碎片床很难被冷却,而碎片尺寸较大,孔隙率较高的碎片床则相对容易。根据碎片床的再淹没的冷却剂的注入位置不同,再淹没基本可以分为底部注入再淹没和顶端注入再淹没两大类。对于顶端冷却剂注入的情况,由于逆流限制原理的存在,向上流动的蒸汽会阻碍冷却剂向下注入,从而影响顶端冷却剂注入再淹没过程中的骤冷前沿的传播速度。因此,一般来说底部注入冷却剂的再淹没更容易使碎片床得到及时的冷却。有关碎片床再淹没的理论研究有很多,有兴趣的读者可以参阅文献[12-15]。

作者在许多研究者的基础上提出了碎片床再淹没过程的分析模型,该模型中骤冷前沿传播速度是通过对质量和能量方程进行积分得到的,其骤冷前沿的传播速度可以由下面的公式计算得到:

$$\frac{\mathrm{d}Z_{\mathrm{q}}}{\mathrm{d}t}=\frac{G_{\mathrm{l}}h_{\mathrm{fg}}^{*}}{(1-\varepsilon)\rho_{\mathrm{s}}c_{\mathrm{ps}}(T_{\mathrm{s}}-T_{\mathrm{sat}})+\varepsilon\rho_{\mathrm{l}}h_{\mathrm{fg}}} \tag{5-5}$$

式中:Z_{q} 为骤冷前沿的位置高度(m)。

假设整个碎片床分为单相液体区域和单相蒸汽区域,忽略了两相区的厚度,仅考虑单相区内的碎片颗粒与流体的能量交换,则碎片颗粒与单相流体之间的换热系数通过 Choudhury 和 El-Wakil[16]提出的关系式计算得到:

$$Nu=Re^{0.65}\left[\frac{(1-\varepsilon)l}{0.00115}\right]^{1.33} \tag{5-6}$$

式中:l 为特征长度,$l=b/a$;b 为惯性系数,$b=1.75(1-\varepsilon)^2/(\varepsilon^2\cdot D^2)$;$a$ 为黏性系数,$a=150(1-\varepsilon)/(\varepsilon^3\cdot D^2)$。

模型的预测结果与有关程序的模拟结果及 BNL 的实验数据[17]的对比如图5-5所示,实验条件见表5-2,程序计算的边界条件按照实验条件设置。可以很明显地看出,在骤冷前沿位置处,会存在碎片颗粒温度的速度降低,并且理论计算的结果都是过早地出现了碎片温度的骤降,说明基于质量能量方程积分方法的模型并不能很好地预测此过程。

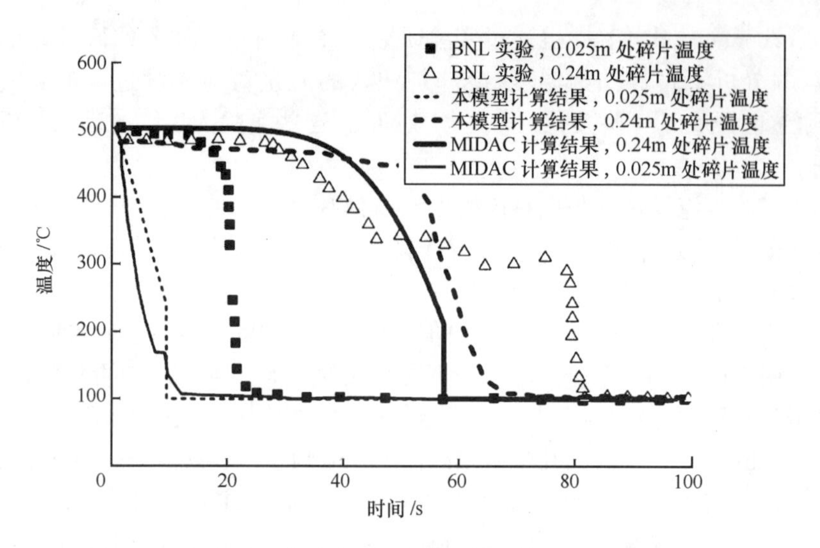

图 5－5　堆芯碎片床再淹没过程的计算结果和实验结果的对比

表 5－2　BNL 底部注水再淹没实验条件

参　数	量　值
碎片床孔隙率	0.39
碎片颗粒材料	不锈钢
碎片颗粒直径/mm	3.175
碎片床高度/m	0.422
碎片床直径/m	0.108
碎片颗粒初始温度/K	775
冷却剂	水
碎片床底部入口冷却剂温度/K	373
碎片床底部入口冷却剂空泡份额	0
系统压力/MPa	0.1
碎片床底部入口冷却剂表观速度/(mm/s)	4.42

值得指出，目前碎片再淹没的模型大多都是零维或者一维的，这样的模型与实际情况有着很大的不同。在核反应堆严重事故下形成的堆芯碎片床是不规则的，并且在空间的分布是不均匀的。即使某些一维的模型允许碎片床在轴向的位置上分布不同类型的碎片床，但这样的模型也并不能很好地预测真实情况下碎片床的再淹没过程。此外，大多数的零维或者一维模型的预测结果都偏于保守，并且都过高地估计了逆流极限的作用。

5.3　堆芯碎片床的冷却

即使堆芯碎片床再淹没过程顺利进行，碎片床被冷却剂淹没，但是碎片颗粒中的衰变余热也会持续加热碎片颗粒,导致碎片床局部干涸。因此,即使被水淹没的碎片床也存在着再次熔化的危险,众所周知,流动和传热是密不可分的,为了研究堆芯碎片床内的流动换热情况,从而进一步分析确定被水淹没的堆芯碎片床是否存在发生再次熔化的危险,本书基于多孔介质理论的基础开展了多孔介质内的流动阻力的实验研究[18],实验装置图如图 5 - 6 所示。实验过程中使用氮气来模拟蒸汽,实验分析了入口流量、碎片颗粒直径等因素对于流动阻力的影响,如图 5 - 7 所示,图中分别展示了不同管径(60mm 和 70mm)和不同颗粒直径(2mm、4mm、6mm、8mm)下的实验数据。实验数据显示,多孔介质内的压降随着流量的增加和颗粒尺寸的减小而增大,这也从侧面说明了冷却密实结构的碎片床的难度大于冷却疏松结构的碎片床。

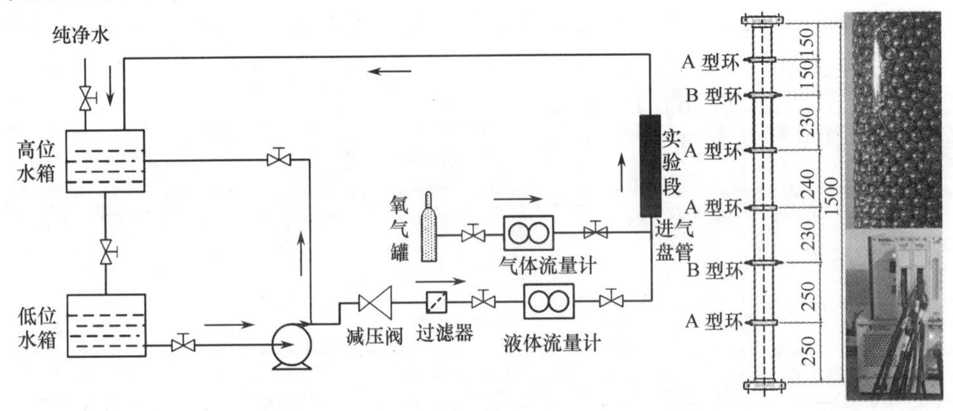

图 5 - 6　多孔介质内的流动阻力的实验研究

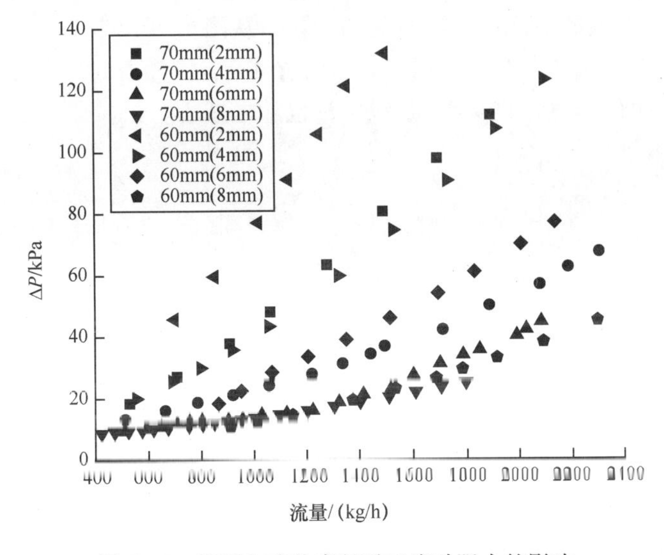

图 5 - 7　流量和碎片直径对于流动阻力的影响

国内外许多学者基于多孔介质内理论提出了关于碎片床内干涸热流密度(Dryout Heat Flux,DHF)的关系式,Theofanous[19]提出了如下关系式:

$$q_{\mathrm{DHF}}=0.0707H_{\mathrm{gl}}\rho_{\mathrm{l}}\left[\frac{gD\varepsilon^{3}}{F(1-\varepsilon)}\right]^{1/2}\left(\frac{\rho_{\mathrm{g}}}{\rho_{\mathrm{l}}}\right)^{3/8}\left(\frac{\rho_{\mathrm{w}}}{\rho_{\mathrm{l}}}\right)^{0.1} \tag{5-7}$$

式中:F 为碎片颗粒的形状因子。

然而,这一类关系式是半经验半理论的,其适用范围比较局限,预测效果也千差万别。

除半经验半理论的干涸热流密度关系式可以用于分析堆芯碎片床的冷却外,一些著名的严重事故分析软件也能用于计算碎片床的冷却,如 RELAP5/SCDAP、MAAP、MELCOR。本书基于多孔介质理论开发了一个一维瞬态的碎片床冷却分析程序,该程序可用于分析被水淹没的碎片床的冷却能力,该程序的重要的控制方程为

$$\frac{\partial(\varepsilon\alpha_{i}\rho_{i})}{\partial t}+\frac{1}{A}\frac{\partial}{\partial x}(A\varepsilon\alpha_{i}\rho_{i}u_{i})=\Gamma_{i}\qquad(i=\mathrm{l},\mathrm{g}) \tag{5-8}$$

$$\varepsilon\alpha_{i}\rho_{i}\frac{\partial u_{i}}{\partial t}+\varepsilon\alpha_{i}\rho_{i}u_{i}\frac{\partial u_{i}}{\partial x}=-\varepsilon\alpha_{i}\rho_{i}g-\varepsilon\alpha_{i}\frac{\partial p}{\partial x}-F_{\mathrm{sold},i}-F_{\mathrm{in},i}\qquad(i=\mathrm{l},\mathrm{g}) \tag{5-9}$$

$$\frac{\partial(\varepsilon\alpha_{i}\rho_{i}cp_{i}T_{i})}{\partial t}+\frac{1}{A}\frac{\partial}{\partial x}(A\varepsilon\alpha_{i}\rho_{i}cp_{i}T_{i}u_{i})=\pm h_{\mathrm{gl}}(T_{\mathrm{g}}-T_{\mathrm{l}})+Q_{\mathrm{sold},i}\pm\Gamma_{\mathrm{g}}h_{\mathrm{l,sat}}\qquad(i=\mathrm{l},\mathrm{g}) \tag{5-10}$$

$$\frac{\partial((1-\varepsilon)\rho_{\mathrm{sold}}cp_{\mathrm{sold}}T_{\mathrm{sold}})}{\partial t}=-Q_{\mathrm{sold,g}}-Q_{\mathrm{sold,f}}-\Gamma_{\mathrm{g}}(h_{\mathrm{g,sat}}-h_{\mathrm{l,sat}})+\dot{Q} \tag{5-11}$$

图 5-8 所示的是衰变功率在 100s 时由 5MW/m^3 降为 0.15MW/m^3 情况下的碎片床不同位置处的空泡份额随时间的变化。从图 5-8 可以看出,开始阶段由于衰变功率较大,产生的蒸汽较多可以带走多余的热量,随着时间的推移,衰变功率减小,相应产生的蒸汽量也减小,空泡份额也随之减小。

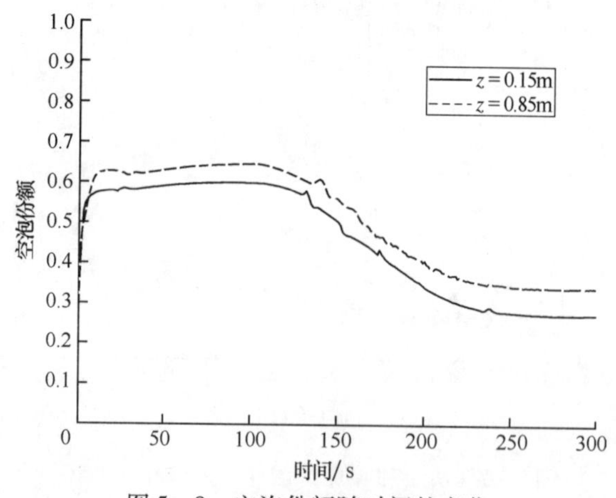

图 5-8　空泡份额随时间的变化

虽然一维的碎片床分析程序能分析出碎片床轴向的参数变化,但是这与实际情况有着很大的不同。IKE 根据多孔介质理论开发了可用于分析多孔介质碎片床冷却能力的程序模块 WABE[20]。该程序模块能计算具有下封头结构的碎片床的冷却能力,相比较于一维程序,该模块更能接近实际条件。当衰变功率为 301W/kg 时,碎片床达到稳态时的液相份额和压力分布如图 5-9、图 5-10 所示。

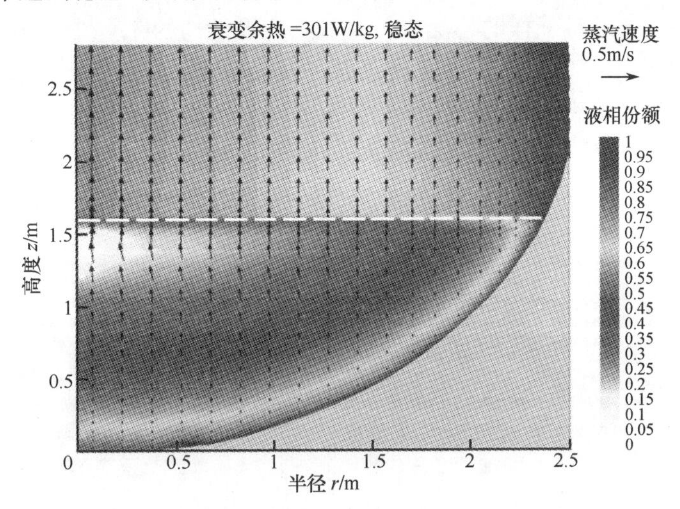

图 5-9 衰变功率是 301W/kg 时,碎片床达到稳态时的液相份额分布

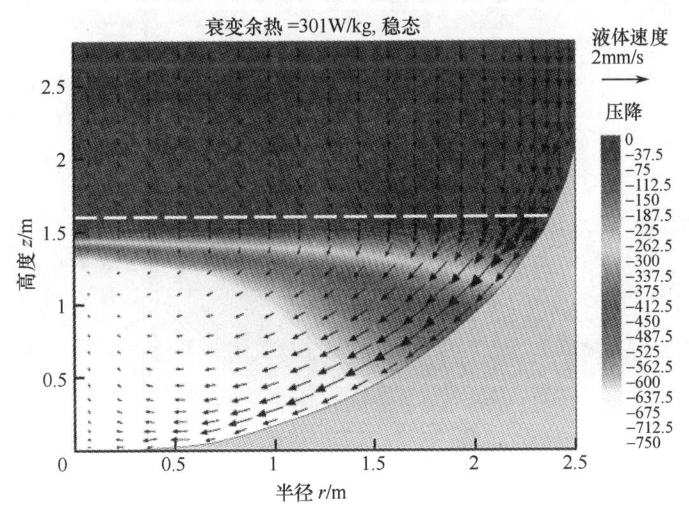

图 5-10 衰变功率是 301W/kg 时,碎片床达到稳态时的压降分布

尽管从美国三哩岛事故之后,关于碎片床的研究一直没有中断过,国内外研究者进行了大量关于堆芯碎片床形成、再淹没和冷却的实验和理论研究,但是由于堆芯碎片床的形成和结构本身具有很大的不确定性,而大部分理论分析都是将碎片等效成规则的小球或者锥体结构,这与实际的情况仍存在很大的差别,因此,本书

认为还需开展对于不规则碎片床的相应的实验研究和理论分析研究。

5.4　热斑形成迁徙和消失过程

美国在 1987 年对 TMI-2 事故反应堆进行了历时 5 年的清理和检查工作,并采集了一些试样,通过对试样的检测分析事故反应堆结构的完整性,三哩岛堆芯示意图如图 5-11 所示。TMI-2 压力容器研究工程(VIP)采集到了压力容器钢试样和导向管试样,并对这些试样进行了金相学分析、放射化学分析、拉伸实验和力学性能分析。根据这些分析结果,A. M. Rubin 和 E. Beckjord 提出了三哩岛事故后不为

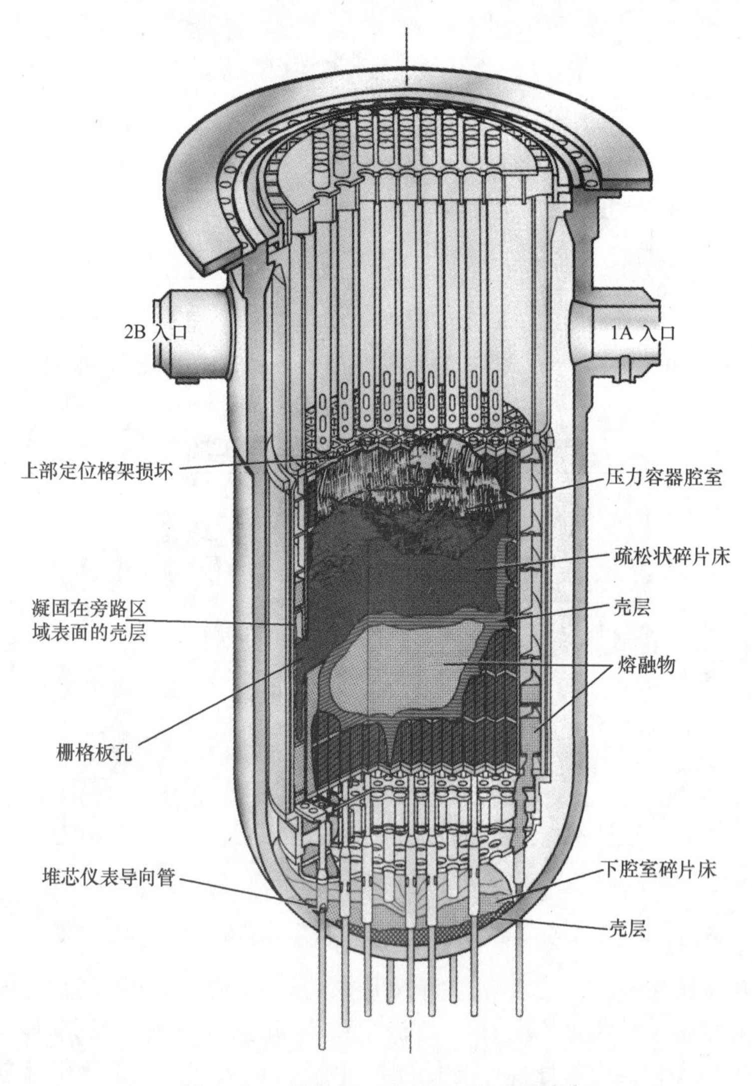

图 5-11　事故后三哩岛堆芯示意图[21]

人们所认识的一些新发现，在压力容器下封头的局部区域形成了一个 0.8～1m 近似椭圆的热斑，并且这一热斑是移动的。热斑区的最高温度达 1100℃，远离热斑处的压力容器温度低于转变温度 727℃，并且发现热斑区域仅仅持续了大约 30min 就被快速地冷却下来。还发现了进入下封头的堆芯熔融物，经过冷却后，形成了多孔性凝固物，即在下封头内的堆芯熔融物中存在许多窄缝通道，这可能有利于熔融物的冷却[22]。TMI-2 事故过程中在压力容器内壁面形成的热斑示意图如图 5－12 所示。

图 5－12 热斑示意图

根据 VIP 试样分析结果，J. L. Rempe 等人[23]认为下封头内熔融物除热传导外还可能存在其他的冷却机理。因此，一些学者认为这可能是由于高温熔融物与压力容器下封头内壁面之间形成的窄缝通道增强换热的结果，如图 5－13 所示。一方面熔融物遇到冷却时在其表面形成了硬的壳层，另一方面压力容器内壁面因受高温熔融物的作用而变形，因此，高温堆芯熔融物与压力容器壁面之间可能形成窄缝通道，窄缝换热机理可能是导致三哩岛事故过程中压力容器内壁面形成的热斑快速被冷却的原因，然而窄缝传热机理并不能解释热斑的迁徙原因。

针对 TMI-2 事故过程中在压力容器内壁面形成热斑及热斑消失的机理，文献[25－28]开展了大量的实验研究。作者根据自己的实验研究提出了不同的解释，首次提出了堆芯熔化严重事故下热斑形成及消失过程和压力容器冷却新机理。当堆芯发生熔化事故时，堆芯熔融物再分布进入压力容器下封头形成堆芯熔融物碎片床，当蒸汽慢慢渗透到碎片床内部时，堆芯熔融物碎片与蒸汽反应相互作用被氧化，此过程放出的热量使得该处位置的温度迅速升高，局部温度升高，形成一个温

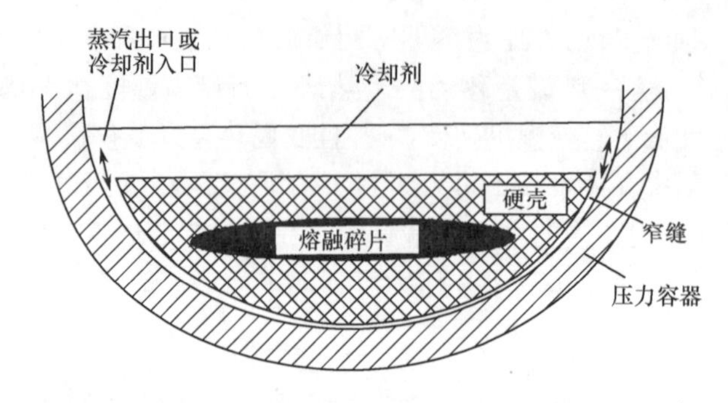

图 5-13　窄缝换热机理示意图[24]

度较高的区域，即热斑。而在碎片颗粒发生氧化反应的过程之后，堆芯熔融物碎片细粒化，生成粒径更小的氧化物颗粒；随着蒸汽的向前渗透，发热的氧化反应向前推进，金属熔融物碎片层的细粒化过程也向前推进，从而使得压力容器壁面高温区域也随着氧化过程的推进而移动，此即热斑的迁徙过程；而在已发生细粒化的区域，氧化反应生成的氧化物颗粒直径更小，由于细小颗粒间很强的毛细管力的作用，冷却剂更容易渗透到热斑出现的位置，在冷却剂的冷却下，该处温度逐渐降低，这就对应着热斑的消失。图 5-14 给出了压力容器壁面热斑形成、迁徙和消失机理。

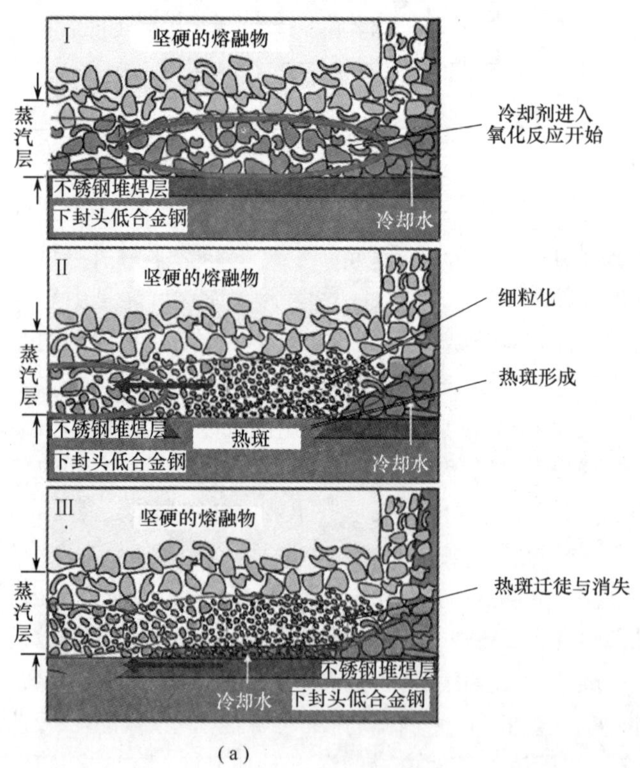

(a)

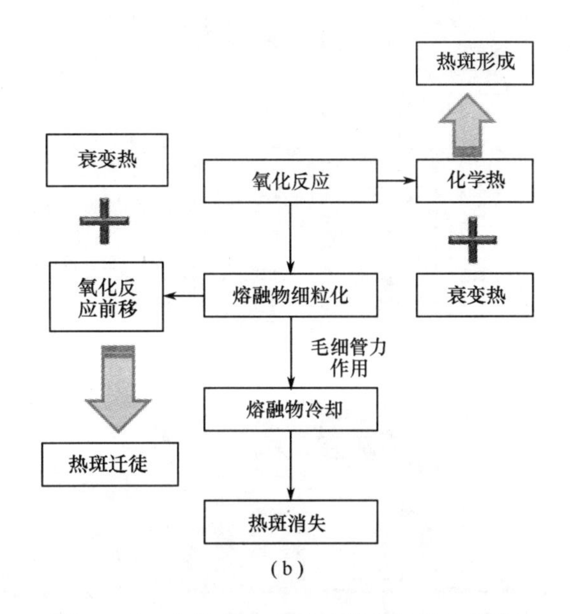

(b)

图 5－14　热斑形成、迁徙和消失机理示意图

下面将对作者开展的一系列实验进行简单介绍。

5.4.1　碎片床形成实验

作者利用图 5－15 所示的实验装置制备碎片床冷却实验所需的碎片材料。该实验装置,主要包括电感加热线圈、熔融池和水池等。实验采用的锆合金为锆－2 合金。熔融池内径为 50mm、高度为 100mm,由石墨构成,通过电感线圈以 0.5℃/s 的速度加热,使用 W-Re 热电偶测量锆合金温度。为了防止锆合金氧化反应和石墨与氧气在高温下发生反应,在熔融池外装有内径为 160mm、高为 610mm 的圆柱形耐热玻璃罩,上下通过铝合金法兰封闭,内充氩气。当熔融池中的锆合金熔化后,通过熔融池底面的喷嘴注入正下方的水池,形成后续实验所需的碎片床。当碎片床颗粒干燥后,通过筛选,测量碎片床颗粒的质量中值直径。

表 5－3 列出了碎片床形成实验工况。

图 5－16 展示了各种碎片床颗粒形态。图 5－16(a)为工况 J1 形成的碎片床颗粒,形状不规则且大小不一。图 5－16(b)为工况 J5 形成的碎片床颗粒,形状规则为片状。工况 J1 和 J5 的熔融物温度略高于 1900℃,颗粒凝固时间较长,由于水的拖曳力,形成的碎片床颗粒形状有所变形。而工况 J3 的熔融物温度是 1900℃,颗粒凝固时间较短,碎片床颗粒形状多为球形,如图 5－16(c)所示。这种颗粒特性在工况 J4 和 J6 中也一样,这两个工况的熔融物温度也是 1900℃。但是这种球形颗粒的顶部表面有小坑,如图 5－16(d)所示,Itagaki 等在文献[29]中描述了小坑的产生机理。

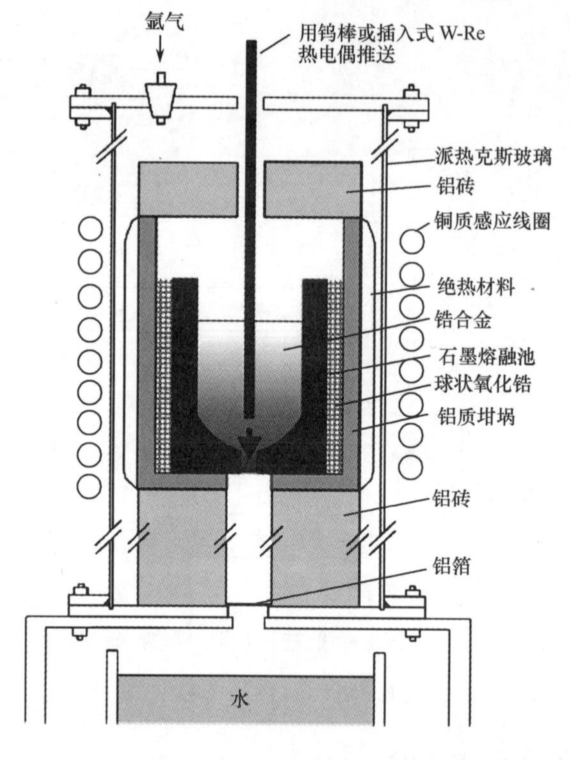

图 5 – 15　碎片床形成实验装置

表 5 – 3　碎片床形成实验工况

工况	材料	填充质量/g	熔融物温度/℃	水深/mm	水温/℃	收集质量/g
J1	锆合金	110	≈1900	700	20	99
J2	锆合金	200	≈1900	700	20	191
J3	锆合金	100	≈1900	700	20	74
J4	锆合金	100	≈1900	700	20	55
J5	锆合金	150	≈1900	700	20	140
J6	锆合金	100	≈1900	700	20	92
注:J1 ~ J6 表示不同参数的金属熔融物液柱						

5.4.2　碎片床蒸汽冷却实验

碎片床蒸汽冷却实验装置如图 5 – 17 所示,该装置用于验证热斑的形成和锆合金氧化反应释热对热斑形成的影响。试验段是水平放置的 304 型不锈钢管,内径为 42mm,内充碎片颗粒。不锈钢管外壁面放置了 4 个热电偶测量不锈钢管壁面温度。在不锈钢管中心线处插入一个外径为 6mm 的不锈钢管,内置 5 个热电偶用于测量碎片颗粒温度。为了观察碎片床上下游的不同,3 个不锈钢网把碎片床分成两个部分,钢网孔径为 2.5mm。

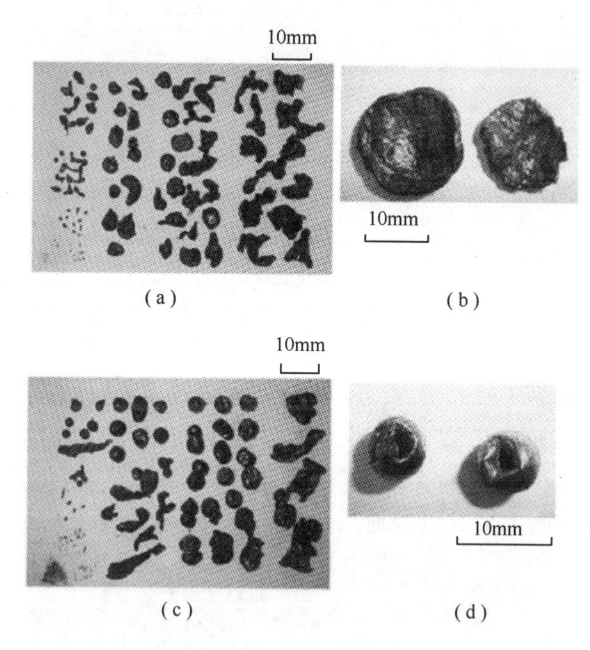

图 5－16　碎片床颗粒形态

(a)工况 J1 中的颗粒；(b)工况 J5 中的片状颗粒；(c)工况 J3 中的颗粒；(d)有口的球形颗粒。

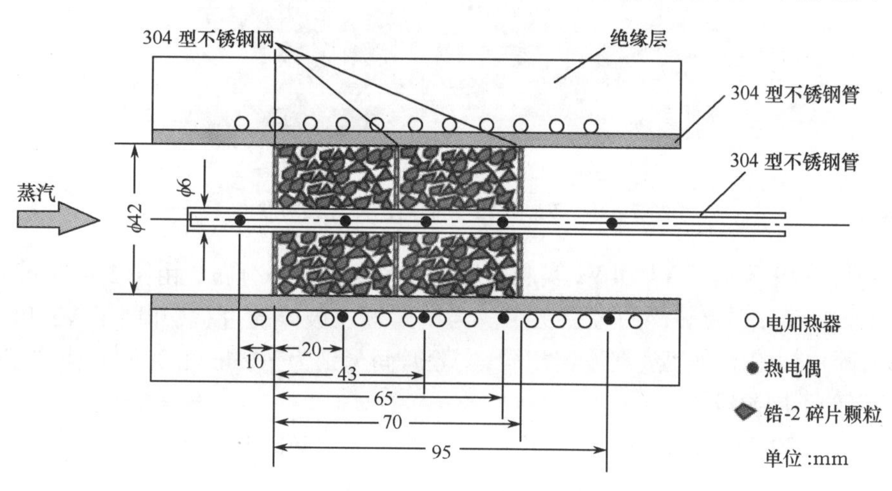

图 5－17　蒸汽冷却实验装置示意图

通过 8 个不同孔径的筛子测量碎片颗粒初始直径，然后将碎片颗粒填充入不锈钢管。通过电加热器将碎片颗粒加热到设计温度，通入蒸汽流经碎片颗粒。当实验时间结束，停止加热。待碎片颗粒温度降至室温，再次测量碎片颗粒直径。

表 5－4 列出了蒸汽冷却实验各个工况。

表 5-4　蒸汽冷却实验工况

工况	碎片	碎片初始温度/℃	实验时间/min	蒸汽速度/(cm/s)
V1	锆合金	700	300	20
V2	锆合金	1030	300	20
V3	锆合金	1030	70	20
V4	锆合金	1030	30	20
注:V1~V4 表示不同蒸汽参数情况				

V1 实验中,碎片颗粒初始温度为 700℃,管内蒸汽流速 20cm/s 维持 5h。V2 实验中,碎片颗粒初始温度为 1030℃,管内蒸汽流速 20cm/s 维持 5h。实验后,V1 实验的碎片颗粒表面比较光滑,几乎没有裂纹,图 5-18(a)展示了表面光滑无裂纹的球形颗粒。但是,V2 实验后的碎片颗粒不同,颗粒表面有很深的裂缝,如图 5-18(b)所示。碎片颗粒初始温度决定颗粒表面是否产生裂缝,这是由于高温下锆合金颗粒在径向上会发生快速氧化反应进而产生裂缝。

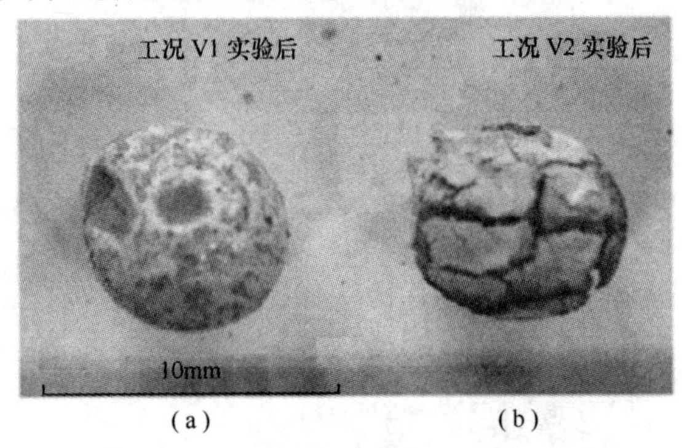

(a)　　(b)

图 5-18　V1 和 V2 实验后的碎片颗粒状态

图 5-19 显示了 V1 和 V2 实验前后的碎片颗粒大小分布。由图 5-19 可知,V2 实验中碎片颗粒破碎的直径更小。为了解颗粒破碎的过程,开展了 V3 和 V4 实验,碎片初始温度和蒸汽流速相同,实验时间分别为 70min 和 30min,代表了颗粒破碎的不同阶段。

图 5-20 为 V3 实验不同位置的碎片颗粒温度随时间变化过程。实验开始 50s 后,距离碎片床起始点 20mm 处的碎片温度约为 1160℃,而 43mm 处和 65mm 处的碎片温度略高于碎片颗粒初始温度。实验结果表明,蒸汽上游的碎片颗粒发生了快速氧化释热反应:

$$Zr + 2H_2O \rightarrow ZrO_2 + 2H_2, \Delta = -586\text{kJ/mol}$$

蒸汽下游的碎片颗粒还没有发生氧化反应,这是由于产生的氢气作用(在出口处观察到火焰证明了氢气的存在)。实验开始 500s 后,20mm 处的碎片温度略微上升,而 43mm 处和 65mm 处的碎片温度上升至与 20mm 处相近的温度,95mm 处的

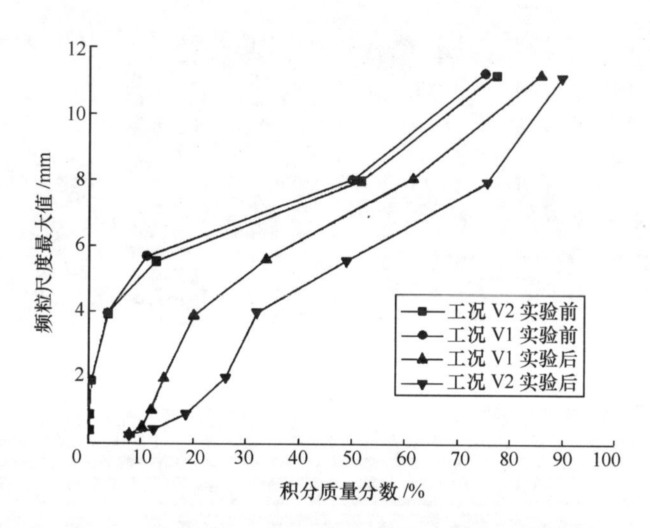

图 5-19　V1 和 V2 实验前后的碎片颗粒大小分布

碎片温度也上升了,表明位于蒸汽下游的碎片颗粒也发生了氧化反应。实验开始1000s 后,碎片床达到峰值温度,然后开始下降,到 3500s 左右,碎片温度大致降到初始温度。

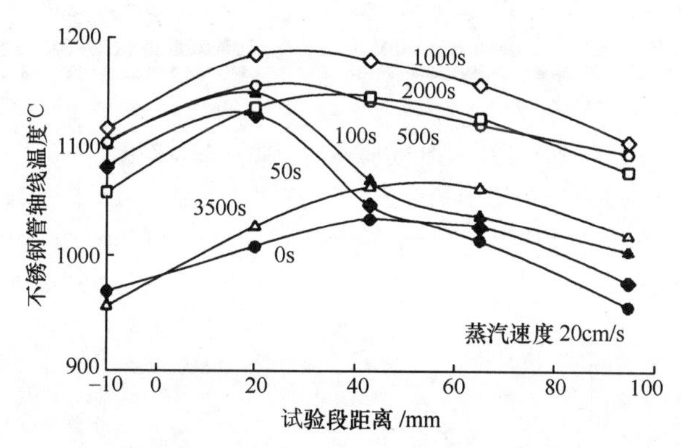

图 5-20　V3 实验不同位置的碎片颗粒温度随时间变化

V3 实验前,蒸汽上下游的碎片颗粒大小分布相同,如图 5-22 所示。实验后,上游的直径较小的颗粒明显多于下游的颗粒。图 5-21 显示了 V3 实验前后蒸汽上下游碎片颗粒形态。由图 5-21 可知,上游有充足的蒸汽,通过氧化反应,产生大量小粒径碎片,并伴随大量释热,随着氧化反应的进行,当每个颗粒表面的氧化层达到一定厚度,氧化进程达到一个稳定状态。而后,该氧化反应向下游推进。

图 5-22、图 5-23 分别展示了 V3 和 V4 实验前后上下游不同位置处的碎片颗粒大小分布情况。V3 实验后,上游的碎片颗粒相较于下游的碎片颗粒破碎

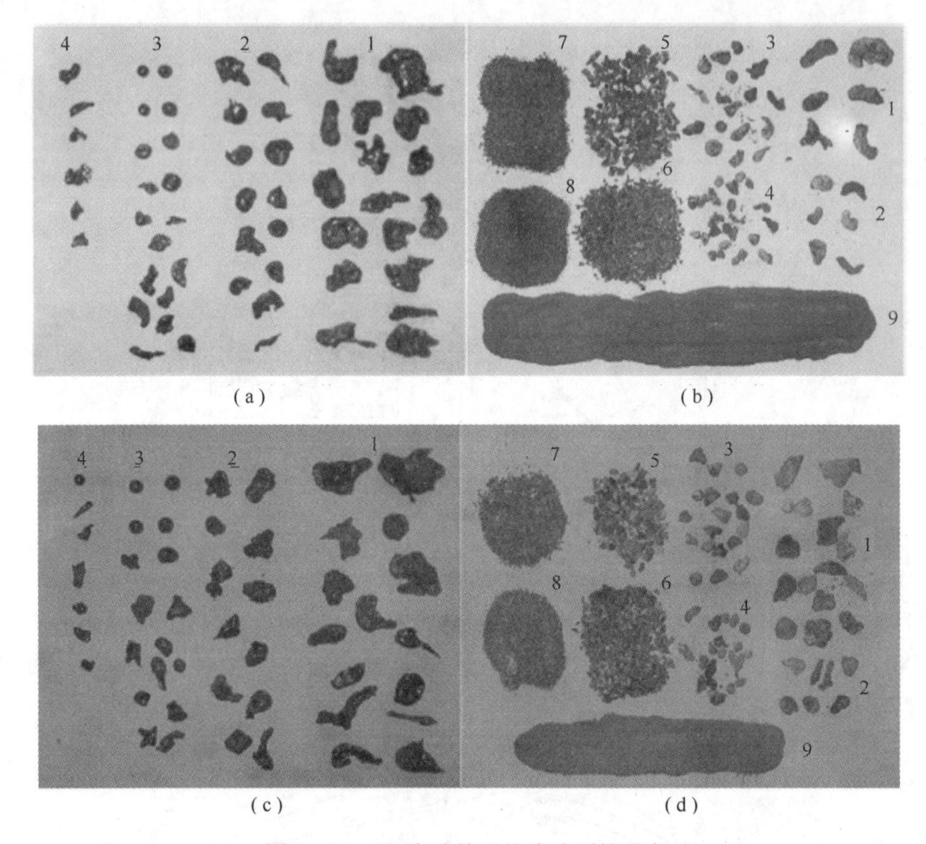

图 5-21 V3 实验前后的碎片颗粒形态

(a) V3 实验前上游；(b) V3 实验后上游；(c) V3 实验前下游；(d) V3 实验后下游。

1—$x>11.2$mm；2—8.0mm $<x<$ 11.2mm；3—5.6mm $<x<$ 8.0mm；4—4.0mm $<x<$ 5.6mm；5—2.0mm $<x<$ 4.0mm；6—1.0mm $<x<$ 2.0mm；7—0.5mm $<x<$ 1.0mm；8—0.3mm $<x<$ 0.5mm；9—$x<0.3$mm。

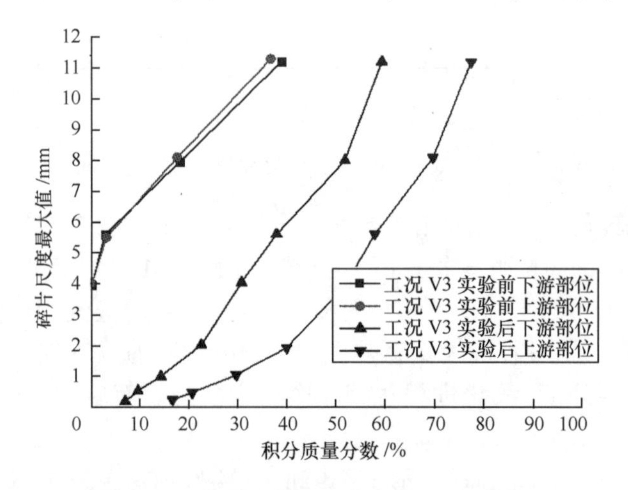

图 5-22 V3 实验前后的碎片颗粒大小分布

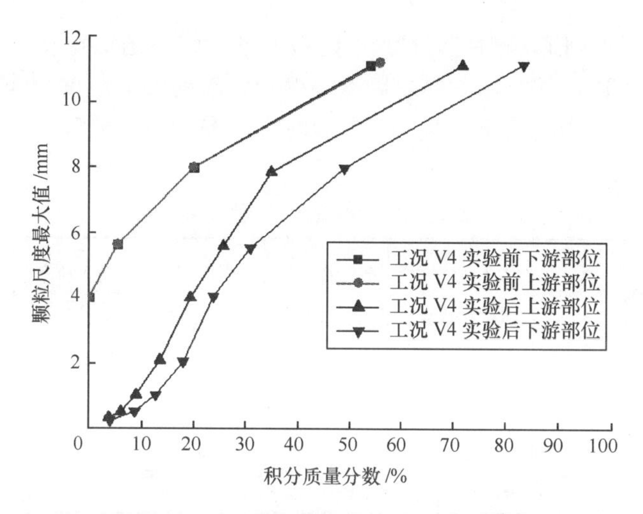

图 5-23　V4 实验前后的碎片颗粒大小分布

成更小的碎片颗粒。尽管 V4 实验时间只有 30min,实验后的小粒径碎片的份额比 V3 实验小,但是由图 5-23 可知,在 30min 内仍然发生了较明显的氧化碎化现象。

5.4.3　碎片床水冷却实验

由于蒸汽对碎片床的冷却,碎片床外表面温度下降,水可以接触碎片床进行冷却。水冷却的碎片床区域将由于毛细管力的作用迅速冷却。碎片床水冷却特性将通过碎片床水冷却实验进行研究分析,实验装置如图 5-24 所示。电加热圆柱 304 型不锈钢砖($\phi65\times75$mm)模拟衰变热,初始加热到 940℃。碎片床放入水池

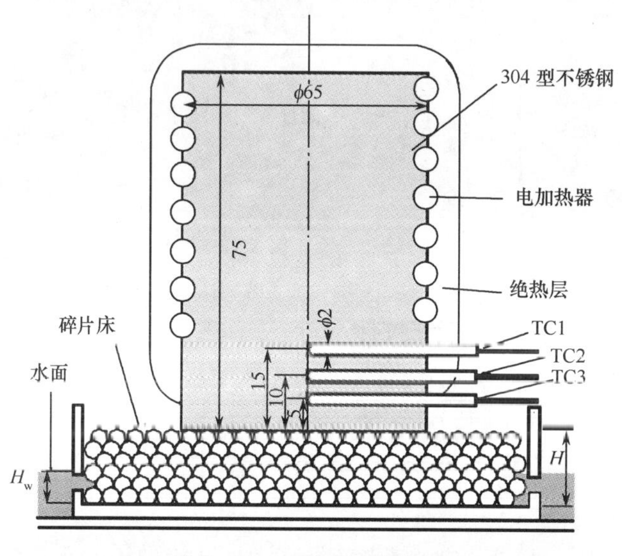

图 5-24　水冷却实验装置

中，使水深保持固定值且碎片床高度大于水深，然后将不锈钢砖放在碎片床上。初始水温为室温。通过三个热电偶测量不锈钢砖下部的轴向温度分布，以计算不锈钢砖下表面对碎片床的热流密度和下表面温度。表5-5列出了碎片床水冷却实验工况。

表5-5 水冷却实验工况

工况	碎片材料	初始质量中值直径/mm	碎片高度 H /mm	水深 H_w /mm	输入功率 /kW	设定温度 /℃
W1	锆合金	9.5	14	7	0.7	940
W2	锆合金	5.0	10	3	0.7	940
W3	锆合金氧化物	5.7	10	3	0.7	940
注：W——Water						

由表5-5可见，W1实验和W2实验的锆合金碎片颗粒的初始质量中值直径分别为9.5mm、5.0mm。尽管W1实验和W2实验的碎片床高出水面的距离均为7mm，但是由于W2实验更小的碎片颗粒初始质量中值直径，W2实验的碎片颗粒与不锈钢砖的接触更加充分且毛细管力将比W1实验强，因此W2实验的碎片颗粒中的水位可能略高于W1实验。图5-25为不锈钢砖下表面热流密度和温度随时间变化关系。由图5-25可知，相较于W1实验，W2实验中不锈钢砖下表面的热流密度较大，温度下降的较低。但是，W1实验达到稳态的时间为61min，W2实验达到稳态所需时间较长，为72min。

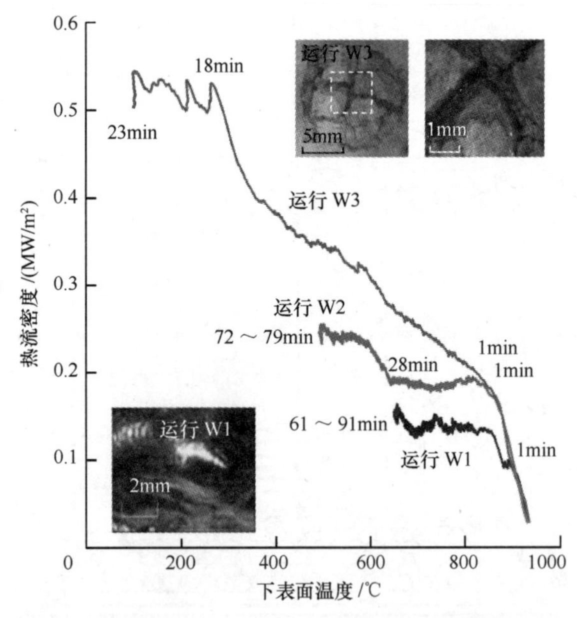

图5-25 不锈钢砖下表面热流密度和温度随时间变化关系

W3 实验的碎片颗粒是被高温蒸汽充分氧化的锆合金氧化物。W3 实验的不锈钢砖下表面热流密度和温度随时间变化关系也显示在图 5 – 25 中。如图 5 – 25 所示,实验 18min 后热流密度达 0.5MW/m^2,23min 后温度降为 100℃。如表 5 – 5 所列,W3 实验的初始质量中值直径略大于 W2 实验,两者孔隙率相似。但是经过高温蒸汽氧化后,碎片颗粒表面会有裂缝,如图 5 – 18 和图 5 – 25 所示。当水冷却碎片颗粒时,相较于表面光滑无裂缝的碎片颗粒,W3 实验的氧化碎片颗粒将产生更强的毛细管力。

图 5 – 26 展示了 W1 ~ W3 实验前后碎片颗粒大小分布对比情况。相比于蒸汽冷却实验,碎片颗粒水冷却实验前后的碎片颗粒大小变化较小。

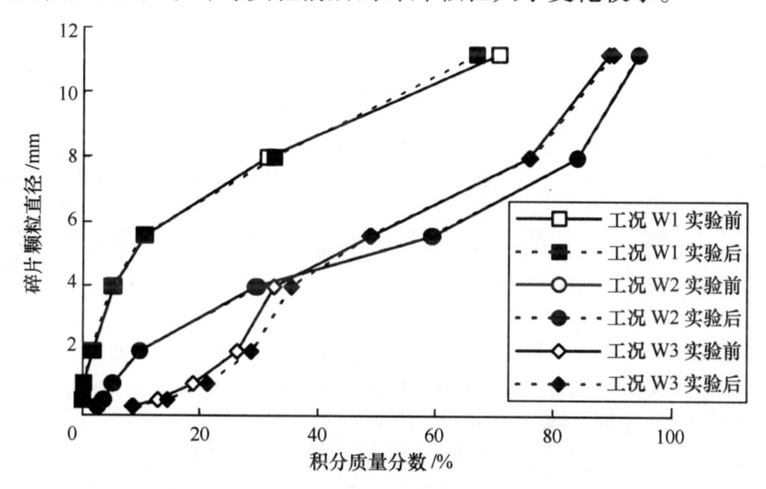

图 5 – 26　W1 ~ W3 实验前后碎片颗粒大小分布

参 考 文 献

[1] Hofmann G. On the location and mechanisms of dryout in top-fed and bottom-fed particulate beds[J]. Nuclear technology, 1984, 65(1): 36 – 45.

[2] Li L, Ma W. Experimental characterization of the effective particle diameter of a particulate bed packed with multi-diameter spheres[J]. Nuclear Engineering and Design, 2011, 241(5): 1736 – 1745.

[3] Magallon D, Basu S, Corradini M. Implications of FARO and KROTOS experiments for FCI issues[C]. Proceedings of OECD Workshop on Ex-Vessel Debris Coolability. Karlsruhe, Germany, 1999.

[4] Huhtiniemi I, Magallon D. Insight into steam explosions with corium melts in KROTOS[J]. Nuclear Engineering and Design, 2001, 204(1): 391 – 400.

[5] Spencer B W, Wang K, Blomquist C A, et al. Fragmentation and quench behavior of corium melt streams in water[R]. Washington: NRC, 1994.

[6] Soo S, Deyan T. Multiphase fluid dynamics[M]. Beijing: Science Press, 1990.

[7] Sugiyama K, Aoki H, Su G, et al. Experimental study on coolability of particulate core-metal debris bed with oxidization, (I) fragmentation and enhanced heat transfer in zircaloy-50 wt% Ag debris bed[J]. Journal of

Nuclear Science and Technology, 2005, 42(12): 1081 – 1084.

[8] Su G, Sugiyama K, Aoki H, et al. Experimental study on coolability of particulate core-metal debris bed with oxidization, (II) fragmentation and enhanced heat transfer in zircaloy debris bed[J]. Journal of Nuclear Science and Technology, 2006, 43(5): 537 – 545.

[9] Suh K Y, Henry R E. Debris interactions in reactor vessel lower plena during a severe accident Ⅱ integral analysis[J]. Nuclear Engineering and Design, 1996, 166(2): 165 – 178.

[10] Nayak A K, Sehgal B R, Stepanyan A V. An experimental study on quenching of a radially stratified heated porous bed[J]. Nuclear Engineering and Design, 2006, 236(19): 2189 – 2198.

[11] Greene G A, Ginsberg T, Tutu N K. BNL severe accident sequence experiments and analysis program[R]. Upton: BNL, 1985.

[12] Armstrong D R, Cho D H, Bova L, et al. Quenching of a high temperature particle bed[J]. Trans. ANS, 1981, 39: 1048 – 1049.

[13] Cho D H, Bova L. Formation of dry pockets during water penetration into a hot particle bed[J]. Trans ANS, 1982, 43: 418 – 430.

[14] Tung V X, Dhir V K, Squarer D. Quenching by top flooding of a heat generating particulate bed with gas injection at the bottom[C]. Proc. Sixth Information Exchange Meeting on Debris Coolability, UCLA, Nov. 7 – 9, 1984.

[15] Lee K W, Chang S H. Bi-frontal debris bed quenching analysis using counter-current flow limitation conditions [J]. KSME Journal, 1988, 2(2): 94 – 103.

[16] Choudhury W V, El-Wakil M M. Heat transfer and flow characteristics in conductive porous media with heat generation[C]. Proc. Int. Heat Transfer Conf., Versailles, France, 1970.

[17] Tutu N K, Ginsberg T, Klein J, et al. Debris bed quenching under bottom flood conditions(in-vessel degraded core cooling phenomenology)[R]. Upton: BNL, 1984.

[18] 李华. 新概念球床式水冷堆热工水力特性研究[D]. 西安:西安交通大学,2013.

[19] Theofanous T G, Saito M. An assessment of Class-9 (core-melt) accidents for PWR dry-containment systems [J]. Nuclear Engineering and Design, 1981, 66(3): 301 – 332.

[20] Schmidt W. Influence of multidimensionality and interfacial friction on the coolability of fragmented corium [C]. Stuttgart: IKE, 2004.

[21] Aker D W, Bart G, Bottomley P, et al. TMI-2 examination results from the OECD/CSNI program[M]. Paris: OECD Nudear Enorgy Agency, 1992.

[22] Rubin A M, Beckjord E. Three Mile Island-New findings 15 years after the accident[J]. Nuclear Safety, 1994, 35(2): 256 – 269.

[23] Rempe J L, Knudson D L, Kohriyama T. Heat Transfer between relocated materials and the RPV lower head [C]. Proceedings of Ninth International Conference on Nuclear Engineering (ICONE9), Nice, France, 2001.

[24] Herbst O, Schmidt H, Köhler W, et al. Experimental contributions on the gap cooling process crucial for RPV integrity during the TMI-2 accident[C]. Proceedings of the Seventh International Conference on Nuclear Engineering (ICONE7), Tokyo, 1999.

[25] Su G H, Aoki H, Kimura I, et al. Experimental study on coolability characteristics of particulate core-metal debris bed with oxidization Part II: zircaloy 2 debris bed[C]. Proceedings of the 13th International Conference on Nuclear Engineering(ICONE13) at Beijing, ICONE13-50155, China, May, 2005.

[26] Aoki H, Su G H, Sugiyama K, et al. An Experimental study on coolability of particulate core-metal debris bed with oxidization[C]. Proceedings of the 12th International Conference on Nuclear Engineering(ICONE12) at Washington, USA, April, 2004.

[27] Sugiyama K, Aoki H, Su G H, et al. Experimental study on coolability of particulate core-metal debris bed with oxidization, part I: fragmentation and enhanced heat transfer in zircaloy- 50wt% Ag debris bed [J]. Journal of Nuclear Science And Technology, 2005, 42(12): 1081 - 1084.

[28] Su G H, Sugiyama K, et al. Experimental study on coolability of particulate core-metal debris bed with oxidization, part II: fragmentation and enhanced heat transfer in zircaloy debris bed[J]. Journal of Nuclear Science and Technology, 2006, 43(5): 1 - 10.

[29] Itagaki W, Sugiyama K, Nishimura S, et al. "Fragmentation of a single molten droplet peneratinga sodium pool with solid crust" [C]. Proc. 4 the Japan-Korea Symposium on Nuclear Thermal Hydraulics and Safety, Sapporo, Japan, Nov. 28-Dec. 1, 2004.

第6章
蒸汽爆炸

6.1 蒸汽爆炸过程

高温液体与低温易挥发性液体相接触时,高温液体向低温液体剧烈传热,致使低温液体快速蒸发,从而形成一个局部高压区,高压区向周围膨胀形成冲击波的现象即为蒸汽爆炸。蒸汽爆炸是一个快速的能量转化过程,即高温液体的内能转化为爆炸冲击波的机械能。

在反应堆严重事故中,当堆芯丧失热阱后,燃料组件及堆芯支撑部件在衰变热等热源的加热作用下将相继熔化,从而在堆芯或压力容器下封头内形成熔融池。如图6-1所示,当高温堆芯熔融物在再定位过程中与压力容器下封头内的冷却剂相接触,以及压力容器下封头熔穿后高温熔融物与反应堆腔室内的冷却剂相接触时,或向反应堆堆腔内形成的碎片床再注水淹没时,发生燃料熔融物与冷却剂相互作用(Fuel and Coolant Interaction,FCI),从而可能引发蒸汽爆炸。反应堆发生蒸汽爆炸时所形成的压力冲击波将可能破坏堆芯构件及压力容器,并可能导致安全壳(核电厂最后一道安全屏障)失效,从而引起裂变产生的放射性物质泄漏,危及公共安全[1]。因此,在反应堆发生堆芯熔化严重事故过程中,蒸汽爆炸将是一个重要的、不可忽略的关键现象。

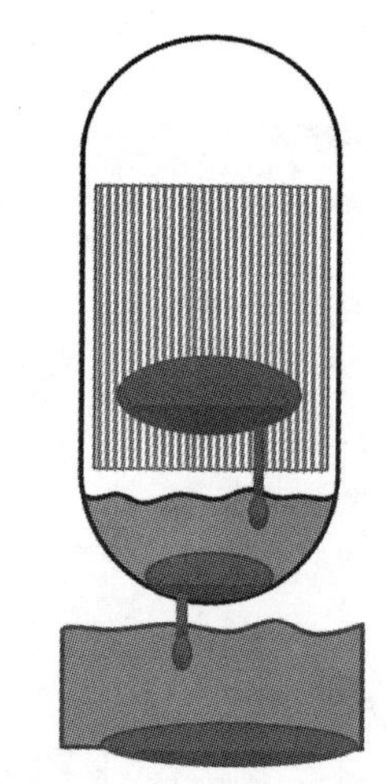

图6-1 三种可能发生的熔融物与水相互作用示意图[2]

除在反应堆内,蒸汽爆炸现象也可能在造纸业[3]和液化天然气[4]等工业中出现。如图6-2所示,为便于研究蒸汽爆炸这个复杂过程,通常将其分解为粗混合、触发、传播和膨胀四个过程。

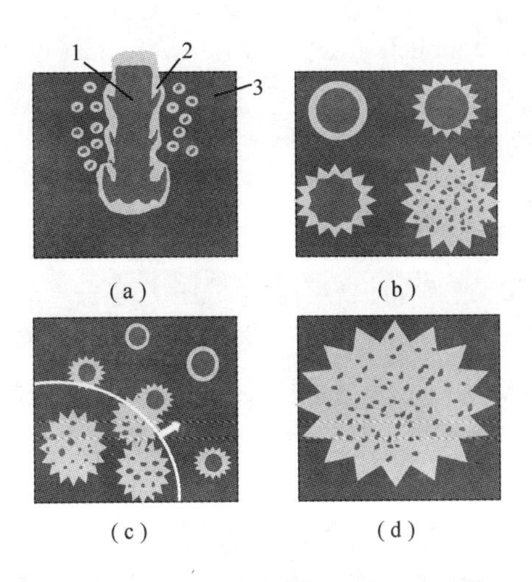

图 6-2　蒸汽爆炸四个阶段示意图[5]

(a)粗混合；(b)触发；(c)传播；(d)膨胀。

1—熔融物；2—蒸汽膜；3—低温液体。

6.1.1　粗混合过程

当熔融物进入冷却剂后，在水力学作用力下其将缓慢碎裂并在冷却剂内分散开，形成粗混合状态。熔融物与冷却剂粗混合区域大小、熔融物碎裂后的尺寸、冷却剂中的空泡份额等因素将决定蒸汽爆炸是否能被触发。Theofanous 和 Saito[6] 研究了熔融物液柱在水中的瞬态水力学碎裂过程，指出熔融物会在如图 6-3 所示的三个区域发生碎裂。这三个区域分别为熔融物液柱前沿、卷流上升区和熔融物液柱主体区。Nishimura[7] 指出，熔融物注入冷却剂中发生粗混合的过程中常见的三

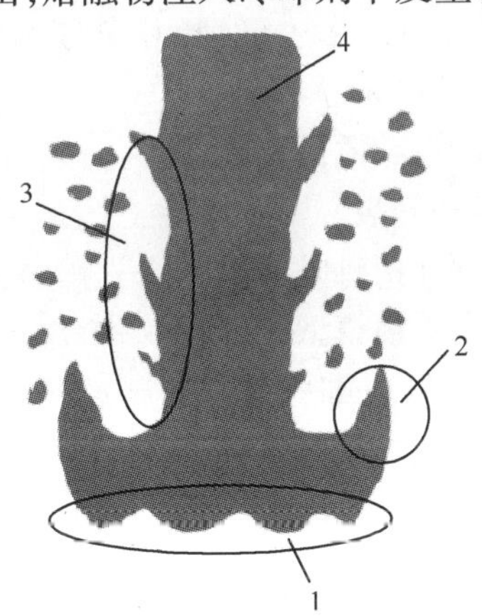

图 6-3　熔融物射流碎裂机理[5]

1—RT 不稳定性或熔融物液柱前沿；2—边界层剥离或卷流上升区；

3—KH 不稳定性；4—熔融物液柱主体区。

种水力学碎裂为 Kelvin-Helmholtz(KH)、Rayleigh-Taylor(RT)不稳定性碎裂和边界层剥离碎裂。熔融物液柱前沿将在 RT 不稳定性作用下发生碎裂,熔融物液柱主体区将在 KH 不稳定性作用下发生碎裂,卷流上升区将发生边界层剥离。

6.1.2 蒸汽爆炸触发

周围液体的压力波动(例如,当熔融物与压力容器壁面或底部接触产生的压力波动,或外部作用力产生的压力波动)将破坏熔融物表面形成的蒸汽膜的稳定性,从而引起蒸汽膜破裂坍塌。汽膜破裂后,周围液体将与熔融物直接接触导致熔融物发生快速粉碎,传热面积急剧增加,从而熔融物与周围冷却剂剧烈换热,产生大量蒸汽,形成局部高压区,该过程即为触发。通常蒸汽爆炸可以自发触发或被外部作用力触发。自发触发由熔融物表面汽膜的不稳定性引起,因此自发触发可以认为是与沸腾相关的触发机理。除汽膜不稳定性引发自发蒸汽爆炸外,在实验中常通过人为制造压力波以破坏蒸汽膜,使熔融物与冷却剂直接接触并发生粉碎。KROTOS 和 TROI[8,9]实验通过在实验容器底部释放少量的高压气体制造压力脉冲来触发蒸汽爆炸。

FCI 升级为蒸汽爆炸的关键步骤是粗混合过程中已碎裂的熔融物再次发生粉碎。当熔融物发生粉碎后,传热面积大量增加,熔融物与冷却剂间的换热量也急剧增加。粉碎过程包括水力学碎裂和热力学碎裂。

水力学碎裂通常采用韦伯(Weber)数描述,韦伯数为液体的惯性力与表面张力之比[10]:

$$We = \frac{\rho_c u_{rel}^2 D_l}{\sigma_l} \tag{6-1}$$

式中:ρ_c 为连续相密度(kg/m^3);u_{rel} 为连续相和离散相的相对速度(m/s);D_l 为液滴直径(m);σ_l 为表面张力(N/m)。

表面张力倾向于使液滴保持原始形状,惯性力倾向于使液滴变形并发生碎裂,因此韦伯数越大,液滴越容易碎裂。

液体冷却剂与熔融物相互接触是引发热力学碎裂的关键条件。至今,研究者已经提出多种熔融物热力学碎裂模型,这些模型考虑了冷却剂射流进入熔融物内部,或熔融物受挤压在表面形成细丝等机理。Ciccarelli 和 Frost 模型与 Kim 和 Corradini模型是最为经典的两种热力学碎裂模型[11,12],下面分别介绍这两种碎裂模型。

1) Ciccarelli 和 Frost 热力学碎裂模型

根据锡熔融物蒸汽爆炸实验观测结果,Ciccarelli 和 Frost 提出了一个基于熔融物表面产生细丝机理的热力学碎裂模型[13,14]。如图 6-4 所示,触发后熔融物表面蒸汽膜的稳定性将被破坏(图(b)、(c))并发生破裂(图(d)),从而冷却剂与高温熔融物表面接触将剧烈蒸发并产生局部高压区(图(e)),熔融物液滴在这些非均匀高压区的挤压作用下从表面以细丝状向外喷射发生碎裂(图(f)、(g))。

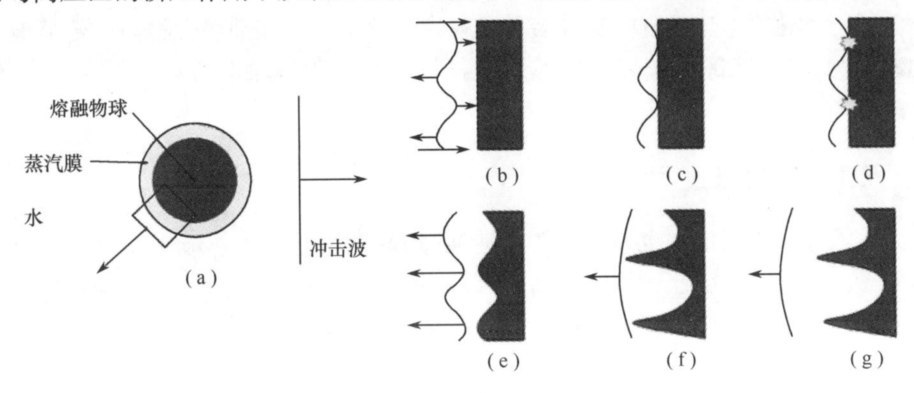

图 6-4　Ciccarelli 和 Frost 热力学碎裂模型[11]

2) Kim 和 Corradini 热力学碎裂模型

如图 6-5 所示,Kim 和 Corradini[12] 认为蒸汽爆炸触发后,蒸汽膜发生坍塌(图(a)),周围液体将形成水柱以一定速度冲击熔融物表面,当射流冲击熔融物表面产生的压力大于熔融物的表面屈服应力时,水柱将进入熔融物内部(图(c))。进入熔融物内部的水将快速蒸发,形成高压蒸气泡(图(d)),并向外膨胀,从而导致熔融物发生碎裂(图(e))。

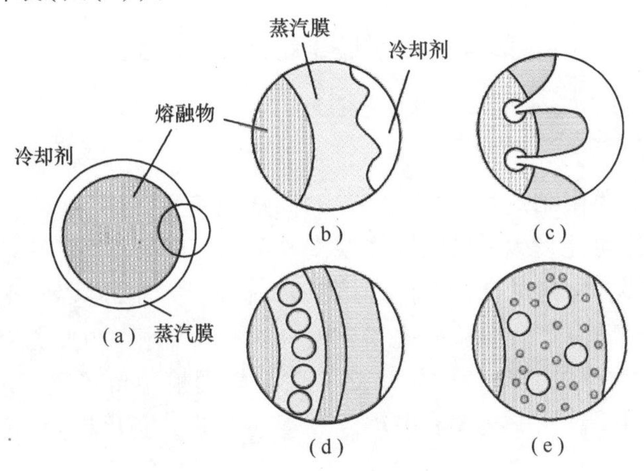

图 6-5　Kim 和 Corradini 热力学碎裂模型[12]

6.1.3　传播过程

传播过程是蒸汽爆炸触发后熔融物粉碎行为在熔融物与冷却剂的粗混合区域内快速传递的过程。传播过程类似于链式反应过程,触发产生的压力波向周围熔融物与冷却剂粗混合区域传播,致使周围的熔融物发生快速粉碎产生更强的压力波,从而触发更多的熔融物发生碎裂。传播波在熔融物冷却剂粗混合区的传播速度达到冷却剂的声速。实验中可以通过不同位置压力传感器的探测结果来计算传播波的运动速度。KROTOS 实验装置测得在氧化铝与冷却剂混合物中的传播波运动速度为 650 ~ 1000m/s，对于堆芯原型材料（UO_2-ZrO_2）和水的混合物中，传播波速度则更高[15,16]。

6.1.4 膨胀过程

蒸汽爆炸膨胀过程也是一个能量转换过程，即熔融物的热能转换为蒸汽对外界所做的膨胀功。膨胀区位于传播波后面（图 6 – 2(c)），该区域已被触发且熔融物发生了粉碎。膨胀阶段周围结构部件所承受压力载荷为

$$\bar{I} = \int_{t_1}^{t_2} \bar{F}(t)\,\mathrm{d}t \tag{6-2}$$

式中：$\bar{I}$ 为冲量（N · s）；$\bar{F}$ 为力（N）；t 为时间（s）。

如果装载冷却剂的容器可以承受膨胀阶段的压力载荷，则膨胀过程中熔融物和冷却剂混合物通常将沿传播波方向喷射。如果容器机械强度不够，蒸汽爆炸的膨胀功会导致容器变形或破裂。对于反应堆，钢制压力容器和混凝土安全壳的机械强度不同，所能承受的蒸汽爆炸载荷也差异很大，因此膨胀过程的压力载荷是压力容器内和压力容器外蒸汽爆炸最为关心的参数之一。

6.2 蒸汽爆炸理论研究

6.2.1 蒸汽爆炸程序

由于经济条件限制及蒸汽爆炸实验的高危险特性，已开展的蒸汽爆炸实验大都比实际工业中可能发生的蒸汽爆炸规模要小；而且，已开展的为数不多的几次大规模实验只能模拟特定的初始条件和熔融物成分。因此，需要建立数学物理模型以更好地分析蒸汽爆炸。实验研究和建模分析是相辅相成的，实验揭示了蒸汽爆炸机理，是数学建模的基础；反之，建立的数学物理模型也可用于实验数据分析。蒸汽爆炸模型可以预测一些实验中难以测量的参数的变化趋势，通过敏感性分析还可以定性发现影响蒸汽爆炸的关键因素。当模型能合理预测已开展的实验结果时，便可用于分析实验设施改进方案，并可以用于分析核电厂内可能发生的蒸汽爆炸。

国外针对蒸汽爆炸开展了大量理论研究，并已开发了多套蒸汽爆炸模型及程序[17]。表 6 – 1 列出了 OECD-SERENA 项目一期研究组织及其使用的蒸汽爆炸计算程序[18]。大部分蒸汽爆炸程序能分析粗混合过程及蒸汽爆炸过程。例如加州大学圣塔芭芭分校（University of California-Stanta Barbara，UCSB）采用 PM-ALPHA 对粗混合过程进行三维计算分析，采用二维程序 ESPROSE 模拟蒸汽爆炸膨胀过

程。IKE 采用 IKEMIX 程序计算分析粗混合过程，采用 IDEMO 程序分析蒸汽爆炸膨胀过程。值得注意的是德国卡尔斯鲁厄研究所（Forschungs Zentrum Karlsruhe, FZK）的 MATTINA 计算程序没有蒸汽爆炸膨胀模型。在 OECD-SERENA项目中，除了 PM-ALPHA 和 TEXAS（Thermal EXplosion Analysis Software）程序外，其他计算程序都采用二维模型来分析蒸汽爆炸实验，尽管有些程序具有三维计算的能力。

表 6－1　OECD-SERENA 项目一期研究组织及其使用的蒸汽爆炸程序[18]

研究组织	计算程序
卡尔斯鲁厄研究所（FZK）	MATTINA IKEMIX
斯图加特核能研究所（IKE）	MC3D3.2 IDEMO
核防护和安全研究所－原子能委员会（IRSN-CEA）	MC3D3.3.06 MC3D3.4.02
日本原子能研究所（JAERI）	JASMINE-PRE2.1 JASMINE3.x
韩国原子能研究所（KAERI）	TEXAS-V
KMU	TRACER-II
核电工程公司（NUPEC）	VESUVIUS
韩国核安全研究所（KINS）	IFCI6.0
加州大学圣塔芭芭分校（UCSB）	PM-ALPHA.L.3D ESPROSE
威斯康星大学（UW）	TEXAS-V

MC3D 程序是由法国 IRSN 开发的三维多相流计算程序，主要应用于蒸汽爆炸分析[19]。CEA、IRSN 和 IKE 等研究单位采用 MC3D 程序开展了蒸汽爆炸数值模拟研究[20]。MC3D 程序由粗混合计算模块 PREMIXING 和蒸汽爆炸过程计算模块 EXPLOSION 组成。在 MC3D 中连续相熔融物采用流体体积函数（Volume Of Fluid，VOF）方法描述，分散熔融液滴由欧拉方法描述，连续相熔融物可碎裂成分散的熔融物液滴。

IFCI 程序是由美国桑迪亚（Sandia）国家实验室开发的两维、四相流（汽相、液相、液态熔融物、固态熔融物）模型 FCI 整体分析模型[21]。IFCI 程序的热工水力学模型取自堆芯熔化事故分析程序 MELPROG/MOD1[22] 的 FLUIDS 模块，采用 SETS 方法对守恒方程进行求解。IFCI 程序中关键 FCI 模型有：熔融物碎裂模型，用于计算熔融物的碎裂速率；熔融物表面积输运方程，用于计算熔融物颗粒表面积的变化。

TEXAS-V 是由美国威斯康星大学麦迪逊分校（UW-Madison）Corradini 教授开发的一个蒸汽爆炸分析模型，它是一个瞬态、三流体、一维的蒸汽爆炸分析模型[23-25]。TEXAS-Ⅴ模型中冷却剂液相及汽相采用欧拉方法描述,熔融物由拉格朗日坐标系下的一连串颗粒所描述,熔融物颗粒具有特征尺寸、速度及温度等信息,并在冷却剂内下降的过程中允许发生碎裂。汽液、汽固和液固相界面上的质量、动量及能量传递由一套结构关系式计算。TEXAS-Ⅴ程序将蒸汽爆炸过程分为粗混合和爆炸两个阶段进行模拟。粗混合过程的模拟将得到熔融物颗粒、空泡份额等参数的分布,为蒸汽爆炸阶段提供初始及边界条件。蒸汽爆炸阶段的模拟则是计算蒸汽爆炸在熔融物冷却剂混合物中的传播过程,将得到蒸汽爆炸过程中的压力变化及爆炸释放的动能。

本书作者考虑了熔融物表面凝固行为对蒸汽爆炸过程的影响,开发了一套熔融物颗粒瞬态凝固模型,并开发了蒸汽爆炸粗混合过程及爆炸膨胀过程中带表面凝固层熔融物颗粒的碎裂准则。基于新开发的熔融物凝固模型、带表面凝固层熔融物颗粒的碎裂准则及 TEXAS-Ⅴ蒸汽爆炸模型,通过与 Corradini 教授合作开发出一套新的一维三流体蒸汽爆炸分析模型 TEXAS-Ⅵ[26]。该模型中水及蒸汽相采用欧拉方法描述,连续相熔融物及分散熔融物颗粒由拉格朗日方法描述。数学物理模型中汽相和液相都具有一套质量、能量和动量三大基本守恒方程,模型中熔融物则具有凝固模型和动量守恒方程。模型中考虑到相界面上质量、动量和能量的传递,选取了汽-液相界面,汽-固相界面及液-固相界面间的质热传递结构关系式。模型中还包含了分析 FCI 过程中熔融物碎裂行为的熔融物粗混合阶段碎裂模型、熔融物爆炸膨胀阶段碎裂模型、带表面凝固层的熔融物的碎裂准则。

6.2.2 基本数学物理模型

TEXAS-Ⅵ基本数学物理模型包含汽-液两相在欧拉坐标系下的质量守恒方程、能量守恒方程和动量守恒方程,以及拉格朗日坐标系下的熔融物动量守恒方程和熔融物凝固模型。首先定义控制体内的汽液各相的平均密度为

$$\overline{\rho_g} = \alpha_g \rho_g \tag{6-3}$$

式中:$\overline{\rho_g}$为汽相平均密度(kg/m^3);α_g 为空泡份额;ρ_g 为汽相密度(kg/m^3)。

$$\overline{\rho_l} = \alpha_l \rho_l \tag{6-4}$$

式中:$\overline{\rho_l}$为液相平均密度(kg/m^3);α_l 为液相份额;ρ_l 为液相密度(kg/m^3)。

汽相冷却剂质量守恒方程为

$$\frac{\partial(\overline{\rho_g})}{\partial t} + \frac{\partial(\overline{\rho_g} u_g)}{\partial x} = \Gamma_e - \Gamma_c \tag{6-5}$$

式中:u_g 为汽相速度(m/s);t 为时间(s);x 为距离(m);Γ_e 为蒸发率(kg/(m^3·s));Γ_c 为冷凝率(kg/(m^3·s))。

液相冷却剂质量守恒方程为

$$\frac{\partial(\overline{\rho_l})}{\partial t}+\frac{\partial(\overline{\rho_l}u_l)}{\partial x}=\Gamma_c-\Gamma_e \tag{6-6}$$

式中：u_l 为液相速度(m/s)。

汽相冷却剂、液相冷却剂和熔融物颗粒的动量守恒方程如下：

汽相冷却剂动量守恒方程为

$$\overline{\rho_g}\frac{\partial u_g}{\partial t}+\overline{\rho_g}u_g\frac{\partial u_g}{\partial x}=-\overline{\rho_g}g-\alpha_g\frac{\partial p}{\partial x}+f_{g,l}(u_l-u_g)-f_{g,w}u_g-$$

$$V_g+A_m\frac{\partial(u_l-u_g)}{\partial t}-\Gamma_e(u_g-u_l)+M_{g,f} \tag{6-7}$$

式中：g 为重力加速度(m/s^2)；p 为压力(Pa)；$f_{g,l}$为汽液相间阻力系数；$f_{g,w}$为汽相与壁面间的摩擦阻力系数；V_g 为汽相黏性耗散项；A_m为虚拟质量力系数；$M_{g,f}$为汽相与熔融物间阻力项。

液相冷却剂动量守恒方程为

$$\overline{\rho_l}\frac{\partial u_l}{\partial t}+\overline{\rho_l}u_l\frac{\partial u_l}{\partial x}=-\overline{\rho_l}g-\alpha_l\frac{\partial p}{\partial x}+K_{l,v}(u_g-u_l)-K_{l,w}u_l-$$

$$V_l+A_m\frac{\partial(u_g-u_l)}{\partial t}-\Gamma_c(u_l-u_g)+M_{l,f} \tag{6-8}$$

式中：$K_{l,g}$为液汽相间阻力系数；$K_{l,w}$为液相与壁面间的摩擦阻力系数；V_l 为液相黏性耗散项；$M_{l,f}$为液相与熔融物间阻力项。

熔融物冷却剂动量守恒方程为

$$m_f^k\frac{du_f^k}{dt}=-m_f^kg+f_{f,l}^k(u_l-u_f^k)+f_{f,v}^k(u_v-u_f^k) \tag{6-9}$$

式中：m_f^k 为第 k 组熔融物质量(kg)；u_f^k 为第 k 组熔融物运动速度(m/s)；$f_{f,l}^k$为第 k 组熔融物颗粒与液相间的摩擦阻力系数；$f_{f,v}^k$为第 k 组熔融物颗粒与汽相间的摩擦阻力系数。

汽相冷却剂和液相冷却剂的能量守恒方程如下：

汽相冷却剂能量守恒方程为

$$\frac{\partial(\overline{\rho_g}I_g)}{\partial t}+\frac{\partial(\overline{\rho_g}u_gI_g)}{\partial x}=-p\left[\frac{\partial\alpha_g}{\partial t}+\frac{\partial(\alpha_gu_g)}{\partial x}\right]+W_g+\dot{Q}_{g,w}+\dot{Q}_{g,f}+$$

$$\dot{Q}_{g,Int}-J_g+S_g+(\Gamma_e-\Gamma_c)\overline{h}_{g,sat} \tag{6-10}$$

式中：I_g 为汽相比内能(J/kg)；W_g 为单位体积内汽相黏性功(W/m^3)；$\dot{Q}_{g,w}$ 为汽相与壁面间的换热量(W/m^3)；$\dot{Q}_{g,f}$为汽相与熔融物间的换热量(W/m^3)；$\dot{Q}_{g,Int}$为汽相与汽-液相界面的换热量(W/m^3)；J_g 为气体间的导热项(W/m^3)；S_g 为汽相中的内热源项(W/m^3)；$\overline{h}_{g,sat}$为饱和蒸汽焓值(J/kg)。

液相冷却剂能量守恒方程为

$$\frac{\partial(\overline{\rho_1}I_1)}{\partial t}+\frac{\partial(\overline{\rho_1}u_1I_1)}{\partial x}=-p\left[\frac{\partial\alpha_1}{\partial t}+\frac{\partial(\alpha_1u_1)}{\partial x}\right]+W_1+\dot{Q}_{1,\mathrm{w}}+\dot{Q}_{1,\mathrm{f}}+$$
$$\dot{Q}_{1,\mathrm{Int}}-J_1+S_1+(\Gamma_{\mathrm{c}}-\Gamma_{\mathrm{e}})\overline{h}_{1,\mathrm{sat}} \tag{6-11}$$

式中：I_1 为液相比内能(J/kg)；W_1 为单位体积内液相黏性功(W/m^3)；$\dot{Q}_{1,w}$为液相与壁面间的换热量(W/m^3)；$\dot{Q}_{1,f}$为液相与熔融物间的换热量(W/m^3)；$\dot{Q}_{1,Int}$为液相与汽液相界面的换热量(W/m^3)；J_1 为液体间的导热项(W/m^3)；S_1 为液相中的内热源项(W/m^3)；$\overline{h}_{1,sat}$为饱和液体焓(J/kg)。

6.2.3 熔融物凝固模型

本节介绍用于计算熔融物液滴内部温度分布及表面凝固层厚度的熔融物凝固模型。在TEXAS-Ⅵ模型中采用拉格朗日方法将熔融物模型化为一连串的熔融物球状液滴，如图6-6所示。将熔融物液滴简化为一维球对称问题。假设熔融液体是不透明体，即热辐射换热只发生在熔融液滴表面，并假设熔融物液体的物性不变，熔融物颗粒的温度变化采用傅里叶导热方程描述：

$$a\left[\frac{\partial^2T_{\mathrm{f}}^k(r,t)}{\partial r^2}+\frac{2}{r}\frac{\partial T_{\mathrm{f}}^k(r,t)}{\partial r}\right]=\frac{\partial T_{\mathrm{f}}^k(r,t)}{\partial t} \tag{6-12}$$

式中：a 为热扩散率(m^2/s)；r 为半径(m)；T_f^k 为第 k 组熔融物温度(K)；t 为时间(s)。

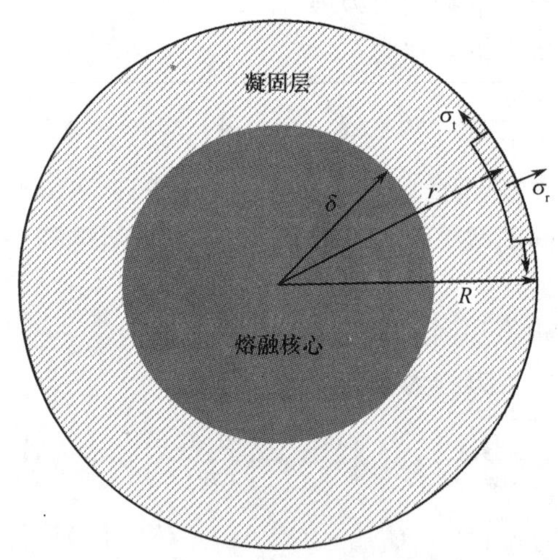

图6-6 熔融物凝固模型示意图[26]

边界条件为

$$\lambda\left.\frac{\partial T_{\mathrm{f,s}}^k(r,t)}{\partial r}\right|_{r=R}=h_{1,\mathrm{f}}^k(T_1-T_{\mathrm{f,s}}^k)+h_{\mathrm{g,f}}^k(T_{\mathrm{g}}-T_{\mathrm{f,s}}^k)+$$
$$h_{\mathrm{Int,f}}^k(T_{\mathrm{sat}}-T_{\mathrm{f,s}}^k)+h_{\mathrm{w,f}}^k(T_{\mathrm{w}}-T_{\mathrm{f,s}}^k) \tag{6-13}$$

式中：λ 为热导率（W/（m·K））；$T_{f,s}^k$为第 k 组熔融物液滴表面温度（K）；$h_{l,f}^k$为液相冷却剂与熔融物的宏观换热系数（W/（m^2·K））；$h_{g,f}^k$为汽相冷却剂与熔融物的宏观换热系数（W/（m^2·K））；$h_{Int,f}^k$为汽液相界面与熔融物的宏观换热系数（W/（m^2·K））；$h_{w,f}^k$为壁面与熔融物的宏观换热系数（W/（m^2·K））；R 为熔融物液滴外径（m）。

$$\lambda \left. \frac{\partial T_f^k(r,t)}{\partial r} \right|_{r=0} = 0 \tag{6-14}$$

初始条件为

$$T_f^k(r,0) = (T_f^k)^0 \tag{6-15}$$

假设熔融物液滴凝固过程是由外表面向里以轴对称的方式进行，液－固相界面温度等于熔化温度。因此，熔融物凝固过程中在液－固相界面应满足如下两个条件：

$$\lambda \left. \frac{\partial T_f^k(r,t)}{\partial r} \right|_{r=\delta^k} = \rho_f r \frac{d\delta^k(t)}{dt} \tag{6-16}$$

式中：δ^k为第 k 组熔融物颗粒凝固层内径（m）；ρ_f 为熔融物液体密度（kg/m^3）；r 为熔融物熔化潜热（kJ/kg）；

$$T_f^k(\delta^k,t) = T_m \tag{6-17}$$

其中：T_m为熔融物熔化温度（K）。

熔融物液滴快速冷凝过程中，凝固层内的大温差将导致热应力产生。对于球壳几何结构，温差引起的切向热应力和径向热应力可由如下方程计算[27]：

切向热应力为

$$\overline{\sigma}_t^k = \frac{2\beta E}{1-\gamma}\left[\frac{2r^3+\delta^{k3}}{2(R^3-\delta^{k3})r^3}\int_{\delta^k}^{R}\overline{T}(r,t)r^2 dr + \frac{1}{2r^3}\int_{\delta^k}^{r}\overline{T}(r,t)r^2 dr - \frac{\overline{T}(r,t)}{2}\right] \tag{6-18}$$

式中：$\overline{\sigma}_t^k$为第 k 组熔融物颗粒凝固层切向热应力（Pa）；β 为线性热膨胀系数（K^{-1}）；E 为弹性模量（Pa）；γ 为泊松比。

径向热应力为

$$\overline{\sigma}_t^k = \frac{2\beta E}{1-\gamma}\left[\frac{r^3-\delta^{k3}}{(R^3-\delta^{k3})r^3}\int_{\delta^k}^{R}\overline{T}(r,t)r^2 dr - \frac{1}{r^3}\int_{\delta^k}^{r}\overline{T}(r,t)r^2 dr\right] \tag{6-19}$$

式中

$$\overline{T}(r,t) = T_f^k(r,t) - T_m \tag{6-20}$$

TEXAS-Ⅵ是一个三相流模型，相界面上存在着质量、动量和能量的交换。准确计算相界面上的质量、动量和能量的传递是模型合理预测蒸汽爆炸物理过程的基本前提。本模型中采用的相界面质量、动量和能量传递结构关系式参见文献[28]。

6.2.4 粗混合阶段碎裂模型

粗混合阶段熔融物碎裂模型是蒸汽爆炸模型 TEXAS-Ⅵ中的关键模型。Chu[28]根据 Pilch[29]的多步碎裂思想、基于瑞利 - 泰勒(Rayleigh-Taylor)不稳定性开发了一个碎裂模型。该模型认为当韦伯数超过临界值时,相界面瑞利 - 泰勒不稳定波将成长并导致熔融物颗粒碎裂。Chu 碎裂模型给出了熔融物直径随时间的变化:

$$(D_{\mathrm{f}}^{k})^{n+1} = (D_{\mathrm{f}}^{k})^{n}(1 - C_0 \vec{t} We^{0.25}) \tag{6-21}$$

式中:$(D_{\mathrm{f}}^{k})^{n+1}$为第 $n+1$ 时层熔融物颗粒的直径;$(D_{\mathrm{f}}^{k})^{n}$为第 n 时层熔融物颗粒的直径;$\vec{t}$为无量纲时间;C_0为碎裂常数。$\vec{t}$、C_0 可表示为

$$\vec{t} = \frac{u_{\mathrm{rel}}(t^{n+1} - t^{n})}{(D_{\mathrm{f}}^{k})^{n}}\left(\frac{\rho_1}{\rho_{\mathrm{f}}}\right)^{1/2} \tag{6-22}$$

$$C_0 = 0.1093 - 0.0785\sqrt{\rho_1/\rho_{\mathrm{f}}} \tag{6-23}$$

其中:ρ_1 为冷却剂密度($\mathrm{kg/m^3}$)。

6.2.5 爆炸膨胀阶段碎裂模型

如图 6-7 所示,当蒸汽爆炸由外部压力脉冲或蒸汽膜不稳定性触发时,蒸汽膜将破裂坍塌。Kim[12]基于液膜坍塌时形成的液柱冲击熔融物表面的机理开发了单个熔融物液滴的理论快速碎裂理论模型。该模型需要详细追踪汽膜的运动过程及内部气压的变化过程,因此很难用于大规模蒸汽爆炸分析模型中。

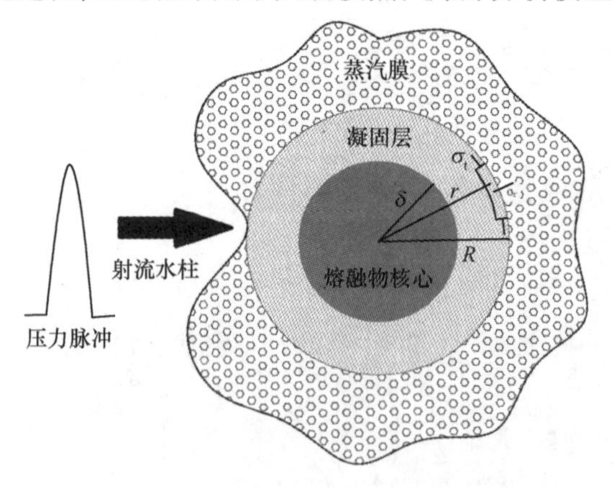

图 6-7 熔融物热粉碎模型示意图[30]

Tang[31]基于 Kim 的快速碎裂理论模型开发了一个半经验熔融物快速碎裂关系式,该关系式可以计算熔融物在爆炸膨胀阶段的碎裂质量,并假设所有发生碎裂的熔融物都被淬火到冷却剂温度。Tang 快速碎裂模型如下:

$$m_{fr} = 6C_{fr}m_f^k \sqrt{(p - p_{th})/(\rho_1(D_f^k)^2)}Y \tag{6-24}$$

式中：m_{fr}为快速碎裂过程中发生碎裂的熔融物质量（kg）；C_{fr}为快速碎裂常数；m_f^k为第 k 组熔融物的质量（kg）；p_{th}为压力阈值（Pa）；Y 为空泡份额限制因子。

通过对 KROTOS 实验的结果分析[12,31]，确定了快速碎裂常数 C_{fr}的值取值范围为0.001～0.002。快速碎裂常数是决定蒸汽爆炸强度及蒸汽爆炸压力波峰值的关键参数。当冷却剂内空泡份额大于限制因子 Y 后，蒸汽爆炸将停止，空泡份额限制因子将限制蒸汽爆炸压力脉冲的宽度。控制体内的压力和熔融物的初始大小对蒸汽爆炸具有中等影响。TEXAS-Ⅵ中的蒸汽爆炸模型采用了 Tang 的快速碎裂模型来分析蒸汽爆炸膨胀过程中熔融物的碎裂过程。

蒸汽爆炸实验研究发现，采用氧化铝替代材料时蒸汽爆炸的强度要高于采用堆芯原型材料（二氧化铀与二氧化锆混合物）时蒸汽爆炸的强度[28]。引起该蒸汽爆炸强度差异的主要原因是：采用堆芯原型材料时，熔融物快速粉碎过程受到了熔融物表面凝固形成的硬壳的影响。熔融物表面凝固形成的硬壳：一方面可以增强熔融物球的稳定性从而限制熔融球发生不稳定性碎裂；另一方面快速凝固时在表面硬壳层内形成的热应力将促使熔融球发生碎裂。因此，建立蒸汽爆炸分析模型时须充分考虑熔融物凝固行为对蒸汽爆炸过程的影响。

$$We^* = \frac{\rho_1 u_{rel}^2 D^3}{E(R-\delta)^3}(1-\gamma^2) \tag{6-25}$$

目前，没有 FCI 模型同时考虑了熔融物凝固形成的硬壳对其碎裂的限制作用及硬壳内热应力对熔融物碎裂的促进作用。TEXAS-Ⅵ基于液膜流动不稳定性机理和热应力开发出了带表面凝固层熔融物颗粒在粗混合阶段的碎裂准则，并基于液膜坍塌及射流冲击机理开发出了带表面凝固层熔融物颗粒在蒸汽爆炸阶段的碎裂准则，以全面分析凝固对蒸汽爆炸的影响。下面将分别介绍这两种碎裂准则。

6.2.6 粗混合阶段带表面凝固层熔融物颗粒的碎裂准则

熔融物在冷却剂内下落过程中，由于剧烈的换热，其外表面可能发生凝固。表面凝固层具有一定抗弯曲能力，可以阻止 RT 不稳定性波的传播，从而表面凝固层可以增强熔融液滴的稳定性，防止 RT 不稳定性碎裂。Haraldsson[32]等人实验研究了带表面凝固层的熔融物颗粒碎裂行为，在其研究中提出使用修正气动弹性系数判断表面发生凝固的熔融物颗粒是否发生碎裂。当修正气动常数小于临界值时，带表面凝固层的熔融物颗粒将不发生碎裂。修正的气动弹性数是惯性力与抗弯曲力之比，即

$$Ae^* = 12(1-\gamma^2)\left(\frac{D}{R-\delta}\right)^3\left(\frac{\rho_f u_{rel}^2}{E}\right) \tag{6-26}$$

式中：Ae^*为修正的气动弹性数；γ 为泊松比；D 为熔融物颗粒直径（m）；δ 为表面硬壳内径（m）；E 为弹性模量（Pa）；R 为熔融物液滴直径（m）；ρ_f 为熔融物密度

(kg/m^3)；u_{ref}为冷却剂与熔融物的相对速度(m/s)。

熔融物表面形成的硬壳可以抗弯曲，从而防止熔融物颗粒碎裂，但是，在表面硬壳形成过程中内部产生的热应力也可能导致熔融物发生碎裂。当熔融物表面硬壳上存在小的裂纹时，表面硬壳内的热应力的破坏效果将被加强。Corradini[33]和Knapp[34]曾通过对比熔融物表面硬壳内的应力强度因子和表面硬壳的断裂韧性来判断熔融物是否发生碎裂的断裂力学方法，研究了熔融物表面裂纹的传播过程及预测了 FCI 过程中不发生碎裂的最大熔融物颗粒直径。

对于带表面裂纹的球壳，由于其内部应力非旋转对称，目前还不能对该应力方程直接求解[33]。Blauel[35]首先对该非旋转应力场方程做了近似，并求得了带表面裂纹的球壳应力强度因子近似解：

$$F_{IT} = 2.24\sqrt{c/\pi}\int_0^c \frac{\overline{\sigma}_t^k d(R-r)}{\sqrt{c^2-(R-r)^2}} \tag{6-27}$$

式中：F_{IT}为热应力强度因子($Pa \cdot m^{\frac{1}{2}}$)；c 为硬壳表面裂纹尺寸(m)。

综合考虑熔融物表面硬壳的增强抗弯曲强度和产生热应力的作用，TEXAS-Ⅵ基于修正气动弹性数、热应力强度因子和韦伯数开发了一个部分凝固熔融物颗粒碎裂模型：

$$\text{如果}\begin{cases} We > We_{cri}\text{且}\begin{cases} Ae^* > Ae \text{ 或 } F_{IT} > F_{IC}, & \text{碎裂} \\ Ae^* \leqslant Ae \text{ 和 } F_{IT} \leqslant F_{IC}, & \text{不碎裂} \end{cases} \\ We \leqslant We_{cri}, \quad \text{不碎裂} \end{cases} \tag{6-28}$$

当熔融物韦伯数小于临界韦伯数(We_{cri})时，或当修正气动弹性数小于临界气动弹性数且热应力强度因子小于熔融物表面硬壳的断裂韧性时，熔融物颗粒将不发生碎裂；反之，则将发生破碎。基于泰勒临界波长理论，在本书中 $We_{cri}=12$[36]。Haraldsson 实验研究得出修正气动弹性数的临界值 $Ae \approx 20000$[32]，本书对修正气动常数做了一定的修改$\left(\text{Haraldsson 研究中的定义[32]}: Ae^* = 12(1-\gamma^2)\left(\frac{D}{R-\delta}\right)^3 \left(\frac{\rho_f u_{rel}^2}{E}\right)\right)$，因此经推算，本书中的修正气动弹性系数的相应的临界值约为 130。

6.2.7 爆炸膨胀阶段带表面凝固层熔融物颗粒的碎裂准则

本书推荐的蒸汽爆炸膨胀阶段的快速碎裂模型，是基于熔融物表面蒸汽膜破裂坍塌时形成的液柱射流冲击熔融物表面从而引起快速碎裂的机理而开发的[12]。考虑到熔融物表面将发生凝固，则有必要判断形成的液柱射流冲击是否能够击穿熔融物表面硬壳，而引起熔融物粉碎。由于硬壳表面形成裂纹及裂纹成长将导致热应力释放，并且热应力的形成时间尺度要大于熔融物颗粒粉碎过程时间尺度，所以在蒸汽爆炸膨胀过程中可以忽略热应力的影响。

假设液柱冲击熔融物表面时，在熔融物硬壳表面液柱冲击区形成均匀的压力场。由冲击压力引起的冲击应力场受熔融物硬壳的几何尺寸影响。对于内径和外径分别为 R_i 和 R_o 的球壳，液柱冲击导致的最大冲击应力为[37]

$$\sigma_W = \frac{p \cdot R_o}{2(R_o - R_i)} \tag{6-29}$$

液柱冲击熔融物表面硬壳的压力采用射流滞止压力表示，即

$$p = \frac{1}{2}\rho_1 u^2 \tag{6-30}$$

气泡破裂坍塌数值计算研究[38]表明，液膜坍塌所形成的液柱在冲击壁面的时刻，其速度为

$$u = 13\sqrt{\Delta p/\rho_1} \tag{6-31}$$

式中：Δp 为引起液膜破裂的压力差(Pa)。

联立求解方程(6-29)~方程(6-31)，可得

$$\sigma_W = 42.25\frac{R}{R-\delta}\Delta p \tag{6-32}$$

采用断裂力学方法作为蒸汽爆炸膨胀过程中熔融物颗粒碎裂的判据。假设，在熔融物液滴表面硬壳层内的冲击应力是均匀分布的。采用与热应力应力强度因子相似的计算方法计算冲击应力产生的应力强度因子，即

$$F_{IW} = 1.12\sigma_W\sqrt{\pi c} \tag{6-33}$$

如果液柱冲击应力强度因子 F_{IW} 大于熔融物硬壳的断裂韧性，则认为液柱可以穿透熔融物颗粒表面硬壳，进入熔融物颗粒内部与熔融物直接接触剧烈换热，产生大量蒸汽，形成局部高压区导致熔融物颗粒碎裂；反之，液柱冲击应力强度因子小于熔融物表面硬壳断裂韧性时，熔融物颗粒将不会发生碎裂。值得注意的是：当熔融物表面硬壳比较薄时，将不适用于采用固体材料的断裂韧性来衡量其强度，因为此时其力学性能更接近于熔融状态的材料力学性能。IKE 曾开展了带表面硬壳熔融物颗粒碎裂行为的实验研究[39]，发现表面硬壳厚度小于直径 1/10 时，熔融物液滴在 FCI 过程中将发生快速碎裂。该实验再次证实了将会有一个使得熔融物颗粒在液膜坍塌形成液流冲击时不发生粉碎的熔融物凝固层厚度极限值。考虑到 IKE 的实验，本书中定义一个常量 C，当熔融物凝固层厚度与半径的比值小于该常量时，熔融物颗粒在触发后将发生碎裂。

综上所述，基于断裂力学方法和实验结果，开发了一个半经验的蒸汽爆炸阶段带表面凝固层的熔融物颗粒的碎裂准则：

$$\text{如果}\begin{cases}(R-\delta)/R \leqslant C \text{或} F_{IW} > F_{IC}, & \text{碎裂} \\ (R-\delta)/R > C \text{和} F_{IW} \leqslant F_{IC}, & \text{不碎裂}\end{cases} \tag{6-34}$$

当熔融物硬壳厚度与熔融物颗粒半径之比小于 C，或冲击应力强度因子大于熔融物表面硬壳断裂韧性时，熔融物颗粒将发生碎裂。基于文献[55]的实验结果，C 的取值范围为 1% ~10%，本书中通过与 FCI 实验对比分析将 C 取为 5%。

6.2.8 求解方法及步骤

TEXAS-Ⅵ程序的求解方法是基于SIMMER-Ⅱ[40,41]的压力迭代方法开发，下面将介绍TEXAS-Ⅵ的压力迭代求解方法。

如图6-8所示，程序首先读入发生蒸汽爆炸的容器的几何条件、熔融物和冷

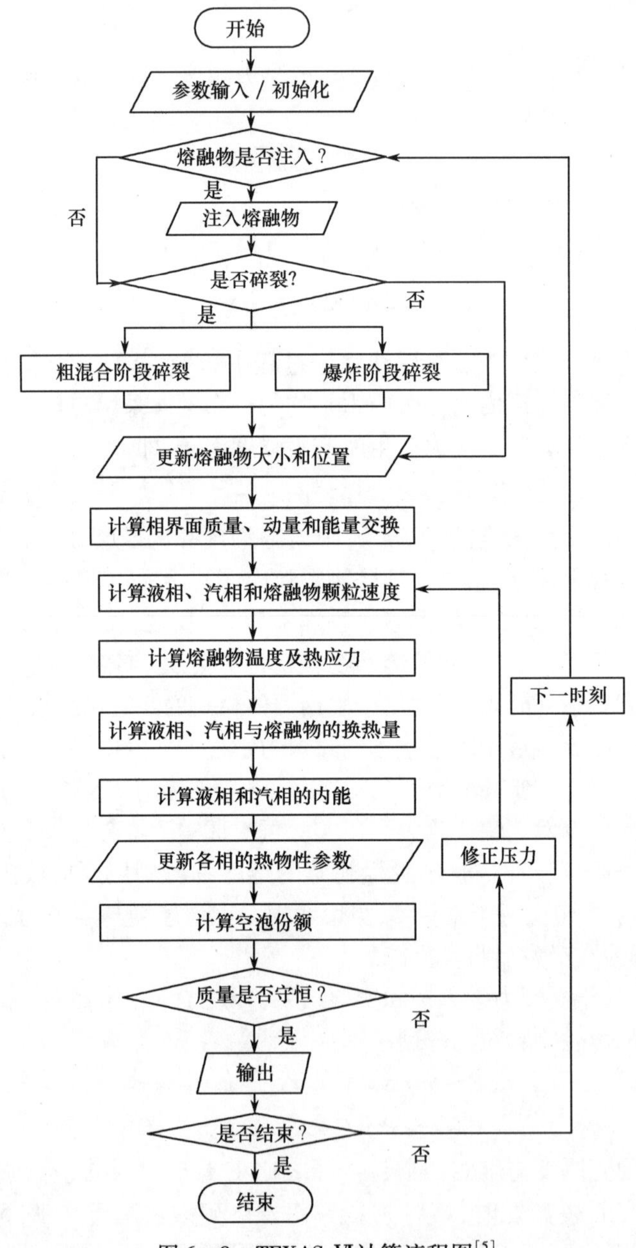

图6-8 TEXAS-Ⅵ计算流程图[5]

却剂的温度、物性等初始条件,并对相关参数进行初始化,为方程求解做准备。在每一个时间步长中,首先计算当前时刻熔融物的注入量。然后根据用户的输入参数判断是进行粗混合过程模拟还是蒸汽爆炸膨胀过程模拟,并调用相应的熔融物碎裂模型计算熔融物颗粒的大小随时间的变化。完成熔融物碎裂计算后,将按照上一时层熔融物的运动速度更新熔融物颗粒位置。随后基于前一时层的计算结果计算汽-液、汽-固和液-固相界面上的质量、动量和能量交换。然后进入压力迭代循环,在压力迭代循环过程中,先半隐式求解能量和动量守恒方程获得汽相和液相的内能,并根据压力和温度修正各相的物性参数,然后全隐式求解质量守恒方程,最后根据质量守恒方程的误差进行压力修正,根据修正后的压力进行下一步迭代,直至质量守恒方程的误差低于允许误差时结束迭代,并输出结果。

6.3 蒸汽爆炸实验计算分析

6.3.1 蒸汽爆炸实验

至今,对蒸汽爆炸过程的机理还尚未全面了解,同时蒸汽爆炸将导致的后果也需要进一步深入研究[42,43]。国外已经开展了大量的蒸汽爆炸实验研究,这些实验研究主要分为两类:第一类是采用控制变量法研究单一现象或机理的小规模实验。小规模实验的优点在于释放能量小,可以在透明的实验装置中开展,便于观察记录FCI的整个过程。因此,小规模实验主要用于研究FCI的触发、碎裂和膜态沸腾等机理现象,为FCI理论模型的开发提供支持。第二类实验在于研究和评估蒸汽爆炸后果的大规模实验研究。这类实验主要研究触发蒸汽爆炸所需要的熔融物冷却剂粗混合条件、蒸汽爆炸的传播过程、蒸汽爆炸的载荷及能量转换率和尺度效应以及基于实验结果评估真实反应堆蒸汽爆炸的潜在后果。实验通常测量蒸汽爆炸过程中压力变化、压力波传播速度及爆炸释放的能量等宏观参数,用于验证开发的理论模型及FCI程序。

由OECD成立的SERENA项目,通过整合世界上先进研究设备,加强各个研究组织间的交流合作,致力于揭示反应堆熔融物与冷却剂相互作用的一般规律[44]。SERENA一期的研究内容为采用各FCI模型对现有的蒸汽爆炸实验进行分析,以探究各FCI模型对蒸汽爆炸过程中反应堆结构上的载荷预测结果的不确定性。SERENA二期的研究内容为针对已发现的不确定性,改善实验装置增加有助于降低FCI模型不确定性的参数的测量,并增加不同组分比的反应堆原型材料进行实验,从而充分研究FCI机理以完善各FCI模型。下面将简要介绍OECD-SERENA项目里所采用的FARO[45]、TROI[46]和KROTOS[16]三种实验装置。

1)FARO实验装置

FARO为欧盟联合研究中心(Joint Research Centre,JRC)在意大利建造的用于研究核反应堆安全的实验装置[47-49]。FARO 实验的主要目的是模拟研究核反应堆严重事故条件下燃料熔融物的淬火过程。OECD-SERENA 一期项目中在FARO实验装置上共开展了 30 多次大规模高温熔融物淬火实验。FARO 实验装置主要由高温熔炉、隔离阀、释放管、加压系统和试验段组成。试验段与熔炉通过释放管连接,并可以通过隔离阀进行隔离。熔炉可以将近 200kg 的熔融物加热至 3270K。试验段的初始压力可在 2~5MPa 范围内调节。FARO 实验(图 6.9)技术特性:采

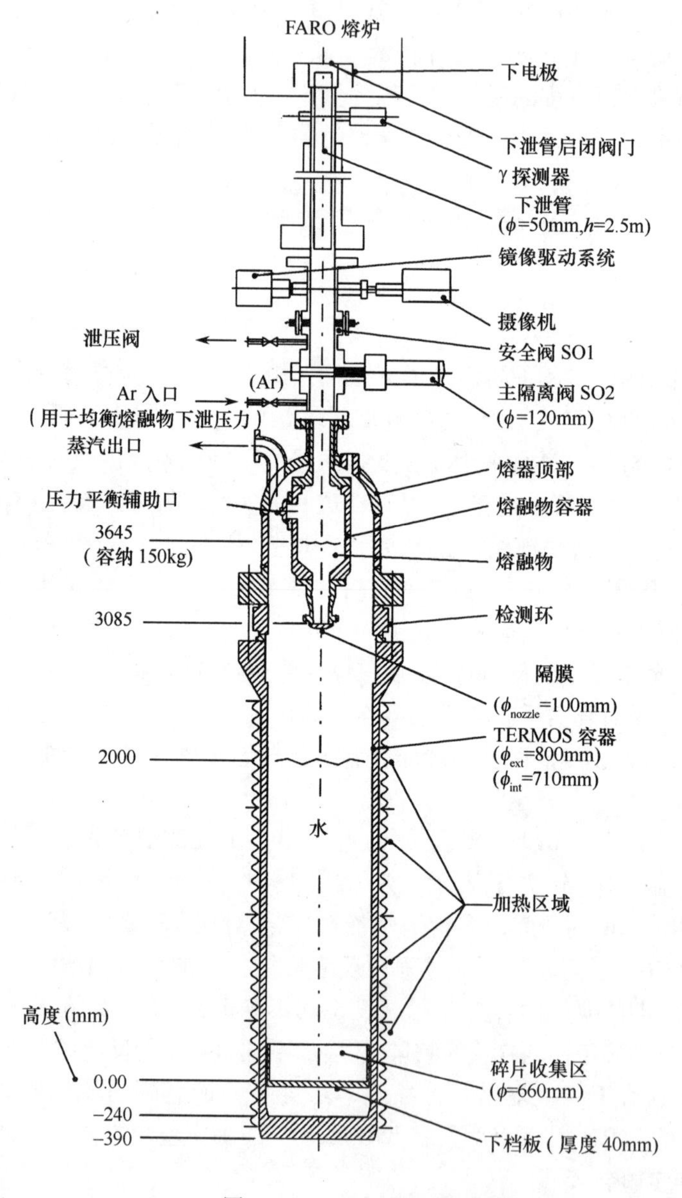

图 6-9 FRAO 实验原理图

用反应堆原型材料（UO_2、ZrO_2 和 Zr 混合物）；熔融物的过热度、冷却剂的过冷度、系统压力及液池深度都可以模拟真实反应堆严重事故条件；FARO 实验装置可装载大规模熔融物。

2）KROTOS 实验装置

KROTOS 实验装置同样是 JRC 在意大利建造的 FCI 实验装置，运行多年后移至法国 CEA-Cadarache 重启[50,51]。

如图 6－10 所示，KROTOS 实验装置由熔炉、释放管、高速摄像仪、X 光成像仪和试验段等组成。KROTOS 熔炉可以加热 1～10kg 金属至 3300K。试验段底部设置有高达 20MPa 的高压气体触发器。KROTOS 是一个准一维实验装置，设计巧妙的熔融物释放装置可以提供连续的熔融物液柱，X 光成像仪可以记录熔融物碎裂

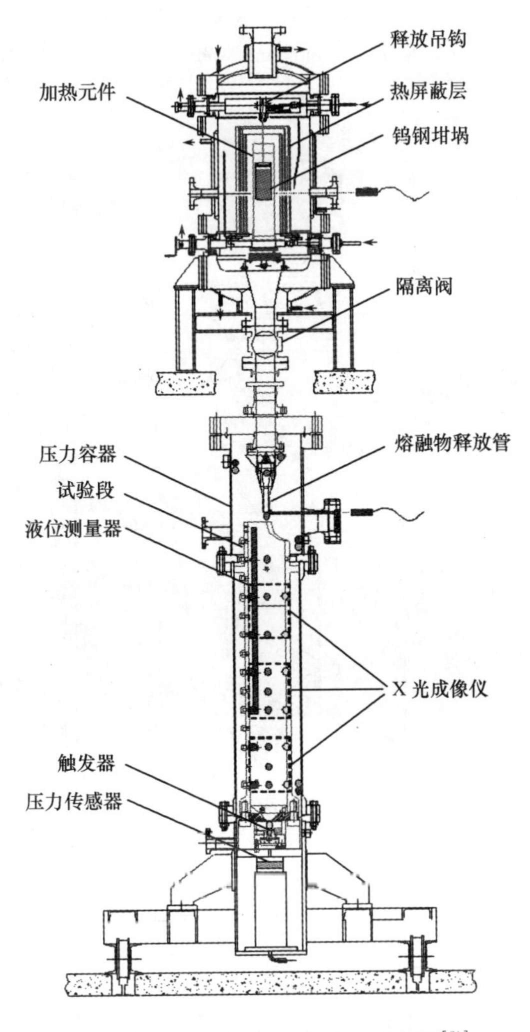

图 6－10　KROTOS 实验装置示意图[51]

及蒸汽爆炸膨胀整个过程的行为。因此,KROTOS 可以为 FCI 模型提供精细的输入条件,从而适用于验证蒸汽爆炸模型的正确性。在 KROTOS 装置上分别采用铝、锡替代材料及堆芯原型材料熔融物进行了一系列的熔融物与冷却剂粗混合及蒸汽爆炸的实验研究,实验可测量粗混合及蒸汽爆炸过程中容器内压力、液位、蒸汽爆炸传播速度、蒸汽爆炸能量转化率及蒸汽爆炸后碎片形态等参数。OECD-SERENA 一期项目中在 KROTOS 实验装置上共开展了 50 多次蒸汽爆炸实验。KROTOS 实验装置被移至 CEA-Cadarache 重启后,继续参与了 OECD-SERENA 二期项目,至今已开展了 6 次蒸汽爆炸实验。

3) TROI 实验装置

韩国原子能研究所(Korea Atomic Energy Research Institute,KAERI)国家实验室搭建了 FCI 实验装置 TROI(图 6 – 11)。OECD-SERENA 一期项目基于该实验装置采用不同 UO_2-ZrO_2 组分比堆芯原型材料熔融物开展了 40 多次蒸汽爆炸实

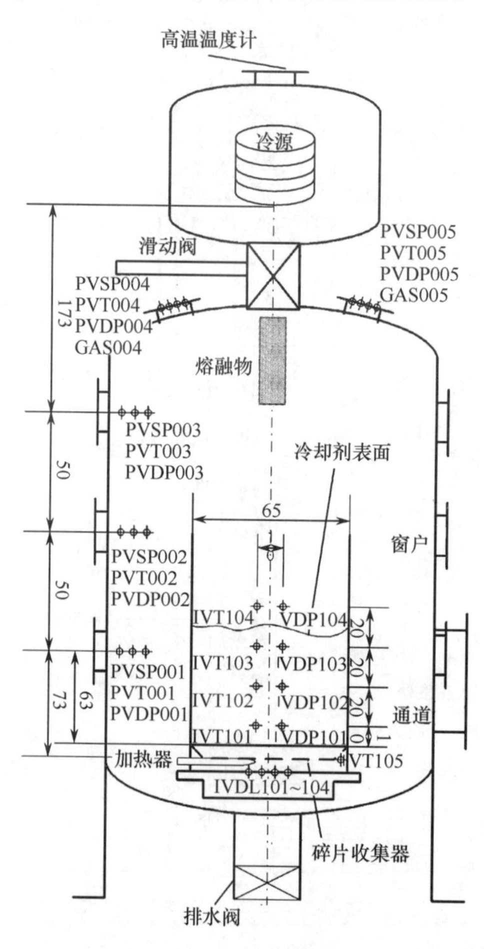

图 6 – 11　TROI 实验原理

验[52-57]。2007 年 OECD-SERENA 二期项目启动以来，在 TROI 实验装置上已开展了 7 次蒸汽爆炸实验。TROI 实验装置的特征为约 20kg 熔融物装载量、二维实验、带熔融物滞留装置和外部触发装置。TROI 实验结果适用于验证程序对反应堆内蒸汽爆炸模拟的能力。

OECD-SERENA 二期项目采用的精细设计且具有先进测量设备的 FCI 实验装置有移至 CEA 重启的 KROTOS 实验装置和 KAERI 的 TROI 实验装置。KROTOS 装置是准一维的 FCI 实验装置，其实验数据适用于验证蒸汽爆炸模型。本节将采用 TEXAS-Ⅵ分析 OECD-SERENA 二期项目已开展的 KS-2（KROTOS-SERENA-2）实验，实验参数见表 6-2。

表 6-2　KS-2 实验参数[58]

熔融物组分	质量分数为 70% UO_2、质量分数为 30% ZrO_2
熔融物质量/kg	4.9
熔融物温度/K	3013
液柱直径/mm	30
注入速度/(m/s)	1.0
自由下落高度/m	0.64
液池高度/m	1.1
水温/K	333
水过冷度/K	59
系统压力/MPa	0.2
爆炸过程最大压力/MPa	23.3

KS-2 为 KROTOS 实验装置在 CEA 重启后所进行的第二次蒸汽爆炸实验。KROTOS 实验装置在移至 CEA 后，其熔融物释放装置得到了改进，熔融物能以连续液柱的形式注入试验段内。CEA 还给 KROTOS 实验装置添加了 X 光透射仪器，以记录熔融物与冷却剂相互作用的过程，这样可为蒸汽爆炸模型提供较为准确的输入参数。如图 6-12 所示，在 KS-2 实验中，共有 4.9kg 初始温度为 3013K 的熔融物（质量分数为 70% UO_2、30% ZrO_2）被注入到 1.1m 深的液池中，冷却剂的初始温度为 333K，试验段内初始压力为 0.2MPa。值得注意的是 KS-2 的熔融物类似沸水堆的堆芯熔融物。熔融物注射口位于距液池底部 1.7m 的高度处。试验段的内径为 0.2m。蒸汽爆炸过程中，在液池内所测得的最大压力为 23.3MPa。

针对 KS-2 实验装置总共划分了 30 个控制体，其中：上面 6 个为代表压力容器内气体空腔的大截面控制体；底部的 24 个控制体代表蒸汽爆炸试验段，试验段内控制体的高度为 66mm、直径为 200mm。熔融物颗粒划分为 1500 个控制体。

在划分的 KROTOS 实验装置控制体中，底部 17 个控制体初始全为液体，上部 13 个控制体为气体。汽液两相的初始速度都设置为 0。开始有少量熔融物碎片以

20.3m/s 高速注入试验段,随后主流熔融物在 1.7m 高处以 1.0m/s 的初始速度被注入试验段内,粗混合持续时间为 0.96s。试验段的侧壁面设置为无滑移绝热边界条件。最底部控制体设置为压力反射及绝热边界条件,进入该控制体的熔融物颗粒速度将被重置为 0,且当进入该控制体的熔融物颗粒平均温度高于熔融物固相线温度时将发生重新聚合。

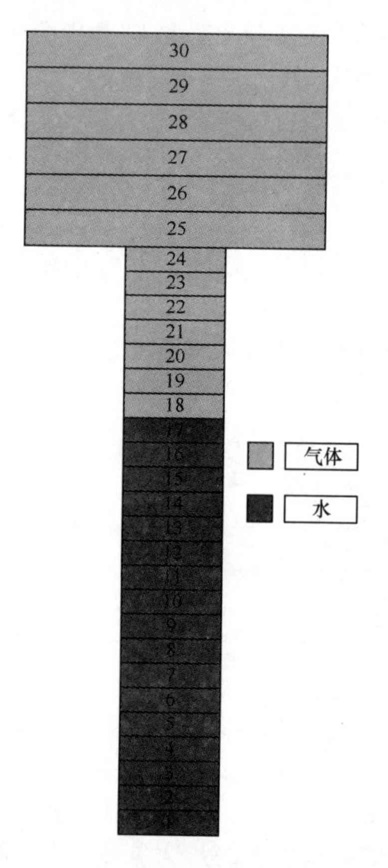

图 6-12　控制体划分[5]

6.3.2　KS-2 粗混合阶段计算验证

图 6-13 为 TEXAS-Ⅵ程序预测的熔融物前沿运动过程与实验测量结果的对比。图 6-13 中圆点为 KS-2 试验段内牺牲型热电偶所探测到的熔融物前沿位置随时间的变化情况。熔融物前沿碎片以 20.3m/s 的初始速度注入试验段内。在进入液池后发生碎裂,受到冷却剂的阻力作用熔融物前沿运动速度也随之降低。在进入液池前 TEXAS-Ⅵ预测的前沿位置与实验结果完全一致,在进入液池后熔融物前沿的运动速度与实验值也基本相符合。

图 6-14 为 TEXAS-Ⅵ程序预测的下落过程中熔融物颗粒索特尔平均直径(索

特尔平均直径,又称为表面积平均直径,表示与实际的颗粒具有相同表面积的球体的直径)的变化情况。最先注入的熔融物为少量的高速细小熔融碎片,随后注入的为直径为3cm的连续熔融液柱。因此,熔融物索特尔平均直径起初随着连续液柱的注入而增加,随后随着熔融物颗粒在水池中发生碎裂而逐渐减小。

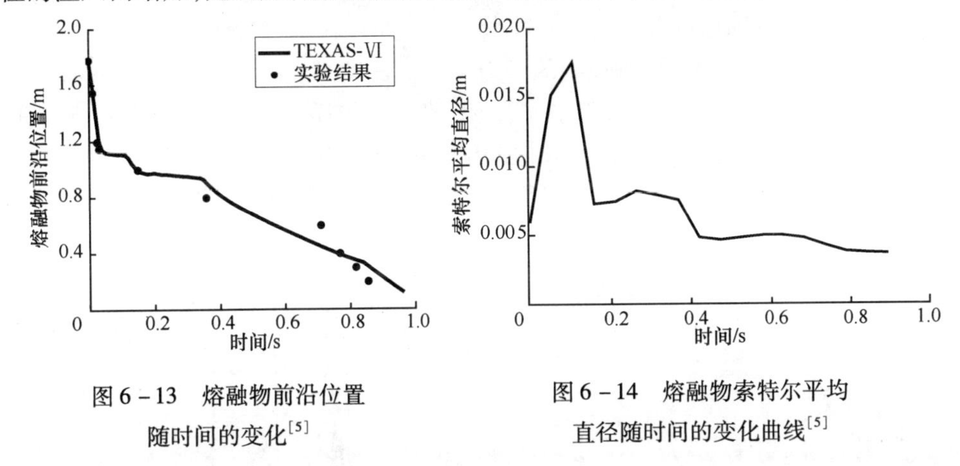

图6-13　熔融物前沿位置随时间的变化[5]

图6-14　熔融物索特尔平均直径随时间的变化曲线[5]

图6-15为粗混合过程中液池内蒸汽体积随时间的变化曲线。当熔融物前沿部分以20.3m/s高速进入液池时,其快速碎裂并与周围液体剧烈换热产生大量蒸汽,因此在初始阶段虽然进入液池的熔融物份额较少,但蒸汽体积快速上升。随着时间的增加,进入液池的高温熔融物颗粒的份额也越来越大,因此传递给液池的热量也越来越高,从而使得蒸汽体积逐渐增大。由于计算的是液池内的蒸汽体积,因此当溢出液池的蒸汽的量大于蒸汽的产生量时,曲线将出现小幅的下降。由图6-15可看出,TEXAS-Ⅵ所预测的蒸气体积与实验结果相符合。

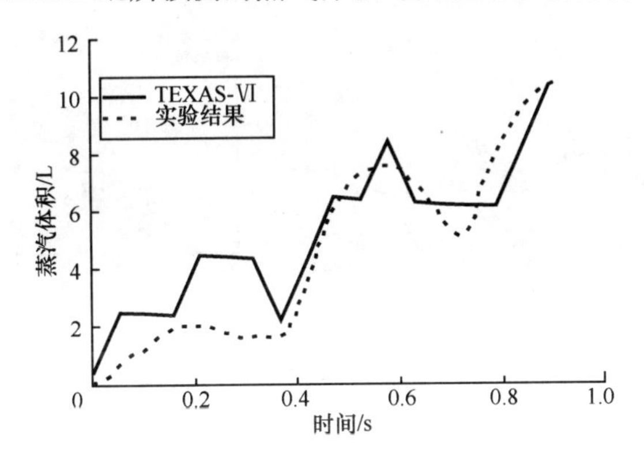

图6-15　试验段内蒸汽的体积随时间的变化[5]

6.3.3　KS-2爆炸膨胀阶段计算验证

在粗混合进行0.96s后,位于试验段底部的触发器内的15MPa高压气体释放形成的压力波触发了蒸汽爆炸。蒸汽爆炸触发后，熔融物颗粒快速碎裂并与冷却剂剧烈换热，致使周围冷却剂急剧蒸发产生大量蒸汽从而形成压力波。该压力波向液池上部传播，触发更多的熔融物颗粒发生粉碎，随着蒸汽量的增加压力波峰值增大，压力波幅值的增大将进一步触发未发生快速碎裂的熔融物，随着该链式过程的进行，压力波不断增强并会达到一个峰值。图 6－16 为实验中所测得的不同位置处的压力值与 TEXAS-Ⅵ所预测的压力值的对比结果。

蒸汽爆炸起初在试验段底部触发，压力波率先传播到 K_1 传感器位置处，然后沿轴向向上依次经过 K_2、K_3 和 K_4 压力传感器所在位置。如图 6－16 所示，TEXAS-Ⅵ所预测的压力波幅值与实验结果值相符合，压力波的传播速度也与实验结果相近。

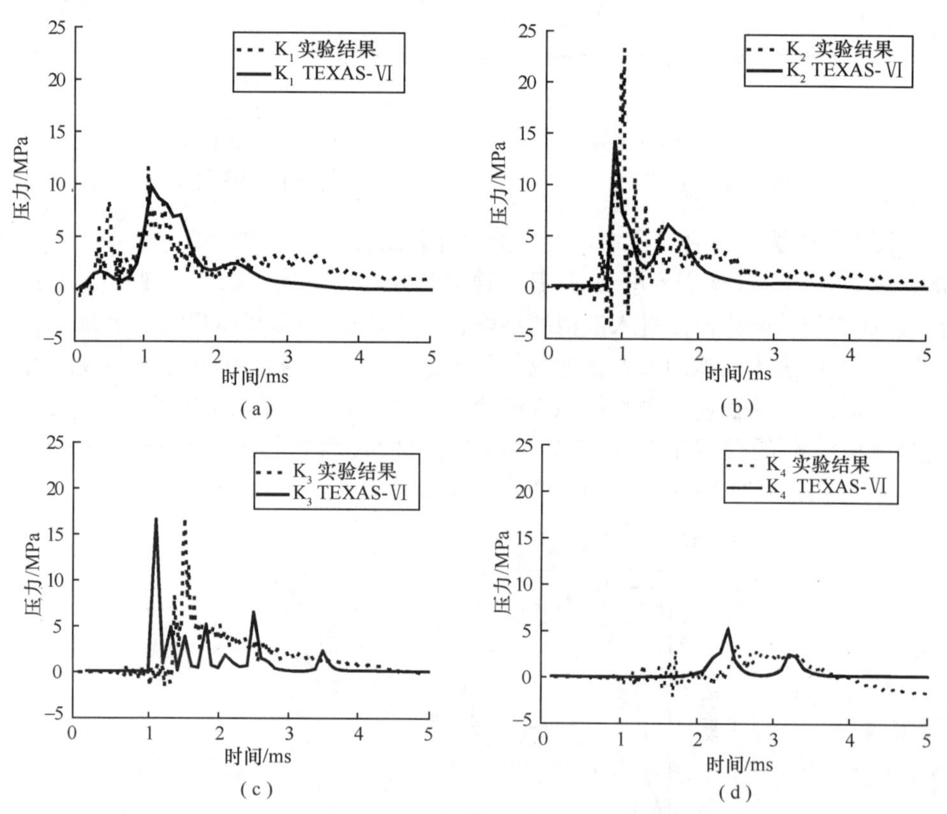

图 6－16　TEXAS-Ⅵ预测的 KS-2 蒸汽爆炸过程中压力变化曲线[5]

(a) K_1 压力传感器处；(b) K_2 压力传感器处；(c) K_3 压力传感器处；(d) K_4 压力传感器处。

6.4　压力容器外部蒸汽爆炸特性分析

前面采用一维 KROTOS 蒸汽爆炸实验对 TEXAS-Ⅵ 程序进行了验证，

TEXAS-Ⅵ的预测结果与实验结果符合较好。本节将采用经过验证的 TEXAS-Ⅵ程序对堆外蒸汽爆炸进行模拟分析。

当堆芯熔融物坠落到压力容器下封头时，如果未能被淬火，熔融物将在下封头内形成熔融池。此时压力容器下封头若不能被有效冷却，其将在熔融物的加热作用下发生蠕变破裂，从而熔融物将从压力容器下封头内排出。如图 6－17 所示，熔融物从压力容器下封头内排出后，将坠落到反应堆腔室内，并与反应堆腔室里的冷却剂发生相互作用，从而可引发蒸汽爆炸。本节将对这种堆外蒸汽爆炸进行分析。

图 6－17　堆外蒸汽爆炸示意图[5]

TEXAS-Ⅵ是一维程序，其模型中轴向的每一控制体内的冷却剂都忽略了径向导热，认为每一控制体内的冷却剂温度均匀分布。如果直接用 TEXAS-Ⅵ对直径约 5.5m 的反应堆腔室划分控制体进行计算，势必将低估熔融物颗粒周围的空泡份额，从而影响对蒸汽爆炸的预测结果。因此，可以近似认为压力容器排放出来的熔融物在反应堆腔室内下降过程中只与周围直径为 1.6m 内的液柱发生作用。其余几何参数与 OECD-SERENA 一期项目中的堆外蒸汽爆炸分析算例[59]的几何参数取值一样，熔融物出口距离堆腔底部为 4.5m。

堆腔内冷却剂深度为 4m。本书采用如图 6－18 所示的控制体来描述反应堆腔室。对反应堆腔室总共划分了 30 个控制体，底部 15 个控制体与上部 5 个控制体的横截面积为 $2m^2$，中部 10 个控制体的横截面积为 $5m^2$，30 个控制体的总高度为 12.5m。其中，底部 20 个控制体用于描述反应堆腔室，上部 10 个控制体用于考虑与反应堆腔室相通的部分安全壳内部空间。

压力容器下封头熔池内熔融物总量设为 8000kg，成分质量分数为 80% UO_2 和 20% ZrO_2。熔融物的初始温度为 2950K。反应堆腔室内的初始压力为 0.2MPa。

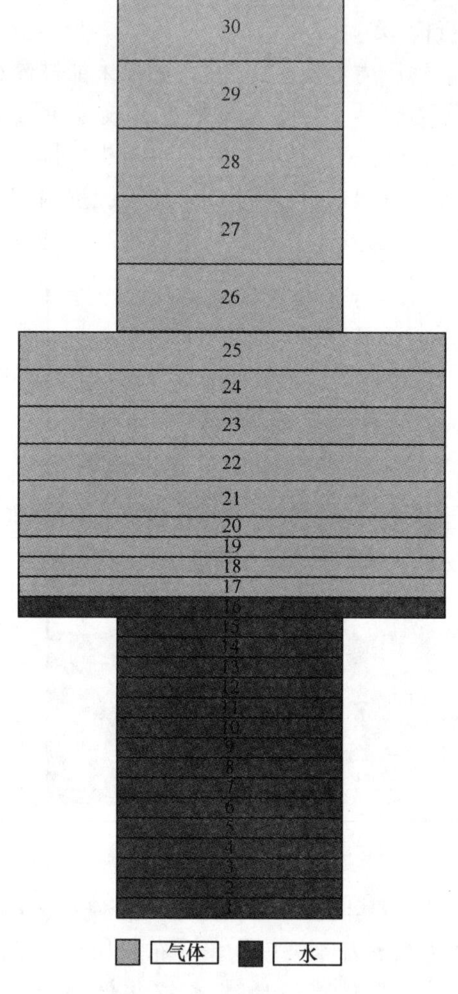

图 6-18　控制体划分[5]

堆腔内的冷却剂温度为 343K,过冷度为 50K。如图 6-18 所示,控制体底部 16 个控制体初始空泡份额为 0,上部 14 个控制体内的初始空泡份额为 1,其初始时刻所有控制体内的汽液两相初始速度都设置为 0。熔融物从第 18 个控制体内注入。试验段的壁面设置为无滑移绝热边界条件。最底部控制体设置为压力反射及绝热边界条件,进入该控制体的熔融物颗粒速度将被重置为 0,且当进入该控制体的熔融物颗粒平均温度高于固相线温度时将重新发生聚合。

压力容器的破口尺寸和破口位置存在一定不确定性,它们将影响到排出的熔融物液柱的直径和初始速度。同时,熔融物在下落过程中可能在不同高度处接触堆腔壁面而触发蒸汽爆炸,因此作者针对 7 种不同熔融物液柱直径、初始速度和粗混合时间的工况下的蒸汽爆炸进行了分析。7 种工况具体参数列于表 6-3。

表 6 - 3　计算工况[5]

工况	熔融物质量 /kg	熔融物直径 /cm	熔融物注入流个数	注入速度 /(m/s)	粗混合时间 /s
1	8000	50	1	5.0	0.93
2	8000	60	1	5.0	0.93
3	8000	30	1	5.0	0.93
4	8000	50	1	3.5	1.1
5	8000	50	1	2.0	1.15
6	8000	50	1	5.0	0.35
7	8000	50	1	5.0	0.7

图 6 - 19 为熔融物前沿运动情况。当熔融物进入 4m 深的水池的初始阶段，熔融物前沿近似匀速下降。在下降到 2m 高度左右时，起初位于前沿的熔融物颗粒完全碎裂成细微颗粒，这些细微颗粒在冷却剂的阻力作用下，下降速度减缓甚至出现向上运动的趋势。在此阶段，前沿后面未发生碎裂的颗粒继续下降，随后超过细微颗粒成为新的熔融物前沿，因此熔融物的前沿位置又继续下降。工况 6 和 7 的熔融物前沿下降曲线与工况 1 的熔融物前沿下降曲线重合。从图 6 - 19 还可以发现，初始速度为 2m/s 的工况 5 和 3.5m/s 的工况 4 的熔融物下降速度明显低于其他初始速度为 5m/s 的工况。

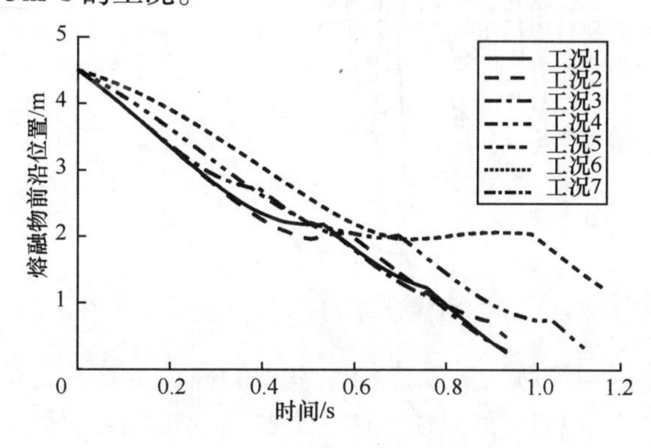

图 6 - 19　熔融物前沿运动情况[5]

图 6 - 20 为各工况的熔融物下落过程中索特尔平均直径的变化曲线。其中，工况 6 和 7 的索特尔平均直径变化曲线与工况 1 的索特尔平均直径变化曲线重合。对比工况 1、4 和 5 可见，进入液池后熔融物的索特尔平均直径的减小速度随着熔融物初始速度的增加而变大，其原因是本书推荐的模型计算得到的粗混合碎裂速度与熔融物的速度正相关。虽然工况 1、2 和 3 中的熔融物初始直径不同，但在液池内下降过程中熔融物的索特尔平均直径减小速度相近。

图 6 - 21 为粗混合结束时，反应堆腔室内的空泡份额沿轴向分布情况。由于大

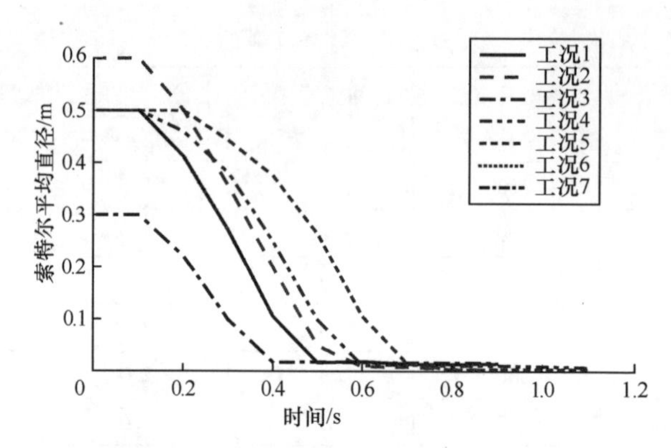

图 6-20 熔融物索特尔平均直径变化曲线[5]

量高温熔融物注入反应堆腔室水池内,高温熔融物加热水产生了大量蒸汽,反应堆腔室内的液位也相应膨胀。工况 6 中粗混合过程只进行了 0.35s,此时熔融物刚在水池内下降 1.5m 左右,液位上升较少。在熔融物下落过程中,虽然产生了大量的蒸汽,但是如图 6-21 所示,对于所有工况,熔融物前沿位置处的空泡份额都低于 0.2。

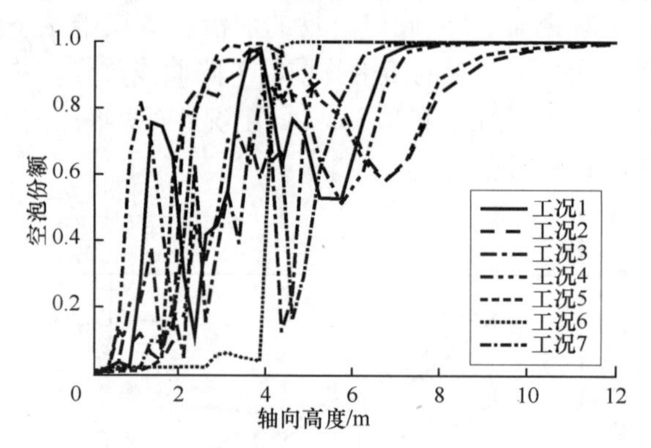

图 6-21 粗混合结束时刻空泡份额分布[5]

图 6-22 为蒸汽爆炸触发后反应堆腔室不同高度处压力随时间的变化曲线。所有工况中蒸汽爆炸都是在熔融物的前沿位置周围被触发,然后沿轴向传播。工况 6 中,粗混合结束时熔融物前沿位置只运动到了距离底部 2.5m 高处左右,因此蒸汽爆炸触发后在 2.0m 高处压力率先增加到 28MPa,随后蒸汽爆炸压力波向下依次传播到 1.5m、1.0m 和 0.5m 处,并在 0.5m 处达到最大值 30.5MPa。由于底部控制体被设置为压力反射边界条件,因此压力波再次由底部反射出来并沿轴向向上传播出去。工况 1 中,粗混合结束时熔融物前沿运动到了反应堆腔室底部位置,蒸汽爆炸也在反应堆腔室底部被触发,随后压力波沿轴向向上传播,并在 1.0m 高度处达到了最大值 62.5MPa。工况 2 同样在反应堆腔室底部触发了蒸汽爆炸,在 0.5m 处压力峰值为 62.7MPa,压力波沿轴向传播,且在传播过程中压力峰值逐渐减小。粗混合结束时,工况 5 的熔融物前沿运动到了 1.19m 高处,因此蒸汽爆

炸触发后压力波沿轴向传播。在1.0m处和1.5m处先后测得了蒸汽爆炸压力波，且1.5m处的压力波幅值更大，这是因为压力波向上传播过程中触发了前沿后的熔融物颗粒发生碎裂从而使压力波增强。在0.5m处向下传播的压力波与底部控制体反射的压力波重合，因此压力达到最大峰值约为58.7MPa。工况7与工况5类似，蒸汽爆炸在1.38m高处的熔融物前沿被触发，压力波沿轴向向上或向下同时传播，在0.5m处的压力波幅值达到最大值62.6MPa。所有工况所测得的蒸汽爆炸中压力的最大值为30.5～62.7MPa。由于堆腔内的冷却剂过冷度相对压力容器内的冷却剂要高，在粗混合过程中产生的蒸汽相对较少，因此蒸汽爆炸过程中的压力值较高。

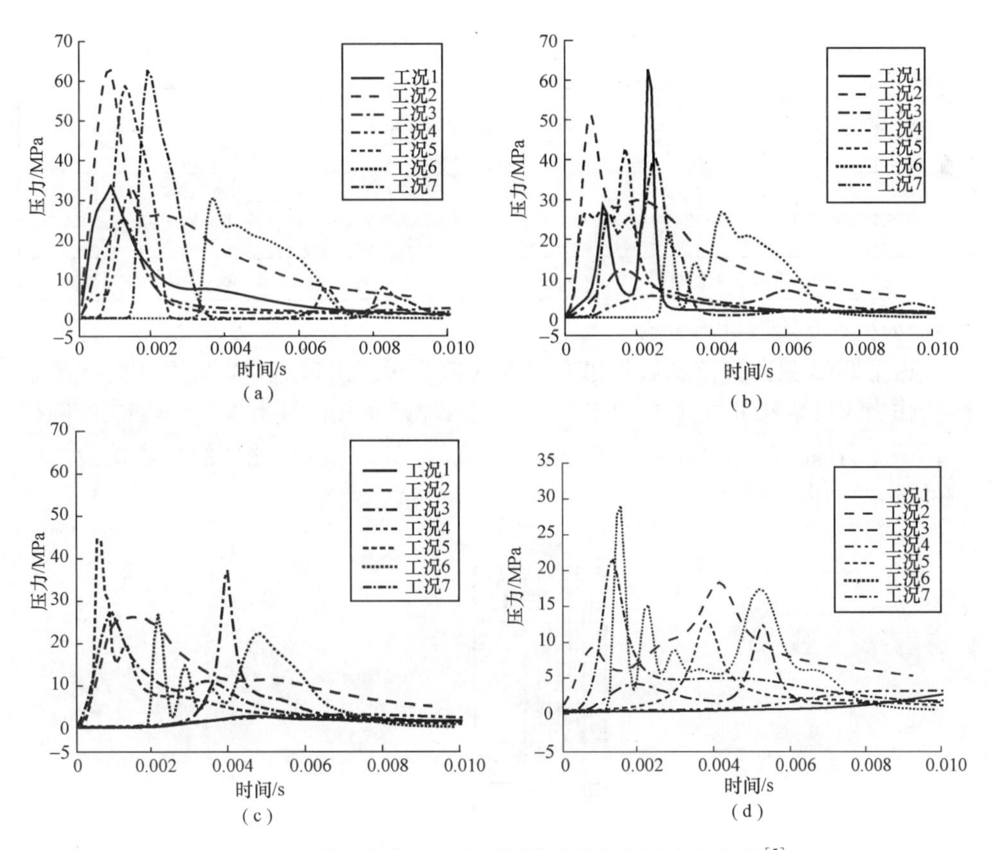

图6-22　蒸汽爆炸过程中不同位置处的压力变化曲线[5]

(a)高度0.5m处；(b)高度1.0m处；(c)高度1.5m处；(d)高度2.0m处。

6.5　蒸汽爆炸二维分析计算

本书利用二维蒸汽爆炸计算分析程序IFCI(Integrated Fuel-Coolant Interaction)对蒸汽爆炸的粗混合及爆炸膨胀过程分别进行了模拟和分析[60]。

6.5.1 粗混合阶段二维计算分析

1）FARO 实验介绍

FARO 为建造在 JRC-Ispra 的用于模拟严重事故条件下高温燃料熔融物淬火过程的实验装置，其中 FAROL-14 实验为验证蒸汽爆炸粗混合模型的基准实验。FAROL-14 基本实验参数见表 6－4。

表 6－4　FAROL-14 基本实验参数[23]

熔融物组分	质量分数为 80% UO_2、质量分数为 20% ZrO_2
熔融物质量/kg	125
熔融物温度/K	3073
喷嘴直径/mm	92
自由下落距离/m	1.04
水池深度/m	2.05
初始水温/K	536.8
系统压力/MPa	5.1
气体初始温度/K	536

2）粗混合阶段计算分析

由于 IFCI 只允许控制域外边界存在入口流量或出口流量[61]，因此将下落熔融物作为入口条件进行描述。同时，考虑到水体积及气相封闭体积，得到二维圆柱坐标节点图如图 6－23 所示（轴对称，取 1/2）。图 6－23 中粗实线代表试验段内构件，熔融物由上部进入控制域。

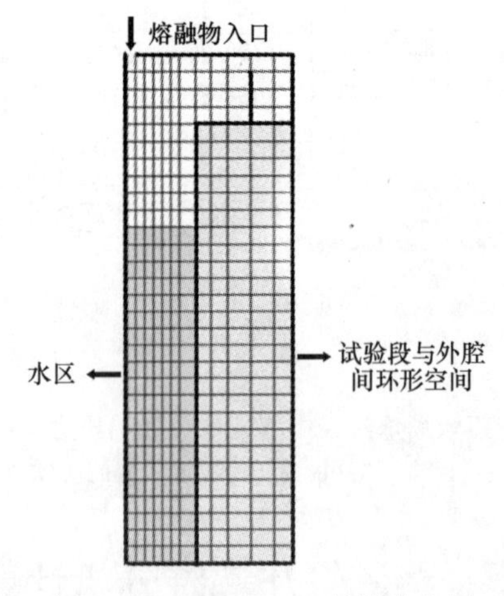

图 6－23　FAROL-14 计算节点图

图 6－24 为熔融物前沿位置变化曲线。熔融物在 3.05m 高度处被注入，在重力作用下下落。实验中熔融物在 0.45s 时进入水区，IFCI 计算中熔融物在 0.375s

时与水面接触。初始水位高度为2.05m,二者前沿位置曲线在熔融物进入水面前后没有出现减速。计算结果显示0.8s时熔融物前沿下降到试验段底部,而实验中熔融物在0.87s时到达试验段底部。

图6-25中虚线为轴向高度为3115mm、径向距离为150mm处IFCI预测的气体压力与实验结果对比曲线。试验段初始压力5.1MPa,随着熔融物进入水区并且碎裂,大量蒸汽产生,从而使整个系统压力升高。随着熔融物注射完毕及熔融物全部落入试验段底部,系统压力增加速度放缓。作为粗混合阶段最重要参数之一,试验段上方气体压力变化计算结果与实验符合良好。

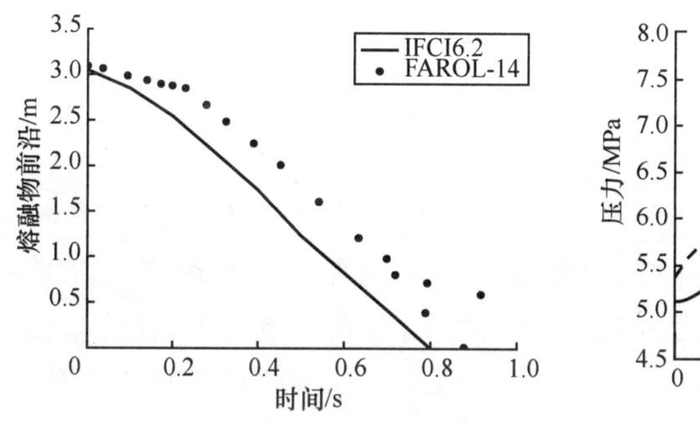

图6-24 熔融物前沿位置变化曲线[60]

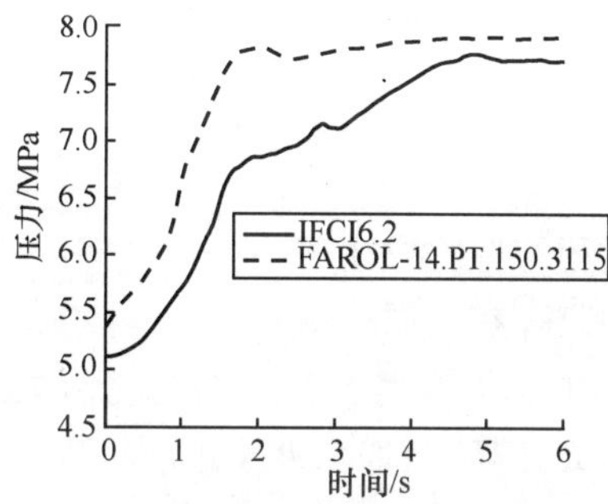

图6-25 轴向高度为3115mm、径向距离为150mm处气体压力的变化曲线[60]

图6-26中两条虚线分别为轴向高度为2800mm、径向距离为200mm处气体温度的变化曲线,实验中分别测量了方位角为0°、180°的气体温度。根据IFCI计算区域网格划分,取轴向高度为2844mm、径向距离为152mm处计算值与实验值进行比较。在0.5~1.5s范围内,由于试验段水区内可能产生的蒸汽进入试验段上方加热原有气体,使得该处气体迅速升温。当大部分熔融物到达试验段底部后,气体温升速度放缓。稳定后,IFCI程序的计算结果与实验结果吻合较好。

图6-27中虚线为轴向高度为400mm、径向距离为0mm处水温变化曲线。根据IFCI计算区域网格划分,取轴向高度为403mm、径向距离为5mm处计算值与实验值进行比较。由图6-24可知,实验中熔融物前沿在0.85s左右到达400mm高度,而IFCI计算中熔融物前沿在0.7s左右下降到400mm高度。这与图6-27中水温快速升高时间吻合,即水温升高由熔融物到达所致。此时由于压力升高,该处水处于过冷状态,因此温升迅速,随着过冷度的减小,温升速度放缓。之后随着熔融物全部落入试验段底部,水温升高速度放缓。计算值较实验值略高。

图6-28中虚线为轴向高度为400mm、径向距离为150mm处水温变化曲线,实验中测量了方位角分别为90°、270°处的水温。根据IFCI计算区域网格划分,取轴向高度为403mm、径向距离为5mm处计算值与实验值进行比较。实验中熔融物前沿在0.85s左右到达400mm高度。由于熔融物初始从试验段中心位置注入,在

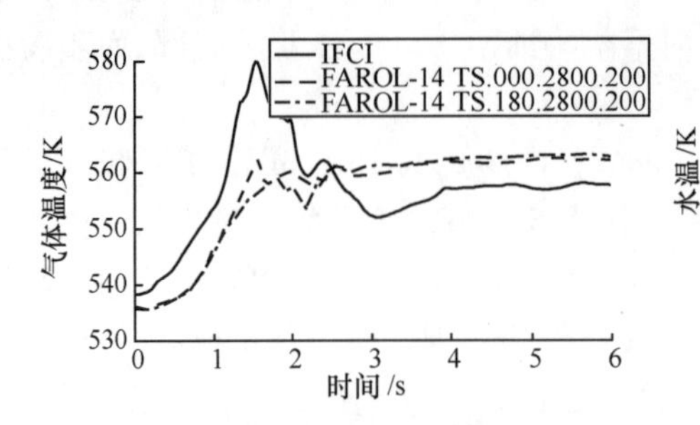

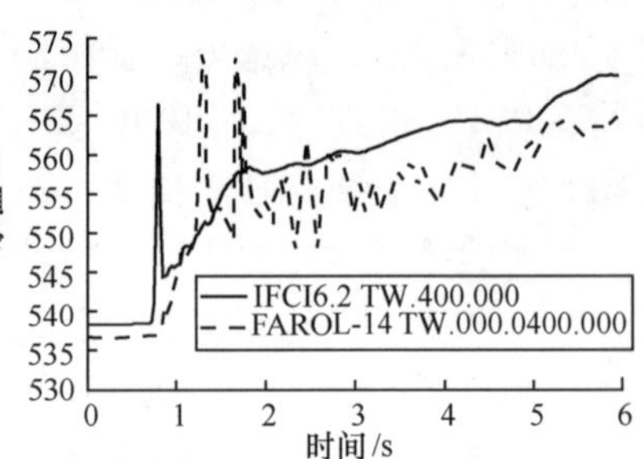

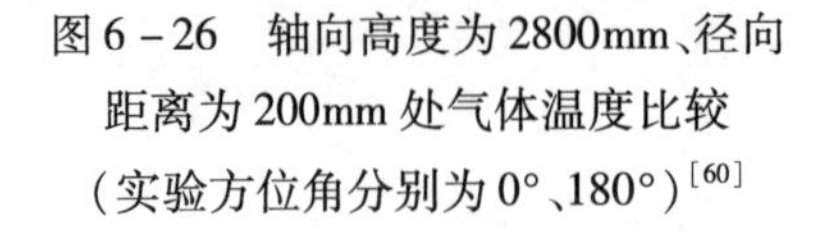
图 6－26　轴向高度为 2800mm、径向距离为 200mm 处气体温度比较（实验方位角分别为 0°、180°）[60]

图 6－27　轴向高度为 400mm、径向距离为 0mm 处水温变化曲线（实验方位角为 0°）[60]

下降过程熔融物发生碎裂并沿径向向外扩散，因而此高度处径向距离 150mm 处此时不一定存在高温熔融物。这一点可由此处不同实验方位角两条曲线得证：方位角为 270°处水温直到 1.2s 左右才开始上升，即水温升高由熔融物到达所致。此时由于压力升高，该处水处于过冷状态，因此温升迅速，随着过冷度的减小，温升速度放缓。之后随着熔融物全部落入试验段底部，水温升高速度放缓。不同方位角处水温随着熔融物全部落入水中到达试验段底部，温度逐渐趋于一致。由图 6－24 可知，IFCI 计算中熔融物前沿在 0.7s 左右下降到 400mm 高度。而 IFCI 计算曲线中水温在 1.5s 左右才迅速升温，可能由于其对熔融物破碎后径向分布不能很好地进行预测导致。但熔融物全部落入试验段底部后，计算值与实验值吻合较好。

图 6－29 中虚线为轴向高度为 400mm、径向距离为 330mm 处水温变化曲线，实验中测量了方位角分别为 90°、270°处的水温。根据 IFCI 计算区域网格划分，取轴向高度为 403mm、径向距离为 304mm 处计算值与实验值进行比较。同样，实验中熔融物前沿在大概 0.85s 到达 400mm 高度。此时可以看到不同方位角处水温此时开始有缓慢温升，这不是由于熔融物直接到达该处导致，而是由于熔融物到达径向中心处，径向中心处水温迅速升高导致。不同方位角处水温直到 2.2s 左右才开始迅速升高，应该是由于此时破碎的熔融物到达径向距离 330mm 处导致。此时由于压力升高，该处的水处于过冷状态，因此温升迅速，随着过冷度的减小，温升速度放缓。之后随着熔融物全部落入试验段底部，水温升高速度放缓。IFCI 计算结果趋势与实验一致，且待全部熔融物稳定后水温与实验吻合较好。

结合图 6－27 和图 6－29 可以看到，实验中某一高度处冷却水随着径向距离增大，水温开始上升的时间逐渐延后。这是由于水温迅速升高需要有熔融物直接到达该处，而熔融物射流主要集中于试验段中轴处，需要熔融物与水作用破碎后沿径向扩散。同时，看到方位角 270°处水温温升时间比 90°处要晚，说明了熔融物破碎后颗粒分布的不均匀性，而 IFCI 中采用二维圆柱坐标系求解场方程，因此不能对这一特性进行有效模拟。但 IFCI 对于整个试验段不同轴向高度、不同径向距离处冷却水水温模拟结果与实验结果符合良好。

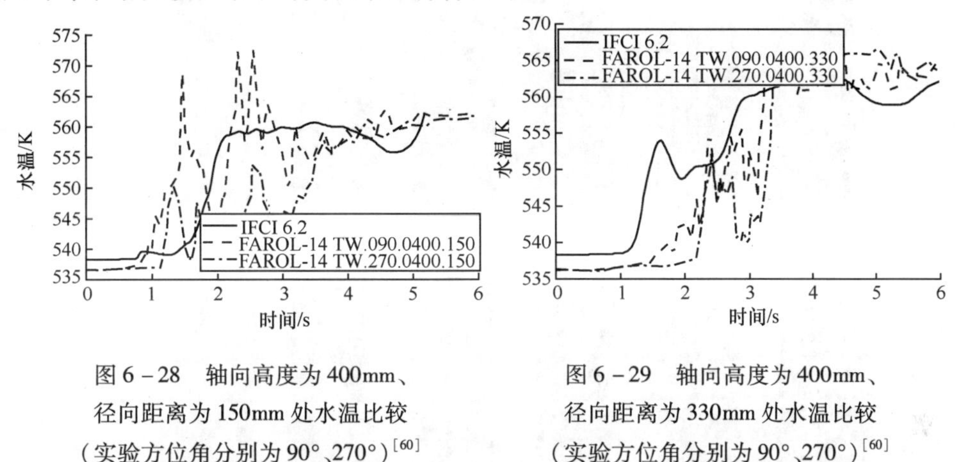

图 6 - 28　轴向高度为 400mm、径向距离为 150mm 处水温比较（实验方位角分别为 90°、270°）[60]

图 6 - 29　轴向高度为 400mm、径向距离为 330mm 处水温比较（实验方位角分别为 90°、270°）[60]

图 6 - 30 给出了计算区域内空泡份额二维空间分布随时间的变化。在熔融物进入水区前可以看到熔融物射流中有一定空泡份额，这一方面是由于计算时给定的射流边界内含气体，另一方面是熔融物对周围气体形成夹带所致。由图 6 - 30 可以看到，随着熔融物进入水区与过冷冷却水作用并破裂，熔融物向水释放大量热量，使得局部水大量汽化，空泡份额迅速升高。这一现象在其他实验中也得到了证实。特别当熔融物到达试验段底部时，试验段底部产生的大量蒸汽夹带冲顶试验段中的水，使得试验段水位上升明显。从图 6 - 30 可以明显看到空泡份额二维空间分布的不均匀性，可以与实验中可视化结果进行比较，同时也为蒸汽爆炸阶段提供完整的粗混合情况。

6.5.2　爆炸阶段二维计算分析

本节介绍蒸汽爆炸阶段的 IFCI 程序模拟结果。实验发现，采用三氧化二铝作为熔融物时可观察到强烈的蒸汽爆炸现象（最大压力峰值可达 100MPa），而采用堆芯原型材料时熔融物冷却剂相互作用则较为缓和，不同实验初始条件下，测量到的最大压力峰值也仅在 10 ~ 22MPa 间变化[23,34]。另外，通过对没有发生蒸汽爆炸的实验的可视化观察与碎片床分析发现，三氧化二铝熔融物与堆芯原型材料熔融物射流破碎行为不同。三氧化二铝材料主要破碎成较大的颗粒与水粗混合[62]。为全面起见，本书选取采用不同材料的 KROTOSK-44 和 FAROL-33 两组实验进行比较。

对于蒸汽爆炸计算存在两种方法：①对蒸汽爆炸包括粗混合等过程进行全程模拟，粗混合过程模拟结果为蒸汽爆炸提供熔融物份额、空泡份额、温度压力等初

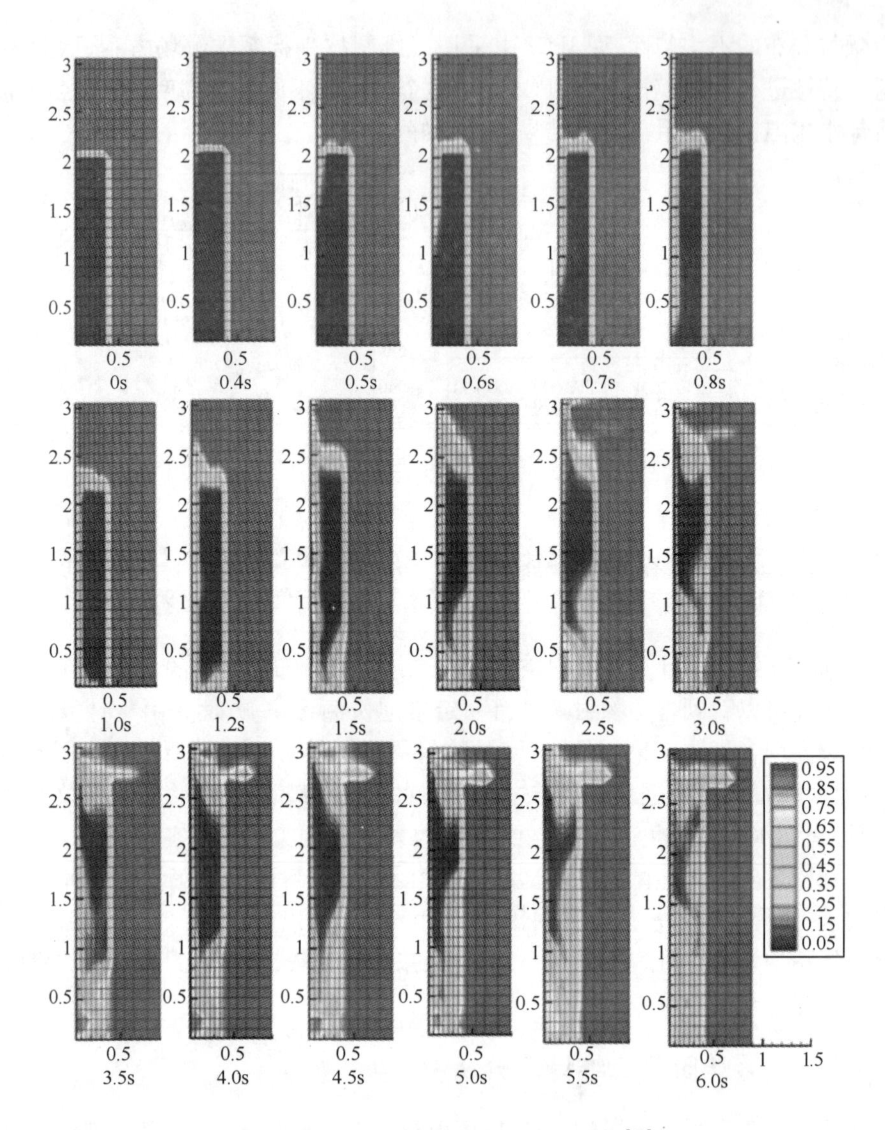

图 6-30　空泡份额随时间变化二维图[60]

始条件;②对于给定的粗混合条件,单独进行蒸汽爆炸过程模拟,0 时刻则对应触发时刻。由于方法②能够消除粗混合过程中不确定性影响,从而能更好地验证蒸汽爆炸模型,因此本书采用方法②模拟蒸汽爆炸。给定的粗混合条件一般包括试验段在触发前的各种参数的空间分布等。

1) KROTOSK-44 实验计算及结果分析

如前所述,KROTOS 是一个准一维蒸汽爆炸实验装置。KROTOSK-44 实验中,三氧化二铝熔融物注入试验段与冷却剂发生相互作用,并在试验段底部高压气体的触发下发生了蒸汽爆炸。KROTOSK-44 蒸汽爆炸实验参数见表 6-5。

表 6-5　KROTOSK-44 主要实验参数[25]

熔融物组分	Al_2O_3
熔融物质量/kg	1.5
熔融物体积/cm^3	577
熔融物温度/K	2673
熔融物初始直径/mm	30
熔融物初始速度/(m/s)	1.5
自由下落距离/m	0.46
水池深度/m	1.1
初始水温/K	363
过冷度/K	10
系统压力/MPa	0.1
最大爆炸压力/MPa	65

SERENA 项目[33]中曾采用 KROTOSK-44 实验对多个蒸汽爆炸模型及程序进行了验证。为了比较不同蒸汽爆炸分析计算程序对爆炸阶段的模拟能力，避免计算结果受不同程序粗混合计算结果不同带来的影响，SERENA 项目给定了 KROTOSK-44 实验的粗混合条件，见表 6-6。

表 6-6　KROTOSK-44 实验给定粗混合条件参数[33]

参数	粗混合区域	粗混合区域下部	粗混合区域上部
高度/m	0.75	0.15	0.379
直径(厚度)/m	0.20	0.2	0.2
熔融物份额	0.032 ~ 0.02①	0	0
熔融物温度/K	2673	—	—
空泡份额	0.09	0	0.165
气体温度/K	1000	—	—
冷却剂份额	0.878 ~ 0.89②	1	0.835
冷却剂温度/K	363	363	363

①径向均匀分布，轴向线性分布：高度 150mm 处 0.032，高度 850mm 处 0.02。
②径向均匀分布，轴向线性分布：高度 150mm 处 0.878，高度 850mm 处 0.89

表 6-6 所列的粗混合参数是基于粗混合阶段测量结果及可视化分析所得

到的。实验中发现粗混合过程中，粗混合区域径向充满整个试验段区域。因此，取粗混合区域为轴向高度 150 ~ 900mm 的完整试验段，另假定空泡份额空间均匀分布。

图 6 - 31 为 KROTOSK-44 蒸汽爆炸实验中 $K_2 \sim K_4$ 压力传感器位置处压力随时间变化曲线。由于采用给定的粗混合条件，IFCI 中在 $t = 0$ 时刻便给定外部触发，计算中触发发生时间比实验要早。从图 6 - 31 中也可以看到，爆炸压力波从触发处传至各传感器位置也相应要早，但是 IFCI 计算得到的各处压力随时间变化趋势及最大压力与实验吻合较好。

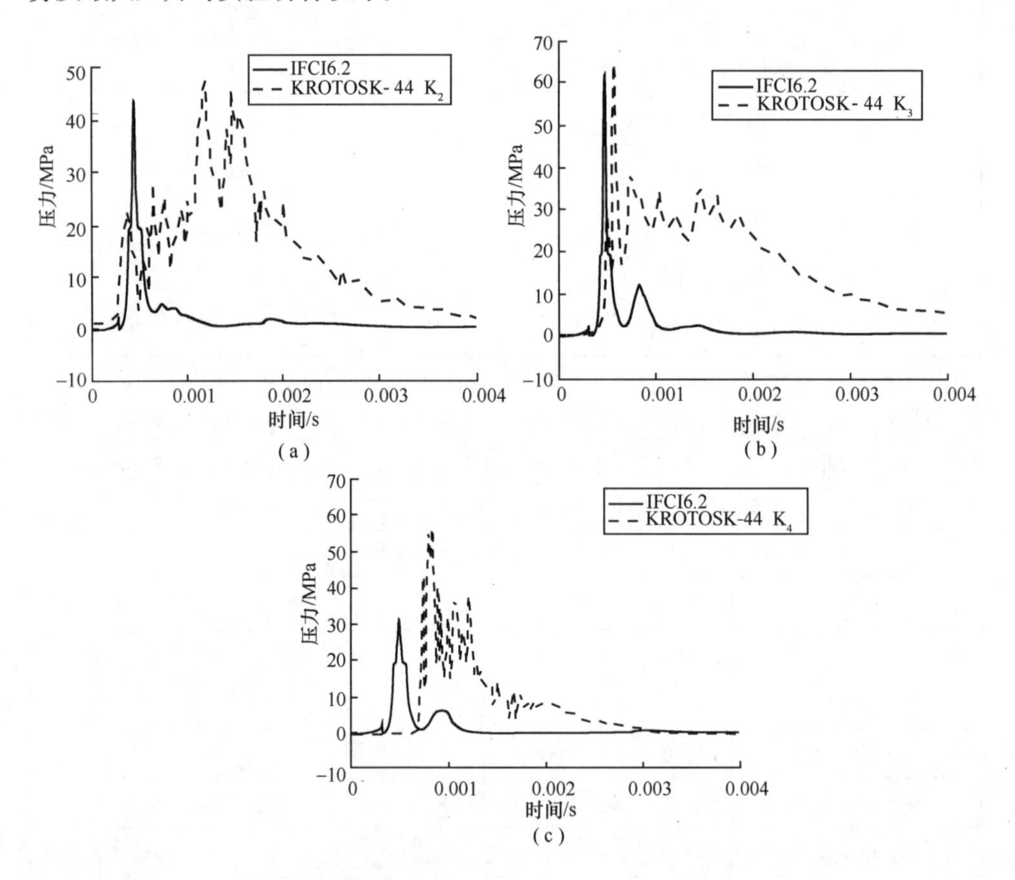

图 6 - 31　KROTOSK-44 蒸汽爆炸实验 $K_2 \sim K_4$ 处压力随时间变化曲线[60]

(a) K_2 处（轴向高度为 350mm、径向距离为 100mm）压力随时间变化曲线；

(b) K_3 处（轴向高度为 550mm、径向距离为 100mm）压力随时间变化曲线；

(c) K_4 处（轴向高度为 750mm、径向距离为 100mm）压力随时间变化曲线。

2）FAROL-33 实验计算及结果分析

FAROL-33 实验中冷却剂处于过冷状态，并采用外部触发的方式对蒸汽爆炸进行触发。FAROL-33 实验参数见表 6 - 7。

表 6-7 FAROL-33 基本实验参数[63]

熔融物组分	UO_2、ZrO_2
熔融物质量/kg	100
熔融物温度/K	3070
熔融物初始直径/mm	48
自由下落距离/m	0.77
水池深度/m	1.62
初始水温/K	294
过冷度/K	124
系统压力/MPa	0.41
最大爆炸压力/MPa	≈6

对于 FAROL-33 同样对给定粗混合条件进行蒸汽爆炸计算。给定的粗混合条件见表 6-8。

表 6-8 FAROL-33 实验给定粗混合条件参数[63]

参数	粗混合区域	粗混合区域外部环形
高度/m	1.714	1.714
直径(厚度)/m	0.30	0.41
熔融物份额	0.026	0
熔融物温度/K	3070	—
空泡份额	0.05	0
气体温度/K	1000	—
冷却剂份额	0.924	1
冷却剂温度/K	306	297

图 6-32 为 FAROL-33 试验段不同轴向高度处壁面压力的实验测量值与 IFCI 程序预测值的对比图。同样,由于采用给定的粗混合条件,且计算中在 $t=0$ 时刻对给定粗混合系统施加外部触发,IFCI 计算中触发时间比实验要早。由图 6-32 可见,计算中触发处压力波传播到各处时间也比实验要早,IFCI 蒸汽爆炸阶段计算结果中不同位置处压力随时间变化趋势及最大压力与 FAROL-33 实验符合较好。

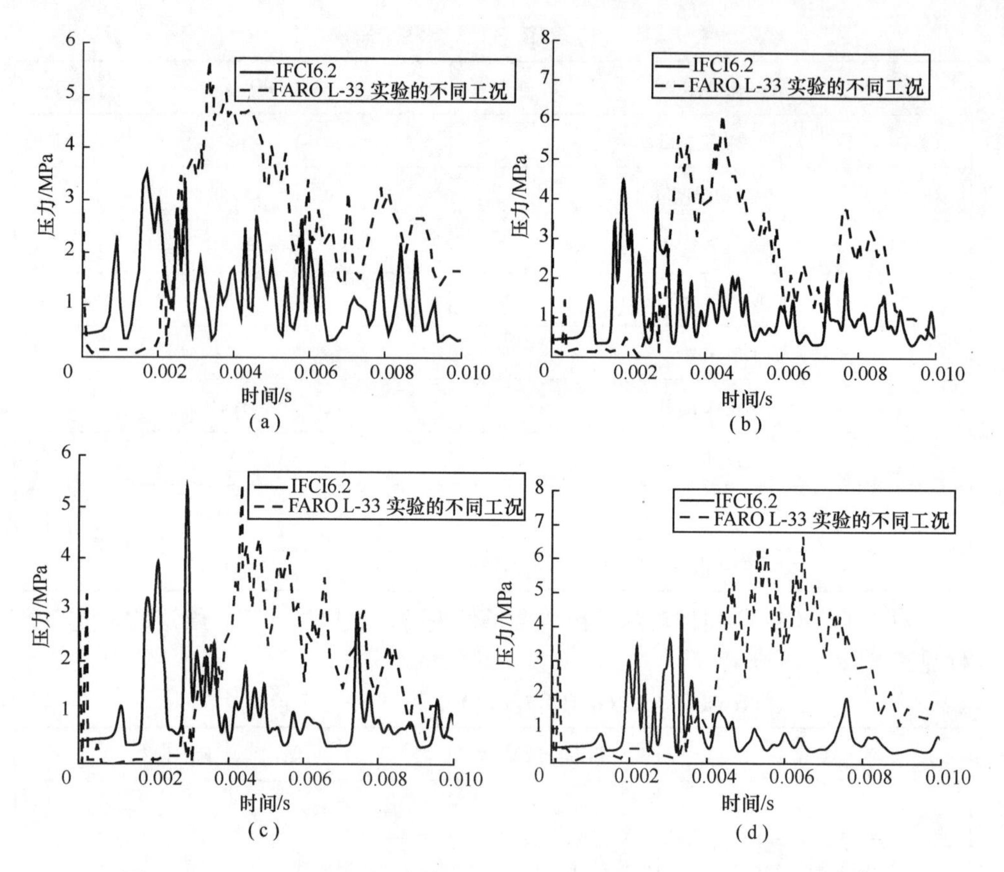

图 6-32 FAROL-33 实验不同轴向高度处试验段壁面压力与 IFCI 对比[60]

(a)FAROL-33 实验轴向高度 490mm 处试验段壁面压力；

(b)FAROL-33 实验轴向高度 715mm 处试验段壁面压力；

(c)FAROL-33 实验轴向高度 940mm 处试验段壁面压力；

(d)FAROL-33 实验轴向高度 1165mm 处试验段壁面压力。

参 考 文 献

[1] Sehgal B R, Piluso P. SARNET Lectures notes on nuclear reactor severe accident phenomenology[R]. FRANCE: CEA, Report CEA-R-6194, 2008.

[2] Tyrpekl V. Effet matériaux lors de l'interaction corium – eau: analyses structurale des debris d'une explosion vapeur et mécanismes de solidificatian[D] FRANCE: UNIVERSITÉ DE STRASBOURG, 2012.

[3] Grace T M. Energetics of smelt/water explosion[M]. Wisconsin: The Institute of Paper Chemistry, 1985.

[4] Enger T, Hartman D. Rapid phase transformation during LNG spillage on water[C]. Proceedings of the 3rd Conference on Liquid Natural Gas. Washington, D. C. 1972.

[5] 陈荣华. 严重事故工况下蒸汽爆炸模型开发及数值模拟研究[D]. 西安：西安交通大学，2013.

[6] Theofanous T G, Saito M. An assessment of class-9 (CoreMelt) accidents for PWR dry containment system[J].

Nuclear Engineering Design, 1981, 66: 310 - 332.

[7] Nishimura S, Sugiyama K, et al. Fragmentation mechanisms of a single molten copper jet penetrating a sodium pool-transition from thermal to hydrodynamic fragmentation in instantaneous contact interface temperatures below its freezing point[J]. Journal of Nuclear Science and Technology, 2010, 47: 219 - 228.

[8] Holmann H, Field M. KROTOS: description of the experimental facility[R]. Italy: Institute for Safety Technology, 1992.

[9] Song J H, Kim S B, Kim H D. On some salient unresolved issues in severe accidents for advanced light water reactors[J]. Nuclear Engineering and Design, 2005, 235: 2055 - 2069.

[10] Bohr N. Uber die anwendung der quantumtheorie auf den atombaui[M]. Copenhagen: Zeitschrift fur Physik, 1923.

[11] Ciccarelli G, Frost D L. Fragmentation mechanisms based on single drop steam explosion experiments using flash X-ray radiography[J]. Nuclear Engineering and Design, 1994, 146: 109 - 132.

[12] Kim B, Corradini M L. Modeling of small-scale single droplet fuel/coolant interactions[J]. Nuclear Science and Engineering, 1988, 98: 16 - 28.

[13] Ciccarelli G. Investigation of vapor explosion with single molten metal droplets in water using flash X-Ray[D]. CANADA: McGill University, 1991.

[14] Ciccarelli G, Frost D L. Fragmentation mechanisms based on single drop experiments using fash X-ray photography[C]. Proceedings of NURETH 5, Salt Lake City, USA, 1992.

[15] Hohmann H, Magallon D, Schins H. FCI experiments in the aluminum oxide/water system[J]. Nuclear Engineering and Design, 1995, 155: 391 - 403.

[16] Huhtiniemi I, Magallon D. Insight into steam explosions with corium melts in KROTOS[J]. Nuclear Engineering and Design, 2001, 204:391 - 400.

[17] Magallon D, Bang K H, Basu S, et al. OECD programme SERENA: work program and first results[C]. Proceedings of Nureth 10, Seoul, Korea, 2003.

[18] Meignen R, Magallon D, Bang K H, et al. Comparative review of FCI computer models used in the OECD-SERENA program[C]. Proceedings of ICAPP 2005, Seoul, Korea, 2005.

[19] Meignen R, Picchi S. MC3D user's guide[R]. FRANCE: IRSN, NT/DSR/SAGR/05-84, 2005.

[20] Matiaz L, Mitia U. Estimation of ex-vessel steam explosion pressure loads[J]. Nuclear Engineering and Design, 2009, 239(11): 2444 - 2458.

[21] Davis F J, Young M F. Integrated fuel-coolant interaction(IFCI6.0) code user's manual[R]. USA: Sandia National Laboratories, SAND-94-0406, 1994.

[22] Dosanjh S S. MELPROG-PWR/MOD1: A two dimensional, mechanistic code for analysis of reactor core melt progression and vessel attack under severe accident conditions[R]. USA: Sandia National Laboratories, SAND-88-1824, 1989.

[23] Murphy J, Corradini M L. An assessment of ex-vessel FCI energetics for advanced LWRs[J]. Nuclear Technology, 1996, 116: 83 - 95.

[24] Wang S P, Murphy J, Corradini M L. TEXAS-Ⅴ oxidation model for the simulation of vapor explosions[J]. Transaction of the American Nuclear Society, 1997, 77.16 20.

[25] Corradini M, Chu C C, Huhtiniemi I, et al. A users' manual for TEXAS-Ⅴ: a one-dimensional transient fluid model for fuel-coolant interaction analysis[M]. USA: University of Wisconsin, 2000.

[26] Chen R H, Corradini M L, Su G H, et al. Development of a solidification model for TEXAS-Ⅵ code and application to FARO L14 analysis[J], Nuclear Science and Engineering, 2013, 173: 1 - 14.

[27] Timoshenko R J, Goodier J N. Theory of elasticity[M]. New York: McGraw-Hill, 1951.

[28] Chu C C. One-dimensional transient fluid model for fuel coolant interactions[D]. USA: University of Wisconsin-Madison, 1986.

[29] Pilch M. Acceleration induced fragmentation of liquid drops[D]. USA: University of Virginia, 1981.

[30] Chen R H, Corradini M L, Su G H, et al. Analysis of KROTOS steam explosion experiments using improved FCI code TEXAS-Ⅵ[J]. Nuclear Science and Engineering, 2013, 174: 46 – 59.

[31] Tang J, Chu C, Corradini M L. Modelling of one-dimensional vapor explosions[C]. Proceedings of NURETH-6 conference, Grenoble, France, 1993.

[32] Haraldsson H, Li H X, Yang Z L, et al. Effect of solidification on drop fragmentation in liquid-liquid media [J]. Heat and Mass Transfer, 2001, 37: 417 – 426.

[33] Corradini M L, Todreas N. Predication of minimum UO_2 particle size based on thermal stress initiated fracture model[J]. Nuclear Engineering and Design, 1979, 53: 105 – 116.

[34] Knapp R, Todresa N. Thermal stress initiated fracture as a fragmentation mechanism in the UO_2-sodium fuel coolant interaction[J]. Nuclear Engineering and Design, 1975, 35: 69 – 85.

[35] Blauel J G, Kalthoff J F, Stahn D. Model experiments for thermal shock behavior[J]. Journal of Engineering Materials and Technology-Transactions of the ASME, 1974, 96: 299 – 307.

[36] Taylor G. The instability of liquid surfaces when accelerated in a direction perpendicular to their planes[J]. Proceedings of the Royal Society A, 1950, 201:192 – 196.

[37] Timoshenko S. Strength of materials, vol. 2: advanced theory and problems[M]. New York: Van Nostrand, 1956.

[38] Plesset M S, Chapman R B. Collapse of an initially spherical vapour cavity in the neighborhood of a solid boundary[J]. Journal of Fluid Mechanics, 1971, 47: 283 – 90.

[39] Bürger M, Cho S H, Carachalios C, et al. Effect of solid crust on the hydrodynamic fragmentation of melt droplets[R]. FRANCE: Institut für Kernenergetik und Energiesystem der Universität Stuttgart, 1985.

[40] Smith L L. The SIMMER-Ⅱ code and its applications[C]. Proceeding of International conference on Fast Reactor Safety Tech, USA: Seattle, 1979.

[41] Smith L L. SIMMER-Ⅱ: A computer program for LMFBR disrupted core analysis[R]. Washington: NRC, TRN79-002051,1980.

[42] Sehgal B R. Accomplishments and challenges of the severe accident research[J]. Nuclear Engineering and Design, 2001, 210: 79 – 94.

[43] Magallon D, Mailliat A, Seiler J M, et al. European expert network for the reduction of uncertainties in severe accident safety issues(EURSAFE)[J]. Nuclear Engineering and Design, 2005, 235: 309 – 346.

[44] Piluso P, Wong S W. OECD SERENA: A fuel coolant interaction program (FCI) devoted to reactor case[C]. Proceedings of ISAMM-2009, Villigen, Switzerland, 2009.

[45] Magallon D, Hohmann H. High pressure corium melt quenchingtests In FARO[J]. Nuclear Engineering and Design, 1995, 155: 253 – 270.

[46] Song J H, Park I K, Shin Y S, et al. Fuel coolant interaction experiments in TROI using a UO_2/ZrO_2 mixture [J]. Nuclear Engineering and Design, 2003, 222: 1 – 15.

[47] Magallon D, Huhtiniemi I, Hohmann H. Lessons learnt from FARO-TERMOS corium melt[J]. Nuclear Engineering and Design, 1999, 189: 223 – 238.

[48] Magallon D, Hohmann H. Experimental investigation of 150kg scale of corium melt jet quenching in water[J]. Nuclear Engineering and Design, 1997, 177: 321 – 337.

[49] Hohmann H, Magallon D. High pressure corium melt quenching tests in FARO[C]. Proceedings of CSNI Specialist Meeting on FCls, Santa Barbara, CA, USA,1993.

[50] Huhtiniemi I, Magallon D, Hohmann H. Results of recent KROTOS FCI tests: alumina versus corium melts [J]. Nuclear Engineering and Design, 1999, 189: 379 – 389.

[51] Magallon D, Fouquart P, Bonnet J M. Description of the KROTOS facility [R]. France: OECD/SERENA, 2008.

[52] Kim J H, Park I K, Min B T, et al. The influence of variations in the water depth and melt composition on a spontaneous steam explosion in the TROI experiments [C]. Proceedings of ICAPP'04, Pitsburgh, PA USA, 2004.

[53] Kim J H, Park I K, Min B T, et al. Results of the triggered TROI steam explosion experiments with a narrow interaction vessel[C]. Proceedings of ICAPP06, Reno, NV, USA, 2006.

[54] Kim J H, Park I K, Min B T, et al. An experimental study on intermediate scale steam explosions with molten zirconia and corium in the TROI facilities[C]. Proceedings of 10th International Topical Meeting on Nuclear Reactor Thermal Hydraulics(NURETH-10), Seoul, Korea, 2003.

[55] Kim J H, Park I K, Min B T, et al. Results of the triggered steam explosions from the TROI experiment[J]. Nuclear Technology, 2007, 58: 378 – 395.

[56] JH, Park I K, Chang Y J, et al. Experiments on the interactions of molten ZrO_2 with water using troi facility [J]. Nuclear Engineering and Design, 2002, 213: 970 – 110.

[57] Song J H, Hong S W, Kim J H, et al. Insights from the recent steam explosions experiments in TROI[J]. Journal of Nuclear Science and Technology, 2003, 40: 783 – 795.

[58] Grishchenko D, Piluso P, Fouquart P, et al. KROTOS KS-2 test data report[R]. FRANCE: CEA, 2009.

[59] OECD member. Research programme on fuel-coolant interaction steam explosion resolution for nuclear applications[R]. USA: NEA, 2007.

[60] 尹晓光. 核电厂严重事故下蒸汽爆炸特性分析计算[D]. 西安:西安交通大学,2013.

[61] Young M F. Application of the integrated fuel-coolant interaction code to a FITS-type pouring mode experiment [R]. Albuquerque:SNL,SAND-89-1692C, 1989.

[62] Leskovar M, Meignen R, Brayer C. Material influence on steam explosion efficiency: state of understanding and modelling capabilities[C]. Proceedings of ERMSAR-2007, Karlsruhe, 2007.

[63] Magallon D, Huhtiniemi I. Corium melt quenching tests at low pressure and subcooled water in FARO[J]. Nuclear Engineering and Design, 2001, 204: 369 – 376.

第7章

堆芯熔融物换热特性及熔融物堆内保持

当压水堆发生冷却剂丧失事故时，如果堆芯不能被有效冷却，就可能发生熔化，堆芯熔融物再分布进入压力容器下封头，发生类似于TMI-2事故。再分布进入压力容器下封头内的高温液态熔融物会形成液态熔融池，在堆内过程的后期还可能会出现由液态金属层和氧化物池组成的多种熔融池构型，同时在熔融池内会出现热分层和自然循环现象。压力容器下封头内熔融池的流动换热特性对压力容器下封头壁面热负荷有着重要的影响，并直接决定了压力容器壁面的热负荷。因此，研究压力容器下封头内熔融池的流动换热特性对成功实现熔融物堆内保持有着重要的意义。

熔融物堆内保持是缓解堆芯熔化事故后果的一项关键措施[1]。通过向反应堆腔室充水淹没压力容器下封头来完成ERVC是实现熔融物堆内保持的一项新的措施[2]。当堆腔充水实现ERVC时，压力容器外侧单相对流换热及沸腾换热将下封头内熔融物的衰变热带走，从而保持压力容器的完整性。压力容器外侧被水淹没，进入下封头内的高温熔融物将下封头壁面加热到很高的温度，在下封头外壁面会发生泡核沸腾，当下封头壁面热通量小于该处临界热通量时，压力容器外壁面的两相自然循环泡核沸腾可以有效地带走下封头内堆芯熔融物的衰变热，有效地实现熔融物堆内保持，从而保证压力容器的完整性。然而，当下封头壁面热通量大于该处临界热通量时，将会发生沸腾危机，即发生流动沸腾条件下的CHF现象，压力容器外壁面换热系数迅速下降，导致下封头壁面温度迅速升高甚至熔穿，从而使压力容器失效；在下封头壁面温度迅速升高的同时，由于下封头壁面材料的高温蠕变，会加速下封头壁面蠕变变形，也可能使下封头壁面蠕变失效破裂，而导致熔融物堆内保持失效。

7.1 熔融池换热特性

严重事故下压力容器下封头形成的熔融池内的热量会同时向熔融池的上部和

下部传递，这是典型的熔融池内的热量传递现象。这种特殊的热量传递方式直接决定了熔融池内的热通量沿着压力容器壁面的分布。为了研究熔融池内的换热特性和热量传递，很多研究机构开展了压力容器下封头内熔融池换热特性实验研究，在实验数据的基础上得到了很多描述熔融池换热的关系式，国际上比较著名的熔融池换热特性实验装置主要有 COPO、BALI、SIMECO、ACOPO、RASPLAV、LIVE-L4、COPRA 等。

COPO 实验[3]是由芬兰和法国共同资助建立的熔融池换热特性模拟实验台架。COPO 试验段(图 7－1)是一个压力容器下封头的二维切片，切片厚度为 0.1m。试验段与反应堆压力容器下封头的比例为 1∶2，采用硫酸锌水溶液($ZnSO_4$-H_2O)模拟堆芯熔融物。实验采用均匀加热的方式模拟衰变热，熔融池的瑞利数可达 10^{16}量级。

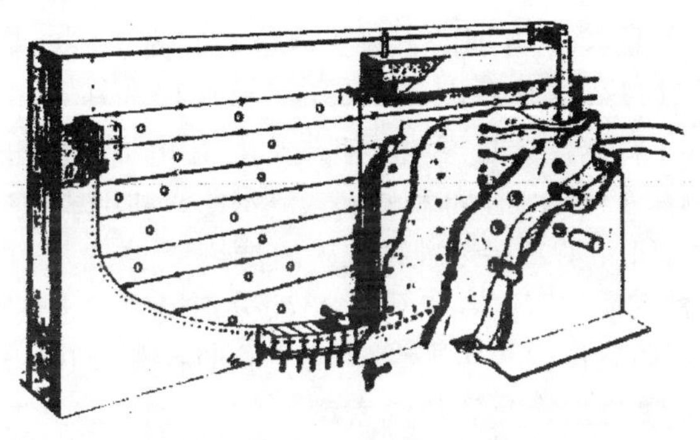

图 7－1　COPO 试验段简图[9]

COPO-Ⅰ试验段是用来研究俄罗斯 VVER-440 类型反应堆下封头内熔融池换热特性的实验装置[3]。COPO-Ⅰ实验发现压力容器垂直筒壁的热流密度是比较均匀的，而熔融池向下的热流密度与压力容器壁面的形状有密切关系。COPO-Ⅱ试验段(图 7－2)用来研究欧美压水堆下封头内熔融池的换热特性[4]，实验采用硫酸锌水溶液模拟氧化物熔融池，蒸馏水模拟氧化物池上面的金属层，中间用厚 2mm 的铝板隔开，铝板模拟两层之间形成的氧化物硬壳。模拟研究了氧化物池热量向上部金属层的传递和向下的传递过程，模拟的氧化物池出现了热分层现象，但是实验过程中发现熔融池向上传递的热流密度要大于其他相关类型实验中测量的热流密度。

BALI 实验[5]是 CEA 用来研究法国压水堆下封头内熔融池热工水力特性的实验。试验段是与法国压水堆下封头的比例为 1∶1 的一个二维切片，切片厚度为 0.15m。采用盐水来模拟熔融物，熔融池的瑞利数可达 10^{17} 量级。熔融池下部和上部同时进行冷却，采用电加热方式加热熔融池。实验测量了热流密度沿着压力容器壁面的分布和熔融池轴向温度分布。实验研究了水池的高度、功率密度、冷却条件等因素对熔融池换热的影响。实验得到了熔融池向上和向下的热量分布和换

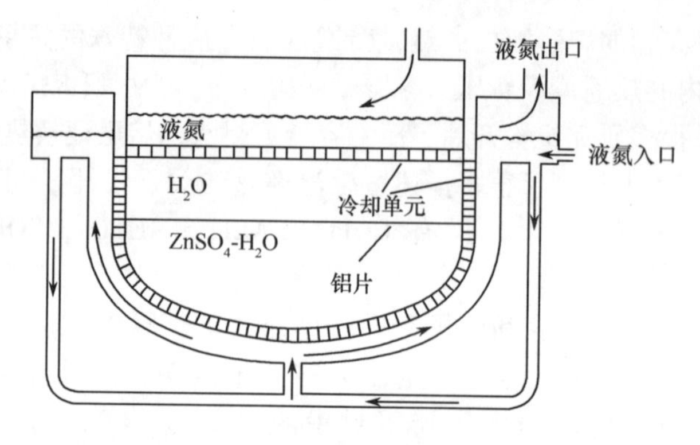

图 7-2　COPO-Ⅱ试验段简图[4]

热关系式。

SIMECO 实验[6]是 KTH 开展的下封头内熔融池换热特性实验。试验段也是一个半球形的二维切片,切片厚度为 0.09m。试验段与压水堆下封头的比例为 1:8。熔融池顶部和下部采用强迫流动冷却方式,采用电加热丝均匀加热熔融池,利用布置的热电偶测量了熔融池上部和侧部热流密度。利用苯甲酸苄酯与石蜡油的密度差和不相容性,研究了二层熔融物池内的传热特性[7]。同时,KTH 还利用石蜡油、水和氯苯三种物质的密度差和不相容性,分别模拟轻金属层、氧化物层和重金属层,研究了三层熔融池内的换热特性[7],实验瑞利数达 10^{12} 量级。研究了不同熔融物层高度对熔融池内换热和热流密度沿着下封头壁面分布的影响。

ACOPO 实验[8,9]的试验段(图 7-3)是一个直径为 1.83m 的三维半球形的压力容器,实验压力容器的顶部、底部和侧面划分不同的冷却单元进行冷却,目的是为了获得一个比较均匀的壁面温度条件。

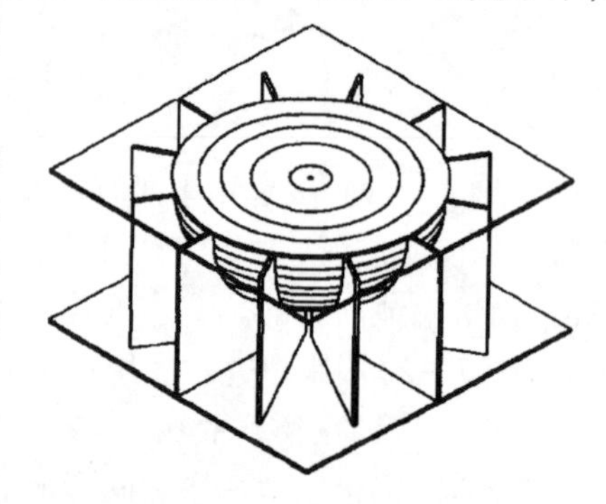

图 7-3　ACOPO 试验段和冷却单元[8]

ACOPO 实验与其他同类型实验相比,没有采用电加热方式模拟熔融池的内热源。实验时直接将熔融物加热到一个很高的初始温度,然后注入压力容器内,利用工质的内能来模拟熔融池的体积热,但是这种方式无法得到一个均匀的熔融池体积加热率。ACOPO 实验模拟了下封头内熔融池的自然对流换热过程,研究了熔融池内热流密度向上和向下传递过程,获得了熔融池向上和向下传递热量的换热关系式,同时获得了热流密度沿着压力容器下封头壁面的分布曲线。

RASPLAV 实验[10,11]是俄罗斯库尔恰托夫核能研究所开展的研究堆芯熔融物换热特性的系列实验。RASPLAV 试验段是一个半径为 0.22m,厚度为 0.167m 的二维小型实验装置。但是 RASPLAV 实验中的熔融物直接采用反应堆堆芯原型材料二氧化铀和二氧化锆的混合物，同时 RASPLAV 实验利用 NaF 和 $NaBF_4$ 熔盐来模拟堆芯熔融物。已开展的实验主要是利用 NaF 和 $NaBF_4$ 熔盐来模拟堆芯熔融物，实验研究了两种物质按照不同摩尔浓度混合后形成的共熔和非共熔熔融物的换热特性，对于非共熔混合物情况，液相线温度与固相线温度存在一个较大的温差，使得熔融物凝固时在固液交界面出现一个固液共存的两相区。RASPLAV 实验还专门研究了两相区对熔融池换热的影响，同时研究了稳态时熔融物硬壳厚度和热流密度沿着压力容器壁面的分布。

除上面介绍的熔融池换热特性实验装置，还有 UCLA、MASCA、CORPHAD、METCOR 等。Asfia 和 Dhir 利用 UCLA 实验装置[12]，在 ERVC 条件下，利用 R-113 对熔融池内自然对流过程进行了模拟实验，并将实验数据与一些熔融池内自然对流换热关系式进行对比，两者符合得很好。他们发现，在压力容器底部中心驻点处换热最弱，在接近熔融池表面的某个位置处换热达到最大。同时，他们对不同熔融池表面边界条件进行了实验分析，发现熔融池的平均换热系数的变化并不大。Asmolov等人[13]利用 MASCA 实验装置研究了高温熔融池内二氧化铀、二氧化锆及金属锆之间复杂的化学反应过程，发现有重金属铀生成，于是在研究的基础上提出了三层熔融池构型，而传统的二层熔融池构型主要是二氧化铀和二氧化锆混合物层和上部的轻金属层，三层构型是在氧化物层下面多了一个重金属层，重金属层主要是重金属铀和金属锆的混合物。同时，Bechta 等人[14,15]在 CORPHAD 和 METCOR实验装置上也发现了相同的现象。

上述熔融池换热特性实验都是研究熔融池在稳态条件下的换热特性和热流密度的分布。COPRA 实验是西安交通大学开展的熔融池换热特性实验，旨在研究中国大型压水堆在严重事故下熔融物再分布进入压力容器下封头后形成熔融池的瞬态和稳态换热特性，如熔融池温度和熔融物硬壳厚度随时间的变化，以及稳态的换热特性。COPRA 试验段为 1:1 比例全尺寸的二维切片，采用 $NaNO_3$ 和 KNO_3 混合物模拟堆芯熔融物，熔融池瑞利数可达 10^{16} 量级，符合真实反应堆的 Ra' 量级。通过大型熔融池换热特性实验，研究不同事故序列条件(如不同的熔融物注入位置、注入阶段、熔融池高度、功率密度、硬壳形成、外部冷却等)对熔融池换热特性和硬壳分布特性的影响，最终获得稳态条件下熔融池向下封头壁面传热平均 Nu 和 Ra' 的关系式以及局部热流密度沿壁面的分布关系式。LIVE-L4 实验[16]是德国 FZK 开展的研究下封头内熔融池瞬态和稳态换热特性系列实验中的一个，试验段为一个三维半球形的压力容器，利用 $NaNO_3$ 和 KNO_3 混合物模拟堆芯熔融物，熔融池瑞利数可达 10^{14} 量级。LIVE-L4 实验主要研究熔融物再分布进入压力容器下封头后的瞬态换热特性，如熔融池温度和熔融物硬壳厚度随时间的变化。下面将对 COPRA 实验和 LIVE-L4 实验过程进行详细介绍。

7.1.1 COPRA 实验

COPRA 实验是西安交通大学开展的熔融池换热特性实验，旨在研究中国大型压水堆在严重事故条件下熔融物再分布进入压力容器下封头后形成熔融池的瞬态和稳态换热特性，可以得到熔融池的温度场、熔融池向壁面传热的热流密度分布、壁面硬壳分布特性等重要的 IVR 现象的实验数据。对于补充完善真实反应堆高 Ra'情况下的熔融池换热特性有着重要的研究意义，可对核电厂反应堆严重事故 IVR 设计提供一定的借鉴。

1）试验段介绍

下封头熔融池换热特性试验段 COPRA 是基于反应堆压力容器下封头 1∶1 比例的 1/4 圆二维切片结构，立体示意图和实体图如图 7－4 所示，整个试验段由下封头切片结构（放置熔融池的部分）、外部冷却通道和上部盖板三部分组成。试验段内半径 2200mm，内宽度 200mm，前后侧壁和左侧垂直壁面厚度均为 25mm，圆弧侧壁厚度为 30mm。在顶部内侧一圈设置宽 10mm 的凹槽用以放置固定顶部的盖板，盖板以下的空间体积约为 0.76m^3。

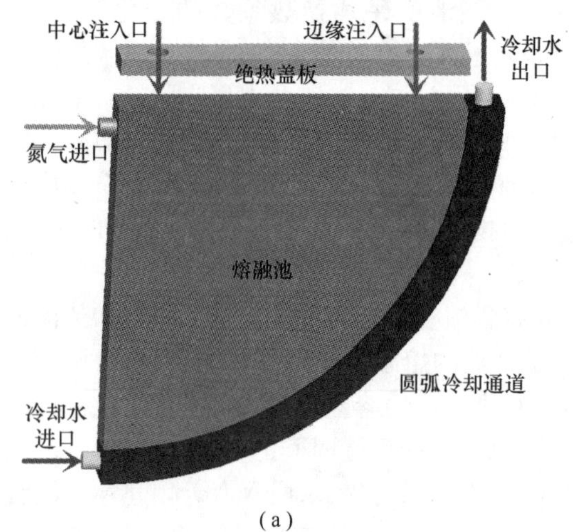

（a）

（b）

图 7－4　COPRA 试验段示意图和实体图

（a）试验段示意图；（b）试验段立体图。

试验段下封头壁面外侧通过焊接密封连接了冷却水通道，冷却水从通道底部进入从顶部流出，对压力容器外壁面进行强制对流冷却，带走模拟衰变热的电加热棒产生的热量。通道两端通过焊接固定在试验段上，并与回路管道连接。同时为减少实验过程中的热量损失，压力容器的前后侧壁和垂直侧壁用隔热材料进行包裹。试验段上部可以通过更换盖板来完成绝热和冷却的外部条件对比实验。

实验第一阶段采用水作为熔融物模拟工质进行实验，实验旨在采用水对试验段、实验回路和控制采集系统进行测试，可以获得水实验工况条件下的熔融池换热特性参数，并且可以和熔盐实验工况的结果进行对比。第二阶段采用 350℃ 的摩尔分数为 20% $NaNO_3$、摩尔分数为 80% KNO_3 二元混合物模拟堆芯熔融物，可以获得熔融池换热特性参数和硬壳的分布特性。硝酸盐的预热是在熔盐电加热炉里进行的，如图7-5所示。熔盐炉可以实现超温保护，当温度达到设定值后停止加热，通过熔盐泵注入试验段内。熔融池瑞利数可达10^{16}量级，符合真实反应堆的Ra'量级。

图7-5 熔盐电加热炉实体图

衰变热的模拟是通过电加热棒实现的。将熔融池近似等分为10个区域，在每个加热区域中间位置平行安装两根电加热棒，分别距两侧绝热壁5cm。每根电加热棒的所能提供的加热功率是由加热棒的有效长度、对应的电阻和提供的电压决定的，为便于准确快速地调节功率满足均匀加热的要求，需要对每层加热棒进行单独控制。本实验中采用的加热系统所能提供的总加热功率最大可达30kW，可以根据不同的实验工况和外部冷却的能力进行调节。另外，为控制加热系统，避免加热棒和熔融物过热，需要在加热棒内安装温度监视的热电偶，当加热棒温度过高或熔池温度超过380℃时停止加热，防止硝酸盐熔融物过热分解引起物性发生变化。

2）实验回路介绍

图7-6为COPRA实验回路。实验开始前，预先开启冷却水回路，水泵驱动水箱中储存的冷却水从外部冷却通道的底部进入顶部流出，对试验段外壁面进行持续冷却，并通过板式换热器与二回路的冷却塔或者冷水机交换热量。同时开启氮气回路将试验段内充满保护气，防止高温熔融物与空气接触而发生氧化，导致熔融物的成分发生变化。当水系统达到稳定状态后，将预先在熔盐加热炉里加热保温至350℃熔融态的摩尔分数为20% $NaNO_3$、摩尔分数为80% KNO_3混合物通过高温熔盐泵从上部盖板的开孔抽入到试验段中。同时电加热棒开始通电加热，模拟熔融池内的衰变热。实验结束后，通过试验段下部的出口将熔融物排入废液槽内。在进行上部冷却对比实验时，两条冷却通道可以独立控制。另外，须在泵出口处设置旁通回路，便于调节冷却水量，有效实现外部冷却带走衰变热并尽量保持壁面温度均匀。冷却塔和水箱也设置有相应的补水管线和溢水管线，保证充足的冷却水源。

3）水实验数据处理

水实验通过改变熔融池高度和加热功率，共进行9组工况，见表7-1。

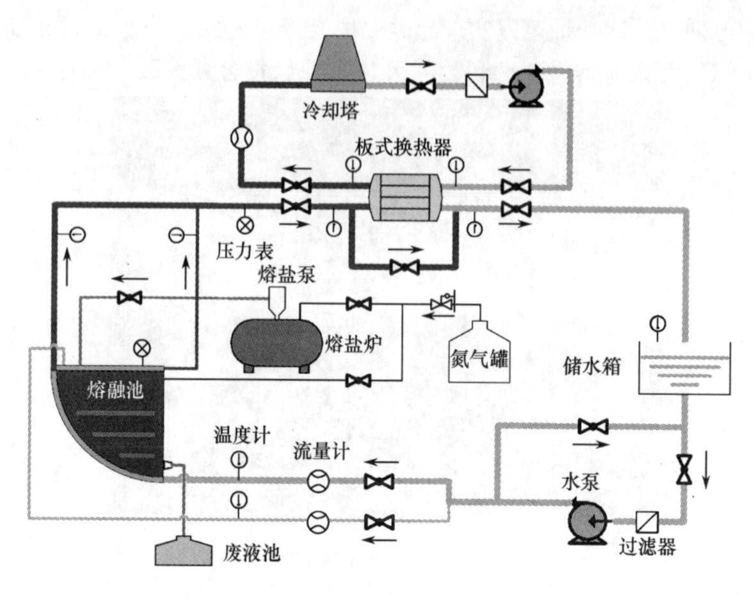

图 7-6　COPRA 实验回路

表 7-1　水实验工况

工况	熔融池高度/mm	加热功率/kW	Ra'
1	1140	5	3.134×10^{15}
2		6	3.268×10^{15}
3		7.5	5.916×10^{15}
4	1520	4	5.918×10^{15}
5		6	1.077×10^{16}
6		8	1.825×10^{16}
7	1900	4	1.339×10^{16}
8		6	2.480×10^{16}
9		8	3.966×10^{16}

图 7-7 给出了工况 7~9 达到稳态条件后得到的熔融池温度场沿高度的分布情况。可以看出,熔融池内出现明显的热分层,温度沿高度逐渐增大,温度梯度逐渐减小。这是因为熔融池下部直接受到外部冷却,同时自身的热量向上传递,导致下部温度明显低于上部。图 7-8 给出了工况 7~9 达到稳态条件后得到的熔融池向圆弧壁面传热的热流密度沿径向角度(最下部为 0°,上部为 90°)的分布情况。可见热流密度随径向角度的增大而增大,直至 60°以后才趋于平缓。由于上液面存在向周围壁面的热辐射,导致最大热流密度在近液面以下的位置处达到。

4) 熔盐实验数据处理

熔盐实验通过改变注入位置、熔融池高度和上部冷却条件,共进行 6 组大工

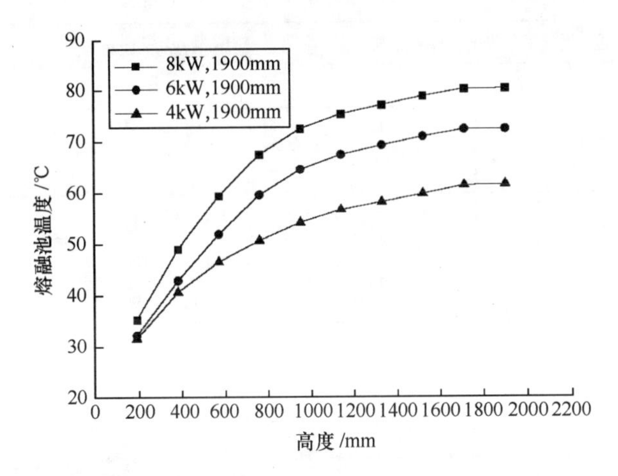

图 7－7　工况 7～9 熔融池稳态温度沿高度分布

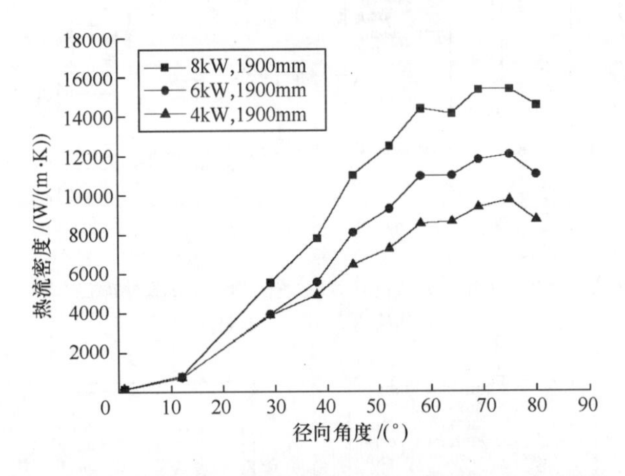

图 7－8　工况 7～9 熔融池稳态热流密度沿径向角度分布

况，每个工况里通过改变加热功率达到不同的稳态条件。表 7－2 列出了熔盐实验工况参数。

图 7－9 分别给出了初始注入和二次注入熔盐时的熔融池温度变化。初始注入时熔融池内从初始常温迅速升高到 330℃，之后由于试验段和水回路的冷却作用，逐渐降低直至达到稳定。二次注入熔盐后，对上部熔盐的热冲击更明显，但是熔融池会很快达到新的稳态。图 7－10 分别给出了到达稳态后降功率和升功率时熔融池温度变化。可以看出，功率变更对熔融池下部温度场的影响更明显，上部的热效应响应相对较慢。图 7－11 给出熔融池稳态温度分布，池内温度沿高度逐渐增大，温度梯度逐渐减小，由于壁面硬壳的形成，热分层不如水实验明显。

表 7－2　熔盐实验工况参数

工况	注入位置	上部冷却	熔融物装量/%	熔融池高度/mm	加热功率/kW
1	中心		50	1140	11→7→11→14
2	侧边	无	100	1900	15→10→15
3	中心		50→100	1140～1900	14→15→10→15
4			50	1140	12→8→12
5	侧边	有	50→75	1140～1520	12→13→9→13
6			75→100	1520～1900	13→15→10→15

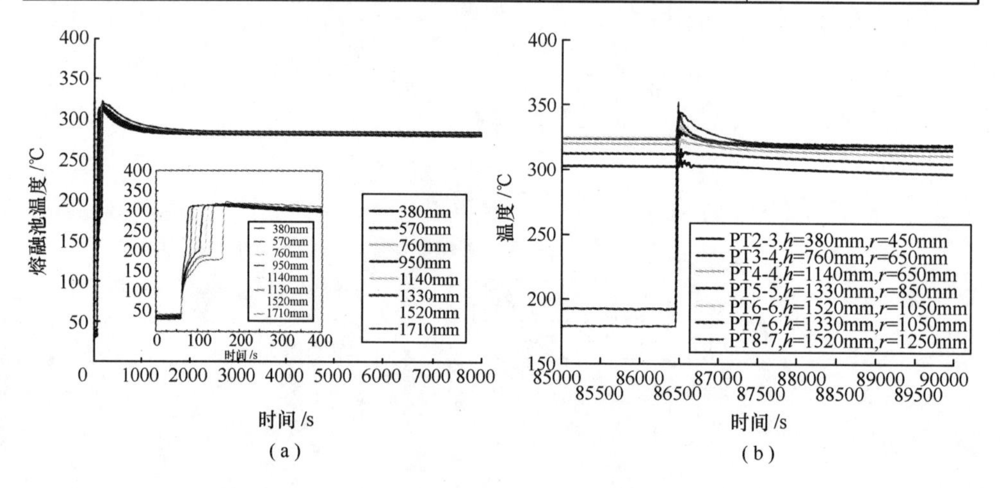

图 7－9　初始注入和二次注入熔盐时的熔融池温度变化

(a)初始注入；(b)二次注入。

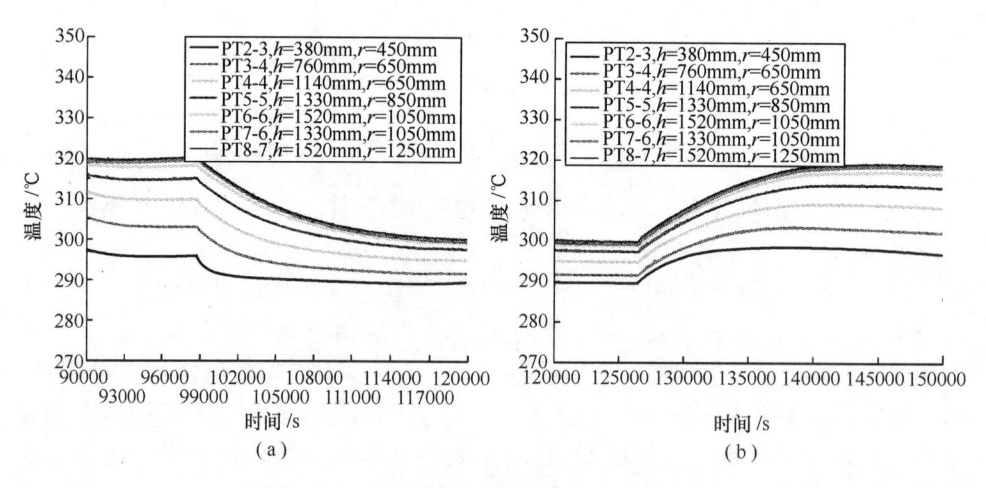

图 7－10　降功率和升功率时的熔融池温度变化

(a)降功率；(b)升功率。

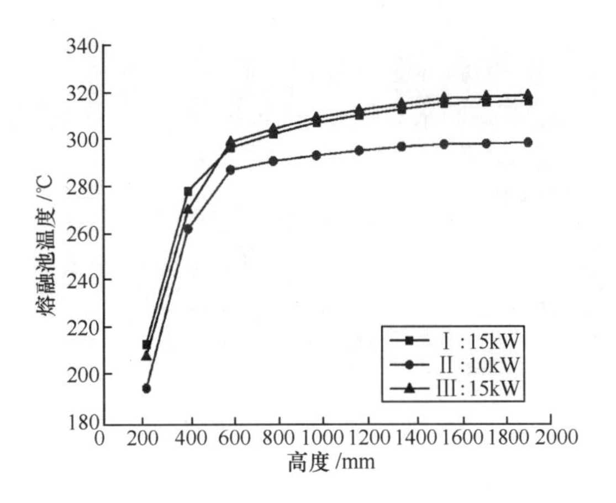

图 7－11　熔融池稳态温度分布

图 7－12 分别给出了稳态条件下熔融池向下封头壁面传热的热流密度和热流密度比沿径向角度分布。实验数据表明:热流密度沿径向角度分布逐渐增大,最大值在近液面以下的位置达到;功率越大,热流密度越高,且差别随角度的增大而增大。熔盐实验中由于硬壳存在,热流密度在 40°以下比较平缓,在 40°以上增长趋势明显,导致最高处热聚焦效应更加明显。图 7－13 给出了不同的熔融物注入位置会对稳态热流密度的影响。由图 7－13 可见,侧边注入会在下部形成更厚的硬壳,使得注入口对应的径向角度处以下的位置热流密度偏小,以上的位置热流密度偏大。

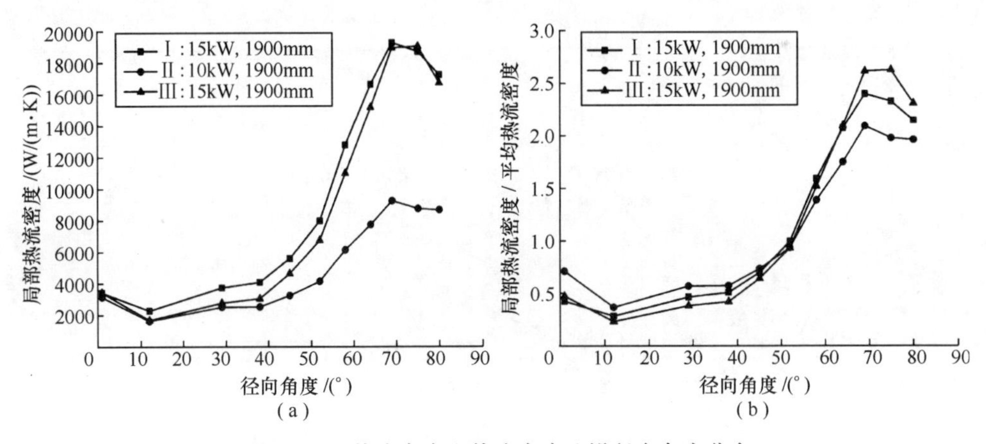

图 7－12　热流密度和热流密度比沿径向角度分布

图 7－14 分别给出了熔融物在壁面形成的硬壳厚度瞬态变化和稳态分布。由图 7－14 可见,功率降低会促进硬壳的成长,硬壳厚度很快增加;当功率增加以后,厚度逐渐减小。稳态条件下的硬壳厚度沿角度分布逐渐减小,在 40°以后变化较小。另外,实验数据表明,功率变更可能引起硬壳破裂,熔融物的再填充会使得硬壳厚度出现突增。

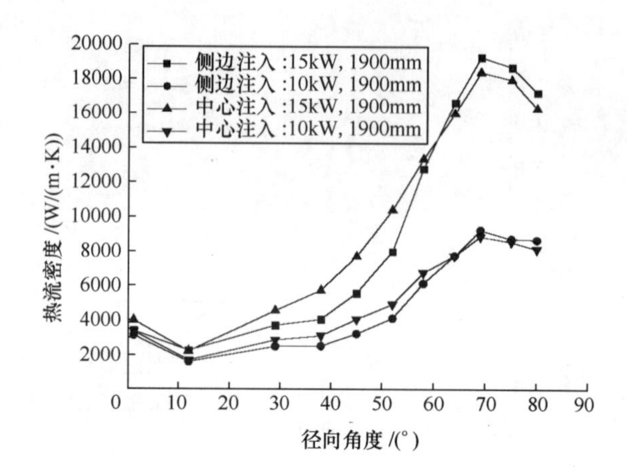

图 7-13　注入位置对热流密度分布的影响

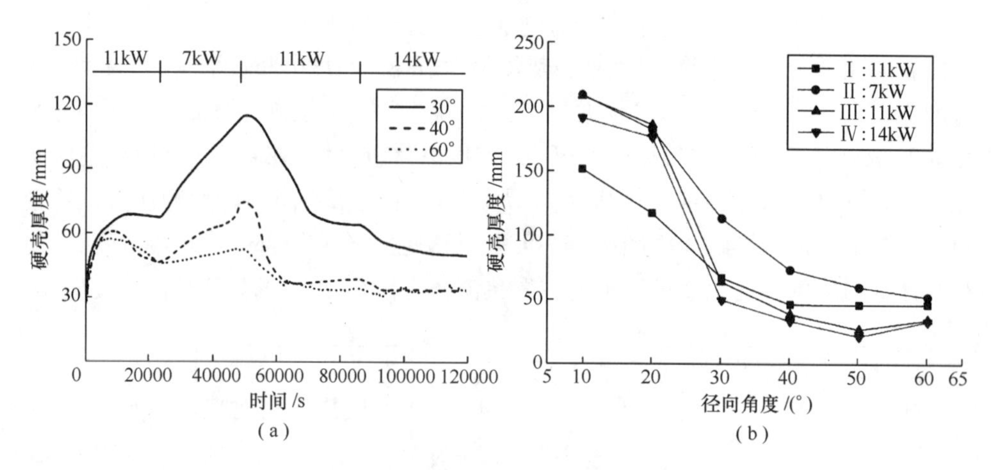

图 7-14　熔融物硬壳厚度瞬态变化和稳态分布

(a)硬壳厚度瞬态变化；(b)硬壳厚度稳态分布。

7.1.2　LIVE-L4 实验

LIVE-L4 实验的主要目标是研究堆芯熔融物再分布进入压力容器下封头后不同加热功率阶段熔融物的瞬态换热特性，以及熔融物凝固形成熔融物硬壳的瞬态特性及其对熔融池换热的影响。获得的实验数据补充了目前国际上关于熔融池换热特性实验数据库中关于熔融池瞬态换热特性的数据[17]。

1）主要实验设备介绍

LIVE-L4 试验段是一个 1∶5 比例的压水堆压力容器下封头，压力容器的内径为 1m，壁厚为 25mm，整个压力容器由不锈钢锻造而成[18]。LIVE-L4 压力容器和电加热系统如图 7-15 所示。

试验段压力容器放置在与其同轴的直径为 1.46m 的压力容器内，试验段压力

图 7 - 15 LIVE-L4 压力容器和电加热系统[19]

容器与外侧的压力容器形成了冷却剂的流动通道,冷却水从外侧压力容器的底部进入,从压力容器的顶部流出对试验段压力容器进行外部冷却。外侧的压力容器用隔热材料进行包裹,减少实验过程中热量的损失。同时试验段有一个厚 0.102m 的保温层顶盖,保温层顶盖用不锈钢板包裹,保温层顶盖下表面还放置一块厚 1mm 的不锈钢板来保护保温层免受高温熔融物的热辐射。

保温层顶盖上开有若干开孔,这些开孔主要是两个熔融物的注入口、红外摄像仪安装孔、摄像仪安装孔、熔融物硬壳厚度测量装置安装孔和热电偶丝进出口等。其中,两个熔融物的注入口,一个位于压力容器的中心位置,另一个位于压力容器的边缘位置,目的是为了考虑不同事故序列下熔融物从不同位置注入压力容器下封头内的可能性。在 LIVE-L4 实验中,熔融物从中心位置注入压力容器下封头,而在 LIVE-L5 实验中分别研究了熔融物从中心位置注入的情况和从边缘位置注入的情况[19]。

在 LIVE-L4 实验时,熔融物注入压力容器后,将氮气充入熔融池表面与顶盖之间形成的空间内,防止高温熔融物与空气接触而发生氧化,从而导致熔融物的成分发生变化。实验时氮气的体积流量为 $3.3\times10^{-5}m^3/s$。图 7 - 16 给出了LIVE-L4 实验装置俯视图。

实验用的熔融物在专门的熔炉里熔化达到一定的温度后,利用驱动机构将熔融物通过压力容器顶盖的注入口注入试验段内。用于 LIVE-L4 实验的熔炉最多可以生产 220L 的熔融物,按照实验比例换算后这个量相当于真实反应堆堆芯全部熔化后形成的熔融物的量。熔炉可以将熔融物加热到的最高温度为 1100℃。图 7 - 17给出了 LIVE-L4 实验中使用的电加热式熔炉。

2)熔融物组分和衰变热模拟

由于直接采用原型材料开展熔融池换热特性实验的成本很高,同时实验设计也要复杂得多,因此目前国际上已开展的熔融池换热特性实验都采用替代材料来做实验。熔融物材料的选择是决定能否准确模拟真实熔融物换热过程的关键因素。选择的熔融物材料应该与原型材料有相似的物理特性、热力学行为和水力学

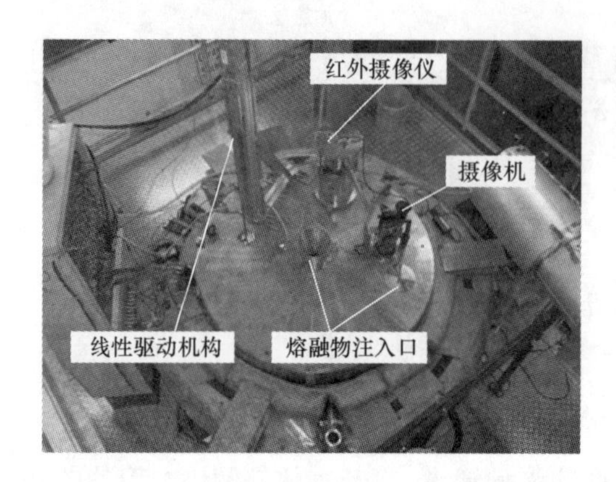

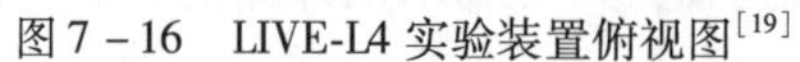

图 7-16 LIVE-L4 实验装置俯视图[19]

图 7-17 电加热式熔炉[19]

行为。由于堆芯熔融物主要是二氧化铀和二氧化锆的二元混合物,而且对于非共晶混合物其固相线温度和液相线温度不重合,即液相线温度比固相线温度高,因此选择二元混合物材料可以模拟真实堆芯熔融物的这一物理特性。

KIT 经过反复的测试和计算,选择摩尔分数分别为 20% 和 80% 的 $NaNO_3$ 和 KNO_3 混合物作为实验用的熔融物材料,这种二元混合物液相线温度和固相线温度的最大温差达 60℃,熔融物的液相线温度为 284.4℃[19]。由于这种混合物在温度接近 400℃时就会发生化学分解,因此实验中注入试验段中的熔融物的最高温度一般小于 360℃,目的是防止熔融物因化学分解而导致熔融物的成分发生变化。为了避免发生这种情况,在实验时利用热电偶检测熔融物的温度,当熔融物的温度达 380℃时,实验系统会自动切断加热系统的电源。

LIVE-L4 实验采用设计的电加热丝系统来模拟熔融池内的体积衰变热,通过计算和电加热丝系统的设计可以达到熔融池均匀加热的目的。LIVE-L4 实验采用的电加热系统如图 7-18 所示。

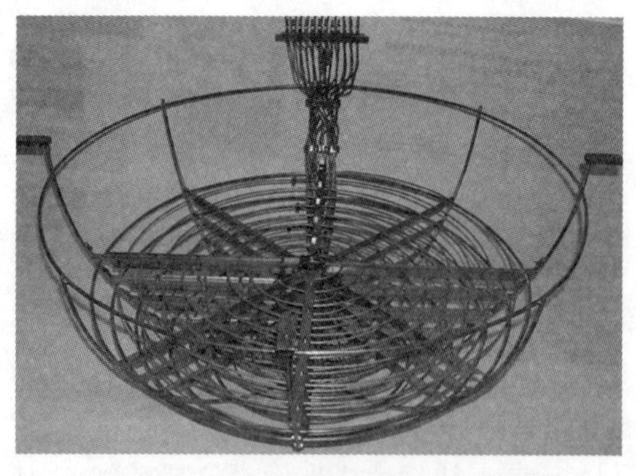

图 7-18 电加热系统[19]

为了达到均匀加热整个熔融池的目的，通过设计计算在6个不同的水平面布置了6组电加热丝，每组电加热丝平面之间的间隔为45mm，每组加热丝平面又由间距为40mm的螺旋形的加热丝单元组成，如图7-18所示。每组加热丝的加热功率可以通过电阻丝的电阻和实验时的电压计算得到，实验中可以达到的最大加热功率为18.5kW。

3）数据记录和测量

LIVE-L4实验通过布置大量的热电偶来控制实验和测量实验数据，并通过数据采集系统记录实验数据。图7-19给出了LIVE-L4实验装置热电偶布置示意图。为了测量压力容器内外壁温，分别在内外壁面各布置了17个热电偶，安装在5个不同的水平位置来测量内外壁温，通过内外壁温的测量来计算压力容器壁面的热流密度。同时，在熔融池内的不同位置布置了36个热电偶来测量整个熔融池内的温度场，这些热电偶通过焊接的方式固定在熔融池内的电加热系统上。

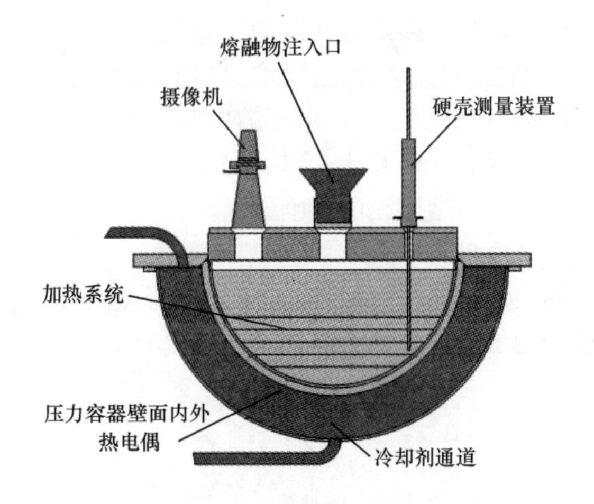

图7-19 LIVE-L4实验装置热电偶布置示意图[19]

为了测量实验过程中熔融物硬壳的厚度和温度，3个热电偶组测量装置沿着径向安装在压力容器的壁面上，每个热电偶组由7个与压力容器壁面平行的热电偶组成，每两个平行的热电偶之间的间隔为9mm。熔融池的边界温度是液态熔融池与熔融物凝固硬壳的界面温度，因此固液交界面的位置是一个重要的测量参数。LIVE-L4实验通过安装在压力容器顶盖上的探测装置来测量并确定不同时刻固液交界面的位置。熔融物硬壳探测装置由一个线性驱动机构和一个探针组成，实验过程中探针通过驱动机构设定的程序向上移动来探测固液交界面的位置。在探针的底部布置了5个平行的热电偶，每两个热电偶之间的间隔为5mm。当探针接触到固液交界面时，探针最底部的热电偶的温度将不再变化，根据这个原理来确定固液交界面的位置。

4）LIVE-L4 实验过程

首先利用熔炉制备摩尔分数分别为 20%、80% 的 $NaNO_3$ 和 KNO_3 熔融物 210L，在向压力容器注入熔融物前 4min，开启压力容器冷却系统回路，保持冷却水的流量为 1.3kg/s。然后开始向压力容器注入初始温度约为 350℃ 的熔融物，熔融物注入完毕后开启电加热系统。熔融池的深度为 0.43m，熔融池表面与压力容器顶盖之间的空间充满氮气，防止高温熔融物与空气接触氧化分解。LIVE-L4 实验分为 5 个阶段，每个阶段的加热功率分别为 18kW、10kW（Ⅰ）、5kW、10kW（Ⅱ）、15kW。其中，最后一个阶段由于一个电加热单元损坏，加热功率只有 15kW，而没有达到预计的 18kW，整个实验持续了 54h。

7.1.3 LIVE-L4 实验快速计算模型

本书基于 LIVE-L4 实验装置和实验数据，开发了一套快速分析计算 LIVE-L4 实验过程的分析程序 LIVEC（Late In-vessel phase Estimation Code）[20]，可以用来研究 LIVE-L4 实验熔融池的瞬态换热特性及稳态特性，主要包括二维瞬态压力容器模型、一维瞬态熔融物凝固硬壳模型、熔融池自然对流换热模型、瞬态熔融池温度模型、辐射换热模型及衰变热模型等。由于熔融池内的换热过程采用实验关系式来描述，因此可以对熔融池瞬态和稳态换热特性进行快速计算。在不考虑顶部保温层开孔和电加热丝系统对熔融池的影响的条件下，基于 LIVE-L4 实验台架建立的计算模型如图 7-20 所示。

熔融池冷却凝固会形成熔融物硬壳，熔融物硬壳温度的瞬态特性采用一维瞬态导热模型来计算。为了使得硬壳温度计算模型更具有通用性，考虑硬壳内部分布均匀热源后的熔融物硬壳温度场一维微分方程为

$$\frac{\partial T_{cr}}{\partial t} = \alpha_{cr}\frac{\partial^2 T_{cr}}{\partial z^2} + \frac{\dot{Q}_{cr}}{\rho_{cr}c_{p,cr}} \tag{7-1}$$

式中：α_{cr}为熔融物硬壳热扩散系数（m^2/s）；$\dot{Q}_{cr}$为体积释热率（W/m^3）；ρ_{cr}为硬壳的密度（kg/m^3）；$c_{p,cr}$为硬壳的比热容（J/（kg·K））；t 为时间（s）；T_{cr}为硬壳温度（℃）；z 为压力容器内壁面法向距离（m）。

熔融池冷却凝固过程中形成的熔融物硬壳厚度的瞬态控制方程可表示为

$$\rho_{cr}L_{cr}\frac{d\delta_{cr}}{dt} = \lambda_{cr}\left.\frac{\partial T_{cr}}{\partial z}\right|_{z=\delta_{cr}} - h_{p,dn}(T_{p,max} - T_i) \tag{7-2}$$

式中：L_{cr} 为硬壳的熔化潜热（J/kg）；$h_{p,dn}$ 为熔融池下部对流换热系数（$W/(m^2 \cdot K)$）；T_i为固液界面温度（℃）；λ_{cr}为硬壳热导率（W/（m·K））；δ_{cr}为硬壳的厚度（m）；$T_{p,max}$为熔融池的最高温度（℃）。

式（7-2）右边第一项表示导出熔融物硬壳的热量，第二项表示导入熔融物硬

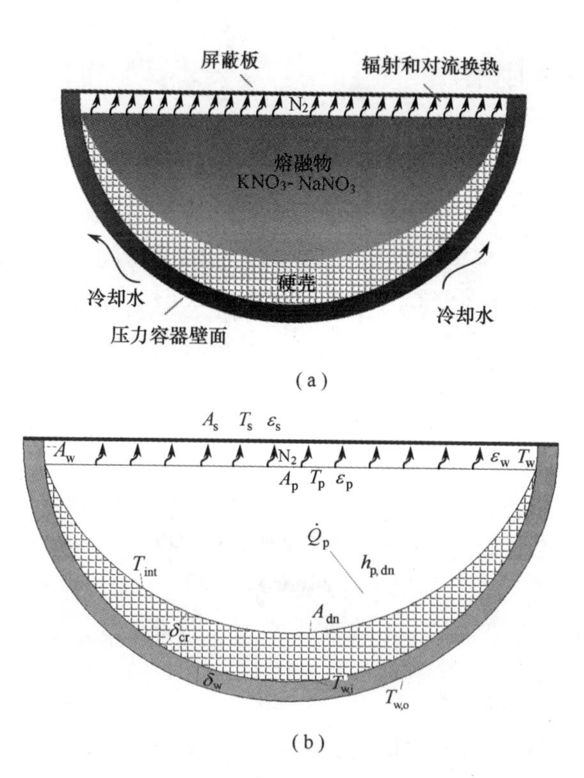

图 7-20　LIVE 程序计算模型原理图[20]

(a)LIVE-L4 压力容器内熔融池原理图；(b)LIVEC 程序压力容器内熔融池计算模型图。

壳内的热量,如果等号右侧为正值则熔融物硬壳厚度增加,如果为负值则熔融物硬壳厚度开始减小。

熔融池内换热过程可以采用基于相关熔融池换热实验拟合得到的换热关系式进行计算,这些换热关系式主要有 Asfia-Dhir[12],Theofanous 等人[8,9]及 Mayinger 等人[21]等,不同的熔融池换热关系式是在不同的实验条件下得到的,见表 7-3。

表 7-3　熔融池换热关系式

研究者	Nu_{dn}	Ra'	Pr
Asfia-Dhir[12]	$Nu_{dn}=0.54Ra'^{0.2}\left(\frac{H}{R}\right)^{0.25}$	$2\times10^{10}\sim1.1\times10^{14}$	8.2~9.5
Mayinger, et al[21]	$Nu_{dn}=0.55Ra'^{0.2}$	$7\times10^{6}\sim5\times10^{14}$	0.5
Theofanous, et al[8,9]	$Nu_{dn}=0.02Ra'^{0.3}$	$10^{12}\sim7\times10^{14}$	2.6~10.8
Theofanous, et al[9]	$Nu_{dn}=0.1857Ra'^{0.2304}\left(\frac{H}{R}\right)^{0.25}$	$10^{12}\sim2\times10^{16}$	2.6~10.8

熔融池沿着压力容器壁面局部换热系数的计算采用 Asfia-Dhir 实验关系式[12],该关系式可以表示为局部换热系数与平均换热系数比值的形式:

当$0.73 < \dfrac{\theta}{\theta_p} \leqslant 1$时，有

$$\frac{h_{p,dn}(\theta)}{h_{p,dn}} = C_1 \sin\Theta - C_2 \cos\Theta \tag{7-3}$$

其中

$$C_1 = -1.2\cos\theta_p + 2.6$$
$$C_2 = -2.65\cos\theta_p + 3.6$$

当$0 < \dfrac{\theta}{\theta_p} \leqslant 0.73$时，有

$$\frac{h_{p,dn}(\theta)}{h_{p,dn}} = C_3 \sin^4\Theta + C_4 \tag{7-4}$$

其中

$$C_3 = -0.31\cos\theta_p + 1.06$$
$$C_4 = 0.24\cos\theta_p + 0.15$$

式(7-3)和式(7-4)中的无量纲角度Θ可以表示为

$$\Theta = \frac{\theta\pi}{2\theta_p}$$

式中：$h_{p,dn}(\theta)$为熔融池下部局部对流换热系数(W/(m^2·K))。

熔融池平均温度的瞬态控制方程可表示为

$$\rho_p c_{p,p} V_p \frac{dT_{p,avg}}{dt} = \dot{Q}_p V_p - A_{dn} h_{p,dn}(T_{p,max} - T_i) - Q_{p,rad} - A_p h_{nc}(T_{p,max} - T_s) \tag{7-5}$$

式中：$T_{p,avg}$为熔融池的平均温度(℃)；$T_{p,max}$为熔融池的最高温度(℃)；ρ_p为熔融物的密度(kg/m^3)；$c_{p,p}$为熔融物的比热容(J/(kg·K))；V_p为熔融池的体积(m^3)；$\dot{Q}_p$为熔融池内的体积释热率(W/m^3)；A_{dn}为沿着压力容器壁面的熔融池的面积(m^2)；$Q_{p,rad}$为熔融池表面的辐射换热率(W)；A_p为熔融池液面面积(m^2)；h_{nc}为氮气自然对流换热系数(W/(m^2·K))；T_s为顶盖下部屏蔽板温度(℃)。

LIVEC程序中考虑了在LIVE-L4实验中高温熔融池液面与实验装置顶盖及压力容器壁面之间进行的辐射换热损失。

熔融池液面与液面之上的压力容器壁面及顶盖屏蔽板形成了一个封闭腔，假设封闭腔所有表面都是灰体和漫射表面，根据封闭腔辐射换热理论，各个表面的辐射换热量的表达式可以表示为

$$Q_i - \sum_{j=1}^{N} F_{ij}(1-\varepsilon_j)\left(\frac{\varepsilon_i A_i}{\varepsilon_j A_j}\right) Q_j = \varepsilon_i A_i \sigma \left(T_i^4 - \sum_{j=1}^{N} F_{ij} T_j^4\right) \quad (t > 0; i,j = p,w,s) \tag{7-6}$$

式中：p 为熔融池液面；w 为熔融池液面之上的压力容器壁面；s 为顶盖屏蔽板；Q_i 为来自表面 i 的辐射换热率(W)；Q_j 为来自表面 j 的辐射换热率(W)；F_{ij} 为表面 i 与表面 j 之间的形状因子；ε_i 为表面 i 的发射率；ε_j 为表面 j 的发射率；A_i 为表面 i 的面积(m^2)；A_j 为表面 j 的面积(m^2)；σ 为斯式藩－玻耳兹曼常量，$\sigma = 5.671 \times 10^{-8}$ W/($m^2 \cdot K^4$)；T_i 为表面 i 的温度(K)；T_j 为表面 j 的温度(K)。

利用 T_w 和 T_s(T_w 为熔融池液面之上的压力容器壁面温度，T_s 为顶盖屏蔽板温度)，根据式(7－6)可以得到封闭腔各个表面的辐射换热量的关系式为

$$Q_{p,rad} = \frac{1}{\Delta}(a_1 \Delta E_1 + a_2 \Delta E_2 + a_3 \Delta E_3) \tag{7-7}$$

$$Q_{w,rad} = \frac{1}{\Delta}(a_4 \Delta E_1 + a_5 \Delta E_2 + a_6 \Delta E_3) \tag{7-8}$$

$$Q_{s,rad} = \frac{1}{\Delta}(a_7 \Delta E_1 + a_8 \Delta E_2 + a_9 \Delta E_3) \tag{7-9}$$

$$F_{pw} = 1 - \frac{1}{2}[Z - (Z^2 - 4Y^2)^{\frac{1}{2}}] \tag{7-10}$$

式中：$Q_{p,rad}$ 为来自熔融池表面的辐射换热率(W)；$Q_{w,rad}$ 为来自熔融池液面之上压力容器壁面的辐射换热率(W)；$Q_{s,rad}$ 为来自顶盖屏蔽板的辐射换热率(W)。

在辐射换热模型中符合 Δ、a、ΔE、Z 和 Y 的表达式：

$$a_1 = f_5 f_7 - f_3$$
$$a_2 = -(f_1 - f_2 f_7)$$
$$a_3 = -(f_1 f_5 + f_2 f_3)$$
$$a_4 = -(f_4 + f_5 f_6)$$
$$a_5 = f_2 f_6 - 1$$
$$a_6 = -(f_2 f_4 + f_5)$$
$$a_7 = -(f_3 f_6 + f_4 f_7)$$
$$a_8 = -(f_1 f_6 + f_7)$$
$$a_9 = f_1 f_4 - f_3$$
$$\Delta = f_1 f_4 - f_3 + f_2 f_3 f_6 + f_2 f_4 f_7 + f_5 f_7 + f_1 f_5 f_6$$
$$f_1 = F_{pw}(1 - \varepsilon_w)\frac{\varepsilon_p A_p}{\varepsilon_w A_w}$$
$$f_2 = F_{ps}(1 - \varepsilon_s)\frac{\varepsilon_p A_p}{\varepsilon_s A_s}$$
$$f_3 = 1 - F_{ww}(1 - \varepsilon_w)$$
$$f_4 = F_{wp}(1 - \varepsilon_p)\frac{\varepsilon_w A_w}{\varepsilon_p A_p}$$
$$f_5 = F_{ws}(1 - \varepsilon_s)\frac{\varepsilon_w A_w}{\varepsilon_s A_s}$$

$$f_6 = F_{sp}(1-\varepsilon_p)\frac{\varepsilon_s A_s}{\varepsilon_p A_p}$$

$$f_7 = F_{sw}(1-\varepsilon_w)\frac{\varepsilon_s A_s}{\varepsilon_w A_w}$$

$$\Delta E_1 = \varepsilon_p A_p \sigma(T_p^4 - T_{pw}T_w^4 - T_{ps}T_s^4)$$

$$\Delta E_2 = \varepsilon_w A_w \sigma(T_w^4 - T_{wp}T_p^4 - T_{ws}T_s^4 - T_{ww}T_w^4)$$

$$\Delta E_3 = \varepsilon_s A_s \sigma(T_s^4 - T_{sw}T_w^4 - T_{sp}T_p^4)$$

$$Z = 1 + \frac{1+\cos^2\theta_p}{\sin^2\theta_p}$$

$$Y = \frac{1}{\sin\theta_p}$$

压力容器壁面温度采用球坐标系下的二维瞬态导热方程来计算，LIVE-L4 实验采用电加热丝加热的方式来模拟熔融池内的体积衰变热，通过设计电加热丝布置方式达到均匀加热熔融池的目的，以此来模拟真实熔融池的衰变热情况。

在 LIVE-L4 实验中注入压力容器内的熔融物的总体积为 0.207m^3，根据实验过程中 5 个加热阶段的实际加热功率和熔融物的总体积可以计算得到 5 个不同加热阶段的加热功率密度分别为 87692W/m^3、48613W/m^3、24344W/m^3、48613W/m^3、74979W/m^3。

首先，利用 LIVEC 程序分析对比了不同换热关系式对 LIVE-L4 熔融池平均温度的预测结果。从图 7－21 可以看到，利用 Mayinger 和 Asfia-Dhir 换热关系式计算得到的熔融池的平均温度要低于利用 Theofanous 的 Mini-ACOPO 和 ACOPO 实验换热关系式计算得到的熔融池的平均温度，与其他几个关系式相比 Asfia-Dhir 换热关系式能更准确地预测熔融池的平均温度的瞬态特性。

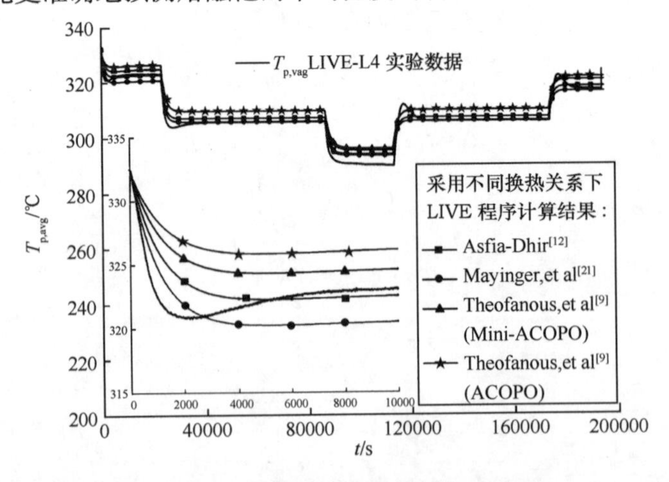

图 7－21　熔融池平均温度随时间的变化

因此,LIVEC 模型采用 Asfia-Dhir 换热关系式来计算熔融池内的换热过程,并计算得到了整个 LIVE-L4 实验过程中熔融池平均温度的变化特性,及各个加热阶段到达稳态时压力容器壁面热流密度及熔融物硬壳厚度的分布规律,分别如图 7-22 ~ 图 7-24 所示。

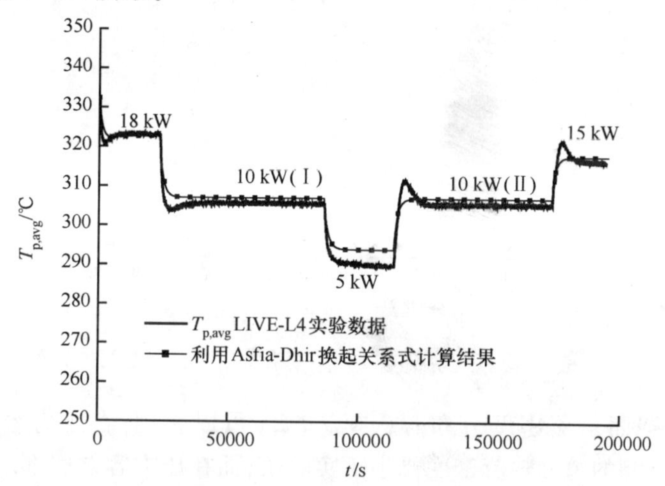

图 7-22 熔融池平均温度计算结果与实验值对比

从图 7-22 可以看到,LIVEC 程序可以非常好地预测整个 LIVE-L4 实验过程中熔融池的平均温度的瞬态特性。同时,对于从一个加热功率阶段到另一个加热功率阶段的过渡过程也可以较好地进行预测。

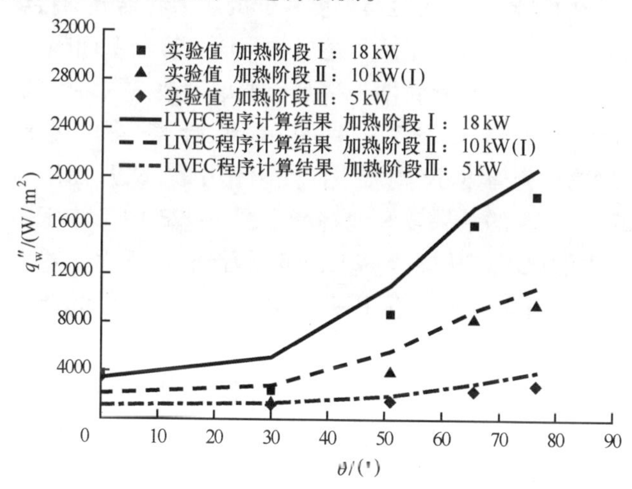

图 7-23 稳态时热流密度沿着压力容器壁面的分布

热流密度沿着压力容器壁面的分布是研究熔融池换热特性的一个重要参数,也是分析 IVR 的一个重要参数,通过对熔融池施加在压力容器壁面热负荷大小的研究,可以为 IVR 分析提供一些基础信息。利用 LIVEC 模型计算熔融池达到稳态

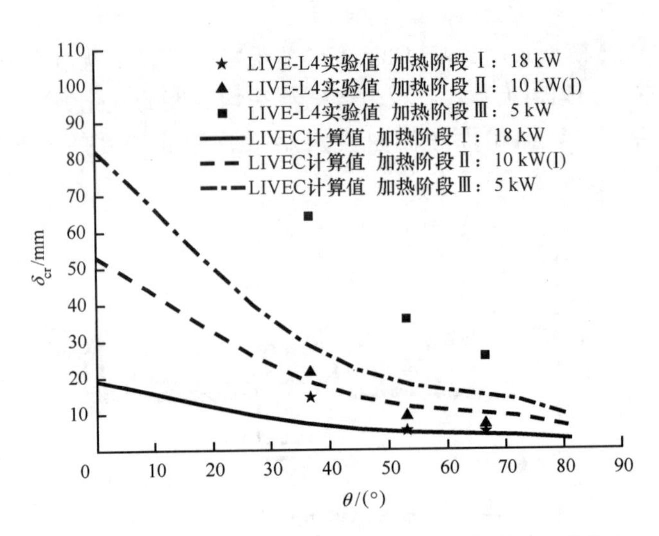

图 7－24 稳态时熔融物硬壳厚度沿着压力容器壁面的分布

时压力容器壁面热流密度分布。从图 7－23 可以看到：在压力容器底部位置 LIVEC 模型预测的壁面热流密度要小于实验值；而在压力容器底部之外的其他区域，三个不同加热功率阶段稳态时计算得到的壁面热流密度高于实验值。产生这种现象的主要原因是：计算得到的压力容器底部位置的熔融物硬壳厚度比实验值大，熔融物硬壳越厚产生的热阻也越大，直接导致在压力容器底部位置的壁面热流密度要小。

熔融物进入压力容器下封头后与温度较低的压力容器壁面接触会凝固形成一层熔融物硬壳，熔融物硬壳将高温液态熔融物与压力容器壁面隔开，起到热阻的作用。因此，熔融物硬壳厚度与硬壳增长率是反映熔融池换热特性的重要参数，也是进行 IVR 分析的重要参数。从图 7－24 可以看到，计算得到的熔融物硬壳的厚度小于实验值，熔融物硬壳厚度小，则产生的热阻作用也小，从而使压力容器壁面的热流密度增大，图 7－24 的结果较好地解释了图 7－23 中沿着压力容器壁面的热流密度比实验值大的原因。从图 7－24 也可以看到，在压力容器底部中心位置熔融物硬壳厚度的计算值大于实验值，因此计算得到的该位置的壁面热流密度要小于实验值。

从图 7－24 还可以看到，在压力容器底部之外的其他区域 5kW 加热阶段，预测的熔融物硬壳厚度要比实验值小得多。这是因为在 5kW 加热阶段时，熔融物硬壳的破裂导致熔融物与压力容器壁面接触而凝固，使得熔融物硬壳的厚度快速增加。

7.1.4 LIVE-L4 实验数值计算模型

在压水堆严重事故过程中，堆芯熔融物的主要成分是二氧化铀和二氧化锆的混合物。对于二元混合物在非恒温凝固的情况下，熔融物的固相线温度与液相线温度是不重合的，两者之间存在一个温度差。在熔融物发生冷却凝固时：当熔融物的温度大于液相线温度时，熔融物以液态的形式存在；当熔融物的温度小于固相线温度时，熔融物则完全凝固以固相存在；当熔融物的温度大于固相线温度而小于液相线温度时，熔融物可以是液相也可以是固相，因此在固液交界面会形成一个固液共存的两相区。固相线和液相线温度差是形成固液共存两相区的根源。LIVE-L4 实验采用 $NaNO_3$ 和 KNO_3 混合物来模拟真实反应堆严重事故过程中的堆芯熔融物，液相线温度与固相线温度不同。因此，在 LIVE-L4 实验中，熔融物在冷却凝固时会在固液交界面形成一个固液共存的两相区，如图 7－25 所示。

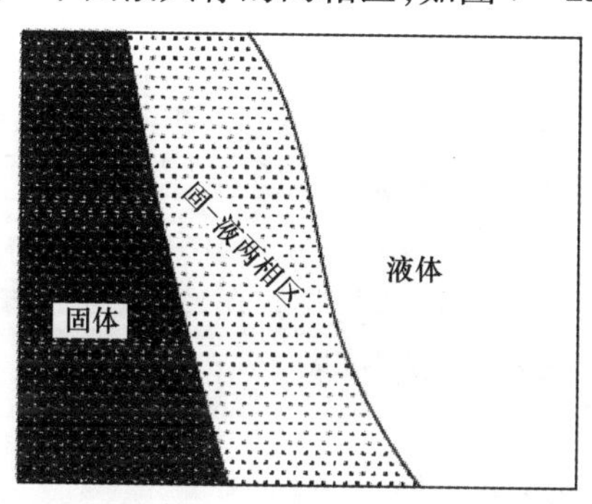

图 7－25　稳态时熔融物硬壳厚度沿着压力容器壁面的分布

国际上很多学者针对高温液体或者二元液体混合物的冷却相变问题开展了大量的数值研究工作。目前，求解相变问题的数值方法主要有两种：一种是强数值求解方法，即采用较为复杂的动网格技术或者变形网格技术跟踪模拟固液相界面的移动[22－26]，这种数值方法需要较复杂的数值算法和较大的计算机资源；另一种是弱数值求解方法，即采用一些特殊的模型，如焓方程模型[27－34]，避免由于固液相界面移动和温度变化带来的数值求解的麻烦，因此这种数值方法可以利用传统的固定网格技术求解相变问题，从而可以减少大量的计算机资源。

Voller、Prakash 及 Brent 等人基于固定网格技术提出了焓方程模型用于模拟存在对流和导热情况下的非恒温凝固过程[35－37]，同时利用达西源项的方法可以较好地模拟固液共存两相区内的流体流动和相界面问题。达西源项方法在凝固相变问题中的应用最早由 Mehrabian 等人提出，他们利用基于多孔介质的达西定律来模拟液体金属冷却凝固过程中固液两相区内流体的流动问题[38]，通过相应的实验验证了利用该方法来模拟固液两相区内流体的流动是非常成功的。

Tran 和 Dinh 基于 FLUENT 和焓方程方法开发了一个有效连续模型[39]，该模型不直接求解 Navier-Stokes 方程，仅仅利用 FLUENT 来求解熔融池的能量方程，只是在能量方程中包含了基于湍流模型的流体对流项来考虑熔融池内自然循环湍流流动对能量传递的影响。Kim 和 Ahn 等人也利用基于固定网格技术的焓方程方法建立了严重事故下氧化物熔融池及金属层的数值分析模型，研究了严重事故下熔融池内的换热和流动特性，并将数值模拟结果与实验数据及相关的实验关系式进行了对比[40,41]。

利用基于固定网格技术的焓方程方法求解凝固相变问题的思想可以总结为：利用已有的成熟的固定网格技术求解质量方程、动量方程和能量方程，通过定义局部流体份额和利用基于多孔介质的达西源项方法来模拟固液两相区内的流动，利用焓方程来计算液相和固相的焓值，最终可以计算整个物理场的温度分布，从而可以模拟凝固相变过程。基于固定网格技术的焓方程方法既适用于恒温相变问题，也适用于非恒温相变问题。

本书利用基于固定网格技术的焓方程方法和 SIMPLE 算法建立了熔融池相变数值分析模型，可以对模拟熔融池内液态熔融物的流动换热特性及凝固相变过程对熔融池内换热及压力容器壁面热负荷的影响[42]。

利用基于固定网格技术的焓方程方法，采用的一些基本假设条件如下：

(1) 液相和固相的物理性质相同，并且在整个计算过程保持为常数。

(2) 不考虑固液界面熔融物成分的再分布和富集，液态熔融池冷却凝固过程是一个非恒温相变过程。

(3) 熔融池内体积热流密度均匀分布。

(4) 熔融池内熔融物为不可压缩的牛顿流体，且具有轴对称性。

(5) 采用 Boussinesq 假设考虑熔融池内自然对流换热过程，因此除了浮升力项中密度外其他项中的密度都保持为常数。

(6) 利用焓方程方法考虑熔融物凝固相变过程。

(7) 利用基于多孔介质理论的达西源项技术模拟固液共存两相区内流体的流动。

基于 LIVE-L4 压力容器结构的计算区域示意图如图 7－26 所示。其中：区域 A 是熔融池，该区域是主计算区域；区域 B 用于设置熔融池的下部边界条件；区域 C 用于设置熔融池的上部边界条件。LIVE-L4 压力容器是一个半球形的结构，从熔融池计算区域示意图可以看到熔融池所在的计算区域 A 是不规则区域，为了利用简单的正交均匀网格进行网格划分和计算，采用区域扩充法[43－47]，将计算区域扩充为一个规则的计算区域，同时利用阶梯型逼近的方法，采用阶梯曲线逼近真实的球面边界[48]。这样扩充后的计算区域可以分为熔融池区域 A、熔融池下部边界区域 B 和熔融池上部边界区域 C。

基于上述假设和固定网格技术，建立相应的柱坐标系下的质量、动量、能量及相关模型控制方程，其中能量方程为一个焓方程，计算得到焓场后利用焓与温度的关系计算得到熔融池的温度场。

基于焓方程的能量守恒方程可表示为

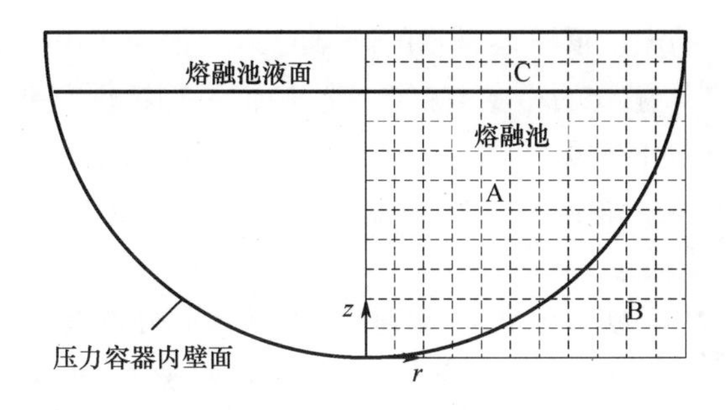

图 7-26　熔融池计算区域示意图

$$\frac{\partial(\rho h)}{\partial t}+\frac{1}{r}\frac{\partial}{\partial r}(r\rho uh)+\frac{\partial}{\partial z}(\rho vh)=\frac{1}{r}\frac{\partial}{\partial r}\left(r\lambda_{\text{eff}}\frac{\partial T}{\partial r}\right)+\frac{\partial}{\partial z}\left(\lambda_{\text{eff}}\frac{\partial T}{\partial z}\right)+S_{\text{h}} \tag{7-11}$$

式中:ρ 为密度(kg/m^3);u 为熔融池水平方向速度分量(m/s);v 为熔融池竖直方向速度分量(m/s);t 为时间(s);r 为熔融池水平方向坐标(m);z 为熔融池竖直方向坐标(m);h 为焓值(J/kg);λ_{eff}为有效热导率(W/(m·K)),$\lambda_{\text{eff}}=\lambda+\frac{\mu_{\text{t}}}{\sigma_{\text{t}}}c_{\text{p}}$ 其中,μ_{t}为湍流脉动黏度(Pa·s);σ_{t}为湍流普朗特数,λ 为热导率(W/(m·K)),c_{p} 为比定压热容(J/(kg·K));S_{h}为基于相变模型的能量方程的源项,即 $S_{\text{h}}=-\frac{\partial}{\partial t}(\rho L)-\frac{1}{r}\frac{\partial}{\partial r}(r\rho uL)-\frac{\partial}{\partial z}(\rho vL)+\dot{Q}$ 其中,$\dot{Q}$ 为体积释热率(W/m^3);L 为潜热(J/kg)。

熔融物焓值与温度之间的关系可表示为

$$h=c_pT \tag{7-12}$$

在考虑相变过程时,熔融物的熔解潜热 ΔH 是利用焓方程方法模拟相变过程的一个重要参数,也是模拟固相和液相共存的两相区内流动特性的一个重要参数,对于非恒温凝固相变过程,在固相和液相共存的两相区内熔解潜热 ΔH 可以表示成局部流体份额的函数:

$$\Delta H=\begin{cases}L, & T\geqslant T_{\text{l}}\\ F_{\text{l}}\cdot L, & T_{\text{l}}>T\geqslant T_{\text{s}}\\ 0, & T<T_{\text{s}}\end{cases} \tag{7-13}$$

式中:L 为相变潜热(J/kg);T_{l} 为液相线温度(K);T_{s} 为固相线温度(K);F_{l} 为局部流体份额。

$T\geqslant T_{\text{l}}$ 的区域全部为液体,$T<T_{\text{s}}$ 的区域全部为固体,$T_{\text{l}}>T\geqslant T_{\text{s}}$ 的区域为固相和液相两相共存区域。

对于恒温凝固相变问题,固相线与液相线重合,不存在固液共存的两相区。当熔融物的温度大于熔融物的熔点时,凝固过程中的熔解潜热 ΔH 等于熔融物的相

变潜热 L，当熔融物的温度低于熔融物的熔点时，凝固过程中的熔解潜热就等于0。数值计算过程中，在熔融物的相变点就会产生数值不连续性和数值计算的波动，因此对于恒温凝固相变问题，为了避免数值计算的不连续性，仍采用式(7-13)的形式，将固相线温度与液相线温度之间的温差设置为1K就可以很好地实现对恒温凝固相变问题的数值模拟[37]。

局部流体份额是熔融物温度、冷却速率、熔融物成分的复杂函数，这里为了数值计算的简化采用FLUENT中非共熔液态混合物凝固过程的局部流体份额模型[39]：

$$F_1=\begin{cases}1, & T\geqslant T_1\\ \dfrac{T-T_s}{T_1-T_s}, & T_1>T\geqslant T_s\\ 0, & T<T_s\end{cases} \tag{7-14}$$

两相区内流体流动的描述是相变模型的重点，根据假设，两相区内的相变过程采用多孔介质模型，渗透率是孔隙率或者流体份额的函数，在 $F_1=1$ 的区域全部为流体，在 $0<F_1<1$ 的区域为固相和液相混合体，在 $F_1=0$ 的区域全部为固体，流动速度为0。速度的控制方程可以表示为表观速度的形式，表观速度 $\boldsymbol{u}$ 与流体真实速度 $\boldsymbol{u}_1$ 之间的关系式可表示为

$$\boldsymbol{u}=\begin{cases}\boldsymbol{u}_1, & T\geqslant T_1\\ F_1\cdot\boldsymbol{u}_1, & T_1>T\geqslant T_s\\ 0, & T<T_s\end{cases} \tag{7-15}$$

固相和液相共存两相区内的流动采用基于多孔介质理论的达西源项技术来模拟，其中表征多孔介质特性的流体渗透率 K 可以表示为局部流体份额的函数，采用基于达西定理的Carman-Koseny方程[49]：

$$\frac{1}{K}=\frac{C(1-F_1)^3}{F_1^3+\delta} \tag{7-16}$$

式中：C 为与多孔介质微观结构相关的常数；δ 为很小的量，为了避免分母为0，推荐 $\delta=0.001$。

对于熔融池类型的换热过程，当熔融池的 Ra 小于 10^8 量级为层流流动，当熔融池的 Ra 大于 10^{10} 量级为湍流流动[50]，而LIVE-L4实验中熔融池修正 Ra 达 10^{13} 量级，因此熔融池内是比较旺盛的湍流流动，在求解熔融池内的自然循环对流换热过程时采用 $k-\varepsilon$ 湍流模型。

采用有限容积法(Finite Volume Method, FVM)进行求解[48,50]，压力与速度的耦合采用Patankar和Spalding提出的SIMPLE(Semi-Implicit Method for Pressure Linked Equations)算法[48,50]进行求解，对流项的离散采用QUICK格式[51]。

图7-27和图7-28分别给出了考虑相变过程与不考虑相变过程熔融池在稳

态时的温度场及流场图。熔融池流场图在一定程度上解释了稳态时熔融池出现热分层现象的原因。从图 7－28 中可以看到,考虑相变过程时熔融池下部流速较小,而熔融池上部的流速相对较大,同时出现比较强烈的对流现象。结合熔融池温度场的云图和流场图可以看到,在考虑相变过程时,熔融池在稳态时出现了明显的热分层现象,同时在熔融池的下部形成一个比较稳定的区域,而在熔融池的上部出现比较强烈的流动和对流换热情况。这与其他类似熔融池实验中观察到的现象是相同的。

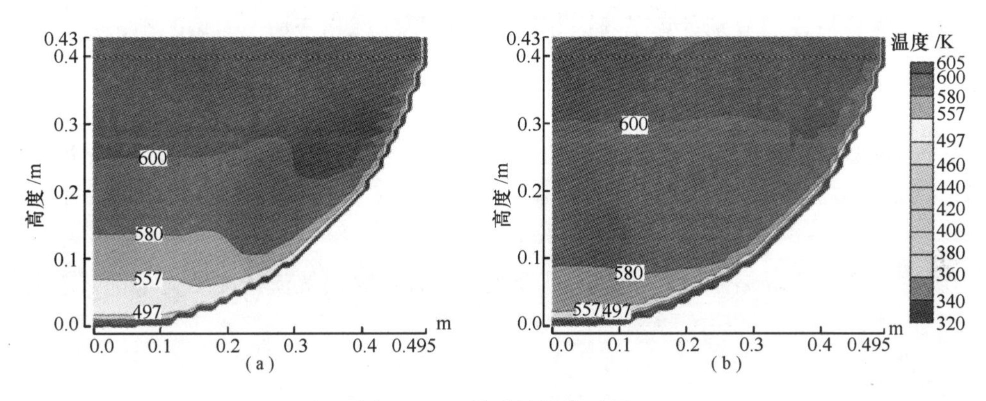

图 7－27　熔融池温度云图

(a)不考虑相变;(b)考虑相变。

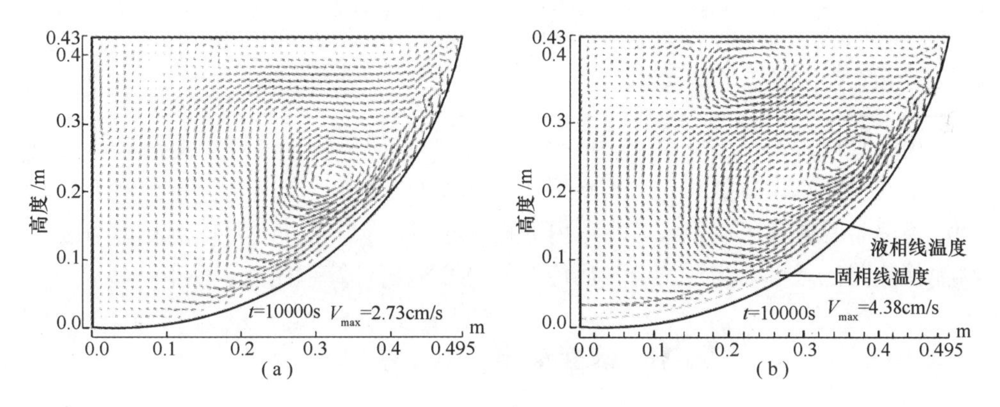

图 7－28　熔融池速度场

(a)不考虑相变;(b)考虑相变。

在 LIVE-L4 实验中,熔融物的液相线温度为 557K(284℃),固相线温度为 497K(224℃)。在熔融物冷却凝固相变过程中:当熔融物的温度小于液相线温度时,熔融物开始发生凝固;当熔融物的温度小于固相线温度时,熔融物完全凝固为固体;当熔融物的温度大于固相线温度而小于液相线温度时,熔融物可能以液态存在也可能以固态存在。因此,在固相线与液相线之间会形成一个固液共存的两相区。从图7－28可以看到，考虑相变模型时可以成功模拟熔融物凝固过程中的固液共存两相区，及两相区内流体流动特性，两相共存区内的局部流体份额从液相线到固相线逐步减小为0。在不考虑相变模型时，不能模拟熔融物的凝固相变过程及两相区，在熔融物温度低于固相线温度时，熔融物会完全凝固。因此，在温度低于固相线温度的区域应该没有液态熔融物存在。考虑相变模型的情况可以比较好地模拟这个过程，而不考虑相变模型时就不能模拟这个过程。

在LIVE-L4实验18kW加热阶段，实验测得的熔融池内的 $Ra = 4.31 \times 10^{13}$。利用数值分析模型分别计算了考虑相变情况和不考虑相变情况时熔融池内的 Nu，其中，固液界面温度取为液相线温度557K（284℃）。

表7－4给出了数值计算得到的熔融池的 Nu。可以看到，实验测量得到的18kW加热阶段熔融池的平均 $Nu = 229.6$，考虑相变模型时数值计算得到的熔融池 Nu 比实验值高20.2%，而不考虑相变模型时计算得到的熔融池 Nu 比实验值高32.2%。这表明，考虑相变过程时数值计算结果更加接近实验值，同时说明了熔融池凝固相变过程对熔融池内的换热过程及压力容器壁面热流密度的大小都有着明显的影响。

表7－4　稳态时熔融池 Nu 对比

工况	Nu	与实验值的偏差/%
实验值	229.6	—
不考虑相变过程计算值	303.5	32.2
考虑相变过程计算值	276.1	20.2

由于直接采用反应堆原型材料的条件限制，目前国际上已开展的熔融池换热特性实验主要利用熔盐和化学盐水溶液来模拟堆芯熔融物。通过这些已开展的熔融池换热实验研究可以了解熔融池内的换热过程和换热特性，而且实验得到的熔融池换热关系式可以为开发熔融池传热及IVR分析计算程序提供理论模型。

7.2　熔融物堆内保持特性

严重事故过程中，当堆芯发生熔化，堆芯熔融物再分布进入压力容器下封头时，通过向反应堆堆腔注水实现ERVC。图7－29给出了通过ERVC实现IVR的原理图。

当发生堆芯熔化事故时，高温堆芯熔融物进入压力容器下封头内形成高温熔融池，高温的熔融物会将压力容器壁面加热到一个较高的温度，此时压力容器壁面会发生热膨胀甚至是高温蠕变变形，从而使压力容器壁面与外部保温层之间形成的冷却剂通道的形状发生变化。同时，当发生高压熔堆时，在压力容器内较高压力

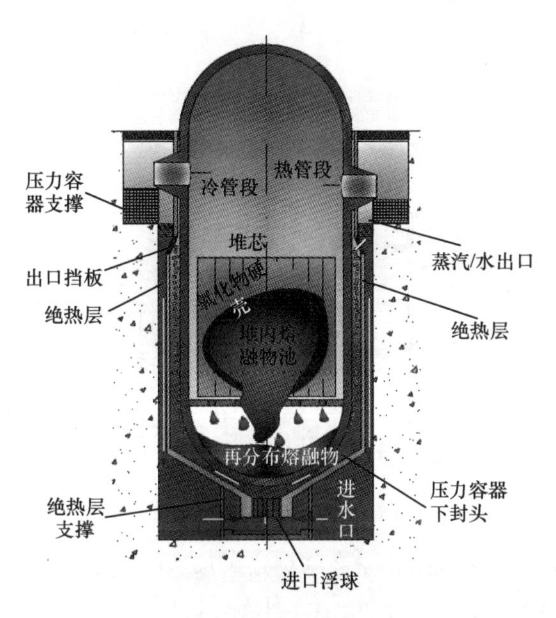

图 7 - 29　通过 ERVC 实现 IVR 的原理

负荷作用下也会使压力容器发生一定的变形，也可能在两者共同作用下导致压力容器壁面发生变形，使压力容器壁面与外部保温层之间形成的冷却剂通道的形状发生变化。这就使得原本设计的冷却通道内的流动阻力特性发生变化，可能使局部冷却能力下降导致该区域发生传热恶化，使 IVR 发生失效。

通过 ERVC 实现 IVR 的概念最早是由 Condon 在 1982 年提出的[52]。从 IVR 概念提出到现在，国内外研究者针对堆芯熔化事故下 IVR 能力开展了大量的实验的研究，但针对反应堆条件的大尺寸和面朝下加热曲面的 CHF 实验研究还较少。在实验方面，主要有 Rouge 的 SULTAN 实验[53]、Chu 等人的 CYBL 实验[54-56]、Cheung 等人的 SBLB 实验[57,58]和 Theofaneous 等人的 ULPU 实验[59,60]。此外，Kim 等人实验研究了 APR1400 在 ERVC 条件下的两相自然循环能力，分析了自然循环质量流速和进出口面积以及出口高度对自然循环和 CHF 的影响[61]。

Rouge 利用 SULTAN 实验装置研究了不同倾斜角度下二维加热通道内两相自然循环的冷却能力，温场和空泡份额关键参数的空间分布，并根据实验数据拟合了相应的 CHF 关系式，验证了大表面自然循环沸腾条件下的系统具有较好的冷却能力[53]。

Chu 等人利用 CYBL 全尺寸实验装置（图 7 - 30）模拟了压力容器下封头外表面冷却剂的两相沸腾流动行为，分析了反应堆条件下，特别是在严重事故条件下压力容器壁面和绝热层形成的冷却剂通道内的两相流动特性，观察了面朝下加热曲面表面气泡动力学特征。Chu 进行了均匀热流密度和非均匀热流密度条件下的两种稳态沸腾实验研究，两种实验结果都表明压力容器壁面温度最大值发生在压力容器底部位置[54-56]。

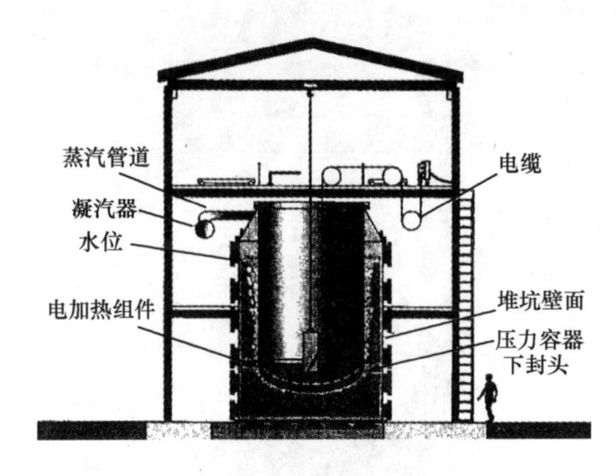

图 7-30　CYBL 实验装置

Cheung 等人利用三维 SBLB 实验装置(图 7-31)研究了面朝下加热曲面的沸腾和 CHF 现象,同时建立了相应的 CHF 理论分析模型,并通过实验数据进行了验证,最后利用实验数据拟合得到了适用于工程计算的 CHF 关系式,利用这个关系式可以分析和预测严重事故条件下压力容器外表面的 CHF 限值[57,58]。在此基础上优化了压力容器外表面与绝热层之间冷却剂流道结构,减小了两相流动阻力,可以显著地提高 CHF 限值[62];Dizon 等人在 SBLB 基础上研究了面朝下加热曲面有多微孔涂层条件下的 CHF 实验,发现加热曲面喷有多微孔涂层时,CHF 限值可以提高到原来的 2~3.3 倍[63,64];Yang 等人结合了前面两种提高 CHF 的方法,结果表明面朝下加热曲面在优化的冷却剂流道和有多微孔涂层条件下可以大大提高 CHF 限值[65,66]。

图 7-31　SBLB 实验装置

Theofanous 等人利用二维 ULPU 全尺寸实验装置(图 7-32)模拟压力容器下封头面朝下加热曲面的沸腾过程,利用实验数据拟合了适用于反应堆条件下的 CHF 关系式[59,60]。ULPU 实验是一个系列实验,其中,ULPU-Ⅰ ~ ULPU-Ⅲ是针对

AP600 反应堆结构,实验拟合得到的 CHF 关系式用于 AP600 压力容器表面临界热流密度的预测,ULPU-Ⅳ和 ULPU-Ⅴ是针对 AP1000 设计的实验回路,实验拟合得到的 CHF 关系式用于 AP1000 压力容器表面 CHF 的预测[67]。ULPU-Ⅴ优化了压力容器外表面与绝热层之间冷却剂流道结构,减小了两相流动阻力,可以显著地提高 CHF 限值,从而使局部 CHF 限值达 1.8 ~2.0MW/m^2。

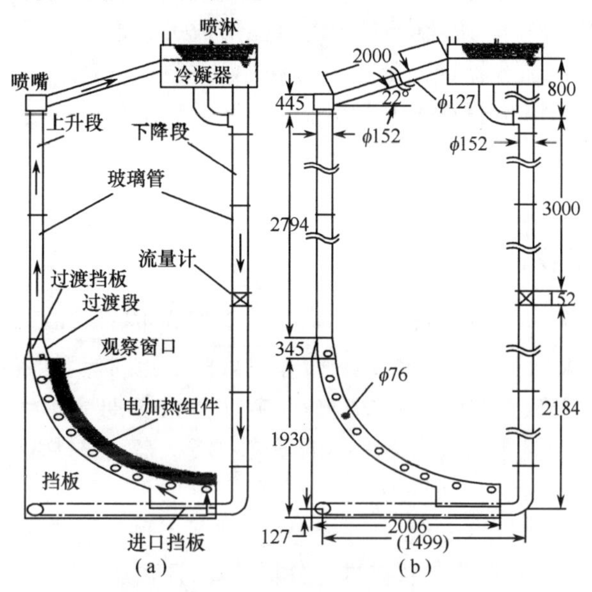

图 7-32　ULPU 实验装置[41]

在 IVR 理论研究方面,Cheung 等人认为实施 IVR 策略要考虑三个因素[68]:蒸汽堵塞,下封头表面沸腾传热的 CHF 限制,压力容器与保温层之间两相流的不稳定性。进而提出了两个改进设计方法,分别是改进压力容器与保温层之间流道形状和对压力容器下部与下封头表面进行合适的表明涂层处理,能提高 CHF 到原来的 1.2 ~2 倍。

Yang 和 Cheung 在微液层理论基础上引入了多孔介质涂层的毛细抽吸效应,提出了一个压力容器下封头表面 CHF 理论模型[69]。该理论把下封头外表面传热区域分为多孔介质涂层、微液层和两相边界层三层来考虑。该理论与微液层理论基本相同,不同的是在考虑微液层液相供应流量时叠加了多孔介质涂层中的毛细管力效应,因此总的液相供应流量比没有多孔介质涂层的情况下要大,相应地提高了 CHF 限制。

基于熔融池换热特性实验获得的熔融池换热关系式和 ERVC 实验获得的 CHF 关系式,很多学者建立了严重事故下压力容器下封头 IVR 分析计算模型。UCSB 的 Theofanous[70]和美国 INEEL 的 Rempe[71]分别建立了用于 AP600 压力容器下封头 IVR 分析的数学模型,对压力容器下封头内可能存在的不同熔融物构型进行了分析,计算了相应条件下的下封头壁面热响应,同时给出了应用于氧化物熔融池和液态金属层换热计算的换热关系式。Khatib-Rahbar 等人分别建立了下封头一维和二维 IVR 分析模型,通过下封头壁面热响应计算结果对比发现下封头的一维换热模型也可以比较准确地预测下封头壁面的热响应[72]。Esmaili和 Khatib-Rahbar 针对 AP1000 核电厂压力容器下封头的结构建立了一个一维数学模型[73,74],并对 AP1000 压力容器下封头内可能形成的二层和三层熔融池构型进行分析计算,研究了压力容器壁面的热响应和 IVR 裕量。Rempe 等人利用 SCDAP/RELAP5-3D 对 APR1400 进行了 IVR 分析计算[75,76],结果认为,在实施 IVR 时,普通的压力容器会被熔穿,而经过多孔介质涂层处理过的压力容器不会被熔穿;而用 VESTA 程序计算的结果认为,下封头壁面热流密度低于 CHF 值。

7.2.1 熔融池最终包络状态

在发生堆芯熔化事故时,堆芯熔融物可能会再分布进入压力容器下封头,堆芯熔融物的再分布状态主要有三种,即再分布过程的强迫对流和射流冲击过程、中间状态和长期冷却状态。其中,熔融物进入下封头后的长期冷却状态是熔融物再分布后的终止状态,也是下封头内熔融池的最终包络状态,此时熔融池内部的自然对流换热过程对熔融池的冷却起着支配作用,而且此时的熔融池对压力容器完整性的威胁最大[70]。因此,在对熔融池进行 IVR 分析计算时,现有的文献多数是对熔融物进入下封头后的长期冷却状态进行分析计算,评估压力容器的失效裕量。

Theofanous 向美国能源部(Department Of Energy,DOE)提交了一份评估 AP600 核电厂严重事故下堆芯熔融物 IVR 分析报告,即 DOE/ID-10460[70],称为 UCSB 报告。该报告认为沸腾危机是压力容器失效的充要条件,当压力容器外壁面的热流密度达 CHF 时,压力容器的壁面温度会迅速地升高到接近钢的熔点,在这个温度下压力容器壁面几乎失去了所有的强度,钢的结构变得极不稳定,极易蠕变失效。UCSB 报告认为,熔融物再分布过程中熔融物的强迫对流和射流冲击过程不会导致压力容器失效,在 UCSB 报告中将熔融物进入下封头后的长期冷却状态作为再分布后的终止状态,也是下封头内熔融池的最终包络状态。

因此,UCSB 报告中提出了两层熔融物构型作为下封头内熔融池的最终包络状态,并对两层熔融物构型的熔融池进行了 IVR 分析计算。两层熔融物构型的熔融池由下部的氧化物熔融池和上部的液体金属层组成,其中氧化物熔融池是二氧化铀和二氧化锆的混合物,液体金属层是 Fe 和 Zr 等金属的混合物。金属层变薄而引起的聚焦效应,将导致与金属层相邻的压力容器壁面热流密度升高,对压力容器的完整性构成威胁。两层熔融物构型如图 7 – 33 所示。

为了评估 UCSB 报告中对 AP600 核电厂 IVR 的计算结果,NRC 委托 INEEL 对 UCSB 报告进行了评估分析。

在 UCSB 报告中将两层熔融物构型作为熔融池热负荷的最终包络状态,并且

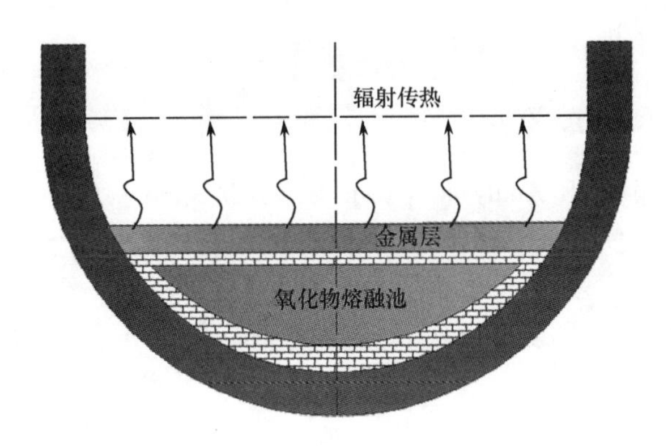

图 7-33　两层熔融物构型

它可以包络其他可能的熔融物构型。但是,INEEL[71]认为,UCSB 报告中的两层熔融物构型并不能包络全部可能出现的熔融物构型,可能有比 UCSB 报告中的两层熔融物构型对压力容器完整性造成的威胁更大的熔融物构型。Parker、Kim 和 Hayward 等人研究了严重事故条件下熔融的二氧化铀与熔融的锆之间的作用过程[77-79],研究结果发现,二氧化铀与金属锆会发生复杂的化学反应,并有重金属铀析出,可能形成一个重金属层。因此,INEEL 在 UCSB 报告中的两层熔融物构型的基础上又提出了更具包络性的三层熔融物构型,这种熔融物构型可能对压力容器完整性的威胁更大。三层熔融物构型与两层熔融物构型相比在氧化物熔融池的下部多了一个由重金属铀和锆组成的重金属层,重金属层上部的氧化物熔融池和最上部的液体金属层的成分与两层熔融物构型的相同。三层熔融物构型如图 7-34 所示。

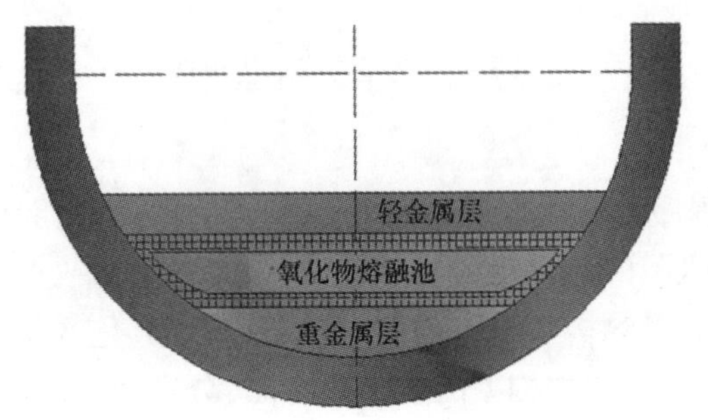

图 7-34　三层熔融物构型

Asmolov 等人[13]利用 MASCA 实验装置研究了高温熔融池内二氧化铀、二氧化锆及金属锆之间复杂的化学反应过程,发现有重金属铀生成;同时,Bechta 等人[14,15]在 CORPHAD 和 METCOR 实验装置上也发现了相同的现象。大型实验研究表明,堆芯熔融物再分布进入压力容器下封头后,经过中间状态,熔融物之间可能会发生复杂的化学反应过程,导致重金属铀的析出,最终在压力容器的底部形成一个重金属层。因此,三层熔融物构型的提出是合理的,并且三层熔融物构型作为一种重要的熔融池的最终包络状态已受到越来越多的重视。

7.2.2 IVRASA 简介

IVR 分析程序(IVR Analysis code in Severe Accident,IVRASA)是 NuTHel 基于熔融池换热特性实验获得的熔融池换热关系式和 ERVC 实验获得的 CHF 关系式开发的用于压水堆严重事故下 IVR 特性分析及 IVR 裕量分析的一个通用性稳态分析程序,它可以对两层和三层熔融物构型下的 IVR 特性进行分析计算[80,81]。

IVRASA 程序是一维稳态分析程序,是通用性更好的 IVR 分析程序,可以对多层熔融物构型进行分析计算。多层熔融物构型如图 7-35 所示。理论上 IVRASA 程序可以对 N 层熔融物构型进行分析计算。

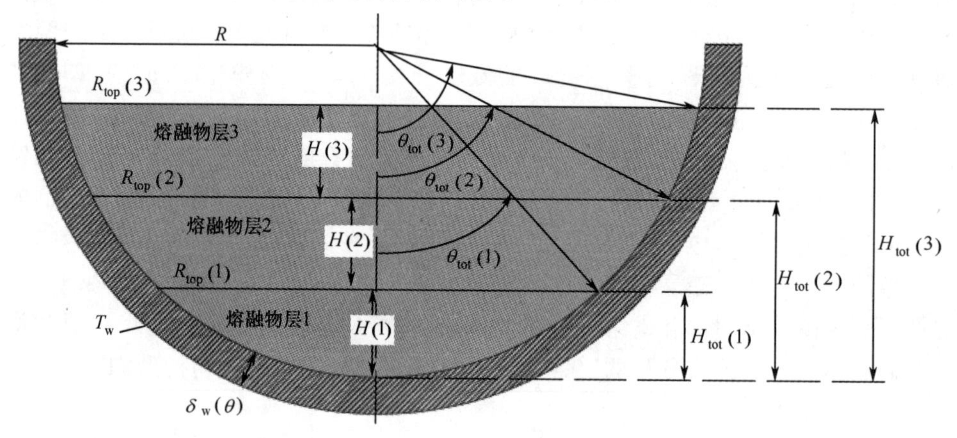

图 7-35 多层熔融物构型

1) 数学模型

IVRASA 分析程序是针对多层熔融物构型开发的,不同的熔融物构型主要包括氧化物层、轻金属层和重金属层等。两层熔融物构型由一个氧化物层和一个轻金属层构成。三层熔融物构型由一个重金属层、一个氧化物层和一个轻金属层构成。因此,在建立多层熔融物构型的数学模型时,分别建立氧化物层、轻金属层和重金属层的数学模型,使得开发的程序更具有通用性。三层熔融物构型理论计算模型如图 7-36 所示。

(1) 氧化物层。

$$\dot{Q}_o V_o = q_{o,up} A_{up} + q_{o,dn} A_{dn} \tag{7-17}$$

$$q_{o,dn} = \frac{\dot{Q}_o V_o}{A_{side} + A_{dn} + A_{up} R'} \tag{7-18}$$

$$R' = Nu_{up} / Nu_{dn} \tag{7-19}$$

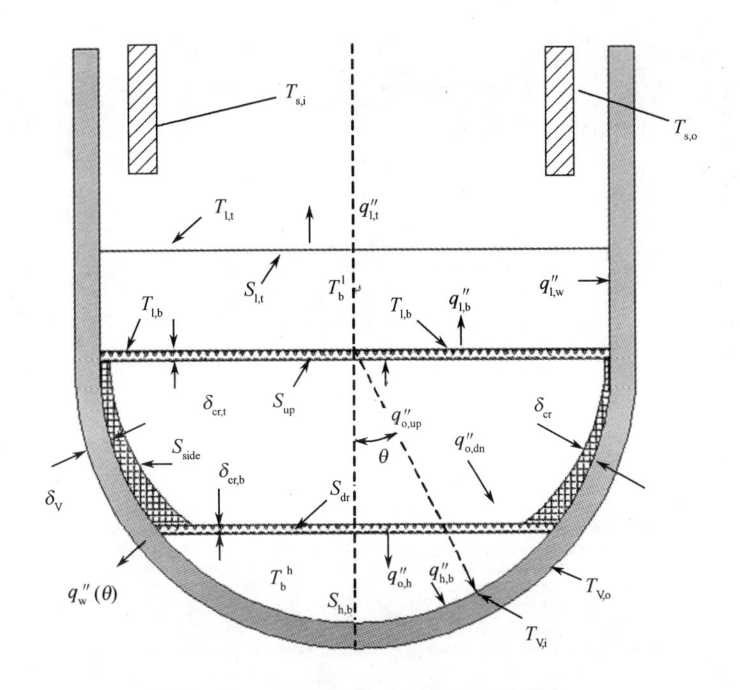

图 7-36　三层熔融物构型理论计算模型

$$q_{o,up} = \frac{\dot{Q}_o V_o - q_{o,dn}(A_{side} + A_{dn})}{A_{up}} \tag{7-20}$$

根据能量守恒和傅里叶定理,可以得到氧化物层的熔融物硬壳厚度和壁面厚度的关系式:

$$\frac{\dot{Q}_o \delta_{cr}^2(\theta)}{2\lambda_{cr}} + \delta_{cr}(\theta)\left(\frac{q_{o,dn}(\theta)}{\lambda_{cr}} + \frac{\dot{Q}_o \delta_w(\theta)}{2\lambda_w}\right) - T_{o,m} + \frac{q_{o,dn}(\theta)\delta_w(\theta)}{\lambda_w} + T_{w,o} = 0 \tag{7-21}$$

$$\delta_w(\theta) = \lambda_w \frac{T_{w,m} - T_{w,o}}{q_{o,dn}(\theta) + \dot{Q}_o \dfrac{\delta_{cr}(\theta)}{2}} \tag{7-22}$$

氧化物层壁面热流密度与极角 θ 的关系式:

$$q_w(\theta) = q_{o,dn}(\theta) + \dot{Q}_o \frac{\delta_{cr}(\theta)}{2} \tag{7-23}$$

式中:$\dot{Q}_o$ 为氧化物层体积释热率(W/m^3);V_o 为氧化物层的体积(m^3);$q_{o,up}$ 为氧化物层向上传递的热流密度(W/m^2);$q_{o,dn}$ 为氧化物层向下传递的热流密度(W/m^2);A_{up} 为氧化物层上表面面积(m^2);A_{dn} 为氧化物层下表面面积(m^2);A_{side} 为氧化物层侧面面积(m^2);Nu_{up} 为氧化物层上部努塞尔数;Nu_{dn} 为氧化物层下部努塞尔数;θ 为极角(°);$\delta_{cr}(\theta)$ 为极角 θ 处的硬壳厚度(m);λ_{cr} 为硬壳热导率

(W/(m·K));λ_w 为压力容器壁面热导率(W/(m·K));$\delta_w(\theta)$为极角 θ 处的壁面厚度(m);$T_{w,o}$为压力容器外壁面温度(K);$T_{w,m}$为压力容器壁面熔点温度(K);$q_w(\theta)$为极角 θ 处的壁面热流密度(W/m^2)。

(2) 轻金属层。

$$\dot{Q}_l V_l + q_{l,b} A_{l,b} = q_{l,t} A_{l,t} + q_{l,w} A_{l,w} \tag{7-24}$$

$$q_{l,b} = (T_{o,m} - T_b^l)\frac{\lambda_{cr}}{\delta_{cr,t}} + \frac{\dot{Q}_o \delta_{cr,t}}{2} \tag{7-25}$$

$$q_{l,t} = \frac{\sigma[T_{l,t}^4 - T_{s,i}^4]}{\dfrac{1}{\varepsilon_l} + \dfrac{(1-\varepsilon_s)A_{l,t}}{\varepsilon_s A_s}} \tag{7-26}$$

$$q_{l,w} = \frac{\lambda_w}{\delta_w}(T_{w,m} - T_{w,o}) \tag{7-27}$$

$$T_{s,o} = T_{s,i} - \frac{\delta_s}{\lambda_s} \cdot \frac{\sigma(T_{l,t}^4 - T_{s,i}^4)}{\dfrac{A_s}{\varepsilon_l A_{l,t}} + \dfrac{1-\varepsilon_s}{\varepsilon_s}} \tag{7-28}$$

$$T_w = \left[T_{s,o}^4 - \frac{\lambda_s}{\delta_s \sigma \varepsilon_s}(T_{s,i} - T_{s,o})\right]^{0.25} \tag{7-29}$$

$$T_w = \frac{\lambda_s \delta_o}{\lambda_w \delta_s}(T_{s,i} - T_{s,o}) + T_{w,o} \tag{7-30}$$

式中:$\dot{Q}_l$ 为轻金属层体积释热率(W/m^3);V_l 为轻金属层的体积(m^3);$q_{l,b}$为轻金属层底部的热流密度(W/m^2);$q_{l,t}$为轻金属层顶部的热流密度(W/m^2);$q_{l,w}$为轻金属层侧面的热流密度(W/m^2);$A_{l,b}$为轻金属层底部表面面积(m^2);$A_{l,t}$为轻金属层顶部表面面积(m^2);$A_{l,w}$为轻金属层侧面面积(m^2);$T_{o,m}$为氧化物的熔点温度(K);T_b^l为轻金属层温度(K);$\delta_{cr,t}$为氧化物层上表面的硬壳厚度(m);σ 为斯忒藩-玻耳兹曼常量;$T_{l,t}$为轻金属层上表面温度(K);$T_{s,i}$为堆内构件内表面温度(K);ε_l 为轻金属层上表面的发射率;ε_s 为堆内构件内表面的发射率;$T_{s,o}$为堆内构件外表面温度(K);δ_s 为堆内构件厚度(m);λ_{cr}为堆内构件的热导率(W/(m·K));A_s为堆内构件表面面积(m^2)。

式(7-29)和式(7-30)用于金属层内换热迭代收敛判断,当两者计算得到的压力容器壁面温度 T_w 的相对误差小于 10^{-5}K 时,认为金属层内的换热计算收敛。

(3) 重金属层。

$$\dot{Q}_h V_h + q_{o,h} A_{dn} = q_{h,b} A_{h,b} \tag{7-31}$$

$$q_{o,h} = \frac{A_{up}}{A_{dn}}\int_0^{\theta_h} q_{o,dn}(\theta)\sin\theta\cos\theta d\theta \tag{7-32}$$

$$q_{h,b} = \frac{\lambda_w}{\delta_w}(T_{w,i} - T_{w,o}) \tag{7-33}$$

式中：$\dot{Q}_h$ 为重金属层体积释热率（W/m^3）；V_h 为重金属层的体积（m^3）；$q_{o,h}$为氧化物层向重金属层传递的热流密度（W/m^2）；$q_{h,b}$为重金属层顶部的热流密度（W/m^2）；$A_{h,b}$为重金属层底部表面面积（m^2）；$T_{w,i}$为压力容器内壁面温度（K）。

氧化物池中的衰变热份额与重金属层中的衰变热份额的和等于总的衰变热份额，总的衰变热在氧化物池和重金属层中的份额分配采用以下关系式：

$$\dot{Q}_o + \dot{Q}_h = P_{decay,t} \tag{7-34}$$

$$\frac{\dot{Q}_h V_h}{\dot{Q}_o V_o} = \frac{m_U(270/238)}{m_{UO_2}} \tag{7-35}$$

式中：$P_{decay,t}$为总体积释热率（W/m^3）；m_U为重金属层中金属铀的质量（kg）；m_{UO_2}为氧化物层中二氧化铀的质量（kg）。

（4）CHF 关系式。

在 IVRASA 模型中，通过计算压力容器壁面热流密度与压力容器外壁面 CHF 的比值来判断压力容器壁面失效及 IVR 裕量，在计算过程中设置压力容器的外壁面温度为反应堆条件下堆腔压力对应的饱和温度 400K。选用的 CHF 关系式[9]如下：

$$q_{CHF}(\theta) = C_1 + C_2\theta + C_3\theta^2 + C_4\theta^3 + C_5\theta^4 \tag{7-36}$$

式中：q_{CHF}为临界热流密度（kW/m^2）。

CHF 关系式中的常系数 $C_1 \sim C_5$通过输入文件由用户输入，对于不同的 CHF 关系式只需改变常系数 $C_1 \sim C_5$的数值。

2）IVRASA 换热关系式

堆芯熔融物进入下封头后的长期冷却状态是熔融物再分布后的终止状态，各层熔融物内部的自然对流换热过程对熔融物的冷却起着支配作用，因此重点分析熔融氧化物层和液体金属层内的自然对流换热过程引起的热负荷分布。

在熔融池自然对流换热分析中，通过定义一些无量纲数来描述熔融池内的换热特性，其中最主要的是熔融池的努塞尔数、瑞利数和修正瑞利数。

熔融池努塞尔数的定义：

$$Nu = \frac{qH}{\lambda(T_{max} - T_i)} \tag{7-37}$$

式中：q 为熔融池的平均热流密度（W/m^2）；T_{max}为熔融池的最高温度（K）；T_i为界面温度（K）。

对于没有内热源的金属层内的自然对流换热特性用瑞利数来描述，其表达

式为

$$Ra = \frac{g\beta(T_{max} - T_i)H^3}{\nu\alpha} \tag{7-38}$$

而对于具有内热源的氧化物熔融池内自然对流换热特性的描述利用修正瑞利数来描述,它考虑了熔融池内体积释热率对换热的影响。

氧化物熔融池的修正瑞利数表达式为

$$Ra' = \frac{g\beta \dot{Q}H^5}{\lambda\nu\alpha} \tag{7-39}$$

式中:g 为重力加速度(m/s^2);β 为熔融物的热膨胀系数(K^{-1});ν 为熔融物的运动黏度($m^2 \cdot s$);H 为熔融物层的高度(m);α 为熔融物的热扩散系数(m^2/s);λ 为熔融物的热导率($W/(m \cdot K)$)。

对于有内热源的熔融池,修正瑞利数是描述具有体积释热率的熔融池内自然对流换热总体效应的无量纲数。反应堆条件下氧化物熔融池内的 Ra' 高达 10^{16} 量级,$Pr = 0.6$;液体金属层的 Ra 也高达 10^9 量级,$Pr \approx 0.13$。

目前,国际上基于熔融池实验得到了很多描述熔融池内换热特性的关系式,几乎所有的换热关系都表示成 Nu 与 Ra 或者 Ra' 的函数关系式。因此,下面将分析适用于氧化物层和金属层的换热关系式。

(1) 氧化物层。

在氧化物层内衰变热的作用下,氧化物层内的热量同时向上和向下传递,这是具有内热源的熔融池内典型的自然对流换热过程。而且在长期冷却状态下,熔融池的上部存在一个较为强烈的湍流自然对流区域,下部是具有明显热分层的稳定区域。

描述氧化物熔融池内向上换热过程的关系式主要有 Kulaci-Emara 关系式[82],Seinberner-Reineke 关系式[83]和 Mayinger 关系式[21]等。在 UCSB 模型中采用的换热关系式是由 mini-ACOPO(1/8 比例)实验拟合的关系式[70],其表达式与 Seinberner-Reineke 关系式相同,只是瑞利数的适用范围有了进一步的扩充。

Kulaci-Emara 关系式[82]:

$$Nu_{up} = 0.34Ra'^{0.226} \tag{7-40}$$

其适用范围为 $2 \times 10^4 < Ra' < 10^{12}$,$Pr \approx 7$。

Seinberner-Reineke 关系式[83]:

$$Nu_{up} = 0.345Ra'^{0.233} \tag{7-41}$$

其适用范围为 $10^7 < Ra' < 3 \times 10^{13}$,$Pr \approx 7$。

在 IVRASA 程序中采用更新的 ACOPO 关系式,它是基于 ACOPO(1/2 比例)实验拟合得到的关系式[9]:

$$Nu_{up} = 1.95Ra'^{0.18} \tag{7-42}$$

其适用范围为 $10^{10} < Ra' < 10^{16}$。

描述氧化物熔融池内向下换热过程的关系式主要有 Mayinger 关系式[21]、Kelkar 关系式[84]，以及有 INEEL 根据 ACOPO 实验值拟合的关系式。

Mayinger 关系式[21]：

$$Nu_{dn} = 0.55Ra'^{0.2} \tag{7-43}$$

其适用范围为 $Ra' \approx 10^{16}$，$Pr \approx 0.5$。

Kelkar 关系式[84]：

$$Nu_{dn} = 0.1Ra'^{0.25} \tag{7-44}$$

其适用范围为 $7 \times 10^6 < Ra' < 5 \times 10^{14}$，$Pr = 1$。

在 UCSB 分析中，氧化物熔融池向下换热过程采用的关系式是由 mini-ACOPO（1/8 比例）实验拟合的关系式[70]：

$$Nu_{dn} = 0.0038Ra'^{0.35} \tag{7-45}$$

其适用范围为 $10^{12} < Ra' < 3 \times 10^{14}$，$2.6 < Pr < 10.8$。

在 INEEL 评估 UCSB 报告的分析计算中，INEEL 采用了根据 ACOPO 实验值拟合的关系式：

$$Nu_{dn} = 0.1857Ra'^{0.2304}\left(\frac{H}{R}\right)^{0.25} \tag{7-46}$$

其适用范围为 $10^{10} < Ra' < 3 \times 10^{16}$。

在 IVRASA 程序中对氧化物熔融池向下换热过程的描述采用 Mayinger 换热关系式。

对于氧化物熔融池局部换热关系式，IVRASA 程序采用与 UCSB 报告中相同的局部换热关系式，利用这个换热关系式来计算局部换热量随着压力容器壁面角度的变化情况。在 UCSB 报告中采用的局部换热关系式是在 mini-ACOPO 实验数据的基础上拟合得到的，其表达式可以表示为[70]

当 $0.1 \leqslant \frac{\theta}{\theta_{tot}} \leqslant 0.6$ 时，有

$$\frac{Nu_{p-dn}(\theta)}{\overline{Nu}_{p-dn}} = 0.1 + 1.08\left(\frac{\theta}{\theta_{tot}}\right) - 4.5\left(\frac{\theta}{\theta_{tot}}\right)^2 + 8.6\left(\frac{\theta}{\theta_{tot}}\right)^3 \tag{7-47}$$

当 $0.6 < \frac{\theta}{\theta_{tot}} \leqslant 1.0$ 时，有

$$\frac{Nu_{p-dn}(\theta)}{\overline{Nu}_{p-dn}} = 0.41 + 0.35\left(\frac{\theta}{\theta_{tot}}\right) + \left(\frac{\theta}{\theta_{tot}}\right)^2 \tag{7-48}$$

式中：θ 为从压力容器底部中心开始的极角（°）；θ_{tot} 为熔融氧化物层上表面对应的极角（°）；$Nu_{p-dn}(\theta)$ 为熔融氧化物层内角度为 θ 处的局部努塞尔数；$\overline{Nu}_{p-dn}$ 为熔融氧化物层内平均努塞尔数。

同时，INEEL 在评估 UCSB 报告的分析计算中也采用了 UCSB 报告中的局部

换热关系式。利用局部换热关系式计算得到熔融池局部的努塞尔数进而可以计算得到熔融池局部换热系数随着压力容器壁面极角的关系式。

Theofanous[59,60]基于AP600压力容器下封头结构设计了1:1比例的ULPU-Ⅱ和ULPU-Ⅲ实验装置来研究AP600压力容器下封头外表面CHF特性。基于ULPU-Ⅱ和ULPU-Ⅲ实验数据拟合得到了AP600压力容器下封头外壁面的CHF关系式,并将该关系式应用在UCSB报告中分析AP600严重事故下IVR能力。

基于ULPU-Ⅲ的CHF关系式:

$$q_{\mathrm{CHF}}=490+30.2\theta-8.88\times10^{-1}\theta^{2}+1.35\times10^{-2}\theta^{3}-6.65\times\theta^{4} \quad (7-49)$$

Theofanous[85]利用ULPU-Ⅴ实验装置研究了严重事故下AP1000压力容器外表面的CHF特性,获得了大量的实验数据。

(2) 金属层。

轻金属层和重金属层内的自然对流换热过程与氧化物熔融池类似,只是一般认为轻金属层内不存在衰变热,但在INEEL分析计算中考虑了金属层内可能存在衰变热的情况。在金属层内利用同一个换热关系式来描述金属层内向上和向下的换热过程。

在IVRASA程序中,用来描述金属层侧壁面换热过程的换热关系式与UCSB及INEEL分析计算中的换热关系式都采用Churchill-Chu关系式[86]。其中,利用不同的无量纲数可以处理得到三种不同形式的Churchill-Chu关系式为:

IVRASA程序中的Churchill-Chu关系式为[86]

$$Nu=\frac{0.15Ra^{1/3}}{[1+(0.492/Pr)^{9/16}]^{16/27}} \quad (7-50)$$

其适用范围为$0.1<Ra<10^{12}$。

UCSB模型中的Churchill-Chu关系式为[86]

$$Nu=0.076Ra^{1/3} \quad (7-51)$$

INEEL模型中的Churchill-Chu关系式为[86]

$$Nu=\left[0.825+\frac{0.387Ra^{1/6}}{[1+(0.492/Pr)^{9/16}]^{8/27}}\right]^{2} \quad (7-52)$$

同样,在IVRASA程序中用来描述金属层顶部和底部换热过程的换热关系式与UCSB及INEEL分析计算中的换热关系式相同,都采用Globe-Dropkin关系式[87]。其中,利用不同的无量纲数可以处理得到两种不同形式的Globe-Dropkin关系式:

IVRASA程序采用INEEL模型中的Globe-Dropkin关系式为[87]

$$Nu=0.069Ra^{\frac{1}{3}}Pr^{0.074} \quad (7-53)$$

其适用范围为$3\times10^{5}<Ra<7\times10^{9}$,$0.02<Pr<8750$。

UCSB模型中的Globe-Dropkin关系式为[87]

$$Nu = 0.15 Gr^{1/3} \tag{7-54}$$

不同的换热关系式是基于不同的熔融池换热实验得到的,利用不同的换热关系式计算得到的熔融池向上或者向下换热量是不相同的,因此选取不同的换热关系式对 IVR 特性的计算结果会有一定的影响。

前面简要介绍了适用于氧化物层和金属层换热分析的实验关系式,根据前面介绍的换热关系式,表 7-5 给出了应用于 IVRASA 模型中来分析氧化物层和金属层换热过程的换热关系式,以及 UCSB 模型和 INEEL 模型中用于分析氧化物熔融池和金属层换热的换热关系式。

表 7-5 不同分析模型中换热关系式对比

IVRASA 程序换热关系式
(1)金属层: ① 侧壁面: Churchilland-Chu[86]: $Nu = \frac{0.15 Ra^{1/3}}{[1 + (0.492/Pr)^{9/16}]^{16/27}}$ ②顶部和底部: Globe-Dropkin[87]: $Nu = 0.069 Ra^{1/3} Pr^{0.074}$ (2)氧化物层: ①顶部: ACOPO(1/2 比例)[9]: $Nu_{up} = 1.95 Ra'^{0.18}$ ②底部: Mayinger[21]: $Nu_{dn} = 0.55 Ra'^{0.2}$
UCSB 模型换热关系式
(1)金属层 ①侧壁面: Churchilland-Chu[86]: $Nu = 0.076 Ra^{1/3}$ ②顶部和底部: Globe-Dropkin[87]: $Nu = 0.15 Gr^{1/3}$ (2)氧化物层 ① 顶部: Mini-ACOPO(1/8 比例)[70]:

（续）

UCSB 模型换热关系式
$Nu_{up}=0.345Ra'^{0.233}$ ②底部： Mini-ACOPO(1/8 比例)[70]： $Nu_{dn}=0.0038Ra'^{0.35}$
INEEL 模型换热关系式：
(1)金属层 ①侧壁面： Churchilland-Chu[86]： $Nu=\left[0.825+\frac{0.387Ra^{1/6}}{[1+(0.492/Pr)^{9/16}]^{8/27}}\right]^2$ ②顶部和底部： Globe-Dropkin[87]： $Nu=0.069Ra^{\frac{1}{3}}Pr^{0.074}$ (2)氧化物层 ①顶部： ACOPO(1/2 比例)[9]： $Nu_{up}=2.4415Ra'^{0.1722}$ ②底部： ACOPO(1/2 比例)[9]： $Nu_{dn}=0.1857Ra'^{0.2304}\left(\frac{H}{R}\right)^{0.25}$

3）IVRASA 程序简介

根据熔融池各层的数学模型及氧化物层和金属层内的换热关系式，利用 Fortran90 语言开发了压水堆严重事故下堆芯 IVR 能力分析程序，IVRASA 程序的各个模块及计算流程如图 7－37 所示。

IVRASA 程序的主要模块及各个模块的主要功能如下：

（1）输入参数模块：设置程序中用到的常量的值。

（2）熔融物构型选择模块：通过改变液体金属和氧化物在各层的份额来实现熔融物构型的控制。

（3）氧化物层初始化模块：在熔融物构型选择后，通过熔融氧化物层初始化和物性程序模块来计算各层中氧化物的质量和物性值，在后面的计算中使用。

（4）金属层初始化模块：液体金属层初始化和物性程序模块的功能与熔融氧化物层初始化和物性程序模块一样，计算各层的金属质量和物性。

（5）几何参数模块：在熔融物构型选取后以及各层相应成分的质量和物性值

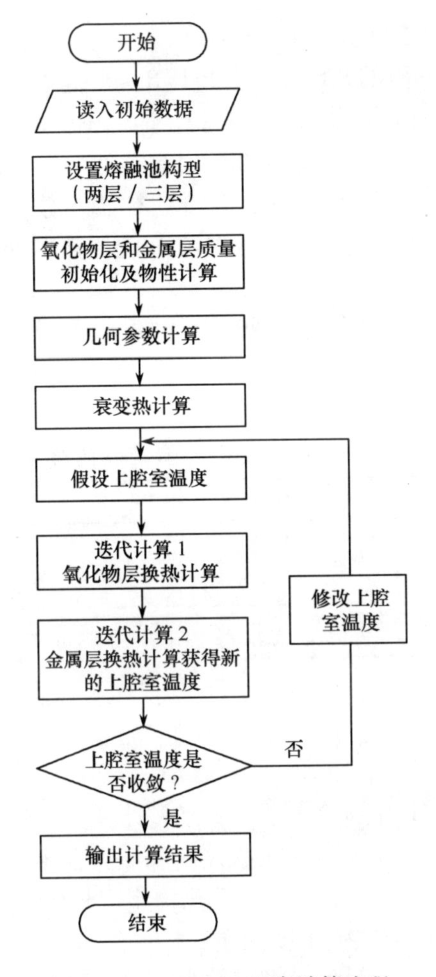

图 7－37　IVRASA 程序计算流程

求得后，利用该模块计算得到对应于选择的熔融物构型的几何参数库，在后面计算中调用。

（6）衰变热模块：计算所选的熔融物构型中各层内的衰变热，作为后面换热计算的输入参数值。

（7）氧化物层换热计算模块：熔融氧化物层模块根据所选取的换热关系式计算熔融氧化物层内的自然对流换热过程，如压力容器外壁面热流密度、氧化物硬壳的厚度以及热流密度与 CHF 的比值等。

（8）金属层换热计算模块：根据熔融氧化物层的计算结果，可以利用液体金属层换热计算模块来求解液体金属层内的自然对流换热和液体金属层上表面与上部堆内构件之间的辐射换热过程。

（9）参数输出模块：输出程序收敛后的计算结果，主要有压力容器壁面热流密度、热流密度比、压力容器壁面厚度、熔融物硬壳厚度等参数。

4）AP1000 严重事故下 IVR 能力分析

利用 IVRASA 对 AP1000 严重事故下 IVR 特性进行计算前首先要获得再分布进入压力容器下封头内的熔融物的质量，Zavisca 和 Yuan 等人利用核电厂严重事故系统分析软件 MELCOR、MAAP 等对压力容器外部成功再淹没条件下的事故进程进行了分析计算[88,89]，获得了 IVR 分析的初始参数。同时，Esmaili 和 Khatib-Rahbar 利用同样的方法获得了 AP1000 核电厂在严重事故下 IVR 分析的初始参数[73]。

表 7－6 和表 7－7 分别列出了 AP1000 核电厂在严重事故下堆芯熔融物再分布后，压力容器下封头内形成的熔融池衰变热的大小，再分布的 UO_2 质量、ZrO_2 质量、Zr 质量及不锈钢的质量。

表 7－6　再分布时间和熔融物的衰变热[73]

计算软件	再分布时间/h	衰变热/MW
MELCOR	2.6～3.7	23～29
MAAP	1.7	28.7

表 7－7　再分布的堆芯熔融物各组分的质量[73]

参数	熔融物组分			
	UO_2	ZrO_2	Zr	不锈钢
质量/kg	66266	6211	13714	37376

图 7－38～图 7－41 分别给出了 IVRASA 计算得到的 AP1000 压力容器壁面热流密度、壁面热流密度比、氧化物硬壳厚度和压力容器壁面厚度沿着压力容器壁面的分布。计算结果表明：对于两层熔融池构型，AP1000 压力容器底部的热流密度是很低的，该部位的临界热流密度比在 0.2 左右；整个熔融池的最大壁面热流密度出现在金属层区域，该区域的壁面临界热流密度比的最大值小于 0.6，这说明了对于 AP1000 两层熔融物构型的情况，IVR 是可以成功的，而且还有较大的裕量。

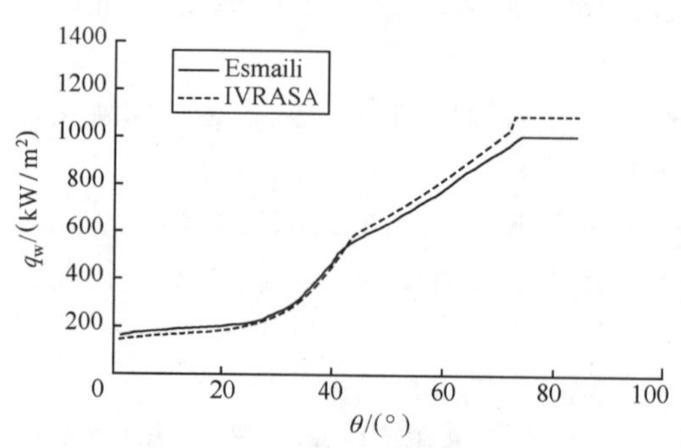

图 7－38　IVRASA 计算热流密度与 Esmaili 计算结果对比

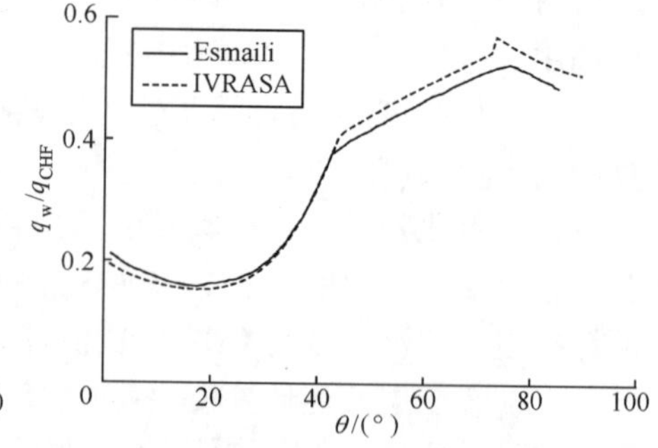

图 7－39　IVRASA 计算壁面热流密度比与 Esmaili 计算结果对比

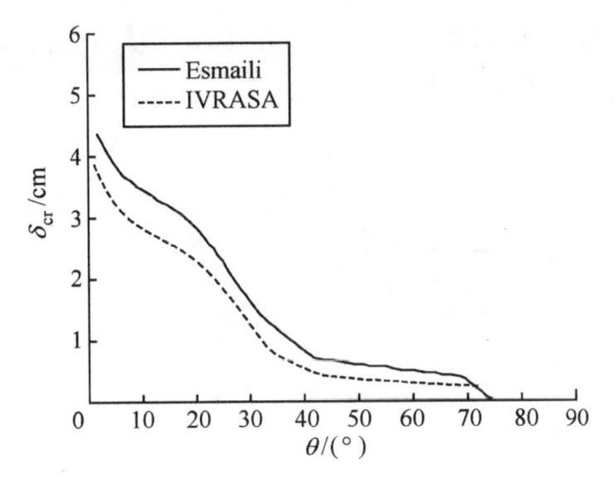

图 7 - 40　IVRASA 计算熔融物硬壳厚度与 Esmaili 计算结果对比

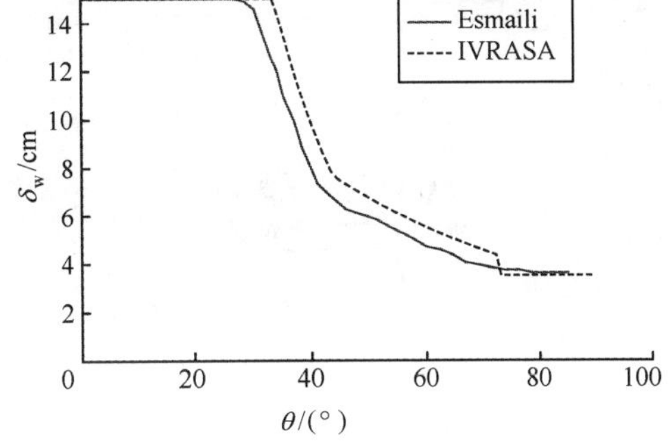

图 7 - 41　IVRASA 计算壁面厚度与 Esmaili 计算结果对比

从计算结果可以看到：AP1000 熔融池形成的氧化物硬壳厚度随着极角的增大而减小，这是由于随着极角的增大，熔融池的局部换热系数也增大；压力容器壁面厚度在大约 30°的位置开始发生部分熔化，这是由于从该位置开始压力容器的内壁面温度大于钢的熔点，使得部分壁面被消融掉。从图 7 - 41 中可以看到壁面热流密度越大的地方，壁面厚度就越小。在整个熔融池中最大热流密度出现在与金属层相邻的压力容器壁面位置，同时此处的压力容器壁面厚度也最小，这就说明了金属层区域的压力容器壁面是实现整个熔融池 IVR 的最薄弱的环节。

在对于两层熔融物构型的 IVR 分析还存在一些不确定因素，这些不确定因素会对熔融池的 IVR 分析结果产生较大的影响。不确定因素主要包括不同熔融池换热关系式的选择、金属层聚焦效应、金属层内附加热源和 CHF 关系式的选择等。图 7 - 42 ~ 图 7 - 45 分别给出了这些不确定因素对 IVR 特性的影响。

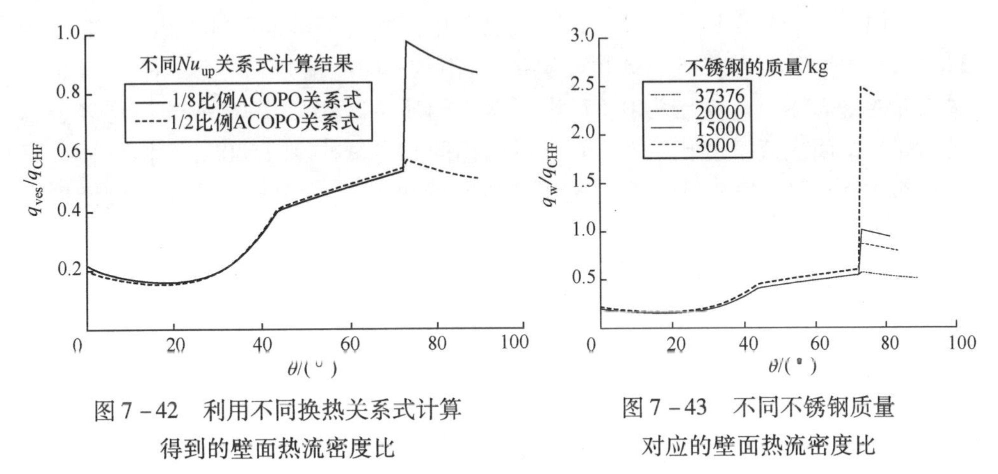

图 7 - 42　利用不同换热关系式计算得到的壁面热流密度比

图 7 - 43　不同不锈钢质量对应的壁面热流密度比

图 7 - 42 显示当选用 ACOPO（1/8 比例）实验拟合的关系式来计算氧化物熔融池向上传递的热量时，与氧化物熔融池相邻的压力容器壁面的热流密度和热流

密度比没有发生变化,因为这两种情况下采用相同的换热关系式来计算熔融池向下的换热过程;但是从图中可以看到,与金属层相邻的壁面热流密度和热流密度比增大了70%,整个熔融池的最大壁面热流密度比由原来的0.57增大到0.97,已非常接近临界热流密度比1,这使得熔融池的IVR裕量显著减小。

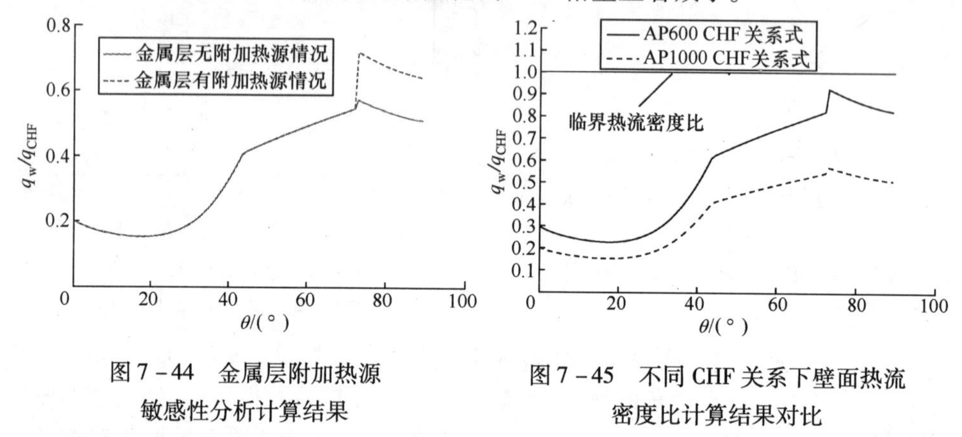

图7-44 金属层附加热源敏感性分析计算结果

图7-45 不同CHF关系下壁面热流密度比计算结果对比

由于金属的热导率很大,金属层内质量的减少会导致金属层与压力容器的接触面积减少,在金属层上表面换热量不变的情况下,使得来自氧化物熔融池的热量全部集中在与金属层相邻的更小的压力容器壁面上,对压力容器壁面形成一个热冲击,这就是金属层的聚焦效应。金属层的聚焦效应可能导致与金属层相邻的压力容器壁面热流密度达到CHF而失效。

金属层主要由金属锆和不锈钢组成,通过改变金属层中的不锈钢的质量来模拟金属层内液态金属质量的减少对壁面热流密度比的影响。图7-43给出了不同不锈钢质量条件下,计算得到的壁面热流密度比。

利用IVRASA程序分别计算了不锈钢质量为37376kg、20000kg、15000kg和3000kg四种情况。从图7-43可以看到:当不锈钢的质量为37376kg时,与轻金属层相邻的壁面热流密度比为0.57;当不锈钢的质量减小到20000kg时,与轻金属层相邻的壁面热流密度比为0.86;当不锈钢的质量减小到15000kg时,与轻金属层相邻的壁面热流密度比达到了临界热流密度比1,这将导致压力容器壁面发生CHF而发生熔穿,最终导致壁面破裂使IVR失效。随着不锈钢质量的继续减小,壁面热流密度比继续升高,当不锈钢的质量减小到3000kg时,与轻金属层相邻的壁面热流密度比达2.5,这远远大于临界热流密度比。

因此,通过对金属层聚焦效应的敏感性分析发现,轻金属层内液体金属的质量越小,轻金属层的聚焦效应就越强,对压力容器壁面的威胁也就越大。在整个熔融池中最大热流密度比出现在与轻金属层相邻的压力容器壁面位置,这就说明了轻金属层区域的压力容器壁面是实现整个熔融池IVR的最薄弱的环节,而且轻金属层的聚焦效应加剧了轻金属层区域压力容器壁面失效的可能性。因此,应在与轻金属层相邻的压力容器壁面区域增加适当的牺牲性材料来保护压力容器壁面的完整性。

INEEL 在对 UCSB 计算结果进行评估时提出了金属层内可能存在附加热源，这可能导致金属层内的热负荷增大，从而导致与金属层相邻的压力容器壁面热流密度比增大，使得 IVR 裕量减小[71]。Esmaili 和 Khatib-Rahbar 在分析 AP1000 严重事故下 IVR 特性时也考虑了金属层内的存在附加热源的情况[73]。金属层内的附加热源主要是由于不锈钢的活化和氧化及可能存在的裂变产物引起的。在利用 IVRASA 程序计算时，采用 INEEL 的假设，即在保守分析计算中金属层内附加热源的功率取值为再分布后熔融物衰变热的 8%[71]。从图 7－44 可以看到：金属层内考虑附加热源时与金属层相邻的压力容器壁面的热流密度比由原来的 0.57 升高到了 0.72，使得 IVR 裕量减小；但是减小幅度较小。从图 7－44 还可以看到，考虑金属层内附加热源时对氧化物层内的热流密度的大小及分布几乎没有影响。

在堆芯 IVR 分析计算中，通过计算压力容器壁面热流密度与压力容器外壁面热流密度比来判断压力容器壁面失效及 IVR 裕量，当壁面热流密度比达到临界热流密度比 1 时，压力容器壁面将发生熔穿失效，导致 IVR 失效。因此，压力容器壁面 CHF 关系式的选择是非常重要的。图 7－45 给出了分别利用 AP600 压力容器外壁面的 CHF 关系式和 AP1000 压力容器外壁面的 CHF 关系式时计算得到的壁面热流密度比的分布。选用基于 AP1000 的 CHF 关系式时计算得到的熔融池的最大壁面热流密度比为 0.57，而选用基于 AP600 的 CHF 关系式时熔融池的最大壁面热流密度比增大到 0.92，使得熔融池的 IVR 裕量显著地减小。

这说明选择不同的 CHF 关系式计算得到的 IVR 裕量及相关结果会有较大的差异，因此要求在利用 IVRASA 程序进行严重事故下的 IVR 分析时尽量减少不确定因素的影响，选择适用于所要解决的问题的 CHF 关系式和换热关系式。

7.3 压力容器内窄缝通道换热特性

在压水堆严重事故现象演变过程中，堆芯熔融物在反应堆内迁移进入压力容器下封头内，高温熔融物凝固形成的熔融池外部硬壳与压力容器壁面之间有一定概率形成窄缝，窄缝的存在有助于堆芯熔融物的冷却和实现 IVR。在三哩岛事故后的清理和检查过程中，发现了热斑区域的存在，该区域仅仅持续了大约 30min 就被快速地冷却下来[90,91]。同时，发现进入下封头的堆芯熔融物经过冷却后形成了多孔性凝固物，即在下封头内的堆芯熔融物中存在许多窄缝通道，这可能有利于熔融物的冷却。压力容器内窄缝的形成过程如图 7－46 所示。因此，可以推测，窄缝换热机理可能是导致三哩岛事故过程中压力容器壁面形成的热斑被快速冷却的原因。图 7－47 给出了严重事故过程中压力容器内可能存在的窄缝换热的示意图。

针对严重事故过程中熔融物与压力容器内壁面之间可能存在的窄缝换热，很

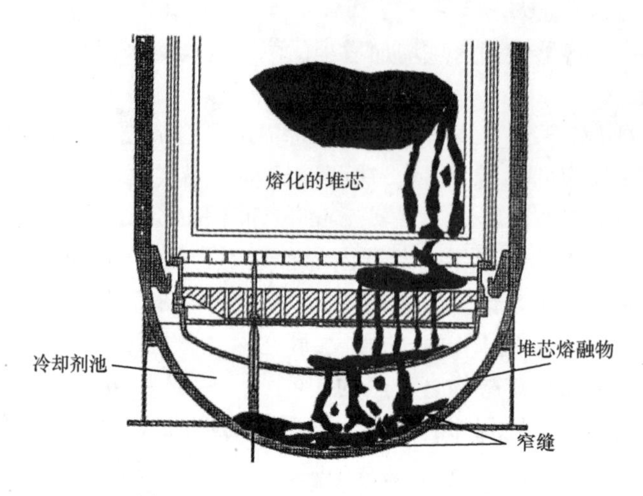

图 7－46　压力容器内窄缝形成过程

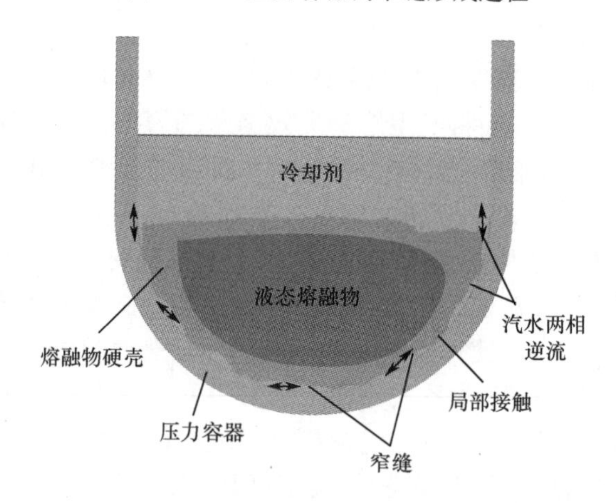

图 7－47　压力容器内窄缝换热示意图

多学者开展了相应的实验研究和理论分析，通过模拟严重事故条件下熔融物再分布过程研究熔融物与压力容器内壁面之间形成的窄缝通道的尺寸特性，为理论分析提供实验数据。

例如：JAERI 开展的 ALPHA 实验，利用熔融的 Al_2O_3 来模拟堆芯熔融物，研究了高温熔融物再分布进入下封头的过程及熔融物与下封头内冷却剂的作用过程，通过实验后的检测发现熔融物与压力容器内壁面之间形成了 1.0～2.0mm 的窄缝通道[92]；Magallon 等人利用 FARO 实验装置研究了压水堆原型材料熔融物再分布进入压力容器下封头的过程和 FCI 过程，通过实验得到了与 ALPHA 实验相似的结论，即熔融物与压力容器内壁面之间存在 1mm 左右的窄缝[93]。

为了研究窄缝的传热机理，作者研究了矩形、球形和环形窄缝的传热与换热规律。例如，研究分别在矩形、球形以及环形窄缝通道内从单相过冷水到单相过热蒸汽的五个换热区域，即单相水、过冷沸腾、饱和沸腾，以及干涸后弥散流、单相过热蒸汽；三个特征点，即过冷沸腾起始点(ONB)、充分发展饱和沸腾点(FDB)、干涸点(Dryout)热工水力特性，以及窄缝的CHF等。

7.3.1 矩形窄缝换热特性

为了研究矩形窄缝的换热特性，国内外展开了大量的实验及理论研究。KAERI开展的SONATA-IVLAVA实验[94]，研究了熔融物在压力容器下封头内的冷却过程，结果发现在熔融物与压力容器内壁面之间也形成了0.6～1.5mm的窄缝通道，而且发现形成的窄缝通道的倾斜角沿着压力容器内壁面0°～90°范围内变化。KAERI还利用VISU实验研究了窄缝通道内的流动换热特性[95]，发现窄缝通道内的流动换热与CCFL有密切的关系。

图7-48是基于CCFL的矩形窄缝通道内CHF理论模型原理。矩形窄缝通道为单面加热，在矩形通道内蒸汽向上流动，液体向下流动，矩形通道的倾角为θ。

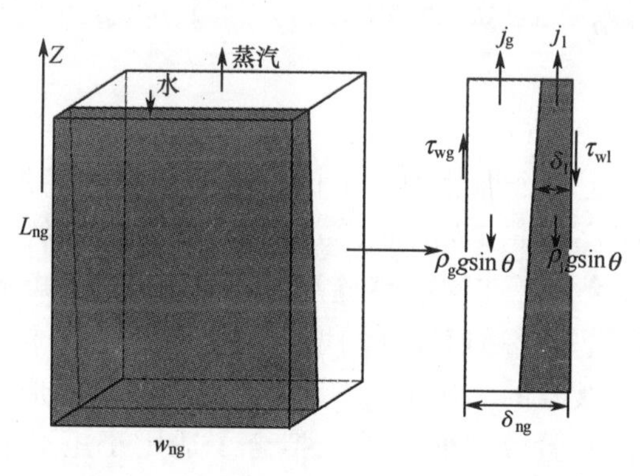

图7-48 基于CCFL的矩形窄缝通道内CHF理论模型原理

为了计算矩形窄缝通道内的CHF，假设窄缝通道内来自加热面的热量全部用于液体蒸发为蒸汽，则根据能量守恒可以得到矩形窄缝通道内的CHF与蒸汽的无量纲表观速度的关系式：

$$q_{\mathrm{CHF}}=j_g^* r\frac{A_g}{A_H}(\rho_g\Delta\rho Dg\sin\theta)^{0.5} \tag{7-55}$$

式中：j_g^*为无量纲蒸汽表观速度；A_H为窄缝通道加热面面积(m^2)。

此外，Mondc等人研究了单面加热的竖直矩形通道内的CHF特性，同时研究了不同的窄缝尺寸对矩形通道内CHF的影响，在对水、乙醇、苯和R-113等工质实验数据处理的基础上，提出了一个预测窄缝通道内CHF的关系式[96]：

$$\frac{q_{\mathrm{CHF}}/\rho_g r}{\sqrt[4]{\sigma g(\rho_l-\rho_g)/\rho_g^2}}=\frac{0.16}{1+6.7\times10^{-4}(\rho_l/\rho_g)^{0.6}(L_{ng}/\delta_{ng})} \tag{7-56}$$

式中：L_{ng}为窄缝通道的长度（m）；δ_{ng}为窄缝通道的厚度（m）；r 为汽化潜热（J/kg）；ρ_l 为液体的密度（kg/m^3）；ρ_g 为蒸汽的密度（kg/m^3）；σ 为表面张力（N/m）；θ 为窄缝通道倾斜角（°）；q_{CHF}为临界热流密度（W/m^2）。

Katto 通过对自然对流沸腾机理的研究，同时结合量纲分析的方法建立了一个接近竖直的窄缝通道内的 CHF 预测模型[97]：

$$\frac{q_{CHF}/\rho_g r}{\sqrt[4]{\sigma g \sin\theta(\rho_l-\rho_g)/\rho_g^2}}=\frac{C_1}{1+C_2(\rho_l/\rho_g)^{C_3}(g\sin\theta(\rho_l-\rho_g)\delta_{ng}^2/\sigma)^{C_4}(D_h/\delta_{ng})} \tag{7-57}$$

式中：C_1、C_2、C_3 和 C_4 为基于实验数据的常数；D_h 为窄缝通道的当量直径（m）。

Katto 和 Kosho 通过实验研究了不同直径、不同间距的两个圆形薄片之间形成的窄缝通道内的 CHF 特性，研究了薄片直径与窄缝间距比对通道内 CHF 的影响，并在实验数据的基础上提出了一个预测窄缝通道内 CHF 的关系式[98]：

$$\frac{q_{CHF}/\rho_g r}{\sqrt[4]{\sigma g(\rho_l-\rho_g)/\rho_g^2}}=\frac{0.18}{1+0.00918(\rho_g/\rho_l)^{0.14}(g(\rho_l-\rho_g)d^2/\sigma)^{0.5}(d/\delta_{ng})} \tag{7-58}$$

式中：d 为圆形薄片的直径（m）。

Kim 和 Suh 设计了一个加热面向下的一维矩形窄缝通道，通过实验研究了窄缝尺寸分别为 1mm、2mm、5mm 和 10mm 时不同通道倾斜角下的矩形通道内 CHF 的特性，通过实验发现在同一窄缝尺寸下，CHF 随着矩形通道倾斜角的增加而增大；CHF 也随着矩形通道尺寸的增大而增大[99]。Noh 等人还在设计的一维矩形窄缝通道实验装置的基础上，研究了大小不同的矩形加热面对矩形通道内 CHF 的影响，并在实验数据的基础上拟合了适用于矩形窄缝通道内的 CHF 关系式[100]。

同时，Tanaka 等人开展了单面加热的矩形通道内 CHF 实验研究，研究了矩形通道内 CHF 随着通道倾斜角的变化特性，得到了类似的结论，即矩形窄缝通道内的 CHF 随着通道倾斜角的减小而降低[101]。Jeong 等人设计了一个半球形窄缝实验装置，用来研究半球形窄缝通道内的 CHF 特性，通过实验研究发现窄缝通道内的 CHF 机理与大容积池式沸腾发生 CHF 的机理不同，窄缝通道内蒸汽与冷却剂之间的 CCFL 是导致 CHF 的主要原因[102,103]。实验中发现 CHF 首先发生在冷却剂进口比较窄的地方，因为此处的冷却剂完全被窄缝中产生的蒸汽阻止在窄缝通道外部，无法进入到窄缝通道内及时冷却蒸干的加热表面。

西安交通大学苏光辉教授及秋穗正教授也在矩形窄缝通道内热工水力特性研究方面做了大量工作。例如：①进行可视化矩形窄缝流动换热实验。基于高温高压水回路，在可视化矩形窄缝通道的实验研究中，对水平矩形窄缝通道内水和空气的两相流流型特征及流型转换进行了实验研究，利用高速摄像仪记录到典型的两相流流型特征。对不同两相流流型工况下水的饱和沸腾传热和流动特性进行了研究[104-107]。②进行高压下矩形窄缝通道内热工水力特性实验研究。基于高温高压水回路，在不锈钢矩形窄缝通道的实验研究中，在 1~6MPa 的压力范围内对间隙分别为 1.0mm、1.8mm 和 2.5mm 的矩形通道进行沸腾换热研究[108-110]。③带核反馈的矩形窄缝通道内热工水力特性实验。基于高温高压水回路，以水为工质模拟了反应堆有核反馈的条件下瞬态升功率过程，完成瞬态功率自动控制系统设计[111]。

在窄缝通道 CHF 理论研究方面，Seiler 基于 CCFL 机理建立了一个窄缝通道内的 CHF 预测模型，用于预测窄缝尺寸小于 3mm 的窄缝通道内的 CHF 特性[112]。Katto 通过量纲分析的方法建立了一个窄缝通道内的 CHF 预测模型，该模型适用于自然对流沸腾情况，也可以预测不同通道倾斜角下的 CHF 值[97]。同时，Monde，Katto 和 Kosho，Kim 和 Suh 在实验研究的基础也提出了相应的 CHF 预测模型，并利用 CHF 理论模型对实验进行了预测分析。

西安交通大学也在矩形窄缝理论应用方面做了丰富的工作，应用相关模型进行自主程序开发[113]。图 7-49~图 7-52 分别给出了窄缝 CHF 理论模型对 Kim 和 Suh 开展的矩形窄缝 CHF 实验数据的预测结果。Kim 和 Suh 设计了一个单面加热的一维矩形窄缝通道，在大气压下实验研究了窄缝尺寸分别为 1mm、2mm、5mm 和 10mm 时不同倾斜角下的矩形通道内的 CHF 特性。试验段是一个倾斜矩形窄缝通道，通道长为 15mm、宽为 35mm。

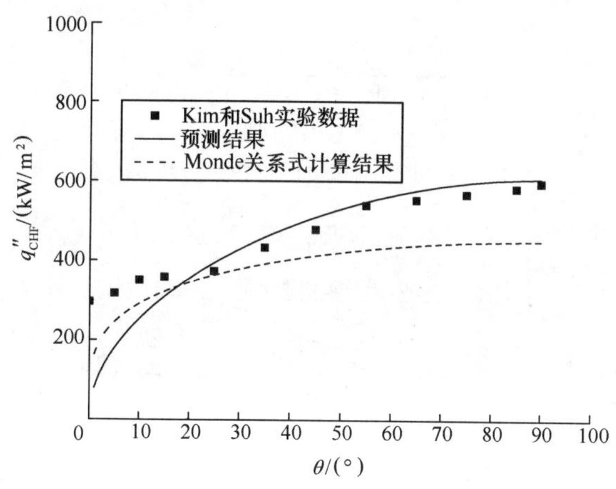

图 7-49　矩形窄缝尺寸为 1mm 时 CHF 实验数据与预测值的对比

苏光辉教授将模型预测的结果与利用 Monde 关系式对 Kim 和 Suh 实验数据预测的结果进行了对比分析。从图 7-49~图 7-52 可以看到 Monde 关系式预测的结果都小于实验数据，而从图 7-49 和图 7-50 可以看到窄缝 CHF 理论预测模型在窄缝尺寸为 1mm 和 2mm 时可以对窄缝内的 CHF 值随着窄缝倾斜角的变化特性进行比较准确地预测；但是，当窄缝倾斜角小于 20°，即当窄缝通道接近于水

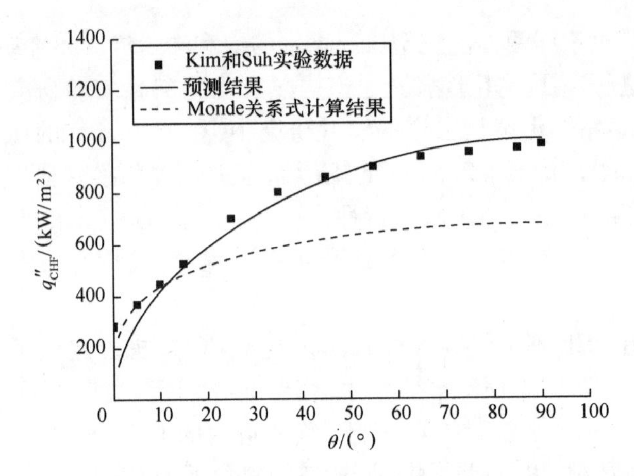

图 7-50　矩形窄缝尺寸为 2mm 时 CHF 实验数据与预测值的对比

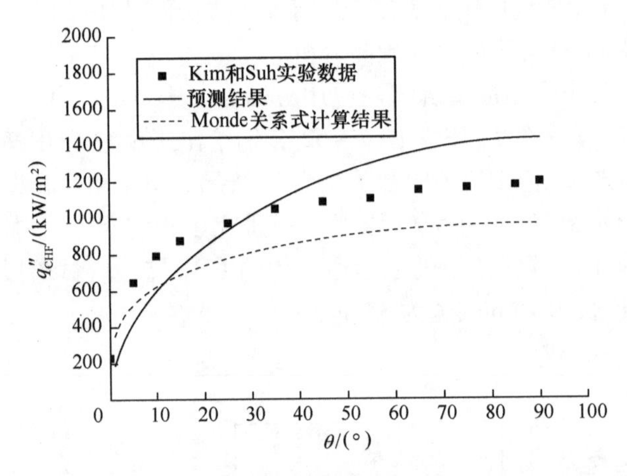

图 7-51　矩形窄缝尺寸为 5mm 时 CHF 实验数据与预测值的对比

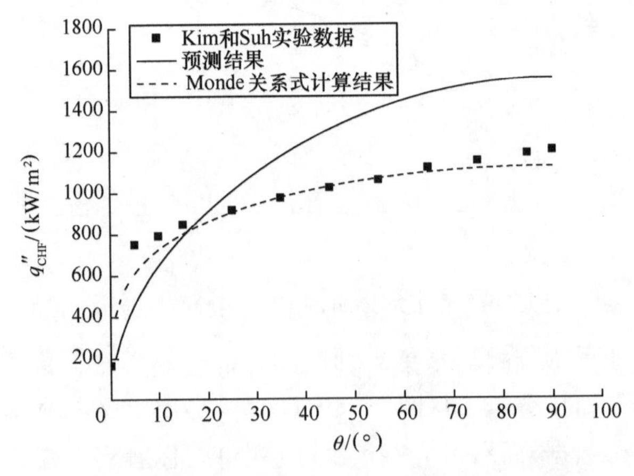

图 7-52　矩形窄缝尺寸为 10mm 时 CHF 实验数据与预测值的对比

平位置时 CHF 理论预测模型的预测值小于实验数据，特别是当窄缝通道的倾斜角为0°，即窄缝通道处于水平位置时，预测得到的 CHF 值比实验数据小 35% 左右。从图 7-51 可以看到，当窄缝尺寸为 5mm 时，窄缝 CHF 理论预测模型在窄缝倾斜角较大的位置预测的结果比实验值大，在窄缝倾斜角较小的位置预测的结果比实验值小，而 Monde 模型对实验值的预测都偏小。从图 7-52 可以看到，当通道尺寸为 10mm 时，窄缝 CHF 理论预测模型也是在通道倾斜角较大的位置预测的结果比实验值大，在通道倾斜角较小的位置预测的结果比实验值小，而 Monde 模型对实验数据预测得比较好。

7.3.2 球形窄缝换热特性

球形窄缝比矩形窄缝更接近于反应堆实际情况，比环形窄缝更便于计算和研究，因此有着特殊的研究意义。球形窄缝换热模型如图 7-53 所示。2003 年，R. J. Park 等人做了相关球形窄缝的实验[114]，实验条件：半球的半径 $r=498$mm，窄缝宽度为 0.5mm、1.0mm、2.0mm 和 5.0mm，冷却剂为饱和蒸馏水或 R113，压力为 0.1～1MPa，用电加热球形铜板提供最大平均热流密度为 350kW/m²。实验结果如图 7-54所示。西安交通大学苏光辉教授则针对该球形窄缝实验进行了相关的模拟计算工作。

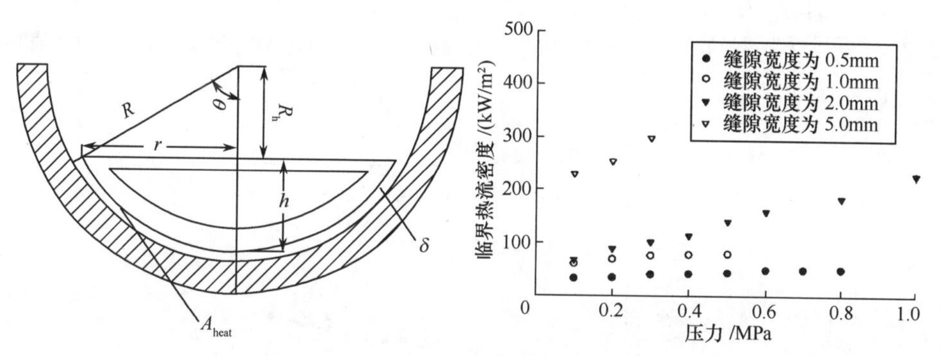

图 7-53 球形窄缝换热模型

图 7-54 以蒸馏水为冷却剂的实验结果

计算关系式如下：

$$q_{CHF}=145\delta^{0.406}p^{x}+0.89h_{gl}\frac{\delta}{R}\left(\frac{2R}{h}-1\right)^{3/4}\left(\frac{h}{R}\right)^{3/4}\left(\frac{g\delta}{R}\Delta\rho\right)^{1/2}\frac{c^{2}\rho_{g}^{1/2}}{\left[1+m\left(\frac{\rho_{g}}{\rho_{l}}\right)^{1/4}\right]^{2}} \tag{7-59}$$

式中：ρ_l 为液体的密度(kg/m³)；ρ_g为气体的密度(kg/m³)；h_{gl}为汽化潜热(kJ/kg)；q_{CHF}为通道内的 CHF 值(N/m²)；δ 为窄缝的宽度(m)；$\Delta\rho$ 为汽液两相密度差(kg/m³)；p 为压力(Pa)；h 为熔融物的高度(m)；R 为下封头内壁半径(m)。

通过自编程序，西安交通大学获得了一套球形窄缝换热特性研究程序。当把 $r=498$mm，窄缝宽度为 0.5mm、1mm、2mm 分别代入相关程序，结果如图 7－55～图 7－57 所示。

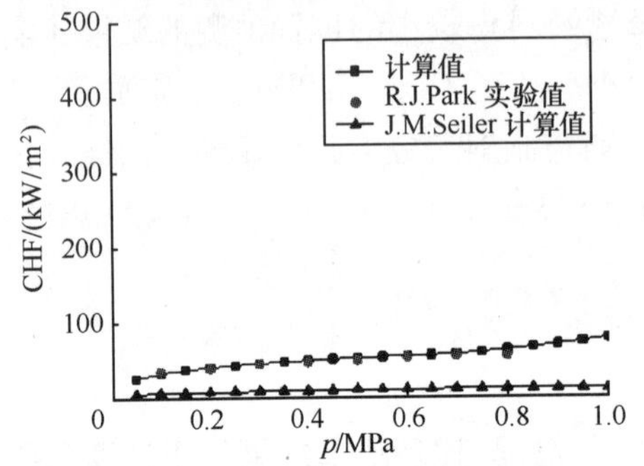

图 7－55　窄缝宽度为 0.5mm 时计算结果与 R. J. Park 实验值和 J. M. Seiler 关系式的比较

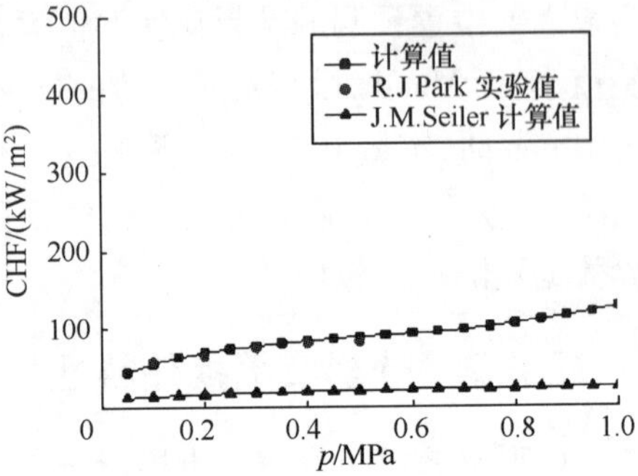

图 7－56　窄缝宽度为 1mm 时计算结果与 R. J. Park 实验值和 J. M. Seiler 关系式的比较

图 7－55 为窄缝宽度为 0.5mm 时的计算值和实验值的比较，当窄缝宽度为 0.5mm 时，计算值与实验值的最大误差为 12%。图 7－56 为窄缝宽度为 1mm 时的计算值和实验值的比较，计算值与实验值的最大误差为 9%。图 7－57 为窄缝宽度为 2mm 时的计算值和实验值的比较，计算值与实验值的最大误差为 17%。

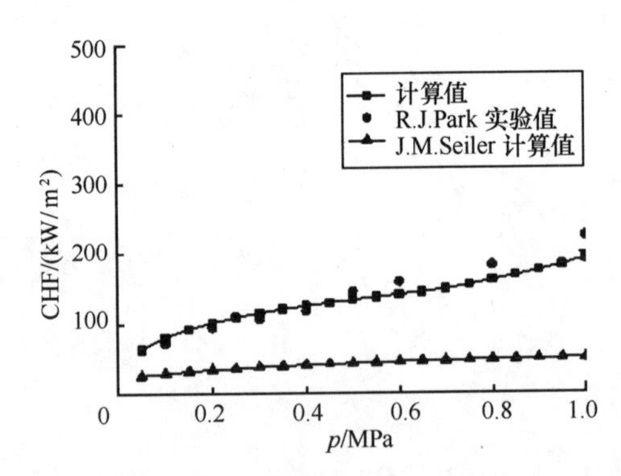

图 7－57　窄缝宽度为 2mm 时计算结果与 R. J. Park 实验值和 J. M. Seiler 关系式的比较

熔融物和下封头之间的最宽窄缝一般在 2mm 左右，窄缝的宽度在下封头的底部比较窄，并且随着角度的增大而增大。分别选取了 0.5mm、1mm、2mm 计算，预测结果如图 7－58～图 7－61 所示。

由图 7－58 可见，缝宽和半径不变，压力增加时，CHF 随着压力的增大而增大。当压力增大时，蒸汽的比热容减小，蒸汽的总体积相应的减小，蒸汽的出口速度也减小。相间摩擦力减小，这样有利于液体渗进窄缝，所以 CHF 随着压力的增大而增大。

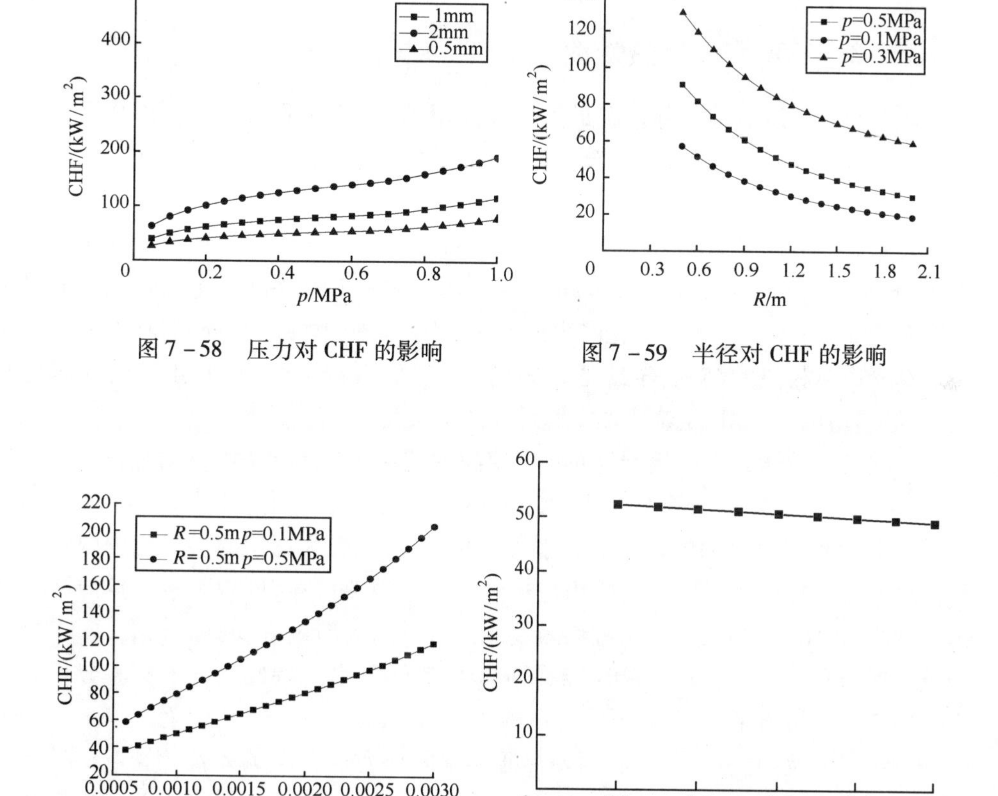

图 7－58　压力对 CHF 的影响

图 7－59　半径对 CHF 的影响

图 7－60　缝宽对 CHF 的影响

图 7－61　熔融池深度对 CHF 的影响

由图 7－59 可见，当压力和窄缝的宽度不变时，CHF 随半径的增大而减小。在研究半球体的体积和表面积的增长率随着球体半径的变化规律后，发现当球形的半径小于 2m 时，球形的表面积的增长率大于球体积的增长率。由图 7－60 可见，当半径和压力不变时，CHF 随着窄缝的宽度的增大而增大，这是由于当缝隙变宽：①在发生 CHF 时，先是半球局部发生 CHF，接下来才是整个半球都发生 CHF。当窄缝变宽时，相应的微液层变厚，需要更多的热量使其蒸发；②相应蒸汽的速度变小，使相间摩擦力变小，也有利于水的进入。当窄缝宽度变大时，沸腾机理也随着变化，从 CCFL 到池式沸腾 CHF 随着窄缝的增大而增大。因为沸腾机理随着窄缝的宽度的增大而发生变化：当窄缝宽度小于 4mm，沸腾机理为 CCFL；当窄缝宽度约为 5mm 时，沸腾机理为 CCFL 和池式沸腾结合；当窄缝的宽度增至 10mm 时，沸腾机理变为池式沸腾。因此，当半径、压力不变时 CHF 随着窄缝的宽度的增加而增加。而池式沸腾换热强度明显大于 CCFL 换热。由图 7－61 可见，当 h 变化时，h 对 CHF 的影响不大。综合以上结果，压力对 CHF 的影响比较温和，窄缝的宽度和球形的半径对 CHF 影响比较大。

7.3.3 环形窄缝换热特性

环形窄缝与反应堆实际情况最为吻合，但不同曲率、不同设计的环形结果会造成实验成本的增加。因此，环形窄缝换热特性的研究有着重要的意义，同时也有自己的局限。

实验研究方面，Kim 等人利用内径为 19mm 的环形窄缝通道研究了窄缝尺寸为 0.5mm、1.5mm、3.0mm 和 3.5mm 时窄缝通道内的 CHF 特性，同时研究了不同窄缝通道的倾斜角 0°～90°变化时窄缝通道 CHF 的变化特性，通过实验得到了与矩形窄缝通道相似的结论，窄缝通道内的 CHF 随着环形通道倾斜角的增加而增大；窄缝通道内的 CHF 随着环形窄缝尺寸的增大而增大[115]。

西安交通大学苏光辉教授针对环形窄缝的通道内热工水力特性研究设计了一系列实验。本实验基于高温高压水回路开展了间隙分别为 1.0mm、1.5mm 和 2.0mm 竖直环形窄缝内的基础热工水力实验研究，在较为宽广的参数范围内对环形窄缝通道内从单相过冷水到单相过热蒸气五个换热区域，即单相水、过冷沸腾、饱和沸腾、干涸后弥散流、单相过热蒸气，三个特征点，即过冷沸腾起始点（ONB）、充分发展饱和沸腾点（FDB）、干涸点（Dryout）的热工水力特性进行了实验分析研究。图 7－62 给出了 1mm 环形窄缝试验段的示意图。

理论研究及相关模拟方面，西安交通大学同样通过自主编程及计算取得了丰硕的研究成果。图 7－63～图 7－66 分别给出了窄缝 CHF 理论模型对 Kim 等人开展的环形窄缝 CHF 实验数据[115]的预测结果。从图 7－63～图 7－66 可以看到，环形窄缝通道内的 CHF 值随着窄缝倾斜角的增大而增大，随着窄缝尺寸的增大而增大，这与矩形窄缝通道内的 CHF 变化特性是一致的。

窄缝 CHF 理论模型对不同尺寸的环形窄缝内 CHF 值随着窄缝倾斜角的变化特性的预测是比较好的，从图 7－63～图 7－65 可以看到窄缝 CHF 理论模型对实验值的预测整体稍高一些，从图 7－66 可以看到窄缝 CHF 理论模型对倾斜角较大的环形窄缝通道的实验数据的预测偏高一些。

图 7－67 中将 Kim 和 Suh 开展的矩形窄缝尺寸分别为 1mm、2mm、5mm 和 10mm 的 CHF 实验数据，以及 Kim 等人开展的环形窄缝尺寸分别为 0.5mm、1.5mm、3.5mm 和 3.5mm 的 CHF 实验数据与窄缝 CHF 理论模型预测的结果进行了对比。从图 7－67 中可以看到，窄缝 CHF 理论模型对大部分矩形窄缝和环形窄缝 CHF 实验数据的预测误差为 －30%～30%。

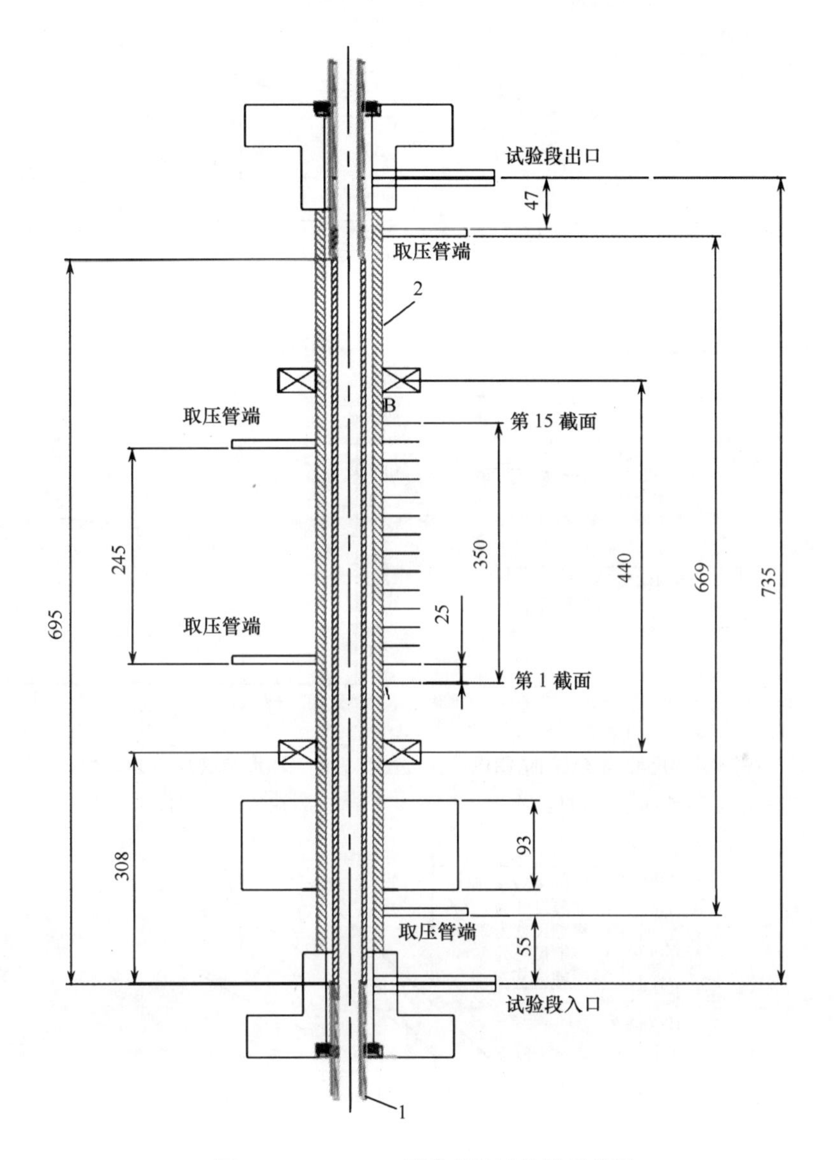

图 7 - 62　1.0mm 环形窄缝试验段示意图

1—内管 $\phi 8 \times 1$mm 材料：中间为不锈钢，两端为紫铜；

2—外管 $\phi 14 \times 2$mm 材料：不锈钢。

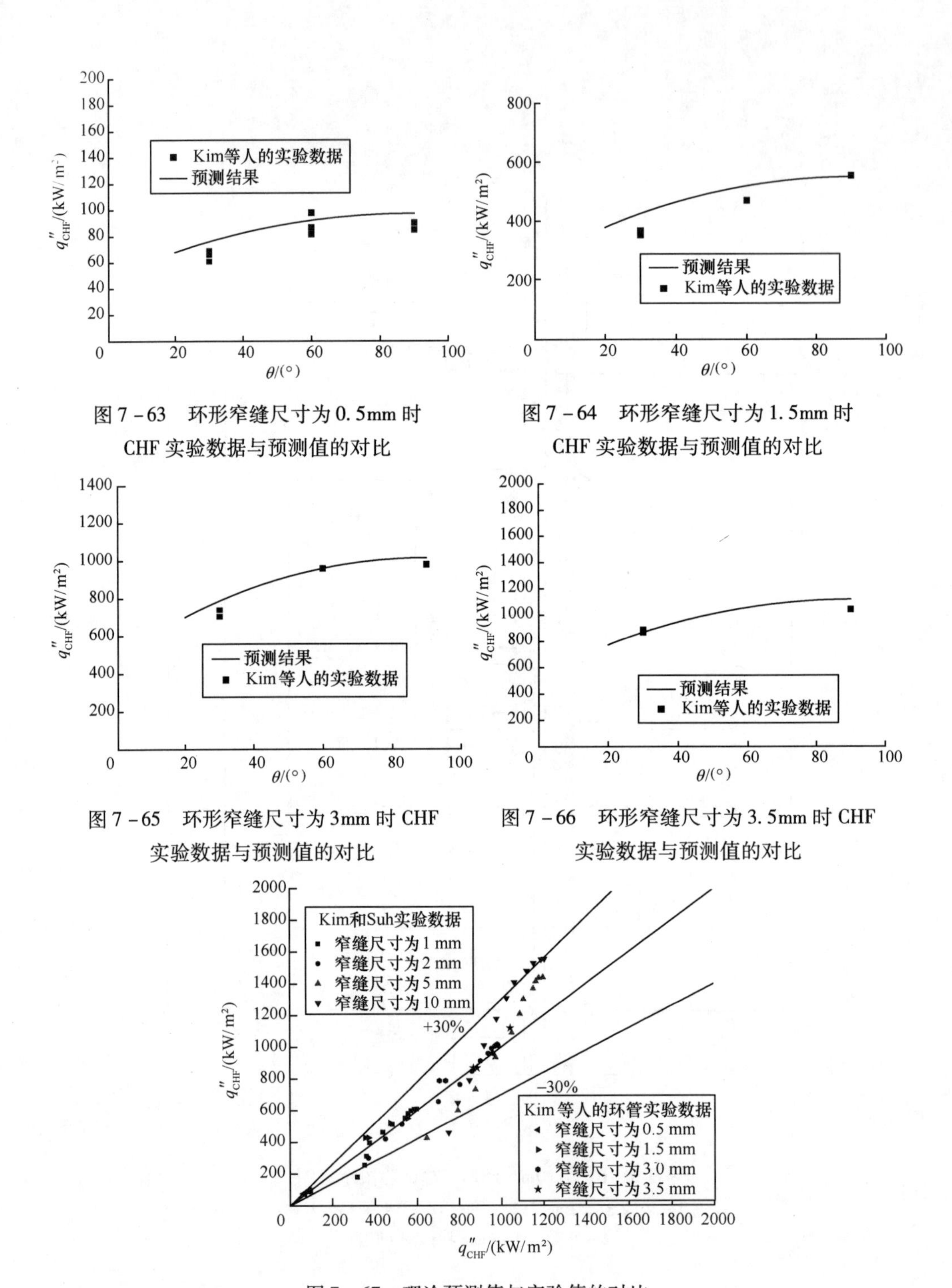

图 7-63 环形窄缝尺寸为 0.5mm 时 CHF 实验数据与预测值的对比

图 7-64 环形窄缝尺寸为 1.5mm 时 CHF 实验数据与预测值的对比

图 7-65 环形窄缝尺寸为 3mm 时 CHF 实验数据与预测值的对比

图 7-66 环形窄缝尺寸为 3.5mm 时 CHF 实验数据与预测值的对比

图 7-67 理论预测值与实验值的对比

7.4 压力容器外部流动换热特性

7.4.1 水平面朝下加热传热现象

1）自然对流

苏光辉对常压下，水平面朝下加热水隙窄缝内的自然对流现象进行了实验研究，并将结果依据不同的独立变量整理成为 Nu 和 Ra 的关系式[116,117]。实验装置如图 7－68 所示。

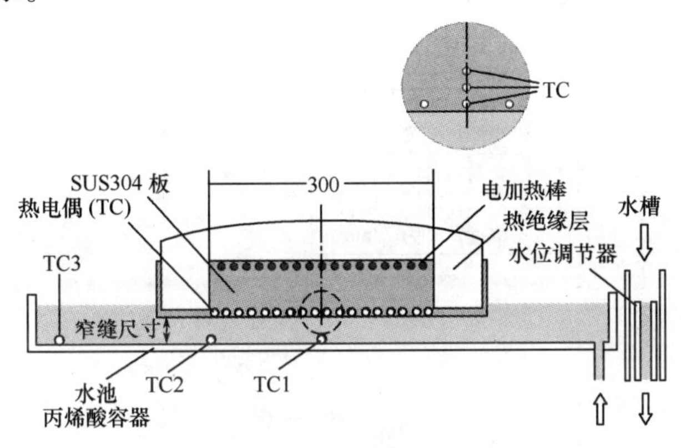

图 7－68　实验装置[116]

经过结果对比发现，采用窄缝宽度作为特征长度，取水的主体温度和饱和温度的平均值作为特征温度，可以得到与实验符合得更好的关系式。对于自然对流的计算，通常采用的关系式是把 Nu 表示成为 Ra 或者 Ra 和 Pr 的关系。然而，通过对 3888 个实验数据点进行最小二乘法拟合得到的关系式对比，要对此条件下的自然对流达到最佳估计，还需考虑窄缝宽度与加热面直径比和无量纲温度的影响。各关系式及准确性列于表 7－8。

表 7－8　各关系式对比[116]

关系式	有效数据（±30% 误差）/%
$Nu = 0.01037Ra^{0.4264}$	56.56
$Nu = 0.006721Ra^{0.4264}Pr^{0.4378}$	72.81
$Nu = 0.006721Ra^{0.4264}Pr^{0.4378}(s/D)^{-0.03571}$	75.02
$Nu = 0.006721Ra^{0.4264}Pr^{0.4378}(s/D)^{-0.03571}\Theta^{-0.0977}$	80.91
注：s 为窄缝宽度；D 为加热面直径；H 为无量纲温度，$\Theta = \dfrac{T_w - T_{bulk}}{T_{sat} - T_{bulk}}$	

对此种情况传热系数进行粗略估计，采用表 7－8 前两个式子即可，如果要进行准确估计，应采用第四个式子。苏光辉还采用神经网络方法对得到的关系

式的变化趋势进行了验证,发现 Nu 随着窄缝宽度与加热面直径比的增大而增大(虽然该比值的指数为负,但是 Ra 中也有 s 的作用),随加热面与流体温差的增大而减小。

2）沸腾传热和 CHF

应用上述装置,苏光辉研究了直径为 300mm 的不锈钢圆盘朝下加热情况下的沸腾传热现象[118]。取定传热工质为过冷水,窄缝的尺寸变化范围为 0.9 ~ 77mm。通过实验数据对比可以发现,该工况下 CHF 的平均值大约为 0.25MW/m^2。同时:当窄缝的宽度小于 7mm 时,CHF 值会随着窄缝尺寸的增大而增大;而当窄缝的宽度大于 7mm 时,它可以表示为 Bond 数和 Jakob 数的函数。图 7 - 69 给出了 6 组窄缝尺寸下相对应的沸腾曲线,并由图中各曲线的趋势可以得出沸腾时的 CHF。

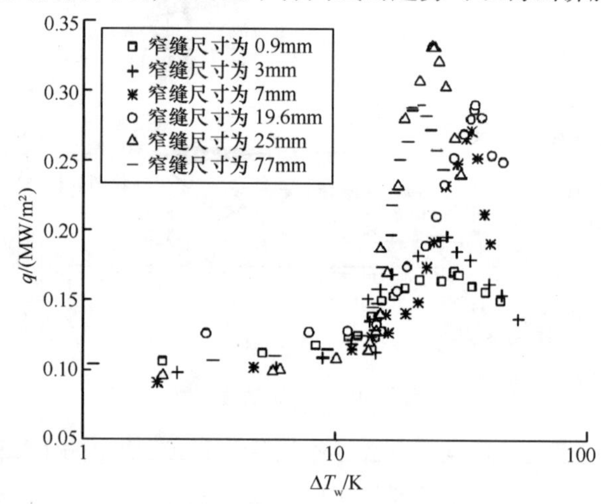

图 7 - 69　不同窄缝尺寸下的沸腾曲线[118]

苏光辉对加热面朝下的池式过渡沸腾进行了实验研究,得到了各间隙下加热面朝下池式沸腾的沸腾曲线,并与 Zuber 模型[119]预测的加热面朝上的池式沸腾曲线进行了对比[120,121],如图 7 - 70 所示。与常规池式沸腾曲线比较发现,小间隙内加热面朝下池式沸腾换热能力远低于加热面朝上池式沸腾换热。

实验结果表明,无论加热面朝下还是加热面朝上的池式沸腾曲线都可以根据 CHF 峰值大小分为核态沸腾和过渡沸腾两部分。在整个沸腾换热过程中,加热面朝下池式沸腾换热能力远低于加热面朝上池式沸腾换热。这是因为,水平面朝下加热时,浮力的影响使沸腾产生的气泡呈扁平状覆盖在加热壁面上,阻碍了壁面与水之间的换热。同时,受窄缝尺寸影响,窄缝内流体自然循环的形成与发展会受到上下壁面的约束,进一步削弱了壁面与水之间的换热,从而使得相同壁面过热度下,加热面朝下时的壁面热流密度远低于加热面朝上时的壁面热流密度。

通过实验数据还可以看出,加热面朝下的过渡沸腾段的 Nu 随着壁面过热度的增大而减小,随窄缝尺寸的增大而增大,如图 7 - 71 所示。这是因为窄缝宽度较

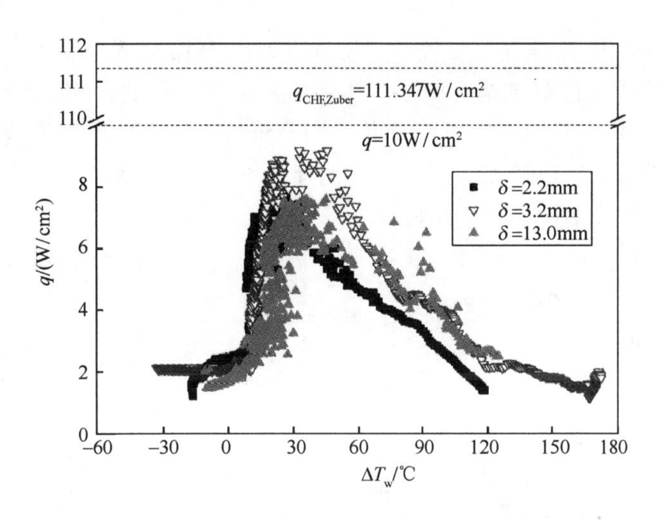

图 7-70　加热面方向对传热的影响[121]

大时,空隙内自然对流较易形成与发展,这有效地促进了加热面与流体间的对流换热。

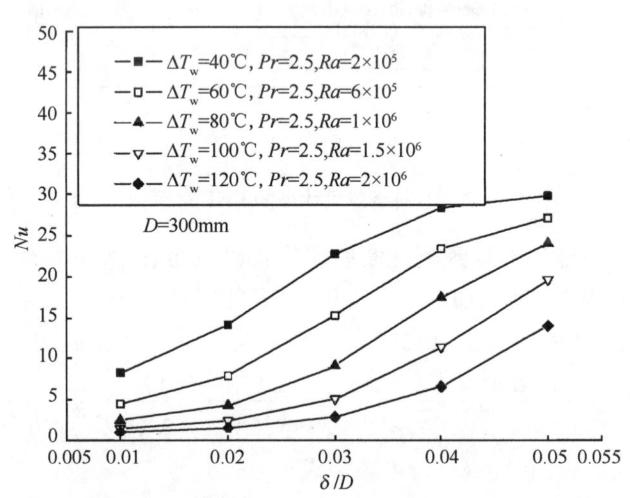

图 7-71　不同窄缝尺寸下的 CHF 过渡角[121]

7.4.2　半球面朝下加热传热现象

1）沸腾传热和 CHF

Kim 等人[122]关于加热面倾角和窄缝尺寸对一维面朝下加热 CHF 的影响进行了实验研究。实验采用铜加热件,对于常压下有限空间内的矩形窄缝沸腾 CHF 实验,窄缝尺寸分别取为 1mm、2mm、5mm 和 10mm,加热面倾角变化范围为 90°~180°,分别对应于垂直面加热和面朝下加热。而池式沸腾的 CHF 实验是在同样条件下的无限空间进行的。研究发现,CHF 随着表面倾角的增加和窄缝宽度的减小而增大，但是增大的速率逐渐变缓。特别地，10mm 宽度窄缝处于 180°水平面朝下加热时的 CHF 明显比其他情况要小。实验中发现过渡角的存在，当加热面倾角大于过渡角后，CHF 会有明显的下降趋势。对 2mm、5mm、10mm 的窄缝的过渡角依次增大，分别为 165°、170°和 175°。但是对于 1mm 窄缝和无限空间的池沸腾没有观察到这一现象，如图 7－72 所示。

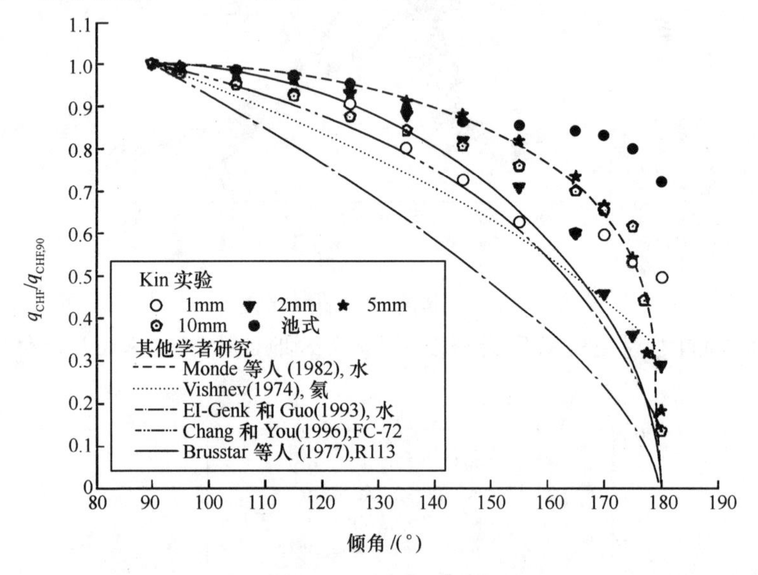

图 7－72　不同窄缝尺寸下的 CHF 过渡角[122]

现有的公式不能很好地预测此实验研究得到的数据，Kim 采用量纲分析得到了有限窄缝空间内近 90°就加热条件下的 CHF 的半经验公式，能够较好地预测实验结果，误差在 ±20% 以内。公式如下：

$$\frac{q_{\mathrm{CHF}}/\rho_{\mathrm{g}}r}{\sqrt[4]{\sigma g\sin(\theta)(\rho_{1}-\rho_{\mathrm{g}})/\rho_{\mathrm{g}}^{2}}}=\frac{0.17}{1+6.8\times10^{-4}(\rho_{1}/\rho_{\mathrm{g}})^{0.62}(D_{\mathrm{h}}/s)} \tag{7-60}$$

式中：D_{h} 为等效加热面直径(m)，可表示成

$$D_{\mathrm{h}}=2w/(w+L) \tag{7-61}$$

其中：w 为通道宽度(m)；L 为加热面长度(m)。

Cheung 等人[123]对下封头外部冷却现象机理进行了研究，在边界层沸腾实验装置(SBLB)上进行了饱和和欠热条件下的稳态沸腾和瞬态冷却的实验，总结了曲面朝下加热条件下的边界层沸腾和 CHF 现象。基于实验现象和数据，提出了一种改进的水动力学 CHF 模型，并可以模化应用到反应堆尺寸上，CHF 模型如图 7－73所示。面朝下加热表面发生核态沸腾时，会在加热表面和蒸气泡之间形成微观层，包含一层薄液体膜，并伴随有许多微观蒸汽射流穿过，在包括 CHF 的整个高热流密度情况下，这些微观射流状态由亥姆霍兹(Helmholtz)不稳定性决定。当从两相边界层提供给微观层的水量不足以满足液膜的沸腾汽化，加热表面就会

发生局部干涸，这种临界条件就确定了局部的 CHF 限值。

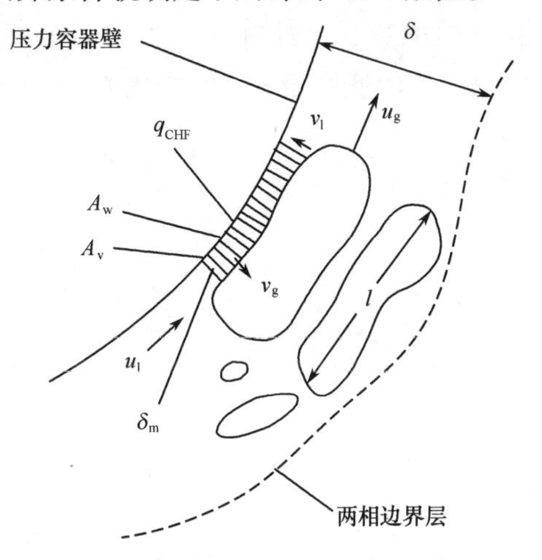

图 7－73　下封头外部冷却的 CHF 模型[123]

δ—两相区总厚度；δ_m—微观层厚度；A_w—蒸汽团所占据的加热面积；

A_v—蒸汽射流的总面积；u_l、v_l—液体速度；u_g、v_g—蒸汽速度；l—蒸汽团的长度。

当下封头受到外部冷却时，从膜态沸腾向核态沸腾的过渡不会在整个表面同时发生，而是容器上部位置先发生然后向下传递到底部中心。这就导致两相边界层在冷却过程中出现空间不均分布，表面热流密度也呈现不均匀分布并且与过冷度有很大关系。对于稳态沸腾，会在底部中心形成大且狭长的蒸气泡或蒸汽塞，上部形成的气泡会相对较小。过冷度会增大气泡形成的频率并减小气泡尺寸，但是半球加热面的尺寸不会对气泡动力现象产生明显影响。对于饱和沸腾和过冷沸腾，两相边界层流动都是轴对称且是三维的，这种三维流动结构以及底部的分离效应限制了外部冷却，不能简单地由两维实验或倾斜平板模拟。

稳态条件下的核态沸腾热流密度一般比冷却实验中的热流密度要高，但是二者的局部 CHF 是相当的。局部沸腾曲线和 CHF 沿外表面会有明显变化，上部边缘处的值可能比底部要高 1 倍。这是由于两相边界层的浮升驱动力的存在，从边界层向微观层的供水量从底部向上会逐渐增加，就提高了上部的 CHF 值[123]。

对于半球面尺寸 D 比气泡尺寸大很多的情况下，局部供水量和边界层厚度都近似与$\sqrt{D}$成正比。由于 CHF 仅与局部供水量和边界层厚度的比值有关，所以大尺寸半球向下加热面的 CHF 与其直径基本上是无关的。基于一定的模化准则，可以将各种容器尺寸下饱和和过冷条件下的实验数据合并到一条沸腾曲线中。当把过冷度和局部水力压头的影响分开考虑后，CHF 就仅与流体的物性和角位置有关。这样考虑了加热面尺寸、液体过冷度、流体物性和 CHF 空间分布的模型可以用来较好地预测反应堆压力容器下封头的 CHF 值。

杨震[124]在 Cheung 提出的微液层模型的基础上，利用微液层中气、液相的守恒关系得到初始两相流边界层厚度,同时选取最大的夹带系数时的空泡份额,对下封头在饱和池式沸腾下的 CHF 进行了计算。图 7-74 给出了不同半径下两相边界层厚度、CHF 以及液相、气相的速度随角度的变化关系。CHF 的表达式如下:

$$q_{\mathrm{CHF}}=\left(\frac{C_1}{C_2}\right)^{\frac{1}{3}}\rho_{\mathrm{g}}r\left[\frac{u_1\sigma}{\rho_1\delta_0}\left(1+\frac{\rho_{\mathrm{g}}}{\rho_1}\right)\left(\frac{\rho_{\mathrm{g}}}{\rho_1}\right)^{-1.6}\right]^{\frac{1}{3}} \tag{7-62}$$

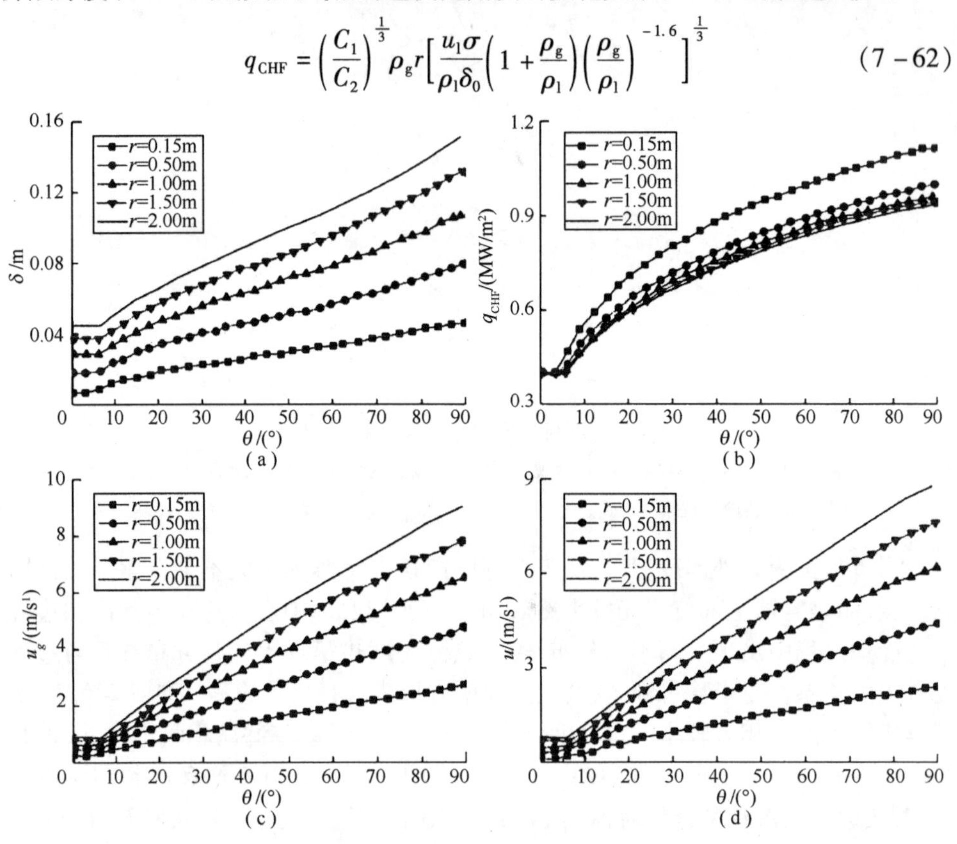

图 7-74 不同半径下 CHF 随角度的变化[124]

(a)边界层厚度; (b)CHF; (c)气体速度; (d)液体速度。

研究表明,在 $0°<\theta<\theta_0$ 的角度范围内(0°指半球下顶点位置),由于两相边界层厚度不发生变化,因而液相、气相速度及 CHF 也不发生变化。θ_0 称为起始角度。角度大于 θ_0 时,曲线出现了转折,主要是因为此时两相边界层厚度开始改变,从而影响液相、气相速度及 CHF 的大小。同时可发现不同半径下的起始角度 θ_0 是不相同的,它随半径的增大而变大,这与 Cheung 把起始角度 θ_0 作为一个常量的假设不同。两相边界层内部的气体以及液体速度的变化是一致的,都与半径的变化成反比;在同一半径条件下,角度从 0°变化到 90°时,两者的速度相差 1 个数量级左右,气体速度比液体速度略大。在同一半径条件下,CHF 随角度的增加逐渐增加,在角度 90°时取最大值;在不同半径下,相同角度上的 CHF 值则随着半径的增大而逐渐减小,但其变化越来越小,即半径大到一定程度后其对 CHF 的影响可以忽略。

苏光辉的计算结果与 Cheung 的计算结果对比如图 7-75 所示,结果表明该方法可以得到更为保守的 CHF 的理论计算结果,这对 CHF 理论以及 IVR 措施的研究都有一定的指导意义。

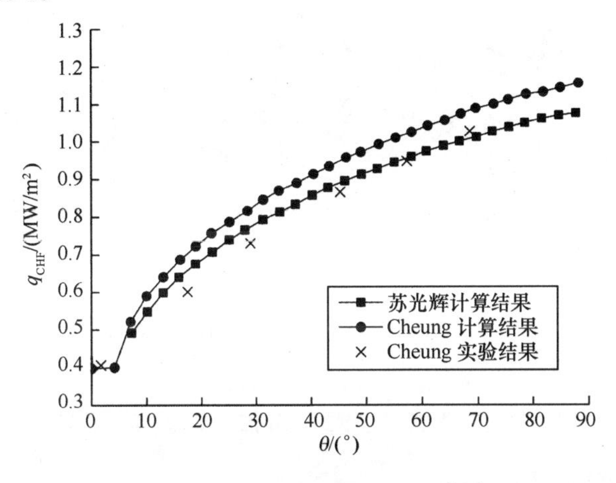

图 7-75 CHF 计算结果对比[124]

2) 传热强化

为了强化下封头外表面的换热,提高 CHF 限值,可以采取两种方式进行下封头的换热强化:一种是在下封头表面增加微孔隙结构的覆盖层(可以采用 Al 材料),Dizon[125]对此进行了实验研究;另一种是将压力容器包围在热绝缘结构中,中间形成环形的流动通道,发生沸腾产生蒸汽,形成的两相流动可以在浮升力作用下在通道内流动,这样 CHF 主要由两相流动特性来决定,APR1400 就采用了这种方法[126]。

Yang[126-129]对覆盖层方法进行了理论分析和实验验证,在 Cheung 模型的基础上,增加了覆盖层的考虑建立了新的 CHF 模型,如图 7-76 所示。新模型考虑了加热面附近微孔隙覆盖层、液体层和两相边界层三个区域内的蒸汽动力学和沸腾引起的两相流动特性。这种情况下,干涸发生过程包括两个阶段:首先,由于液体层的逐渐消耗,蒸汽塞向覆盖层移动;然后覆盖层中由毛细作用推动的液体补给不足导致干涸。随后,加热壁面温度发生阶跃上升,发生 CHF。与光滑表面相比,有覆盖层情况得到的核态沸腾传热量和 CHF 值在任何角度处都要更高,这主要是由于覆盖层增多了蒸汽的产生速率,增强了液体向壁面的移动。实验发现,覆盖铝层即使经历多次沸腾仍然具有很好的完整性,是非常有效和经济的强化 CHF 的方法。

当存在覆盖层时,下封头底部由于可以更好地受到来自各个方向的冷却,这种收敛效应和多孔介质的毛细作用会使该处达到一个 CHF 的峰值。核态沸腾传热量和 CHF 值随角度的变化不再是单调上升的而是先减小,在 14°达到最小,然后再增大。使用绝热结构也可以得到类似的非单调趋势,但这主要是由通道的流动截

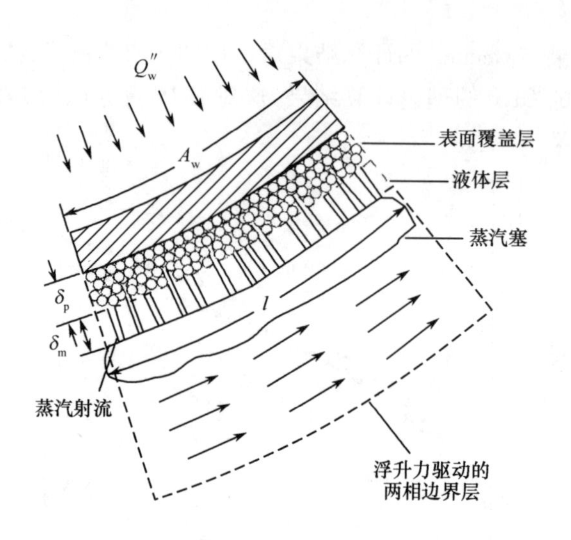

图 7－76　带覆盖层的下封头外部冷却的 CHF 模型[129]

面积和两相流动状态决定的。

另外，Yang 也对两种强化换热的方法进行了比较，分别单独使用可以使 CHF 提高到原来的 1.4～2.5 倍和 1.8～3.0 倍，两种方法都足够用来冷却下封头。同时使用两种方法得到的 CHF 值和仅使用绝热结构方法得到的 CHF 值更接近，可以认为热绝缘结构相比覆盖层，在强化 CHF 方面有更主导的作用。但是同时使用两种方法得到的强化倍数比两者分别单独使用得到的强化倍数小很多，可以认为两种方法存在竞争关系。从经济性和安全性角度考虑，使用覆盖层的方法更合理。

7.5　纳米流体增强 IVR 特性

改变换热工质的特性，是增强 IVR 能力的一个有效的手段。20 世纪 90 年代出现了"纳米流体"[130]的概念，因其传热系数大幅提高，被工程热物理界寄予厚望。You 等[131]实验研究发现体积浓度为 0.05g/L 的 Al_2O_3/H_2O 纳米流体在池式沸腾情况下 CHF 显著提高，为纯水的 200%。Das 等人[132]和 Taylor 等人[133]都对 Al_2O_3/H_2O 纳米流体进行了池式核态沸腾实验研究，实验结果表明池式核态沸腾换热得到了显著的强化。Kim 等[134]的研究也表明，纳米流体的核态沸腾换热相对于基液有所增强。由于纳米流体在换热上的优势，不少学者试着将其引入核反应堆。Buongiorno 等人[135]探索了纳米流体用于强化轻水堆 IVR 能力的可行性，通过分析计算得出 Al_2O_3/水（体积分数≤0.1%）纳米流体可以多带走 40% 的衰变热，这就意味着使用纳米流体可以使 IVR 具有更大的安全裕量。并指出，需要开展的工作包括选择适合在核动力系统中能稳定存在的纳米颗粒材料，在原型尺寸的 IVR 几何形状、容器材料、热流密度以及流动条件下进行 CHF 的测定，验证纳米流体在核电厂其他方面的应用。Hadad[136]等针对纳米流体在 VVER-1000 中的应用,采用蒙特卡洛核粒子输运程序(Monte Carlo N-Particle transport code,MCNP)进行了中子分析,发现 Al_2O_3/水纳米流体在低质量分数(0.001%)下堆芯反应率的最大径向和轴向局部峰值系数是不变的;但这种现象对于其他反应堆或在缺乏具体纳米流体热工水力特性的情况下是不确定的,需要进行进一步的系统工作。适宜的纳米颗粒及纳米流体浓度应该使核燃料增殖系数、最大径向和轴向局部峰值系数降低最少。就目前对纳米流体的研究而言,将纳米流体引入核反应堆内作为一回路的换热工质还有很长的路要走,但在核动力系统中,纳米流体还有着其他广泛的应用前景。

通过超声振荡等方式加入到基液中的纳米级颗粒,纳米流体的流动特性和原工质几乎没有任何区别——不会增加工质在整个换热系统中的流动压降,也不会过分增大对部件的摩擦;由于其纳米颗粒的布朗运动和颗粒表面的微对流,其导热特性有显著提升。核反应堆在发生严重事故之后,启动 IVR 策略是一种有效防止核扩散的方式,将有更好换热性能的纳米流体引入核动力系统(图 7-77)有助于增强 IVR 能力,提高安全裕量。

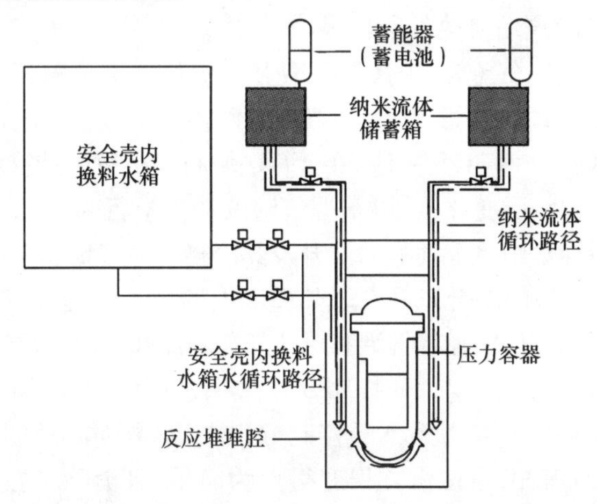

图 7-77 纳米流体在核动力系统中的应用示意图

气泡动力学是气液两相流中的重要内容,气泡的成长、脱离、运动以及萎缩和破灭过程都是沸腾换热过程中的重要环节。从气泡动力学的角度探索纳米流体是否能增强换热以及 CHF,为其工程应用提供理论依据。

MPS 方法[137]在求解区域内,布置离散的粒子来代表宏观的流体,以粒子之间的相互作用的形式来表达控制方程,在拉格朗日框架下,通过半隐方式求解流体粒子在各个时层的位置、速度、温度等信息。MPS 方法中,利用核函数来实现粒子间的相互作用,利用核函数的加权来求得微分算子和物理量的散度;通过粒子之间的物理量迁移来模拟拉普拉斯(Laplace)算子。

梯度模型：

$$\langle \nabla\phi \rangle_i = \frac{d}{n_i}\sum_{j\neq i}\left[\frac{\phi_j - \phi_i}{|r_j - r_j|^2}(r_j - r_j)\omega(|r_j - r_j|)\right] \tag{7-63}$$

散度模型：

$$\langle \nabla\cdot u \rangle_i = \frac{d}{n_i}\sum_{j\neq i}\left[\frac{u_j - u_i}{|r_j - r_j|^2}(r_j - r_j)\omega(|r_j - r_j|)\right] \tag{7-64}$$

拉普拉斯模型：

$$\langle \nabla^2\phi \rangle_i = \frac{2d}{\lambda n_i}\sum_{j\neq i}[\phi_j - \phi_i\omega(|r_j - r_j|)] \tag{7-65}$$

式中：u 为流体速度(m/s)；ϕ 为粒子的物理参数变量；d 为空间维数；λ 为扩散系数。

与传统的无网格方法相类似，MPS 方法对网格没有依赖性，通过在求解区域及边界上布置离散点来代表宏观的流体，每一个粒子都有对应的流场、温度场以及压力场等信息，可以精确地捕捉有剧烈变形的相界面的运动，而且 MPS 方法在计算粒子的布置上较传统网格法更加自由和容易。因此，MPS 方法可以广泛应用于各种复杂变形边界的流动换热的数值模拟。

对于气液两相中的气泡动力学研究，使用传统网格数值模拟方法，在气泡生长过程中网格会发生移动和变形，即使一般的动网格技术也很难准确跟踪气泡界面，计算结果准确度较低。而 MPS 方法，在计算区域布置离散的计算粒子，通过跟踪粒子的运动学和动力学性质变化，可以掌握气泡的动力学行为。Tian 等人[137,138]利用 MPS 方法成功模拟纯水中单个气泡的浮升及其冷凝萎缩，Chen 等人[139,140]利用 MPS 方法模拟了纯水中气泡的融合以及在过热壁面上的生长过程，Li[141]和 Zuo[142]利用 MPS 方法分别对液态金属中弹状气泡和球状气泡的浮升进行了数值模拟。

与欧拉方法着眼于空间点不同，MPS 方法中运用的是拉格朗日方法，着眼于流体质点。基于拉格朗日参考系下的控制方程中，参数随时间的变化率由随体导数表示，不会出现对流相，这使得方程变得更为简单，且消除了在其他方法中可能出现的数值耗散现象。其控制方程如下：

(1) 质量方程：

$$\frac{\mathrm{D}\rho}{\mathrm{D}t} + \rho\frac{\partial u_i}{\partial x_i} = 0 \tag{7-66}$$

(2) 动量方程：

$$\rho\frac{\mathrm{D}u_i}{\mathrm{D}t} = -\frac{\partial p}{\partial x_i} + \frac{\partial}{\partial x_i}\left(\mu\frac{\partial u_i}{\partial x_i}\right) + \rho f_i \tag{7-67}$$

(3) 能量方程：

$$\rho\frac{\mathrm{D}e}{\mathrm{D}t} = -p\frac{\partial u_i}{\partial x_i} + \frac{\partial}{\partial x_i}\left(k\frac{\partial T}{\partial x_i}\right) \tag{7-68}$$

现如今对于纳米流体的研究从总体上比较匮乏，在常压下沸腾时纳米流体的物性的实验研究还不够完备，Wang 等人[143,144]和 Wu 等人[145]通过总结归纳与回归分析，优化选择了用于预测常压下 100℃时纳米流体物性的模型。

7.5.1 纳米流体流动沸腾气泡动力学

为考虑到接触角、壁面过热度、流体过冷度以及流速的影响，将不同的计算工况列于表 7－9。接触角为气泡和加热壁面的接触角，如图 7－78 所示。考虑到纳米颗粒的种类、粒径以及颗粒份额的影响，对不同的种类及配比的纳米流体进行了研究，其分类见表 7－10。

表 7－9 计算工况

工况	计算条件			
	接触角/rad	壁面过热度/K	流体过冷度/K	流速/(m/s)
工况 1(基准)	π/4	5.3	0.2	0.076
工况 2(接触角变化)	π/6	5.3	0.2	0.076
工况 3(壁面过热度变化)	π/4	10.6	0.2	0.076
工况 4(流体过冷度变化)	π/4	5.3	1.2	0.076
工况 5(流速变化)	π/4	5.3	0.2	0.115

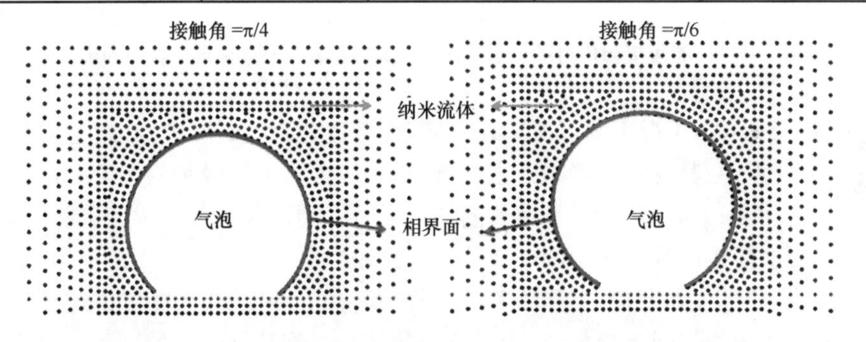

图 7－78 不同接触角下初始气泡的及其周围粒子的布置

表 7－10 纳米流体编号及对应的种类、份额及粒径

编号	颗粒种类	颗粒份额(体积分数)/%	颗粒粒径/nm
纳米流体 1	氧化铝	1	38
纳米流体 2	氧化铝	1	29
纳米流体 3	氧化铝	4	38
纳米流体 4	氧化铝	4	29
纳米流体 5	氧化铜	1	29
纳米流体 6	氧化铜	4	29

如图 7－79 所示，通过粒子法模拟了初始直径设置为 0.4mm 时的气泡，在流体过冷度为 0.2℃、流体流速为 0.076m/s、加热面过热度为 5.3℃时成长及脱离。在相同工况下与 S. Maity[146] 的实验研究数据对比符合较好，说明了 MPS 方法计算沸腾过程气泡直径演变的可靠性。相关研究[147] 表明，纳米颗粒的引入能减小流体中气泡与加热壁面的接触角。如图 7－79 所示，当接触角为 30°，气泡的生长速率快于接触角为 45°时，图中曲线上的“★”表示气泡脱离壁面的临界状态，可以得到气泡脱离壁面时的直径和时间（或频率）等信息。

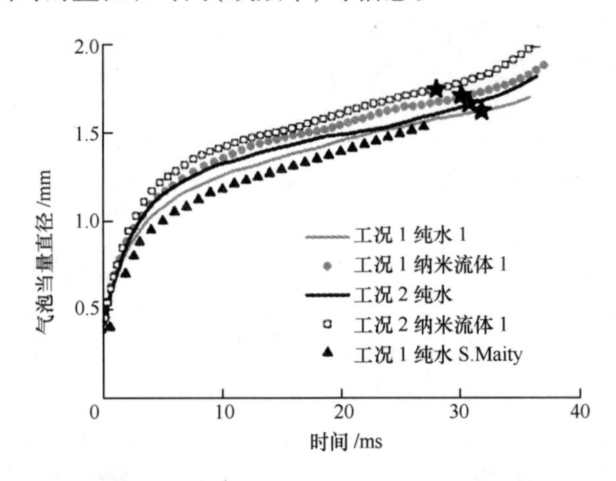

图 7－79　壁面接触角对纳米流体 1、纯水沸腾过程气泡的当量直径的影响

图 7－80 给出工况 1 和工况 2 在不同时刻气泡形状的演变。在气泡成长及脱离的整个过程中，其受到的作用力主要有浮力、表面张力以及惯性力等。由于纳米流体 1 中表面张力略有增大，且换热的加强导致气泡成长速率增大，其惯性力也就随之增大，这使得纳米流体中的气泡从生成到脱离的时间比纯水中的更短，脱离时候的气泡直径更大如图 7－8 和图 7－82 所示。在五种工况下，相对于纯水沸腾换热，纳米流体中的气泡生长更快、相同直径的初始气泡从加热开始到脱离壁面的时间更短、脱离时的气泡半径更大，可以预测在相同工况下的纳米流体的沸腾换热能力要强于纯水的沸腾换热。相对于纯水沸腾换热，纳米流体中气泡脱离壁面更快，加热壁面的热流密度更大，说明单位时间气泡脱离壁面带走的热量更多。

图 7－83 和图 7－84 分别给出不同纳米颗粒体积份额与颗粒粒径下纳米流体流动沸腾过程中气泡直径、壁面热流密度随时间的变化。理论分析和实验结果都证明，随着纳米颗粒份额的增大，颗粒之间的碰撞加剧，能量传递得以增强，流体的热导率增大，但颗粒碰撞的加剧也使得纳米流体的黏性系数提高，对换热不利。如图 7－83 所示，纳米流体 2 和纳米流体 3 沸腾过程中气泡成长速度和脱离时间稍快，脱离直径与另外两种相近。而图 7－84 显示，纳米流体 3 中加热壁面的热流密度较其他三种更大。图 7－85 和图 7－86 分别给出不同纳米颗粒种类与颗粒份额

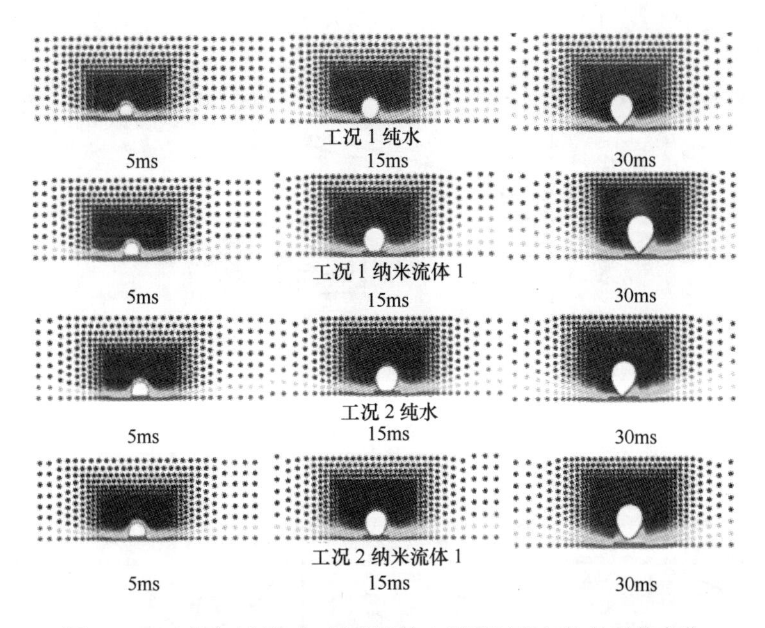

图 7－80　不同时刻纯水、纳米流体 1 沸腾过程气泡的形状变化

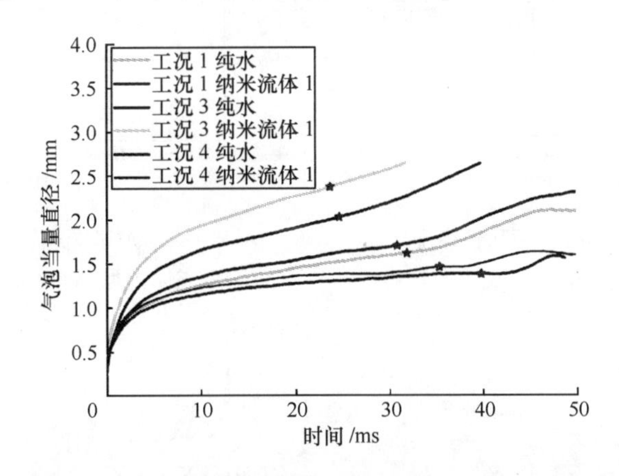

图 7－81　过热度和过冷度对纳米流体 1、纯水沸腾过程气泡的当量直径的影响

流动沸腾过程中气泡直径、壁面热流密度随时间的变化。由图 7－83 可知：纳米流体 2 中的气泡生长更快，气泡脱离的时间更早，且脱离时的直径更大；纳米流体 2 流动沸腾过程加热面的热流密度也更大。这主要因为氧化铝纳米颗粒的密度更小，其颗粒的布朗运动更强，Al_2O_3/H_2O 比 CuO/H_2O 的热导率更大。所以，选择适宜的纳米颗粒种类对强化沸腾换热也至关重要。

影响纳米流体物性及换热特性的主要参数是纳米颗粒的种类、份额和粒径等，氧化铜纳米颗粒密度略大于氧化铝纳米颗粒，且固相（颗粒）的热导率也低于氧化铝，这使得水基氧化铜纳米流体的黏度略大于水基氧化铝纳米流体，而其热导率又相对更小一些。所以在其他条件相同的情况下，水基氧化铝纳米流体内的换热相

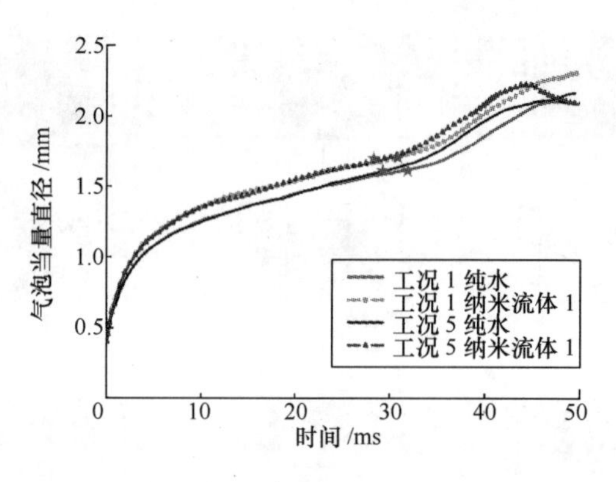

图 7－82　流速对纳米流体 1、纯水沸腾过程气泡的当量直径的影响

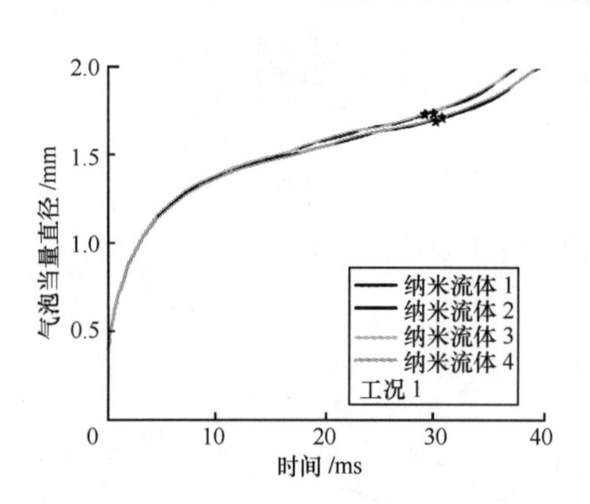

图 7－83　纳米颗粒份额和粒径配比对纳米流体内气泡的当量直径的影响

热流密度 /(W/m²)
时间 /ms
纳米流体 3
纳米流体 2
纳米流体 1
纳米流体 4
工况 1

图 7－84　纳米颗粒份额和粒径配比对纳米流体内加热面的热流密度的影响

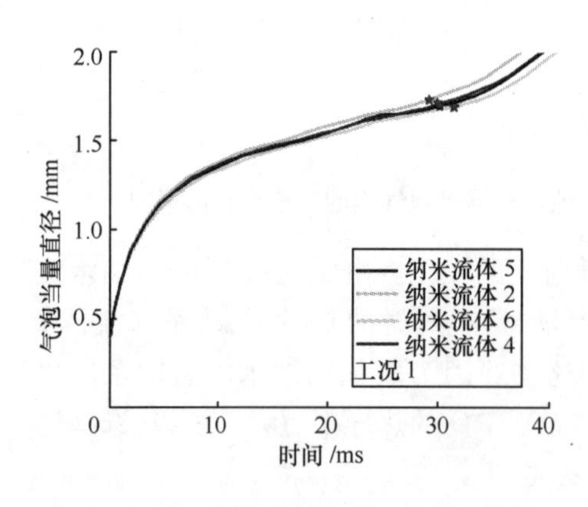

图 7－85　纳米颗粒份额和种类配比对纳米流体内气泡的当量直径的影响

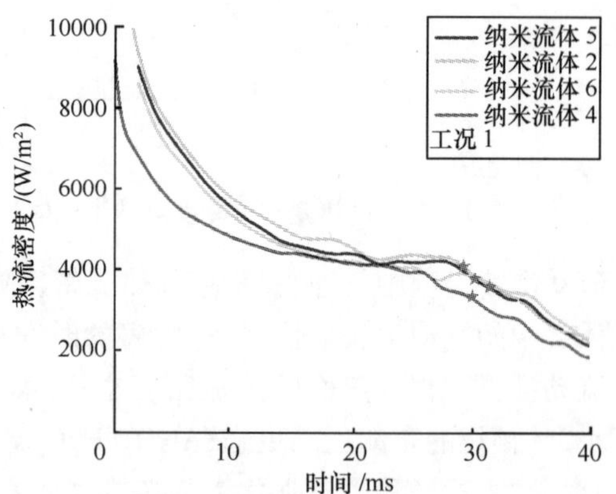

图 7－86　纳米颗粒份额和种类配比对纳米流体内加热面的热流密度的影响

对而言更剧烈一些，使得其中气泡生长速率更快；纳米颗粒的布朗运动是被广泛认可的纳米流体热导率提高的原因之一，在一定范围内增加纳米颗粒的份额可以增

强热导率,但与此同时也带来了黏度的提高,所以增加纳米颗粒的份额不一定能增强热导率。通过统计单位时间内流体的温升和相变换热量,得出加热面的热流密度,不同种类和份额的纳米流体相较于纯水来说其换热都有一定程度的增强,但不同的纳米颗粒种类和粒径等参数下的纳米流体最佳的份额比例还有待于进一步探索。

7.5.2 纳米流体池式沸腾气泡动力学

池式沸腾过程中,气泡的生长和脱离过程与流动过程的主要区别在于,黏度和表面张力的影响程度有所变化。由图 7-87 ~ 图 7-90 可看出,在流动换热过程中,由纳米颗粒的份额带来的动力黏度、表面张力以及热导率的变化对气泡的生长及脱离过程的影响更大一些,而就其他规律而言,流动过程和池式过程中纳米颗粒份额、种类以及粒径的影响基本上一致。

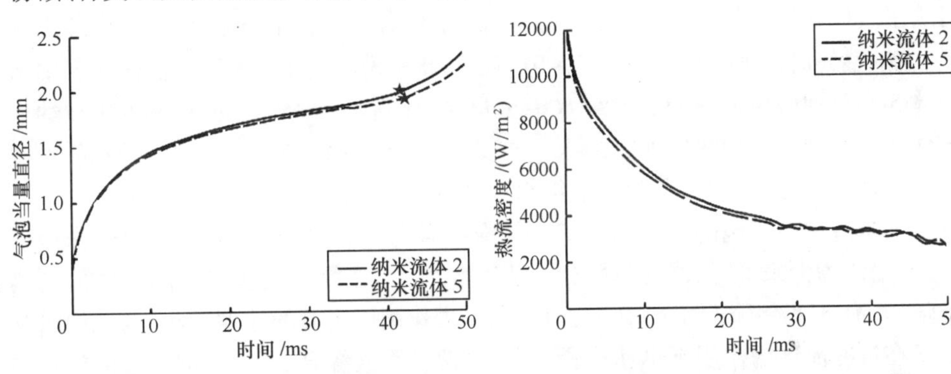

图 7-87 纳米颗粒种类对纳米流体池式沸腾过程中气泡成长、脱离的影响

图 7-88 纳米颗粒种类对纳米流体池式沸腾过程中加热壁面热流密度的影响

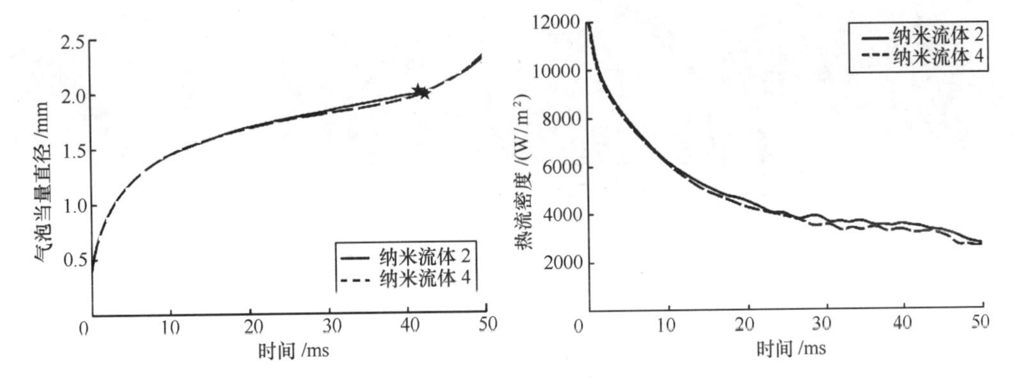

图 7-89 较低过冷度下纳米颗粒份额对纳米流体池式沸腾过程中气泡生长、脱离的影响

图 7-90 较低过冷度下纳米颗粒份额对纳米流体池式沸腾过程中加热壁面热流密度的影响

流体沸腾过程中,过冷度较高时,气泡在成长过程中会遇到过冷流体出现萎缩

冷凝的情况。图 7-91 给出在较大过冷度、较高壁面过热度池式沸腾过程中，纳米流体和纯水中气泡生长、脱离及冷凝过程当量直径的变化。在初始阶段，气泡较小且紧贴加热壁面，过冷流体对气泡的成长影响较小，纯水和纳米流体中的气泡生成速率都较快且相对一致；当加热至 5~15ms，气泡的当量直径达 1mm，气泡上部与主流区的过冷流体接触面逐渐增大，它开始向过冷流体传递热量，同时不断吸收加热面和气泡底部过热流体所传递的热量。此时，纯水中气泡的增长速率反而大于四种纳米流体中的气泡增长速率。主要是由于纳米流体中换热较纯水更强，当气泡成长到一定程度之后，纳米流体中的气泡向过冷流体传递更多的热量，使得这一阶段纳米流体中的气泡增长速率放慢。在加热时间 20ms 附近，气泡吸收加热壁面的热量和向过冷流体传递的热量相当，气泡的当量直径不再有明显的变化，但由于气泡底部附近的过热液体受热而不断汽化和气泡上部受过冷液体冷却的双重效果，气泡形状有较大的变化，如图 7-92 所示。在此过程中，气泡在表面张力和浮升力的共同作用下，气泡与壁面接触的部分越来越小，气泡受到的浮力也越来越大，气泡最终脱离加热壁面。图 7-91 显示，体积份额为 1% 的纳米流体 2 和纳米流体 5 中气泡脱离加热壁面比纯水中更早，体积份额为 4% 的纳米流体 3 和纳米流体 4 中气泡脱离加热壁面比纯水中要晚，在流体过冷度较高时，纳米颗粒的份额过大，其气泡的脱离成长和脱离较纯水更慢，说明增大纳米颗粒的份额并不一定有利于纳米流体中气泡的生长和脱离。气泡在脱离加热壁面之后，在浮力的作用下上升，给流场带来了巨大的扰动，如图 7-93 所示，这促使气泡与周围流体的换热增强，气泡迅速冷凝萎缩。由于气泡受到浮力作用而上升的速度较小，与此同时气泡又在过冷流体的作用下迅速冷凝，所以在两种因素综合之下，气泡中心的位置并未发生较大的变化。

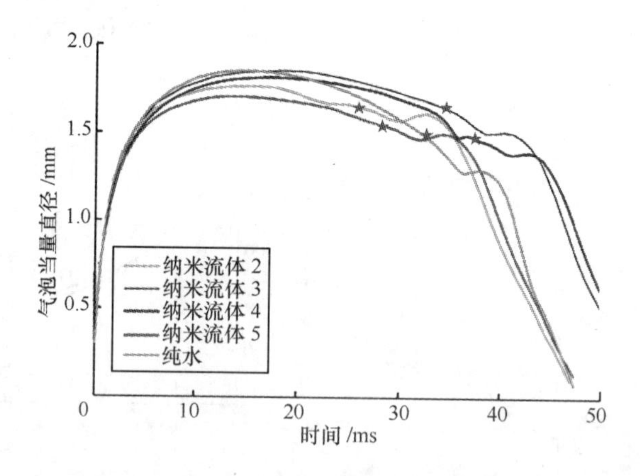

图 7-91　较高过冷度下纳米颗粒份额对纳米流体池式沸腾过程中气泡生长、脱离以及冷凝的影响

利用粒子法从气泡动力学的角度探索和对比了气泡在不同份额、粒径、种类的

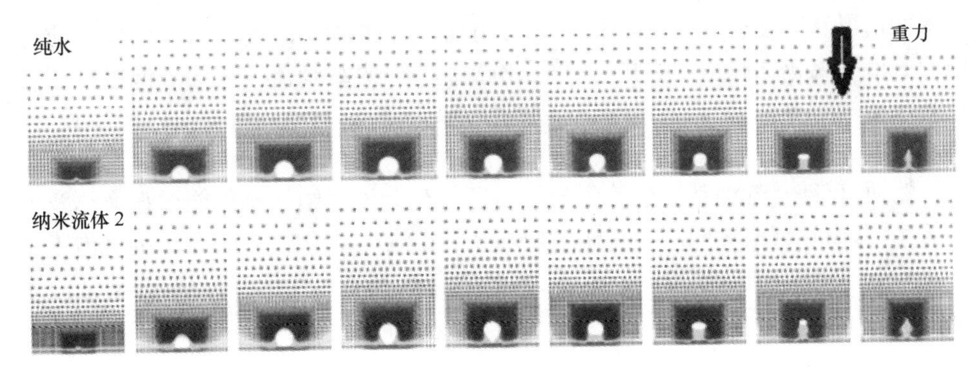

图 7－92　纳米流体和纯水中气泡生长及冷凝过程气泡形状的变化

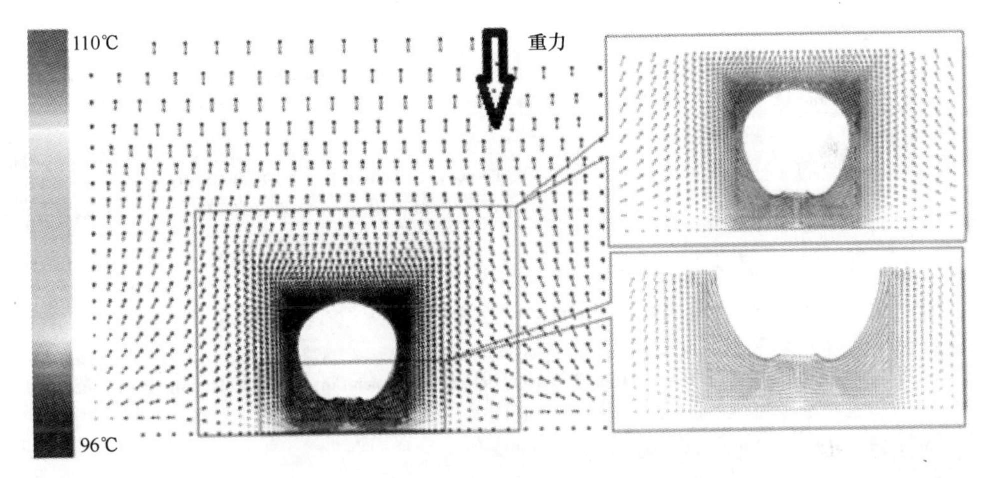

图 7－93　气泡脱离壁面后流场速度分布矢量图

纳米颗粒组成的纳米流体和纯水在不同的流动方式下的成长、脱离以及冷凝，发现：纳米流体中气泡生长更快，气泡脱离的频率更大，气泡脱离半径稍大，单位时间内气泡脱离壁面带走的热量更多，在份额、粒径、种类等影响因素的综合作用下有一个最佳的配比。

影响纳米流体沸腾换热的因素很多，在相同壁面过热度和液体过冷度条件下，主要包括纳米流体中纳米颗粒的种类、份额、粒径以及颗粒形状等。传热系数更高、密度相对更小的纳米颗粒更有利于提高纳米流体的换热特性。并不是纳米颗粒体积份额越大越有利于沸腾换热，而是要有一个合适的份额和粒径范围。在较低壁面过热度和液体过冷度条件下（壁面过热度为 5.3℃，流体过冷度为 0.2℃），纳米流体中气泡生长比纯水中更快，且脱离频率和脱离时的半径也更大，纳米流体中加热壁面的热流密度也比纯水中的更大。在较高壁面过热度和液体过冷度条件下（壁面过热度为 10℃，流体过冷度为 4℃），气泡在受到壁面加热长大的同时，也受到周围过冷液体的冷却而出现冷凝萎缩，所以气泡直径达到一定程度后，在其脱离壁面前形状有显著的变化。而且发现,纳米颗粒的体积份额为1%的纳米流体中的气泡脱离仍比纯水中更快,而体积份额为4%的纳米流体中的气泡脱离则较纯水中更慢。可见,增大纳米颗粒的份额,并不一定有利于沸腾换热气泡生长、脱离过程。

然而,单纯从气泡动力学的角度还不足以充分说明纳米流体能增强换热及增强的比例,而且气泡之间的相互作用是气液两相流中重要的环节,单一的气泡不足以对CHF进行准确的模拟和预测,纳米流体有显著的换热优势,但要在核动力系统中应用,还有很长的路要走。

参考文献

[1] Theofanous T G. Some considerations on severe accidents at Loviisa[R]. Russia: IVO, 1989.

[2] Henry R E, Fauske H K. External cooling of a reactor vessel under severe accident conditions[J]. Nuclear Engineering and Design, 1993, 139(1): 31-43.

[3] Kymäläinen O, Tuomisto H, Hongisto O, et al. Heat flux distribution from a volumetrically heated pool with high Rayleigh number[C]. 6th Inter. Topical Meeting on Nuclear Reactor Thermal-Hydraulics (NURETH-6) Seoul, Korea, 2003.

[4] Helle M, Kymäläinen O, Tuomisto, H. Experimental COPO Ⅱ data on natural convection in homogenous and stratified pools[C]. 9th Inter. Topical Meeting on Nuclear Reactor Thermal-Hydraulics (NURETH-9) San Francisco, USA, 1999.

[5] Bernaz L, Bonnet J M, Spindler B, et al. Thermalhydraulic phenomena in corium pools: numerical simulation with TOLBIAC and experimental validation wit BALI[C]. OECD/CSNI Workshop on In-Vessel Core Debris Retention and Coolability, Garching, Germany, 1998.

[6] Stepanyan A V, Nayak A K, Sehgal B R. Experimental investigations of natural convection in three layer stratified pool with internal heat generation[C]. 11th Inter. Topical Meeting on Nuclear Reactor Thermal-Hydraulics (NURETH-11), Avignon, France, 2005.

[7] Sehgal B R. Phenomenological studies on melt-structure-water interaction (MSWI) during postulated severe accidents: year 2004 activity[R]. Sweden:SKI, 2005.

[8] Theofanous T G, Maguire M, Angelini S, et al. The first results from the ACOPO experiment[J]. Nuclear Engineering and Design, 1997, 169(1-3): 49-57.

[9] Theofanous T G, Liu C, Additon S, et al. In-vessel cool-ability and retention of a core melt[J]. Nuclear Engineering and Design, 1997, 169(1-3): 49-57.

[10] Asmolov V G, Abalin S S, Strizhov V F. RASPLAV final report[R]. Russia: Kurchatov Institute, OECD RASPLAV Project, 2000.

[11] Asmolov V, Abalin S, Surenkov A, et al. Results of salt experiments performed during phase I of RASPLAV project[R]. Russia: Kurchatov Institute, RP-TR-33, 1998.

[12] Asfia F J, Dhir V K. An experimental study of natural convection in a volumetrically heated spherical pool bounded on top with a rigid wall[J]. Nuclear Engineering and Design, 1996, 163(3): 333-348.

[13] Asmolov V G, Bechta S V, Khabensky V B, et al. Partitioning of U, Zr and Fe between molten oxidic and metallic corium[C]. Proceedings of MASCA Seminar 2004, Aix-en-Provance, France, 2004.

[14] Bechta S V, Khabensky V B, Granovsky V S, et al. New experimental results on the interaction of molten

corium with reactor vessel steel[C]. Proceedings of ICAPP'04, Pittsburgh, PA, USA, 2004.

[15] Bechta S V, Khabensky V B, Granovsky V S, et al. Experimental study of interactions between suboxidized corium and reactor vessel steel[C]. In: Proceedings of ICAPP'06, Reno, NV, USA, 2006.

[16] Fluhrer B, Alsmeyer H, Cron T, et al. The experimental programme LIVE to investigate in-vessel core melt behaviour in the late phase[C]. Jahrestagung Kerntechnik Nürnberg, INFORUM GmbH, Germany,2005.

[17] Miassoedov A, Cron T, Foit J, et al. Results of the LIVE-L1 experiment on melt behaviour in RPV lower head performed within the LACOMERA project at the Forschungszentrum Karlsruhe [C]. 15th International Conference on Nuclear Engineering (ICONE15), Nagoya, Japan, 2007.

[18] Fluhrer B, Miassoedov A, Cron T, et al. The LIVE-L1 and LIVE-L3 experiments on melt behaviour in RPV lower head[R]. Karlsruhe:FZK,FZKA-7419, 2008.

[19] Gaus-Liu X, Miassoedov A, Cron A, et al. Test and simulation results of LIVE-L4 and LIVE-L5L[R]. Karlsruhe:FZK,SCIENTIFIC REPORTS 7593, 2011.

[20] Zhang Y P, Su G H, Qiu S Z, et al. A simple novel and fast computational model for the LIVE-L4[J]. Progress in Nuclear Energy, 2013, 68: 20-30.

[21] Mayinger F, Jahn M, Reineke H H, et al. Examination of thermo-hydraulic processes and heat transfer in core melt[R]. Germany: Institut für Verfahrenstechnik der TU Hanover, BMFT R8 48/1, 1976.

[22] Ramachandran N, Gupta J R, Jalunu Y. Thermal and fluid flow effects during solidification in a rectangular cavity[J]. Int. J. Heat Mass Transfer, 1982, 25: 187-194.

[23] Gadgil A, Gobin D. Analysis of two dimensional melting in rectangular enclosures in the presence of convection [J]. J. Heat Transfer, 1984, 106: 20-26.

[24] Albert M R, O'Neill K. Transient two-dimensional phase change with convection using deforming finite elements[M]. Swansea: Pineridge Press,1985.

[25] Okada M. Analysis of heat transfer during melting from a vertical walls[J]. Int. J. Heat Mass Transfer, 1984, 27(11): 2057-2066.

[26] HO C J, CHEN S. Numerical simulation of melting of ice around a horizontal cylinder[J]. Int. J. Heat Mass Transfer, 1986, 29(9): 1359-1368.

[27] Morgan K. A numerical analysis of freezing and melting with convection[J]. Comp. Meth. Appl. Engng, 1981, 28: 275-284.

[28] Gartling D K. Finite element analysis of convective heat transfer problems with change of phase[M]. London: Peutech Press,1980.

[29] Voller V R, Markatos N C, Crass M. Techniques for accounting for the moving interface in convection/diffusion phase change[M]. Swansea:Pineridge Press,1985.

[30] Voller V R, Markatos N C, Cross M. Solidification in convection and diffusion[M]. Berlin:Springer,1986.

[31] Voller V R, Cross M, Markatos N C. An enthalpy method for convection/diffusion phase changes[J]. Int. J. Num. Meth. Engng,1987, 24: 271-284.

[32] Shamsundar N, Sparrow E M. Analysis of multidimensional conduction phase change via the enthalpy model [J]. J. Heat Transfer, 1975, 97(3): 333-340.

[33] Cao Y, Faghri A, Chang W S. A Numerical analysis of stefan problems for generalized multi-dimensional phase-change structures using the enthalpy transforming model[J]. Int. J. Heat Mass Transfer, 1989, 32 (7): 1289-1298.

[34] Salcudean M, Abdullah Z. On the numerical modelling of heat transfer during solidification processes[J]. International Journal for Numerical Methods in Engineering, 1988, 25: 445-473.

[35] Voller V R, Prakash C. A fixed grid numerical modelling methodology for convection-diffusion mushy region

phase-change problems[J]. J. Heat Mass Transfer, 1987, 30(8): 1709 – 1719.

[36] Voller V R, Brent A D. Modelling the mushy region in a binary alloy[J]. App. Math Modelling, 1990, 14: 320 – 326.

[37] Voller V R, Swaminathan C R. General source-based method for solidification phase change[J]. J. Numerical Heat Transfer, Part B, 1991, 19: 175 – 189.

[38] Mehrabian R, Keane M, Flemings M C. Interdendritic fluid flow and macrosegregation: influence of gravity [J]. Met. Trans. B1, 1970, 1209 – 1220.

[39] Tran C T, Dinh T N. Simulation of core melt pool formation in a reactor pressure vessel lower head using an effective convectivity model[J]. Nuclear Engineering and Technology An International Journal of the Korean Nuclear Society, 2009, 41(7):929 – 944.

[40] Kim B S, Ahn K I, Sohn C H. Computational study of the mixed cooling effects on the in-vessel retention of a Molten Pool in a Nuclear Reactor[J]. KSME International Journal, 2004, 18(6): 990 – 1001.

[41] Ahn K I, Kim D H, Kim B S, et al. Numerical investigation on the heat transfer characteristics of a liquid-metal pool subjected to a partial solidification process[J]. Prog. Nucl. Energ., 2004, 44(4): 277 – 304.

[42] 张亚培,秋穗正,田文喜,等. 基于SIMPLE方法的熔融物凝固模型研究[C]. 核反应堆系统设计技术重点实验室年会,成都,2012.

[43] Chai J C, Lee H S, Patankar S V. Treatment of irregular geometries using a Cartesian coordinates finite-volume radiation heat transfer procedure[J]. Numer. Heat Transfer, PartB, 1994, 26: 179 – 197.

[44] Quirk J J. An alternative to unstructured grids for computing gas dynamic flows around arbitrary complex two-dimensional bodies[J]. Comput. Fluids, 1994, 23(1): 125 – 142.

[45] Nagano A, Satofuka N, Shimomura N. A Cartesian grid approach to compressible viscous flow comutations [M]. New York: John Wiley & Sons Ltd, 1996.

[46] Wang Z J. A quadtree based adaptive Cartesian grid flow solver for Navier-Stokes equations[J]. Comput Fluids, 1998, 33(5): 34 – 37.

[47] 刘继平,聂建虎,严峻杰,等. 复杂区域流动换热问题的一种新的网格处理方法[J]. 西安交通大学学报,1999,33(5):34 – 37.

[48] 陶文铨. 数值传热学[M]. 西安:西安交通大学出版社,2001.

[49] Carman P C. Fluid flow through granular beds[J]. Trans. Inst. Chem. Engrs, 1937, 15: 150 – 166.

[50] Patankar S V. Numerical heat transfer and fluid flow[M]. Washington:Hemisphere, 1980.

[51] Hayase T, Humphrey J A C, Greif R. A consistently formulated QUICK scheme for fast and stable convergence using finite-volume iterative calculation procedures[J]. J. Computational Physics, 1992, 98: 108 – 118.

[52] Condon W A, Greene S R, Harrington R M, et al. SBLOCA outside containment at browns ferry unit one-accident sequence analysis[R]. Washington:NRC,NUREG/CR-2672, 1982.

[53] Rouge S. SULTAN test facility for large-scale vessel coolability in natural convection at low pressure[J]. Nuclear Engineering and Design, 1997, 169(1 – 3): 185 – 195.

[54] Chu T Y, Brainbridge B L, Bentz J H, et al. Observations of quenching downward facing surfaces[R]. USA: Sandia National Laboratories,SAND93-0688, 1994.

[55] Chu T Y, Bentz J H, Simpson R B. Observation of the boiling process from a large downward-facing torispherical surface[C]. 30th National Heat Transfer Conference,Portland,Oregon,1995.

[56] Chu T Y, Brainbridge B L, Simpson R B, et al. Ex-vessel boiling experiments: laboratory and reactor-scale testing of the flooded cavity concept for in-vessel core retention[J]. Nuclear Engineering and Design, 1997, 169(1 – 3): 77 – 88.

[57] Cheung F B, Haddad K, Liu Y C. Critical heat flux (CHF) phenomena on a downward facing curved surface

[R]. Washington:NRC,NUREG/CR-6507,1997.

[58] Cheung F B, Liu Y C. Critical heat flux (CHF) phenomenon on a downward facing curved surface: effects of thermal insulation[R]. Washington:NRC,NUREG/CR-5534, 1998.

[59] Theofanous T G, Syri S, Salmassi T, et al. Critical heat flux through curved, downwards facing thick wall [J]. Nuclear Engineering and Design, 1994, 151(1): 247-258.

[60] Theofanous T G, Liu C, Angelini S, et al. Experience from the first two integrated approaches to in-vessel retention external cooling[C]. Procceding of the OECD/CSNI/NEA Workshop on large Molten Pool Hear Transfer, Gernoble, France, 1994.

[61] Kim J C, Ha K S, Park R J, et al. One-dimensional experiments of a natural circulation two-phase flow under an external reactor vessel cooling[J]. International Communications in Heat and Mass Transfer, 2008, 35 (6): 716-722.

[62] Cheung F B, Yang J, Dizon M B. On the enhancement of external reactor vessel cooling of high-power reactors [C]. The 10th International Topical Meeting on Nuclear Reactor Thermal Hydraulics (NURETH-10), Seoul, Korea, 2003.

[63] Dizon M B, Yang J, Cheung F B, et al. Effects of surface coating on nucleate boiling heat transfer on a downward facing surface[C]. Proceedings 2003 ASME Summer Heat Transfer Conference, Las Vegas, Nevada, USA, 2003.

[64] Dizon M B, Yang J, Cheung F B. Effects of surface coating on the critical heat flux for pool boiling from a downward facing surface[J]. Journal of Enhanced Heat Transfer, 2004, 11(2): 133-150.

[65] Yang J,Cheung F B, Rempe J L, et al. Critical heat flux for downward-facing boiling on a coated hemispherical vessel surrounded by an insulation structure[C]. Proceedings of ICAPP '05 Seoul, Korea, 2005.

[66] Yang J, Cheung F B, Rempe J L, et al. Correlations of nucleate boiling heat transfer and critical heat flux for external reactor vessel cooling[C]. Proceedings of HT2005 2005 ASME Summer Heat Transfer Conference, San Francisco, California, USA, 2005.

[67] Dinh T N, Tu J P, Theofanous T G. Two-phase natural circulation flow in AP1000 in-vessel retention-related ULPU-V facility experiments[C]. 2004 International Congress on Advances in Nuclear Power Plants, Pittsburgh, PA, 2004.

[68] Cheung F B, Haddad K H. A hydrodynamic critical heat flux model for saturated pool boiling on a downward facing curved heating surface [J]. International Journal of Heat and Mass Transfer, 1997, 40 (6): 1291-1302.

[69] Yang J, Cheung F B. A hydrodynamic CHF model for downward facing boiling on a coated vessel[J]. International Journal of Heat and Fluid Flow, 2005, 26(3): 474-484.

[70] Theofanous T G, Liu C, Additon S, et al. In-vessel coolability and retention of a core melt[R]. Washington: Department of Energy DOE/ID-10460, vol1, 1996.

[71] Rempe J L, Knudson D L, Allison C M, et al. Potential for AP600 in-vessel retention through ex-vessel flooding[R]. USA:Idaho National Engineering and Environmental Laboratory,INEEL/EXT-97-00779, 1997.

[72] Khatib-Rahbar M, Esmaili H, Vijaykumar R, et al. An assessment of ex-vessel steam explosions in the AP600 advanced pressurized water reactor[R]. USA:Energy Research, Inc., ERI/NRC 95-211, 1996.

[73] Esmaili H, Khatib-Rahbar M. Analysis of in-vessel retention and ex-vessel fuel coolant interaction for AP1000 [R]. USA:Energy Research, Inc., ERI/NRC 04-21, NUREG/CR-6849, 2004.

[74] Esmaili H, Khatib-Rahbar M. Analysis of likelihood of lower head failure and ex-vessel fuel coolant interaction energetics for AP1000[J]. Nuclear Engineering and Design, 2005, 235(15): 1583-1605.

[75] Rempe J L, Knudson D L. Margin for in-vessel retention in the APR1400-VESTA and SCDAP/RELAP5-3D

analyses[R]. USA:Idaho National Engineering and Environmental Laboratory. INEEL/EXT-04-02549, 2004.
[76] Rempe J. An enhanced in-vessel core catcher for improving in-vessel retention margins[J]. Nuclear Technology, 2005, 152(2): 170 - 182.
[77] Parker G W, Hodge S A. Small scale BWR core debris eutectics formation and melting experiment[J]. Nuclear Engineering and Design, 1990, 121: 341 - 347.
[78] Kim K T, Olander D R. Dissolution of uranium dioxide by molten zircaloy[J]. Journal of Nuclear Materials, 1988, 154: 85 - 101.
[79] Hayward P J, George I M. Dissolution of UO_2 in molten zircaloy-4, part 4: phase evaluation during dissolution and cooling of 2000 to 2500℃ specimens[J]. Journal of Nuclear Materials, 1996, 232:13 - 22.
[80] Zhang Y P, Qiu S Z, Su G H, Tian W X. Analysis of safety margin of in-vessel retention for AP1000[J]. Nuclear Engineering and Design, 2010, 240:2023 - 2033.
[81] Zhang Y P, Qiu S Z, Su G H, Tian W X. A simple novel analysis procedure for IVR calculation in core-molten severe accident[J]. Nuclear Engineering and Design, 2011, 241 (12):4634 - 4642.
[82] Kulacki F A, Emara A A. High Rayleigh number convection in enclosed fluid layer with internal heat sources [R]. Washington:NRC, NUREG-75/065, 1975.
[83] Steinberner U, Reineke H H. Turbulent buoyancy convection heat transfer with internal heat sources[C]. Proceedings 6th International Heat Transfer Conference, Toronto, Canada, 1978.
[84] Kelkar K M, Khankari K K, Patankar S V. Computational modeling of turbulent natural convection in flows simulating reactor core melt[R]. USA:Sandia National Laboratories,1993.
[85] Theofanous T G, Dhin T N, Tu J P. Limits of Coolability in the AP1000-Related ULPU-2400 Configuration V Facility[C]. 10th International Topical Meeting on Nuclear Reactor Thermal Hydraulics, NURETH10, Seoul, Korea, 2003.
[86] Churchill S W, Chu H H S. Correlating equations for laminar and turbulent free convection from a vertical plate[J]. Int. J. Heat Mass Transfer, 1975, 18: 1323 - 1329.
[87] Globe S, Dropkin D. Natural-convection heat transfer in liquids confined by two horizontal plates and heated from below[J]. Heat transfer, 1959, 81: 24.
[88] Yuan Z, Zavisca M, Khatib-Rahbar M. Impact of the reactor pressure vessel insulation on the progression of severe accidents in AP1000[R]. USA:Energy Research, Inc. , ERI/NRC 03-205, 2003.
[89] Zavisca M, Yuan Z, Khatib-Rahbar M. Analysis of selected accident scenarios for AP1000[R]. USA:Energy Research, Inc. , ERI/NRC 03-201, 2003.
[90] Wolf J R, Akers D W, Neimark L A. Relocation of molten material to the TMI-2 lower head[J]. Nuclear Safety, 1994, 35(2): 269 - 279.
[91] Suh K Y, Henry R E. Debris interactions in reactor vessel lower plena during a severe accident: Ⅱ. integral analysis[J]. Nuclear Engineering and Design, 1996, 166: 165 - 178.
[92] Maruyama Y. Analysis of debris coolability experiment in ALPHA program with CAMP code[C]. 9th International Topical Meeting on Nuclear Reactor Thermal Hydraulics (NURETH-9), San Francisco, California, October 3 - 8, 1999.
[93] Magallon D, Annunziato A, Corradini M, et al. Debris and pool formation/heat transfer in FARO-LWR: experiments and analyses[C]. Paris:OECD,NEA/CSNI/R-1998-18, 1999.
[94] Kim J H. Experimental Study on inherent in-vessel cooling mechanism during a severe accident[C]. 7th International Conference on Nuclear Engineering (ICONE7), Tokyo, Japan, April 19 - 23, 1999.
[95] Suh K Y. SONATA-Ⅳ: simulation of naturally arrested thermal attack in vessel-visualization study using pyrex belljar and copper hemisphere heater[C]. Cooperative Severe Accident Research Program (CSARP) Semian-

nual Review Meeting, Bethesda, USA, 1995.

[96] Monde M, Kusuda H, Uehara H. Critical heat flux during natural convective boiling in vertical rectangular channels submerged in saturated liquid[J]. Trans. ASME, J. Heat Transf, 1982, 104: 300 - 303.

[97] Katto Y. Generalized correlation for critical heat flux of natural convective boiling in confined channels[J]. Trans. JSME, 1978, 44: 3908 - 3911.

[98] Katto Y, Kosho Y. Critical heat flux of saturated natural convection boiling in a space bounded by two horizontal co-axial disks and heated from below[J]. Int. J. Multiphase Flow, 1979, 5: 219 - 224.

[99] Kim Y H, Suh K Y. One-dimensional critical heat flux concerning surface orientation and gap size effects[J]. Nuclear Engineering and Design, 2003, 226: 277 - 292.

[100] Noh S W, Kim Y H, Suh K Y, et al. Critical heat flux in inclined rectangular narrow long channel[C]. In: Proceedings of ICAPP '05, Seoul. Korea, 2005.

[101] Tanaka F, Mishima K, Kohriyama T, et al. Orientation effects on critical heat flux due to flooding in thin rectangular channel[J]. J. Nucl. Sci. Technol., 2002, 39: 736 - 742.

[102] Jeong J H, Park R J, Kim S B. Thermal-hydraulic phenomena relevant to global dryout in a hemispherical narrow gap[J]. Heat and Mass Transfer, 1998, 34: 321 - 328.

[103] Jeong J H, Park R J, Kim S B. Visualization experiments of the two-phase flow inside a hemispherical gap [J]. Int. Comm. Heat Mass Transfer, 1998, 25(5): 693 - 700.

[104] Su G H, Sugiyama K. Natural convection heat transfer of water on a horizontal downward facing stainless steel disk in a gap under atmospheric pressure conditions[J]. Annals of Nuclear Energy, 2007, 34: 93 - 102.

[105] Su G H, Sugiyama K, Wu Y W. Natural convection heat transfer of water in a horizontal circular gap[J]. Frontiers of Energy and Power Engineering in China, 2007, 1(2):167 - 173.

[106] Su G H, Wu Y W, Sugiyama K. Natural convection heat transfer of water in a horizontal gap with downward-facing circular heated surface[J]. Applied Thermal Engineering, 2008, 28 (11,12): 1405 - 1416.

[107] Su G H, Wu Y W, Sugiyama K. Subcooled pool boiling of water on a downward-facing stainless steel disk in a gap[J]. International Journal of Multiphase Flow, 2008, 34(11): 1058 - 1066.

[108] Wu Y W, Su G H, Sugiyama K. Numerical simulation of natural convection heat transfer from a downward-facing horizontal round plate in confined space[C]. Proc. of 15th International Conference on Nuclear Engineering(ICONE15-22487), 2007, April 14 - 18, Naoya, Japan.

[109] Wu Y W, Su G H, Sugiyama K. Experimental study on critical heat flux on a downward-facing stainless steel disk in confined space[J]. Annals of Nuclear Energy, 2011, 38 (2,3): 279 - 285.

[110] Wu Y W, Su G H, Hu B X, et al. Study on onset of nucleate boiling in bilaterrlly heated narrow annuli[J]. International Journal of Thermal Sciences, 2010, 49:741 - 748.

[111] Liang Z H, Wen Y, Gao C, et al. Experimental investigation on flow and heat transfer characteristics of single-phase flow with simulated neutronic feedback in narrow rectangular channel[J]. Nuclear Engineering and Design, 2012, 248 (1): 82 - 92.

[112] Seiler J M. Analytical model for CHF in narrows gaps on plates and in hemispherical geometries[J]. Nuclear Engineering and Design, 2006, 236: 2211 - 2219.

[113] Wang J, Tian W X, Feng K, et al. Development of CHF models for inner and outer RPV gaps in a meltdown severe accident[J]. Nuclear Engineering and Design, 2013, 265: 1045 - 105.

[114] Park R J, HAKS, Kang K H. Critical heat removal rate through a hemispherical narrow gap[J]. Heat and Transfer, 2003(3):249 - 255.

[115] Kim S H, Baek W P, Chang S H. Measurement of critical heat flux for narrow annuli submerged in saturated water[J]. Nucl. Eng. Des. 2000, 199: 41 - 48.

[116] Su G H, Wu Y W, Sugiyama K. Natural convection heat transfer of water in a horizontal gap with downward-facing circular heated surface[J]. Applied Thermal Engineering, 2008, 28 (11,12): 1405 - 1416.

[117] Su G H, Sugiyama K. Natural convection heat transfer of water on a horizontal downward facing stainless steel disk in a gap under atmospheric pressure conditions[J]. Annals of Nuclear Energy, 2007, 34 (1 - 2): 93 - 102.

[118] Wu Y W, Su G H, Sugiyama K. Experimental study on critical heat flux on a downward-facing stainless steel disk in confined space[J]. Annals of Nuclear Energy, 2011, 38 (2,3): 279 - 285.

[119] Zuber N. On stability of boiling heat transfer[J]. Trans. ASME, Journal of Heat Transfer, 1958(80): 711 - 720.

[120] 赵大卫,苏光辉,田文喜,等. 加热面朝下的池式过渡沸腾实验研究[J]. 核动力工程,2008,29(5): 56 - 59.

[121] Zhao D W, Su G H, Tian W X, et al. Experimental and theoretical study on transition boiling concerning downward-facing horizontal surface in confined space[J]. Nuclear Engineering and Design, 2008, 238 (9): 2460 - 2467.

[122] Kim Y H, Suh K Y. One-dimensional critical heat flux concerning surface orientation and gap size effects [J]. Nuclear Engineering and Design, 2003, 226 (3): 277 - 292.

[123] Cheung F B, Haddad K H. A hydrodynamic critical heat flux model for saturated pool boiling on a downward facing curved heating surface [J]. International journal of heat and mass transfer, 1997, 40 (6): 1291 - 1302.

[124] 杨震,苏光辉,田文喜,等. 基于微液层理论的下封头外部流体 CHF 理论计算[J]. 核动力工程,2011, 32(6):61 - 65.

[125] Dizon M, Yang J, Cheung F, et al. Effects of surface coating on the critical heat flux for pool boiling from a downward facing surface[J]. Journal of Enhanced Heat Transfer, 2004, 11(2).

[126] Yang J, Cheung F, Rempe J, et al. Correlations of nucleate boiling heat transfer and critical heat flux for external reactor vessel cooling[C], California:ASME 2005 Summer Heat Transfer Conference, 2005.

[127] Yang J, Dizon M, Cheung F, et al. CHF enhancement by vessel coating for external reactor vessel cooling [J]. Nuclear Engineering and Design, 2006, 236 (10): 1089 - 1098.

[128] Yang J, Cheung F, Rempe J, et al. Critical heat flux for downward-facing boiling on a coated hemispherical vessel surrounded by an insulation structure[J]. Nucl Eng Tech, 2006, 38 (2): 139 - 146.

[129] Yang J, Cheung F B. A hydrodynamic CHF model for downward facing boiling on a coated vessel[J]. International Journal of Heat and Fluid Flow, 2005, 26 (3): 474 - 484.

[130] Choi S U S, Eastman J A. Enhancing thermal conductivity of fluids with nanoparticles[J]. ASME-Publications-Fed,1995,231:99 - 106.

[131] You S M, Kim J H, Kim K H. Effect of nanoparticles on critical heat flux of water in pool boiling heat transfer[J]. Applied Physics Letters, 2003, 83: 3374 - 3376.

[132] Das S K, Putra N, Roetzel W. Pool boiling characteristics of nano-fluids[J]. International Journal of Heat Mass Transfer, 2003, 46 (5): 851 - 862.

[133] Taylor R A, Phelan P E. Pool boiling of nanofluids: comprehensive review of existing data and limited new data[J]. International Journal of Heat Mass Transfer, 2009, 52: 5339 - 5347.

[134] Kim S J, McKrella T, Buongiornoa J, et al. Alumina nanoparticles enhance the flow boiling critical heat flux of water at low pressure[J]. International Journal of Heat Transfer, 2008, 130: 1044 - 1050.

[135] Buongiorno J, Hu L W, Apostolakis G, et al. A feasibility assessment of the use of nanofluids to enhance the in-vessel retention capability in light-water reactors [J]. Nuclear Engineering and Design 2009, 239:

941 – 948.

[136] Hadad K, Hajizadeh A, Jafarpour K, et al. Neutronic study of nanofluids application to VER-1000[J]. Annals of Nuclear Energy, 2010, 37: 1447 – 1455.

[137] Tian W X, Ishiwatari Y, Ikejiri S, et al. Numerical simulation on void bubble dynamics using moving particle semi-implicit method[J]. Nuclear Engineering and Design, 2009, 239(11): 2382 – 2390.

[138] Tian W X, Ishiwatari Y, Ikejiri S, et al. Numerical computation of thermally controlled steam bubble condensation using Moving Particle Semi-implicit (MPS) method[J]. Annals of Nuclear Energy, 2010, 37(1): 5 – 15.

[139] Chen R H, Tian W X, Su G H, et al. Numerical investigation on coalescence of bubble pairs rising in a stagnant liquid[J]. Chemical Engineering Science, 2011, 66(21): 5055 – 5063.

[140] Chen R H, Tian W X, Su G H, et al. Numerical investigation on bubble dynamics during flow boiling using moving particle semi-implicit method[J]. Nuclear Engineering and Design, 2010, 240(11): 3830 – 3840.

[141] Li X, Tian W X, Chen R H, et al. Numerical simulation on single Taylor bubble rising in LBE using moving particle method[J]. Nuclear Engineering and Design, 2013, 256: 227 – 234.

[142] Zuo J L, Tian W X, Chen R H, et al. Two-dimensional numerical simulation of single bubble rising behavior in liquid metal using moving particle semi-implicit method[J]. Progress in Nuclear Energy, 2013, 64: 31 – 40.

[143] Wang Y, Wu J M. Research of bubble dynamics for the forced flow boiling process of nanofluids[C]. International Workshop on Nuclear Safety and Severe Accident (NUSSA), Beijing, China, 2012.

[144] 王云,武俊梅. 纳米流体池式沸腾气泡动力学行为研究[C]. 上海:第十三届全国反应堆热工流体会议, 2013.

[145] Wu J M, Zhao J Y, Wang Y. Nanofluid boiling heat transfer and critical heat flux enhancement-mechanism to be revealed [C]. 21st International Conference On Nuclear Engineering(ICONE21), Chengdu, China, July 28 – Ague 2, 2013.

[146] Maity S. Effect of velocity and gravity on bubble dynamics [D]. University of California, LosAngeles, 2000.

[147] Kwark S M, Kumar R, Moreno G, et al. Pool boiling characteristics of low concentration nanofluids[J]. International journal of Heat and Mass Transfer, 2010, 53(5): 972 – 981.

第8章
安全壳内事故过程

8.1 堆芯熔融物与混凝土反应

在轻水堆的严重事故序列中，反应堆堆芯由于冷却不及时会发生熔化，熔融的堆芯加热周围结构材料，并将结构材料一同熔化，熔融物沉积到反应堆压力容器的下封头内形成碎片床或熔融池。如果不能有效地带走下封头内堆芯碎片床的衰变热，可能会导致下封头熔穿失效或蠕变破裂失效。堆芯熔融物通过下封头裂缝流入反应堆安全壳堆腔内，高温的堆芯熔融物会与腔内的混凝土发生反应（MCCI）。在 MCCI 过程中，伴随着大量的物理化学反应，堆腔内会产生大量的不凝结气体，如 H_2、CO、CO_2 等，使得安全壳内的压力快速升高，从而威胁安全壳的完整性。在堆腔中 MCCI 过程如图 8－1 所示。图 8－1 给出了两层结构模型，同时给出了在 MCCI 过程中的热量传递和质量传递规律。

对于一个典型的 1300MW 的商业压水堆，在发生严重事故并导致压力容器下封头失效事故时，大约有 120t 氧化物（UO_2、ZrO_2 等）和 80t 金属（Fe、Cr、Ni、Zr）进入安全壳的混凝土堆腔。堆芯熔融物开始的衰变热功率约为 30MW，10 天后减少为 10MW，衰变热的主要来源是熔融物中裂变产物。

堆芯熔融物中裂变产物释放的衰变热热量传到混凝土中。当混凝土加热温度到达其分解温度时，混凝土开始熔化并发生化学分解，分解生成的 CO_2 与 H_2O 会与堆芯熔融物中的金属发生氧化反应生成 H_2、CO 等可燃气体。对于大部分混凝土而言，混凝土的烧蚀发生在 1200～1450℃之间。在初始加热阶段，MCCI 对混凝土壁面进行持续的烧蚀，之后熔池内产生的衰变功率大部分都传递到熔融物/混凝土界面位置；在熔池表面和周围壁面上还有一部分辐射换热发生，尤其是在干腔状态下。在堆腔中，化学反应主要考虑混凝土的分解气体与堆芯熔融池中金属的相互作用，考虑了两类化学反应：①发生在堆芯碎片内部的反应；②金属层与其径向边界的气膜及金属氧化物间的反应。化学方程式如下：

$$Zr + 2H_2O \longrightarrow ZrO_2 + 2H_2$$

$$Zr + SiO_2 \longrightarrow ZrO_2 + Si$$

在 MCCI 过程中，堆芯熔池的特性主要包括三点：①物质的输运以及热化学性质；②熔池界面的热流密度；③熔融物/混凝土界面的表观气体速度。

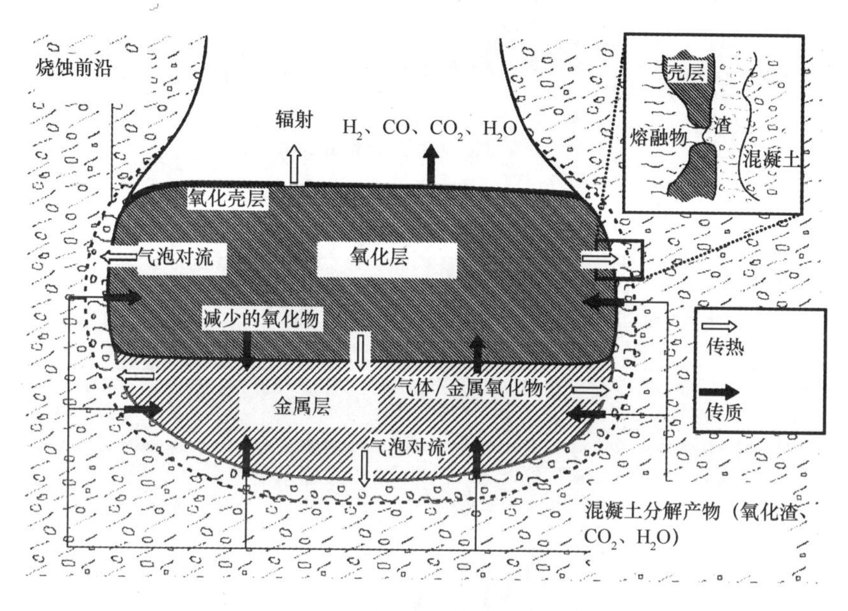

图 8-1　MCCI 过程

MCCI 对安全壳完整性的威胁主要表现在以下几个方面：

(1) MCCI 长时间内产生大量的非冷凝气体使得安全壳超压；

(2) 混凝土基座被熔融物不断烧蚀，当混凝土基座被熔穿时，堆内物质将与外界环境相接触，引起反射性的泄漏；

(3) 混凝土旁侧墙壁的烧蚀会使得压力容器的支撑结构遭到破坏。

8.1.1　MCCI 实验

针对核电厂严重事故过程中可能发生的 MCCI 现象，国际上开展了大量实验研究工作，主要有美国的 ACE 和 CCI 实验、德国的 BETA 和 COMET 实验、法国的 VULCANO 实验等。表 8-1 列出了近二十年国际上开展的 MCCI 实验。

表 8-1　MCCI 实验研究介绍

国家	实验室	实验名称	实验工质(混凝土)	实验工质(堆芯熔融物)
德国	卡尔斯鲁厄理工大学(KIT)实验室	BETA[1]	硅酸混凝土、石灰石-蛇纹岩混凝土	Fe、Zr、Cr、Ni、Al_2O_3 和 CaO
		COMET[2]	硅酸混凝土	Fe、Cr、Ni、Al_2O_3 和 CaO

（续）

国家	实验室	实验名称	实验工质（混凝土）	实验工质（堆芯熔融物）
美国	阿贡实验室	ACE[3]	硅酸混凝土、石灰石混凝土、石灰石－普通砂石混凝土	UO_2、ZrO_2 裂变产物模拟物
		MACE[4]	硅酸混凝土、石灰石－普通砂石混凝土	UO_2、ZrO_2、Zr 和 Cr
		CCI[5]	硅酸混凝土、石灰石－普通砂石混凝土	UO_2、ZrO_2、SiO_2，伴有混凝土
	桑迪亚国家实验室（SNL）	SURC[6]	硅酸混凝土、石灰石－玄武岩混凝土	Zr、UO_2，ZrO_2 和 Cr 裂变产物模拟物的钢制品
		WETCOR[7]	石灰石－普通砂石混凝土	Al_2O_3、CaO
法国	原子能委员会（CEA）	VULCANO[8]	二氧化硅富集混凝土，富集石灰石混凝土	UO_2、ZrO_2、SiO_2
		ARTEMIS[9]	模拟物（共熔盐）	模拟物（盐类）
哈萨克斯坦	国家核能中心（NNC）	COTELS[10]	硅酸混凝土	氧化物和金属
韩国	韩国原子能研究所（KAERI）	MEK-T1A[11]	玄武岩混凝土	铝－铝热剂
芬兰	芬兰国家技术研究中心（VTT）	HECLA[12]	硅酸混凝土、低铁硅酸混凝土	不锈钢

图 8－2 为早期由美国阿贡实验室进行的 ACE 实验。早期的 MCCI 实验主要模拟高温熔融物在混凝土基座上的一维流动过程。ACE 实验熔融物采用的是纯氧化物熔融物，采用直接焦耳加热方式模拟衰变热的生成。在一维实验中，烧蚀率与加热熔化单位混凝土焓值所需热流密度成比例。气体释放通过熔融物产生较强的搅动。典型的长期烧蚀率为每小时几厘米。

图 8－3 为美国阿贡实验室进行的二维实验，在二维实验中，发现富含硅酸混凝土的堆腔烧蚀是各向异性的，而对于石灰石混凝土而言，烧蚀则是各向同性的。

图 8－4 为哈萨克斯坦 National Nuclear Center 进行的 COTELS 实验的设备示意图以及实验结果图。德国 KIT 开展的 COMET 系列实验主要考虑了径向和轴向的二维烧蚀，以及对熔融物周边形成的壳层进行了更完善的考虑。

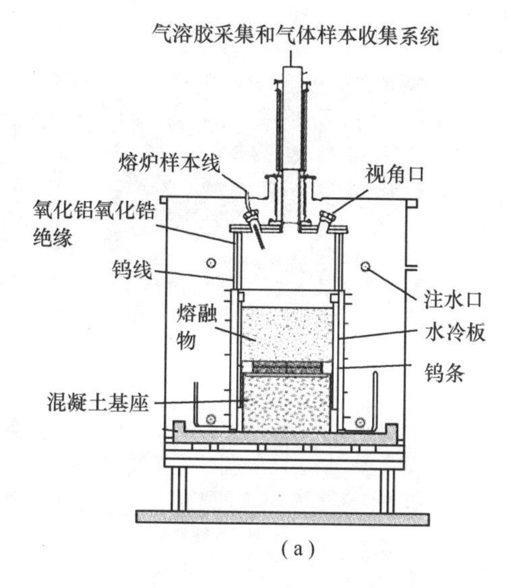

(a)

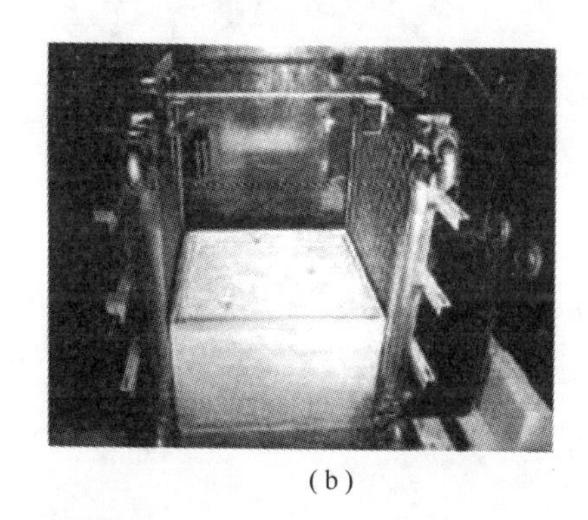
(b)

图 8-2　ACE 实验装置

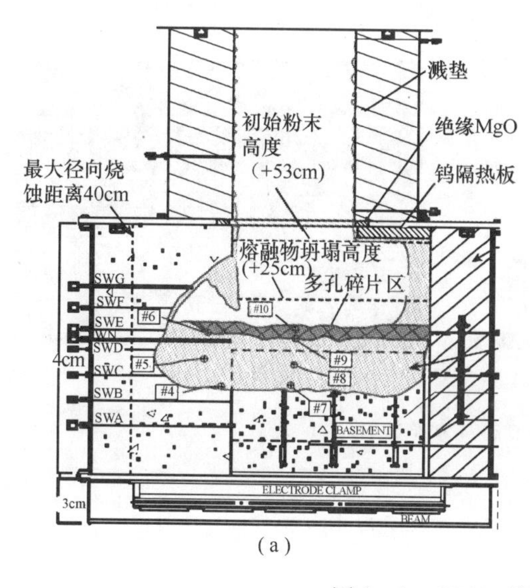

(a)

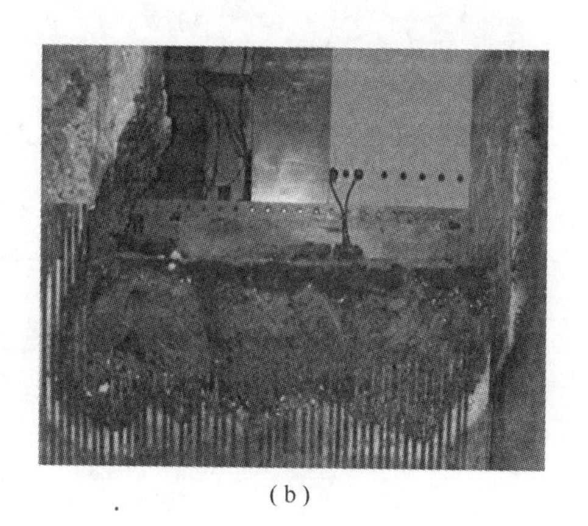
(b)

图 8-3　OECD 项目 CCI 实验装置

图 8-5 为法国 CEA 进行的 VULCANO 实验，该实验熔融物采用原型氧化物与金属分层结构对 MCCI 现象进行研究分析。首先，与石灰沙土混凝土相互反应的氧化物-金属 VULCANO 实验无法证明熔池分层现象，因为大部分的金属都被氧化了。但是在其他一些实验，如 VBS-U2 和 VBS-U3 实验中，熔融物与硅酸混凝土反应，可以观察到金属与氧化物之间的分离，因为在与硅酸混凝土反应过程中，金属的氧化是有限的。但分离现象并不是严格的分层，因此，金属与氧化物的分层

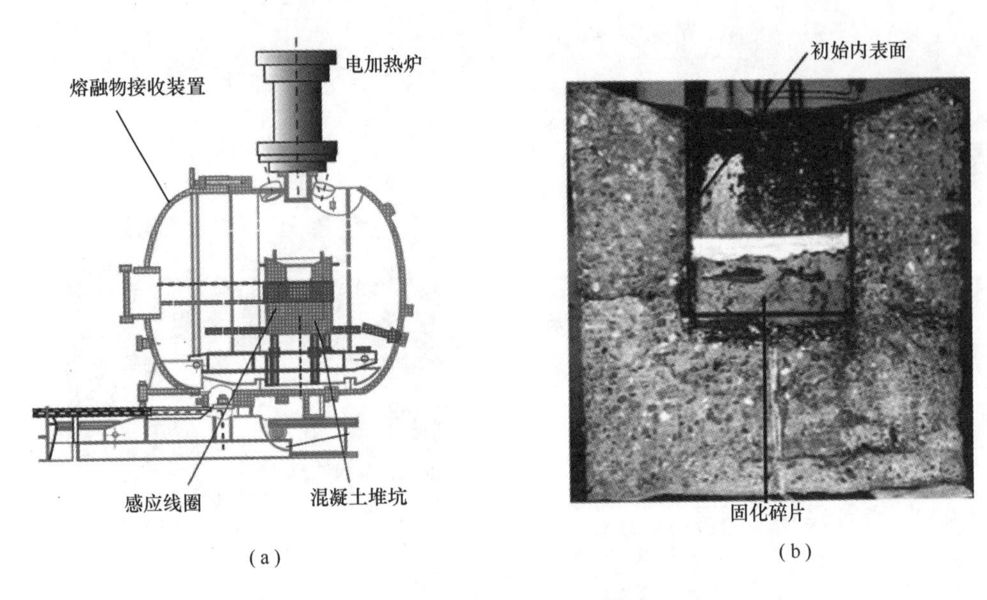

图 8 -4　COTELS 实验装置

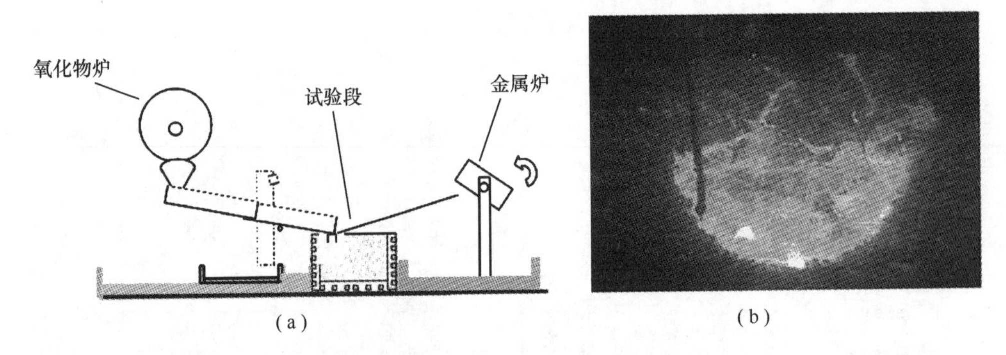

图 8 -5　VULCANO 实验装置

现象仍需进一步进行研究。

8.1.2　MCCI 分析程序介绍

在进行实验研究的同时,国际上许多研究机构又相继开发了一些用于分析堆芯 MCCI 过程的分析程序,其中最早对该现象进行描述的是美国 SNL 开发的 CORCON[13] 程序以及德国 FZK 的 WECHSL[14] 程序。近期开发的新程序包括 TOLBIAC-ICB[15],COSACO[16] 和 ASTEC/MEDICIS[17] 程序。表 8 -2 列出了近 20 年描述 MCCI 现象的主要程序,并对程序中使用的模型、化学热数据库和关系式进行了简要介绍。

表 8-2 MCCI 程序简介

程序名称	开发国家（单位）	开发时间	热化学数据库	熔池/壳层温度	熔池界面对流换热系数	氧化物/金属界面对流换热系数	堆芯熔融物冷却	界面模型的灵活性
CORCON[13]	美国 SNL	1981—1993	关系式	固相线温度	Kutateladze关系式	Greene 关系式	否	小
WECHSL[14]	德国 FZK	1981	关系式，输入表格	固相线与液相线之间		Werle 关系式	否	中等
COSACO[16]	法国 framatome ANP	2002	与热化学模块耦合	在固相线温度和液相线温度指定模型	Bali/Kutateladze关系式	Bali（氧化物）+Kutateladze（金属）	否	中等
ASTEC/MEDICIS[17]	德国核设施安全评审中心（GRS）与法国IRSN	2003	与热化学模块耦合	用户参数指定（固液相线间插值）	主要的可用的关系式	Greene关系式×用户因子	是	大
TOLBIAC-ICB[15]	法国 CEA	2006	与热化学模块相接	液相线温度	主要可用的关系式	Bali 关系式	是	中等
CORQUENCH[18]	美国阿贡实验室	1993	关系式	固液相线之间	Kutateladze和Malenkov关系式		是	中等

在描述 MCCI 中计算熔池界面对流换热的主要关系式：

Kutateladze-Malenkov 关系式[18]：

$$Nu=\begin{cases}\dfrac{3\times10^{-5}}{\sqrt{\dfrac{J_g\cdot\mu_{melt}}{\sigma}}}\left(\dfrac{c_{p,melt}\cdot p\cdot J_g}{\lambda_{melt}\cdot g}\right)^{2/3}, & 4\times10^{-4}<J_g\cdot\mu_{melt}/\sigma_{melt}<10^{-2}\\ 3\times10^{-4}\left(\dfrac{c_{p,melt}\cdot p\cdot J_g}{\lambda_{melt}\cdot g}\right)^{2/3}, & J_g\cdot\mu_{melt}/\sigma_{melt}<10^{-2}\end{cases}$$

式中：J_g 为气体表观速度（m/s）；μ_{melt}为熔融物动力黏性（Pa·s）；σ 为斯忒藩—玻耳兹曼常量；$c_{p,m}$为熔融物比热容（J/(kg·K)）；p 为压力（Pa）；λ_{melt}为熔融物膨胀系数（K^{-1}）。

当熔池出现分层时，用于分层界面间的传热关系式包括：

BALI 关系式[18]：

向下传热：$Nu=19.67\left(\dfrac{\rho_{melt}\cdot J_g^3}{\mu_{melt}\cdot g}\right)^{0.136}\times Pr_{melt}^{-0.22}$

向上传热：$Nu = 24.75\left(\frac{\rho_{\text{melt}} \cdot J_g^3}{\mu_{\text{melt}} \cdot g}\right)^{0.073} \times Pr_{\text{melt}}^{-0.29}$

式中：ρ_{melt}为熔融物密度(kg/m^3)；Pr_{melt}为熔融物的普朗特数。

Greene 关系式[18]：

$$Nu = 1.95Pe^{0.72} \text{或} Nu = 1.95(\rho_{\text{melt}} \cdot J_g c_{p,\text{melt}})^{0.72}$$

不同的 MCCI 程序之间的主要区别体现在对流传热关系式的选用(尤其是对氧化物与金属层之间的传热过程的描述)、堆芯熔融物的热化学数据、化学反应的处理、熔池分层模型、堆腔烧蚀模型以及熔池/混凝土分界面模型的差异。可归纳为以下几个方面：

(1) 早期的程序(WECHSL、CORCON)使用堆芯熔融物/混凝土混合物的热化学性质的显式描述；而目前的程序(TOLBIAC、COSACO、MEDICIS)是通过计算热力学平衡来获得热化学数据的。

(2) WECHSL 和 MEDICIS 程序在描述不同金属的连续氧化过程时采用的是简单的方式进行描述的，即不同金属的氧化先后顺序；而 CORCON、COSACO 和 TOLBIAC 程序是使用凝结相和气相之间的热力学平衡对金属和混凝土气体之间的氧化反应进行更准确的计算。

(3) CORCON 使用更多的机械模型解释沉积与夹带现象对金属和氧化层的混合进行进一步描述；其余大部分程序对熔池分层的描述都是通过 BALISE 数据推导而来。

(4) 在所有的程序中，局部堆腔烧蚀速度都是由持续的热流决定的；但对于局部烧蚀方向，不同程序的处理方法是不同的，故形成了不同的堆腔形状。

(5) 非常重要的一点是计算熔池向熔池/混凝土分界面，尤其是混凝土烧蚀分界面邻近的界面结构的传热。

高温 MCCI 反应如果不加以控制就会导致灾难性的后果，会使得大量裂变产物释放到空气中，土壤被严重污染，反射性大量释放，对环境造成严重的破坏。因此，在发生 MCCI 的过程中应该对堆芯熔融物进行冷却，阻止其进一步的反应。

8.2 安全壳直接加热

在压水堆的堆芯熔化事故中，包含有金属和氧化物的液态堆芯可能在压力容器下封头重新定位。如果下封头失效，熔融的堆芯就会随着蒸汽释放到堆腔内，而且下封头裂痕的位置、时间、形状和大小都会影响熔融物的释放。

影响失效模式和熔融物释放后果的最重要的参数是压力容器失效时的内部压力。当失效时堆内压力与安全壳内的压力在同一水平或者比它稍高的情况下，堆芯熔化的部分就会在重力作用下流进堆坑，这可能会导致 MCCI，但是它并不会在短期内威胁安全壳的完整性。当失效时堆内压力远高于安全壳内的压力情况下，就会发生高压熔融物喷射(High Pressure Melt Ejection,HPME)。在这种情况下,熔融物会被强力地喷射到堆腔内,破裂成碎片,然后从腔室中输运到安全壳中。在这个过程中,由于熔融物中部分液态金属会被蒸汽氧化,会产生附加的氢气和热量。破碎的细微颗粒与安全壳内的气体之间会进行充分的热交换,由于安全壳是一个恒定的体积系统,因此这会导致其压力和温度升高。熔融物释放过程中产生的氢气以及之前释放到安全壳的氢气燃烧也会使安全壳内的压力升高。这些过程称为安全壳直接加热[18,19],它会威胁安全壳的完整性,并引发安全壳早期失效。另外,堆芯熔融物中未氧化的金属会与安全壳内的蒸汽继续反应,放出一定热量,氧化反应产生的氢气可能燃烧,也会加热安全壳内大气。

如果安全壳直接加热与压力容器的压力密切相关,那么它的后果还与破口的特性、熔融物的释放量和特性以及反应堆压力容器腔室和建筑物的布置相关。因此,在评价安全壳直接加热的后果时,应该考虑到不同核电厂的实际情况。

安全壳直接加热现象最早是在 1981 年 Zion 核电厂的概率安全研究报告(ZPSS)中提出的[20]。在此之前,研究分析都认为,如果严重的堆芯损坏事件导致压力容器失效,堆芯熔融物会被保留在堆腔内。而 ZPSS 认为,某些事故序列可能导致这样的情况:压力容器下腔室内的高温堆芯熔融物引起压力容器失效,同时 RCS 压力维持很高。在这种情况下,堆芯熔融物被喷放到堆腔里,继而 RCS 排出的饱和水、蒸汽以及氢气会把堆芯熔融物从堆腔夹带到安全壳的其他区域,高温堆芯熔融物可能加热安全壳内的空气,导致安全壳直接加热的严重事故后果。

8.2.1 安全壳直接加热现象学

发生安全壳直接加热时,熔融物和蒸汽从压力容器的高温喷射可以典型地分成三个阶段[18]:单相液态的熔融物喷射,两相的熔融物和蒸汽喷射,以及气态的蒸汽喷射。这些阶段的持续时间依赖于在下封头重新定位的熔融物的质量、截面积和破口的位置以及主冷却剂的压力。承压的喷射最初会使熔融物破碎成液滴,然后蒸汽和熔融物的混合物就会流过腔室。腔室的几何结构会强烈影响这种复杂的流动,流动中的现象(图 8-6)包括:熔融物喷射到腔室内的墙壁上并沿着壁面形成一层液态膜,随着蒸汽的流动和熔融物液滴的形成会导致液膜的夹带和破裂,同时包含这些熔融物液滴的聚合和破碎等。结果导致一部分的熔融物通过蒸汽夹带被输运到与压力容器腔室相邻的区域,而其他的部分仍然滞留在腔室中。在此夹带过程中,蒸汽会与熔融物液滴发生热量与化学的相互反应,从而导致蒸汽温度和腔室压力大大增加。

堆芯的熔融物与蒸汽发生共晶反应产生氢气。然而,由于腔室内的大部分氧气已被蒸汽流横扫出压力容器腔室,残留的氧气很少,因此在腔室内不会发生氢气燃烧。当热的气体和熔融物颗粒进入到安全壳后,会使安全壳内气体过热和压力快速升高。熔融物进入安全壳的质量越多,颗粒越精细,安全壳内的传热和压力增

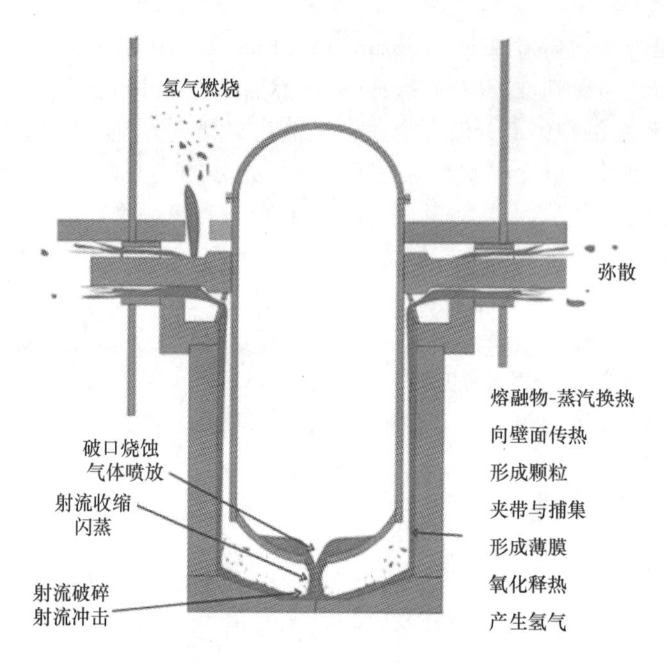

图 8-6　熔融物的强喷放现象

加的就越大。

堆芯熔融物在不同体积的安全壳内的分布和泄漏持续的时间也是影响安全壳内压力升高程度的重要因素。此外,当极高温度的蒸汽和熔融物颗粒进入安全壳后,它们或多或少地会导致氢气的快速燃烧。这种燃烧过程是非常复杂的,因为它结合了扩散燃烧(燃烧的氢气射流进入安全壳)的特征和预混合燃烧(已与空气混合的最初存在的氢气的燃烧)的特征。如果燃烧的特征时间接近于堆芯熔融物泄漏的时间,那么就会显著地增加安全壳内的压力峰值。然而,由于发生安全壳直接加热期间的燃烧是极其复杂的,因此要确定燃烧的特征时间也是很复杂的。

安全壳内的压力上升是由两个作用相反的过程控制的,即安全壳内热能的增加与向安全壳内的构筑物和墙壁的散热。既然所有的传热过程的速率都是有限制的,那么只有当所有从不同的源项到安全壳的传热过程是快速而一致的,峰值压力才会很高。

8.2.2　腔室内的现象

讨论堆腔内的现象就必须结合堆腔几何结构的具体细节。液态熔融物的扩散和安全壳直接加热的重要特性是它们流出堆腔的流道和它们的最终位置、在堆腔内的滞留量以及与压力容器底部的高度等。

1）液膜的形成、夹带以及碎片的输运

在单相熔融的液态金属喷射过程(图 8-7)中,熔融物会撞击腔室的底部并进一步破碎。其中,较大的部分以液膜的形式沿着地板流动,并且在遇到竖直的壁面后改变方向向上流动。封闭的液膜依靠惯性继续向上流动,或者在一段距离之后破裂。如果熔融物的初始速度足够高,那么熔融物可能在此阶段离开压力容器腔室,而且通常是较大的碎片和液态颗粒。在两相喷射阶段,液态金属膜被加速并撕裂,液态颗粒被流速更快的气体(蒸汽)所夹带。可以作为是否发生夹带的一个判据就是 Ku,但不同的压力容器腔室有不同的阈值,在采用这些关系式时应该小心谨慎。

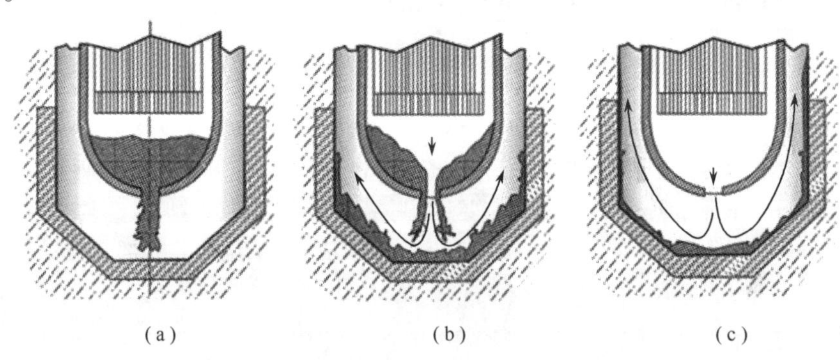

图 8-7　熔融物喷放的不同阶段

2) 穹顶内的现象

发生安全壳直接加热时穹顶内的现象主要包括换热、氢气燃烧和压力升高三个现象。

(1) 换热。

碎片颗粒可以通过压力容器与其腔室的环形通道和腔室上方的开口直接进入到安全壳的穹顶中,或者通过它们之间的其他小隔间和连接通道进入到穹顶中。在第二种情况下,较大的颗粒不可能一直沿着流道改变运动方向而是会撞击到壁面上,而且必须考虑液态颗粒与安全壳内气体的相互作用。由于到达穹顶的颗粒尺寸较小且飞行的时间较长,因此它更容易与安全壳内气体相互作用而达到平衡,从而限制了向构筑物的传热和压力峰值。当熔融物撞上安全壳内的构筑物时,它会迅速地凝固并将热量传递给构筑物。同时,向构筑物的辐射传热也会有助于散热和降低发生安全壳直接加热的风险。在蒸汽氛围中的热辐射的平均自由程与构筑物的特征长度相似。但是,当安全壳内的气体中存在气溶胶时,热辐射的平均自由程要短得多,可以使一部分或全部的热辐射能量沉积在安全期内的气体中。

主要的热阱和限制峰值压力的因素是气体与构筑物之间的换热。被加热后喷射的蒸汽和气体通过与隔间内构筑物和安全壳穹顶的对流换热来散发热量。压力峰值的高度是由热量传递给气体的时间尺度和热量由气体传递给构筑物的时间尺度决定的。如果热量传递给安全壳内气体的过程比在构筑物的散热过程慢,那么就会导致安全壳内的压力达到较高的值。

(2) 氢气燃烧。

喷放后夹杂着氢气的蒸汽通过不同的流道从堆腔或隔间中进入到安全壳穹顶。氢气(150 ~ 800kg)来源于在压力容器内部和堆腔中的金属与蒸汽的反应。

压力容器失效时安全壳内的氢气摩尔分数取决于事故序列和是否安装有氢气复合器。但是不排除氢气摩尔分数达到燃烧的限值(摩尔分数为4%),此时高温的碎片颗粒可能会引燃氢气。如果射流的温度是足够高的(约为800℃),则可能会发生自燃。

氢气以扩散火焰的形式燃烧,并且温度较高的燃烧产物的向上运动有利于将新鲜的氧气和富含氢气的气体卷吸到火焰中。根据氢与蒸汽的含量和温度,也可能会发生体积燃烧。如果这些进程发生在碎片喷放的同一时间尺度中,那么峰值压力将会升高,而且氢气燃烧的影响要明显高于其他进程的影响。但由于氢气-空气-蒸汽混合物存在可燃性限制,因此并非所有可利用的氢气都会燃烧。实验中观测到有30% ~90%的氢气会燃烧。

至于氢气的燃烧,包括由于氧化产生的氢气和初始就存在的氢气,如果氢气的浓度较高(大约4%以上),可能会成为影响压力容器内部压力升高的主要因素。应当指出,采用模拟材料的实验结果很难外推到压力容器内真实的安全壳直接加热事故中,这是由于模拟材料的反应性比堆芯材料(尤其是锆材料)的反应性要低很多。

(3) 压力升高。

除了长期冷却的碎片最终位置外,发生安全壳直接加热时最重要的因素是安全壳内的最大压力(峰值压力)。考虑到安全壳构筑物上的负载,安全壳直接加热峰值压力的作用是准静态的,它会持续数秒,与之相对的是蒸汽爆炸所造成的短期压力峰值。安全壳构筑物的设计载荷一般为0.5 ~ 1.0MPa。不同的堆腔设计对安全壳内的峰值压力也有较大的影响。

发生安全壳直接加热的后果基本上与压力容器腔室的几何结构及它与其他安全壳隔间的通道有关。而且目前广泛认为由于堆腔与安全壳穹顶之间并没有直接的通道,因此发生安全壳直接加热产生的后果主要限制在压力容器内部。而与此相反,目前还不太清楚二者之间存在直接的通道时发生安全壳直接加热的确切后果。实验同时表明,如果发生安全壳直接加热时反应堆主冷却剂的压力较高,那么会有大量的堆芯碎片喷放到安全壳中。

由于安全壳直接加热现象的复杂性和多样性,而且不能轻易简化,因此造成很难对安全壳直接加热建立模型进行分析。多相流模拟软件似乎是最有前途的选择,但由于氧化和燃烧,现有的解决方案尚不能满足反应堆规模的预测结果。文献[21,22]给出了安全壳直接加热问题更详细的介绍。

8.2.3 相关法规

由于发生安全壳直接加热后果的严重性,引起了各国核工业界的重视,国际上开展了大量实验研究,并由各核安全管理机构制定了相应的法规、导则。下面简要介绍 NRC、OECD/NEA 和国际原子能机构(International Atomic Energy Agency, IAEA)关于安全壳直接加热的法规[20]。

1) NRC

1988 年,NRC 发布了 GL88-20,认为安全壳直接加热是对安全壳完整性的潜在威胁,要求每座核电厂都检查安全壳直接加热对严重事故风险的贡献[23],并于 1990 年发布了对安全壳直接加热检查的导则(NUREG-1335)。NRC 对安全壳直接加热的评估结论是:安全壳直接加热是与电厂设计、安全壳性能以及事故序列密切相关的。

2) OECD/NEA

1989 年,经济合作发展组织核能署(OECD/NEA)发布了“CSNI 成员国的 DCH 问题现状”,指出能够预防安全壳直接加热的唯一有效方法是卸压[22,24]。在 1996 年《HPME 和 DCH 的现状报告》中指出:“对于一座特定的核电厂,解决 DCH 问题的纵深防御方法是综合考虑以下因素:操纵员的主动卸压策略;在极小概率未采取任何干预的事故中,发生非能动卸压的可能性;保护反应堆压力容器完整性的措施;经实验验证的可能缓解安全壳威胁的措施。”[19]

3) IAEA

IAEA 安全导则“核电厂安全壳系统设计”中关于 HPME 和 DCH 的规定[25]:

“对于某些反应堆堆型,在 RCS 高压力下发生的严重事故,如果没有采取进一步的措施,可能对严重事故总体风险有重大贡献。RCS 高压力下的严重事故可能导致对安全壳屏障的不可接受的威胁。”

“可以通过改进的堆腔设计,减少到达安全壳上部的堆芯熔融物数量,从而缓解 DCH 引起的安全壳负荷。上述堆腔设计不应对电厂运行(包括换料、维修或监控)造成不利影响,可用的堆腔设计包括:(a)改变堆芯熔融物喷射方向的隔板或墙壁;(b)从堆腔下部到安全壳上部空间的迂回通道。”

8.3 氢气行为分析

氢气无毒(但有窒息性),无腐蚀性,但有易燃易爆性。在核电厂中出现大量氢气的主要危险是它可能会发生燃烧。正如在三哩岛核电厂事故(图 8-8)和福岛核电厂事故中所发现的那样,氢气燃烧可能会产生较大的压力峰值(机械载荷)并使温度升高(热载荷)。这些爆炸产生的载荷可能会使安全壳立即失效或者导致设备故障,其中包括用来减轻事故后果的设备。在福岛核电厂事故中,正是由于安全壳的失效,核电厂失去了最后一道安全屏障,使裂变产生的放射性物质泄漏到环境中。

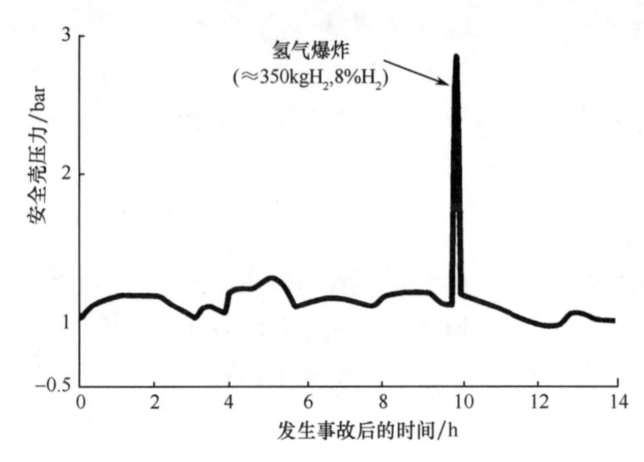

图8－8 三哩岛核电厂事故中安全壳内的压力变化[26](1bar = 10^5Pa)

在压水堆严重事故过程中,反应堆堆芯金属物质的氧化过程会产生氢气。在堆芯部分或全部裸露时,堆芯中的锆合金会被加热到很高的温度(超过1200K),就会发生锆水反应,而且压力容器中的钢也会和蒸汽发生反应。这些反应都是放热反应,因此会进一步加大氢气的产生量。此外,MCCI也会产生氢气。在TMI-2事故中,安全壳内产生了大量氢气,并已验证存在自燃事件[26]。在福岛核电厂事故,由于大量的氢气而发生了爆炸[27-29]。

核电厂严重事故条件下的氢气现象十分复杂,包括氢气的产生、流动、燃烧和爆炸,下面逐一地进行分析。

8.3.1 氢气的产生

通常,将严重事故下氢气产生分为压力容器内和压力容器外两个阶段[30]。压力容器内氢气产生源包括金属(Zr、Fe、Cr等)与蒸汽在高温下的反应、碳化硼的氧化过程、堆芯再淹没和再定位过程中的FCI;压力容器外氢气源项则包括水的辐照分解、金属腐蚀反应、铀与蒸汽的反应、MCCI以及堆芯碎片与空气的反应等。

压力容器内的包壳氧化是产生氢气的主要源项,该阶段氢气释放量大且释放速率相当高,最大氢气释放率可达几千克每秒[31]。当压力容器下封头失效后,堆芯熔融物与地板混凝土发生反应产生大量H_2以及CO等非可凝气体是主要的H_2源项,产生气体的质量与混凝土成分密切相关[32,33]。

8.3.2 安全壳内氢气分布

氢气在安全壳内的传输与混合过程决定了氢气燃烧的时间和本质。快速的混合将导致氢气及其燃烧的均衡分布;慢速的混合过程将会导致局部燃烧和可燃混合物的生成。影响气体混合的主要物理过程:由安全壳通风系统和喷淋系统所引起的强制对流,由温度差引起的自然对流和扩散,以及安全壳各个隔间之间的压差引起的强迫对流[34]。

8.3.3 氢气燃烧和爆炸

氢气燃烧时,火焰前锋将未燃区的冷气体与已燃区的高温气体分隔开来,并以波的形式向未燃区推进,向未燃区传递的能量越大,火焰传播的速度就越快。能够使火焰稳定传播的最低氢气浓度称为氢气的可燃浓度极限。对于氢气-空气-蒸汽混合物,氢气的可燃浓度限值为4%~6%,安全壳的几何形状、燃烧前安全壳压力和温度对可燃浓度极限影响不大。

通常,氢气燃烧分为扩散燃烧、爆燃、爆炸三种方式。

(1)扩散燃烧:由连续的氢气流产生的稳定燃烧。其特点是生成的压力峰值较小而可以忽略。但燃烧时间较长,引起的局部热流密度较高。在有点火器的情况下发生这种扩散燃烧的可能性较大,安装这种点火器的目的是降低氢气的扩散范围和浓度,从而降低事故风险。

(2)爆燃(快速减压燃烧):燃烧以比较慢的速度(与爆炸相比)从点火处向氢气、蒸汽和空气形成的混合气体中蔓延。其特点是适度的压力增加和持续较短时间的高热流密度。氢气燃烧的速率与总量决定了由此产生的作用于安全壳的压力和温度载荷大小。

(3)爆炸:燃烧以超声波的速度在氢气、蒸汽和空气的混合气体中扩散。其特点是在极短的时间内形成很高的峰值压力。爆燃形成的方式可以细分为两种类型:第一类是直接形成;第二类是爆燃向爆轰转化(Deflagration to Detonation Transition,DDT),这种转变中燃烧蔓延速度从次声波逐渐上升至声波。

Shapiro 和 Moffette 于 1957 年提出了一个通用的易燃性限值的三元特性曲线图,如图 8-9 所示,可用于空气、蒸汽和氢气的混合气体[35]。

在核反应堆发生氢气爆炸的事故进程中,火焰加速(Flame Acceleration,FA)和 DDT 是非常重要的两个物理现象,它们在很大程度上影响氢气燃烧爆炸进程、期间的最大载荷以及后续的破坏性。氢气缓解的最终目标是制定出相应的策略来避免 FA 和 DDT 的发生。FA 和 DDT 过程存在着可压缩流动、湍流以及化学反应之间的相互作用,对这两个过程进行详细的模型描述目前是很困难的。因此,现阶段大部分的研究重心放在 FA 准则和 DDT 准则的开发上。这些准则数大多侧重于研究氢气、空气等混合气体的初始条件及边界条件对于 FA 和 DDT 过程的影响。建立的准则能够用于安全壳的安全分析程序中,评价氢气缓解措施的有效性,分析 FA 和 DDT 发生的可能性。

目前,火焰加速研究过程中急需解决的一个基础问题是几何结构以及氢气混合物初始条件等参数相互作用对燃烧方式的影响。尽管已经开展了大量火焰加速

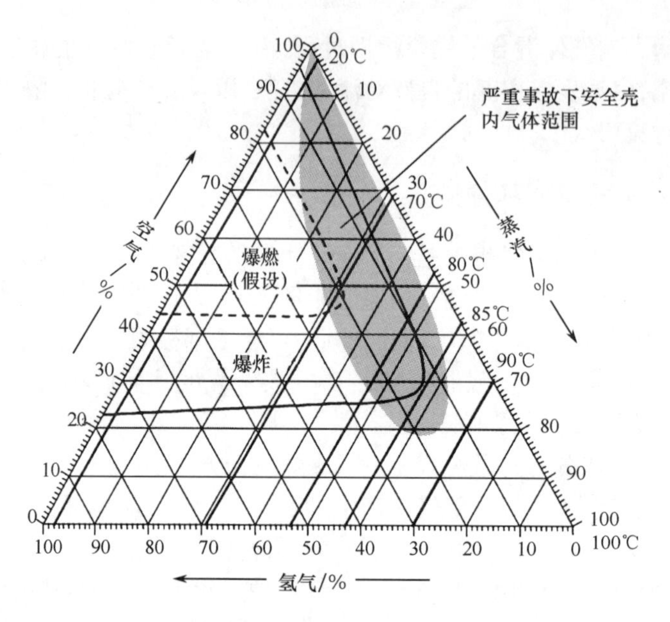

图 8-9　氢气快速减压燃烧和爆炸限值(空气、蒸汽和氢气的混合物)[35]

方面的研究[36-41],但是火焰加速准则的提出仍旧存在许多难题,如湍流。为能够系统性地研究带有阻挡物空间内的火焰加速特性,Kuznetsov 等[42,43]开展了一系列的实验研究,提出了一套影响火焰加速过程的准则数:L_T/δ、σ、S_L/c_{sr}、S_L/c_{sp}、γ_r、L_e和β。他的实验研究表明,L_T/δ和σ在火焰加速过程中是最重要的两个参数。基于以上研究,Dorofeev[42]提出了一个火焰加速的准则:

$$\sigma > \sigma^*(L_e,\beta)$$

式中:σ为混合物的膨胀比;σ^*为临界混合物的膨胀比,其值与L_e和β有关。

后续的实验研究[44]给出了更为详细地火焰加速的σ准则:

$$\sigma > \frac{3.5}{4}, \beta(L_e-1) > -2$$

$$\sigma > \sigma^*\beta, \beta(L_e-1) > -2$$

尽管σ准则已被一些分析程序所采用,但是该准则仍存在许多不确定性,如没有考虑到影响 FA 过程的其他因素以及σ^*的变化范围大等。因此,目前程序分析中尽量采用最保守的准则来进行分析。还需要开展更多的实验研究来拓宽σ准则的适用范围,降低准则的不确定性。

氢气的爆炸极限是氢气能够发生自持式爆炸传播的临界条件,如果混合气体并不能发生自持式爆炸传播,那么 DDT 也不可能发生。因此,爆炸极限可以作为 DDT 发生的最保守准则。因此,许多研究者做了一些爆炸极限的相关研究,得到了圆管内和矩形通道内的爆炸极限[45-47]。但是爆炸极限作为 DDT 发生的判断准则过于保守,仍需更加合理的 DDT 准则以便用于反应堆事故分析中。

DDT 过程普遍被认为分为爆炸起始准备和爆炸起始两个阶段。第一阶段的发生需满足火焰速度要求、火焰马赫数要求和最小冲击马赫数要求三个条件。因此第一阶段的准则可以由 FA 准则、临界火焰马赫数以及临界冲击马赫数来表征[48-53]。DDT 准则的研究都侧重于研究 DDT 过程的第二个阶段。在假设 DDT 第一阶段的条件满足的情况下，研究第二个阶段发生的准则。其中，最经典的是 $d>\lambda$ 准则[48,49] 和 $L/\lambda(7\lambda)$ 准则[54-57]。其中，$d>\lambda$ 准则适用于带有阻挡物的长通道内的 DDT 判断，而 $L/\lambda(7\lambda)$ 准则适用于几何空间内的 DDT 判断。值得一提的是，这两个准则数都是基于空间的几何特征尺寸与混合物反应区特征长度的比较，其应用都受限于空间几何特征尺寸的确定方法以及混合物反应区特征长度可靠性。因此，这些准则只能作为判断 DDT 可能发生的一个依据，满足这些规则不代表一定会发生爆炸，而不满足这些规则也不能排除发生爆炸的可能性。

将 FA 准则与 DDT 准则联合起来使用能够更加准确地判断爆炸所处的状态，有利于提高分析的准确性。在使用这些准则数的同时，应该考虑到其局限性。此外，应开展更多的实验研究来拓展这些准则的适用范围，降低其不确定性。

8.3.4 氢气缓解措施及管理策略

为消除氢气燃烧和氢气爆炸的威胁，防止其对保持安全壳完整性的危害，目前已经提出了多种缓解措施。大致可以归结为两类[58]：第一类是稀释氢气浓度，控制安全壳内混合气体成分，避免达到可燃浓度，如惰化、稀释、混合等措施；第二类是减小安全壳内的可燃气体成分，包括安装点火器、催化复合器等。

常用的消氢措施如下：

（1）混合：为确保氢气局部浓度低于可燃极限，将氢气与安全壳内空气尽量充分混合。混合的主要方式：利用自然机理的混合，如自然对流和扩散；能够强化自然机理的工程设备，如冰冷凝器、喷淋等；能够产生混合和扩散所要求的能动设备，如风扇、通风系统等。

（2）惰化：包括事故前惰化和事故后惰化，指向安全壳内注入惰性气体（氮气、二氧化碳等）来降低氧气的浓度，使其保持在氢气的可燃浓度水平以下。

（3）催化复合：催化复合器是利用催化剂使氢气和氧气在浓度低于可燃极限的时候发生化合反应消耗掉，从而降低安全壳内氢气浓度。这种复合器是自动启动，并且能依靠自身产生的热量使气流流动，不需要外部的电源和操作，称为非能动催化复合器（PAR）。图 8-10 为非能动氢气复合器结构。催化复合器的应用强化了气流在安全壳隔间内的对流，同时加强了各气体组分的混合。但催化复合器的氢气移除能力是有限的，它受到氢气产生速率的限制，例如在氢气源附近，复合器可能就没有足够的能力来移除氢气。

（4）主动点火：主动点火的理论依据和假设是严重事故下安全壳内不可避免地存在随机的点火源（如电火花、电缆等），与其如此，不如在氢气“安全浓度”的范围内利用点火器主动点燃氢气并使之缓慢燃烧，从而消除氢气，避免更严重的氢气爆炸发生，威胁安全壳完整性。目前较为成熟的点火器有火花塞式点火器(图8－11)、电击发式点火器、催化式点火器三种。

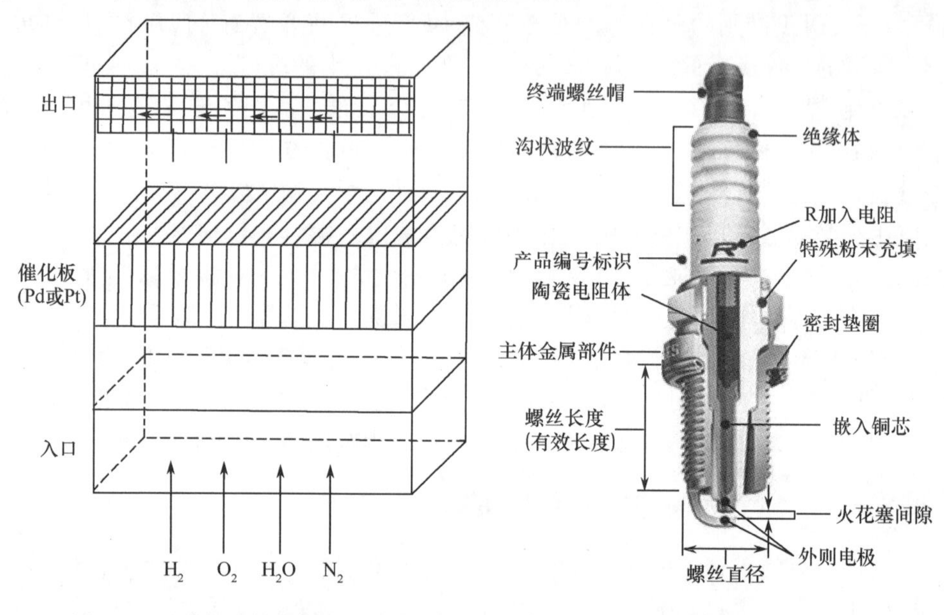

图8－10　非能动氢气复合器结构　　　图8－11　火花塞式点火器结构

上述各种措施都有其优点和局限性，因此在实际中可以将两种或两种以上策略综合使用、互相补充。

8.3.5　氢气爆炸实验

针对核电厂严重事故过程中可能发生的氢气燃烧和爆炸现象，国际上开展了大量实验研究工作[59－65]，这些实验研究主要研究了氢气的可燃极限、爆炸极限、氢气DDT过程以及氢气爆炸。

美国布鲁克海文国家实验室利用小尺寸的氢气实验台架(Small-Scale Development Apparatus，SSDA)[66]开展了高温条件下氢气－空气－蒸汽的爆炸实验，研究了不同温度下氢气－空气－蒸汽的爆炸特性。SSDA的核心部件是内径为10cm、长为6.1m的管状实验容器，它允许在高达700K的温度下进行爆炸实验。在压力为0.1MPa，温度为300～650K的条件下，可以利用SSDA装置进行自持的氢气－空气－蒸汽爆炸实验。SSDA实验台架原理如图8－12所示。

相比于布鲁克海文国家实验室的小尺寸的SSDA，美国SNL的氢气爆炸实验台架(Variable Geometry Experimental System，VGES)[67]则是一个体积为$5m^3$的圆柱罐。VGES提供了许多条件下氢气空气混合物的燃烧数据，这些数据可以用于大型系统中氢气空气混合物燃烧的初步评估。

国内针对严重事故下氢气爆炸的实验研究很少，主要集中在氢气研究的数值模拟和其他行业的氢气爆炸实验研究[68,69]，而针对反应堆严重事故情况下的实验研究在福岛核电厂事故之后才开始被重视起来。为了研究氢气在竖直方向的爆炸特性，西安交通大学设计了小型氢气爆炸实验台架，如图 8－12 和图 8－13 所示。实验系统主要由竖直布置的试验段、混气室、测量系统和辅助系统四部分组成。该实验装置主要用于测量竖直管道内的氢气的可燃极限和爆炸极限、混合物初始浓度及初始压力对爆炸过程的影响，同时采用烟迹技术测量爆炸过程中的爆轰胞格的尺寸。该实验能够为后续即将开展的大尺寸的氢气爆炸实验的进行提供基础和支持。

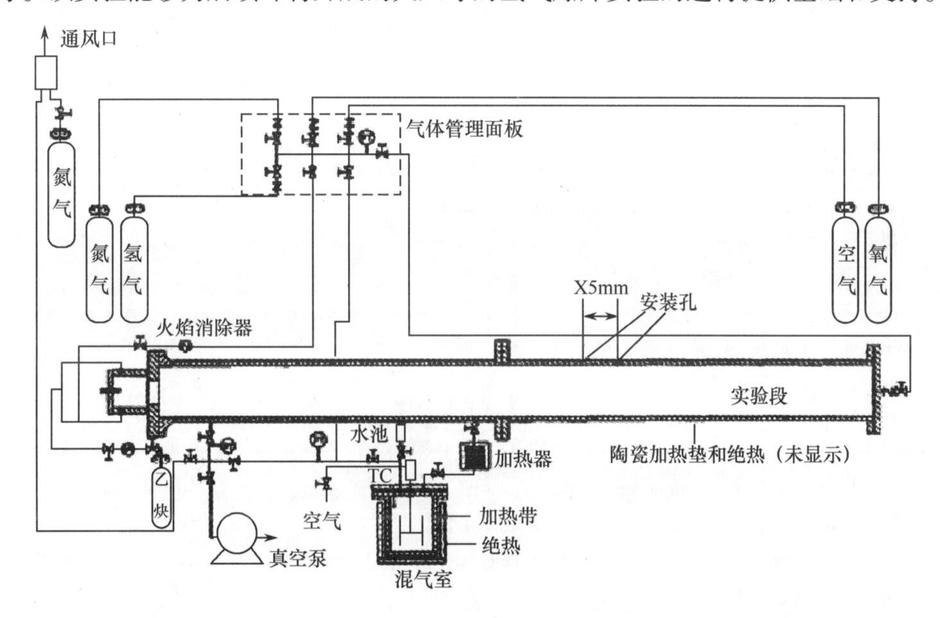

图 8－12　SSDA 实验台架原理[66]

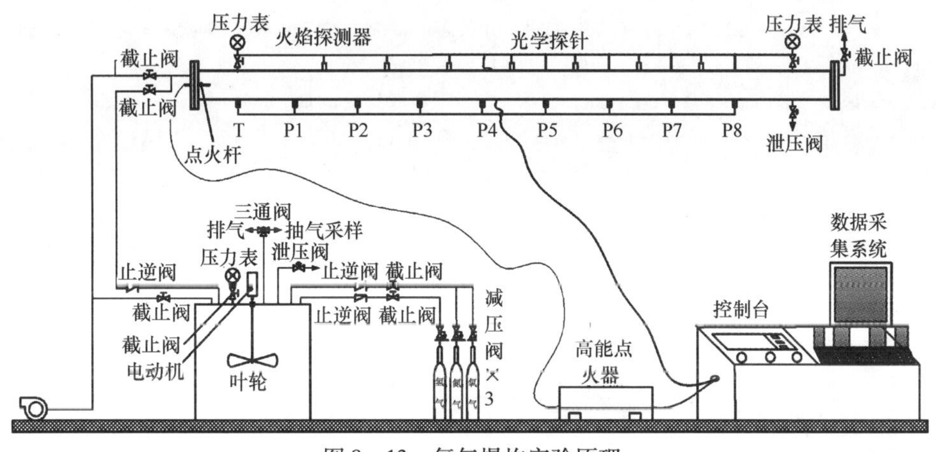

图 8－13　氢气爆炸实验原理

参考文献

[1] Alsmeyer H, et al. Molten corium/concrete interaction and corium coolabilityda state ofthe art report[R]. Brussels:EC,EUR-16649, 1995.

[2] Alsmeyer H, Miassoedov A, Cranga M, et al. The COMET-L1 experiment on long-term concrete erosion and surface flooding [C]. Proc. 11th International Topical Meeting on Nuclear Reactor thermal Hydraulics (NURETH1-1) Avignon, France,2006.

[3] Thompson D H, Farmer M T, Fink J K, et al. Compilation,analysis and interaction of ACE Phase C and MACE experimental data[R]. Chicgo: Argonne National Laboratory, ACEX TR-C-14,1997.

[4] Farmer M T, Spencer B W, Kilsdonk D J, et al. Status of large scale MACE core coolability experiments[C]. OECD Workshop on Ex-Vessel Debris Coolability,Karlsruhe, 1999.

[5] Farmer M T, Lomperski S W, Basu S. The results of the CCI-2 reactor material experiment investigating 2-D core-concrete interaction and debris coolability[C]. Proc. 11th International Topical Meeting on Nuclear Reactor Thermal Hydraulics (Nureth 11),Avignon, France, 2005.

[6] Copus E R. Sustained uranium dioxide concrete interaction tests: the SURC test series[C]. 2nd OECD (NEA) Spec. Mtg. on Molten Core Debris Concrete Interactions, Karlsruhe,Germany, 1992.

[7] Blose R E, Powers D A, Copus E R, et al. Core-concrete interactions with overlying water pools. The WETCOR-1 test[R]. Washington:NRC,1993.

[8] Journeau C, Piluso P, Haquet J F. Behaviour of nuclear reactor pit concretes under severe accident conditions [C]. Proc. CONSEC'07,Concrete under Severe Conditions Tours, France, 2007.

[9] Veteau J M. Experimental investigation of interface conditions between oxidic melt andablating concrete during MCCI by means of simulating material experiments: the Artemis program[C]. Proc. 11th International Topical Meeting on Nuclear Reactor Thermal Hydraulics(NURETH-11), Avignon, France, 2005.

[10] Maruyama Y, Kojima Y, Tahara M, et al. A study on concrete degradation during molten core/concrete interactions[J]. Nucl. Eng. Des., 2006, 236: 2237-2244.

[11] Shin K Y, Kim S B, Kim J H, et al. Thermophysical properties and transient heat transfer of concrete at elevated temperatures[J]. Nucl. Eng. Des., 2002, 212: 233-241.

[12] Sevon T, Kinnunen T, Virta J, et al. HECLA experiments on interaction between metallic melt and hematited-containing concrete[J]. Nucl. Eng. Des., 2010, 240: 3586-3593.

[13] Bradley D R, Gardner D R, Brockmann J E, et al. CORCON-Mod3: an integrated computer model for analysis of molten core-concrete interactions[R]. Washington:NRC,USNRC ReportNUREG/CR-5843, 1993.

[14] Reimann M, Murfin W B. The WECHSL-code: a computer program for the inter-action of a core melt with concrete[R]. Karlsruhe:FZK, KfK 2890, 1981.

[15] Spindler B, Tourniaire B, Seiler J M. Simulation of MCCI with the TOLBIAC-ICB code based on the phase segregation model[J]. Nucl. Eng. Des., 2006, 236: 2264-2270.

[16] Nie M, Fischer M, Lohnert G. Advanced MCCI modelling based on stringent coupling of thermal hydraulics and real solution of thermochemistry in COSACO[C]. Proc. ICONE10,Arlington, VA, 2002.

[17] Cranga M, Fabianelli R,Jacq F, et al. The MEDICIS code, a versatile tool for MCCI modelling[C]. Proceedings of ICAPP '05, Seoul, KOREA, 2005.

[18] Bal Raj Sehgal. Nuclear safety in light water reactors: severe accident phenomenology[M]. Scon Diego: Academic Press, 2012.

[19] NEA. High-pressure melt ejection (HPME) and direct containment heating(DCH)[R]. Paris:OECD,NEA/CSNI/R(96)25,1996.

[20] 张琨. 核电厂安全壳直接加热相关法规及分析方法研究[J]. 研究与探讨, 2012, 3.

[21] Pilch M M, Allen M D, Williams D C. Heat transfer during direct containment heating. [J]. Advance. in Heat Transfer, 1997, 29:215 - 344.

[22] Griffith R O, Russell N A, Washington K E. Modeling direct containment heating phenamena with CONTAIN 1.12. Albuquerque:SNL,SAND-90-2675C,1990.

[23] Nuclear Regulatory Commission. Individual Plant Examination for Severe Accident Vulnerabilities[R]. Washington:NRC,1988.

[24] Rohde J O, Bari R A, Morris B W. Status of direct containment heating in CSNI member countries[R]. Paris: OECD, NEA/CSNI /R(153), 1989.

[25] IAEA. Design of reactor containment systems for nuclear power plants[R]. Vienna:IAEA,2004.

[26] Henrie J O, Postma A K. Lessons learned from hydrogen generation and burning during the TMI-2 Event[R]. Washington:NRC,1987.

[27] 核能灾害研究总部. 日本政府关于核能安全对 IAEA 的会议报告书[R/OL]. 东京:核能灾害研究总部, 2011[2011 - 06 - 07]. http://www. kantei. go. jP/jp/topics/2011/iaea - houkokusho. html.

[28] Wakeford R. And now, Fukushima[J]. J Radiol Prot, 2011, 31(2): 167 - 176.

[29] 核能灾害研究总部. 东京电力福岛第一核电厂二号机组事故[R/OL]. 东京:核能灾害研究总部,2012 [2012 - 01 - 31]. http://www. kantei go. jp/saigai/gensai. html.

[30] OECD/NEA. In-vessel and ex-vessel hydrogen sources[R]. Paris:OECD,NEA/CSNI/R(2001)15, 2001.

[31] Droulas J L, Nebois L. In-vessel hydrogen production assessment during severe accident sequences[C]. EDF/SEPTEN-Annual meeting of ANS. Reno, USA. 1996.

[32] OECD/NEA. PWG4 perspective on ex-vessel hydrogen sources[R]. Paris: OECD, NEA/CSNI/R(2000) 19, 2000.

[33] Copus E R, Blose R E, Brockmann J E, et al. Core-concrete interactions using molten urania with zirconium on a limestone concrete basemat[R]. Washington:NRC,NUREG/CR-5443, 1992.

[34] 邓坚. 大型干式安全壳严重事故条件下氢气控制研究[D]. 上海:上海交通大学, 2008.

[35] Shapiro Z M, Moffette T R. WAPD-SC-545[R]. Pittsburgh, PA, Atomic Energy Commission,1957.

[36] Moen I O, Lee J H S, Hjertager B H, et al. Pressure developmentdue to turbulent flame acceleration in large-scale methane-air explosions[J]. Combustion and Flame, 1982, 47: 31 - 52.

[37] Moen I O, Donato M, Knystautas R, et al. In: AIAA[J]. Progress in Astronautics and Aeronautics, 1981, 75: 31.

[38] Hjertager B H, Bjørkhaug M, Fuhre K. Gas explosion experiments in 1:33 and 1:5 scaleoffshore separator and compressor modules using stoichiometric homogeneous fuel/airclouds[J]. Journal of Loss Prevention in Processes Industries, 1988, 1: 197 - 205.

[39] Catlin C A, Johnson D M. Experimental scaling of the flame acceleration phase of an explosion by Changing Fuel Gas Reactivity[J]. Combustion and Flame, 1992, 88: 15 - 27.

[40] Abdel-Gayed R J, Bradley D. Criteria for turbulent propagation limits of premixed flames[J]. Combustion and Flame, 1985, 62: 61 - 68.

[41] Abdel-Gayed R G, Bradley D, Hamid M H, et al. Lewis number effects on turbulent burning velocity[C]. 20th Symposium International on Combustion. The Combustion Institute, Pittsburgh, 1984, 505 - 512.

[42] Dorofeev S B, Kuznetsov M S, Alekseev V I, et al. Effect of scale and mixture properties on behavior of turbulent flames in obstructed areas[R]. Karlsruhe:FZK,FZKA-6268, 1999.

[43] Kuznetsov M S, Alekseev V I, Bezmelnitsyn A V, et al. Effect of obstacle geometry on behavior of turbulent flames[R]. Karlsruhe:FZK,FZKA-6328,1999.

[44] Dorofeev S B, Kuznetsov M S, Alekseev V I, et al. Evaluationof limits for effective flame acceleration in hydrogen mixtures[R]. Karlsruhe:FZK,FZKA-6349, 1999.

[45] Shepherd J E, Lee J H S. On the transition from deflagration to detonation[C]. Major Research Topics of Combustion, Berlin, 1991.

[46] Berman M. Critical A. Review of recent large-scale experiments on hydrogen-air detonations[J]. Nuclear Science and Engineering, 1986, 93: 321 –347.

[47] Guirao C M, Knystautas R, Lee J H S. A summary of hydrogen-air detonations for reactor safety[R]. USA: Sandia National Laboratories/Canada:McGill University,NUREG/CR-4961,1989.

[48] Guirao C M, Knystautas R, Lee J H S. A summary of hydrogen-air detonations for reactor safety[R]. USA: Sandia National Laboratories/Canada:McGill University,NUREG/CR-4961,1989.

[49] Peraldi O, Knystautas R, Lee J H S. Criteria for transition to detonation in tubes[C]. 21st Symposium International on Combustion, The Combustion Institute, Pittsburgh, PA, 1986:1629 –1637.

[50] Chan C K, Dewit W A. Deflagration to detonation transition in end gases[C]. 26th International Symposium on Combustion, The Combustion Institute, Pittsburgh, PA, 1996:2679 –2684.

[51] Chan C K. Collision of a shock wave with obstacle in a combustible mixture[J]. Combustionand Flame 1995: 341 –348.

[52] Gelfand B E, Popov O E, Medvedev S P, et al. Selfignition of hydrogen-oxygen mixtures at high pressure [C]. In: CD-ROM Proceedings of 21th International Symposium on Shock Waves, 1997:2400.

[53] Gelfand B, Khomik S, Medvedev S, et al. Investigation of hydrogen-air fast flame propagation and DDT in tube with multidimensional endplates[C]. Proceedings of the Colloquium on Gas, Vapor, Hybrid and Fuel-Air Explosions, Schaumburg, IL, USA, September 21 – 25, 1998: 434 –455.

[54] Dorofeev S B, Sidorov V P, et al. Dvoinishnikov et al. Deflagration to detonation transition in large confined volume of lean hydrogen-air mixtures[J]. Combustionand Flame,1996, 104: 95 –110.

[55] Dorofeev S B, Efimenko A A, Kochurko A S,et al. Evaluation of the hydrogen explosions hazard[J]. Nuclear Engineering and Design, 1994, 148: 305 –316.

[56] Dorofeev S B. Effect of scale on the onset of detonations[C]. Proceedings of 7th International Conference on Numerical Combustion, York, UK, 1998:24 –25.

[57] Dorofeev S B, Sidorov V P, Breitunget W, et al. Large-scale combustion tests in the RUT facility: experimental study, numerical simulations and analysis onturbulent deflagrations and DDT[C]. Transactions of 14th International Conference on Structural Mechanics in Reactor Technology, Lyon, France, 1997,10: 275 –283.

[58] OECD/NEA. The implementation of hydrogen mitigation techniques: summary and conclusions[R]. Paris: NEA/CSNI/R(96)9, 1996.

[59] Shapiro Z M, Moffette T R. Hydrogen flammability data and application to PWR loss-of-coolant accident[R]. Pittsburgh:Westinghouse Electric Corp,1957.

[60] Kumar R K. Flammability limits of hydrogen-oxygen-diluent mixtures[J]. Journal of Fire Sciences, 1985, 3 (4): 245 –262.

[61] Coward H F, Jones G W. Limits of flammability of gases and vapors[R]. Pittsburgh, PA: US Department of the Interior, Bureau of Mines, Bulletin, 1952.

[62] Marshall B W. Hydrogen: air-steam flammability limits and combustion characteristics in the FITS vessel[M]. Califoricia:Sandia National Laboratories, 1986.

[63] Kuznetsov M S, Alekseev V I, Dorofeev S B. Comparison of critical conditions for DDT in regular and irregular

cellular detonation systems[J]. Shock Waves, 2000, 10(3): 217 - 223.

[64] Teodorczyk A, Drobniak P, Dabkowski A. Fast turbulent deflagration and DDT of hydrogen-air mixtures in small obstructed channel[J]. International Journal of Hydrogen Energy, 2009, 34(14): 5887 - 5893.

[65] Berman M. A critical review of recent large-seale experiments on hydrogen-air detonations[J]. Nuclear Science & Engineering,1986,93(4):321 - 347.

[66] Ciccarelli G, Ginsburg T, Boccio J, et al. High-temperature hydrogen-air-steam detonation experiments in the BNL small-scale development apparatus[R] Upton, New York: Brookhaven National Lob., NUREG/CR-6213/BNL-NUREG-52414,1994.

[67] Benedick W B, Cummings J C, Prassinos P G. Combustion of hydrogen: air mixtures in the VGES cylindrical tank[R]. Albuquerque:SNL,SAND-83-1022, 1984.

[68] 王建，段吉员，黄文斌,等. 氢氧混合气体爆炸临界条件实验研究[J]. 工业安全与环保, 2008, 34(10): 26 - 28.

[69] 张旭东，范宝春，潘振华,等. 旋转爆轰胞格结构的实验及数值研究[J]. 爆炸与冲击,2012, 31(4): 337 - 342.

第9章
事故源项

9.1 引　言

“源项”这一术语广泛应用在与风险和环评分析相关的工业安全研究中。一般来讲,源项是指在事故工况下,从设备中释放到环境中有害物质的量。对释放量的评估十分重要,因为它是整个风险评估链的第一步。此外,源项是评估有害物质在不同环境介质(空气、水等)中分布的必要输入,通过它可以评估照射量、吸收剂量,还可以评估放射性物质对工作人员和公众造成的潜在影响。

与非核工业设备事故相比,核反应堆严重事故的特殊性在于放射性物质的潜在释放和引起的辐射后果。这些放射性物质包括裂变产物、堆芯结构材料的活化产物以及铀和超铀元素类的重核。在严重事故研究中,源项评估是一个长期的课题。尽管如此,“源项”一词并没有被美国核学会收录在“核科学与技术的术语表”中。在大多情况下,该词用于描述放射性物质向外部环境的释放。考虑到安全壳内放射性物质有可能释放到环境中,该词也常用于表示安全壳的泄漏量。在本章中用到的源项定义如下:释放到环境中放射性物质的数量、时间、历史以及物理和化学形态,或指在严重事故期间积存在安全壳空气中的量。

上述源项定义中没有提到“裂变产物”,取而代之的是更加通用的说法“放射性物质的物理和化学形态”。这是因为在成为源项的“组分”之前,堆芯泄漏的裂变产物和结构材料在物理和化学形态上会发生剧烈的转变。

文献[1]给出了事故中放射性物质的释放阶段。假定管道破裂情况下,放射性核素会首先泄漏到安全壳的空气中,还有少量溶于冷却剂中。第二阶段是气隙释放阶段,始于燃料包壳破损并伴随着大量惰性气体(氙和氪)、碘和铯等挥发性核素的泄漏。在正常运行时,这些核素是从燃料芯块中释放出来并在芯块和包壳间的空隙中积聚。通常来说,从燃料包壳内泄漏出来的放射性物质占堆芯总量的比例很小,泄漏时间约持续0.5h,在这个阶段,大多数的裂变产物仍然留存于燃料中。当燃料包壳表面温度超过限值时,大量的裂变产物将不再留存在燃料中,这时放射性释放进入下一个阶段。

主要的释放发生在早期压力容器内部阶段和外部阶段以及晚期压力容器内部阶段。在压力容器内部阶段,燃料和结构材料温度超过限值后使得堆芯几何不再保持原状,堆芯材料熔化并迁移到压力容器底端。一般来说,这个阶段要持续数十分钟,且取决于反应堆类型以及事故序列。在这个阶段中,大部分的易挥发性裂变产物和少量的低挥发性裂变产物将释放出来,直到压力容器底部失效、堆芯熔融物进入堆腔。熔融物和混凝土的反应将加剧裂变产物向压力容器外的释放,这个阶段将持续几小时,直到碎片冷却到足够低的温度为止。压力容器失效晚期阶段,从安全壳失效开始,包括燃料元件内放射性物质的进一步释放,以及沉积在堆芯主冷却剂系统壁面的物质再挥发。

图 9-1 展示了源项从燃料元件内释放到环境中的途径。

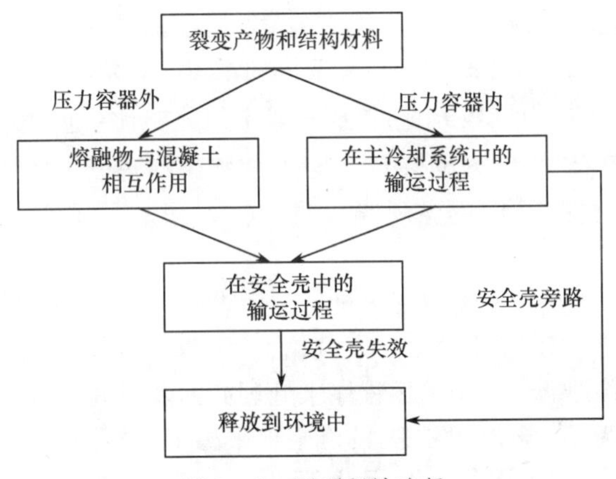

图 9-1　源项释放途径

9.2 节描述了裂变产物产生的模式和主要特性。在压力容器内堆芯解体阶段,这些裂变产物是从燃料中释放出来,主要形态为蒸汽和气体(9.3 节)。蒸汽首先在压力容器的顶部冷却下来,然后再进入主冷却系统,根据 9.4 节中描述的不同的机理,裂变产物主要在主冷却系统中滞留。通过破口,气溶胶形态或气态的核素将进入安全壳,新的滞留和重释放两个过程将会同时进行,尤其是通过安全壳空气、壁面和集水坑之间的互换(9.7 节)。在压力容器失效的情况下,可能存在着另外一种释放源,它是材料和反应堆水池混凝土发生反应(9.6 节)。最后,在安全壳旁路的情况下,放射性裂变产物将会直接释放到环境中(9.5 节)。

9.2　裂变产物总量及变化

9.2.1　裂变产物的产生

反应堆辐照过程中或辐照后,放射性核素的产生及其总量的变化遵循 Bateman 方程[2]。对于每一个裂变产物来说,燃料中核素浓度的变化可以用三个通用表达式进行描述:

(1) 重核裂变产生:$\Phi \cdot \sum_{hn} \sigma_f^n \cdot y_n^i \cdot N_{hn}$。

(2) 通过母核的放射性衰变产生或母核的中子俘获产生:$\sum_{j,k} (\alpha_i^j \cdot \lambda_{pj} \cdot N_{pj} + \beta_i^k \cdot \sigma_c^{pc} \cdot \Phi \cdot N_{pk})$。

(3) 通过放射性衰变或者中子俘获而消失:$(\sigma_a^i \cdot \Phi + \lambda_i) \cdot N_i$。

用于计算核素浓度变化的一般方程可由下式来表示:

$$\frac{dN_i}{dt} = \Phi \cdot \sum_{hn} \sigma_f^n \cdot y_n^i \cdot N_{hn} + \sum_{j,k} (\alpha_i^j \cdot \lambda_{pj} \cdot N_{pj} + \beta_i^k \cdot \sigma_c^{pk} \cdot \Phi \cdot N_{pk}) - (\sigma_c^i \cdot \Phi + \lambda_i) \cdot N_i \tag{9-1}$$

式中:Φ 为中子通量密度($1/(cm^2 \cdot s)$);σ_f^n 为重核的微观裂变截面(cm^2);y_n^i 为重核生成裂变产物 i 的裂变产额;N_{hn}为重核的浓度;α_i^j 为母核 P_j 衰变成核素 i 的分支比(通常为 1);β_i^k 为母核 P_k 活化成核素 i 的分支比(通常为 1);N_{pj}、N_{pk}分别为母核 P_j 和 P_k 的浓度;λ_{pj}为母核 P_j 的衰变常数(1/s);σ_c^{pk}为母核 P_k 的微观俘获截面(cm^2);σ_c^i为裂变产物 i 的微观俘获截面(cm^2);λ_i 为裂变产物 i 的衰变常数(1/s)。

上述方程组可用特定的燃耗程序进行数值求解,例如,由美国 ORNL 开发且已得到广泛应用的 ORIGEN2 程序[3],以及由法国 CEA 开发的 DARWIN-PENIN 程序[4]。这些程序需要耦合中子输运程序来处理截面随时间的变化。

对于大部分裂变产物,它们主要的产生项来源于重核的裂变,并与裂变产额相关,而主要的消失项是自身的衰变,因此式(9-1)可简化为

$$\frac{dN_i}{dt} = y_{eq}^i \cdot F - \lambda_i \cdot N_i \tag{9-1a}$$

式中:y_{eq}^i为所有重核等效裂变产额;F 为裂变率,$F = \Phi \cdot \sum_{hn} \sigma_f^n \cdot N_{hn}$,可简化为功率与平均裂变能(等效 200MeV)的比值。

上述方程可以很容易解析求解:

$$N_i = \frac{y_{eq}^i \cdot F}{\lambda_i} \cdot (1 - e^{\lambda_i \cdot t}) \tag{9-2}$$

从这个简化方程中可以推导出如下两个边界条件:

(1) 对于稳定的裂变产物或长半衰期的裂变产物,总量随时间呈线性增长,即

$$N_i = y_{eq}^i \cdot F \cdot t \tag{9-3}$$

(2) 对于半衰期非常短的放射性裂变产物,总量会限制在饱和值,当辐射时间超过裂变产物半衰期 3 倍的时候,总量将会稳定地保持在这个值上,即

$$N_i = \frac{y_{eq}^i \cdot F}{\lambda_i} \tag{9-4}$$

这些简化方程表明了裂变产额的主导作用。裂变产额分布曲线包括两个峰值,这仅取决于裂变类型(^{235}U 和^{239}Pu 的为热中子裂变,^{238}U 的为快中子裂变等)。最大的产额集中于质量数 85 ~ 105 以及质量数 130 ~ 150。然而,在钚的裂变产物曲线中,裂变产物更倾向于质量数较大的核素,这就导致生成的元素 Ru、Rh 和 Pd 比其他元素更多一些。特别地,^{239}Pu 产生^{103}Ru 和^{106}Ru 的裂变产额分别是^{235}U 裂变产额的 2 倍和 10 倍。

9.2.2 稳定裂变产物的特性

裂变产物总量主要由稳定裂变产物和一些长寿命的放射性裂变产物组成。裂变产物总量会随着燃耗呈线性增长(大约为 75kg/(GW · d/t)),这等效于 900MW 压水堆处于平衡状态时,堆芯中产生了大约 2t 的裂变产物。

在事故工况下,稳定裂变产物主导着燃料中物理化学变化。基于此,这些裂变产物对堆芯解体有着促进作用,原因如下:

(1) UO_2 和裂变产物共晶体的形成可降低熔点温度[5],在高燃耗下燃料中裂变产物浓度变得非常大(燃耗 50GW · d/t)以上时,比例高于 10%)。

(2) 裂变气体产生的气压会破坏晶界,从而产生燃料碎片。

9.2.3 放射性裂变产物的特性

尽管可以忽略质量占比,但是放射性裂变产物仍是堆芯衰变热和放射性活度产生的主要原因。在堆芯停堆时,核素的活度将以指数规律衰减,其表达式为

$$A_{\mathrm{i}} = \lambda_{\mathrm{i}} \cdot N_{\mathrm{i}}(t) = A_{\mathrm{i},t0} \cdot \mathrm{e}^{-\lambda_{\mathrm{i}} \cdot \Delta t} \tag{9-5}$$

当衰变时间 Δt 与裂变产物半衰期的数量级相等时,这些放射性核素的影响将达到最大。例如,碘的放射性影响在事故发生后 1 个月内较大,该元素的同位素寿命较短(最长寿命的是^{131}I,半衰期为 8 天);相反,铯的放射性影响在事故发生后几天内是微小的,仅在 1 年后才变为主导(有两个长寿命的同位素,^{134}Cs 的半衰期为 2 年,^{137}Cs 的半衰期为 30 年)。

事故工况下,放射性裂变产物的影响取决于它们自身的挥发性。挥发性最高的裂变产物从压力容器内释放出来,经过迁移并部分沉积在主冷却系统和安全壳内,放射性气体会污染安全壳内空气。在这种情况下,短期最具有放射性危害的核素有^{133}Xe、^{132}Te、^{132}I 和^{131}I,长期具有危害性的核素有^{134}Cs 和^{137}Cs。随着空气进入堆芯,在特定事故位置,钌会产生放射性危害(中期为^{103}Ru,长期为^{106}Ru)。不挥发性裂变产物与燃料温度相关(^{140}La 短期内危害较大,^{95}Zr、^{125}Nb 和^{144}Ce 在中期和长期危害大)。由于衰变热持续积累,若事故后堆芯得不到足够的冷却,衰变热将熔化堆芯。

文献[6]给出了 900MW 压水堆停堆时堆芯衰变热的变化。衰变热随时间下降得很快,在停堆时它占堆芯总功率的 5% ,1h 后仅为 1% ,一个月后为 0.1% 。短

期内,易挥发性裂变产物对衰变热的贡献主要来源于碘的同位素和镧系元素,锕系元素对衰变热的贡献主要来源于^{239}Np,其半衰期为2天。

9.2.4 燃料中裂变产物的物理化学状态

在压水堆正常的辐照条件下,裂变产物将以不同的化学状态积聚在燃料基体中[7]。根据挥发性递减的程度,可以分为以下5类:

(1) 溶解的氧化物:包括几乎近1/2的裂变产物,尤其是Sr、Y、Zr、La、Ce和Nd。

(2) 非溶的氧化物:当达到溶解度极限时,一些裂变产物将结晶成为氧化物,主要涉及Ba和Nb。

(3) 金属沉积物:当氧势强加于氧化物燃料时,其他裂变产物会形成金属沉积物,包括Tc、Ru、Rh、Pd和Mo。

(4) 易挥发性裂变产物(Br、Rb、Te、I、Cs):到目前为止,其机理并没有完全阐明。大多数可能以溶解原子的形式存在,当温度高于一定值时,它们是以气体形式存在(尤其是在燃料芯块中间)并沿径向在较冷的区域凝结,如包壳表面。通常假设CsI、Cs_2MoO_4和Cs_2Te或铀酸铯等化合物会生成,但这种假设还需要实验验证。

(5) 裂变气体(Xe和Kr):随着气体溶解度逐渐降低,裂变气体以原子的形态溶解于UO_2基体中,或以气泡的形态存在于晶内和晶间的空隙中。在事故工况下,尤其是LOCA工况,晶粒边界处积存的气体最有可能释放出来。

前3类中裂变产物的化学形态是不稳定的,一些裂变产物可以从一种类别转变成另一种类别,这取决于运行温度、燃料中的氧化势(因为裂变有着氧化性质,它将随着燃耗而增大)以及燃耗。例如,Mo主要以金属态的形式存在,但也以氧化态的形式存在(尤其是MOX燃料或芯块边缘),而Nb和Sr的氧化物部分溶解、部分沉淀。

9.3 压力容器内裂变产物释放

9.3.1 裂变气体释放现象

1. 裂变产物的挥发性

关于裂变产物释放的知识,目前主要来源于各个国家进行的大量的分离效应实验,还有一些整体效应实验[8]。根据实验结果,可以将裂变产物按照挥发性的差别划分为以下4类:

(1) 裂变气体(Xe和Kr)以及易挥发性裂变产物(I、Cs、Br、Rb、Te、Sb和Ag):这些裂变产物几乎都是在达到熔池条件之前释放出来的,即2300℃。在氧化条件下,上述元素的释放动力将得到增强,只有Te和Sb的释放会因为与包壳中Sn元素的相互作用而略微推迟,但是对于源项的影响很小。

(2) 半挥发性裂变产物(Mo、Rh、Ba、Pd 和 Tc):具有较高的释放能力,有时甚至与易挥发性裂变产物相当。这些元素对于氧化还原条件非常敏感,因而会在堆芯上部结构中有显著滞留。

(3) 低挥发性裂变产物(Sr、Y、Nb、Ru、La、Ce 和 Eu):具有较低但是仍然不容忽视的释放能力,在燃料棒损毁阶段(先于堆芯几何损毁),释放份额不超过 10% 。但是对于燃耗很深的燃料,这些元素的释放可以达到高得多的水平,比如,当燃料的燃耗深度为 70GW · d/t 时,元素 Nb、Ru 和 Ce 的释放份额可达 15% ~30% 。此外,在某些特定条件下,比如在空气中(氧化条件),Ru 元素几乎全部被释放出去,与之相反,元素 Sr、La、Ce 和 Eu 更倾向于在还原条件下释放。在堆芯上部结构中,可预期这些元素不会有显著滞留。

(4) 非挥发性裂变产物(Zr、Nd 和 Pr):也是最难熔的裂变产物,到目前为止所做的实验中,还没有发现有显著的释放。

上述分类方式,已经在分析实验中通过对辐照过的燃料进行在线 γ 能谱测量得到了验证,具体可参考文献[9,10]。

除裂变产物以外,锕系元素也会在事故工况下释放出来,可以分为两类进行分析:第一类包括 U 元素和 Np 元素,在燃料熔化之前,其释放份额能达 10% ,与低挥发性裂变产物的行为特征很像。相比较而言,在氧化条件下,U 元素的释放容易一些,而在还原条件下,Np 元素的释放容易一些。第二类主要是 Pu 元素,其释放份额基本小于 1% ,更接近于非挥发性裂变产物的行为特征。在还原条件下,Pu 元素的释放份额会高一些。

2. 裂变气体

压水堆在正常运行工况下,UO_2 晶粒中会产生少量的裂变气体,这些气体或者向 UO_2 晶粒的边界扩散,或者沉积在晶粒间的气泡中从而降低向边界的扩散率。当裂变反应增加时,气泡可能会重新溶解,这种现象会提高气体向边界的扩散率。通过原子扩散作用或者气泡迁移作用,裂变气体一旦到达 UO_2 晶粒的边界,就会在某个位置累积合并成更大的气泡,并填充所处的边界。这些气泡还可以向燃料棒的自由空间继续移动。

在事故工况下,裂变气体可以被分为 4 类:

(1) 溶解于燃料基体中的气体原子。

(2) UO_2 晶粒中的气泡(移动性很差)。

(3) 积累在 UO_2 晶粒边界处的气体。

(4) 被释放到燃料棒气隙和上端塞中的气体。

根据释放机理的不同,裂变气体的整个释放过程可以划分成不同的阶段:第一阶段的释放主要是由累积在 UO_2 晶粒间的裂变气体所引发的,常称为破裂释放。同时,应考虑反应堆在正常运行时已经释放到燃料棒端塞中的裂变气体所占的份额(最大为 10%),这个份额与反应堆的功率、燃耗、燃料类型密切相关。第一阶段的释放发生在温度刚刚上升到 1000℃,对于处于深燃耗状态的燃料,这个温度阈值有时会低一些。第二阶段的释放来源于晶粒中溶解的气体原子受热扩散过程。第三阶段的释放发生在燃料熔化时,这时被限制在晶粒中的气泡里面的裂变气体会释放出来。

在模拟裂变气体的事故释放过程时,准确地量化以上四类气体的份额是非常重要的,这取决于它们在燃料芯块中的径向位置和燃料类型。此外,需要注意的是,各类裂变气体的份额也受其半衰期的影响。短寿命的裂变气体在向 UO_2 晶粒的边界迁移时会发生衰变而转化为稳定核素,对事故的放射性源项影响较小,特别是 LOCA 和 RIA 类型的事故。

3. 其他裂变产物

学术界广泛认为裂变产物的释放遵从两阶段:第一阶段是燃料基体中溶解的裂变产物扩散到 UO_2 晶粒边界;第二阶段是 UO_2 晶粒边界处的裂变产物发生汽化。在上述过程中,会涉及一些物理化学反应,比如可能产生 CsI、钼酸盐、锆酸盐、铀酸盐等化合物,或者通过蒸汽/氢气对沉积物产生氧化/还原作用等,这些物理化学反应将直接决定元素的挥发性。当前,由于对影响裂变产物生成/消亡的高温热力学参数尚缺乏深入的了解,因此在进行裂变产物释放过程的机理性模拟时,会带来较大问题。

裂变产物与燃料包壳/堆芯结构材料元素的化学作用可能产生难熔物,从而降低了某些元素的挥发性。一旦挥发的裂变产物从堆芯释放出去,其中的一大部分在到达主冷却剂系统或安全壳之前,就会在堆芯上部结构较冷的区域凝结,这类现象对于低挥发性的裂变产物是确实存在的。

一般而言,影响裂变产物释放的主要物理参数如下:

(1) 温度:在堆芯几何形状损毁之前,是最重要的参数。

(2) 氧化还原条件:会对燃料产生重要影响,比如,挥发性裂变产物的释放动力在氧化条件下会被明显加速。此外,某些裂变产物的释放与氧化电位密切相关,例如,Mo 元素的释放在蒸汽条件下会增加,而 Ru 元素的释放在空气条件下会很高,相反地,Ba 元素的释放在还原条件下会增加。

(3) 与包壳/结构材料元素的相互作用:扮演着重要的角色。例如,包壳中 Sn 元素的出现会延迟易挥发性元素 Te 和 Sb 的释放,Ba 元素通过其衰变产物 La 元素会对衰变热有显著贡献。此外,Ba 元素会部分沉积在包壳和结构材料中。

(4) 燃料的燃耗:会增强易挥发性和低挥发性裂变产物的释放动力,从而促进裂变产物的释放。

(5) 燃料类型:会产生重要影响。MOX 燃料由于各向异性的微观结构和含钚附聚物的存在,其局部燃料可能会很高,所以通常 MOX 燃料的释放会高于 UO_2。

(6) 燃料在压力容器损毁时所处的状态:会产生重要影响。从“损毁的燃料棒”几何向“碎片床”几何的过渡过程,会增大表面与体积比,从而促进释放。与之相反,从“碎片床”几何向“熔池”几何的过渡过程,会将裂变产物转变为熔池的包覆物,从而阻碍释放。

9.3.2 裂变产物释放实验项目

压力容器内裂变产物释放实验项目的实施,主要依靠对部分放射性燃料进行堆外分析实验,还会进行少量的堆内整体实验,此时会模拟堆芯损毁和裂变产物释放。对这些项目更详细的介绍可以参考文献[11]。

1. 堆外分析实验

1970 年以来,开展裂变产物释放特性研究的实验主要有:德国的 SASCHA[12]、美国的 HI/VI[13]、加拿大的 CRL[14]、法国的 HEVA/VERCORS[10,15-17]、日本的 VEGA[18]和俄罗斯的 QUENCH-VVER[19]。

SASCHA 项目是世界上第一个分析类实验项目,总共进行了约 50 次实验,其中包括两次堆芯 MCCI 实验。在这两次实验中,将未经辐照的 UO_2 燃料与锆合金包壳、不锈钢、Ag-In-Cd 控制棒以及 Inconel 合金进行了混合。UO_2 芯块中加入了模拟裂变产物的示踪成分,其浓度相应于燃料的燃耗为 44GW · d/t 时的裂变产物浓度。这些燃料、不锈钢以及合金的混合物,质量约为 150g,分别在氩气、空气和蒸汽环境下加热到 1600 ~ 2300℃。由于不锈钢的存在,混合物在 2300℃下完全熔化,形成了低共熔混合物。在燃料芯块烧结时加入示踪成分来模拟晶粒边界处的裂变产物的方法,尽管不能真实反映辐照条件下裂变产物的实际位置,但是该项目为主要的裂变产物提供了一系列初步的估值,特别是对元素 I 和 Cs 被加热到 2000℃的情况。

1981—1993 年,ORNL 应 NRC 的委托实施了 HI/VI 项目,这次开创性的项目在此后很长的一段时间内都被业界作为参考基准。燃料样品长为 15 ~ 20cm,质量为 100 ~ 200g,两端密封后送到动力堆中进行辐照。随后,在包壳长度中点处钻一个孔,再用感应电炉加热。在 HI 实验中,燃料棒水平布置,共进行了 6 次实验,燃料燃耗的变化范围为 10 ~ 40GW · d/t。在 VI 实验系列中,燃料棒垂直布置,共进行了 7 次实验,燃料燃耗的变化范围为 40 ~ 47GW · d/t。在熔炉下方,采用三个设备依次将裂变产物收集起来。每个设备都装有一个热梯度管(TGT)用于收集可凝性气体,一组过滤器用于捕集气溶胶,以及一些活性炭盒用于捕集挥发性碘和裂变气体。此外,专门设置了 NaI 探测器,用于在线测量凝结在冷态捕集器上的微量气体^{85}Kr以及沉积在热梯度管和过滤器上的裂变产物^{134}Cs和^{137}Cs。在燃料棒的两端装有 γ 能谱测量设备,能够在线监测燃料棒的损坏。这个项目在裂变产物释放方面提供了非常具有代表性的结果,但是仅仅限于长寿命的裂变产物(主要包括^{85}Kr、^{106}Ru、^{125}Sb、^{137}Cs、^{144}Ce和^{154}Eu),这主要是因为所采用的样品在实验前没有再次进行辐照。

CRL 项目是一个高水平的实验分析项目,直到目前仍然在进行中。针对经过辐照的 UO_2 燃料碎片(100mg ~ 1g)以及短包覆燃料部分,该项目设置了超过 300 个实验。由 CANDU 反应堆所决定,实验采用的燃料的燃耗水平很低,集中在 40 ~ 47GW · d/t 范围内。为了测量短寿命的裂变产物,在实验开始之前,一些样品被重新送去进行辐照。实验所处的气体环境由氩气、氢气、蒸汽和空气混合而成,由于采用的是电阻炉,所以加热温度被限制在 2100℃。该项目有助于理解氧化电位对于低挥发性裂变产物释放的影响,也第一次发现了 Ru 元素在空气中具有很高释放率的现象(即使温度降到 1000 ~ 1500℃)。某些采用无包覆燃料碎片的实验表明,在高温和强氧化条件下,燃料的挥发性很强,使得低挥发性和非挥发性裂变产物的释放率很高,^{95}Nb 和 ^{140}La 的释放率为 50% ,^{95}Zr 的释放率为 30% 。

HEVA/VERCORS 项目是 CEA 在 IRSN 和 EDF 的委托下实施的,目标是确定严重事故工况下经过辐照的核燃料的裂变产物和重核的释放量。实验所采用的燃料都在压水反应堆中进行过辐照,总质量约为 20g,放射性活度很高,其中大部分样品在使用之前又送到低功率的实验堆中辐照了几天,目的是产生一定量的短寿命裂变产物。随后,采用感应电炉将这些样品在蒸汽和氢气环境下进行加热。在事故工况下,直接观测燃料的变化,并通过 γ 能谱在线测量裂变产物的释放。此外,还在实验回路的某些特殊位置,比如热梯度管、过滤器、气体存储罐,安装了在线 γ 能谱测量设备。最后,将实验回路全部拆开,测量了回路所有部件的 γ 能谱。1983—2002 年,分三阶段进行了 25 个实验:第一阶段是 8 个 HEVA 实验,用于分析易挥发性和某些半挥发性裂变产物在 2100℃时的释放;第二阶段是 6 个 VERCORS 实验,用于分析易挥发性、半挥发性和某些低挥发性裂变产物在 2300℃时的释放,这个温度对应于燃料的损坏极限温度;第三个阶段是 11 个 HT/RT 实验,用于分析所有类型裂变产物在熔点下的释放。HT 实验回路是其中最为复杂、仪器设备最齐全的回路,也可以用于研究裂变产物在压水堆主冷却系统中的输运过程,以及同压水堆中子吸收体(Ag-In-Cd 和 B)之间的相互作用。这个项目的一个成功之处在于建立了大范围的实验数据库,特别是由于进行了燃料的再辐照,使得能够在大的半衰期范围内(10h 到 30 年)定量分析裂变产物的释放。在实验中考虑的参数包括燃料温度(高于还是低于熔点温度)、气体环境的氧化还原条件、燃料的燃耗水平(最高到 72GW · d/t)、燃料类型(通常是 UO_2 燃料,不过有两个实验采用了 MOX 燃料)以及初始的燃料几何(完整或者是碎片,用于模拟严重事故的最终阶段)。

VEGA 项目与 VERCORS 项目很相似,特别是与其中的 HT 实验系列。这个项目是在 1999—2004 年由 JAEA 实施的,共包括 10 个实验,其中,8 个是针对 UO_2 燃料,2 个是针对 MOX 燃料。实验样品是经过辐照的燃料芯块,在氦气或蒸汽中被加热到很高的温度。实验设备与 VI 项目中的很相似,特别是都具有热梯度管和过滤器,并且都布置在熔炉下方,设备的运行顺序也是一致的。在实验开始之前,将部分样品再次送去辐照，但是辐照时间未做优化，所以在测量短寿命的裂变产物时发现辐照时间太短而衰变时间太长。这个项目的一个成果是发现当压力为1MPa时Cs元素的释放会减少的现象。

QUENCH-VVER项目是唯一研究再淹没条件下裂变产物释放的分析项目，这个项目是由NIIAR在ISTC的资助下实施的。燃料样品长为15cm，取自VVER的UO_2燃料棒，初始包壳完整，燃耗为50～60GW·d/t。实验样品预先在为1300℃的蒸汽环境下进行了初步氧化，在实验开始后，将样品直接加热到再淹没温度。随后，将样品快速投入水罐中来模拟再淹没工况。接下来，采用γ能谱(^{85}Kr)和质谱(稳态Xe同位素)在线测量裂变气体的释放。由于没有进行再辐照，因此易挥发性裂变产物主要是^{137}Cs。实验完成后，测量了再淹没水和燃料样品中各自的易挥发性裂变产物。针对不同的包壳预先氧化率和再淹没温度(最高1700℃)，该项目共进行了约20个实验。

2. 堆内整体实验

通过与分析实验的融合，整体实验将对综合性数据库的建立起到巨大作用。整体实验主要用于模拟严重事故工况下各类物理现象的发生过程，也用于研究裂变产物在反应堆主冷却系统中的输运过程以及它们在安全壳内的行为，而不是用于研究压力容器内裂变产物的释放。不同于小尺度的分析实验，整体实验需要用到大量的燃料，因此能够放大潜在的倾向。

尽管是依托实验反应堆进行上述实验的，但是在高精度确定裂变产物的释放量方面仍存在困难，主要是因为没有办法将在线测量系统布置得离燃料足够近。所以，整体实验比较适合用于提供补充信息，比如堆芯损毁和裂变产物释放之间的耦合关系。此外，整体实验还用于研究裂变产物释放过程中材料相互作用产生的影响。

在TMI-2事故[20]以后，启动了大量的实验项目，并且在1980—2000年得到了持续的推进。其中以下项目有必要予以介绍。

ACCR-ST项目[21](1985—1989年)，包括两个实验，采用的燃料组件由4根燃料棒组成，长度为15cm，经过辐照。该项目用于比较反应堆加热下的裂变产物释放与VI分析实验中熔炉加热下的区别。

PBF-SFD项目[22](1982—1985年)，包括4个实验，采用的燃料组件由32根燃料棒组成，长度为1m。

FLHT项目[23](1985—1987年)，包括4个实验，采用的燃料组件由12根燃料棒组成，长度为3.7m。

LOFT-LP项目[24](1984—1985年)，采用的燃料组件由100根燃料棒组成，长度为1.7m，模拟了完整的压水堆回路，包括蒸汽发生器、压力容器和主泵。该项目的FP2实验，模拟了再淹没工况，是压水堆严重事故领域最具代表性的实验之一。

PHEBUS FP项目[25,26]是最具指导意义的项目，这主要归功于其使用了非常先进的裂变产物测量仪器。该项目的实验覆盖了所有的事故工况,从反应堆堆芯损毁开始一直到压力容器内熔池的形成。在1993—2004年共进行了以下5个实验:①FPT0实验[27](1993年),采用未经燃耗的新燃料和Ag-In-Cd/SiC控制棒,气体环境中富含蒸汽,地坑中的水偏酸性;②FPT1实验[28](1996年),除采用经过辐照的燃料以外(燃料的燃耗为24GW·d/t),其他实验条件和FPT0实验一致;③FPT2实验[29](2000年),采用的燃料和控制棒与FPT1实验一致,弱氧化环境,地坑中的水偏碱性;④FPT3实验[30](2004年),除采用B_4C控制棒和含有酸性水的地坑以外,其他实验条件和FPT2实验一致;⑤FPT4实验[31](1999年),采用碎片床形式的燃料来模拟严重事故的最后阶段。实验FPT0采用的燃料组件由20根未经辐照的新燃料棒组成,实验FPT4采用的燃料形式是碎片床,其余实验采用的燃料组件都是由20根经过辐照的燃料棒组成,长度为1m,燃料组件的中心棒用于模拟SiC或B_4C控制棒。裂变产物从燃料中释放出来以后,流经温度可调的管道来模拟主冷却系统的流动条件。主冷却系统与一个$10m^3$的容器相连,容器底部设有一个地坑,地坑中含有pH值可调的水,通过这种方式来模拟压水堆的安全壳。

PHEBUS FP项目在以下方面得到了重要结论:①实验中Ba元素的释放率明显低于对应的分析实验,主要原因在于Ba元素与包壳或铁发生相互作用,从而降低了挥发性;②熔池状态下,裂变产物的释放率很低。在其他方面,该项目与之前进行的分析实验的结果是一致的。比裂变产物释放方面的成果更有价值的是,PHEBUS FP项目研究了裂变产物在主冷却系统中的输运过程以及在安全壳中的行为方式,这对于了解I元素的化学特性有很大帮助,比如I元素在回路中的物理和化学形态(气溶胶、气体或蒸汽)、在地坑水中的停留时间、在安全壳中的反应类型等,这些因素直接影响安全壳中挥发性I元素的含量,而当安全壳失效时,这些挥发性I元素就会释放到环境中。

9.3.3 计算模型和程序

通常使用两种方法来模拟裂变产物的释放并将这些模型集成到计算机程序中:①经验型方法,运用简化模型,可以方便地将模型集成到程序中;②机理型方法,在模型中非常详细地描述所有物理现象的产生过程。第一个出现的简化模型是CORSOR模型,后续又开发出了更为复杂的半经验半机理模型,如ASTEC程序的ELSA模型。MFPR程序是机理型程序的一个代表。

1. CORSOR模型

CORSOR模型广泛用于国际上的主流系统程序中,如MELCOR程序、MAAP程序、ATHLET-CD程序等。在CORSOR模型中,将裂变产物按照挥发性的差别分为10组,每一组浓度N_i的变化率用一个简单的解析表达式来表示,表达式中的释放率K与放射性衰变相关[32]:

$$\frac{\mathrm{d}N_i}{\mathrm{d}t} = -KN_i \tag{9-6}$$

$$N_i = N_{i,0} \cdot \mathrm{e}^{-Kt} \tag{9-7}$$

$$R = 1 - \frac{N_i}{N_{i,0}} = 1 - \mathrm{e}^{-Kt} \tag{9-8}$$

释放率 K 与燃料温度相关,在 CORSOR 和 CORSOR-M 模型中分别采用了两个不同的数学公式来计算 K。

在 CORSOR 模型中,K 的表达式为

$$K = A_i \cdot \mathrm{e}^{B_i T} \tag{9-9}$$

式中:A_i、B_i 为第 i 类裂变产物的经验常数,其中,A_i、B_i 应该根据不同的温度范围进行调节;T 为温度(K)。

在 CORSOR-M 模型中,K 的表达式为

$$K = K_0 \cdot \mathrm{e}^{-\frac{Q}{RT}} \tag{9-10}$$

式中:K_0、Q 为对实验值进行调整后得到的常数。

A_i、B_i、K_0、Q 主要通过 SASCHA 和 HI/VI 分析实验得到。

出于对事故现象进行更精确描述的考虑,又开发了第三个模型,即 CORSOR-BOOTH 模型[33]。它是基于原子在固体中的扩散理论提出的,运用了经典的 Fick 定律[34]:

$$\frac{\partial C}{\partial t} = D \cdot \nabla^2 C \tag{9-11}$$

式中:C 为燃料指定位置、指定时间的裂变产物浓度;D 为燃料中成分的扩散系数($\mathrm{cm^2/s}$)。

为了简化的需要,提出 Booth 假设:认为燃料由球形的晶粒组成,晶粒的半径为 a,认为晶粒表面的浓度为 0,这样裂变产物一旦到达晶粒边界就被释放出去[35]。释放率 Fr 是时间的函数,其表达式如下:

$$\mathrm{Fr}(t) = 6 \times \left(\frac{Dt}{\pi a^2}\right)^{1/2} - 3 \times \frac{Dt}{a^2} \times \frac{Dt}{a^2} \leqslant \frac{1}{\pi^2} \tag{9-12}$$

$$\mathrm{Fr}(t) = 1 - \frac{6}{\pi^2}\mathrm{e}^{-\frac{\pi^2 Dt}{a^2}} \frac{Dt}{a^2} > \frac{1}{\pi^2} \tag{9-13}$$

$$D = D_0 \mathrm{e}^{-\frac{Q}{RT}} \tag{9-14}$$

式中:D_0 为 Arrhenius 定律的指数前项;Q 为活化能(kJ/mol);R 为理想气体常数(J/(mol · K))。D_0、Q 通过 HI/VI 和 HEVA/VERCORS 实验确定[36]。

2. ELSA 模型

在 ASTEC 系统程序中,ELSA 模块用于计算燃料中裂变产物的释放,它根据简单的“限制现象”原则[37],将裂变产物划分为以下三类:

(1) 易挥发性裂变产物(Xe、Kr、I、Br、Cs、Rb、Sb 和 Te):释放过程由燃料晶粒

的扩散机理决定，在计算时采用了改进的 Booth 模型，即将扩散系数作为燃料化学特性、温度和晶粒尺寸的函数，该扩散系数对于除 Sb 和 Te 元素以外的所有裂变产物都是相同的。对于 Sb 和 Te 元素，在其没有完全氧化的情况下，需要考虑它们在包壳中的停留，这一效应可以通过引入释放延迟加以模拟。

(2) 半挥发性裂变产物：释放过程由燃料晶粒边界处的汽化效应引起的质量传递所决定。参数化的蒸汽压力取自 GEMINI2（Sr、Ru、Ba 和 La）和 FACT（Mo、Ce 和 Eu）程序中所采用的热力学关系式。同样的质量传递机理，也适用于裂变产物从熔池中释放出来的过程。

(3) 非挥发性裂变产物：释放过程由 UO_2 的汽化效应所决定，直到 UO_2 被氧化成 UO_3。该分类中包含 U、Np、Pu、Am 和 Cm 这些锕系元素。

对于易挥发性裂变产物的释放，将 ELSA 模块的计算值与 VERCORS HT1 实验[38]的测量值进行了对比，两者符合较好。但是在 1000～1500℃之间，由于 ELSA 模块没有考虑在晶间的释放量，因此计算结果偏低。更精细的模拟需要采用机理型程序来完成。

3. MFPR 程序

MFPR 程序是一个 0 维的机理型程序，主要用于模拟裂变产物从固体 UO_2 燃料中的释放过程[39-41]，在程序中分别针对裂变气体和其他裂变产物开发了两类模型。

对于裂变气体的模拟包括之前提到的所有物理现象：原子和气泡从燃料晶粒中扩散到晶粒边界的过程，气泡的成核、长大、破灭、再溶解过程，燃料晶粒边界处的气泡会合并或产生相互作用进而导致裂变气体的释放。

共模拟了 13 种其他裂变产物，包括 Cs、I、Te、Mo、Ru、Sb、Ba、Sr、Zr、La、Ce、Nd 和 Eu。假设这些裂变产物扩散到燃料晶粒边界的表面，在此过程中伴随着氧化反应的发生。随后，形成三种不同的相态，包括金属相态、三相态（由裂变产物的氧化物组成）和 CsI 相态。后续的释放过程由这三种相态的热动力学平衡共同决定，并受燃料晶粒边界处的裂变气体的影响。

9.3.4 裂变产物释放研究的相关结论和发展要求

在进行的大量分析实验中，采用的基本上都是经过辐照的 UO_2 燃料（处于平均燃耗深度），建立的实验数据库的信息量也很大。此外，整体实验（PHEBUS FP 项目）也对数据库起到了很好的补充。上述实验有助于增进对于影响释放过程的不同参数的认识，这些参数包括温度、氧化还原条件、与结构材料的相互作用（特别是包壳）、燃耗、燃料类型（UO_2 或 MOX）以及燃料状态（固态或液态）。

实验取得的结果可以用来诠释和验证两类数学模型：机理模型主要用于描述燃料中发生的相互作用和指导实验开展；简化模型可以从机理模型中推导出来，主要用于描述重要的物理现象，也可以作为系统程序的释放计算模块。

用于诠释实验的假设，使得正确重现不同参数（温度、燃耗、大气等）对释放的影响成为可能，这些假设主要基于燃料内的物理化学变化提出的。当然，这些假设需要充分的验证，因此建议后续的释放实验着重进行燃料的微观分析。

当前使用的实验数据库，需要在高燃耗 UO_2 燃料、MOX 燃料以及将来的先进燃料方面做进一步的扩充，也需要覆盖更多的事故场景，如进气事故、高还原性条件、再淹没工况等。

9.4　裂变产物在反应堆主冷却系统中的输运

9.4.1　物理化学效应

核电厂发生严重事故期间，裂变产物、锕系元素以及结构材料都以气体或蒸汽的形式从破损的堆芯释放到反应堆主冷却系统中，然后蒸汽和氢气的混合物会将它们沿着主冷却系统破口泄漏到安全壳的路径打通。许多重要的物理化学过程就发生在堆芯泄漏点和主冷却系统破口之间，所发生的物理效应主要与气溶胶的物理动力学有关。在此提出气溶胶理论，更详细地描述严重事故现象中的相关过程，并提供必要的理论来描述它们的数学模型。同时，简要回顾反应堆主冷却系统在高温气相条件下的化学特性，这些都是可以运用热力学定律进行计算的。随后参考前面提出的基本过程来介绍主回路的重要现象和趋势，提出主回路的现象学。

9.4.2　气溶胶物理动力学的基本过程

气化的裂变产物和结构材料在流出堆芯进入主冷却系统时，温度会显著下降。因此，释放出来的物质发生冷凝（除了 I 和 Ru 元素以外），形成悬浮的气溶胶粒子并由气体（或蒸汽）流携带。在某些情况下，I 和 Ru 元素在很大程度上仍保持为气态。例如，Ru 元素在高氧化环境下会随着空气一起进入压力容器中。

一个控制体中的气溶胶过程可以划分为内部过程和外部过程。

内部过程是指由于发生在控制体内部导致气溶胶特性发生变化的过程。内部过程有凝固/团聚、气态向微粒的转换两大类。当微粒之间由于相互作用而发生碰撞时，就会发生凝固/团聚。气溶胶微粒之间的相互作用是由多种机制产生的，如布朗运动、流场扰动、流体切变、场力（重力场、静电场等）。当两种微粒发生碰撞，它们可能融合到一起，也可能都发生变化，这个过程称为凝固。它们也可能保持原有的物质组成及形状，而由一系列主要粒子累积成更大的微粒，这个过程称为团聚。物理或化学过程会在气相中产生过饱和蒸汽导致气体向微粒的转化。在严重事故中，诱发过饱和的基本物理过程就是冷却。亚稳的蒸汽可以通过两种不同的途径达到平衡：一是通过同质成核过程产生新的微粒；二是通过聚合或异相成核作用使既存微粒生长。

外部过程是指由穿过控制体边界输运的微粒引起的气溶胶特性发生变化的过程。驱动外部过程的机制与微粒运动和沉积机制是相同的，因为它们的作用都是使微粒从流体或沉积物迁移到可达到的表面。驱动微粒运动的机制包括重力沉降、布朗扩散、惯性运动、原子力。

9.4.3 粒度分布原理

本节将简单介绍内部气溶胶过程的物理基础和基本理论及微粒运动机制。除描述基本气溶胶理论外，还简要讨论气溶胶微粒的大小。事实上，描述源项主要感兴趣的是微粒的化学组成和粒度分布。本节将概括论述描述粒度分布的基本原理。

通常，反应堆主冷却系统或安全壳中，不同的核素存在于半径为 1μm 的微粒中[42,43]。虽然我们正在研究的对象极小，但是不能将它们和气体或蒸汽弄混，能够意识到这一点很重要。还有一点也很重要，那就是不同于气体或蒸汽，气溶胶微粒具有粒度分布的特征。所有微粒的大小都相同的气溶胶为单分散系，而按照粒度分布的气溶胶为多分散系。单分散系不会自然产生，它们是通过应用特殊的技术人工合成的。自然形成的气溶胶是多分散系。严重事故工况下，冷却剂和安全壳中的气溶胶都是高度多分散性的，粒度分布很广，微粒的半径从纳米级到 10μm 级。

采用统计方法来描述粒度分布是有必要的。一种常见的度量是数量分布，定义如下：

$n_N(d_p)$：$n_N(d_p)\mathrm{d}d_p$ 为单位体积气体中含有的微粒数，微粒半径从 d_p 到 $d_p+\mathrm{d}d_p$。

数量分布应该与浓度区分开。浓度 n 是指单位体积气体中的微粒总数，由 $n=\int_0^\infty n_N(d_p)\mathrm{d}d_p$ 确定。n 的单位为 L^{-3}（或 cm^{-3}），而 $n_N(d_p)$ 的单位为 L^{-4}（或 $cm^{-3}/\mu m$）。

数量分布不一定是表征气溶胶的最佳度量。气溶胶的一些特性与颗粒表面积、体积或质量有关。比如，蒸汽在微粒表面的凝结速度与气溶胶的表面积有关。气溶胶核素的放射性活度主要与气溶胶的质量有关，而不是微粒的数量。因此，在某种程度上类似于数量分布，定义了一种与表面积、体积或质量相关的分布。具体定义如下：

（1）表面积分布 $n_S(d_p)\mathrm{d}d_p=n_S(d_p)$：$n_S(d_p)\mathrm{d}d_p$ 为单位体积气体所含微粒的表面积，微粒的半径范围从 d_p 到 $d_p+\mathrm{d}d_p$，单位为 L^{-2}（或 $\mu m^2/cm^3/\mu m$）；

（2）体积分布 $n_V(d_p)$：$n_V(d_p)\mathrm{d}d_p$ 为单位体积气体所含微粒的体积，微粒的半径范围从 d_p 到 $d_p+\mathrm{d}d_p$，单位为 L^{-1}（或 $\mu m^3/cm^3/\mu m$）；

（3）质量分布 $n_M(d_p)$：$n_M(d_p)\mathrm{d}d_p$ 为单位体积气体所含微粒的质量，微粒的半径范围从 d_p 到 $d_p+\mathrm{d}d_p$，单位为 ML^{-4}（或 $\mu g/cm^3/\mu m$）。

对于相同的气溶胶，它们的表面积分布、体积分布、质量分布也可能会有明显的不同。需要注意的是，应该依据气溶胶特征来选择描述气溶胶的度量标准。

在严重事故工况下，可以在对数正态分布下对源项的粒度分布进行描述。对数正态分布是气溶胶学科中最常用的分布，即

$$f=\frac{1}{\sqrt{2\pi}d_{p}\ln\sigma_{g}}e^{-\frac{\ln d_{p}-\ln D_{pg}}{2(\ln\sigma_{g})^{2}}} \tag{9-15}$$

从式(9－15)可以看出，对数正态分布由平均粒径 D_{pg} 和几何标准偏差 σ_g 两个相互独立的参数进行描述。在对数正态分布曲线中，有一半微粒的半径比平均粒径小，另一半微粒的半径比平均粒径大，也就是说，平均粒径把分布曲线分成了两个面积相等的区域，分界点往往就是曲线的最高点。最高点对应于最常见的尺寸，因此也称为分布模式。对数正态分布的一个重要特点就是自我维持，如果分布数 $n_N(d_p)$ 是对数正态的，那么表面积分布和体积分布也是对数正态的，并且与母体分布有相同的几何标准差，直径中值也很容易由已知的直径中值求出。比如，平均体积粒径 D_{pg}^{V} 与平均数量粒径 D_{pg}^{N} 之间的关系为

$$D_{pg}^{V}=D_{pg}^{N}e^{3\ln^{2}\sigma_{g}} \tag{9-16}$$

这些转换方程称为 Hatch-Choate 方程[44]，真正体现了对数正态分布的能力和实用性。

9.4.4 反应堆主冷却系统内现象的简介

压水堆严重事故程序模拟的事故表明，在堆内阶段气体的温度由堆芯的1500～3000K变为主回路的450～1000K。大部分裂变产物和结构材料以蒸汽的形态从破损的堆芯泄漏出去，当穿过反应堆主冷却系统时，这些蒸汽都处于高度过饱和状态。过饱和蒸汽有助于气溶胶分别以均相与异相成核的方式形成和增长。不符合这种一般规律的有惰性气体（Xe、Kr），易挥发元素 I，或者以蒸汽的形式穿过主冷却系统的 Ru 元素。通常，控制棒材料、包壳材料、燃料以及不锈钢成分形成的产物挥发性较小，可以快速成核，而更不稳定的裂变产物在回路冷段下游成核。假设气溶胶在进入主冷却系统之前，在堆芯上部的冷段就可以形成，尤其是低挥发性核素，这样的预期是基本合理的。在 PHEBUS 裂变产物实验中给出了实验数据，证明在堆芯上部的确可能发生成核反应。明显地，不同核素在颗粒或结构表面的凝结主要是由核素的挥发性所决定的。从这点上来看，化学性质在成核过程中起到了很大的作用。反应堆主冷却系统的化学环境有利于气体或蒸汽阶段不同产物之间的化学作用，或蒸汽和气溶胶微粒之间的化学作用。已经形成的混合物可能具有一些物理特质，尤其是挥发性，这与原始核素有着显著的差异。因此，化学特性主要决定裂变产物和其他堆外材料在主回路系统中的输运过程。

均相成核促使单组分原子核在气流中的产生，这些原子核也称为母核，是纳米级甚至更小的微粒。形成的超细微粒为挥发性较好的产物提供了一个冷凝场所，

这些产物在蒸汽中仍以气相形态存在。在这个过程中,已有微粒上的蒸汽凝结与管道上的凝结并存。凝结在气溶胶微粒上的蒸汽份额由一个复杂的平衡所决定,这个平衡建立在蒸汽输运到微粒表面的量和蒸汽输运到管壁的量之间。通常,前者更占优势,因为供蒸汽冷却的气溶胶微粒的表面积比管壁表面积大几个数量级。异相成核过程使初始形成的微粒变得更大,并成为多组分。除了这种方法,凝固/团聚过程也可以增加气溶胶的半径。特别地,均相成核形成的主要微粒很不稳定,因为它们的粒度很小(扩散能力与微粒的粒度成反比)。强烈的布朗运动促使气溶胶快速凝结,以至于形成了更大的微粒。

上述现象的总体效果:在反应堆主冷却系统中,源项的形式是多组分、多分散的微粒,在蒸汽流的作用下悬浮在冷却剂中。PHEBUS 裂变产物实验已经证实了这种情况。FPT0 和 FPT1 实验[45]说明了气溶胶微粒含有多种成分,包含除 I 元素以外的主要释放物。气溶胶的粒度分布很广。沿回路在不同位置测得的不同分布的平均粒径是不断增加的,这清楚地表明微粒的连续增长。气溶胶的平均质量半径大约为 1μm,几何标准偏差略大于 2。基于式(9 - 15)可以得出,气溶胶的粒径分布范围为 0.01 ~ 10μm。对于反应堆主冷却系统会出现的环境,Kn 在 $10 \sim 10^{-3}$ 之间变化。因此,粒度分布覆盖了所有状态,从分子状态(高克努森数,$Kn \to \infty$)到连续介质流动状态(低克努森数,$Kn \to 0$)。

在反应堆主冷却系统的输运过程中,不同的核素,无论是单质还是化合物,都可以以蒸汽或气溶胶的形式沉积在管壁上。因为沉积层阻碍了源项向安全壳的扩散,所以沉积层还是有好处的。蒸汽沉积主要与壁面冷凝有关,有时也与表面吸收有关。气溶胶沉积是最重要的,它的产生取决于粒度大小和气流环境。反应堆主冷却系统的流动状况取决于蒸汽流速、系统几何条件、堆芯出口的热状态,堆芯出口的热状态又取决于事故序列,特别是堆芯压力下降的程度及放热反应放出热量的大小。反应堆主冷却系统的流动状况还取决于管道直径以及沿主回路的气体温度。程序的模拟结果表明,反应堆主冷却系统中可以出现任何一种流动状况,从层流、过渡流到紊流都可能出现。在 PHEBUS 的 FPT0 实验中,回路热段的气流通常保持层流状态。蒸汽发生器入口处达到过渡流状态,也可能达到紊流状态。在回路的冷段,气流处于紊流状态。

沿着主回路,气溶胶沉积是不均匀的,然而却有优先沉积区域。这些区域有沸水堆中汽水分离器的蒸汽干燥器,或是压水堆中蒸汽发生器的管板等。PHEBUS 裂变产物实验中大部分回路的沉积都发生在蒸汽发生器的热段,这时热泳是主要的迁移机理(微粒相对于流体的运动受温度梯度的影响)。在反应堆主冷却系统中发生的、严重影响源项的一个效应是沉积物的气溶胶再悬浮或再汽化。气溶胶再悬浮是一个复杂的过程,至今还不能清楚地理解其机理。许多因素似乎都起了重要的作用,比如,气体流速的变化、紊流度、表面粗糙程度以及沉积物的形态和孔隙度。当反应堆主冷却系统壁面由于沉积的裂变产物产生的衰变热而持续升温时，就会发生再汽化。现在，关于再悬浮或再汽化对源项输运到安全壳的影响还不明确。然而，再悬浮在大破口事故工况下可能很重要，因为大破口事故工况下流速会很高。而再汽化在严重事故工况下可能很重要，因为主冷却系统壁面可能会随事故的发展而升温，对源项有一个延迟的贡献。

反应堆主冷却系统发生的现象不仅降低了材料释放进入安全壳的数量，而且还能决定它们的物理化学形态。在蒸汽阶段，高挥发性化学产物的形成促进了源项进入安全壳，这一现象非常值得关注。不同现象对调节主冷却系统源项的重要性，会根据事故序列发生变化。比如，输运气溶胶的水平表面是有限的，因此对于热段破口事故，气溶胶的重力沉降是很小的。由于堆芯和破口之间的温度差很大，所以大部分具有放射性的材料仍保持在蒸汽阶段。由于释放进入安全壳前穿过的距离较短、流动的速度较大，所以输运穿过反应堆主冷却系统的时间较短。

尽管本章关注的是气溶胶的行为，但对化学行为进行简要的分析也是有必要的。实际上，就像需要对热工水力学有正确理解一样，化学条件对气溶胶的形成以及最终进入安全壳的源项也有很大的影响。在分析主冷却系统的现象之前，要注意到对气溶胶过程来说，存在多个材料来源[42,43,46-51]。在本章中不是回顾这些应用广泛的材料，而是指出核安全计算程序如何处理这些重要现象。

1. 化学

在计算机程序中，使用了一种平衡方法来处理化学反应。即使用某种形式的热力学数据，通常用吉布斯能量找到一个平衡态，这个平衡态是温度和反应核素浓度的函数。根据热力学第二定律，平衡态是指熵最大、吉布斯能量最小的状态，如下式所示：

$$\Delta G(T) = \Delta H(T) - T\Delta S(T) \tag{9-17}$$

式中：G 为吉布斯能量(J)；H 为焓(J)；S 为熵(J/K)；T 为温度(K)。

吉布斯能量是由比热容计算得到的，比热容是温度的经验函数，由下式表示：

$$-T\left(\frac{\partial^2 G}{\partial T^2}\right)_p = c_p = a + bT + cT^2 + dT^{-2} \tag{9-18}$$

式中：p 为压力(Pa)；c_p 为某种物质在压力 p 下的比热容(J/(kg·K))；a、b、c、d 为经验系数。

对于每一种化学物质，在程序的数据库中包含了 6 个经验常数，如下式所示：

$$G(T) - \Delta H_{298.15K} = A + BT + CT\ln T + DT^2 + ET^3 + FT^{-1} \tag{9-19}$$

程序数据库中的数据特性与一般热工水力计算程序的数据是一样的，都很灵活，包括一些估算值。而且，不同来源的数据之间存在的分歧可能是相当大的。因此，与数据相关的许多物质的不确定性是很大的，尤其是对于某些重要的裂变产物系统，如 I-Te、I-In、Cs-Te。不过，关于 ASTEC 程序(它的 SOPHAEROS 模块是用来计算回路中的裂变产物和气溶胶行为的)，已经采用特别的方式对使用的热工水力数据进行了完全的验证并计算了所考虑的物质[52,53]，该程序目前覆盖了由 65

种元素产生的接近 800 种蒸汽产物。相比之下,VICTORIA 程序,另外一个有化学模型并且如今有了一定的用户基础的计算机程序,覆盖了 22 种元素产生的近 300 种物质[54]。

一旦程序能够计算蒸汽组分,那么过饱和蒸汽就构成了均相成核及在气溶胶和/或壁面凝结的驱动力(是物质表面积、温度和扩散系数的函数)。这些过程不是在运动状态下计算就是在平衡状态下计算的。

普遍认为只有在高温条件下热力学方法是近似有效的,也就是说最慢的化学反应的特征时间肯定比核素输运的短得多。换句话说,在中间或较低温度下(比如,事故发生区域的温度比反应堆压力容器和热段温度低的情况),一些化学反应的速率与流体对流速率相当或更慢一些,这导致了流体在向下游流动时出现不平衡状态。在实际工作中,通过 PHEBUS 裂变产物实验提出了观点:在较低温度情况下,反应率变慢是导致回路中气态 I 元素产生的原因[55,56]。然而,关于反应率的数据通常是不充分的,如果要开发一个完整的严重事故动力学模型,涉及的反应会很多,很难完整提供相应的反应率数据。在涉及 I 元素的系统中,可以做一些反应率的收集工作(详见 CHIP 程序[57],在该程序中对某些关键核素的动力学模型进行了限制)。所以,在处理涉及冷段或二回路的事故工况时,热力学方法会受到很大的限制。为此,ASTEC 程序和 VICTORIA 程序在运行过程中,可能会停止低于用户设定温度值的化学计算,其他现象都可以继续计算。

最后,需要记住的是全部描述需要包含辐射分解,因为这种方式可能会产生大量的处于激发态的新成分,而单由热力学或动力学模型无法预测上述效应。虽然辐射分解效应在堆芯区域的影响不是很大(堆芯的温度太高了,以至于只存在简单的原子和自由基),但是在主冷却系统的低温区域可能很重要,在这里会有大量的沉积出现,意味着高的局部剂量率,这方面需要深入的研究。

2. 蒸汽的均相成核

即使在不饱和蒸汽中,分子簇仍然存在,只是不稳定。蒸汽一旦过饱和,就很可能变成气溶胶或在壁面冷凝。现在普遍认为均相成核只发生在没有气溶胶存在的过饱和蒸汽的情况下,这是因为由均相成核形成的小微粒的表面能很高,比在已有表面(气溶胶或壁面)冷凝的阻力更大。不过,高辐射区通过提供丰富的离子成核的位置会降低这种阻力。因此,如果不是由机械现象产生的(比如,控制棒合金的燃烧、喷射,或是反应堆压力容器的蒸汽爆炸),那么第一批气溶胶通常是由难熔成分的均相成核产生的,比如,可能是银蒸气或是堆芯损毁后期的二氧化铀(或者,可能是三氧化铀蒸气凝华生成二氧化铀)。分子簇或初始微粒开始迅速结块,同时进一步冷凝形成初始核化蒸汽或其他过饱和低挥发性产物。这样描述可能会更复杂,因为可能不止一种成分会出现过饱和,而且除了一元成核,还可能会发生二元或三元成核。

超过蒸汽自身的压力后,模型需要包括化学活性、表面张力、密度等基本属性。

在核安全计算机程序中,简化了这种过程。

首先,不计算初始微粒簇的大小。在 ASTEC 和 VICTORIA 程序中,形成的核质量只与装有离散分布的气溶胶的箱子的最小尺寸相关。VICTORIA 程序把这个箱子的尺寸作为用户的输入量[54],认为要对参数进行敏感性检查。在使用均相成核模型时,ASTEC 程序给箱子的最小尺寸指定了一个默认半径 1nm,意味着一个关键微粒簇大概由 100 个简单分子组成。由于形成的核质量很大、聚集的微粒数量也很大,所以这些微小的微粒一旦形成,就很快出现布朗扩散导致的团聚现象。有一小部分蒸汽会发生冷凝,虽然在这种情况下初始微粒簇大小的准确值会很重要,但是团聚现象仍降低了对初始微粒簇大小的准确值的敏感性。

其次,VICTORIA 程序使用的平衡方法是遵循热力学求解蒸汽状态的方法,将过饱和蒸汽置于饱和状态。ASTEC 程序将过饱和成分的一元均相成核作为与异相成核(壁面或胶体表面)竞争的动态过程进行计算。采用这种方法,ASTEC 程序可以更好地表示成分的物理状态。ASTEC 程序使用的一元均相成核模型是基于 Girshick 等人的研究成果[58],只用于提供成核微粒的质量产生率。

总之,重要现象的简化会对计算结果产生影响,目前还缺少这方面的验证和评估。而且,成核率极易受表面张力值的影响,很多材料的表面张力值不是很清楚(尤其是高温下的)。建议检查关于主要难熔材料的表面张力(使用这种表面张力的计算机程序采用的是均相成核模型),并给出反应堆主冷却系统的第一级胶体的值,如 UO_2、Ag 等。

3. 蒸汽在胶体或壁面的冷凝

首先需要指出的是,在已经存在的胶体或壁面的异相冷凝过程是一个非常关键的过程。在事故工况下,它决定了以胶体形式到达安全壳的易挥发性物质的数量。这些易挥发物质包含了最重要的裂变产物,如铯、碘。

在蒸汽过饱和且可以到达表面时,会发生异相冷凝。这一过程主要是由传质限制决定的,在反应堆主冷却系统中,与均相成核相比。这些限制通常大大降低抗冷凝的能力。虽然在流体内部蒸汽可能是欠饱和的,但是在温度较低的壁面可能会出现过饱和。考虑到胶体的热容量很小、平均的表面与体积比很大,与周围气体总是很快达到热平衡,因此在计算机程序中假设胶体与周围环境的温度相同。这样,壁面冷凝不需要形成胶体就可以发生。一旦流体内部的蒸汽过饱和并且胶体已经存在,那么在这些胶体上的冷凝就会发生得很快,因为胶体有很大的表面积。

处理壁面的异相冷凝的传统方法:采用传热模拟以及应用与热工水力学的关系函数。一个简化模型是将这种相关性用于稳态充分发展状态的流体,事实上,处于发展状态的流体在局部会引起更大的冷凝率[59],这种增加的沉积物对反应堆事故分析的意义仍然需要评估。

胶体表面的异相成核,以及吸收冷凝物质释放的潜热而升温的粒子造成的负反馈,很多年前就已经被正确理解了[60]。然而,还存在三个复杂的问题:第一,胶体微粒很大的表面曲率以及冷凝物质固有的表面张力,共同导致了在胶体上的液体表面形成的有效蒸汽压力的增加。这就是 Kelvin 效应[61],既能降低总的冷凝,又能降低向着胶体中大微粒(包括了液相中小表面曲率的微粒)的倾斜。第二,当微粒尺寸比分子碰撞间的平均自由程还小时(或者是在同一量级),处在连续状况的微粒会分解,此时冷凝率必须进行修正[62,63]。第三,胶体表面可能的异构性质会影响冷凝发生的位置,这给冷凝现象带来了更大的复杂性[64]。

计算机程序对这些冷凝现象的处理是不同的。比如,对于 VICTORIA 程序,主流气体携带的胶体表面的异相成核,是简单地用重建平衡方法来处理的。在 ASTEC 程序中,是在静止的球体上模拟蒸汽扩散过程,考虑了非连续情况[62]和 Mason 效应(潜热)。另外,当前的 ASTECV2 版本中没有考虑 Kelvin 效应(曲率效应),虽然未来会将这种效应包括在内。没有一种程序考虑异相微粒,但是在真实的事故状态下并不能排除这一问题。

目前,在模型方面显然缺少验证,因此要充分评估简化模型的影响。比如,VICTORIA 程序的方法可以认为是保守的(导致更多的裂变产物以胶体的形式释放到安全壳),而 ASTEC 程序的方法却可以进行很好的估计。然而,更多的沉积物能够产生更多的衰变热,使得更多的沉积物发生再汽化,这是一个非常不利的现象。在这种情况下,VICTORIA 程序的方法可能看起来更不保守。因此应该搜集数据对这个模型进行验证。

4. 蒸汽的化学吸收

特定蒸汽的化学吸收,即它们和结构材料的化学反应,是一个很熟悉的过程,但是关于这个过程可获得的数据很少。铯和碲与金属合金反应,作为温度函数的化学吸收率是根据不锈钢和因科镍表面的 CsOH、CsI、Te(或 SnTe)得出的。尽管也有少量关于特定材料(如锆)的数据,但是在这方面的研究仍然很粗浅,需要进行大量的实验给可能影响到的物质提供反应率。首先,继续对主要蒸汽物质进行检查;然后,为这些物质搜索相关数据并在适当的范围内进行评估。

5. 胶体的聚团

由于微粒速度不同导致碰撞时会发生聚团。对于由布朗扩散、沉降、紊流(剪切力和惯性效应)等导致的微粒运动,其他影响因素如电力、声波等的在目前的情况中相对会弱一些。由于范德瓦尔斯力、表面自由能的变化、化学反应导致的微粒的结合,程序通常会假定黏合率是一定的。在反应堆主冷却系统中,布朗机制是最重要的,因为一旦形成初始微粒,这个过程就很快导致微粒的尺寸变大、数量变少。一旦胶体的尺寸变大,那么其他的聚团机制就开始起作用。然而,在反应堆主冷却系统中,胶体停留时间短和紊流条件意味着沉积聚团的量通常很少。

有一点是不应该忽略的,如果聚团是一个重要的机制,那么对胶体数量的数值处理在再生模型中还是很关键的。在严重事故程序中,使用了最常见的组合方法,根据这一方法,粒子谱离散并分裂成许多部分(微粒大小的箱子),从而逼近粒度分布直方图,对每一个部分求解胶体数量。如果粒度箱是固定的,那么通常需要很多(50 及以上)的粒度箱来避免重新定义粒度时的伪扩散。新形成的微粒不需要在离散方案中选择大小,而是会自动完美匹配,包括两个相邻粒度等级之间所需的份额。离散的跨度越大,伪扩散就越差。

该领域的不确定性与微粒的形状有关。将两个形状因子与一个胶体微粒联系起来很常见,一个影响它的移动性能,另一个影响它的碰撞性能。球体可能是微粒最紧凑的形状,所以任何形状偏离都会对运动阻力以及和其他微粒的碰撞概率造成影响。在高蒸汽湿度下,微粒往往会在水的表面张力作用下发生崩溃并形成紧凑的形式。然而,反应堆主冷却系统的环境温度是很高的,由蒸汽引发的压实只发生在产生了饱和或接近饱和条件的事故序列(冷段破口或蒸汽发生器传热管破裂)。不过,可能其他的冷凝物质足够多以至于产生压实的效果。有实验数据表明,事实上虽然在过热条件下,但微粒还是相当紧凑的。这意味着,形状因子的值很大。然而,目前形状因子和它们的评价仍然很不确定。评估技术往往来自于经验,对于任意一个微粒,没有可靠的分析技术来估计聚团模型中使用的值。不过,对一些最具代表性的实验的回顾可以为形状因子提出更接近实际的数值,这些数值将成为核安全程序中的默认值(而不是像现在这样用假设的值)。

布朗聚团对于小微粒来说很显著,因此自由分子状态($Kn \gg 1$)和转换状态($Kn \approx 1$)必须要考虑。小微粒的活动性很大,但是这一效应可以通过减少它们出现的目标区域来缓和。在非常小的和非常大的微粒之间,布朗聚团是最有效的。通常情况下,从带有纠正因子的布朗扩散理论得出自由分子体系和非球状微粒的模型。VICTORIA 程序使用的模型覆盖了自由分子[62]以及连续体系。相反,ASTEC 程序为自由分子和转变体系采用了 Davies 模型[65],为连续体系采用了经典布朗扩散理论(包括非球形修正的两种形状因子)。

重力聚团就微粒极限速度而言是非常清楚的,微粒的极限速度显示了与两种微粒的速度差及预测区域之和成正比的现象。碰撞效率的因子出现了不同(参见文献[66,67]),形成了对理想情况的修正。这种理想情况是指较大的微粒以完美的效率清理和收集了在它自由落体期间预期柱面内的所有的小微粒。较小的微粒往往在大微粒附近流动,并允许有一些可以逃脱收集,由于水力学效应,这种修正降低了效率。在反应堆主冷却系统中,重力聚团的有限影响意味着在这里不需要对不同效率进行探索,在任何情况下,ASTEC 程序和 VICTORIA 程序都同样使用了 Pruppacher 和 Klett 方程[50]。

紊流聚团是由剪切流场导致的微粒的相对速度以及由于惯性不同导致微粒相对于流体产生漂移而出现的。对于相同尺寸的微粒来说,后者的贡献为零,在这种情况下,紊流聚团达到了最低。Saffman 和 Turner 方法[68]用于 ASTEC 程序及 VICTORIA 程序。这个模型的一个极其重要的参数是由紊流造成的单位质量流体的能量消耗率。所有的程序都参考了 Laufer 关系式[69]:

$$\varepsilon = 0.03146 \times \frac{U^3}{Re^{3/8} \cdot D} \tag{9-20}$$

式中:Re 为雷诺数;D 为管道的水力半径(m);U 为平均流速(m/s);ε 为单位质量流体的能量消耗率(J·kg/s)。

虽然从尺寸参数的角度看以上表述是符合要求的,但它的来源还是有些模糊,需要检查。第二个不确定的地方是怎样把两种不同的紊流贡献加到一起,怎样把这些紊流的贡献率和其他贡献率加到聚团中。建议紊流剪切力、紊流惯性和沉降相加求和[66],这种组合的贡献还应该加到线性布朗贡献中。

在 ASTEC 程序中,使用的就是这种方法,团聚的内核 K 定义如下:

$$K_{\mathrm{tot}} = K_{\mathrm{Brown}} + (K_{\mathrm{turb.\ shear}} + K_{\mathrm{turb.\ inertia}} + K_{\mathrm{sedim}})^{1/2} \tag{9-21}$$

式中:K_{tot}、K_{Brown}、$K_{\mathrm{turb.\ shear}}$、$K_{\mathrm{turb.\ inertia}}$、$K_{\mathrm{sedim}}$ 分别为总的聚团内核、由布朗扩散导致的聚团内核、由剪切力导致的聚团内核、由紊流惯性导致的聚团内核、由沉降导致的聚团内核。

在 VICTORIA 程序中,加入了紊流项,然后又加入了线性布朗和重力的贡献。主冷却系统中重力项的贡献比较小,意味着对于紊流能量消耗率处于更高的优先级这种说法的分歧会比较小。

6. 胶体的沉积

发生在反应堆主冷却系统的胶体的沉积是由布朗扩散、热泳、扩散电泳、电泳、沉降(重力沉降)、惯性影响(由于流体几何变化导致的表面凸出以及紊流振荡)以及清洗作用所导致的。在这些现象中,不是所有的都一定会有显著的影响,因为它们的影响是与实际情况有关的。如果微粒形成后一直都很小,那么布朗沉积就会很显著。在稳压器(全厂断电)或蒸汽发生器二回路侧(蒸汽发生器传热管破裂)可能发生清洗现象(清洗在液体池中出现的气泡中悬浮的胶体微粒)。可能只有热泳保证能够在任何事故工况下都有显著的影响。对于各种机理导致的胶体沉积可以参阅文献[70-84]。

7. 沉积物的再汽化

沉积物的再汽化归因于衰变热或者热流,它是一个直接汽化的过程,包含质量输运,质量输运过程已被现有技术充分模块化。非常不确定的包括沉积物中的化学反应,以及产生挥发性更高的气相物质,或者沿衰变链衰变产生更多的挥发性物质(如^{132}Te 衰变为^{132}I)。PHEBUS 对裂变产物测试的结果,如 FPT2,为铯和其他裂变产物的化学再汽化提供了依据[29]。这可能是一个重要的现象,因为它可成为从反应堆主冷却系统释放到安全壳的裂变产物的一个相对晚期的源项。在这方面的相关工作不足,为评判未来工作的优先顺序,对这种现象重要性及后果的评估是必要的。

由于流体加速(通常是堆芯坍塌所致主冷却系统中蒸汽爆炸),就模型来说,尽管已集成到核安全计算机程序中,但是再悬浮被认为是一个不符合要求的方面[85]。由于安全需要反应堆主冷却系统的流通环境，事故序列中这种现象的中断与从堆芯初始泄漏事件相近，以至于在安全壳中短时间内不能将悬浮物质从初始源中区别开来。换句话说，在安全壳内，短时间内它不会导致悬浮物质有着任何明显的升高，比如，在24h之后。在安全壳旁通事件发生时，不论怎样，这种现象需要精确的估算，在这方面还需要进一步研究。

9.4.5 反应堆主冷却系统的输运模型

源项起始点是给定温度下的气体和蒸汽的混合物以及对特定RCS几何和事故情形的热工水力边界条件。值得注意的是，需要明白热工水力模型的局限，因为它对用来建立温度梯度从而确定质量转移率的关系式的影响比对在构件上的凝结和热泳更为微妙。

计算源项需要对气溶胶在RCS中的形成、迁移、沉积进行模拟。迁移、沉积和尺寸分布变化之间的复杂相互作用可以用一个通用动力学方程（GDE）来描述。对GDE的数值求解，是各种模拟一回路和安全壳源项迁移的程序中最重要的一步。GDE的一般形式是三维的，但是常简化为一维形式使用（沿RCS的一维管内流动），如下式所示：

$$\frac{\partial n}{\partial t}+\frac{\partial}{\partial x}(nu_{g})+\frac{4}{d_{h}}V_{dep}n=\frac{\partial}{\partial x}\left(D\frac{\partial n}{\partial x}\right)+\left.\frac{\partial n}{\partial t}\right|_{g-p}+\left.\frac{\partial n}{\partial t}\right|_{coag} \quad (9-22)$$

式中独立变量包括位置x、时间t和粒子尺寸。由此，可以使用粒子的直径d_p，在实践中也使用粒子的体积V，因为在凝结过程中体积是守恒的。因变量是一个依赖多个变量的尺寸分布函数$n=n(d_p,x,t)$，或者等价地写作$n=n(v;x,t)$。在式(9-22)中：等号左边第一项是累积项，第二项是对流项（u_g为气体速度），第三项是各种外部过程造成的沉积项（d_h为管道的水力直径）；等号右边第一项用于描述轴向扩散，剩下的两项用于描述内部过程，即气体-粒子的转换和凝结过程，这两项可以进一步写为

$$\left.\frac{\partial n}{\partial t}\right|_{g-p}=J_{nuc}\delta(d_p-d_p^{*})-\frac{\partial}{\partial d_p}\left(n\frac{\mathrm{d}d_p}{\mathrm{d}t}\right) \quad (9-23)$$

$$\left.\frac{\partial n}{\partial t}\right|_{coag}=\frac{1}{2}\int_0^v K(\tilde{v},v-\tilde{v})n(\tilde{v})n(v-\tilde{v})-n(v)\,\mathrm{d}\tilde{v}\int_0^\infty K(v,\tilde{v})n(\tilde{v})\,\mathrm{d}\tilde{v} \quad (9-24)$$

式(9-23)等号右边第一项描述的是均相成核项。显然这需要知道成核率J_{nuc}和临界直径d_p^{*}（均相成核初始粒子的尺寸），这两个参数是各种成核理论的研究目标。在大部分的严重事故程序中，都会用到成核理论，模拟均相成核过程需要用到热力学和物理化学方面的知识[42,48,50]。等号右边第二项描述的是因冷凝引起的粒子生长项。显然，需要知道的重要的参数是生长规律的微商$\mathrm{d}d_p/\mathrm{d}t$。生长规律的求解需要复杂的热力学、化学、热量和质量迁移信息。式(9-24)描述的是

凝结,通常称作 Smoluchowski 方程,因为 Marianvon Smoluchowski 在 1916 年提出了一种处理粒子凝结的数学方法[86]。此处重要的参数是凝结系数 K,它是依赖碰撞粒子尺寸的双变量函数 $K = K(\nu_1, \nu_2)$,它表示的是体积为 V_1 和 V_2 的粒子的碰撞频率。驱动粒子碰撞的最重要的机理是布朗运动、层流剪切、湍流扰动和重力沉降。

通过以上的介绍显然可知,GDE 方程的求解是一项富有挑战性的工作:一方面,处理这种积分-微分形式的表达式需要复杂的数学方法;另一方面,求解 GDE 方程需要有成核率和凝结系数等物理参数的有效关系式,而这些参数在严重事故工况下的物理性质还不为人所知。大量进行的实验已经对理论预测值和实验值做了对比,尤以 PHEBUS FP 实验较为重要。

9.4.6 输运模型的发展方向

为了提高建模能力,进一步工作主要侧重于如下几个方面:

(1) 相关物质热力学数据的验证及系统内反应动力学的研究需要通过化学方法来进行。

(2) 完善 RCS 中主要蒸汽类物质的化学吸附的数据。

(3) 评估由原型实验得到的典型粒子形状因子。

(4) 评估电泳的潜在影响。

(5) 重新检验因流动几何变化引起的压缩模型。

(6) 重新检验机械再悬浮模型。

9.5 安全壳旁路

9.5.1 背景

安全壳旁路是指安全壳对裂变产物的滞留能力被旁路的情况下,放射性物质直接释放到反应堆厂房或环境中。典型的例子包括当压水堆蒸汽发生器传热管破裂且安全阀失效时,放射性核素会通过蒸汽发生器的二次侧释放到环境中。此外,与反应堆主冷却系统相连的接口系统,如果在安全壳外的位置发生 LOCA 事故,也会导致放射性核素的释放[87]。

蒸汽发生器对于整个压水堆核电厂的运行来说是较为关键的部件。基于这一事实,我们改进了壳体和传热管的设计及制造,并且采用了新的运行模式。尽管如此,许多核电厂都出现了蒸汽发生器传热管破裂事故[88]。

在西方国家,很多核监管部门将蒸汽发生器传热管破裂事故看作设计基准事故,在核电厂设计时就设置了很多应对措施。然而,在蒸汽发生器传热管破裂与其他失效事故同时发生的情况下,将依然会对安全性造成挑战。例如,如果失效的蒸汽发生器的安全阀没有打开,那么结果将是冷却剂的流失,如果运行人员不能及时的冷却堆芯以及阻止泄漏,最后会导致堆芯损毁及熔化,此时,从反应堆释放的裂变产物以及气溶胶将会通过安全壳旁路泄漏到环境中。尽管上述事故不太可能发生,但是作为裂变产物从主冷却系统释放到环境中的直接途径之一,仍有必要将其作为重要的风险来源[89]。

除一般的蒸汽发生器传热管破裂事故之外,蒸汽发生器管道的完整性也会受到一些严重事故导致的高温和高压的挑战。对于这些严重事故,评估蒸汽发生器管道破裂是否会导致安全壳旁路是十分重要而且必要的[90]。

对于严重事故导致的蒸汽发生器传热管破裂,专家指出在堆芯冷却剂管道以及失效的蒸汽发生器中只会滞留很少的放射性核素[91],对于所有的放射性核素,它们从反应堆到环境的释放因子估计将会超过 75% 。由于缺乏一个广泛的数据库或是具体的模型,对于二次侧失效的蒸汽发生器中放射性核素的滞留, PRA 一般不相信蒸汽发生器二次侧会有任何的排污效果[92]。

尽管如此,已经用实验方法证明了气溶胶会在蒸汽发生器二次侧发生滞留,而且它高度依赖于热工水力条件和破口的位置及尺寸[92,93]。由蒸汽携带的微粒中有大部分会被水吸附而去除,因此二次侧水的存在就成了一个关键的因素[94]。往往采用水浸没失效的蒸汽发生器,以使释放出的裂变产物减到最少,这是一种常用的蒸汽发生器失效事故应对措施[92]。然而,蒸汽发生器二次侧即使没有水,蒸汽与内部结构间的相互作用(包括管道、支撑板、分离器等)也会导致裂变产物和气溶胶的滞留。

欧洲原子能共同体的第五框架计划的 EU-SGTR 项目(2000—2002),是欧洲第一个用于研究气溶胶微粒在蒸汽发生器二次侧(包括传热管和其他复杂结构)滞留效应的项目[94]。由瑞士 PSI 协调实施的国际项目 ARTIST(2003—2007)继承并且扩展了先前的工作,主要研究西方设计的反向 U 形管蒸汽发生器中的气溶胶的滞留[95]。在该项目中,设置了较宽范围的部件运行条件(干、湿和过渡状态)以及热工水力和气溶胶参数。此外,还系统地研究了分离器和干燥器中的小水珠的行为以应对设计基准事故。在进行实验的同时,对于取得的数据和建立的模型进行了详细分析。该项目一直到 2011 年末才结束,同时启动了第二期研究项目 ARTIST2。除 EU-SGTR 和 ARTIST 项目,欧洲原子能共同体第六框架计划的 SAR-NET 项目(2004—2007)在气溶胶现象学和数据模拟方面做了深入的研究[96]。

9.5.2 现象学

本部分着重阐述在立式蒸汽发生器发生传热管破裂事故时对于源项起决定作用的现象。蒸汽发生器结构的复杂性,以及在传热管破裂事故中大范围的参数变化使得解析地确定气溶胶的滞留机理变得很困难。因此,只给出了滞留效果与不同参数相关性和变化趋势的定性分析。

以下讨论假定源项基本上以颗粒形式进入了蒸汽发生器二次侧。PHEBUS 裂变产物实验表明,一些放射性核素(如碘)主要以蒸汽形式进入蒸汽发生器[28]。因此,在这种情况下蒸汽沉积也许会是主要的滞留机理。此外,蒸汽发生器在浸没情况下,一部分进入二次侧的碘会在水中溶解并且经历复杂的碘化学反应,而这些反应到目前为止还没有进行研究。

1. 管内沉积

气溶胶在蒸汽发生器中的滞留会在许多地方发生,比如通过传热管的破口进入蒸汽发生器的二次侧。当传热管破口堵塞时,会导致管内的流速超过100m/s[92]。在这种条件下,惯性碰撞、紊流沉积和粒子再悬浮会决定滞留情况,以至于净沉积效果会受到再悬浮的影响而被削弱。ARTIST 实验数据显示,气溶胶的滞留实际上是动态的,当首次进入破损的传热管时会有大量的气溶胶滞留。沉积/再悬浮现象同时涉及流体动力学、气溶胶动力学和热力学,非常复杂,因此,这一问题的解析方法还没有人尝试过。当膨胀导致温度下降时,裂变产物蒸汽会沉积在颗粒上以及传热管内表面,而 ARTIST 项目中并没有研究这个现象。

2. 管束内沉积

在蒸汽发生器管束内气溶胶滞留的三个主要位置是以流动行为来区分的:①管道破口附近,流体以很高的速度从破口喷射出来;②支撑板,阻碍流动;③远离源场的管束,流体充分发展,流速较低。

在破口附近,入口处的流速从 100m/s 到声速水平变化。对于单个管道气溶胶滞留的研究表明,收集效率是斯托克斯数的函数[81]。斯托克斯数是一个无量纲数,用来描述颗粒的曲线运动,它是颗粒的制动距离与引起曲线运动的障碍物的特征尺寸的比值。斯托克斯数定义如下:

$$S_{tk}=\frac{\rho_p d_p^2 u C_s}{18\mu D} \tag{9-25}$$

式中:ρ_p 为颗粒的密度(kg/m^3);d_p 为颗粒的直径(m);u 为流速(m/s);C_s为滑动校正因子;μ 为气体动力黏度(Pa·s);D 为障碍物的特征尺寸(m)。

ARTIST 实验显示,当对称性切断破口、颗粒为球形且处于相似流动状况时,在破口附近的气溶胶颗粒的收集效率事实上与斯托克斯数有关。颗粒在破口附近的滞留被定义为去污因子 DF:

$$\mathrm{DF}=\frac{\mathrm{MF_{IN}}}{\mathrm{MF_{OUT}}} \tag{9-26}$$

式中:MF_{IN}为流入滞留段的悬浮颗粒的质量流量(kg/s);MF_{OUT}为流出滞留段的悬浮颗粒的质量流量(kg/s)。

实际情况更为复杂,这是因为滞留是许多参数的函数,包括破口形状、颗粒形状(球形或团状)、颗粒黏性以及是否存在蒸汽。另外还发现,团状颗粒在破口附近是解聚的[97]。实际情况的高度复杂性使得不太可能建立收集效率的机理模型[98]。惯性碰撞、紊流沉积和再悬浮是导致气溶胶滞留的主要因素。SGTR 和 ARTIST 项目中的实验显示,气溶胶沉积的极其不均匀的分布与空气动力学的研究相符合[99]。

离开破口之后,流体就会扩散并流向支撑板。结果是与破口处的声速相比,流速会减小很多。流体通过支撑板的通道离开破口段,通道很狭窄,因此一些气溶胶会在支撑板发生滞留现象。然而,与破口附近的滞留相比,支撑板的滞留是较少的。

离开破口附近,流体将主要沿垂直方向流动,气体的平均流速为 0.2m/s,由惯性机理导致的在管道结构上的滞留是很少的。ARTIST 项目的实验表明,电泳也许会显著增加气溶胶在远离源场的管束中的滞留。然而,在现实的反应堆条件下,因为气溶胶带电导致电泳依赖于放射性核素的衰变以及周围建筑物的几何结构,所以确定电泳造成的影响是非常困难的[75]。

3. 分离器和干燥器上的沉积

分离器和干燥器的复杂几何结构,产生了非常复杂的流型且不断变化的流速。惯性撞击、拦截以及湍流导致的颗粒聚团是影响气溶胶移动的主要过程。根据 ARTIST 项目的实验结果,由于较低的气体流速和较小的气溶胶颗粒尺寸,气溶胶在这些部件上的沉积是很少的。

4. 其他过程

对于蒸干的蒸汽发生器,以上的讨论突出了惯性以及湍流在气溶胶滞留机理中的主导地位。其他的机理也需要进一步的考虑:①热泳,使颗粒流向较冷的表面;②颗粒的解聚,当颗粒的聚团形式较为松散时,在传热管破口处就会发生解聚,使得颗粒团的尺寸变小,因此也更难滞留;③高流速区域的再悬浮;④再循环区域,例如,分离器的出口与下水管的立管中间。

5. 二次侧被淹没

出于事故管理的需要,向蒸干的蒸汽发生器二次侧注水是一个不错的选择,这样可以恢复蒸汽发生器的换热能力,同时作为净化进入的气溶胶的水池。POSEIDON实验[100]提供了一些热水池对气溶胶去除效率的数据,当增加水池深度时会显著提高气溶胶的滞留能力。

在 SGTR 和 ARTIST 项目的实验中,包括了蒸汽发生器二次侧管束淹没实验。与空水池相比,气溶胶滞留现象在淹没的管束中更加明显。正如所期待的那样,淹没的管束比蒸干的管束显示出了更高的气溶胶滞留能力[101]。在淹没的管束中,即使是非常低的淹没,如 0.3m,气溶胶的滞留也是很显著的。

现有的水池气体净化计算模型不能解释水池淹没条件下气溶胶的去污能力[102]。学界正在努力改进模型,以更好地描述在极其复杂的多相流动条件下流体和气溶胶的动力学。

9.5.3 研究现状

正如之前所提到的那样,现在仍在进行的实验项目是 ARTIST2 项目,它延续了之前的 EU-SGTR 项目和 ARTIST 项目的工作。

目前的状态可以通过对现有分析能力的讨论得到。管内的沉积机理看起来更好理解,然而,对于再悬浮起作用的区域,如果雷诺数增加,那么预测能力就会减弱(正如在 SGTR 项目中所发生的那样)。尽管文献中有许多再悬浮的模型(最著名的是 Rock'nRoll 模型[103]),似乎没有一个模型能够模拟当雷诺数达到 7000 以上以及出现多层沉积时的情景。在 ARTIST2 项目中,正在努力克服这种限制。

ARTIST2 项目正在尝试以过滤器概念[98]为基础来模拟蒸干的蒸汽发生器破口段的气溶胶的滞留。然而,由于气溶胶通过管束的行为极其复杂,开发出一套机理方法的难度很大。通过使用半经验的方法已经取得了一些进展,这些方法包括采用沉积、再悬浮机理的简单模型和关系式,采用三维气体动态模拟得到气体流速的近似表达式[99]。通过数据比较发现,半经验方法的结果与之前预测的情况相符合[104]。所有这些工作都是在 ARTIST2 项目的框架下完成的。

关于淹没现象,传统的 SPARC 程序[105]在应用到蒸汽发生器传热管破裂事故分析之前,需要进行较大幅度的改动。尽管程序的一些模型在一些工况下已经得到验证,然而这些工况与蒸汽发生器传热管破裂事故工况是大不相同的。由于水中管道以及高速喷射的存在,在蒸汽发生器传热管破裂事故工况下模拟两相流动变得极其困难。

总的来说,尽管在这个领域已经取得了很大进展,要完成蒸汽发生器二次侧气溶胶滞留的机理模型还有一段很长的路要走。一些新的方法已经用来帮助理解常规现象,比如,应用像 CFD 这样先进的模拟技术。到目前为止,由 ARTIST 项目提供的实验数据可以帮助人们很好地评估蒸汽发生器传热管破裂事故中的源项。

9.6 压力容器外裂变产物的释放

气溶胶在安全壳内变化的不确定性比在反应堆主冷却系统中的大。在从主冷却系统释放到安全壳之前,源项的形式会随不同的事故序列而发生变化,而且只能从 PHEBUS FP 实验项目获取颗粒信息[106],在该项目实施之前,相关信息大部分由推测得到[107]。此外,安全壳中的气溶胶变化的时间尺度大约为 1 天,在这 1 天中,受辐射、氧化、碳酸盐形成等多种反应的影响,气溶胶可能会发生变化。

在安全壳中,除损毁的堆芯可以产生直接源,还可能出现气溶胶材料的二次源,使得问题变得更为复杂。这些二次源包括堆芯熔融物捕集器的喷射(高压事故)、氢气爆燃、MCCI。

安全壳内气溶胶材料的二次源会大大增加气溶胶的总量。MCCI 情况下，在现有气溶胶尺寸范围之外会出现大量的稳定的气溶胶材料，从而导致大量悬浮气溶胶成分的产生。这种气溶胶会促进聚团，并且加快安全壳大气中悬浮气溶胶的沉降。

9.6.1 现象学

通常来讲，高挥发性的裂变产物在堆芯损毁期间会释放到压力容器中。之后，气溶胶也许会通过堆芯－混凝土的反应在压力容器以外产生，池式沸腾和再悬浮过程同样会导致裂变产物的释放。在压力容器内部释放阶段后，气溶胶－混凝土的反应提供了安全壳内长期的气溶胶及裂变产物源项，其产生的气溶胶通常具有较低的挥发性[108]。

与气溶胶的产生相关的四个重要机理：气泡爆炸；熔化表面在气流中夹带，随后破裂；从熔化表面的破裂的气泡中释放出的蒸汽，同时伴随着蒸汽冷凝；从熔化表面释放出的蒸汽/挥发性裂变产物的冷凝。

熔化温度对气溶胶和裂变产物的释放总量会产生重要影响。假定在堆芯－混凝土发生反应时会迅速地释放出挥发性的裂变产物。对于挥发性较小的部件，非挥发性物质的释放份额取决于熔化的碎片结构。在熔融堆芯与混凝土发生反应的过程中，当熔化温度下降时，释放也会减弱[108]。

9.6.2 压力容器外的裂变产物/气溶胶释放实验

早期通过 FZK 的 SASCHA 设施的专门实验，在 MCCI 条件下，获得了裂变产物释放的实验结果[11,109]。在 MCCI 条件，熔融物捕集器中包含未经辐照的 UO_2 以及一些裂变产物跟踪剂，这些成分是由硅质混凝土坩埚生产和加热的。在接近 12min 的堆芯－混凝土反应中测量了一些元素的释放数据，例如 I、Ag、Te 和 Mo。实验发现，进行加热后，熔化状态的碘在反应最初的 3min 内就几乎完全被释放出来了。在这个发现的基础上，可以预测对于强挥发性的元素，如 Kr、Xe、Br、Rb、Cs 和 Cd，也可以发现类似的趋势。元素 Te 和 Ag 在源项方面有很重要的影响，其气溶胶在反应中分别以 40% 和 60% 的份额释放出来。中等挥发性的裂变产物 Mo 和 Ru 的释放率是很低的，尽管人们认为它们氧化物的挥发性应该更高。

更早的实验有 NSS 系列和 TURC 系列，它们是在美国 SNL 完成并且由 Brockmann进行评估[110]。这些实验都没有模拟衰变功率对熔融物捕集器进行持续加热，所以与平均值相比，生成的气溶胶中含有的高挥发性成分的份额偏高。NSS 的实验结果表明，所生成的气溶胶主要是由非放射性材料组成的，它并不强烈依赖于混凝土的成分。然而，在这些实验中，MCCI 反应仅仅持续了 1～2min。在 TURC 实验中，采用了一维的混凝土坩埚（底部是混凝土，侧壁是氧化镁），并且采用了熔化的铁－氧化铝（TURC-1T）和熔化的二氧化铀－氧化锆（TURC-2 和

TURC-3）。由于这个实验具有瞬变的特点（没有持续加热），在实验 2 和实验 3 中没有观察到明显的混凝土腐蚀。这些实验都表明，气溶胶的尺寸分布由质量中值气动当量直径为 1μm 的单一模型所决定。可将 TURC 实验中获得的与时间相关的气溶胶质量释放速率和气体流动速率用于模型验证。

美国 SNL 进行了大规模的二氧化铀与混凝土持续反应（SURC）实验，在各种形式的混凝土坩埚（石灰岩、玄武岩）中，通过持续地加热熔化，模拟了与堆芯－熔化材料相接触的凹槽处的气溶胶的释放以及热工水力现象[111,112]。实验 1 与实验 2 考虑了气体的释放、气溶胶的释放以及持续的熔融物加热下的混凝土腐蚀。实验 3、实验 3a、实验 4 研究了锆的金属氧化物的额外影响。在实验 1 和实验 2 中，气溶胶的质量释放速率为 1～10g/min，主要来自混凝土的化学成分 Si、Na、K 和 Ca。气溶胶的释放速率大体上与气体的释放速率成正比。进一步的观察发现，与石灰岩混凝土（SURC-1）的化学成分相比，硅酸盐混凝土的化学成分（SURC-2）中保留了更多熔化的裂变产物。在实验 3 和实验 4 中，气溶胶主要由 Te、Na、Mn、K 和 Fe 的氧化物组成，其中最主要的是 Te。模拟结果还表明，气溶胶中低挥发性的裂变产物的份额通常是非常小的（Ce、U 和 Ba 低于 1%，其他成分低于 0.02%）。

FZK 在 BETA 设备上进行了大范围的实验，来研究铝热剂与熔化的混凝土之间的相互作用[113]。在这些实验中，通过感应技术可以实现持续加热，能量在熔化阶段得到充分释放，并且由于密度较高，在坩埚中的氧化阶段出现了分层。因此，这些实验结果由加热的金属层和混凝土间的相互作用所决定。这与 MCCI 后面的阶段相比更加典型，在那一阶段，氧化层贯穿了混凝土的熔化阶段并且通过少量混凝土的分解产物而得到不断的浓缩，其密度低于金属层密度。在玄武岩和石灰岩混凝土的轴对称的空腔中，以较低和较高的功率水平完成了 19 个实验，组成了实验系列Ⅰ。实验中测量了气溶胶，但在熔融物没有模拟裂变产物。

将熔融物浇铸到坩埚中时，会立即出现强烈的气溶胶释放现象。在初始时间 2～3min 后，气溶胶的释放速率会下降到 0.1g/mol 以下。由 CaO 晶体组成的高密度的、白色的气溶胶和示踪成分 Na 和 K 一起，从熔化层上面的混凝土侧壁中大量的释放出来（>1.2g/mol）。在系列Ⅱ实验中，通过另外 6 组实验来研究锆的氧化作用或是蛇纹岩混凝土的行为所造成的影响。系列Ⅱ实验在熔融物中加入了对裂变产物的模拟。观察到锆的氧化反应有较高的气溶胶释放，而这种现象在锆消耗后会大幅减弱。当裂变产物加入到熔融物中，测量到大量 Te 的释放；与之相反，Ce、La、Sr、Ba 和 Mo 的释放很少，而且大部分在探测范围以下。电子显微镜分析表明，气溶胶颗粒大多是球形的，典型的直径为 0.1～0.5μm。

最丰富的数据来自于 7 个大规模的国际先进安全壳实验（ACE），这些实验是基于 MCCI 条件并用于研究熔融物行为和气溶胶的释放[114]。这些实验针对沸水堆和压水堆的事故场景，共设置了 4 种类型的混凝土（硅酸岩、石灰岩/沙子、蛇纹岩和石灰岩)和一系列的熔融物成分(取决于氧化反应的程度)。在ACE实验中,混凝土基座的尺寸为50cm×50cm,厚为30cm[115]。实验区域的4个垂直的侧壁均包含熔融物,用来模拟内部衰变热(从钨电极通过熔融物供应直流电)或是设计为惰性壁面,因此,ACE实验的MCCI反应在轴向方向有一维的特点。锆合金最初设置在混凝土基座的一些特殊的层中。在基座熔化时,平均净的电功率为100kW。低挥发性的裂变产物BaO、La_2O_3、SrO、CeO_2、MoO_2、SnTe、$ZrTe_2$和Ru出现在了熔融物中,其富集度因子为2或4,比反应堆内的高,从而提高了在气溶胶中的可检测性。释放的气溶胶中包含有混凝土的主要成分。碲和控制棒材料银、铟、硼(来自于碳化硼)的释放是非常显著的[115,116]。裂变产物中的元素除Te以外,其他成分在气溶胶中的质量份额不到1%。对于给定类型的混凝土,随着熔融物中金属含量的减小,低挥发性的裂变产物的释放也逐渐减少。在实验L1、L2、L6和L7中采用了金属、石灰岩/沙子和硅酸岩混凝土,其中硅的化合物在气溶胶质量中占50%甚至更多。另外发现,Ba和Sr的硅酸盐的形成会减少Ba和Sr的释放。基于这些发现做出推断,一些硅酸盐以及锆酸盐的精确的热力学数据对于正确的建模是很有必要的。大颗粒对于铀和锆总释放的重要贡献表明,力学过程对于这些元素的释放是很重要的。进一步来说,Zr和SiO_2间压缩阶段的吸热反应,被认为对于预测Si、SiO_2蒸气和SiC气溶胶是比较重要的。在混凝土熔化期间,气溶胶的成分相对稳定,颗粒紧凑;但尺寸多种多样,大部分的几何直径都是微米量级,有一些的尺寸却很大。

9.6.3 模型和程序

VANESA模型[117]是在美国NRC的赞助下开发的,并且已经与MCCI事故模型CORCON进行了耦合,主要用来预测MCCI事故中裂变产物和气溶胶的释放。这两个模型是美国系统程序MELCOR和安全壳程序CONTAIN的一部分。VANESA提供了熔融堆芯-混凝土反应导致的气溶胶和裂变产物释放的机理模型。它考虑了两个过程的释放:物质汽化形成喷射的气泡;气泡爆炸导致熔融物碎片进一步分裂为小颗粒。与汽化释放过程相比,气流携带的熔融物是很少的,可以忽略。

在VANESA模型中,一个基本假设是熔融物会分化为底部金属层和顶部氧化层[117]。VANESA模型分析的第一步是确定氧化层和金属层的材料成分。下一步是确定形状、尺寸以及通过底部金属层喷射气泡的频率,即确定汽化的自由表面。之后在计算金属层和氧化层的蒸发时,需要分别考虑热力学和动力学的作用。驱动力(物质的平衡压力与实际压力的压差)和汽化作用的最大限度由热力学所支配,而动力学则决定了如何接近这个最大限度。在计算汽化作用时,以一个考虑氢和氧结合的三元系统为基础来计算物质的平衡蒸汽压力。基于理想溶液行为假设[117],即熔融物成分的活度与它们的摩尔分数是相等的,也就是活度系数为1。只有在金属层和氧化层的氧的化学势相等的情况下,这两个层才是处于平衡状态的。之后,进行了适当的改进,考虑了非理想溶液的压缩态化学[118]。当气泡到达熔融物表面,它们会破裂并且产生一定量的气溶胶大小的液滴。之后,蒸汽可能会通过均相成核作用或是在气溶胶表面沉积而凝结。VANESA 实验通过气泡破裂实现了气溶胶的产生,为了得到所需的实验数据,需要进行假设:气溶胶颗粒大约为 1μm;一次气泡的破裂产生大约 2000 个气溶胶颗粒;气泡是球形的,直径为 2cm。

其他用于模拟裂变产物汽化释放的方法,需要应用与气相相接触的熔融物的热力学平衡模型。为了计算热力学平衡状态,需要整个系统的吉布斯自由能,它是温度与材料成分的函数。可以通过在不同条件下将吉布斯自由能最小化,来获得平衡状态。该系统总的吉布斯自由能是将各相的吉布斯自由能代数相加而得到的,同时考虑采用适当的模型来处理溶液中过量的吉布斯自由能。

计算裂变产物的 ASTEC 程序的 ELSA 模块在前面已经做了介绍[37]。ELSA 模块用于计算压力容器外水池中裂变产物的释放,另一个模块 MEDICIS 是用于计算熔融堆芯和混凝土之间的相互作用的,在 ASTEC 程序中这两个模块是耦合在一起的。在 ELSA 模块中,假定混合熔融池处于化学平衡状态,释放也就是水池的自由表面质量传递的有限汽化。ELSA 模块使用了一个吉布斯自由能函数的数据库,这个数据库通过 ASTEC 的材料数据库工具包含了各类元素及其化合物,以使系统总的吉布斯自由能最小化。在 ELSA 模块中使用的热力学数据库,已经拓展包括了感兴趣的压力容器外的元素成分。从熔化池中的释放是通过物质的饱和分压计算得到的,在计算过程中假设液体和气体物质的吉布斯自由能相等。已经将计算结果与 ACE 项目的实验数据进行了对比。这里没有考虑裂变产物的机械释放。

所有这些有效的方法得出的结论是:在压力容器外,裂变产物的释放在很大程度上取决于堆芯熔融物的温度以及气体的流速。由于对这些参数进行估计时的不确定性仍然很大,并且考虑到热力学建模的固有不确定性,释放计算的精度现在估算至少为 1 ~ 2 个数量级。

9.7 安全壳内裂变产物的输运

9.7.1 现象学

裂变产物在反应堆主冷却系统中获得一定的物理和化学特性,然后它们进入安全壳。因此,除稀有气体、一些游离态的碘和钌外,所有的裂变产物以气溶胶的形态进入安全壳。可以预期,各种元素(无论是单质,还是化合物),都会在粒子中很好地混合。PHEBUS FP 实验结果支持这一假设。实验发现:安全壳里的气溶胶粒子是各种核素的混合物,而且其组成与粒子尺寸无关,相当均匀[46,56,106]。

严重事故的仿真表明,事故情况下,安全壳内大气中富含蒸汽,处于饱和或接近饱和的状态。流动循环在安全壳大气环境中起到重要作用,因为它控制着蒸汽、其他不凝性气体和气溶胶的输运与分布。流场计算与传质和传热计算相结合，可以确定蒸汽在冷的安全壳壁上或其他结构表面的凝结量。人们已经通过实验和解析方法对安全壳热工水力进行了广泛的研究，一般来说也有了较好的认识。在德国的 ThAI 设施[119]上开展的国际实验项目和早期的 DEMONA 实验[120]进行了大量的工作[121]。

安全壳内的高湿度会引起气溶胶颗粒强烈的凝结增长。蒸汽会在气溶胶颗粒表面凝结，部分颗粒可能会溶解，该反应的效果会被气溶胶中的吸湿性物质（如 CsOH）增强。虽然安全壳饱和阶段可能很短暂，但是吸湿冷凝增长机制对于源项的演化有非常重要的意义。蒸汽凝结显著增加颗粒的尺寸。粒径的增大会提高重力沉降速率，即气溶胶通过表面沉积消除的速率。此外，凝结和聚团会因大粒子在下落时同小粒子的碰撞而加强。加强的凝结和聚团进一步增加了粒子的质量和大小。另一种造成安全壳沉积增强的机制是扩散电泳，通常伴随它的还有热泳。扩散电泳的驱动力是朝向冷凝壁面的蒸汽质量通量和相关的 Stefan 流动，而热泳的驱动力是安全壳大气和安全壳壁面间大的温度梯度。对于安全壳和主冷却系统中的核气溶胶而言，这两种机制是最重要的原子间致导电性效应。

计算机程序分析与实验观察有效地证实了安全壳内尺寸分布增加和悬浮气溶胶质量迅速减少的现象。主要的沉积机理是重力沉降和扩散电泳/热泳。总的趋势是较大的粒子从安全壳大气中消除，小粒子继续滞留在安全壳大气中。其结果是安全壳内源项随时间急剧下降。有关这方面的特征，PHEBUS 第一个实验（FPT0）发现：在堆芯失效阶段和随后的 20min 内，安全壳内 80% 的初始悬浮物会在安全壳壁面沉积。悬浮物直径的中值最初大约 7μm，然后迅速减小到大约 4μm，最终稳定在 0.5μm[55,106]。这些数据也可以从前述的 DEMONA 实验中获得。

安全壳中碘的行为是源项变化的一个关键的参数。含碘的气溶胶颗粒会溶解在地坑水中，在此碘离子会经历若干化学反应，尤其是与水的辐解产物的反应。这就促进了挥发性的有机和无机碘的生成，这两种物质会和气相分开。根据 PHEBUS FP 的一些实验，和碘相比，如果一种形式的氧化银过量出现在地坑水中，不溶的银化碘的生成会抑制由辐解驱动的挥发性碘的形成。气态无机碘通过吸附/脱附过程和壁面相互作用，和不锈钢表面相比，喷涂表面是一种更加有效的阱。部分喷涂表面吸附的无机碘会转化成有机碘。气态碘和空气辐解产物反应，使得部分无机碘被氧化，部分有机碘被破坏。碘在液相与气相中的生成和破坏间的平衡，决定了安全壳大气中的气态碘的含量。

累积的氢气行为是安全壳现象学非常重要的一个方面，这些氢气最终会燃烧。人们设想用非能动氢气复合器（PAR）将氢气转变成水，从而降低氢气爆炸的危险。然而，从源项的角度看，被动催化复合器的使用可能会带来不良的副作用。经过催化元件的气溶胶颗粒被加热，其中的易挥发性化学物质会显著蒸发。滞留在安全壳中可以被轻易过滤的气溶胶物质，将被转化为更加棘手的蒸汽和气体，这会增强源项。基于 RECI 项目的实验[122]和模拟[123]的结果表明,PAR 的存在会产生挥发性碘,即将金属碘的气溶胶热力分解为分子碘。

人们使用若干专设安全设施来降低安全壳大气中的裂变产物浓度。有效的气溶胶移除专设安全设施为喷淋系统和抑制池。它们还能移除安全壳大气中相当一部分的无机碘。将地坑水维持在碱性是阻止液相中挥发性碘生成的一种有效手段。在安全壳超压的情况下,安全壳通风系统能减少向环境中的释放。

9.7.2 基本过程建模

1. 吸湿冷凝增长

在有湿气存在的情况下,气溶胶颗粒会生长。蒸汽冷凝的驱动力是颗粒表面的蒸汽压力与周围蒸汽压力之差。因为在蒸汽冷凝的过程中,潜热被释放到颗粒表面,所以处理颗粒生长需要考虑颗粒和周围气体混合物间的质量及热量传递。通常生长过程,由气相输运或颗粒上的化学反应控制。生长规律,即微商 $\mathrm{d}d_{\mathrm{p}}/\mathrm{d}t$,表达的是颗粒尺寸的变化率为颗粒尺寸和气溶胶系统物理化学性质的函数。

吸湿冷凝增长是一种典型的过程,此时增长规律由输运控制,可以通过求解耦合的传热和传质方程得到。20 世纪 70 年代初,为了求解关于液滴冷凝生长的两个方程,Mason[60]引入了一种解析近似方法:

$$\frac{\mathrm{d}d_{\mathrm{p}}}{\mathrm{d}t}=\frac{4}{d_{\mathrm{p}}}\frac{S-1}{f_{\mathrm{mass}}+f_{\mathrm{heat}}} \tag{9-27}$$

式中:S 为饱和比,定义为在远离颗粒表面的气体温度 T_{∞} 下,蒸汽在周围气体中的压力与平坦表面上的蒸汽饱和压力的比值,即 $S=p_{\infty}/p_{\mathrm{sat}}(T_{\infty})$;$f_{\mathrm{mass}}$ 为蒸汽穿过空气到达颗粒表面的贡献,其表达式为

$$f_{\mathrm{mass}}=\frac{\rho_{\mathrm{liq}}R_{\mathrm{V}}T_{\infty}}{Dp_{\mathrm{sat}}(T_{\infty})} \tag{9-28}$$

其中:ρ_{liq} 为液体(水)主流的密度($\mathrm{kg/m^3}$);R_{V} 为蒸汽理想气体常数($\mathrm{J/(mol\cdot k)}$);f_{heat} 为颗粒通过气体传走的热量对生长率的贡献,其表达式为

$$f_{\mathrm{heat}}=\left(\frac{r_{\mathrm{H}}}{R_{\mathrm{V}}T_{\infty}}-1\right)\frac{r_{\mathrm{H}}\rho_{\mathrm{liq}}}{T_{\infty}\lambda_{\mathrm{g}}} \tag{9-29}$$

其中:r_{H} 为汽化潜热($\mathrm{J/kg}$);λ_{g} 为气体热导率($\mathrm{W/(m\cdot K)}$)。

式(9-27)称为 Mason 方程。它基于平衡假设,将其应用到小的气溶胶液滴时可能会导致显著的失准。应需要考虑三个重要的热力学和动力学效:

(1) 凯尔文效应:它是一种弯曲效应,即高度弯曲表面的蒸汽平衡压力可能会显著地高于平坦表面的蒸汽平衡压力。

(2) 溶质质量效应:相比于纯水的蒸汽压力,液滴中溶解的分子会降低蒸汽的压力。

(3) 福克斯效应:与连续小颗粒的分离有关。

通过修改液滴的表面压力，可以把凯尔文效应和溶质质量效应整合到 Mason 方程中，即用下式取代式(9－27)中的分子 $S-1$ 项。

$$S-1=f_{\text{kelvin}}+f_{\text{solute}} \tag{9-30}$$

$$f_{\text{kelvin}}=\frac{4\sigma_1\bar{v}_1}{R_u T_\infty d_p} \tag{9-31}$$

$$f_{\text{solute}}=\frac{6n_2\bar{v}_1}{\pi d_p^3} \tag{9-32}$$

式中：R_u 为理想气体常数(J/(mol·K))；σ_1 为溶剂(水)的表面张力(N/m)；n_2 为溶质的摩尔数(mol)；$\bar{v}_1$ 为溶液中水的摩尔体积(m^3/mol)，在稀溶液中其值同纯水的摩尔体积近似相等。

式(9－30)～式(9－32)为 Köhler 方程组[124]。

连续体分离造成的福克斯效应，通过给增长率乘以修正系数来确定，这个系数称为 Fucks-Sutugin 插值公式[125]。其表达式为

$$f_{\text{FS}}=\frac{1+2\lambda/d_p}{1+3.42\lambda/d_p+5.33(\lambda/d_p)^2} \tag{9-33}$$

通过以上的修正，改进后的 Mason 方程如下：

$$\frac{\mathrm{d}d_p}{\mathrm{d}t}=\frac{4}{d_p}\left(\frac{S-1-f_{\text{kelvin}}+f_{\text{solute}}}{f_{\text{mass}}+f_{\text{heat}}}\right)\cdot f_{\text{FS}} \tag{9-34}$$

式(9－34)对于确定安全壳大气中气溶胶颗粒从连续体、过渡态到自由分子态的整个范围内的增长速率都是有效的。

2. 热泳沉积

悬浮于非等温气体中的气溶胶颗粒往往从热的地方向冷的地方迁移，于是就在比气流冷的表面上产生了沉积。热泳速度可以表示为当地温度梯度的函数，即

$$V_{\text{th}}=-K_{\text{th}}\frac{v_g}{T}\nabla T \tag{9-35}$$

式中：T 为气体温度(K)；K_{th} 为一个无量纲参数，热泳系数取决于气体和颗粒的性质。K_{th} 严格的理论表达式只有在特定条件下才能得到：在连续流动的情况下($Kn\to 0$)，就是 Epstein 表达式[126]，在自由分子流动的情况下($Kn\to\infty$)，就是 Waldmann 表达式[127]。Talbot 及其同事[128]，基于 Brock 提出的理论表达式[129]，提出了在 $0\leqslant Kn=2\lambda/d_p\leqslant\infty$ 范围内的拟合公式，其同大多数实验数据相吻合，误差在 20% 以内。Brock-Talbot 表达式为

$$K_{\text{th}}=2C_s\frac{C_c(\lambda_g/\lambda_p+2C_t\lambda/d_p)}{(1+6C_m\lambda/d_p)(1+2\lambda_g/\lambda_p+4C_t\lambda/d_p)} \tag{9-36}$$

式中：λ_g/λ_p 为气体与颗粒热导率的比值；C_c 为 Cunningham 修正系数；常数 C_s、C_t、C_m 分别为热蠕变系数、温度跳跃系数和速度跳跃系数，其推荐值分别为 1.17、2.18

和1.14,它们源于颗粒表面的不连续效应,与颗粒－气体界面的温度、速度边界条件(跳跃条件)有关,它是计算热泳系数时使用最广泛的公式。

热泳系数 K_{th} 是 Kn(粒子周围的气体分子的平均自由程同粒子半径的比值)和 λ_g/λ_p 的函数。$K_{th}\approx0.5$,对于非常小的颗粒(自由分子)其值为常数,对于大的颗粒其值依赖于颗粒的尺寸和气体与颗粒的热导率之比。这种依赖源于颗粒中存在的不能被忽略的温度梯度,该温度梯度会影响气体的局部温度梯度。

3. 扩散电泳和 Stefan 流动夹带

两种气体的混合物处于非平衡态时会相互扩散,沿某个方向扩散的气体分子通过碰撞传递给悬浮在其中的颗粒的动量与相反方向传递给颗粒的动量是不相等的,这样就会施加给颗粒一个沿着比较大的分子扩散方向的净作用力。由这种占优势的浓度梯度驱动造成的运动称为扩散电泳。当凝结性蒸汽穿过环境气体向冷凝表面迁移时,情况会变得更加复杂。这正是安全壳中蒸汽在壁面凝结的情况。在这种情况下,会在气体中建立宏观的次生流动,称为 Stefan 流动。其成因是气体和蒸汽的扩散运动的微妙平衡。Stefan 流动的方向总是远离蒸发表面或朝向凝结表面。于是粒子的运动由 Stefan 流动和扩散电泳的共同作用决定。对于热泳和扩散电泳复合运动,Waldmann 和 Schmitt[130]给出了颗粒漂移速度的理论表达式:

$$V_p = -\frac{\sqrt{m_1}}{\psi_1\sqrt{m_1}+\psi_2\sqrt{m_2}}\frac{D_{12}}{\psi_2}\nabla\psi_1 \tag{9-37}$$

式中:m_1、m_2 为可凝结蒸汽(气流)和环境气体的分子质量;ψ_1、ψ_2 为蒸汽和气体的分子份额;D_{12} 为双气体的扩散系数。

注意:由式(9－35)得到的速度与颗粒尺寸无关,式(9－37)的预测结果和在位于空气和氦气中的扩散性蒸汽中使用小的镍铬铁合金进行实验所得的数据符合很好。上述模型仅对位于自由分子中的颗粒有效。将式(9－35)应用于大的颗粒时需要谨慎。一个更复杂的、通常都有效的模型是 Loyalka 模型[63],它适用于从自由分子流动到连续颗粒流动的整个范围。

对于空气中的蒸汽,一个实用的近似公式为

$$V_p = -1.9\times10^{-4}(\mathrm{cm^2/(s\cdot mbar)})\frac{\mathrm{d}p_1}{\mathrm{d}x} \tag{9-38}$$

式中:$\mathrm{d}p_1/\mathrm{d}x$ 为水的分压的梯度。

式(9－38)与现有测量值的误差在5%以内。如果在标准压力和温度情况下对式(9－37)进行评估,就可以获得一个与式(9－38)相同的数值表达式。注意 $(1/\psi_2)\mathrm{d}\psi_1/\mathrm{d}x$ 可以写成 $(1/p_2)\mathrm{d}p_1/\mathrm{d}x$,其中,$p_2$ 为气体的分压。

式(9－38)适合于计算蒸汽－空气系统中扩散电泳和 Stefan 流动共同作用下的颗粒漂移速度,它既是经验公式也是理论公式。

4. 碘行为

如前所述,多数的放射性物质以颗粒的形式进入安全壳,并且会经历气溶胶物理过程，如沉降。因此，其中的很大部分会最终落在安全壳地坑中，此处放射性核素的衰变会建立辐射场，辐射场又会影响它们的一些行为，尤其是含碘的物质。碘氧化状态的多样性和其潜在的辐射影响，使碘化学成为与源项研究密切相关的领域。在以下的章节中总结了一些碘的特殊行为，它们主要基于 OECD/NEA 的近期的碘化学报告[131]和关于严重事故的 SARNET 课程[132]的讲义。此外，应该强调的是 PHEBUS FP 是研究碘在轻水堆严重事故条件下化学行为的最为深入的项目[133]。

5. 水辐照分解

水吸收辐射后，会分解，产生化学性活跃的自由基和其他物质，如 OH，H、H^+、e_{aq}^-、H_2和 H_2O_2。这些物质会相互反应从而改变水的性质，在此过程中还会产生其他物质，如 H_2O、O_2和 O_2^-。水的辐解产物将会与溶解的裂变产物反应。关于碘的重要行为将在后续进行阐述。

6. 碘的液相化学

进入安全壳的碘的气溶胶是金属态的碘化物，如碘化铯。除 AgI 外，这些物质一般是可溶的。一旦溶解，它们会产生碘离子 I^-，包括水的分解产物在内，会发生一系列反应[131]。鉴于存在的反应为数众多，在此不一一列举。这些反应的净效应是将 I^-氧化生成挥发性的 I_2，I_2可能会释放进入安全壳大气。

挥发性 I_2的净生成取决于若干参数，最重要的就是水的 pH 值，pH 值越低，I_2的产量就越高。根据 ISP41[134]框架内的参数研究结果，对于不同 pH 值计算出的挥发性碘的产量可以相差 1 个数量级或更多。影响碘的挥发性的其他主要参数有温度、辐照和剂量率，碘的挥发性随温度升高而下降、随剂量率升高而升高。

地坑中会含有有机物，它们有不同的来源，如涂料和电缆。它们的辐解会产生有机自由基 R，它们会和碘反应生成有机碘化物 RI。这些碘化物中最简单和最易挥发的是甲基碘 CH_3I。不仅甲基碘，也会形成其他更高相对分子质量的物质。因为它们的挥发性相对较弱，在安全评价研究中通常不予考虑。水解和辐解反应会将有机碘化物 RI 转变为碘离子 I^-。大量的压水反应堆在控制棒中使用银作为中子吸收剂，控制棒被加热后，银就会蒸发，其中的一些最后可能会被释放进入安全壳和地坑。它可能以两种方式出现：不溶的金属 Ag 或可溶的氧化物 AgO（银颗粒的部分氧化主要发生在安全壳中）。金属态和氧化态的银都能与碘反应生成不溶的 AgI，其中氧化银的反应更高效。碘化银的形成会消耗 I_2和 I^-，使得这两种物质不再形成挥发性碘。

$$2Ag + I_2 \rightarrow 2AgI$$

$$Ag_2O + 2I^- + 2H^+ \rightarrow 2AgI + H_2O$$

应该注意的是，要想有效地俘获碘，银必须过量，因为 AgI 在辐照下是不稳定。地坑水中溶解的 I_2或 RI 将会有一部分变为气相，这种转变取决于迁移系数，这个系数与热工水利条件有关。在气 - 水界面处，气相和液相的 I_2或 RI 的浓度比服从

Henry 定律。

7. 碘的气相化学

安全壳中的气态碘有主冷却系统和地坑水两个不同的来源。

无机 I_2通过吸附和脱附机制与安全壳表面相互作用，目前为止多数研究集中在喷涂有机物的表面和不锈钢表面。这些研究的第一个发现是喷涂过的表面比不锈钢表面更能有效吸附 I_2。喷涂物有双重的作用：它们不仅作为吸附挥发性无机碘的阱，还是挥发性有机碘的来源。辐照是后一过程的增强因素，并且比温度的影响更大。对这些过程的定量分析还有很大的不确定性，为了减弱这些不确定性，已在进行相关的努力，尤其是通过 EPICUR 实验。这个实验是国际源项计划的一部分，实验的结果已由 SARNET 进行分析[96,135]。

安全壳内大气主要由湿空气组成，它在辐照下会形成辐解产物，包括活性自由基和分子。无机碘和有机碘将会和这些辐解产物反应生成新的物质。无机 I_2可以被氧化成不同的氧化物 I_xO_y（如 I_2O_5、I_4O_9）。这些不易挥发的物质会凝结形成非常微小的颗粒，它们或沉积在壁面上或进入地坑水形成 IO_3^-。

有机碘会分解为无机碘。

通过由 IRSN 发起的 PARIS 项目[136]，对空气辐解产物相关过程的定量研究取得了很好的进展。然而需要注意的是，关于这些新生成物质的演变，如碘的氧化物，还存在很大的不确定性，因其依赖于安全壳内的热工水力和微小气溶胶颗粒的物理性质。

8. 气溶胶穿过裂缝泄漏

在事故过程中，可以预见的是安全壳的密封性会因为增压效应而下降。因此，安全壳内以气溶胶或蒸汽形式存在的可移动核素，可能通过安全壳裂缝、密封失效以及渗透而释放到环境中。对释放到环境中源项的评估，通常基于在泄漏路径上没有裂变产物滞留的假设。因此，裂变产物自安全壳中的转移以普通释放率进行。有实验和理论研究表明，在泄漏路径上存在气溶胶的大量滞留，这甚至会导致泄漏的完全阻塞。为了进一步减少源项评估和厂外放射性后果中的不确定性，需要了解气溶胶在泄漏路径上滞留的影响。这些改进将会增加未来 NPPS 的重要性，正如多数的欧洲安全机构要求在设计时就应该考虑严重事故。

在过去进行过若干有关气溶胶在管道和毛细管中滞留的小型实验室研究。在这些实验中，使用的管道或毛细管的直径从几微米到几毫米，施加的压差达几巴。与此同时，也进行了若干理论分析。评价气溶胶沉积阻滞的模型中，引用最多的是 Vaughan[137] 和 Morewitz[138,139] 在 20 世纪 80 年代开发的模型。这个模型可以简单地表述为在管道完全阻塞前总的质量迁移和管道的直径的立方成正比，即

$$m = k \cdot D^3 \tag{9-39}$$

通过对用多种气溶胶在大的管径区间（20 ~ 26.5cm）和压力区间（0.3kPa ~

0.7MPa)的实验数据进行拟合,得到系数 k 为 10 ~ 50g/cm^3。通过回顾有关气溶胶在泄漏路径上渗透的实验数据和模型,Powers[140]得到的结论是,关于泄漏路径阻滞的 Morewitz-Vaughan 关系式并未给出气溶胶在裂缝中行为的完整描述。事实上,对于反应堆事故分析所感兴趣的气溶胶浓度和颗粒尺寸,这个关系式仅对其中很窄的范围适用。Agarwal、Liu[141]和 Davies[142]则认为 Morewitz-Vaughan 关系式恰当地描述了泄漏路径阻滞效应。

在美国进行了大型的实验(主要是在巴特尔纪念研究所进行的安全壳系统实验),其模型尺度为典型 1000MW 压水堆的 1/5。一系列气溶胶泄漏实验表明,在干燥环境下碘和铯的消除因子分别为 15、100,在潮湿环境中几乎完全阻塞(当蒸汽在安全壳壁面冷凝时)。在日本,关于沸水堆安全壳泄漏的大型实验由日本核电工程公司(NUclear Power Engineering Corporation,NUPEC)进行,他们使用干的 CsI 气溶胶颗粒,得到的消除因子为 10 ~ 100。

欧洲在安全壳模型 MAEVA 上进行了裂缝泄漏的大型实验[143]。这个设施包含一个破裂的内部围墙和一个外部围墙,内墙承受高达 6.5bar 的空气压力或空气 - 蒸汽混合物压力;外墙被分成四部分并测量其整体和局部流量。此外,还有一些可用的小型分析实验的实验结果[144]。IRSN 进行的这些实验针对的是气溶胶在混凝土板剪切开裂时的渗透。另外,在 PLINIUS 平台[145]的 COLIMA 设施上也进行了一项实验。COLIMA 泄漏实验使用由熔融物加热到 2000 ~ 3000K 产生常用的原型气溶胶,而破裂样本由典型的石灰石混凝土制成[146,147]。

为了发展适合于像 ASTEC 这样的大型系统程序的方法,在颗粒穿过管道和裂缝的机理模型方面也取得了进步。特别地,已经开发出 Eulerian 的模型[148],用来计算穿过裂缝的沉积和阻塞的形成。这个模型基于沿一维管道的气溶胶输运方程的数值求解。模型假设气溶胶的输运几乎处于稳态,而且在管道中形成的阻塞是均匀的。颗粒沉积速度由布朗扩散和重力沉降决定。在湍流情况下,还考虑了湍流扩散和漩涡压缩。将模型的预测值同文献[144]的测量值比较,所得结果是令人满意的。

9.7.3 缓解措施

缓解措施是指一切能导致安全壳内大气污染削弱的过程,以及降低放射性物质向环境中释放可能性的措施。自然过程在移除大气中的气溶胶时可以发挥作用,专设安全设施和更快捷的大气清洁管理措施可以加强其作用。专设安全设施还可以降低大气中气态碘的浓度。

1. 气溶胶的自然过程

清除安全壳大气中气溶胶颗粒的自然过程是沉积过程。最有效的是重力沉降、热泳和扩散电泳。由颗粒间的凝结或蒸汽的冷凝或吸附造成的颗粒增长也是重要的过程,因为这增加了沉降速度。

2. 针对气溶胶的专设安全设施

安全壳喷淋系统通过促进蒸汽冷凝来降低安全壳大气的压力。它以直接喷淋和再循环喷淋两种模式运行。直接喷淋模式中来自外部水箱的水通过安全壳上部的喷嘴喷入安全壳,形成大量的冷液滴。再循环模式中水来自安全壳地坑,通过热交换器冷却后喷出。

降落的水滴通过四种机制除去气溶胶颗粒:①将无法避开的颗粒冲落;②截获跟随液滴流线的颗粒;③颗粒扩散到液滴表面;④温度梯度和蒸汽冷凝而引起的原子间致导电俘获。

总之,喷淋对于清除大气中的颗粒是很有效的。典型的去污因子(空气中气溶胶颗粒浓度的降低,表示为时间的倒数)为 $10h^{-1}$,但对于没有喷淋的自然过程此值是 $0.5h^{-1}$。

喷淋效率取决于颗粒尺寸分布:小颗粒和大颗粒比中等颗粒更易除去。比如,大颗粒更易被冲落或截获,而小颗粒则更易通过扩散除去。

在沸水堆中,充满气溶胶的空气可以通过冷却器直接导入水中。冷却器是浸没在水中的多孔管子,气体可以通过这些孔进入水池,将气流粉碎为气泡。气泡中的气溶胶颗粒通过五机制除去:①过饱和蒸汽的冷凝;②气泡内的沉淀;③颗粒向气泡表面的扩散;④颗粒对气泡表面的撞击;⑤气泡振荡对颗粒的清扫。

3. 碘的缓解

一个缓解措施是阻止气态碘的生成,如前所述,气态碘可以通过主冷却系统或地坑水进入安全壳大气,另一个可以大幅阻滞气态碘的措施是通过专设安全设施将地坑水的 pH 维持为碱性,其值为 9 或高于 7。若干核电厂都采取这样的措施,通过使用 NaOH、KOH 或 Na_3PO_4 控制 pH。比如,在法国核电厂的喷水池中使用 $NaCO_3$,这意味着如果喷淋可用,则缓解措施就是有效的。

另一个缓解措施是将安全壳大气中的气态碘除去。专设安全设施,比如喷淋和抑制池可以除去大气中很大一部的气态碘。它们的效用取决于水的 pH,这些水应为碱性或至少不是酸性。一般认为对于有机碘的去除它们是不够有效的。

经过多年的研究与发展,PSI 发明了一种快速减少气态和非气态碘并将其变为水溶液中非挥发性碘的过程,它能抑制热氧化和辐照分解氧化,达到几乎没有气态碘从溶液中释放的程度。此过程用一种还原剂作为添加剂,使用一种副添加剂来催化还原反应同时束缚碘化物。还原剂是一种亲质子的物质,副添加剂是相转移催化剂和离子交换剂。该过程适用于很多不同的核电厂设施,如湿式安全壳过滤器。

4. 经过过滤的安全壳通风

一些使用大的干式安全壳的核电厂,对安全壳采取排气措施以避免超压和放射性物质的早期大量释放。释放的气体流经过滤器,为了避免阻塞,这些过滤器必须有很大的气溶胶滞留能力。通常,它们对气溶胶粒子的滞留效果要好于气态碘。例如,法国核电厂的过滤系统(使用沙床过滤器),对气溶胶的去污因子是 $1000h^{-1}$,对无机碘是 $10h^{-1}$,对有机碘是 $1h^{-1}$。

9.8 放射性核素在大气中的扩散机理

为了满足核电厂的辐射安全准则,现有核电厂的设计、建造和运行过程中已严格贯彻纵深防御的安全原则。一般情况下,核电厂反应堆内的压力边界几乎能够阻挡住所有裂变产物的穿透。但是,在发生堆芯熔化等严重事故情况下,会有相当一部分的裂变产物穿透压力容器泄漏到安全壳中,甚至具有放射性的气体会从安全壳内释放到整个大气环境中,对周边的人口、环境带来巨大的危害。在发生不可控的放射性释放事故的情况下,政府需要准确了解事故可能造成的危害程序以及危害范围,以便采取服用碘片、撤离等应急防护措施,保护周边公众的健康与安全。因此,计算核泄漏过程中核素的浓度分布是采取一系列应急措施的基础和前提[149]。

放射性核素从安全壳释放后,在被风向下输送的过程中,也受到大气湍流影响,在水平方向和垂直方向迅速地稀释扩散。针对放射性核素的扩散规律,国际已开发出了多种模式,如高斯模式、拉格朗日模式、欧拉模式等,用来模拟放射性核素的扩散规律,计算各个区域的浓度值[150]。

9.8.1 高斯模式

在大气扩散模式中,高斯模式是历史最悠久,也是人们最为熟悉、最广泛应用的。它的计算方法简单且计算量很小,在核事故突发的早期阶段,根据监测站的部分参数,通过已编制的程序即可迅速估算出核电厂附近的污染物浓度。

1. 基本原理

高斯模式是污染物梯度输送原理基于某些理想条件而得出的,其基本假设及推导过程如下[151]:

(1) 持续泄漏。

(2) 污染物在 x 方向上的平流输送项远大于湍流扩散项。

(3) 水平方向各种气象条件统一,包括平均风速、风向不变、温度恒定、大气稳定度不变等。

(4) 气体是非反应性气体。

(5) 无其他源项、干湿沉积和化学反应(不考虑放射性衰变)。

基于以上假设,得出有风时连续点源的浓度分布为

$$\bar{c}(x,y,z)=\frac{Q}{2\pi\,\bar{u}\sigma_y\sigma_z}\mathrm{e}^{-\frac{1}{2}\left(\frac{y^2}{\sigma_y^2}+\frac{z^2}{\sigma_z^2}\right)} \tag{9-40}$$

式中：$\bar{c}$为空间 $P(x,y,z)$ 点处空气中污染物平均浓度（Bq/m^3）；Q 为源强，核素活度释放率（Bq/s）；σ_y、σ_z分别为下风向 x 距离处（m）侧风方向及铅直方向烟羽浓度分布的标准差（m）。

2. 参数的选取

1）抬升高度

一般来说，从泄漏源释放出来的放射性物质的温度要高于周边环境温度，所以在计算时需要考虑浮力抬升的影响，通常，计算时是将浮力抬升造成的影响等效于泄漏点排放高度的抬升。根据谷清等人[152]的烟气抬升公式的对比与分析，采用综合分析公式效果较为理想，计算结果适中，故一般采用该计算方法用于计算抬升高度。具体表述如下：

（1）有风（$u>1.0$m/s）且释放气体温度与环境温度差大于或等于 35℃时，抬升高度为

$$\Delta H=\frac{1}{\mu_S}(0.92V_SD+0.792Q_{hkj}^{0.4}H_S^{0.6}) \tag{9-41}$$

式中：H_S 为释放源实际释放高度（m）；μ_S 为释放源处风速（m/s）；D 为泄漏源的泄漏半径（m）；V_S 为泄漏源放射性物质泄漏速度（m/s）；Q_{hkj}为热释放率（kJ/s）。

（2）静风（$u\leqslant 1.0$m/s）且释放气体温度与环境温度差大于或等于 35℃时，抬升高度为

$$\Delta H=5.5Q_{hkj}^{0.25}\left(\frac{dT_a}{dZ}+0.0098\right)^{-0.375} \tag{9-42}$$

式中：$\frac{dT_a}{dZ}$为泄漏源实际高度以上的大气温度梯度（K/m）。

（3）冷排收，即释放气体温度与环境温度差小于 35℃时，沿用国标公式，抬升高度为

$$\Delta H=2(1.5V_SD+0.01Q_{hkj})/\mu_S \tag{9-43}$$

（4）释放源的有效高度计算：

$$H=H_S+\Delta H \tag{9-44}$$

2）地面反射

当放射性物质扩散时，接触到地表面后，需要考虑地面反射，因此空间中放射性物质的浓度公式应该进行修正，既包括泄漏源对某点的浓度直接影响，也包括经过地面反射后对该源的浓度影响。修正后的公式为

$$\begin{aligned} c(x,y,z) &= c_r(x,y,z)+c_i(x,y,z) \\ &= \frac{Q}{2\pi\mu\sigma_y\sigma_z}e^{-\frac{y^2}{2\sigma_y^2}}\left[e^{-\frac{(z-H)^2}{2\sigma_z^2}}+e^{-\frac{(z+H)^2}{2\sigma_z^2}}\right] \end{aligned} \tag{9-45}$$

3）扩散参数

污染物在大气中扩散时，湍流扩散参数（简称扩散参数）是一个非常重要的参

数,因为它决定污染物的稀释程度,同时热量及其他物质在大气中的传输也是如此。扩散参数主要分为垂直扩散参数和水平扩散参数。目前求解扩散参数的计算方法有很多,在此介绍国家标准推荐的一种计算方法。

在《制定地方大气污染物排放标准的技术方法》中,假设扩散参数与扩散的距离满足相应的幂函数,即

$$\sigma_y = \gamma_1 x^{\alpha_1} \tag{9-46}$$

$$\sigma_z = \gamma_2 x^{\alpha_2} \tag{9-47}$$

式中:α_1、α_2、γ_1、γ_2分别为相应的参数,具体表达式见《制定地方大气污染物排放标准的技术方法》。

4) 平均风速

通常,有效释放高度处的平均风速不好获得,而地面 10m 处的风速可以通过探测仪器获得,因此可以利用风速廓线模式来描述风速随高度的变化,求得有效释放高度处的平均风速,即

$$u = u_{10}\left(\frac{z}{10}\right)^m \tag{9-48}$$

式中:u 为有效释放高度 z 的平均风速(m/s);u_{10} 为离地面 10m 处的平均风速(m/s);z 为有效释放高度(m);m 为风速廓线系数,无量纲。

3. 程序模拟

基于以上理论分析,作者编写了一个模拟程序,用于模拟扩散过程。高斯模拟计算结果如图 9-2 所示。

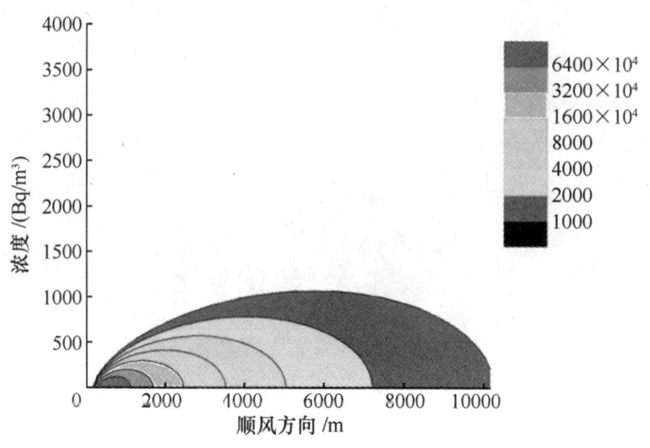

图 9-2 高斯模型计算结果

9.8.2 拉格朗日粒子模式

1. 基本原理

拉格朗日粒子模型通过模拟大量标记粒子随机游走的轨迹,获得这些粒子在空间和时间上的总体分布,最终估计出污染物的浓度分布[151]。具体方法:设共释

放了 N 个标记粒子,粒子运动轨迹可表示成:

$$\begin{cases} x(t+\Delta t)=x(t)+\overline{u}(x(t),t)\Delta t+u'(x(t),t)\Delta t \\ y(t+\Delta t)=y(t)+\overline{v}(y(t),t)\Delta t+v'(y(t),t)\Delta t \\ z(t+\Delta t)=z(t)+\overline{w}(z(t),t)\Delta t+w'(z(t),t)\Delta t \end{cases} \tag{9-49}$$

式中:$x(t)$、$y(t)$、$z(t)$为粒子的三维坐标分量(m);$\overline{u}$、$\overline{v}$、$\overline{w}$为平均风速分量(m/s);u'、v'、w'为脉动风速分量(m/s);t 为时间序列(s);Δt 为时间步长(s)。

粒子的速度由平均分量和脉动分量组成,即在每个时间步长都有

$$u=\overline{u}+u',v=\overline{v}+v',w=\overline{w}+w'$$

式中:$\overline{u}$、$\overline{v}$、$\overline{w}$为平流速度(可以是每小时的平均风速值)(m/s),一般由观测站、诊断模式或预报模式提供;u'、v'、w'为脉动分量。

近地面层处大气处于湍流状态,在充分发展的湍流中,脉动速度和其他特征量都是时间和空间的随机量,即湍流运动具有高度的随机性。也就是说,单个的流体(污染物)微团(粒子)的运动极不规律。但是,实验发现大量的空气微团运动具有一定的统计规律。因此,脉动分量可由下式确定:

$$\begin{cases} u'(t+\Delta t)=R_1(\Delta t)\cdot u(t)+u''(t) \\ v'(t+\Delta t)=R_2(\Delta t)\cdot v(t)+v''(t) \\ w'(t+\Delta t)=R_3(\Delta t)\cdot w(t)+w''(t) \end{cases} \tag{9-50}$$

式中:R 为拉格朗日相关系数。

时间 $t+\Delta t$ 内的脉动量 u'、v'、w'分为相关与随机两个部分。其中,相关部分 $R_1(\Delta t)\cdot u(t)$、$R_2(\Delta t)\cdot v(t)$、$R_3(\Delta t)\cdot w(t)$通过指数形式对实际进行有效的近似,一般取 $R_i(\Delta t)=\mathrm{e}^{-\Delta t/T_{\mathrm{L}i}}$,$i=1,2,3$。其中:$T_{\mathrm{L1}}$为 u_1 的拉格朗日时间尺度;T_{L2}为 v_1 的拉格朗日时间尺度;T_{L3}为 w_1 的拉格朗日时间尺度。而另外随机部分 $u'(t)$、$v'(t)$、$w'(t)$、满足以 0 为期望值,以 σ_u、σ_v、σ_w 为标准差的高斯分布。为保持湍能 σ_u、σ_v、σ_w 在相邻时间步长内守恒,一般取

$$\begin{cases} u(t)=\sigma_u\left[1-R_1^2(\Delta t)\right]^{1/2}\xi_1 \\ v(t)=\sigma_v\left[1-R_2^2(\Delta t)\right]^{1/2}\xi_2 \\ w(t)=\sigma_w\left[1-R_3^2(\Delta t)\right]^{1/2}\xi_3 \end{cases} \tag{9-51}$$

式中:$\xi_i(i=1,2,3)$为一组符合标准正态分布的随机数,由计算机产生。

2. 参数的选取

如上所述,粒子运动的轨迹取决于标记粒子所处的风场、三个速度分量的拉格朗日时间尺度 $T_{\mathrm{L}i}$,以及脉动风速涨落的标准差 σ_u、σ_v、σ_w。风场由实际测量或诊断风场给出。T_{Li}和 σ_u、σ_v、σ_w 由半经验公式估算:

1) 不稳定边界层

$$\sigma_u=\sigma_v=u_*\left(12+0.5\frac{z_i}{|L|}\right)^{1/3} \tag{9-52}$$

$$
\sigma_w = \begin{cases} 0.96 w_* [(3z-L)/z_i]^{1/3}, & z/z_i < 0.03 \\ w_* \min\{0.96[(3z-L)/z_i]^{1/3}, 0.763(z/z_i)^{0.175}\}, & 0.03 < z/z_i < 0.4 \\ 0.722 w_* (1-z/z_i)^{0.207}, & 0.4 < z/z_i < 0.96 \\ 0.37 w_*, & 0.96 < z/z_i < 1 \end{cases} \tag{9-53}
$$

$$
T_{\mathrm{L}u} = T_{\mathrm{L}v} = 0.15 z_i / \sigma_u \tag{9-54}
$$

$$
T_{\mathrm{L}w} = \begin{cases} \dfrac{0.1z}{\sigma_w[0.55 + 0.38(z-z_0)/L]}, & \dfrac{z}{z_i} < 0.1, -\dfrac{z-z_0}{L} < 1 \\ \dfrac{0.59z}{\sigma_w}, & \dfrac{z}{z_i} < 0.1, \\ \dfrac{0.15 z_i}{\sigma_w(1-\mathrm{e}^{-5z/z_i})}, & \dfrac{z}{z_i} > 0.1 \end{cases} \tag{9-55}
$$

2）中性边界层

$$
\sigma_u = 2u_* \mathrm{e}^{-\frac{3fz}{u_*}} \tag{9-56}
$$

$$
\sigma_v = \sigma_w = 1.3 u_* \mathrm{e}^{-\frac{2fz}{u_*}} \tag{9-57}
$$

$$
T_{\mathrm{L}u} = T_{\mathrm{L}v} = T_{\mathrm{L}w} = \frac{0.5z/\sigma_w}{1 + 15fz/u_*} \tag{9-58}
$$

3）稳定边界层

$$
\sigma_u = 2u_*(1 - z/z_i) \tag{9-59}
$$

$$
\sigma_v = \sigma_w = 1.3 u_* (1 - z/z_i) \tag{9-60}
$$

$$
T_{\mathrm{L}u} = 0.15 \sqrt{z \cdot z_i} / \sigma_u \tag{9-61}
$$

$$
T_{\mathrm{L}v} = 0.15 \sqrt{z \cdot z_i} / \sigma_v \tag{9-62}
$$

$$
T_{\mathrm{L}w} = \frac{0.10 z_i}{\sigma_w} \left(\frac{z}{z_i} \right)^{0.8} \tag{9-63}
$$

式中：z_i 为混合层高度（m）；u_* 和 w_* 分别为摩擦速度和对流特征速度（m/s），u_* 根据地形复杂程度取值为 0.05～0.3m/s[153]；L 为 Monin-Obukhov 长度（m）；z 为标记粒子高度（m）；f 为科氏力参数，一般取 7.29×10^{-5}。

3. 程序模拟

1）均匀气象条件下模型检验

根据放射性物质扩散规律[154]，均匀气象条件下，垂直于风向传播方向上，污染物浓度分布应满足正态分布，最大浓度出现在泄漏源下风向处。取 $t = 1\text{h}$ 时，泄漏源下风向 10km 处垂直风向截面各网格瞬时空气浓度值作图，如图 9－3 所示。

可以看出，垂直于风向传播方向上，空气瞬时浓度分布曲线与正态分布曲线吻合良好，并且在释放点所在下风向处达到最大值，与理论预测结果一致。说明本模

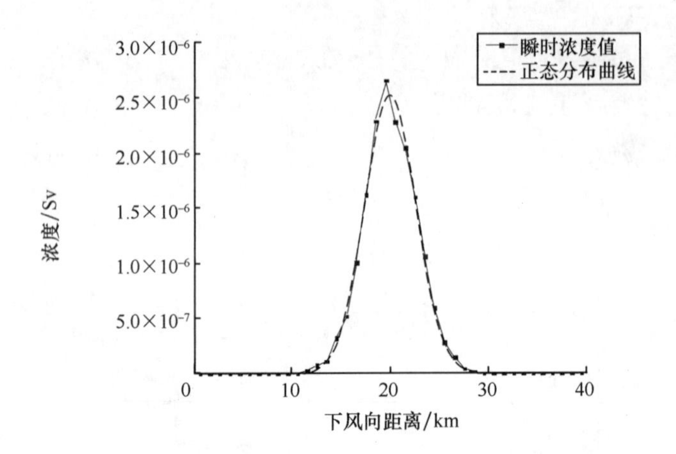

图9-3　均匀气象条件下模型测试结果

型的计算结果满足放射性物质扩散规律,模型计算得出的结果是可信的。

2）某核电厂假想事故模拟

基于拉格朗日粒子模型,对某核电厂假想事故进行了模拟,计算粒子泄漏后运行3h的情形,并观测各网格瞬时空间浓度分布(图9-4)。

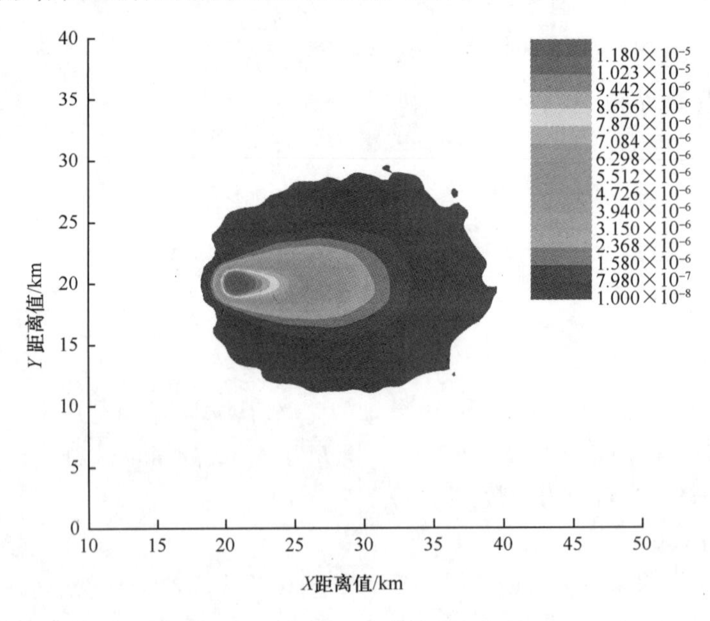

图9-4　粒子总运行时间 $t=3$h

为了对程序模拟结果的准确性进行验证,利用基于高斯烟羽模型的 Hot Spot 程序,对上述问题进行模拟计算并将两者的结果进行了对比验证。在相同的源项条件下,Hot Spot 程序的计算结果如图9-5所示。

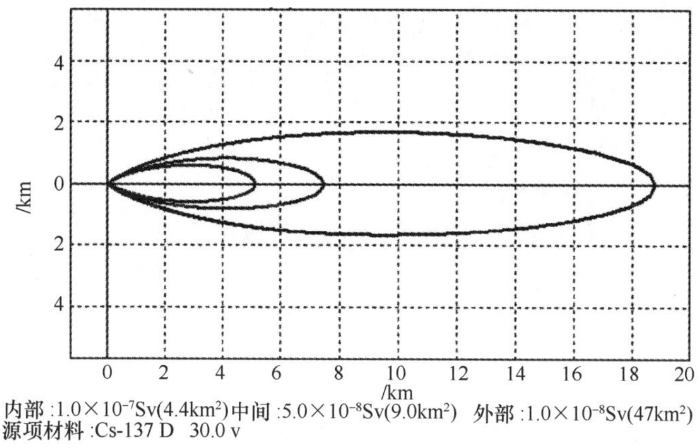

图 9－5 Hot Spot 计算结果

将程序模拟估算出的各网格瞬时空间浓度和 Hot Spot 计算结果进行对比，可以得出以下结论：①浓度峰值在源附近迅速出现，随着下风向距离的增加，污染物中高浓度区域向下风向移动；②两者扩散区域都呈现椭圆形，在 Hot Spot 模式中，沿着烟羽运行方向浓度下降的速度要比拉格朗日粒子模型中浓度下降的速度慢，因为在拉格朗日粒子模型计算时，粒子按批次释放，各批次释放的粒子运动的总时间也不尽相同，计算时间结束时仍有大量批次的粒子集聚在源区附近，而 Hot Spot 计算浓度分布时，污染源持续释放，各处浓度分布已经呈现稳定的状态[155]。

9.9 MIDAC 剂量模型

9.9.1 概述

MIDAC 程序采用 MAAP 程序[156]类似的剂量模型及计算方法，采用的剂量计算方法包括原始点源法和更新后的与替代辐射源项法（Alternative radiological Source Terms，AST）相符合的剂量因子转化法（Dose Conversion Factor，DCF）。MIDAC 的全部剂量模块与 MAAP4-DOSE 具有相似的程序结构，仅剂量模块与 MIDAC 主程序之间的接口稍做改动。

对于厂内剂量计算（如主控室），MIDAC 提供了两种方法：

（1）点源法（非 AST 方法）：该方法同时计算了某隔间的气载和沉积裂变产物放射性，以及相邻隔间通过壁面和贯穿通道带来的放射性。

（2）剂量因子转化法：这与 RG1.183 的 AST 方法相符。

对于厂外剂量计算，MIDAC 仅采用了 DCF 方法。DCF 法是监管导则 RG1.183 所指定的方法，为 NRC 员工利用可选源项进行设计基准放射性分析提供了假设和计算方法。该方法计算了以下参数：

(1) 呼吸造成的内照射剂量(Committed Effective Dose Equivalent,CEDE)。

(2) 外照射剂量(Deep Dose Equivalent,DDE)。

(3) 总照射剂量(Total Effective Dose Equivalent,TEDE)。

不管是厂内还是厂外剂量,程序计算 CEDE 和 DDE 时都只考虑剂量后果严重、释放活度大的放射性核素。

烟羽或浸没云团带来的厂内或厂外 DDE 可以按下式计算:

$$\mathrm{DDE} = \sum_{i=1}^{65} F_{\infty,i}\chi_i \tag{9-64}$$

式中:$F_{\infty,i}$为半无限大云团浸没的剂量转化因子(Sv/s);χ_i 为活度浓度,可表示成

$$\chi_i = \begin{cases} \dfrac{\text{核素 } i \text{ 的活度}}{\text{体积}} = \dfrac{A_i}{V}, & \text{对于厂内剂量} \\ \dfrac{\text{核素 } i \text{ 的活度流率}}{\text{体积流率}}, & \text{对于厂外剂量} \end{cases}$$

其中:V 为隔间体积(m^3)。

厂外气体主要有烟羽照射、地表照射和内照射三种辐射路径,如图 9-6 所示。从图 9-6 可以看到,厂外的 DDE 包括烟羽照射剂量和地表照射剂量。但根据 RG1.183,地表照射剂量假设为 0,使烟羽照射剂量最大化。因此,上述方程无地表照射剂量这一项。关于烟羽照射和地表照射的详细描述可参考 9.9.4 节。

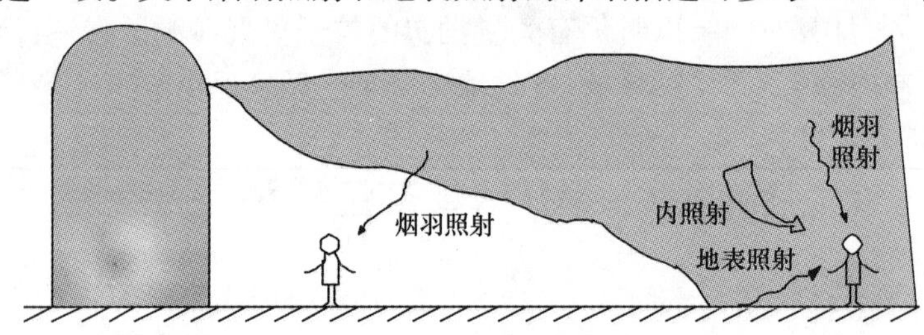

图 9-6 气体辐射路径

考虑到厂内隔间内的剂量受到壳体墙的屏蔽作用,其 DDE 可以通过对半无限大云团的剂量进行修正,得到有限大云团的剂量:

$$\mathrm{DDE}_{\text{有限}} = \frac{\mathrm{DDE}_{\infty} V^{0.338}}{1173} \tag{9-65}$$

这里的隔间代表体积为 V 的半球。

厂内或厂外的 CEDE 通过下式计算:

$$\mathrm{CEDE} = \left(\sum_{i=1}^{65} F_{\text{吸入},i}\chi_i\right) Q_{\mathrm{b}} \tag{9-66}$$

式中:$F_{\text{吸入},i}$为吸入辐射的剂量转化因子(Sv/Bq);Q_{b}为呼吸率(m^3/s)。

MIDAC-AST 允许用户自由选择对剂量计算贡献较大的核素。程序可以只给出用户所关心的核素造成的剂量后果而忽略次要核素。

9.9.2 厂内剂量率计算(点源法)

点源法是厂内某隔间的气载或沉积放射性的计算方法之一,它是基于点源技术和能量分组方法,其计算速度较慢但精度高于 DCF 法(见 9.9.3 节)。另外,点源法还采用了多种措施加速计算。点源法可以处理的隔间几何形状有圆柱体、环形柱体、方形盒。当用户选择了点源法,则用点源法计算公式替代 DCF 方法采用的式(9-64)。点源法不计算 CEDE 率,所以采用式(9-66)。

1. 点源技术

点源法处理多种源项时,将它们分成多组,每组作为一个点源。总剂量率由各小组源项产生的剂量率叠加。如果源项很少,则积分源项区。

点源法中,放射性活度均匀分布的体积源项引起的放射性剂量率可以通过下式计算:

$$\dot{D} = H(E)S\int \frac{B(\mu r)\mathrm{e}^{-\mu r}}{4\pi r^2}\mathrm{d}V \tag{9-67}$$

式中:$\dot{D}$ 为剂量点处的剂量率(Sv/s);E 为放射性能量;$H(E)$ 为能量 E 的剂量转化因子积分通量($\mathrm{Sv \cdot m^2}$);S 为源项活度密度($\mathrm{Bq/m^3}$);μ 为源项点到剂量点的介质对能量 E 的线性衰减系数($\mathrm{m^{-1}}$);$B(\mu r)$ 为能量 E 的累积因子(r 为距离);$\mathrm{d}V$ 为体积微元($\mathrm{m^3}$)。

2. 能量分组方法

一般情况下,假想事故源项会发射出宽中子谱的光子。点源法中,这些源项被分成 25 个能组,每个能组在参考能量下采用点源公式计算放射性:

$$\dot{D} = \sum f_i \dot{D}_i \tag{9-68}$$

式中:$\dot{D}$ 为所有能组发射光子产生的剂量率(Sv/S);f_i 为能组 i 发射光子所占的比例份额;$\dot{D}_i$ 为第 i 个能组发射光子产生的剂量率(Sv/S)。

表 9-1 列出该剂量模型采用的 25 个能组及其参考能量。

3. 数学假设

在厂内剂量计算中,点源积分很大程度上是数学计算。计算包括以下假设:

(1) 采用坐标系统减小数学奇点的影响。

(2) 能组 13~25(E=0.475~3MeV),假设 $B(\mu r)\mathrm{e}^{-\mu r}=1$。

(3) 能组 1~12(E=0.015~0.35MeV),累积因子由表格内的因子双线性插值获取。

(4) 积分尽可能用解析法计算。

(5) 不能采用解析法的积分计算采用高斯-勒让德或高斯-切比雪夫求积公式进行数值计算。求积公式的离散点尽可能小,保证计算精度。

表 9-1　25 个能组及其参考能量

能组序号	能量/MeV	
	上限	参考值
1	0.02	0.015
2	0.03	0.025
3	0.04	0.035
4	0.05	0.045
5	0.06	0.055
6	0.07	0.065
7	0.08	0.075
8	0.09	0.085
9	0.10	0.095
10	0.20	0.150
11	0.30	0.250
12	0.40	0.350
13	0.55	0.475
14	0.75	0.650
15	0.90	0.825
16	1.10	1.000
17	1.35	1.225
18	1.60	1.475
19	1.80	1.700
20	2.00	1.900
21	2.20	2.100
22	2.40	2.300
23	2.60	2.500
24	2.80	2.700
25	4.00	3.000
注:参考能量即为平均能量,第 1 组和第 25 组除外		

4. 地板水的影响

如果地板有水,并且高度高于用户指定值,则假设所有的沉积放射性活度均匀弥散在水中。水对辐射有衰减作用,衰减量近似计算。假设每个能组 i 对应一个水位 Z_i,则这些水可以导致放射性衰减 90%(累积和线性衰减的综合效果)。Z_i 通过求解以下方程得到:

$$B\mu_i Z_i e^{-\mu_i Z_i} = 0.1 \qquad (9-69)$$

程序采用的 Z_i 值列于表9-2。

表9-2　Z_i 的线性取值

能组(Z_i)	参考能量/MeV	水位高度/m
1	0.015	0.0155
2	0.025	0.0660
3	0.035	0.147
4	0.045	0.228
5	0.055	0.297
6	0.065	0.346
7	0.075	0.382
8	0.085	0.406
9	0.095	0.426
10	0.150	0.472
11	0.250	0.506
12	0.350	0.528
13	0.475	0.556
14	0.650	0.579
15	0.825	0.606
16	1.000	0.636
17	1.225	0.674
18	1.475	0.724
19	1.700	0.743
20	1.900	0.788
21	2.100	0.810
22	2.300	0.829
23	2.500	0.868
24	2.700	0.881
25	3.000	0.932

注:水位高度是指方程求出的 Z_i,其中累积因子和衰减因子采用 ANS [1994A] 的取值(水密度假设为 $1000kg/m^3$)

5. 编程

MIDAC 程序[157]中点源法的积分采用式(9-67)中的部分表达式。积分的变量称为“标准通量”Q,定义如下:

对于体积源项,有

$$Q = \int \frac{B(\mu r)\mathrm{e}^{-\mu r}}{r^2}\mathrm{d}V \tag{9-70}$$

这里对整个源项体积积分。

对于表面源项,有

$$Q = \int \frac{B(\mu r)\mathrm{e}^{-\mu r}}{r^2}\mathrm{d}A \tag{9-71}$$

这里是对源项表面进行积分。

上面两个表达式等号右边的项定义参见式(9-67)。对于均匀分布、活度密度为 S 的源项,标准通量 Q 可以写成传统辐照通量 Φ 的表达式:

$$Q = \left(\frac{4\pi}{S}\right)\Phi \tag{9-72}$$

辐射能 E 引起的剂量率可以通过 Q 计算:

$$\dot{D} = H(E)S/4\pi Q \tag{9-73}$$

9.9.3 厂内剂量率计算(DCF 法)

厂内剂量率主要是由气载放射性和沉积放射性叠加引起的,MIDAC 将厂内某隔间的剂量率当作一个剂量点计算放射性剂量率。MIDAC 提供了点源法和 DCF 法两种计算厂内剂量率的方法。本小节主要介绍传统的 DCF 法,采用此方法计算速度快,可以用于模拟机培训。

1. 描述

DCF 法的目的是提供保守的剂量率量级估计。但当物体接近源项时,剂量率会因为沉积源项而无限制增加,使 DCF 法过于复杂。实际上 DCF 法所计算的是以下两种对放射性剂量有贡献的因素:

(1) 对于气载放射性,估计隔间内的最大剂量率。

(2) 对于地板的沉积放射性,估计离地板 1m 高度处的最大剂量率(如果有水,则为水面)。

DCF 法不考虑除地板外的其他表面。另外,为了进行快速计算,模型做了以下假设:

(1) 气载活度假设均匀分布于整个隔间。地板上的沉积活度也假设均匀分布于地板。

(2) 剂量率的计算是基于点源法。

(3) 在点源剂量率公式中,假设累积项和衰减项的乘积为 1,即

$$B(\mu r)\mathrm{e}^{-\mu r} = 1.0$$

其中参数的含义在式(9-67)中已定义。

(4) 分别计算 MIDAC 的每种裂变产物组的剂量率。对于每一组,剂量率的计算是基于计算时刻组内所有裂变产物的平均辐射光子能。

（5）隔间形状和特殊剂量点位置做了简化假设。假设如下：

① 对于气载源项，假设隔间形状为简单的球形，剂量点位于隔间的中心。如果隔间是柱形或方形，则将其体积等效为球体体积。对于环形柱体，则等效体积为隔间内剂量点的最大可视体积。

②对于地板上的沉积活度，假设地板为圆形，剂量点位于圆心上方 1m 处。如果隔间为柱形或方形，则将其面积等效为圆面积。若为环形，等效面积取为隔间内剂量点的最大可视面积。

2. 气载放射性引起的剂量率

DCF 法计算气载放射性产生的剂量率时，假设气体活度均匀分布，计算球体中心点处的剂量率。计算表达式通过积分式（9－67），为

$$\dot{D}=H(E)SR \tag{9-74}$$

式中：$\dot{D}$ 为剂量率（Sv/s）；E 为放射性能量（J）；$H(E)$ 为能量 E 剂量转化因子的积分通量（$Sv\cdot m^2$）；S 为源项的放射性活度密度（Bq/m^3）；R 为球体半径（m）。

源项的放射性活度密度和球体半径和裂变产物的质量和球体体积相关，因此可以得到以下剂量率的计算公式：

$$\dot{D}=3/(4\pi)^{1/3}H(E)\alpha MV^{-2/3} \tag{9-75}$$

式中：M 为裂变产物质量（kg）；α 为比活度（Bq/kg）；V 为球体体积（m^3）；$H(E)$ 为采用 ANS [ANSI/ANS－6.1.1－1991] 的值。

3. 圆盘源项沉积放射性引起的剂量率

DCF 法计算圆盘源项沉积放射性产生的剂量率时，假设放射性活度均匀沉积在地板表面，计算离圆心正上方 1m 处的剂量率。计算公式如下：

$$\dot{D}=H(E)(S/4)\ln(1+R^2) \tag{9-76}$$

式中：$\dot{D}$ 为剂量率（Sv/s）；E 为放射性能量（J）；$H(E)$ 为能量 E 剂量转化因子的积分通量（$Sv\cdot m^2$）；S 为源项的放射性活度密度（Bq/m^3）；R 为圆盘半径（m）。

源项放射性密度和圆盘半径与裂变产物质量和圆盘面积相关，于是剂量率公式可以转化为

$$\dot{D}=H(E)\alpha M/(4A)\ln(1+A/\pi) \tag{9-77}$$

式中：M 为裂变产物质量（kg）；α 为比活度（Bq/kg）；A 为圆盘面积（m^2）；$H(E)$ 的取值基于 ANS [ANSI/ANS－6.1.1－1991] 的值。

剂量模型的编程就是基于方程（9－77）。

4. 地板水的影响

如果地板有水，并且高度大于用于给定值，则假设地板沉积的所有的活度均匀弥散在整个水池。计算水面上方 1m 处的剂量率。水对放射性的衰减作用通过减小方程（9－77）中的裂变产物质量来考虑，即

$$M_{red} = MX_{eff}/Z \tag{9-78}$$

式中：X_{eff}为辐射光子能量衰减 90% 的水位高度（考虑裂变产物的累积）；Z 为水池高度(m)。

X_{eff}的值要小于 Z。MIDAC 的每种裂变产物组采用不同的 X_{eff}，该值是基于计算时刻每组裂变产物的平均辐射能，通过表 9-2 的数据线性插值得到。

9.9.4 厂外剂量率计算

1. 顶帽烟羽的等效高斯参数

MIDAC 程序中计算烟羽放射性浓度的模型之一是第一原理模型。该模型假设烟羽具有圆形或方形的顶帽截面，烟羽截面上的放射性活度均匀分布，烟羽截面外围区域的放射性活度为 0。在某些剂量率计算时采用这种具有顶帽截面的烟羽假设是可行的。但在其他情况下，这可能导致不真实的结果。如烟羽的下边界靠近地表但不接触地表的情形，这种顶帽模型将预测出地表的放射性活度为 0。然而采用具有模糊边界的烟羽模型预测出的地表放射性活度不为 0。

基于以上描述，程序将顶帽截面转化为高斯截面，利用等效高斯参数来表示烟羽。高斯截面烟羽和顶帽截面烟羽的等效高斯参数是基于以下假设计算的：

(1) 高斯烟羽的中心线浓度等于顶帽烟羽浓度（均匀的）。

(2) 高斯烟羽的每个微元截面总放射性等于顶帽烟羽的每个微元截面。

(3) 如果顶帽截面为圆形，则高斯烟羽为高斯分布，离散系数 $\sigma_y = \sigma_z = \sigma$。这里 y 代表侧风向（水平方向，垂直于烟羽轨道），z 代表垂直于烟羽轨道和 y 方向的竖直方向。

(4) 如果顶帽截面是方形的，无量纲长度分别为 L_y 和 L_z，则高斯烟羽也为高斯分布，离散系数满足$(\sigma_y/\sigma_z) = (L_y/L_z)$。

图 9-7(a)示出了第一原理模型中所使用的，以 y、z 方向为横截面的圆形顶帽烟羽。该烟羽假设沿着与地表平行的 x 方向迁移。z 方向是竖直方向，y 方向是水平方向且与 x 平行。圆形截面内部具有均匀的放射性浓度，截面外部的浓度为 0。图 9-7(b)为沿 y 方向的放射性浓度 $\rho(y)$ 变化曲线，曲线形状类似于顶帽。

若顶帽为圆形，其截面积为 A，均匀浓度为 C_0，离源项释放点距离 x 处的烟羽高度为 h，根据高斯假设可以得到以下等效高斯浓度 $G(x,y,z)$：

$$G(x,y,z) = (G_0/2\pi\sigma^2)\mathrm{e}^{-\frac{y^2}{2\sigma^2}}\mathrm{e}^{-\frac{z^2-h^2}{2\sigma^2}} \tag{9-79}$$

$$G_0 = C_0 A \tag{9-80}$$

$$\sigma = (A/2\pi)^{\frac{1}{2}} \tag{9-81}$$

若顶帽为方形，其截面的无量纲长度分别为 L_y 和 L_z，均匀浓度为 C_0，源项释放点距离 x 处的烟羽高度为 h，根据高斯假设可以得到以下等效高斯浓度 $G(x,y,z)$：

$$G(x,y,z) = (G_0/2\pi\sigma_y\sigma_z)\mathrm{e}^{-\frac{y^2}{2\sigma_y^2}}\mathrm{e}^{-z^2-(h^2/2\sigma_z^2)} \tag{9-82}$$

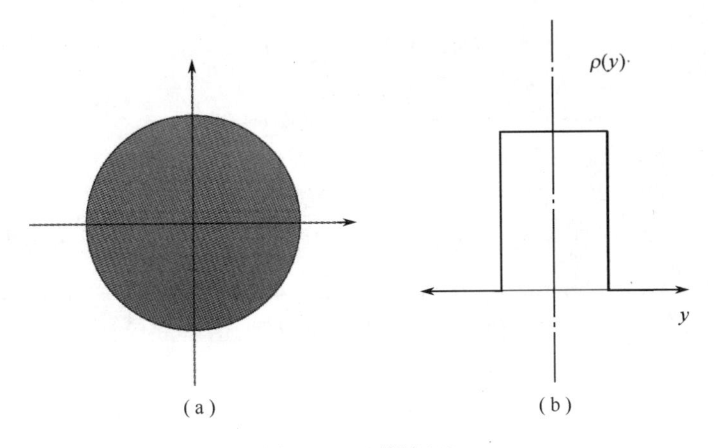

图 9－7　顶帽烟羽

$$G_0 = C_0A = C_0L_yL_z \tag{9-83}$$

$$\sigma_y = L_y/2\pi^{\frac{1}{2}} \tag{9-84}$$

$$\sigma_z = L_z/2\pi^{\frac{1}{2}} \tag{9-85}$$

对于顶帽烟羽,靠近地表但未接近地表处的气载放射性浓度为0。但对于高斯烟羽,接近地表处的放射性浓度还很高,并可能沉积到地表,也可能成为人体吸入放射性物质的关键放射源。图9－8对比了顶帽烟羽和由式(9－79)~式(9－81)计算的高斯烟羽放射性浓度分布。由图9－8可以看到,放射性浓度ρ是关于高度z的函数。

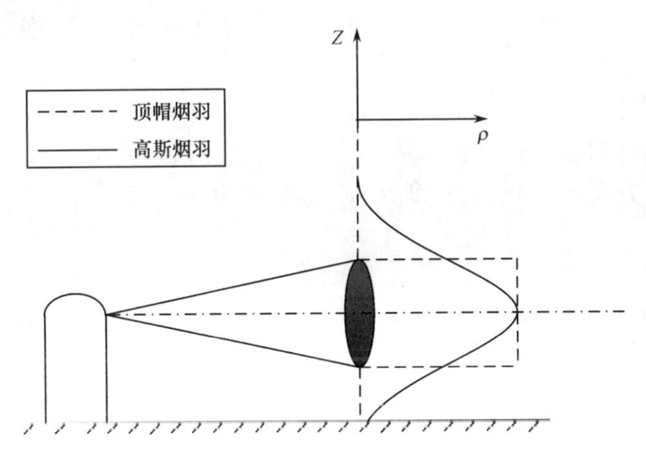

图 9－8　近地面的顶帽烟羽和高斯烟羽[158]

2. 烟羽照射

烟羽中运载的气体和气溶胶裂变产物发射γ射线产生的DDE剂量率计算是针对烟羽中心线的正下方地表处。剂量率计算公式为

$$\dot{D} = \left(\sum_{i=1}^{65} \chi_i F_{\infty,i} \right) CP \tag{9-86}$$

式中:$\dot{D}$为烟羽对中心线正下方的地表照射剂量率(Sv/s);i为核素种类的指标;χ_i为核素i在烟羽中心线上的放射性浓度;$F_{\infty,i}$为剂量系数;C为有限云效应的修正因子(无量纲);P为烟羽照射屏蔽因子(无量纲)。

烟羽中心线放射性浓度χ_i的计算方法由用户选择,可以是地表高斯烟羽模型或第一原理模型,也可以由用户定义大气弥散因子χ/Q来计算。程序还修正了中心线的浓度,考虑水平烟羽的飘散和建筑削弱效应,这些效应减小了中心线浓度。两个模型计算χ_i时都考虑了扩散过程中放射性衰变和烟羽气溶胶沉降到地表。

方程中的$\chi_i F_{\infty,i}$代表笼罩在半无限大云团下方的人受到烟羽内核素i的DDE剂量率。$F_{\infty,i}$为剂量因子,见表9-1。

采用修正因子C是由于剂量点是在地表上而非烟羽中心线上,云团是有限大而非无限大。C是烟羽高度h和有效高斯因子离散系数σ的函数。采用第一原理模型时,h取烟羽中心线距地表的高度。若烟羽横截面是圆形的,有效离散因子σ通过式(9-81)获取。若烟羽横截面为方形,有效离散系数$\sigma = \sigma_y \sigma_z^{\frac{1}{2}}$,$\sigma_y$和$\sigma_z$由式(9-84)和式(9-85)求得。

高斯烟羽模型使用表9-1时,$h = 0$,有效离散系数σ通过求解以下方程得到:

$$\chi/Q = 1/u\pi\sigma^2 \tag{9-87}$$

式中:u为10m高度处的风速(m/s)。

由于AST方法需要假设半无限大云团,意味着有限大云团的修正因子$C = 1$,程序将修正因子取为1。

3. 地表照射

从烟羽沉降到地表的气溶胶裂变产物释放出γ射线所产生的DDE剂量率在烟羽中心线下方离地表1m的高度处的计算公式为

$$\dot{D} = \left(\sum_{i=1}^{65} \rho_i F_i \right) G \tag{9-88}$$

式中:$\dot{D}$为地表照射在烟羽中心线下方离地表1m的高度处产生的剂量率(Sv/s);i为核素的标识;ρ_i为地表上核素i的放射性活度(Bq/m^3);F_i为放射性活度均匀分布的无限大地表层对1m高度处的剂量系数;G为地表照射屏蔽因子(无量纲)。

地表某点在任意时刻的反射性活度ρ_i取决于事故整个过程在该点沉积的放射性。计算地表放射性浓度ρ_i时,需考虑来自烟羽的干式和湿式沉积以及沉积到地表后的放射性衰变。

4. 干式和湿式沉积

令r_i为干式和湿式沉积引起的地表上核素i的放射性活度增长率。该增长率是由地表和烟羽中心线放射性活度计算而来：

$$r_i = \chi_{i\mathrm{GL}} v_{\mathrm{dep}} + \chi_{i\mathrm{CL}} v_{\mathrm{wet}} \tag{9-89}$$

式中：$\chi_{i\mathrm{GL}}$为烟羽中核素 i 在地表上的放射性活度（$\mathrm{Bq/m^3}$）；$\chi_{i\mathrm{CL}}$为烟羽中核素 i 在烟羽中心线上的放射性活度（$\mathrm{Bq/m^3}$）；v_{dep}为干式沉积速度（m/s）；v_{wet}为湿式沉积速度（m/s）。

用户可以选择第一原理模型，也可以选择高斯烟羽模型来计算$\chi_{i\mathrm{GL}}$和$\chi_{i\mathrm{CL}}$。如果采用第一原理模型（顶帽烟羽），则式（9－79）或式（9－82）用于计算地表放射性活度$\chi_{i\mathrm{GL}}$（取决于烟羽截面是圆形还是方形）。

干式沉积速度 v_{dep}是由用户定义的。湿式沉积速度根据用户定义的沉淀率计算：

$$v_{\mathrm{wet}} = \Lambda Z_{\mathrm{eff}}$$

式中：Λ 为气溶胶冲刷常数（$\mathrm{s^{-1}}$）；Z_{eff}为烟羽有效冲刷高度（m）。

气溶胶冲刷常数是美国电力研究院（Electric Power Research Institute，EPRI）1994 年提供的：$\Lambda = 16.702 I_{\mathrm{p}}^{0.8}$，其中，$I_p^{0.8}$为沉淀率（m/s）。

烟羽有效冲刷高度的计算式取决于采用的模型：

（1）对于地表高斯烟羽模型，Z_{eff}由 USNRC 提供的公式：$Z_{\mathrm{eff}} = (\sigma_z \pi/2)^{\frac{1}{2}}$。

（2）对于第一原理模型的圆形截面烟羽：$Z_{\mathrm{eff}} = \pi R$，其中，R 为烟羽半径（m）。

（3）对于第一原理模型的方形截面烟羽：$Z_{\mathrm{eff}} = L_z$，其中，L_z为烟羽的垂直高度（m）。

5. 时间相关的地表放射性活度

在确定地表某种核素的放射性活度时，程序考虑到了干式和湿式沉积和放射性衰变，但并未考虑核素衰变后产生新的核素。考虑这样一种情形，沉积发生在时间段 $t_1 \sim t_2$ 内，希望得到 t_3 时刻的活度。如果 t_3 介于 $t_1 \sim t_2$ 之间，则

$$\frac{\mathrm{d}\rho_i}{\mathrm{d}t} = -\lambda_i \rho_i + r_i \tag{9-90}$$

式中：$\rho_i(t)$为 t 时刻地表上核素 i 的放射性活度（$\mathrm{Bq/m^2}$）；λ_i 为核素 i 的衰变常数（$\mathrm{s^{-1}}$）；r_i 为核素 i 的沉积速率（（$\mathrm{Bq/m^2}$）/s）。

通过求解方程（9－90）可以得到 t_3 时刻的地表放射性活度：

$$\rho_i t_3 = \rho_i t_1 \mathrm{e}^{-\lambda_i(t_3 - t_1)} + \frac{r_i}{\lambda_i}\left[1 - \mathrm{e}^{-\lambda_i(t_3 - t_1)}\right] \tag{9-91}$$

如果 t_3 是沉积时间段之后，即 $t_3 > t_2$，则有

$$\frac{\mathrm{d}\rho_i}{\mathrm{d}t} = -\lambda_i \rho_i \tag{9-92}$$

求解方程（9－92）得到地表放射性活度：

$$\rho_i t_3 = \rho_i t_2 \mathrm{e}^{\lambda_i(t_3 - t_2)} \tag{9-93}$$

式中

$$\rho_i t_2 = \rho_i t_1 \mathrm{e}^{-\lambda_i(t_2-t_1)} + \frac{r_i}{\lambda_i}\left[1-\mathrm{e}^{-\lambda_i(t_2-t_1)}\right]$$

6. CEDE 率

吸入放射性气溶胶引起的内照射剂量率是针对烟羽中心线正下方的地表处。剂量率通过以下公式计算：

$$\dot{D} = \left(\sum_{i=1}^{65}\chi_i F_{\mathrm{inh},i}\right)B \tag{9-94}$$

式中：$\dot{D}$ 为吸入放射性气溶胶引起的内照射剂量率(Sv/s)；i 为核素标识；χ_i 为烟羽中核素 i 在地表处的放射性活度($\mathrm{Bq/m^3}$)；$F_{\mathrm{inh},i}$为吸入核素 i 后，50 年内的有效剂量等效转化因子(Sv/Bq)；B 为呼吸速率($\mathrm{m^3/s}$)。

若采用第一原理模型的顶帽截面方法，方程(9－79)或方程(9－82)(取决于烟羽截面是圆形还是方形)用于计算地表处的放射性活度 χ_i。计算 χ_i 时，模型考虑到漂浮过程中的放射性衰变、干式和湿式沉积造成的烟羽气溶胶的损失。

呼吸速率由用户定义。

9.9.5 算例分析

文献[159]计算分析了全厂断电事故工况下的核电厂放射性后果。

厂内分析主要考虑主控室内的剂量情况。图 9－9 给出了主控室的不同剂量当量变化曲线。由于安全壳厂房和主控室无通道连接，安全壳泄漏后释放到环境的裂变产物需先通过大气弥散，随后经过环境与主控室间的连接通道进入主控室。而 MIDAC-AST 模型不考虑大气弥散的时间，认为安全壳泄漏的瞬间，壳外各点同时出现剂量。即 24h 后，主控室开始出现剂量。由于主控室有良好的密封过滤系统，在计算截止时刻的 TEDE 并不大，仅 0.65Sv。还可发现，CEDE 在整个过程中

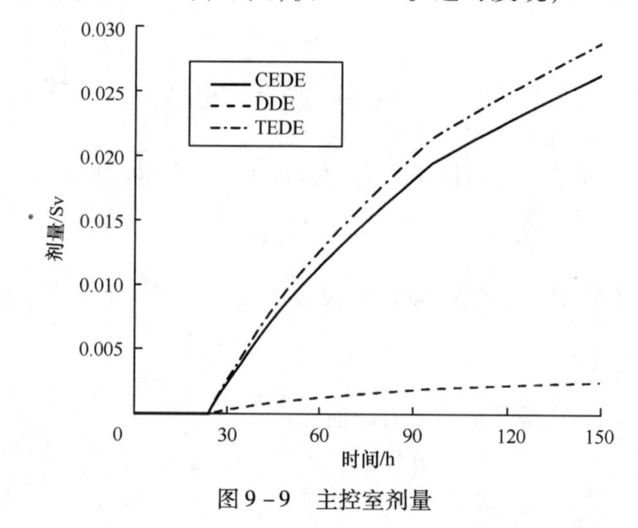

图 9－9　主控室剂量

远大于 DDE,这显然也是由于主控室墙壁的辐射屏蔽作用,外部云照射进入主控室的量极小,主控室内的工作人员主要通过吸入部分气载放射性物质而造成内照射。

厂外剂量的计算选取了距离安全壳泄漏处 1000m、3000m、5000m、7500m 的 4 个点进行计算分析。图 9-10 给出了 1000m 处的不同剂量当量值变化曲线。可以看到,计算终止时刻,CEDE 约为 27Sv,DDE 仅为 2.5Sv,数值上的差异主要源于人体甲状腺可以吸入约 30% 的 ^{131}I 和 ^{133}I,从而引起较大的内照射剂量当量,但两者的差异显然小于主控室内的情况。图 9-11 给出了 1000m、3000m、5000m、7500m 处的 TEDE 随时间的变化。显然,在相同时刻,距离释放点越远,放射性剂量当量越小。

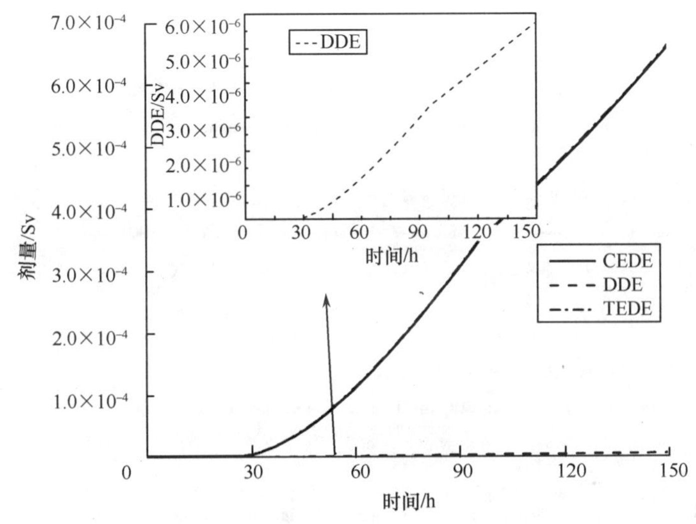

图 9-10　1000m 处的剂量

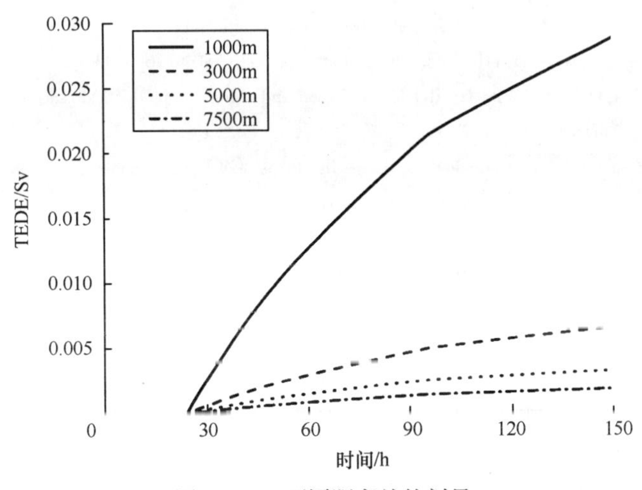

图 9-11　不同距离处的剂量

参考文献

[1] Soffer L, Burson S B, Ferrell C M, et al. Accident source terms for light water nuclear power plants[R]. Washington:NRC,NUREG-1465, 1995.

[2] Bateman H. The solution of a system of differential equations occurring in the theory of radioactive transformations[J]. Proc. Cambridge Philos. Soc. , 1910, 15: 423 -427.

[3] Croff A G. ORIGEN2: a versatile computer code for calculating the nuclide compositions and characteristics of nuclear materials[J]. Nuclear Technology, 1983, 62: 335.

[4] Tsilanizara A, Diop C M, Nimal B, et al. DARWIN: an evolution code system for a large range of applications [C]. Proc. 9th International Conference on Radiation Shielding (ICRS-9), Tsukuba, Japan, October 17 - 22, 1999.

[5] Pontillon Y, Malgouyres P P, Ducros G, et al. Lessons learnt from VERCORS tests: Study of the active role played by UO_2-ZrO_2-FP interactions on irradiated fuel collapse temperature[J]. J. Nuclear Materials, 2005, 344: 265 -273.

[6] Baichi M. Contribution àl'étude du corium d'un réacteurnucléaireaccidenté: aspects puissance résiduelle et thermodynamique des systèmes U-UO_2 et UO_2-ZrO_2[D]. Grenoble, INPG, 2001.

[7] Kleykamp H. The chemical state of the fission products in oxide fuels[J]. J. Nuclear Materials, 1985, 131: 221 -246.

[8] Haste T J, Adroguer B, Gauntt R O, et al. In-vessel core degradation validation matrix[R]. Paris:OECD, OECD/NEA/CSNI/R(95)21,1996.

[9] Ducros G, Malgouyres P P, Kissane M, et al. Fission products release under severe accidental conditions; general presentation of the program and synthesis of VERCORS 1 to 6 results[J]. Nucl. Eng. Des. , 2001, 208: 191 -203.

[10] Pontillon Y, Ducros G, Malgouyres P P. Behaviour of fission products under severe PWR accident conditions VERCORS experimental programmed Part 1: general description of the programme[J]. Nucl. Eng. Des. , 2010, 240: 1843 -1852.

[11] Lewis B J, Dickson R, Iglesias F C, et al. Overview of experimental programs on core melt progression and fission products release behavior[J]. J. Nucl. Mater. , 2008, 380: 126 -143.

[12] Albrecht H, Matschoss V, Wild H. Release of fission and activation products during light water reactor core meltdown[J]. Nuclear Technology, 1979, 46: 559 -565.

[13] Lorenz R A,Osborne M F. A summary of ORNL fission product release tests with recommended release rates and diffusion coefficients[R]. Washington:NRC,NUREG/CR-6261, 1995.

[14] Lui Z, Cox D S, Dickson R S, et al. A summary of CRL fission products release measurements from UO_2 samples during post-irradiation annealing (1983—1992)[R]. Washington: COG, COG-92-377,1994.

[15] Léveque J P, Andre B, Ducros G, et al. The HEVA experimental program[J]. Nuclear Technology,1994, 108: 33 -44.

[16] Pontillon Y, Ducros G. Behaviour of fission products under severe PWR accident conditions VERCORS experimental programmed Part 2: Release and transport of fission gases and volatile fission products[J]. Nucl. Eng. Des. , 2010, 240: 1853 -1866.

[17] Pontillon Y, Ducros G. Behaviour of fission products under severe PWR accident conditions VERCORS experimental programmed Part 3: Release of low-volatile fission products and actinides[J]. Nucl. Eng. Des. ,

2010, 240: 1867 - 1881.

[18] Hidaka A. Outcome of VEGA program on radionuclide release from irradiated fuel under severe accident conditions[J]. Journal of Nuclear Science and Technology, 2011, 48(1): 85 - 102.

[19] Goryachev A, et al. Techniques and first results of fission product release study in QUENCH tests with irradiated VVER rod simulators[C]. Proc. 12th Int. QUENCH workshop, FZ Karlsruhe, Germany, 2006.

[20] Hobbins R R, Petti D A, Hagrman D L. Fission products release from fuel under severe accident conditions [J]. Nuclear Technology, 1993, 101: 270 - 281.

[21] Allen M D, Stockman H W, Reil K O, et al. ACRR fission products release tests ST-1 and ST-2[C]. Proc. Int. Conf. Thermal Reactor Safety vol. 5, Avignon, France, October 2 - 7, 1988.

[22] Petti D A, Martinson Z R, Hobbins R R, et al. Results from the Power Burst Facility (PBF) Severe Fuel Damage (SFD) test 1-4: a simulated severe fuel damage accident with irradiated fuel rods and control rods [J]. Nuclear Technology, 1991, 94: 313 - 335.

[23] Lanning D D, Lombardo N J, Fitzsimmons D E, et al. Coolant boilaway and damage progression program data report: Full-Length High Temperature (FLHT) Experiment 5[R]. Richland: Pacific Northwest Laboratories, PNL-6540, 1988.

[24] Carboneau M L, Berta V T, Modro M S. Experiment analysis and summary report for OECD LOFT project fission products experiment LP-FP-2[R]. Paris: OECD, OECD LOFT-T-3806, 1989.

[25] Schwarz M, Hache G, et al. PHEBUS FP: a severe accident research programme for current and advanced light water reactors[J]. Nuc. Eng. Des., 1999, 187: 47 - 69.

[26] Clément B, Zeyen R. The PHEBUS fission product and source term international programme[C]. Proc. Int. Conf. Nuclear Energy for New Europe, Bled, Slovenia, 2005.

[27] Hanniet-Girault N, Repetto G. FPT-0 final report[R]. Fontenay-aux-Roses: IRSN, IP/99/423, 1999.

[28] Jacquemain D, Bourdon S, De Bremaecker A, et al. FPT1 final report[R]. Fontenay-aux-Roses: IRSN, IP/00/479, 2000.

[29] Grégoire A C, March P, Payot F, et al. FPT2 final report[R]. Fontenay-aux-Roses: INSN, IP/08/579, 2008.

[30] Payot F, Haste T, Biard B, et al. FPT3 final feport[R]. Fontenay-aux-Roses: IRSN, IP/10/589, 2011.

[31] Chapelot P, Grégoire A C, Grégoire G. PHEBUS FPT4 final report[R]. Fontenay-aux-Roses: IRSN, IP/04/553, 2004.

[32] Kuhlman M R, Lehmicke D J, Meyer R O. CORSOR user's manual[CP]. BMI-2122, NUREG/CR-4173, 1985.

[33] Ramamurthi M, Kuhlman M R. Final report on refinement of CORSOR-an empirical in-vessel fission product release model[R]. Washington: NRC, 1990.

[34] Fick A. On liquid diffusion[J]. Phil. Mag. and Jour. Sci, 1855, 10: 31 - 39.

[35] Booth A H. A method for calculating fissin gas diffusion from UO_2 fuel and its application to the X-2-floop test [R]. Ontario: Atomic Energy of Canada Limited, AECL-496, 1957.

[36] Andre B, Ducros G, Leveque J P, et al. Fission products release at severe LWR accident conditions: ORNL/CEA measurements versus calculations[J]. Nuclear Technology, 1996, 113: 23 - 49.

[37] Plumecocq W, Kissane M P, Manenc H, et al. Fission products release modelling in the ASTEC integral code: the status of the ELSA module[C]. 8th Int. Conf. on CANDU fuel, Honey Harbour, Ontario, 2003.

[38] Ducros G, FerroudPlattet M P, Baichi M, et al. Fission product release on VERCORS HT1 experiment[C]. Cooperative Severe Accident Partners Meeting (CSARP), Albuquerque, New Mexico, USA, May, 1999.

[39] Veshchunov M S, Ozrin V D, Shestak V E, et al. Development of the mechanistic code MFPR for modelling fission-product release from irradiated UO_2 fuel[J]. Nucl. Eng. Des., 2006, 236: 179 - 200.

[40] Kissane M P, Davidovich N, Dubourg R, et al. Fission products release and transport in severe-accident conditions: strategy and illustrations[C]. Fuel Safety Research Specialists' Meeting, JAERI/Tokai Research Establishment, Japan, March 4 - 5, 2002.

[41] Veshchunov M S, Ozrin V D, Shestak V E, et al. Modelling of defect structure evolution in irradiated UO_2 fuel in the MFPR code[C]. Proceedings of the 2004 International Meeting on LWR Fuel Performance, Paper 1085, Orlando, Florida, USA, September 19 - 22, 2004.

[42] Drossinos Y, Housiadas C. The Multiphase Flow Handbook[M]. Florida: CRC press, 2005.

[43] Hinds W C. Aerosol Technology: Properties, Behavior, and Measurement of airborne particles, second[M]. New York: John Wiley & Sons, 1999.

[44] Hatch T, Choate S P. Statistical description of the size properties of non-uniform particulate substances[J]. J. Franklin Inst., 1929, 207: 369 - 387.

[45] Kissane M P. On the nature of aerosols produced during a severe accident of a water-cooled nuclear reactor [J]. Nucl. Eng. Des., 2008, 238: 2792 - 2800.

[46] Friedlander S K. Smoke, dust and haze: fundamentals of aerosol dynamics[M]. second ed. Oxford: University Press, 2000.

[47] Williams M M R, Loyalka S K. Aerosol science theory and practice: with special applications to the nuclear industry[M]. New York: Pergamon Press, 1991.

[48] Seinfeld J H, Pandis S. Atmospheric chemistry and physics: from air pollution to climate change[M]. New York: John Wiley & Sons, 1998.

[49] Colbeck. Physical and chemical properties of aerosols[C]. Blackie Academic & Professional, Chapman & Hall, London, UK, 1998.

[50] Pruppacher H R, Klett J D. Microphysics of clouds and precipitation[M]. second ed. New York: Kluwer Academic Publishers, 1997.

[51] Allelein H J, Auvinen A, Ball J, et al. State-of-the-art report on nuclear aerosols[R]. Boulogne-Billancourt: Nuclear Energy Agency/Committee on the Safety of Nuclear Installations, 2009.

[52] Baron P A, Willeke K. Aerosol measurement: principles, techniques, and applications[S]. New York: John Wiley & Sons, 2001.

[53] Kaye M H, Kissane M P, Mason P K. Progress in chemistry modelling for vapour and aerosol transport analyses[J]. Int. J. Mater. Res., 2010, 12: 1571 - 1578.

[54] Bixler N. VICTORIA 2.0: a mechanistic model for radionuclide behavior in a nuclear reactor coolant system under severe accident conditions[R]. Washington: NRC, NUREG/CR-6131, 1998.

[55] Cantrel L, Krausmann E. Reaction kinetics of a fission product mixture in a steam-hydrogen carrier gas in the PHEBUS primary circuit[J]. Nuclear Technology, 2003, 144(1): 1 - 15.

[56] Kissane M P, Drosik I. Interpretation of fission-product behaviour in the PHEBUS FPT0 and FPT1 tests[J]. Nucl. Eng. Des., 2006, 236: 1210 - 1223.

[57] Clément B. Towards reducing the uncertainties on source term evaluations: an IRSN/CEA/EDF R&D programme[C]. Proc. EUROSAFE Forum, Berlin, Germany, November 8 - 9, 2004.

[58] Girshick S L, Chiu C P, McMurray P H. Time dependent aerosol models and homogeneous nucleation rates [J]. Aerosol Sci. Tech., 1990, 13: 465 - 477.

[59] Hall R O A, Mortimer M J, Mortimer D A. Surface energy measurements on UO_2 a critical review[J]. J. Nucl. Mater., 1987, 148: 237 - 256.

[60] Mason B J. The Physics of clouds[M]. second ed. Oxford: Clarendon Press, 1971.

[61] Lewis E R. The effect of surface tension (Kelvin effect) on the equilibrium radius of a hygroscopic aqueous

aerosol particle[J]. J. Aerosol Science, 2006, 37: 1605 - 1617.

[62] Fuchs N A. The mechanics of aerosols[M]. Oxford and New York: Pergamon Press, 1964.

[63] Loyalka S K, Park J W. Aerosol growth by condensation: a generalization of Mason's formula[J]. J. Colloid Interface Sci., 1988, 125: 712 - 716.

[64] Willett L J, Loyalka S K, Tompson R V. Adsorption on heterogeneous regular surfaces[J]. J. Colloid Interface Sci., 2001, 238: 296 - 309.

[65] Davies C N. Aerosol science[M]. New York: Academic Press, 1966.

[66] Dunbar I H, Fermandjian J. Comparison of sodium aerosol codes[R]. Brussels and Luxembourg: Commission of the European Commission, EUR 9172, 1984.

[67] Buckley R L, Loyalka S K. Implementation of a new model for gravitational collision cross-sections in nuclear aerosol codes[J]. Nuclear Technology, 1995, 109: 346 - 356.

[68] Saffman P G, Turner J S. On the collision of drops in turbulent clouds[J]. J. Fluid Mech., 1956, 1: 16 - 30.

[69] Laufer J. The structure of turbulence in fully developed pipe flow[R]. Kitty Hawk: National Advisory Committee Aeronaut, Technical Report-1174, 1954.

[70] Gormley P G, Kennedy M. Diffusion from a stream flowing through a cylindrical tube[J]. Proc. Roy. Irish Academy, Sect. A, 1949, 52: 163 - 169.

[71] Muñoz-Bueno R, Hontañón E, Rucandio M I. Deposition of fine aerosols in laminar tube flow at high temperature with large gas-to-wall temperature gradients[J]. J. Aerosol Sci., 2005, 36(4): 495 - 520.

[72] Housiadas C, Drossinos Y. Thermophoretic deposition in tube flow[J]. Aerosol Sci. Tech., 2005, 39: 304 - 318.

[73] Talbot L, Cheng R K, Schefer R W, et al. Thermophoresis of particles in a heated boundary layer[J]. J. Fluid Mech., 1980, 101: 737 - 758.

[74] Clement C F, Harrison R G. The charging of radioactive aerosols[J]. J. Aerosol Sci., 1992, 23: 481 - 504.

[75] Clement C F, Harrison R G. Enhanced localized charging of radioactive aerosols[J]. J. Aerosol Sci., 2000, 31: 363 - 378.

[76] Gendarmes F, Boulaud D, Renoux A. Electrical charging of radioactive aerosolsdcomparison of the Clement-Harrison model with new experiments[J]. J. Aerosol Sc., 2001, 32: 1437 - 1458.

[77] Cheng Y S, Wang C S. Motion of particles in bends of circular pipes[J]. Atmospheric Environment, 1981, 15: 301 - 306.

[78] Pui D Y H, RomayNovas F, Liu B Y H. Experimental study of particle deposition in bends of circular cross-section[J]. Aerosol Sci. Tech., 1987, 7: 301 - 315.

[79] Ye Y, Pui D Y H. Particle deposition in a tube with an abrupt contraction[J]. J. Aerosol Sci., 1990, 21: 29 - 40.

[80] Chen D R, Pui D Y H. Numerical and experimental studies of particle deposition in a tube with a conical contraction-laminar regime[J]. J. Aerosol Sci., 1995, 26(4): 563 - 574.

[81] Douglas P L, Ilias S. On the deposition of aerosol particles on cylinders in turbulent cross flow[J]. J. Aerosol Sci., 1988, 19(4): 451 - 462.

[82] Güntay S, Suckow D, Dehbi A, et al. ARTIST: introduction and first results[J]. Nucl. Eng. Des., 2004, 231(1): 109 - 120.

[83] Liu B Y, Agarwal S K. Experimental observation of aerosol in turbulent flow[J]. J. Aerosol Sci., 1974, 5: 145 - 155.

[84] Hamaker H C. The London-Van der Waals attraction between spherical particles[J]. Physica, 1937, 4(10):

1058 - 1072.

[85] Biasi L, De los Reyes A, Reeks M W, et al. Use of a simple model for the interpretation of experimental data on particle resuspension in turbulent flows[J]. J. Aerosol Sci., 2001, 32: 1175 - 1200.

[86] Smoluchowski M. DreiVorträgeüber diffusion brownsche molekularbewegung und koagulationvon Kolloidteilchen [J]. Phys. Z, 1916, 17: 557 - 571 and 585 - 599.

[87] Dutton L M C, Jones S H M, Eyink J. Plant assessments, identification of uncertainties in source term analysis [M]. Luxembourg: NNC Ltd, 1995.

[88] Macdonald P E, Shah V N, Ward L W, et al. Steam generator tube failures[R]. Washington: NRC, NUREG/CR-6365, 1996.

[89] USNRC. Severe accident risks: an assessment for five U. S. nuclear Power plants[R]. Washington: NRC, NUREG-1150, vol. 2 & 3, December, 1990.

[90] Liao Y, Guentay S. Potential steam generator tube rupture in the presence of severe accident thermal challenge and tube flaws due to foreign object wear[J]. Nucl. Eng. Des., 2009, 239: 1128 - 1135.

[91] Severe accident risks: an assessment for five U. S. nuclear power plants[R]. Washington: NRC, 1991.

[92] Güntay S, Dehbi A, Suckow D, et al. Accident management issues within the ARTIST project[C]. Proc. of a Workshop on Implementation of Severe Accident Management Measures, OECD/CSNI report NEA/CSNI/R (2001)20, November, 2001.

[93] Herranz L E, Velasco F J S, López del PráC. Aerosol retention near the tube breach during steam generator tube rupture sequences[J]. Nuclear Technology, 2006, 154(1): 85 - 94.

[94] Auvinen A, Jokiniemi J K, Lahde A, et al. SG tube rupture (SGTR) scenarios[J]. Nucl. Eng. Des., 2005, 235: 457 - 472.

[95] Suckow D, Dehbi A, Lind T, et al. ARTIST international consortium project: facilities and preliminary results [C]. Cooperative Severe Accident Research Program (CSARP), and MELCOR Code Assessment Program (MCAP) Technical Review Meetings, Albuquerque, New Mexico, USA, September 18 - 20, 2007.

[96] Haste T J, Giordano P, Herranz L E, et al. SARNET: Integrated severe accident research in Europedsafety issues in the source term area[C]. International Conference on Advances in Nuclear Power Plants, ICAPP' 06, Reno (USA), June, 2006.

[97] Lind T, Ammar Y, Dehbi A, GüntayS.. De-agglomeration mechanisms of TiO_2 aerosol agglomerates in PWR steam generator tube rupture conditions[J]. Nucl. Eng. Des., 2010, 240: 2046 - 2053.

[98] Herranz L E, López del PráC, Dehbi A. Major challenges to modeling aerosol retention near a tube breach during steam generator tube rupture sequences[J]. Nuclear Technology, 2007, 158: 83 - 93.

[99] LópezdelPráC, Velasco F J S, Herranz L E. Aerodynamics of a gas jet entering the secondary side of a vertical shell-and-tube heat exchanger: numerical analysis of anticipated severe accident SGTR conditions[J]. Engineering Applications of Computational Fluid Mechanics, 2010, 4(1): 91 - 105.

[100] Dehbi A, Suckow D, Güntay S. The effect of liquid temperature on pool scrubbing of aerosols[J]. J. Aerosol Science, 1997, 28(Suppl. 1): S707 - S708.

[101] Lind T, Dehbi A, Güntay S. Aerosol retention in the flooded steam generator bundle during SGTR[J]. Nucl. Eng. Des., 2011, 241: 357 - 365.

[102] Herranz L E, Fontanet J. Assessment of ASTEC-CPA pool scrubbing models against POSEIDON-Ⅱ and SGTR-ARTIST data[C]. International Conference on Advances in Nuclear Power Plants, ICAPP' 09, Tokyo, Japan, May 10 - 14, 2009.

[103] Reeks M W, Hall D. Kinetic models for particle resuspension in turbulent flows: theory and measurement [J]. J. Aerosol Science, 2001, 32: 1 - 31.

[104] LòpezdelPráC, Herranz L E. Modeling aerosol retention in the break stage of a failed SG during a core meltdown sequence[C]. International Aerosol Conference 2010 (IAC2010) Helsinki (Finland), August 29 – September 3, 2010.

[105] Owczarski P C, Burk K W. SPARC-90: a code for calculating fission product capture in suppression pools [R]. Washington: NRC, NUREG/CR-5766, 1991.

[106] Clément B, Hanniet-Girault N, Repetto G, et al. LWR severe accident simulation: synthesis of the results and interpretation of the first PHEBUS FP experiment FPT0[J]. Nucl. Eng. Des., 2003, 226: 5 – 83.

[107] Jokieniemi J, Dunbar I, Kissane M, et al. Physical and chemical characteristics of aerosols in the containment[R]. Issy-les-Moulineaux: OECD, NEA/CSNI/R(93)7, 1993.

[108] Lillington J N. Light Water Reactor Safety[M]. New York: Elsevier, 1995.

[109] Albrecht H. Results of the SASCHA program on fission product release under core melting conditions[J]. High Temperature Science, 1987, 24(3): 123.

[110] Brockmann J E. Ex-vessel releases: aerosol source terms in reactor accidents[J]. Progress in Nuclear Energy, 1987, 19(1): 7 – 68.

[111] Burson S B, Bradley D, Brockmann J, et al. United States Nuclear Regulatory Commission research program on molten core debris interactions in the reactor cavity[J]. Nucl. Eng. Des., 1989, 115(2 – 3): 305 – 313.

[112] Copus E R. Sustained uranium dioxide/concrete interaction tests: the SURC test series, OECD/CSNI NEA specialist meeting on molten core debris-concrete interactions[R]. Karlsruhe: OECD, NEA/CSNI/R(92)10, 1992.

[113] Alsmeyer H. Review of experiments on dry corium concrete interaction in: molten corium/concrete interaction and corium coolability-a state of the art report-Directorate-general XII science[R]. Luxembourg: Research and Development, EUR 16649 EN, 37 – 82, 1995.

[114] Fink J K, Thompson D H, Spencer B W, et al. Aerosol and melt chemistry in the ACE molten core-concrete interaction experiments[J]. High Temperature and Materials Science, 1995, 33(1): 51 – 76.

[115] Fink J K, Thompson D H, et al. Aerosols released during large-scale integral MCCI tests in the ACE program [C]. OECD/CSNI NEA Specialist Meeting on Molten Core Debris-Concrete Interactions Karlsruhe, 1992.

[116] Fink J K, Thompson D H. Compilation, analysis and interpretation of ACE Phase C and MACE experimental data: volume II daerosol results[R]. Palo Alto: Electric Power Research Institute, 1997.

[117] Powers D A, Brockmann J E, Shiver A W. VANESA: A mechanistic model of radionuclide release and aerosol generation during core debris interactions with concrete[R]. New Mexico: Sandia National Laboratories, NUREG/CR-4308, 1986.

[118] Powers D A. Non-ideal solution modeling for predicting chemical phenomena during core debris interactions with concrete[C]. In: OECD/CSNI Meeting on Core Debris-Concrete Interactions, KTG, Germany, 1992.

[119] Sonnenkalb M, Poss G. The international test programme in the ThAI facility and its use for code validation [C]. Brussels: Proc. EUROSAFE meeting, 2009.

[120] Liljenzin J O, Collen J, Schöck W, et al. Report from the MARVIKEN-V/DEMONA/LACE workshop[C] Proceedings of the workshop on aerosol behaviour and thermal hydraulics in the containment, Fontonay aux Roses, France, 1990.

[121] Fischer K, Kanzleiter T. Experiments and computational models for aerosol behaviour in the containment[J]. Nucl. Eng. Des., 1999, 191: 53 – 67.

[122] Sabroux J C, Deschamps F. Iodine chemistry in hydrogen recombiners[C]. Gif-sur-Yvette cedex: IRSN/DSU/SERAC, 2001.

[123] Kissane M P, Mitrakos D, Housiadas C, et al. Investigation of thermo-catalytic decomposition of metal-iodide aerosols due to passage through hydrogen recombiners[J]. Nucl. Eng. Des., 2009, 239:3003 – 3013.

[124] Köhler h. The nucleus in and the growth of hygroscopic droplets[J]. Trans. Faraday Soc, 1936, 32: 1151 – 1161.

[125] Fuchs N A, Sutugin A G, et al. Topics in current aerosol research (Part 2) [R]. New York: Pergamon, 1971.

[126] Epstein P S. On the resistance to motion experienced by spheres in their motion through gases[J]. Phys. Rev., 1924, 23: 710.

[127] Waldmann L. Über die Kraft einesinhomogenen Gases auf kleinesuspendierteKugeln[J]. Z. Naturforsch. A, 1959, 14a: 589.

[128] Talbot L, Cheng R K, Schefer R W, et al. Thermophoresis of particles in a heated boundary layer[J]. J. Fluid Mech., 1980, 101: 737 – 758.

[129] Brock J R. On the theory of thermal forces acting on aerosol particles[J]. J. Colloid Sci., 1962, 17: 768.

[130] Waldmann L, Schmitt K H. Thermophoresis and diffusiophoresis of aerosols, in: C. N. Davies[M]. London: Academic Press, 1966.

[131] Clément B, Cantrel L, Ducros G, et al. State of the art report on iodine chemistry[R]. Patis: OECD, NEA/CSNI/R 1, 2007.

[132] Sehgal B R, Piluso P, Trambauer K, et al. SARNET lecture notes on nuclear reactor severe accident phenomenology[R]. Cadarache: CEA, CEA-R-6194, 2008.

[133] Herranz L E, Clément B. In-containment source term: Key insights gained from a comparison between the PHEBUS-FP programme and the US-NRC NUREG-1465 revised source term[J]. Progress in Nuclear Energy, 2010, 52: 481 – 486.

[134] Ball J, Glowa g, Wren J, et al. International Standard Problem (ISP) 41, Follow-up exercise-containment iodine computer code exercise (parametric studies)[R]. Paris: OECD, NEA/CSNI/R 17, 2001.

[135] Dorsselaere J P V, Auvinen A, Beraha D, et al. Some outcomes of the SARNET network on severe accidents at mid-term of the FP7 project[C]. International Conference on Advances in Nuclear Power Plants, ICAPP' 11, Nice(France), May, 2011.

[136] Bosland L, Funke F, Girault N, et al. PARIS project: Radiolytic oxidation of molecular iodine in containment during a nuclear reactor severe accident Part 1. Formation and destruction of air radiolysis products experimental results and modeling[J]. Nucl. Eng. Des., 2008, 238: 3542 – 3550.

[137] Vaughan E U. Simple model of plugging of ducts by aerosol deposits[J]. Trans. American Nuclear Society, 1978, 22: 507.

[138] Morewitz H A. Leakage of aerosol from containment buildings[J]. Health Physics, 1982, 42: 195 – 207.

[139] Morewitz H A, Johnson R P, Nelson C T, et al. Attenuation of airborne debris from liquid-metal fast breeder reactor accidents[J]. Nuclear Technology, 1979, 46: 332 – 339.

[140] Powers D A. Aerosol penetration of leak pathways-an examination of the available data and models[R]. New Mexico: SNL, SAND2009-1701, 2009.

[141] Agarwal J K, Liu B Y H. A criterion for accurate sampling in calm air[J]. American Industrial Hygiene Association Journal, 1980, 41: 191 – 197.

[142] Davies C N. The entry of aerosol into sampling tubes and heads[J]. British J. Applied Physics, Journal of Physics, 1968, 1: 921 – 932.

[143] Granger L, Labbe P, et al. A mock-up near Civaux nuclear power plant for containment evaluation under severe accidentthe CESA Project[C]. Proc. of the FISA-97 Symposium on EU Research on Severe Acci-

dents. Luxembourg, 1998.

[144] Gelain T, Vendel J. Research works on contamination transfers through cracked concrete walls[J]. Nucl. Eng. Des., 2008, 238: 1159 – 1165.

[145] Miassoedov A, Jordan T, Meyer L, et al. LACOMECO and PLINIUS experimental platforms at KIT and CEA [C]. Bologna:4th European Review Meeting on Severe Accident Research (ERMSAR-2010), 2010.

[146] Parozzi F, Caracciolo E, Herranz L E, et al. Investigation on aerosol leaks through containment cracks in nuclear severe accidents using prototypic materials[C]. European Aerosol Conference, Thessaloniki, Greece, August 24 – 29, 2008.

[147] Parozzi F, Chatzidakis S, Gelain T, et al. Investigation on aerosol transport in containment cracks[C]. International Conference on Nuclear Energy for New Europe, Bled, Slovenia, September 5 – 8, 2005.

[148] Mitrakos D, Chatzidakis S, Hinis E P, et al. A simple mechanistic model for particle penetration and plugging in tubes and cracks[J]. Nucl. Eng. Des., 2008, 238: 3370 – 3378.

[149] 魏东,董法军,董希琳. 核事故中放射性核素扩散浓度的理论预测[J]. 中国安全科学学报,2006,16(30):107 – 113.

[150] 刘爱华,蒯琳萍. 放射性核素大气弥散模式研究综述[J]. 气象与环境学报,2011,27(4):59 – 65.

[151] 王醒宇,康凌,等. 核事故后果评价方法及其新发展[M]. 北京:原子能出版社,2003.

[152] 谷清,李云生. 大气环境模式计算方法[M]. 北京:气象出版社,2002.

[153] Stull R B. Introduction of Boundary layer meteorology[M]. Beijing: China Meteorology Press, 1991.

[154] 池兵,方栋,等. 随机游走大气扩散模型在核事故应急中的开发和应用[J]. 核科学与工程,2006,26(1):39 – 45.

[155] 杨晔,曹博,陈义学. 拉格朗日粒子模型在核事故应急中的开发与应用[J]. 原子能科学技术,2013,47:712 – 716.

[156] EPRI. MAAP5-Modular accident analysis program for LWR power plants[CP] Illinois: Fauske & Associates Inc., 2008.

[157] Li W, Wu X, Zhang Y, et al. Analysis of PWR RPV lower head SBLOCA scenarios with the failure of high-pressure injection system using MAAP5[J]. Progress in Nuclear Energy, 2014, 77: 48 – 64.

[158] Li L, Zhang Y, Tian W, et al. MAAP5 simulation of the PWR severe accident induced by pressurizer safety valve stuck-open accident[J]. Progress in Nuclear Energy, 2014, 77: 141 – 151.

[159] Wu X, Li W, Zhang Y, et al. Analysis of the loss of pool cooling accident in a PWR spent fuel pool with MAAP5[J]. Annals of Nuclear Energy, 2014, 72: 198 – 213.

第10章

严重事故堆芯损伤程度评价

10.1 引　言

在严重事故情况下,对堆芯损伤程度的掌握和了解,无论是对核电厂还是核安全当局甚至是核电厂所处的地方政府部门来说都是必需的,这对事故的处置特别是对应急响应和后果评价至关重要。

在1979年美国三哩岛核电厂事故后,NRC发布了一个三哩岛核电厂事故处理计划NUREG-0737[1,2]。在该报告中包括了评价堆芯损伤程度的相关要求,用于宣布应急行动水平(Emergency Action Level,EAL),该水平直接决定了需要采用的场外放射性防护行动。

在NUREG-0737规定的II. B. 3项目中,对在三哩岛核电厂事故发生时已经获得建造或运行许可的核电厂的事故后取样系统(Post Accident Sampling System, PASS),NRC给出的准则是:"应评价放射性谱分析仪器的运行和操作,确定其是否具备在短时间内(2h以内)迅速确定可判定堆芯损伤程度的放射性核素的量。这些放射性核素包括裂变气体(判断包壳破损),碘和铯(判断燃料高温),非挥发性同位素(判断燃料熔化)。"

实际上在美国10 CFR Part 50中,并没有对堆芯损伤评价方法提出要求,只是在NUREG-0737及其附件中要求改进关于事故后堆芯损伤分析方法。按照NUREG-0737项目II. B. 3的要求,在事故情况下,需要采取一些有效的手段,能区分堆芯燃料无破损、包壳失效、燃料过热和堆芯熔化四种主要的状态。

在我国核电厂核事故应急相关的规定中[3,4],要求核电厂核事故应急机构必须及时向相关部门报告事故情况,提出场外应急状态和采取的应急防护措施的建议。为满足这些规定,核电厂需要建立事故后果评价系统,而堆芯损伤评价是其中的关键组成部分,该系统用于核事故情况时为需要的应急防护行动决策提供技术依据。

经过30多年的严重事故研究，目前严重事故分析程序已经具备较强的分析和模拟功能，通过严重事故分析程序的计算，可以在一定程度上了解事故的进程、堆芯损伤的状态、事故后果以及事故过程中采取的预防和缓解措施的实际效果。但是鉴于严重事故现象的复杂性、分析模型的不确定性、事故进程的多样性以及事故处理的紧急性等因素，在实际事故处理以及应急响应等环节中，直接采用严重事故分析程序作为辅助决策的工具是不现实的，极可能造成误导。合理可行的做法是尽可能地利用核电厂有限的在线测量数据，并结合严重事故分析等研究中总结的关键参数在事故过程中的演化规律等技术基础，开发出快速评价堆芯损伤程度的方法，这对事故应急是非常必要的。

10.1.1 事故过程中堆芯损伤状态

在NUREG-0737中，将堆芯损伤状态分为燃料包壳失效、燃料芯块过热和堆芯熔化三种类型。可以看出，这种分类方法和裂变产物的释放直接相关，因此可方便地用于事故后的应急处置。这是核电厂采用比较多的一种分类方式。早期的堆芯损伤评价方法基本上采用这种方式，如西屋公司的CDAM（Core Damage Assessment Methodology）。

在西屋公司的堆芯损伤评价导则（Core Damage Assessment Guidance，CDAG）[5]中，对NUREG-0737的堆芯损伤分类进行了简化。简化后堆芯损伤分为燃料包壳失效和燃料芯块过热两类。从堆芯损伤评价的目的来看，评价结果用于推荐场外放射性防护措施，因此燃料熔化不需要作为单独一类来诊断。因为在堆芯损伤的燃料过热阶段，用于确定场外放射性风险的重要裂变产物就已经释放出来。另外，西屋公司的严重事故管理通用导则中，评价和执行厂内事故恢复策略也没要求进行堆芯熔化诊断。因此，综合各方面的因素考虑，在堆芯损伤评价时只要对堆芯过热状态进行诊断就足够了，没有必要再区分过热和熔化这两种状态。

在美国EPRI的严重事故管理导则技术基础报告TBR[6]（Technical Basis Report）中，将压水堆的一回路/堆芯的损伤状态分成包壳氧化（OX）、严重损坏（BD）和堆芯熔渣进入安全壳（EX）三种情况，这实际上和CDAG中的分类基本上是一致的。这里：OX相当于CDAG中的包壳损伤；BD相当于CDAG中的燃料过热。区别在于，从冷却剂系统的完整性角度考虑，也就是说从严重损坏后的堆芯是否保持在压力容器内的角度考虑，又将CDAG中定义的燃料过热分为压力容器内（BD）和压力容器外（EX）两个阶段。这三类一回路/堆芯的损伤状态及主要的症状见表10－1。

表 10－1 冷却系统损坏状态及症状[6]

损伤状态描述	可能的症状
包壳严重氧化仍保持直立(包壳可能发生肿胀、失效,但燃料、包壳以及不锈钢等堆内构件没有熔化)	①安全壳内有限的放射性,可能包括冷却剂释放、间隙释放以及非常少量的从燃料芯块扩散释放的裂变产物; ②堆芯出口温度高于648.8℃; ③堆芯水位大约处于堆芯中截面以下; ④综合考虑一些参数,可推断堆芯温度的升高; ⑤在一回路仍保持密封状态下,稳压器水位丧失; ⑥压力壳外部监测到功率增加; ⑦安全壳氢监测值有一定的增加
包壳严重氧化且几何形状不完整(堆芯部件熔化而且向堆芯下部迁移)	①安全壳放射性水平高; ②安全壳氢监测值增加; ③堆芯出口温度高于1093.3℃; ④综合考虑一些参数,可推断堆芯温度的升高; ⑤堆芯水位大约处于堆芯高度40%或更低的时间大于或等于10min
堆芯熔渣迁移到安全壳(压力容器失效)	①安全壳放射性水平高; ②安全壳监测到大量的氢(相当于大于20%的燃料包壳发生反应的氢气产量); ③假设堆芯是BD状态,一回路泄压至安全壳; ④安全壳增压的同时,压力容器泄压; ⑤在安全壳放射性监测仪器仍能工作的情况下,放射性监测数值快速增加; ⑥安全壳温度快速增加并维持在高温(安全壳处于过饱和状态); ⑦压力容器泄压的同时,安全壳氢浓度突然增加; ⑧压力容器泄压,突然测不到压力容器水位

10.1.2 堆芯损伤评价与应急计划的关系

堆芯损伤评价的主要目的是为了能更好地确定应急策略,是应急决策非常重要的辅助手段,因此一个核电厂的堆芯损伤程度与其应急响应有着密切的关系,这主要体现在以下几个方面[5]:

(1) 堆芯损伤评价可用来判断燃料是否损坏,从而确定恰当的应急行动水平。

确定应急行动水平时,需要首先确定放射性水平,这与堆芯状态及安全壳状态息息相关。由此可见,应急水平和堆芯状态之间关系很密切。在NUREG-0654[7]中,建议异常事件的判断准则应该是“在30min内压水堆燃料失效监测数据的增加相当于大于0.1%的燃料失效”;建议警报应设置为“在30min内压水堆燃料失效监测数据的增加大于1%燃料失效或者燃料失效总数达到5%”,或者设置为“一个非常高的冷却剂取样活度(即当量^{131}I达到300μCi/cc)”;建议场内应急应设置为“可能形成了失去可冷却几何条件的坍塌堆芯(判断参数来自的测量仪表包括堆芯冷却不足监测、冷却剂活度水平或者安全壳内放射性活度水平监测)”。堆芯损伤评价能确定堆芯损伤的程度,用于评价放射性释放水平,从而确定恰当的应急行动水平。

(2) 堆芯损伤评价可用来选择场外剂量分析的源项,并为电厂提出场外防护行动建议提供支持。

堆芯损伤评价可以用于确定预测场外剂量的源项。场外剂量预测给相关政府机构(在电厂的应急计划(Emergency Plan,EP)中规定)做出较现实的场外应急保护行动建议。在确定场外剂量预测的源项时,需要考虑安全壳内各种放射性核素的总量取决于包壳损伤或者堆芯过热造成的裂变产物释放量。

(3) 堆芯损伤评价可用来预测恢复长期堆芯冷却的操作过程中需要考虑的辐射防护行动。

尽管堆芯损伤评价的首要目的是辅助场外应急决策,但电厂还可以运用堆芯损伤评价为厂内操作提供一些有价值的信息,这些信息可在几个特殊的问题上为操作决策提供支持。

西屋公司的应急响应导则(Emergency Response Guidance,ERG)中的一些规程使用了“警告”和“注意”,这些规程涉及安注信号启动后反应堆冷却系统隔离失效,可能导致电厂特定区域的放射性水平增加。例如,安注启动以后,重新建立堆芯冷却,在堆芯达到安全稳定状态的情况下,规程警告:如果已经发生堆芯损伤,电厂的一些位置的放射性水平可能过高。又如,在安注启动后,用余热排出系统重新建立堆芯长期冷却后,规程给出了类似的高放射性警告。西屋公司的通用应急响应导则把这种情况定义为反应堆冷却剂放射性水平高,电厂可以采用堆芯损伤评价方法来评估这些警告的真实性。

堆芯损伤评价还能为事故处理过程中的辐射防护行动提供输入信息。一旦知道了堆芯损伤程度,就能确定预期的辐射防护量以及辐射调查信息。例如,如果堆芯损伤评价结果仅是燃料包壳损伤,就可以根据这个结果评估厂内不同区域的放射性水平,并在实际开展辐射调查之前,预测工作人员相应的辐射调查和辐射防护情况。这样能减少工作人员受辐射的水平。

在电厂严重事故管理导则中,有些导则的执行需要了解厂内各个区域的放射性水平,而堆芯损伤评价为评价电厂各个位置的可居留性提供非常有用的信息。

(4) 堆芯损伤评价可用来答复各级政府机构咨询,并为电厂人员了解电厂状态提供支持。

一旦电厂宣布进入应急状态并且通知了场外相关机构,首要问题肯定是堆芯已经达到了什么状态。如果电厂能够迅速准确答复这些问题,就可以保证有效地实施恰当的场外辐射防护行动,也可以及时有效地组织场外应急防护行动,不必依靠测量;相反,如果电厂对堆芯状态的评估不确定,就不得不依靠测量手段,这在事故情况下是极其困难且耗时更多。

10.2 事故过程参数和堆芯损伤程度的关系

堆芯温度、压力容器内水位、锆水反应的氢产量以及放射性裂变产物释放量等关键参数的变化趋势能体现堆芯损伤的状态及发展，而这些参数的变化又与特定的事故序列（如高压或低压事故序列）及事故的处置方式（如是否启动了安全壳喷淋系统）直接相关。因此，通过充分地分析研究，澄清堆芯损伤和这些关键参数的关系后，可以在实际事故处置过程中通过这些参数实际变化情况评价堆芯损伤状态。因此本节的讨论是堆芯损伤评价的技术基础。

10.2.1 堆芯温度

从本质上看，核电厂是一个复杂的传热系统，最终将燃料元件裂变产生的热能导出，因此最直接反应电厂状态的就是系统各个部分的温度。在正常运行条件下，电厂各系统都在一个相对稳定温度区间工作。如果电厂发生事故，系统的温度测量肯定会出现异常，堆芯的状态也会发生改变。也就是说，堆芯损伤的情况会直接从堆芯温度的变化体现出来。表 10－2 列出了事故过程中堆芯的预期行为和堆芯温度的关系。

表 10－2 事故过程中堆芯预期行为和堆芯温度的关系[5]

堆芯温度/℃	堆芯行为
2982.2	燃料芯块熔化
2648.8	燃料内所有易挥发性裂变产物全部释放
2315.5	可能形成不可冷却的堆芯
1982.2	燃料弥散在熔化的材料中
1648.8	燃料芯块中易挥发性裂变产物迅速释放
1315.5	快速锆水反应，产生氢气，燃料包壳破损
982.2	包壳可能破损，包壳和芯块间隙中裂变产物释放
648.8	包壳破损概率较低

在压水堆中，并没有直接测量燃料温度的仪表，但有多种温度测量能体现堆芯温度，如堆芯出口温度测量、主管道热端温度测量等。其中，最直接的是堆芯出口温度测量。堆芯出口温度热电偶安装在燃料组件的出口，测量流出燃料组件冷却剂温度。从燃料芯块裂变发热到堆芯出口需要经过较长的一段热传递过程，并不是直接反映燃料的温度。在堆芯损伤事故发生后，堆芯出口温度热电偶测量的数

据能够间接体现每一个安装了热电偶的燃料组件的温度，也就是体现了堆芯的温度。严重事故分析表明，堆芯出口温度热电偶测量的数据，特别是在瞬态条件下，要比燃料包壳实际温度低数百摄氏度。例如，堆芯出口温度读数为648.8℃时，包壳温度大概相当于760℃，而此时的芯块温度大约为871.1℃。

并不是每个燃料组件的出口都安装了堆芯出口温度热电偶，实际的热电偶数目取决于设计，主要由堆芯的尺寸决定。图10-1所示的是一个6×10^5kW压水堆堆芯出口温度热电偶的布置情况，这是一个近似对称的布置。

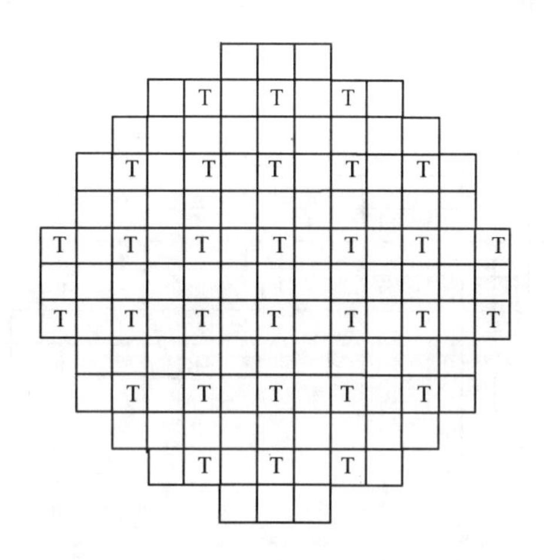

图10-1　6×10^5kW压水堆核电厂堆芯出口热电偶布置

堆芯损伤的程度与堆芯出口温度的关系可以从大量的严重事故分析中得到验证。图10-2～图10-5是MELCOR程序分析6×10^5kW核电厂严重事故[8]的结果。其中，图10-2是全厂断电事故序列（属于高压事故序列）中各个环的温度变化。如图10-2所示，在2～2.5h期间，由于剧烈的锆水反应，释放了大量的化学反应热，导致温度快速上升。

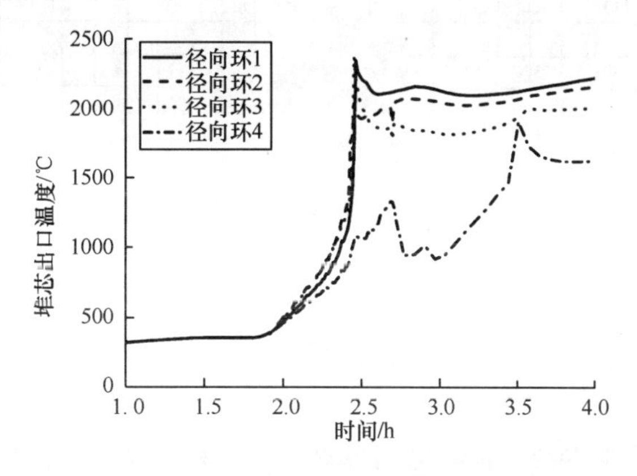

图10-2　全厂断电事故序列堆芯出口温度

采用堆芯出口温度作为堆芯状态的判据，需要设置一个判断阈值。三哩岛核电厂事故的实际情况以及大量的严重事故研究和分析表明：包壳力学性能降低；包壳的破坏过程受到高温、锆水反应过程中氧化、吸氢脆化等因素影响。西屋公司在CDAG[5]中给出燃料包壳的破损（堆芯出口温度在高压事故序列中高于760℃；低压事故序列高于648.9℃）及过热（堆芯出口温度高于1093.3℃）阈值是比较合理的。图10－3是按照CDAG给出的高压事故序列的温度阈值，给出了全厂断电事故序列中几个时刻的堆芯温度分布，同时表示该时刻的堆芯状态。

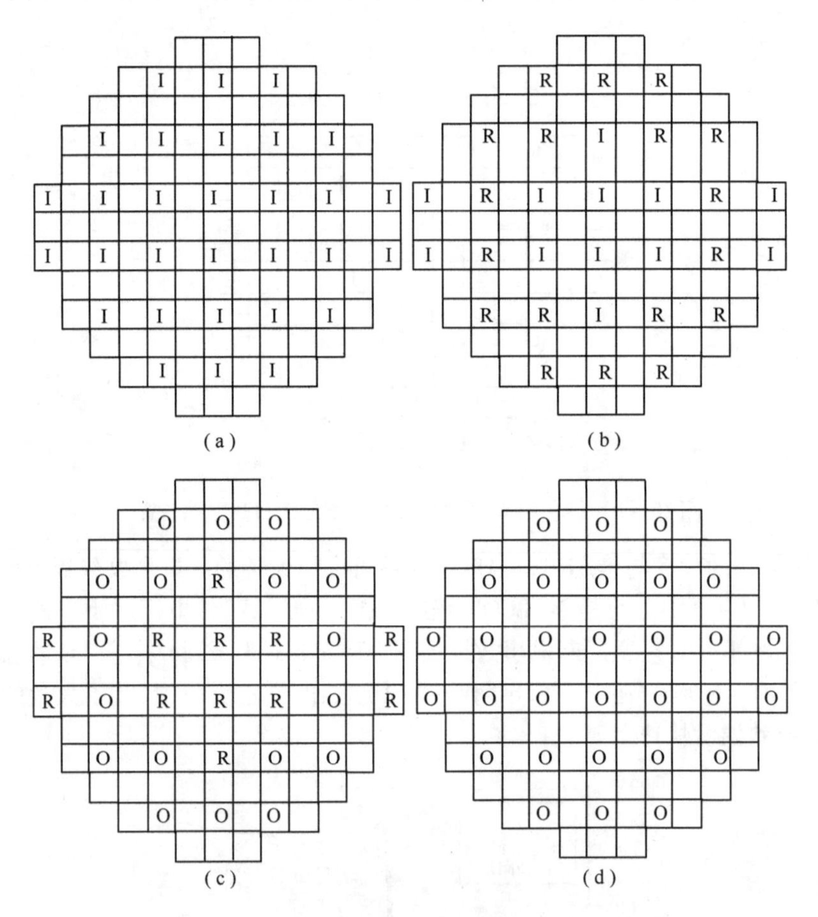

图10－3　全厂断电事故序列燃料温度分布的变化

(a)7800s；(b)8100s；(c)8700s；(d)11500s。

I—$T<760$℃；R—760℃$\leqslant T<1093.3$℃；O—$T\geqslant1093.3$℃。

图10－4是小破口失水叠加上全厂断电事故序列（属于低压事故序列）堆芯出口温度的分析结果。图10－5是该事故序列中几个时刻的堆芯的温度分布。

流道堵塞是影响堆芯出口热电偶可靠性的关键因素之一。堆芯熔化后，堆芯熔渣在重力作用下向下迁移，如果在迁移过程中遇到冷却（冷却剂或其他温度较

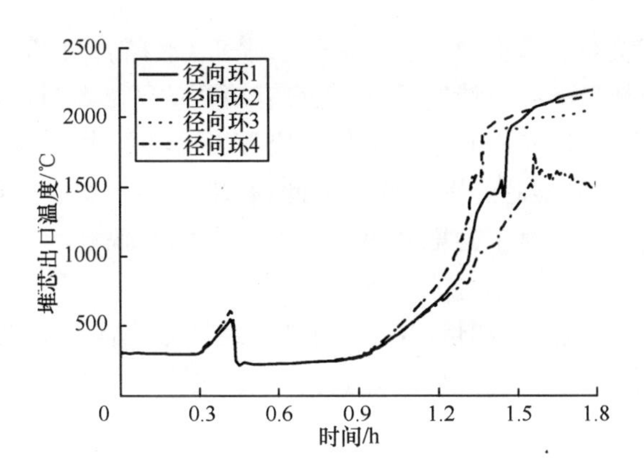

图 10－4　小破口失水叠加全厂断电事故序列堆芯出口温度

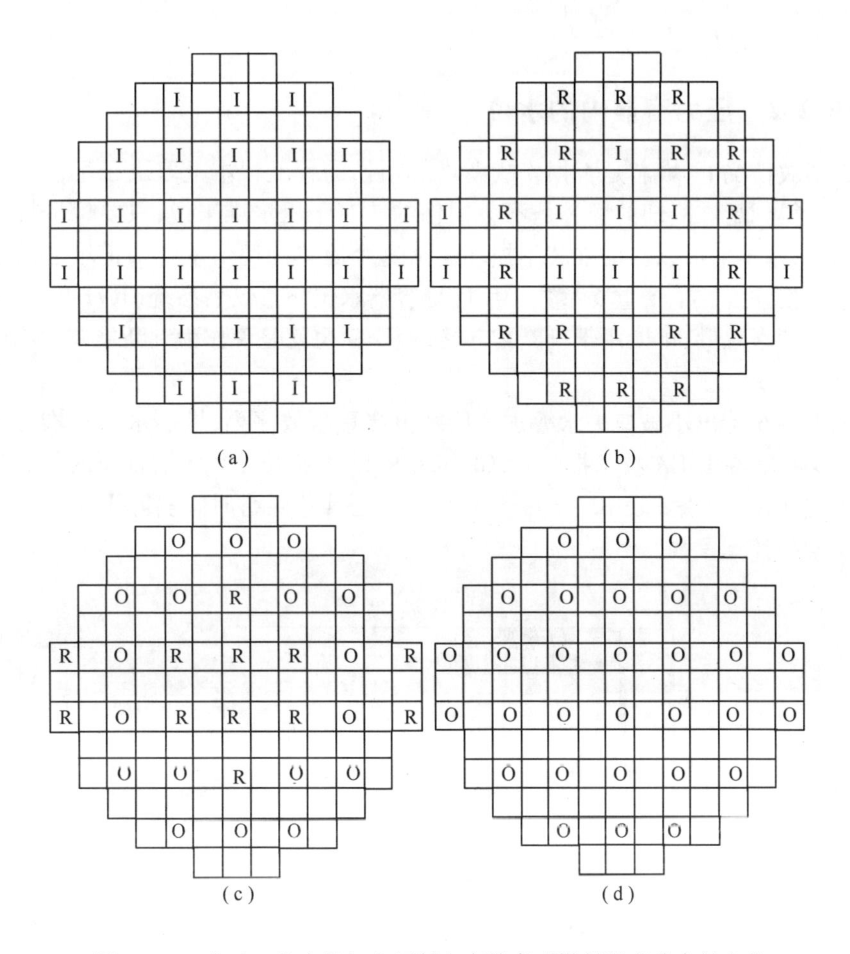

图 10－5　小破口失水叠加全厂断电事故序列燃料温度分布的变化

(a)4000s；(b)4300s；(c)4800s；(d)5500s。

I—$T<648.9$℃；R—$648.9℃\leqslant T<1093.3$℃；O—$T\geqslant1093.3$℃。

低的堆内构件)就会重新凝固,堵塞燃料棒之间和/或燃料组件间的流道。一旦出现流道堵塞,冷却剂只能绕过堵塞区域,从没有堵塞的区域流过。从一些严重事故分析报告中可以看出,堆芯中心区域熔化并出现流道堵塞后,迫使堆芯下部中心区域产生的过热蒸汽流向堆芯外围区域。因此,在堆芯熔渣发生大量的移位和重定位之后,外围区域热电偶显示的堆芯出口温度并不能反映该区域下方燃料组件的温度。

反应堆主管道热端温度测量(RTD)的是流经堆芯流体的温度,所以也可作为堆芯温度间接测量方式之一。热管段温度测量值是流过堆芯所有燃料组件的流体在上腔室混合后的温度,是一个平均值。如果只有少数组件出口的流体温度较高,在上腔室混合后的流体温度并不会有明显变化,也就是说局部高温情况会被平均值所掩盖,RTD 也测不出局部高温。所以,不能及时测出堆芯局部高温是 RTD 的一个很大的局限性。

10.2.2 压力容器内的水位

在事故情况下,堆芯是否损伤或者堆芯损伤的程度根本上取决于堆芯的冷却情况。能得到足够冷却的堆芯是不会损伤的。对于压水堆来说,只要保证堆芯淹没在水中,基本上可以保证堆芯不损坏。从这个简单的逻辑就能知道堆芯的水位是堆芯损伤评价的一个重要参数。反应堆容器水位测量仪表系统(RVLIS)测得的反应堆冷却水总量,可以用于判断堆芯冷却状态,也就是说作为判断堆芯损伤的一个依据。

图 10-6 给出小破口失水叠加全厂断电严重事故序列,堆芯水位和堆芯出口温度的关系。在 IAEA 技术报告 TECHDOC-955 中,提出了以堆芯裸露时间为参数的堆芯损伤评价方案(表 10-3),表 10-3 中的堆芯裸露时间实际上是以堆芯水位为基础的计算参数。

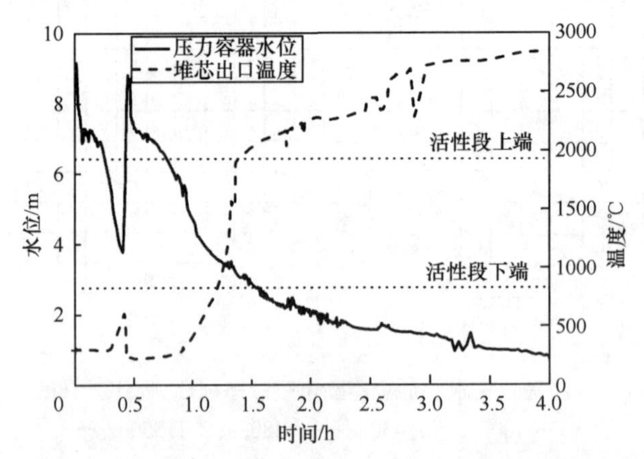

图 10-6 小破口失水叠加全厂断电事故序列堆芯水位和堆芯出口温度的关系

表 10－3 堆芯损伤程度和堆芯裸露时间之间的关系[9]

堆芯裸露时间/h	预计的堆芯损伤程度	机理
0	正常冷却剂	堆芯维持淹没状态，堆芯功率和压力缓慢下降
0	冷却剂中放射性同位素浓度是正常运行的 10～100 倍（尖峰释放）	堆芯维持淹没状态，快速停堆或一回路快速泄压
>1/4	100% 间隙释放	①锆水反应，快速产氢； ②燃料升温速率增加 2～3 倍； ③燃料包壳快速破裂，局部燃料熔化
>1/2	10%～50% 堆芯熔化	①挥发性裂变产物快速释放； ②熔化的堆芯可能发生移位； ③形成不可冷却堆芯
>1	100% 堆芯熔化	即使水重新淹没堆芯，也可能发生压力容器下封头熔穿以及安全壳失效

10.2.3 氢产量

在轻水堆核电厂的严重事故过程中，在压力容器内或压力容器外都可能产生大量的氢气。在压力容器内，金属（如燃料元件的锆包壳）和蒸汽之间发生的化学反应是事故早期氢的主要来源；在压力容器外的 MCCI 过程中，堆芯熔渣中剩余的锆等金属和蒸汽发生反应，也会产生一部分氢气。

燃料元件锆包壳和蒸汽在高温情况下发生氧化反应，产生大量的氢，而且是一个放热反应，释放的反应热反过来加剧了锆水反应，在一段时间内能维持自持化学反应。锆水反应导致包壳材料氧化、吸氢脆化，性能快速降低并导致破损。包壳破损后，蒸汽进入包壳内侧，发生双面的锆水反应，产生更多的氢，加剧包壳性能降低，加速包壳的失效过程。当事故发展到压力容器内晚期阶段，包壳熔化、燃料坍塌，如果下封头还有残留的水，会发生进一步的锆水反应。所以从锆水反应的程度，可以间接判断堆芯的损伤状况。

图 10－7 是 SBLOCA 序列中的氢的产量及在一回路和安全壳内的分布。从图 10－7中可以看出，由于该事故序列有破口存在，氢产生后迅速释放到安全壳中，滞留在一回路的氢量非常少。图 10－8 是全厂断电事故序列氢的产量及在一回路和安全壳内的分布情况。从图 10－8 中可以看出，由于该事故序列没有破口，堆芯产生的氢是通过稳压器的安全释放阀打开释放到安全壳内的，这与冷却剂丧失过程类似。这种释放方式导致滞留在压力容器内的氢气相对较多。

在事故过程中，堆芯内产生的氢气会释放到安全壳内。通过安装在安全壳内的氢测量系统获得安全壳氢的浓度数据，可以用来判断出堆芯的损伤程度。

采用氢产生量判断堆芯损伤状态需要考虑相关的修正。非能动氢复合器、氢的燃烧和安全壳泄漏会减小安全壳的氢浓度。这意味着，如果不加修正，直接采用测量氢浓度评价堆芯损伤,评价结果可能比实际损伤程度要小,也就是说低估了堆芯的损伤程度。

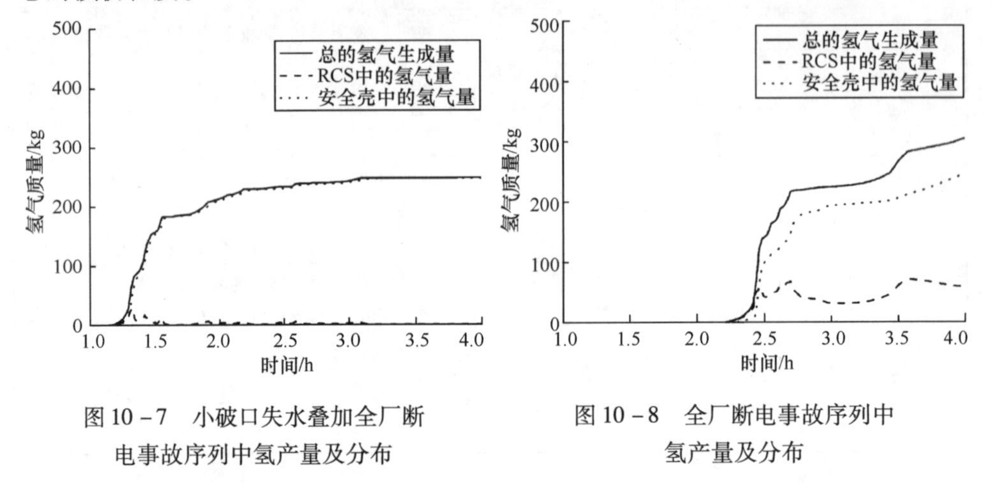

图 10-7　小破口失水叠加全厂断电事故序列中氢产量及分布

图 10-8　全厂断电事故序列中氢产量及分布

10.2.4　裂变产物释放

1. 裂变产物向安全壳释放

严重事故情况下,堆芯内的放射性裂变产物会释放到安全壳甚至环境中,因此通过监测放射性裂变产物释放到安全壳的量,可以判断堆芯损伤的程度。从理论上说,这种评价方法应该是所有方法中最准确的。

轻水堆裂变产物释放可以分成5个阶段[10],即冷却剂释放、间隙释放、早期压力容器内释放、压力容器外释放以及晚期压力容器内释放,见表10-4。每一个释放阶段分别对应事故进程的某一时段。

表 10-4　轻水堆严重事故裂变产物释放过程

阶段	代表性事故现象
冷却剂释放	一回冷却剂喷放
间隙释放	包壳破损
早期压力容器内释放	燃料损坏并移位
压力容器外释放	堆芯熔融物和混凝土相互作用
压力容器内晚期释放	沉积的挥发性放射性核素释放

各释放阶段的特点如下所述:

(1) 冷却剂释放。核电厂正常运行期间在冷却剂内产生的放射性核素将在事故发生的初期释放到安全壳内。这个阶段的放射性释放定义为冷却剂释放。这种释放是由于一回路发生破口或者一回路稳压器的安全释放阀打开导致冷却剂丧失造成的。和其他事故阶段的释放相比,冷却剂释放的放射性物质的量较小,主要是活化产物。

(2) 间隙释放。在核电厂运行期间,燃料芯块中产生的裂变产物中的一部分会释放到燃料和包壳的间隙,并在间隙积累。在事故发生后,一旦冷却恶化并导致包壳破裂损坏,积存在燃料和包壳间隙中的裂变产物将释放到一回路。这个阶段的释放定义为间隙释放。间隙释放的主要成分是裂变气体、易挥发性核素(如碘、铯)以及一些非常细微的燃料碎片。

间隙释放的时间和反应堆的设计特性、事故序列以及燃料元件的设计和运行参数相关,尤其与燃料的最大线功率、燃料元件内压和储能关系密切。间隙释放的量(特别是裂变气体)与电厂的运行历史及运行条件相关。裂变气体释放到间隙的机理是燃料元件性能分析要解决的主要问题之一,因此许多的燃料元件性能分析程序(如 FRAPCON[11] 等程序)都包含机理性的裂变气体释放预测模型。通常严重事故分析程序中采用相对简单的模型预测间隙释放。

(3) 早期压力容器内释放。早期容器内释放是从包壳失效开始至压力容器下封头熔穿为止。间隙释放后,堆芯在衰变热和锆/蒸汽之间等放热化学反应共同作用下,温度不断升高,堆芯材料开始熔化、迁移并重新定位。在堆芯材料的迁移并重定位过程中,高温造成大量的放射性核素从堆芯释放出来。从堆芯释放的放射性裂变产物(蒸气或气溶胶形式)被蒸汽或不可冷凝气体(如锆水反应产生的氢气)携带进入一回路,然后泄漏迁移进入安全壳。

早期容器内释放进入安全壳的裂变产物的量与裂变产物在一回路的滞留时间(裂变产物从燃料释放至其迁移进入安全壳之间的时间间隔)密切相关。通常,高压事故序列中裂变产物的滞留时间比低压序列长,导致高压事故序列释放进入安全壳的裂变产物要比低压事故序列少。早期容器内释放持续的时间与堆型有关。通常,沸水堆堆芯的功率密度比压水堆低,所以早期容器内释放持续的时间比压水堆长,堆芯损坏的过程慢些。

在这个阶段,也会有大量的非放射性物质从堆芯蒸发并释放。这些非放射性物质对放射性核素在一回路及安全壳内的行为都有影响。

在现有的严重事故分析程序中,大都采用一些较简单物理模型(如 CORSOR-M)预测早期压力容器内释放。但是,也有一些机理性的模型和程序(如 VICTORIA[12]、SOPHAEROS[13] 和 ART[14] 等)能够较详细地模拟分析放射性核素从一回路迁移直至进入安全壳的过程。

(4) 压力容器外释放。压力容器外释放阶段从压力容器下封头熔穿开始,此时堆芯熔渣进入堆腔,并造成 MCCI。

随着事故进展,燃料碎片和其他熔化的堆芯材料形成混合物在重力作用下流入下封头,并在下封头积累,形成堆芯熔渣池。最终压力容器下封头可能会在堆芯熔渣的热作用下失效,造成堆芯熔渣释放进入安全壳堆腔,然后与堆腔底部的混凝土发生相互作用。在 MCCI 过程中,高温堆芯熔渣造成混凝土分解,释放出一氧化碳、二氧化碳等气体,同时残留在堆芯熔渣内的锆包壳、铁等金属也会和蒸汽发生化学反应,产生氢气。在这些气体浮升穿越堆芯熔渣的过程中,会携带一定量的气溶胶进入安全壳的气空间。当然,如果在发生 MCCI 过程中,堆芯熔渣上面覆盖了一层水池,水池的过滤作用会减少裂变产物的释放。

值得注意的是,在 MCCI 过程中,会产生大量的非放射性气溶胶,大于总释放量的 95% 。总量大约是数百至数千千克,实际上目前还很难准确预测这个量[10]。不过,这些非放射性的气溶胶也很重要,它们对放射性气溶胶行为会产生很大的影响,例如,非放射性气溶胶通过强化放射性气溶胶粒子的凝并,使得放射性气溶胶沉积加剧,相应减少了气空间内的放射性气溶胶的量。此外,大量的非放射性气溶胶可能会给一些专设安全设施(如安全壳过滤排放系统)造成负担,降低其工作效率。

由于可能生成大量可燃气体、导致放射性裂变产物释放甚至造成混凝土底板熔穿,MCCI 被视为是安全壳完整性主要威胁之一。因此,通过冷却堆芯熔渣减弱 MCCI 过程达到减少压力容器外释放的目的,是一个重要的事故缓解手段。欧洲压水堆 EPR 设计中,在堆腔内设置了熔渣捕集器,用于将堆芯熔渣展开便于冷却,同时设置牺牲层,并从其下部冷却,阻止底板熔穿,为安全壳的完整性提供保障[15]。

CORCON [16]模型可用来模拟 MCCI 过程,而 VANESA [17]模型则用于计算 MCCI 过程中相应的相互作用产物的释放。CORCON/VANESA 模型已经嵌入了严重事故分析程序 CONTAIN[18]和 MELCOR[19]中。WECHSL 是另外一个 MCCI 分析模型,被 ASTEC[20]程序采用。

(5) 压力容器内晚期释放。如前所述,裂变产物释放并迁移至安全壳的过程中,可能部分沉积在一回路中。这些沉积的裂变产物可能在衰变热的作用下重新蒸发然后释放进入安全壳。这种释放过程称为晚期容器内释放。这个释放过程也是从压力容器下封头失效开始,这与容器外释放开始的时间是一致的;但是晚期容器内释放持续的时间会非常长,这与容器外释放过程有很大区别。

(6) 其他释放源。除了上述的五种释放,在事故过程中还可能存在一些其他的释放源,这些释放源在某些事故过程中是非常重要的。在事故过程中,一部分裂变产物会沉积在构件表面或水池中,但是沉积的裂变产物可能在一些特殊的事故过程的作用下重新进入气空间。如文献[21]所述,这种源称为晚期裂变产物气溶胶/蒸气源,可以将这种晚期释放源分为再悬浮、再蒸发、再夹带和再挥发四类。

① 再悬浮:沉积的气溶胶或冷凝的物质在流体的作用下(如氢气爆炸造成气空间内的气体流动)悬浮成精细微粒。

② 再蒸发:沉积的气溶胶或冷凝物质中的化学混合物的蒸汽分压高于气空间的蒸汽分压(如在裂变产物衰变加热或化学反应加热作用下)而发生蒸发进入气空间。再蒸发也可能是由于环境条件的变化引起的,例如当安全壳内的气体进入一回路时。

③ 再夹带:溶解在液体中或者沉积在壁面上的化学混合物因沸腾或蒸汽快速

流过(如泄压)而形成液滴进入气空间。

④ 再挥发:水池中的溶解物质因为辐照而发生化学反应转换成易挥发物质并挥发进入气空间。

在一些情况下,这种晚期释放源在整个源项评估中很重要。

在 NUREG-1465 中[10],对沸水堆和压水堆给出了每个释放阶段典型的裂变产物释放份额及其释放持续时间,见表 10-5、表 10-6。表中所示的数据对应的是低压熔堆事故序列。

表 10-5 沸水堆释放到安全壳内的源项

	间隙释放	早期壳内	壳外	晚期壳内
持续时间/h	0.5	1	3	10
裂变气体/%	0.05	0.95	0	0
卤素/%	0.05	0.35	0.25	0.01
碱金属/%	0.05	0.25	0.35	0.01
钡、锶/%	0	0.02	0.1	0
碲组/%	0	0.05	0.25	0.005
贵金属/%	0	0.025	0.025	0
镧系/%	0	0.0002	0.0005	0
铈组/%	0	0.0005	0.005	0

表 10-6 压水堆释放到安全壳内的源项

	间隙释放	早期壳内	壳外	晚期壳内
持续时间/h	0.5	1.3	2	10
裂变气体/%	0.05	0.95	0	0
卤素/%	0.05	0.25	0.3	0.01
碱金属/%	0.05	0.2	0.35	0.01
钡、锶/%	0	0.02	0.1	0
碲组/%	0	0.05	0.25	0.005
贵金属/%	0	0.0025	0.0025	0
镧系/%	0	0.0002	0.005	0
铈组/%	0	0.0005	0.005	0

2. 影响裂变产物释放和迁移到安全壳的事故现象

裂变产物的行为和事故的进程关系密切。一些事故现象,尤其是发热(物理上或化学上)的事故现象,都会对裂变产物的释放、迁移和去除过程产生很大的影响。这些过程以及相关的电厂设计特性见表 10-7(压力容器内)和表 10-8(压力容器外)[22]。

表 10-7　影响压力容器内裂变产物释放的关键问题、现象、物理参数和设计特性

压力容器内裂变产物释放及关键参数	关键问题、现象以及物理参数	相关的设计特性
压力容器内裂变产物释放	①损坏的堆芯/燃料碎片/熔融物的温度; ②裂变产物和堆芯材料的化学反应; ③停堆时刻; ④燃耗; ⑤再灌水/淬火	①最大燃耗; ②富集度; ③燃料总量; ④堆功率; ⑤吸收体材料的量
一回路裂变产物迁移	①一回路循环流量; ②破口流量或安全阀流量; ③安全壳旁通的可能性; ④裂变产物的悬浮、再悬浮、再挥发等; ⑤燃料-冷却剂相互作用; ⑥再灌水/淬火; ⑦熔渣床干/湿情况; ⑧蒸汽发生器传热管断裂或波纹管失效引起的一回路先于压力容器失效; ⑨一回路水/蒸汽的量	①一回路设计; ②破口的大小和位置; ③恢复安全壳隔离的可能性; ④维持失效蒸汽发生器二次侧水位的可能性; ⑤一回路卸压的可能性
压力容器失效时裂变产物释放进入安全壳	①释放时刻; ②压力容器失效模式和机理; ③HPME/DCH 的可能性; ④安全壳旁通的可能性	①一回路设计; ②压力容器设计; ③压力容器外覆盖水池过滤的可能性

表 10-8　影响压力容器外裂变产物释放的关键问题、现象、物理参数和设计特性

压力容器外裂变产物释放及关键参数	关键问题、现象以及物理参数	相关的设计特性
压力容器外裂变产物释放	①MCCI; ②安全壳气空间的燃烧过程; ③熔融物的可冷却性	①混凝土类型; ②堆腔形成覆盖水池的可能性
裂变产物在安全壳内的迁移	①气溶胶行为; ②氢气燃烧对气溶胶行为的影响	①安全壳的几何形状和设计; ②主动/非能动专设安全设施; ③安全壳气空间的成分
水池过滤	①水池内气泡的形成和大小; ②水池的温度	①BWR 泄压池的结构和设计; ②BWR 泄压池冷却的可能性; ③BWR 泄压排出管线喷头的设计
ESF 对裂变产物的影响	①ESF 的水过滤、ESF 的过滤效率、ESF 的沉积效率; ②减少某种安全壳失效模式的可能性从而减少相应失效模式源项的可能性; ③主动的未过滤排放	①ESF 的设计; ②应急操作规程和 SAMG 的可用性

从表 10－7 和表 10－8 可以看出，影响事故过程中裂变产物行为的因素很多，是非常复杂的。下面选取了几个有代表性的影响因素进行较细致的讨论。

1）事故序列类型

从堆芯损坏过程中一回路的压力来看，通常事故序列可以分成高压事故和低压事故。低压事故通常指始发事件是失水类型的事故，这类事故一回路较早丧失高压，堆芯损坏过程中一回路基本上处于低压。高压事故指事故开始时没有明显破口，冷却剂的丧失主要通过稳压器安全阀释放，所以堆芯损坏的过程中一回路基本上处于高压。早期压力容器内释放量和事故的类型关系最密切：在高压事故序列中，释放到一回路的裂变产物迁移速度慢，在进入安全壳前有较长的滞留时间，最终被滞留在一回路的量也较多；在低压事故序列中，裂变产物的滞留时间短，滞留份额要小。所以在早期压力容器内释放阶段，低压事故序列释放到安全壳的裂变产物量比高压事故序列要大。

图 10－9～图 10－11 分别是全厂断电事故序列（SBO，高压）和小破口失水叠加全厂断电事故序列（SBLOCA，低压）中裂变气体、碱金属和卤素元素释放进入安全壳的份额。从这些分析结果中可以清晰地看出，高压事故序列中裂变产物在一回路的滞留很明显，即使是裂变气体也有接近 50% 被滞留在一回路内。

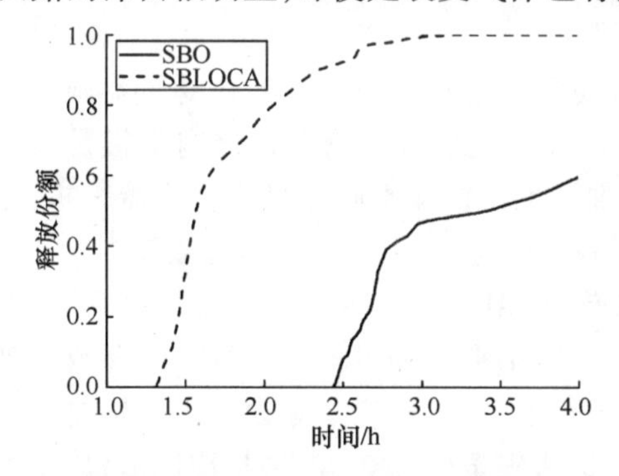

图 10－9　SBO 与 SBLOCA 事故序列裂变气体释放到安全壳气空间份额

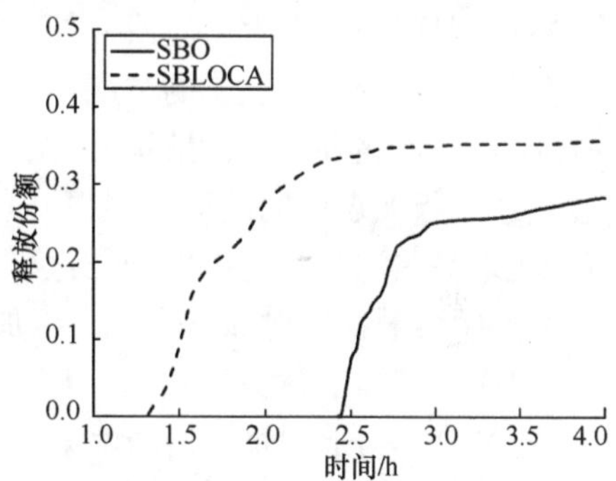

图 10－10　SBO 与 SBLOCA 事故序列碱金属释放到安全壳气空间份额

2）气体燃烧

压力容器内或压力容器外产生的氢气会在安全壳内累积，如果局部气空间的组成成分达到一个阈值（Shapiro 图），就可能最终导致氢气燃烧（爆燃或爆轰）。在 MCCI 中产生的一氧化碳也可能发生燃烧。这些燃烧过程形成的冲击可能导致已经沉积的气溶胶重新悬浮进入安全壳气空间。

燃烧也可能强化气溶胶的紊流沉积，并导致气溶胶大小分布的改变。此外，以气溶胶形式存在的 I（CsI）可能在燃烧产生的高温作用下转变为气态形式。

3）非能动氢复合器

氢气燃烧，尤其是爆轰（燃烧前沿以超声速传播）是威胁安全壳完整性的重要

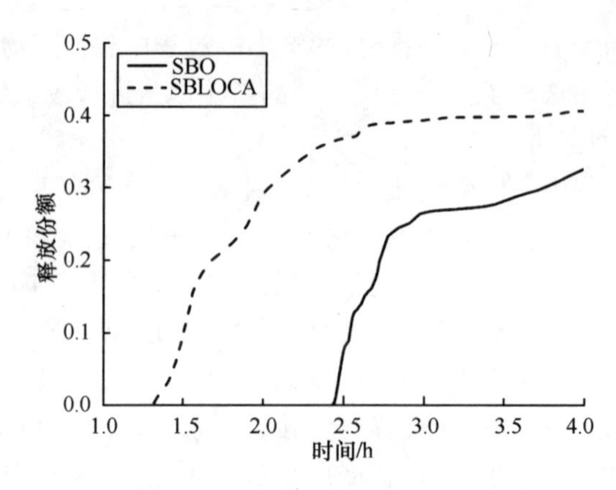

图 10-11　全厂断电事故与小破口加全厂断电事故序列卤素元素释放到安全壳气空间份额

现象之一。因此,核电厂通常采用主动点燃、非能动氢复合和气空间钝化三种措施缓解氢燃烧造成的风险。这些措施的目的都是减小氢气总量、阻止氢在局部积累并将氢浓度维持在较低水平。目前,大多数压水堆核电厂安装了非能动氢复合器。非能动氢复合器的工作原理是将氢和氧复合成水,减少安全壳气空间的氢总量。复合器不需要额外的电力供应或额外的操作。

氢复合器减少了氢和氧的浓度,导致局部的热工水力参数改变,进而影响气溶胶(包括放射性)的沉积(扩散泳和热泳)。研究表明,无论复合器内平板是冷或热,在这些平板上表面的沉积都很强,但主导沉积机理不同。对冷复合器平板,主导沉积机理是热泳和布朗扩散;而对热平板来说,主导沉积机理是扩散泳[23]。

4) 高压熔融物喷射和安全壳直接加热(DCH)

如果压力容器下封头失效时一回路处于高压状态(大于 2MPa),会造成由液态和固态混合物组成的堆芯熔渣喷射进入安全壳,这种现象称为高压熔融物喷射(HPME)。HPME 会导致大量的堆芯碎片进入安全壳气空间,发生 DCH,造成安全壳的温度和压力快速增加,对安全壳的完整性造成威胁。HPME 可能造成安全壳早期失效,减少裂变产物在安全壳内的沉积时间,使得大量的裂变产物直接释放进入环境。

因为 HPME 可能造成很严重的后果,对 HPME 开展过一些研究工作[24]。这些研究表明,通过一些事故缓解措施,主动或被动实现一回路泄压,就可以有效减小发生 HPME 的可能性。例如,西屋公司 SAMG 通用导则中的严重事故导则 2 [25],用于一回路泄压。而在 AP1000 中,则采用了 4 级自动泄压设计[26],避免发生 HPME。

5) 蒸汽爆炸

蒸汽爆炸过程和氢气燃烧过程相似,也产生高温。高温会导致裂变产物气溶胶化学性质的变化。爆炸过程中膨胀的蒸汽会推动固态微粒和水进入安全壳气空间,导致额外的裂变产物释放进入安全壳,并影响安全壳气空间内裂变产物的行为。

6) 专设安全设施的影响

专设安全设施通过两种方式影响安全壳气空间的裂变产物行为:一种是直接去除气溶胶等放射性裂变产物;另一种是通过改变携带裂变产物气溶胶气体的热工水力条件,间接影响安全壳气空间的裂变产物的行为。

(1) 安全壳喷淋系统。安全壳喷淋系统的首要作用是在设计基准事故中(如大破口失水)排出安全壳气空间的热量,防止安全壳超压失效。安全壳喷淋系统也可以快速有效地去除安全壳气空间内裂变产物气溶胶。在喷淋系统投入时,安全壳的温度很高并充满了蒸汽。所以在喷淋的开始阶段,气空间和喷淋液滴之间温差很大,导致气溶胶微粒在较强的热泳沉积作用下沉积到液滴后从气空间去除;与此同时,蒸汽冷凝到液滴表面,也导致气溶胶产生较强的扩散泳沉积效应。喷淋开始后,气空间和液滴在很短的时间内达到一个准稳态热平衡。在准稳态条件下,喷淋对气溶胶的去除和喷淋刚开始时不同,主要包括惯性作用、气溶胶粒子对液滴拦截以及气溶胶微粒沉积至液滴表面。

总的说来,喷淋的去除效率取决于安全壳环境、喷淋参数以及安全壳内的几何条件。喷淋对气溶胶的去除效率与气溶胶粒子的大小有关。喷淋系统能有效去除特别小(直径小于0.1μm)和特别大的(直径大于1μm)气溶胶粒子[27]。

(2) 水池净化。当携带气溶胶粒子的气体流经水池时,气溶胶粒子可能从气体中去除并滞留在水池中,这称为水池净化。水池净化作用对减少放射性核素释放进入环境很重要。在严重事故中,通常考虑沸水堆的泄压水池(属于一种沸水堆的专设安全设施)以及安全壳堆腔内形成的覆盖水池两类水池的净化。它们在去除气溶胶的作用上很相似,但存在气体的成分以及气体进入水池的方式两个明显的区别。这也造成这两种水池对气溶胶的净化机理不同。

严格说来,覆盖水池并不是一个专设安全设施,但它可以像沸水堆的泄压水池一样,能非常有效地减少 MCCI 造成的压力容器外裂变产物释放量。在事故情况下,无论是压水堆还是沸水堆都可能形成覆盖水池。如果在堆芯熔渣进入堆腔时,堆腔内已经形成一个水池,则该水池将覆盖在堆芯熔渣之上。一方面,水池从上部对堆芯熔渣进行冷却,减弱 MCCI 过程;另一方面,MCCI 中产生的气体和蒸汽混合物气泡携带着气溶胶粒子流经水池时,气溶胶粒子滞留在水池中。在携带着气溶胶粒子的气泡和水池处于热平衡时,气溶胶的去除机理是[20]:气溶胶粒子与气泡表面之间惯性作用,对直径大于0.5μm 粒子最有效;气溶胶粒子向气泡表面的扩散作用,对非常小的粒子有效;气溶胶粒子沉积到气泡表面,对直径大于1μm 的粒子很重要。

覆盖水池的净化效率很大程度上取决于水池的深度,还与气泡的大小以及气溶胶粒子的大小有关。相关的研究还表明,如果水池的温度接近饱和温度,净化效率将大大降低[29]。如果覆盖水池处于过冷状态,堆芯熔渣和水池接触面产生的蒸汽在上升过程中会冷凝在水池中，这个过程加强了水池对气溶胶粒子的去除效率。

3. 安全壳放射性剂量

上面说明了不同事故阶段裂变产物从堆芯释放到安全壳的量以及释放的关键影响因素。从这些叙述中可以看出，释放到安全壳的放射性核素的量和堆芯损伤状态直接相关，也与事故序列类型、专设安全设施的动作等事故缓解过程相关。放射性核素一旦释放进入安全壳，可被设置在安全壳内的放射性监测探测器（Containment Radiation Monitor，CRM）监测到。CRM 能及时测量出事故中释放到安全壳内的放射性核素造成的剂量变化。

CRM 监测的是安全壳内总的 γ 照射剂量，并不能分辨是哪种核素造成的。图 10－12给出百万千瓦级核电厂中全部包壳破损后，释放到安全壳的放射性核素引起的剂量变化趋势的理论计算结果[10]。在实际评价中，可以将 CRM 探测器获得的数据和图 10－12 中的理论分析结果比对，从而给出堆芯损伤程度的评估值。

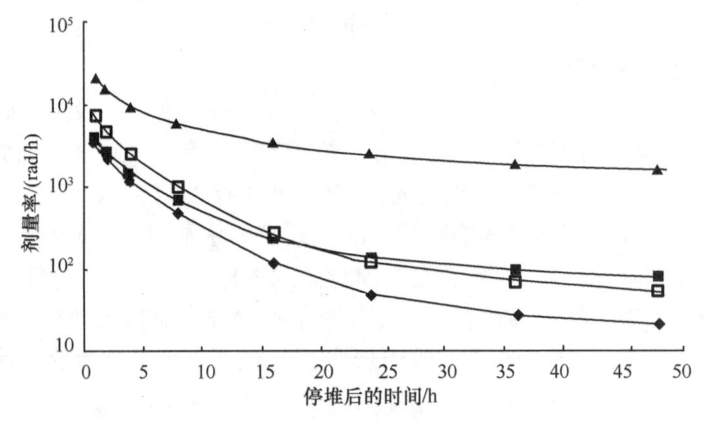

图 10－12　100% 包壳损伤热释放情况下安全壳辐射水平示意图（1rad = 10^{-2}Gy）

—■—高压事故序列，无喷淋；—◆—高压事故序列，有喷淋；

—▲—低压事故序列，无喷淋；—□—低压事故序列，有喷淋。

10.2.5　裂变产物的取样分析

除安全壳放射性监测，对核电厂系统中流体进行取样分析是获得放射性数据的另外一个途径，核电厂中设置的事故后取样系统 PASS 就提供了这个手段。PASS 提供了在堆芯损伤事故条件下从反应堆冷却系统、安全壳地坑、安全壳气空间的放射性流体中取样分析的能力。PASS 是 NUREG-0737 要求的一部分，要求 PASS 的可靠性满足作为一种堆芯损伤评价方法的要求。取样后采用伽马谱或者类似的方法进行分析，从而获得样品中放射性核素的量。

事故后取样系统使用具有一定的局限性：首先，获得一个样品的分析数据，通常需要几分钟甚至十几小时，因此在进行瞬态堆芯损伤分析时，放射性取样测量的数据是不可用的；其次，取样系统的运行也受到诸多因素的限制，例如，取样管线和相关设备的承压能力的限制，如果事故条件下安全壳内压力超过安全壳内气体取样系统的设计压力，就会导致取样分析无法进行。

反应堆冷却剂取样也存在相似的限制。为了取样管线内的流体有一定的速度，必须使取样管两端保持一定的压差，所以取样系统对一回路的最小压力有要求。在一些 LOCA 或一回路系统压力下降的其他事件中，一回路的压力很低，不能满足最小压力要求，就会导致一回路取样系统无法使用。

对于 LOCA，反应堆冷却剂会流入安全壳地坑，因此安全壳地坑水取样分析也可以反映一回路冷却系统的放射性。但是，有一些核电厂的安全壳地坑水取样连接的是低压 ECCS 再循环管线。在堆芯损伤事故发生时，低压应急堆芯冷却再循环系统并不会投入运行。只有在堆芯损伤事故恢复阶段，ECCS 再循环才处于工作状态，此时安全壳地坑水取样分析才起作用。因此，地坑水取样只适合对已经恢复冷却后的堆芯损伤程度进行分析，但此时距发生放射性释放的时刻可能已经过去很长时间。

放射性取样分析的这些局限性，导致西屋公司在升级后的堆芯损伤评价导则 CDAG 中完全放弃了对 PASS 的依赖。

10.2.6 可用于堆芯状态评价参数总结

总而言之，堆芯损伤可以利用堆芯温度测量、安全壳内的氢气监测、安全壳辐射水平监测、事故后取样系统放射性测量等信息源进行综合评价来实现。表 10－9列出了从不同的仪表和取样中得到的用于堆芯损伤诊断和评价的可选方法。

表 10－9 堆芯损伤诊断和评价的可选方法[5]

测量信号	应用目的	说明
堆芯出口热电偶	判断包壳破损和包壳氧化开始	在堆芯过热的初始阶段，大约 1093.3℃时，显示堆芯温度；该参数在堆芯过热的后期不可靠
压力壳水位测量	判断堆芯裸露	有些核电厂的压力壳水位测量系统只能探测到堆芯裸露的开始
源量程监测	判断堆芯裸露	反应堆容器的失水导致 γ 探测水平升高
热端温度测量	判断堆芯裸露	测量的是总的堆芯流体平均温度
安全壳氢监测	判断堆芯损伤	氢气产生和堆芯损伤及氢从一回路释放之间的关系，造成较大不确定性
安全壳放射性监测	判断堆芯损伤	裂变产物从一回路释放以及 CsI 在一回路滞留等原因，造成较大的不确定性
一回路取样	限于堆芯恢复冷却后	如果一回路没有流体，则不能取样；具有很大的不确定性，仅用于计划恢复长期堆芯冷却
安全壳气体取样	堆芯损伤	裂变气体是最好的指标；仅用于计划恢复长期堆芯冷却
安全壳地坑取样	反应堆压力容器破损	具有很大的不确定性；反应堆压力容器破损的诊断对计划恢复长期堆芯冷却有用

10.3 堆芯损伤评价方法

堆芯温度测量、水位测量、安全壳内放射性监测、氢气测量以及取样分析等方法获得的数据都可以用于评价堆芯的状态。将这些参数的监测数据和事故不同阶段的预计值进行比对,可以获得堆芯损伤状态(如包壳损伤或燃料过热)的定性评价,也可以对损伤的份额给出定量的评估。

从前面的分析中可以很容易地看出,采用这些参数进行堆芯损伤评价的机理差别很大,影响的因素也各不相同,评价参数很分散,评价结果也可能很分散。从好的方面讲,这些分散的参数测量为堆芯损伤的评价提供了多种手段,这种多样性,只对整个评价的准确性有利。从不好的方面讲,如果各种参数评价的结果差别很大,有可能增加了最终确认评价结果的难度。

从宏观层面看,一个好的堆芯损伤评价方法应该包括如何综合各种参数评价结果的方法。这对最终得出比较符合实际情况的堆芯损伤评价结果是很重要的。这也是美国西屋公司堆芯损伤评价方法从 CDAM 发展到 CDAG 的主要进步之一。

10.3.1 CDAM 简介

西屋公司为了满足 NRC 在 NUREG-0737 中的要求,在 1984 年建立了事故后堆芯损伤评价方法 CDAM,用于西屋公司的压水堆核电厂[30]。该方法也被国内引进,用于秦山核电厂一厂等。

CDAM 堆芯损伤的评价分为初步评价和详细评价。初步评价采用在线监测仪表监测数据,包括堆芯出口温度、反应堆压力容器水位、安全壳大气中氢浓度和裂变气体辐射监测。初步评价对堆芯损伤情况进行快速判断,具有快速实时的优点。

详细评价依赖事故后取样系统的测量数据,通过分析堆芯放射性物质(表 10-10)的释放份额来确定堆芯的损伤状态[31],给出堆芯的三种损伤状态(采用了 NUREG-0737 中的定义:燃料熔化、燃料过热和元件包壳损伤)的损伤份额评估值。在评价时需要进行堆芯总量计算,并做功率修正。在 CDAM 中,通常需要将堆芯的初步评价方法和详细评价方法联合使用,以便得出更合理、更接近实际的评价结果。

CDAM 产生于 1984 年,处于严重事故研究的起步阶段,人们对严重事故现象认识非常有限。随着对严重事故研究的深入,严重事故机理不断被澄清,严重事故分析手段也不断增加。1999 年,西屋公司提出了一种新的方法 CDAG,用于取代 CDAM。

表 10-10 CDAM 堆芯评价用的核素

核素	半衰期	主要的 γ 能量/keV(产额/%)	主要应用
^{87}Kr	1.27h	403(84),2570(35)	
^{131}Xe	11.8 天	164(2)	包壳损伤燃料过热
^{133}Xe	5.27 天	81(37)	
^{131}I	8.05 天	364(82)	
^{132}I	2.26h	773(89),955(22),1400(14)	
^{133}I	20.6h	530(90)	
^{135}I	6.68h	1140(37),1280(34),1460(12),1720(19)	
^{134}Cs	2.0 年	605(98),796(99)	
^{137}Cs	30 年	662(85)	
^{90}Sr	28 年	(β 发射体)	燃料熔化
^{140}Ba	12.8 天	537(34)	
^{144}Pr	17.27min	695(15)	
^{144}Ce	284 天	—	衰变修正
^{133}Xe	2.26 天	—	
^{132}Te	3.24 天	—	

10.3.2 TECDOC-955 简介

IAEA 的技术报告 TECDOC-955[8](反应堆事故过程中确定防护行动的通用评价规程)给出一系列技术规程,这些规程可用于确定事故状态下公众需要采取的防护行动或者用于控制应急工作人员的受照剂量,整体定义为事故评价规程(图 10-13)。其中:采用控制室仪表读数和其他可观测的信息,评价电厂的状态,确定风险和潜在放射性释放的特性;采用操作干预水平(Operational Intervention Levels,OIL),评价环境数据,而这些数据直接来自现场的测量仪表。默认的 OIL 是根据严重事故的特征提前计算。在获得了充分的环境样品分析数据之前,默认的 OIL 作为一个基础,评价环境数据和采取的防护措施;在获得充分的样品分析数据后,对 OIL 进行评估和更新。整个过程中,快速评价数据、迅速确定防护措施。

在 TECDOC-955 中,SECTION A 电厂状态评价的第 A2 部分,包括了评价堆芯和燃料水池损伤的四个规程。其中,前三个用于评价堆芯损伤:A2a 根据堆芯裸露时间长度评价堆芯损伤;A2b 根据安全壳放射性水平评价堆芯损伤;A2c 根据冷却剂放射性核素的浓度评价堆芯损伤。

A2a ~ A2c 可分别给出堆芯损伤评价结果,TECDOC-955 中没有考虑综合这三种评价信息,也没有给出相关的建议。

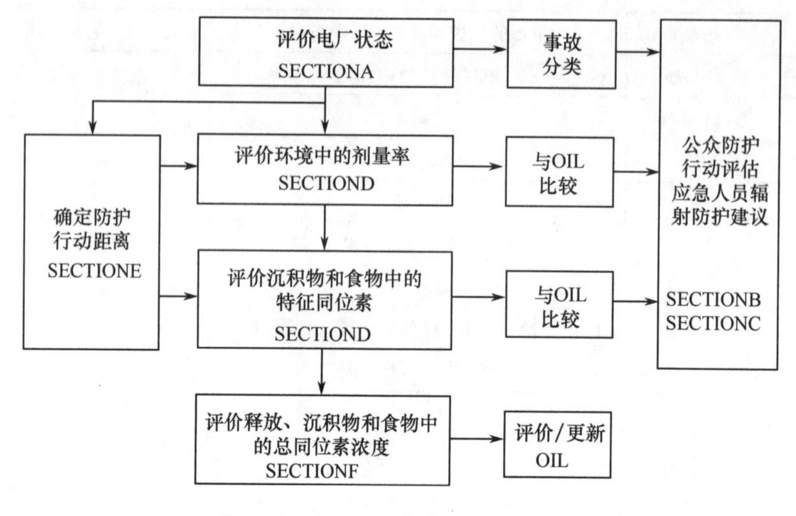

图 10－13　事故评价过程

10.3.3　SESAME 简介

SESAME 是由法国 IRSN 经过多年的研究编制而成一套软件程序，帮助应急响应人员对事故进程及其相关的放射性释放进行评价计算。SESAME 能够根据反应堆实时状态快速分析和预测源项，为后续的事故后果评价提供更为准确、现实的源项。

SESAME 利用获取的实时监测参数以及核电厂固有的运行和设计参数，完成一系列复杂的热工水力过程和放射性物质迁移计算。SESAME 包括 7 个程序模块，考虑了安全壳内一回路破口和蒸汽发生器传热管破裂 SGTR 两类事故序列，各模块的功能以及各模块之间的先后调用关系和所在事故序列中的位置如图 10－14[32] 所示。

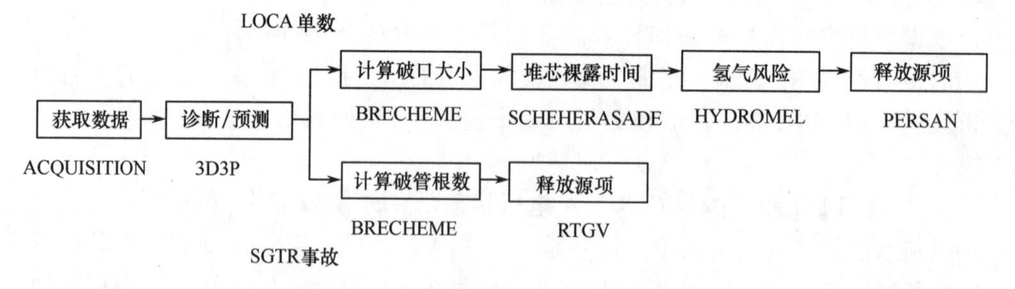

图 10－14　SESAME 系统功能及其模块

在 SESAME 源项释放评估模块 PERSAN[33] 中，通过安全壳的剂量监测值和理论计算值的对比，获得堆芯损伤状态的评估值（包壳损伤份额或燃料熔化份额）。

在评估中简单地假设裂变产物从燃料瞬时释放到安全壳,没有考虑裂变产物在一回路的滞留,也没有考虑喷淋等对裂变产物去除的机制。

10.3.4 CDAG 简介

在 20 世纪的 90 年代末,西屋公司对 CDAM 进行了升级换代,开发了 CDAG[5]。和 CDAM 相比,CDAG 完全取消了对事故后取样系统的依赖,只采用电厂的监测数据,具有快速及时的特点。CDAG 考虑了严重事故的研究成果,特别是对有关裂变产物行为和堆芯损伤事故过程的认识,例如,事故序列(区分高压/低压)对裂变产物释放的影响,气溶胶和氢气在一回路的滞留等。从放射性释放的角度考虑,取消堆芯熔化这一损伤分类,最终用三种堆芯损伤分类取代了四种分类的方法,即堆芯无损伤、包壳损伤、燃料过热损伤。CDAG 在评价中还考虑了专设安全设施(如安注、喷淋等)以及其他干预对评价结果的影响。

CDAG 评价方法并不是简单地改进 CDAM,而是一种完全革新。它采用一个简捷、综合评价的过程,加强了整个过程的逻辑性,消除了 CDAM 因不同参数的评价结果差异很大所造成的不确定性。

CDAG 的基本评价按照确定电厂状态→详细评价→确认→结果报告→确定电厂状态 5 个基本步骤进行。其中,详细评价分为包壳损伤和燃料过热两个部分。包壳损伤/燃料过热的评价流程基本相似,如图 10-15 所示。

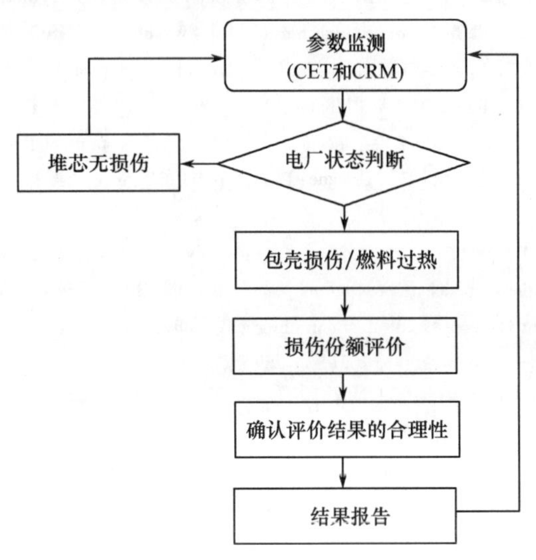

图 10-15 堆芯损伤评价导则 CDAG 执行流程

CDAG 评价只采用堆芯出口温度(CET)和安全壳放射性剂量(CRM)两个参数,而其他的参数(安全壳氢浓度、压力壳水位、热端温度以及源量程监测等)作为确认参数。

参 考 文 献

[1] Nuclear Regulatory Commission. Clarification of TMI action plan requirements[R]. Washington: NRC, NUREG-0737,1980.

[2] Nuclear Regulatory Commission. Clarification of TMI action plan requirements: requirements for emergency response capability[R]. Washington: NRC, NUREG-0737, 1983.

[3] 国家环保总局. 核电厂事故应急管理条例[S]. 北京, HAF002,1993.

[4] 国家环保总局. 核电厂营运单位的应急准备和应急响应[S]. 北京,HAF002/01,1998.

[5] Lutz Robert J. Westinghouse owners group core damage assessment guidance[R]. Pittsburgh: Westinghouse Electric Corporation, WCAP-14696-A, 1999.

[6] Henry R E. Severe accident management guidance technical basis report, volumes 1 and 2[R]. USA: Electric Power Research Institute, EPRI TR-101869, 1992.

[7] Nuclear Regulatory Commission. Criteria for preparation and evaluation of radiological emergency response plans and preparedness in support of nuclear power plants[R]. Washington: NRC, NUREG-0645, 1980.

[8] 史晓磊. 秦山Ⅱ期核电厂堆芯损伤评价系统源项预测模型改进和验证[D]. 北京:中国原子能科学研究院,2012.

[9] IAEA. Generic assessment procedures for determining protective actions during a reactor accident[R]. Vienna: IAEA, IAEA-TECDOC-955, 1997.

[10] Soffer L, Burson S B, et al. Accident source terms for light-water nuclear power plants[R]. Washington: NRC, NUREG-1465, February, 1995.

[11] Berna G A, Beyer C E, Davis K L. FRAPCON-3: a computer code for the calculation of steady-state, thermal-mechanical behavior of oxide fuel rods for high burnup[R]. Washington: NRC, NUREG/CR-6534, 1997.

[12] Bixler N E. VICTORIA2. 0: a mechanistic model for radionuclide behavior in a nuclear reactor coolant system under severe accident conditions[R]. Washington: NRC, NUREG/CR-6131, December, 1998.

[13] Missirlian M, et al. SOPHAEROS 2. 0: development and validation status of the ipsn reactor coolant system code for fission product transport[C]. Cologne: Proc. 3rd OECD Specialist Meeting on Nuclear Aerosol in Reactor Safety, 1998.

[14] Kajimoto M, et al. ART Mod2: a computer code for the analysis of radionuclide transport and deposition under severe accident conditions- model description and user's manual[R]. Tokyo: JAERI, 1995.

[15] Alsmeyer H, Albrecht G, Fieg G, et al. Controlling and cooling core melts outside the pressure vessel[J]. Nuclear engineering and design, 2000, 202(2): 269 – 278.

[16] Cole R K, et al. CORCON-MOD2: a computer program for analysis of molten-core concrete interactions[R]. Washington: NRC, NUREG/CR-3920, 1984.

[17] Powers D A, et al. VANESA: a mechanistic model of radionuclide release and aerosol generation during core debris interaction with concrete[R]. Washington: NRC, NUREG/CR-4308, 1986.

[18] Murara K K, et al. User's manual for CONTAIN 1. 1 : a computer code for severe nuclear reactor accident containment analysis[CP]. Washington: NRC, NUREG-5026, 1989.

[19] Gauntt R O, et al. MELCOR computer code manuals, volume 1: primer and user's guide; volume 2: reference manual, version 1. 8. 5[CP]. Washington: NRC, NUREG/CR-6119, Rev. 2, October, 2000.

[20] Allelein H J, Bestele J, Neu K, et al. Severe accident code ASTEC development and validation[C]. Paris: EUROSAFE Conference,1999.

[21] Sugimoto J, et al. Short overview on the definitions and significance of the late phase fission product aerosol/vapour source[R]. Paris:OECD, No. NEA-CSNI-R-1994-30, 1994.
[22] CSNI R. Level 2 PSA methodology and severe accident management [R]. Paris: OECD, OCDE/GD (97), 1997.
[23] Vendel J, et al. Modelling of the aerosol deposition in a hydrogen catalytic recombiner[C]. Winnipeg:Proc. of the OECD/NEA/CSNI Workshop on the Implementation of Hydrogen Mitigation Techniques, 1996.
[24] OECD Nuclear Energy Agency. High-pressure melt ejection (HPME) and direct containment Heating (DCH) [R]. Paris: OECD, NEA/CSNI/R (96) 25,1996.
[25] Lutz R J. Westinghouse owners group severe accident management guidance validation[R]. Pittsburgh: Westinghouse Electric Corporation, Nuclear Technology Division, 1994.
[26] Nuclear Regulatory Commission. Final safety evaluation report to certification of the AP1000 standard design [R]. Washington: NRC, NUREG-1793, Initial Report, 2004.
[27] Powers D A, Burson S B. A simplified model of aerosol removal by containment sprays[R]. Albuquerque: Sandia National Laboratories, NUREG/CR-5966, SAND92-2689,1993.
[28] Powers D A. A simplified model of aerosol scrubbing by water pool overlaying core debris interacting with concrete[R]. Albuquerque: Sandia National Laboratories, SAND92-1422, 1997.
[29] Suckow Dehbi D. Aerosol retention in low-subcooling pools under realistic accident conditions[J]. Nuclear Engineering and Design, 2001, 203.
[30] Watts Bar Nuclear Plant. Post accident core damage assessment methodology[R]. USA: Watts Bar Nuclear Plant, PACDAM-WBN-001, 1994.
[31] 何忠良,赵纾. 事故后的堆芯损伤评价方法和程序[R]. 北京,中国核科技报告,1993.
[32] 冯君懿,等. SESAME 源项分析程序的应用与研究[J]. 科技导报,2006,24(07):61-64.
[33] COGEZ E. PERSAN GNP 3.3: description of physical models[CP]. CEA, DPEA/SECRI/SESAME 3.0 PERSAN GNP 3.3/DMP 1.1, 2002.

第11章
严重事故管理导则

11.1 简　介

核安全的目标在于减少导致放射性物质向厂外泄漏事故的概率,并在万一发生此种事故时减轻其后果,限制放射性危害的扩展。在技术上,应采取一切合理可行的措施防止核电厂事故,并在一旦发生事故时减轻其后果。为此,轻水堆核电厂通常在设计上采取多道屏障来防止放射性产物向大气环境的释放,即燃料基体、燃料包壳、RCS压力边界和安全壳。在设计与运行管理上,轻水堆核电厂充分考虑了纵深防御的概念,即提供多层次的防御(固有特征、设备和规程),旨在防止事故的发生并确保一旦不能防止时仍有合适的保护。虽然从设计上看核电厂已经相当多的保护与安全措施,但目前的技术还不能完全消除核电厂事故的发生。特别是三哩岛核电厂事故与切尔诺贝利核电厂事故以及福岛核电厂事故的发生,更是现实而深刻的例子,使人们深刻认识到核安全的重要性,必须对事故,特别是严重事故进行更多的抵御考虑。

防止核电厂事故演变成恶劣后果的管理方式主要是基于纵深防御思想的事故管理政策。如图11-1所示,第一层防御的目的是防止偏离正常运行和防止系统故障。第二层防御的目的是探知和截断对正常运行状态的偏离,以期防止预计运行事件上升为事故工况。就第三层防御而言,前提是假定上一层防御也许没有阻止某些预计运行事件或假想始发事件升级而发展成了比较严重的事件。第四层防御的目的是处理也许会超过设计基准的严重事故,并确保放射性释放量维持在尽可能低的水平。这层防御的最重要目的是保护上述的包容功能。这可以通过能阻止事故发展的补充措施和规程,以及缓解某些严重事故的后果措施,再加上事故管理规程来实现。第五层也是最后一层防御的目的,是缓解事故工况下可能释放出的放射性物质的放射性后果。这要求提供一个设备齐全的应急控制中心以及厂内应急计划与厂外应急计划[1,2]。

事故管理是核电厂运行人员处理机组事故及限值事故后果的重要工具,也是

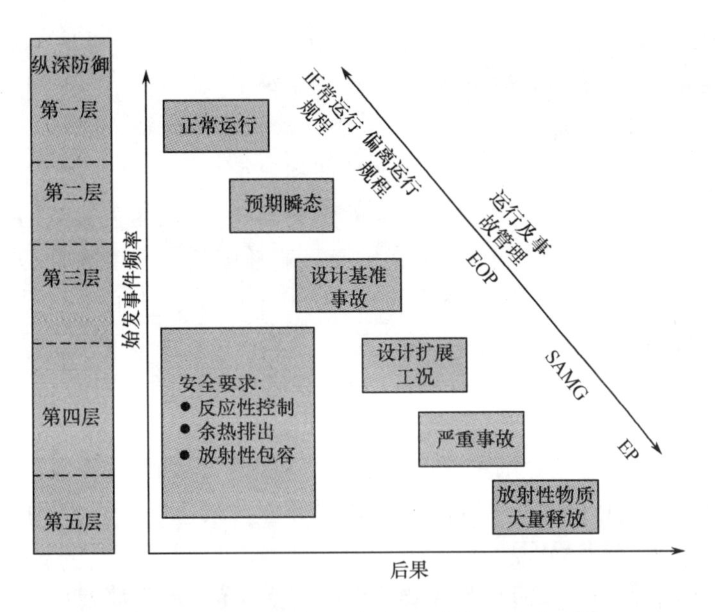

图 11－1　纵深防御与事故、事故管理的关系[2]

纵深防御体系中保证核电厂安全的重要组成部分。核电厂运行人员在核电厂事故处理中扮演着重要的角色,他们处理突发事故的能力直接关系到核电厂安全。图 11－2给出了轻水堆核电厂严重事故进程下,不同的严重程度阶段与事故管理的负责实体、采用规程或导则。现有核电厂应付事故方面有事故应急运行规程(Emergency Operating Procedures,EOP)和应急计划,但是对严重事故缺乏有效的"预防与缓解"措施,EOP 与 EP 之间缺乏清晰定义、无间断的过渡规程。因此,需要设计一套有效预防与缓解严重事故的策略,作为严重事故条件下的事故管理指导。这就是严重事故管理导则的主要作用。

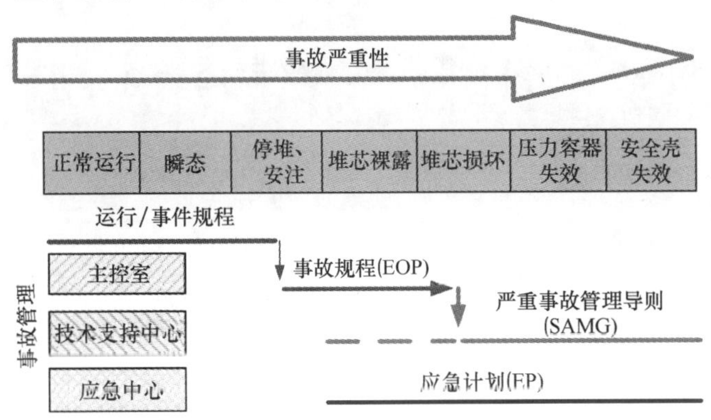

图 11－2　事故严重性与事故管理

核电厂严重事故管理的基本目标[3-5]:必须采取合理的方法,降低包括堆芯损坏在内的严重事故发生的概率;一旦发生严重事故,必须能够缓解严重事故造成的后果。严重事故管理导则是在严重事故下用于主控室和技术支持中心(Technical Support Centre,TSC)的可执行文件,是较为完整的、一体化的针对严重事故的指导性管理文件(而不是具体实施的规程)。严重事故管理导则不同于一般的事故应急运行规程。EOP 的执行是根据规程的诊断和要求一步步执行的,而严重事故管理导则因包含的事故对策可能具有很大的负面影响,采取相关对策前需要进行分析和评价,有时甚至需要外部技术人员的支持。考虑到严重事故管理导则采取的对策与现场直接相关,严重事故管理导则主要由技术支持中心中有操纵员授权资格的人员执行,其他岗位的人员提供支持。SAMG 虽然与 EOP 不同,但整体上都是属于事故管理的内容,只是各自负责的事故应对的范围不同而已。如图 11-1 和图 11-2 所示,EOP 侧重于预期运行事件和设计基准事故,涉及小部分超设计基准事故,而严重事故管理导则主要应付超设计基准事故及严重事故。通常 EOP 与 SAMG 之间建立一定的过渡接口,即依靠某些定量化的入口/出口准则来判断应该进入或退出 EOP(或 SAMG)。

严重事故管理导则是防止与缓解核电厂严重事故、减少放射性物质向环境大量释放的重要防御管理手段,所以世界上大部分有核国家都立法要求核电厂在设计上需要考虑严重事故管理。目前,国外核电发达国家如美国、法国、英国、韩国、加拿大、日本以及俄罗斯等都发展了相应的核电厂严重事故管理导则[5-10],国内的大亚湾核电厂、岭澳核电厂、秦山二期核电厂等也开发了相应的严重事故管理导则[11,12]。其中,美国西屋公司用户集团的 WOG-SAMG(Westinghouse Owner Group SAMG)是在结合国外较新的压水堆核电厂严重事故研究成果的基础上产生的一套适用于各类压水堆核电厂的通用指导性、框架性文件,具有技术先进、逻辑性强、功能体系完整等优点,具有一定代表性和参考意义,本章介绍 SAMG 的框架结构和内容时主要参考了 WOG-SAMG 的特点[6,8,12,13]。

11.2 SAMG 概述

11.2.1 目标

主要目标[6]如下:

(1) 终止堆芯损坏过程,使堆芯回到可控稳定状态。

(2) 尽可能维持安全壳的完整性,或使安全壳回到可控稳定状态。

(3) 将厂外的裂变产物释放减到最小。

次级目标:减少裂变产物释放到环境,增加设备与仪表的可用性。

11.2.2 原则

严重事故管理导则主要基于核电厂本身特征以及事故状态来决策采用哪种措

施以预防及缓解事故后果，开发严重事故管理导则时应考虑以下原则[12]：

(1) 基于电站征兆。

(2) 基于电站现有的设备与仪表。

(3) 一般不要求现有设备升级。

(4) TSC 对 SAMG 有优先权。

(5) 入口条件：发现堆芯损坏。

(5) 进入 SAMG，不再同时执行 EOP。

(7) 当达到电厂可控稳定状态后退出 SAMG。

(8) 需要对每个策略的负面影响进行评价。

(9) 要求 SAMG 简单、易操作(人员心理处于高度压力下)。

(10) 优先考虑修复失效的设备。

11.2.3 范围

严重事故管理导则为缓解事故的决策流程提供以下指导：

(1) 基于电站征兆，使用电站可测量的参数进行诊断。

(2) 反应行动的优先排序。

(3) 评估设备的可用性。

(4) 评价缓解策略对电站的负面影响，包括对缓解负面影响的补充措施。

(5) 决定是否投入可用设备。

(6) 决定预投入的策略的有效性。

(7) 投入缓解策略后的长期监测与管理。

11.2.4 决策流程

严重事故管理导则的决策流程可以大致用图 11-3 来说明：通常严重事故管理导则中优先考虑将厂外的裂变产物释放减到最小，所以如果放射性物质包容边界有损坏的威胁，是需要及时处理的。图 11-3 中，左边的决策主要解决放射性物质包容边界的损坏威胁问题，右边的决策主要解决把电厂带到可控稳定状态(如反应性得到控制、堆芯余热有效排出等)。

11.2.5 分析

对某一个特定核电厂开发严重事故管理导则，通常分为三个阶段来进行：①建立该核电厂的严重事故数据库；②发展适合该核电厂实施的严重事故管理导则；③对严重事故管理导则的全面审查、确认生效。在上述各个阶段，都离不开论证分析，即初步分析、详细分析、验证分析与生效。开发严重事故管理导则所需的分析工作可以归纳为下列 5 类[4]：

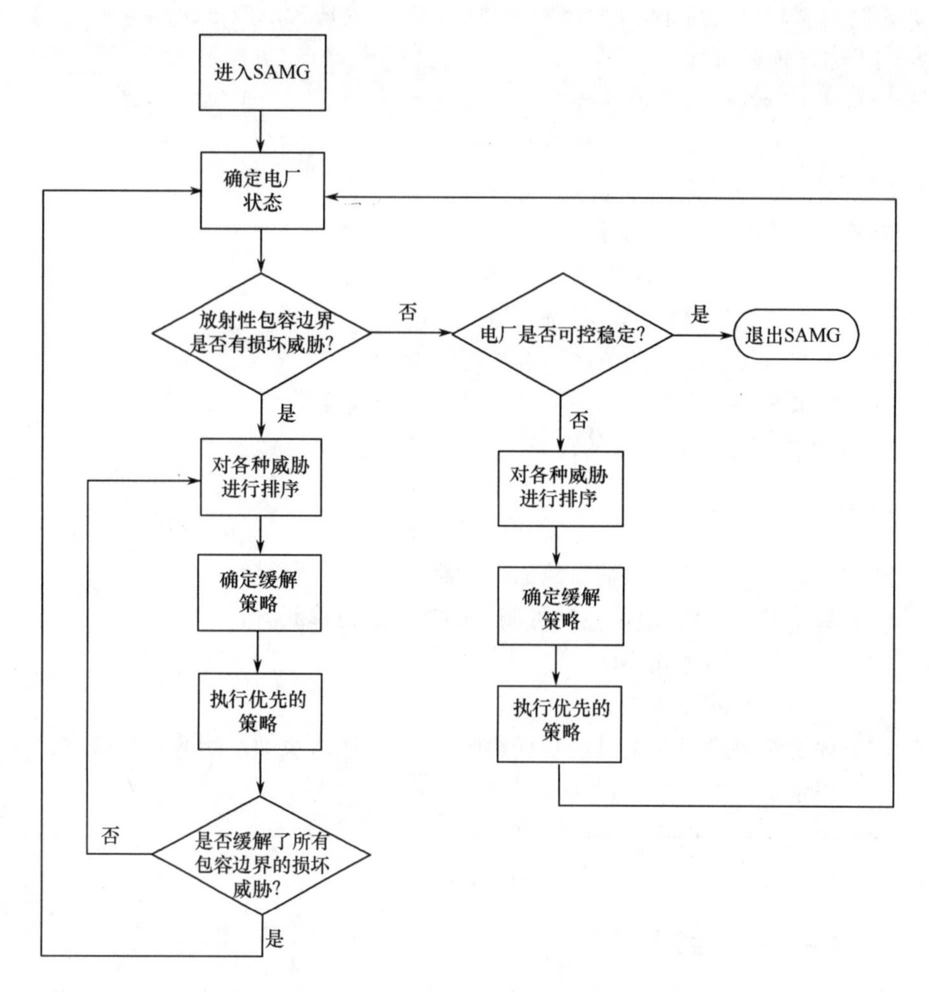

图 11-3　严重事故管理导则的决策流程

(1) 对系统的设计及其执行能力进行分析评价。针对在可能发生的严重环境下系统的设计是否满足执行其安全功能。另外,还要考虑到设计的系统可能在严重事故环境下有所恶化的影响。

(2) 需要对每个严重事故管理策略进行分析,充分考虑各个策略之间可能发生的相互影响。例如,堆腔淹没策略可能会增加安全壳内的蒸汽产量,因而影响安全壳排放策略的实施时间。

(3) 开展计算辅助分析,支持诊断和重要参数定值,如开展氢气燃烧的敏感性分析、安全壳水灾分析等。

(4) 开展分析,以减少厂外公众在事故中实施事故管理行动带来的后果。

(5) 分析电厂可能需要的改造。在某些情况下,如果系统的改造能对事故管理带来明显好处,是可以考虑的。例如,对监测系统的改造,可以更好监测安全壳内氢气浓度、延伸安全壳压力监测仪表的压力监测范围等。最终决定是否需要进行改造,需要权衡严重事故管理导则的必要性与经济性。由于发生严重事故的概率极低,没有必要在严重事故缓解措施的建造上付出昂贵的代价。在对付严重事故时应该利用好核电厂的现有设备,在可接受的成本范围内对其进行改造,以达到较好的安全效果。

11.3 逻辑框架

严重事故管理导则包括严重事故主控室导则(Severe Accident Control Room Guideline,SACRG)、严重事故导则(Severe Accident Guidance,SAG)和严重威胁导则(Severe Challenge Guidelines,SCG)三个主要部分[6],它们是根据对人因考虑的深入调查、与应急运行规程接口、场区应急计划、可能的高等级的严重事故响应、堆芯损坏后大部分措施可能的正面和负面影响以及严重事故进程确定的。

严重事故管理导则的总体逻辑结构如图 11 - 4 所示。严重事故管理导则的使用人员主要分为主控室操纵员和技术支持中心(TSC)人员。

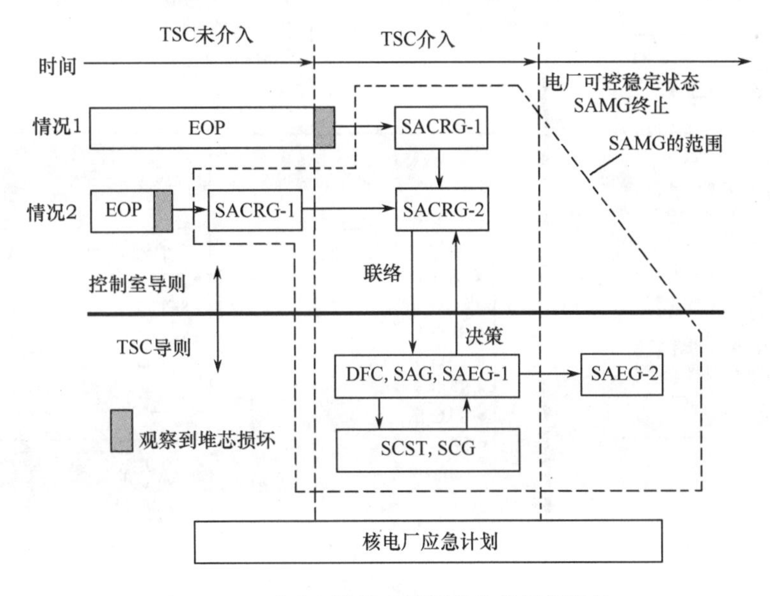

图 11 - 4　严重事故管理导则的总体逻辑结构

主控室使用部分包括 TSC 人员未到达岗位时的初始响应导则(SACRG-1)和 TSC 人员到位后的处理导则(SACRG-2)。在 TSC 人员尚未到达岗位时,导则 SACRG-1 采取的主要行动仍是 EOP 中的主要策略,例如对 RCS 采用"注水—排放"策略,以缓解堆芯快速恶化。在 TSC 人员到达岗位后采用 SACRG-2,主要行动是帮助 TSC 人员监测电厂参数,并执行 TSC 下达的各项行动指令。

TSC 人员使用的导则包括初始阶段严重事故的诊断流程图(Diagnostic Flow Chart, DFC)和处理导则 SAG、安全屏障受到严重威胁时的诊断(严重威胁状态树(Severe Challenge Status Tree,SCST))和严重威胁导则 SCG、严重事故缓解后的长期监督(Severe Accident Exit Guidelines,SAEG-1)和出口导则(SAEG-2)。此外,计算辅助(Computational Aids,CA)是提供给 TSC 人员辅助了解电厂的状态并引导人员选择、执行合适的策略。

从事故发展的时间上看,可以分为 TSC 未介入和 TSC 介入两个阶段。EOP 与 SAMG 之间有清晰的过渡接口,场内应急计划与 SAMG 之间的接口则不那么清晰,两者的工作职责相对独立。

11.4 主控室严重事故管理导则

如图 11-5 所示,主控室严重事故管理导则包括《使用部分包括 TSC 人员未到达岗位时的初始响应导则(SACRG-1)》和《TSC 人员到位后的处理导则(SACRG-2)》两个分导则,具体使用哪个导则取决于技术支持中心的准备状态。

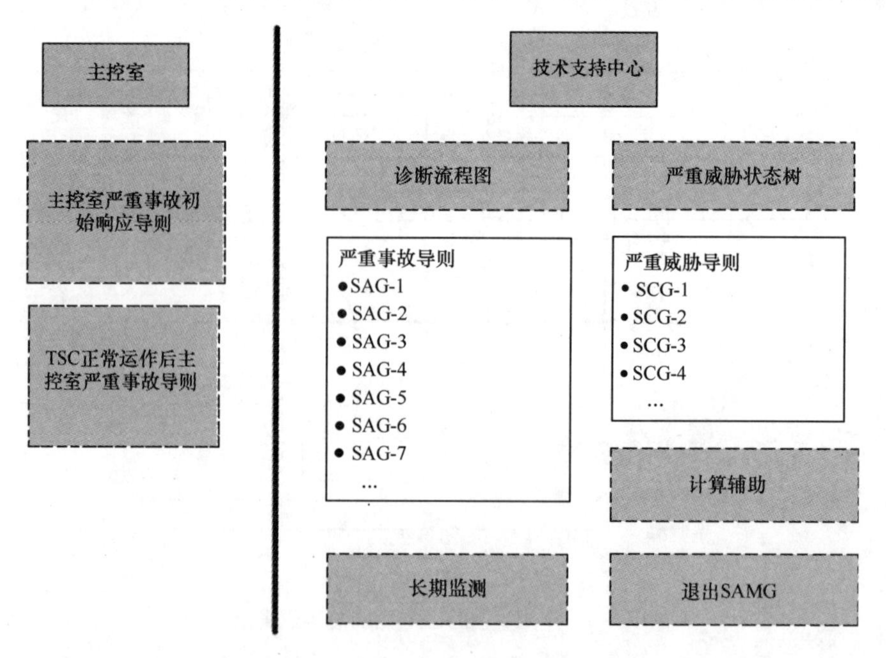

图 11-5 主控室、技术支持中心的责任分工

SACRG-1 是主控室从应急运行规程转到严重事故管理导则的入口。当堆芯出口温度高于 650℃,以及《极限事故堆芯监视规程》(U1 规程)中堆芯冷却行动失败、堆芯出口温度没有下降趋势时(即堆芯有损坏的危险),根据反应堆当班值班长的决定,从 U1 规程和《使用 U 规程时之监督程序》(SPU 规程)进入 SACRG-1

(图 11 -4 中的情况 1)[11,12]。在进入 SACRG-1 之后,主控室首先执行一些需要立即执行的操作,然后检查 TSC 的准备状态。如果堆芯损坏发生得很快,例如,冷却剂管道发生较大破口而丧失冷却剂(Loss Of Coolant Accident,LOCA)或发生未能紧急停堆的预期瞬态(Anticipated Transients Without Scram,ATWS)下,TSC 人员可能还没有为提出相关建议做好准备,那么主控室将执行 SACRG-1 的后续步骤(图 11 -4中的情况 2)。若确认 TSC 此时已就位并准备好向主控室人员提供缓解严重事故的指导,则主控室进入 SACRG-2 进行相关操作。

SACRG-2 指导主控室人员与 TSC 人员就严重事故管理策略的相关信息进行沟通。考虑到主控室人员具备的专长能力,例如,非常了解电厂情况、更容易识别设备的可用性以及确定相关的系统配置,应鼓励 TSC 人员与主控室人员多沟通以了解电厂实况。此外,SACRG-2 指导主控室人员开展以下活动[12]:

(1) 监测缓解策略实施的支持条件。

(2) 监测仪表的可用性及其读数,传递给 TSC 用于评估电厂状态。

(3) 监测关键电厂参数的变化趋势,对于非预期变化,向 TSC 发出警告。

(4) 评估设备的状态及其可用性。

(5) 识别可能的设备组合,从而满足 TSC 严重事故管理的需求。

(6) 监测电厂状态,确保已采取的操作不会导致电厂状态发展到非预期状态。

11.5 TSC 严重事故诊断

按照严重事故严重性及 TSC 使用导则的次序来分类,TSC 采用诊断流程图(DFC)和严重威胁状态树(SCST)两个重要手段进行严重事故诊断。

DFC 是诊断电厂状态、判断电厂是否达到可控稳定状态以及对安全壳裂变产物边界的可能威胁进行早期诊断的主要手段,DFC 可以根据参数是否超出设定的阈值决定进入哪个严重事故导则 SAG 进行事故处理。在严重事故进程中,DFC 对一些关键参数进行监测和控制。每一个 DFC 参数都需要定期监测,直到所有参数达到设定值,此时电厂达到了可控稳定状态。DFC 中监测的参数包括蒸汽发生器(Steam Generator,SG)水位、RCS 压力、堆芯温度、安全壳水位、厂区边界释放、安全壳压力和安全壳内氢气浓度[6,12]。

表 11 -1 给出了 TSC 诊断流程图的监测参数说明。图 11 -6 给出了 DFC 顺序监测的关键参数以及判断进入哪个 SAG 的流程说明。

SCST 是在诊断安全壳裂变产物边界直接的、严重的威胁时使用的主要手段。SCST 确定了在严重事故下所有可能出现的电厂状态的严重威胁,并决定进入哪个 SCG 缓解事故后果。相对于 DFC,SCST 用于监测更严重的电厂状态。SCST 中的参数需要经常监测,确认是否已经发展成一种严重威胁。在使用 DFC 同时,也要进行 SCST 参数的监测。如果 SCST 中的一个参数达到了整定值,DFC 中的所有行动都暂停,直到 SCST 中的威胁已经处理。

SCST 中监测的参数包括裂变产物释放、安全壳压力、安全壳内氢气浓度和安全壳真空度。

表 11－2 给出了 TSC 严重状态威胁树(SCST)的监测参数说明。

表 11－1 TSC 的 DFC 监测参数[12]

参数	主要目的	测量方法
SG 水位	①确定是否有 RCS 热阱可用; ②确定 SG 传热管蠕变断裂是否为关注对象; ③缓解从故障 SG 或泄漏 SG 传热管的裂变产物释放	①宽量程 SG 水位; ②窄量程 SG 水位
RCS 压力	①确定向 RCS 注水的能力; ②确定 HPME 是否为关注对象; ③确定在 RCS 中是否有不可控的开口	①宽量程 RCS 压力; ②稳压器压力; ③安注箱压力; ④安全注射总管压力; ⑤《CA-1,再淹没堆芯所需的注水流量估算》
堆芯温度 (RCS 温度或反应堆压力容器水位)	确定堆芯是否被水淹没	①堆芯出口热电偶; ②热管段/冷管段 RTD; ③过冷裕度监测器; ④反应堆压力容器水位; ⑤源量程探测器; ⑥中间量程探测器; ⑦功率量程探测器
安全壳水位	①确定设备和仪表是否被淹没; ②确定 ECCS 是否能以再循环模式运行; ③如果发生 RPV 失效,确定堆芯是否可冷却	①安全壳再循环地坑水位; ②PTR 水箱水位; ③《CA-5,安全壳水位与容积估算》
厂区边界释放	确定是否希望缓解释放	①安全壳排气辐射监测器(卸压排气活度); ②主蒸汽管线辐射监测器; ③反应堆厂房伽马剂量监测器; ④辅助厂房剂量监测器
安全壳压力	①确定超压或负压是否威胁安全壳; ②确定安全壳大气是否为蒸汽惰性状态	①安全壳压力; ②宽量程安全壳压力; ③《CA-6,向安全壳重力注水》
安全壳氢气浓度	确定氢气燃烧是否威胁安全壳	①安全壳氢气监测器; ②《CA-3,安全壳内氢气可燃性判断》

表 11-2　TSC 的 SCST 监测参数[12]

参数	主要目的	测量方法
厂区边界释放	确定裂变产物释放是否超过场外应急水平	①安全壳排气辐射监测器(卸压排气活度); ②主蒸汽管线辐射监测器; ③反应堆厂房伽马剂量监测器; ④辅助厂房剂量监测器
安全壳压力	确定超压或负压是否威胁安全壳	①安全壳压力; ②宽量程安全壳压力
安全壳氢气	确定氢气可燃性是否威胁安全壳	①安全壳氢气监测器; ②《CA-3,安全壳内氢气可燃性判断》

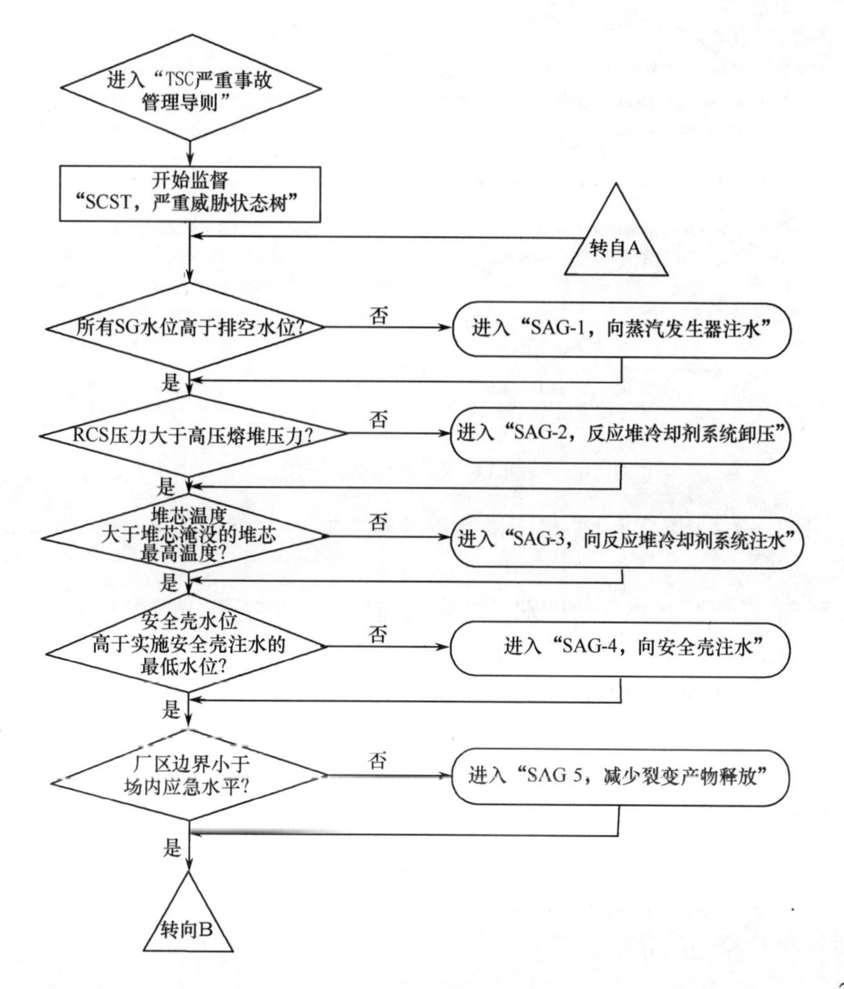

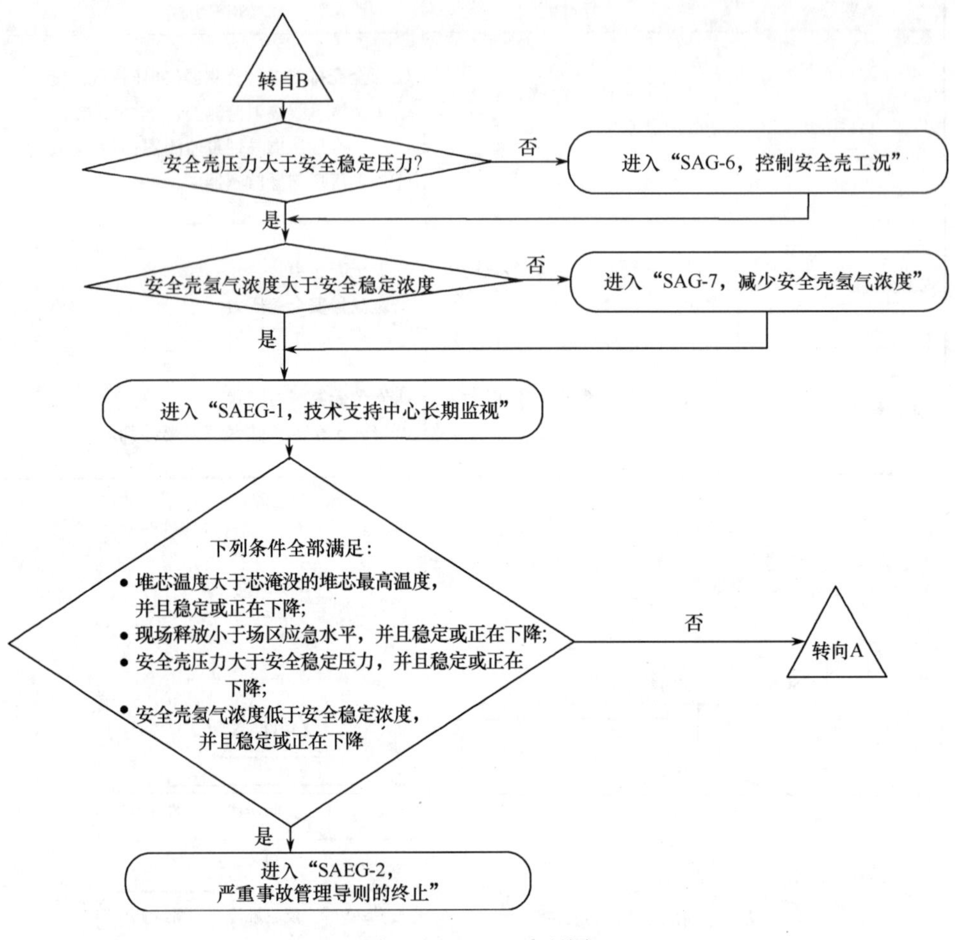

图 11－6　DFC 流程图

图 11－7 给出了 SCST 顺序监测的关键参数以及判断进入哪个 SCG 的流程说明。

SCST 与 DFC 最主要的区别是策略实施的迫切程度不同。在 DFC 中,需要评估策略的正、负面影响,从而确定是否实施和实施哪些策略;而在 SCST 中,如果不实施策略,短期内裂变产物边界将可能被破坏,因此如果 SCST 参数超限,必须立即实施最合适的可用策略。

DFC/SCST 参数的优先级顺序的确定依据是对安全壳裂变产物边界的威胁、威胁发生的速度、在事故过程中威胁可能发生的时间以及可用于干预的时间的综合考虑。在通常情况下,SCST 优先级别高于 DFC,当严重事故发生并且 TSC 人员到达岗位后,应同时执行 DFC 和 SCST 诊断图,如果 SCST 中有关参数超出阈值,则先执行 SCG 系列的导则。

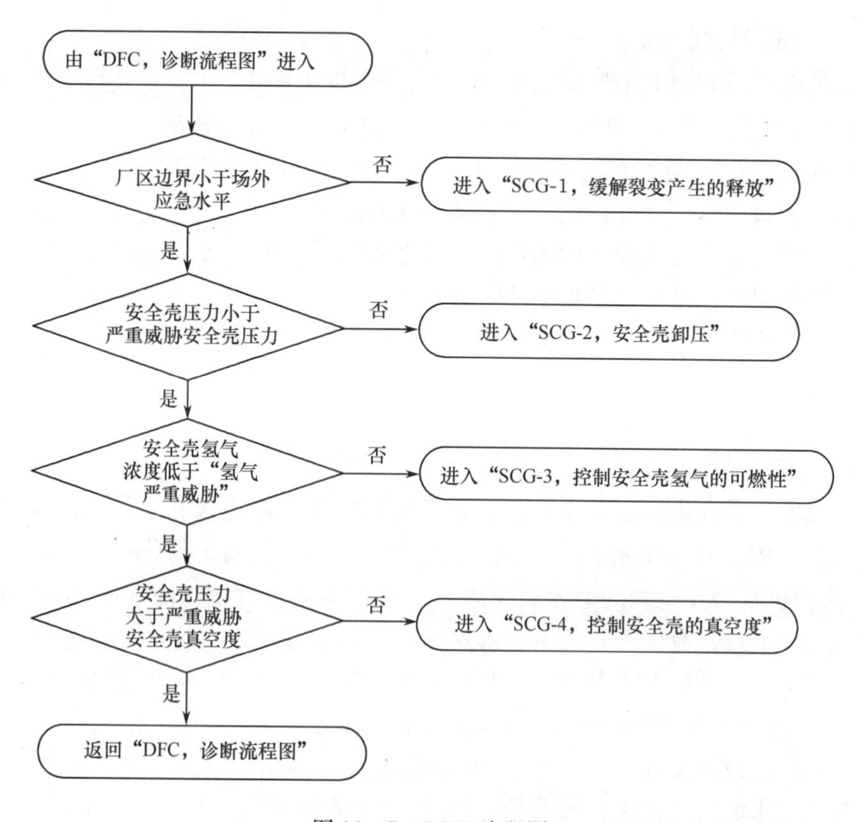

图 11－7　SCST 流程图

11.6　TSC 严重事故管理导则

根据严重事故严重性及 TSC 使用导则的次序来分类，严重事故管理导则也可以分为初始阶段的严重事故导则（SAG）及诊断流程图（DFC）、安全壳屏障受到严重威胁导则（SCG）及严重威胁状态树（SCST）两类。

11.6.1　SAG

诊断流程图决定进入哪个 SAG 中处理事故。一般涉及的严重事故管理策略包含在 7 个 SAG 中[6,11,12]：

（1）SAG-1：向蒸汽发生器注水。

（2）SAG-2：反应堆冷却剂系统卸压。

（3）SAG-3：向反应堆冷却剂系统注水。

（4）SAG-4：向安全壳注水。

（5）SAG-5：减少裂变产物释放。

（6）SAG-6：控制安全壳状态。

(7) SAG-7:减少安全壳氢气浓度。

有的电站还有第8个导则:SAG-8对安全壳地坑的淹没[6]。上述几个导则的启动有先后顺序,但也允许同时执行几个导则的相关对策和行动。

上述每个SAG导则都帮助TSC人员回答以下4个重要问题:

(1) 在目前电厂实际情况下实施某个策略可能吗?

(2) 实施策略可能的正面和负面影响之间的平衡是什么?

(3) 如何确认策略已经被成功实施?

(4) 策略实施相关的长期关注的是什么?

上述几个严重事故导则是根据严重事故发展过程和对电厂可能造成的后果程度来排列顺序的。

1. 向蒸汽发生器注水(SAG-1)

蒸汽发生器在事故过程中执行非常重要的功能。在正常和事故工况下,蒸汽发生器设计用于为RCS提供一个热阱。并且,由于二次侧大部分位于安全壳外,SG传热管也视为安全壳的边界。在严重事故中向蒸汽发生器注水的好处:第一,注入的水可通过自身的显热及汽化潜热排出RCS能量;第二,注水可保持传热管冷却,避免由于一次侧高温气体加热传热管造成的破裂;第三,如果发生传热管破裂,水覆盖破口可洗涤一次侧释放的裂变产物(堆芯损坏后,这种释放可能很显著)。

能向蒸汽发生器注水的泵很多,如辅助给水泵、主给水泵、消防水泵和移动式注水泵等。水源则可能来自辅助给水箱、消防水或临时水源等。

在严重事故中,向SG注水在获得好处的同时,也有一些负面影响。如果SG干涸,向温度较高的干涸SG注入冷水可能对传热管和其他部件产生大的热应力,导致SG外壳或SG传热管失效。如果因为传热管破裂或泄漏,SG内的裂变产物将释放进入大气。如果需要对干涸的SG卸压以允许从低压水源向其注水,传热管内外压差的增加将增加传热管蠕变失效的可能。表11-3列出了向蒸汽发生器注水(SAG-1)需要关注的负面效应评价。

表11-3 识别和评估负面影响[12]

负面影响	行动	缓解措施
对SG的热冲击	向温度较高的干涸SG注水:如果SG宽量程水位低于限值	①注水开始阶段的前10min,限制注水流量不大于限值要求; ②同一时间仅向一台干涸SG注水直到水位恢复到宽量程最小水位; ③仅向可隔离的SG注水
裂变产物从泄漏SG传热管释放	向传热管破裂或存在泄漏的SG注水	①仅向完好SG注水; ②实施一回路卸压,减少SG一、二次侧泄漏(参照“SAG-2,反应堆冷却剂系统卸压”); ③将蒸汽排放至冷凝器使SG卸压

（续）

负面影响	行动	缓解措施
SG 传热管蠕变失效	低水位时对 SG 进行卸压：如果被卸压 SG 的宽量程水位低于限值，且 RCS 压力高于 SG 压力	分先后顺序考虑如下： ①同一时间仅卸压一台热的干涸 SG。 ②一旦 SG 压力降低至注水压头时，即启动注水；如果 SG 水位低于限值，注水开始阶段的前 10min 限制流量不大于限值要求。 ③一回路卸压，参照“SAG-2，反应堆冷却剂系统卸压”

2. 反应堆冷却剂系统卸压（SAG-2）

降低严重事故中，RCS 压力是严重事故管理中最优先的策略之一。在严重事故中 RCS 处于较低压力有很多的好处：减小发生 HPME 的可能，严重事故中安全壳完整性被破坏的可能性将降低；减小蒸汽发生器传热管蠕变失效的可能；在 RCS 处于较低压力的情况下，操纵员能够采取更多的恢复手段，使得更多的水源能够注入一回路中。

大型压水堆核电厂能够进行 RCS 卸压的手段很多，包括稳压器安全阀、稳压器辅助喷淋、蒸汽发生器卸压和其他的 RCS 排放路径等。

RCS 卸压在获得正面影响的同时，也存在一些负面影响。例如，实施 RCS 卸压：可能会导致高温的水、汽释放到安全壳，造成安全壳压力上升，对安全壳完整性造成威胁；可能把严重事故过程中积累的氢气排放到安全壳内，一旦氢气被点燃，造成安全壳的失效，使裂变产物向大气直接释放。

3. 向反应堆冷却剂系统注水（SAG-3）

对于严重事故下的长期余热导出而言，唯一可靠的方式是将堆芯淹没在水中。冷却水注入过热的堆芯后直接被蒸发，从而带走堆芯热量。在严重事故下向 RCS 注水的好处：①热量被水带走之后，堆芯的损坏进程得到缓解，压力容器失效的时间被延后甚至不会失效；②如果堆芯碎片堆芯碎片床被淹没，从堆芯释放出来的放射性产物将被水池淬洗；③沉积在 RCS 管道内壁上的放射性产物将被冷却，从而避免再挥发。

在严重事故过程中，一般有高压安注泵（上充泵）、低压安注泵、安喷泵向 RCS 注水。另外，还有水压实验泵可以作为替代的 RCS 注水手段。水源主要是换料水箱、安全壳地坑或者临时补水水源等。

严重事故过程中向 RCS 注水，在带来好处的同时也存在一些负面影响。例如：在严重事故过程中向 RCS 注水，堆芯在再淹没过程中会额外增大氢气产量；如果在稳压器安全阀打开的同时实施向 RCS 注水，那么这将会增加安全壳升压速度；当稳压器安全阀打开时，释放至安全壳内的质量和能量使得安全壳升压，并对安全壳完整性构成威胁；在压力容器失效之后，注入 RCS 的水流到堆腔，被堆腔的堆芯碎片加热蒸发，将导致安全壳升温升压。

4. 向安全壳注水(SAG-4)

在严重事故下向安全壳注水的好处是:安全壳地坑的水可以用于安注系统注入或安全壳喷淋(例如,安注系统和安喷系统以再循环模式运行)。安全壳地坑的设计目的是:一旦换料水箱排空之后,就为低压安注泵、安全壳喷淋泵提供水源。一个换料水箱容积的水足以提供低压安注泵和喷淋泵净正吸入压头(Net Positive Suction Head,NPSH)所需的最小的安全壳地坑水位。因此,将换料水箱的水注入安全壳内可为低压安注泵和喷淋泵提供额外的水源。

在严重事故下,向安全壳注水的主要手段是安全壳喷淋泵,主要的水源是换料水箱,或临时补水源。

但是,向安全壳注水也会带来一些负面影响。如果换料水箱是安注泵的唯一水源,换料水箱的排空将限制安注泵向 RCS 注水的流量,削弱了恢复堆芯冷却的能力。另外,如果安全壳惰化并且大量的氢气积聚在安全壳内,利用安全壳喷淋使得蒸汽的体积浓度减少,则增加了氢气的燃烧的可能性。因此,在堆芯损坏的情况下,推荐使用安全壳喷淋动作时,TSC 需要很小心。

5. 减少裂变产物释放(SAG-5)

在严重事故过程中采取措施缓解裂变产物的释放,可以减少公众暴露于放射性环境下的风险。核电厂的裂变产物释放路径一般有安全壳释放、蒸汽发生器释放和辅助厂房释放。

为减少裂变产物向大气的释放,可采用多个策略,显著的策略是隔离释放途径。这样,如果裂变产物释放是由于开启的安全壳贯穿导致的,那么隔离安全壳则可以停止释放。蒸汽发生器上的释放路径可能难以隔离得多,因为蒸汽管线上的安全阀是不能隔离的,因此,只有蒸汽发生器内的压力低于安全阀最低开启定值时才可能隔离蒸汽发生器。对于辅助厂房的释放,有两种可能的隔离方式:一种是,如果释放来自某个贯穿了安全壳的系统,贯穿管线上的阀门就可用来隔离该系统从而停止释放;另一种是,可以隔离辅助厂房通风,以防止裂变产物从安全壳释放到辅助厂房。

缓解裂变产物释放的另一个策略是增强对裂变产物的冲洗。冲洗裂变产物通过使裂变产物从水中通过实现,水将吸收易挥发与不易挥发的气溶胶。注意,惰性气体的释放不受裂变产物冲洗影响。

安全壳喷淋是去除安全壳大气裂变产物的一种有效手段。另一种可能的手段是采用安全壳通风。采用安全壳喷淋与通风冷却的另一个好处是:能同时对安全壳起到降压效果。随着安全壳压力下降,从安全壳破口泄漏出去的流量也会减少,从而减少了裂变产物的释放。

但是,在实施上述策略时也会带来一些负面影响。如果换料水箱是安注泵的唯一水源,换料水箱的排空将限制安注泵向 RCS 注水的流量,削弱了恢复堆芯冷却的能力。如果运行安全壳喷淋系统或安全壳通风系统,喷淋或通风会去除安全壳大气中的蒸汽,使得安全壳不能保持蒸汽惰化的环境条件,那么积聚在安全壳内的氢气就可能被点燃,进而威胁安全壳的完整性。

6. 控制安全壳状态(SAG-6)

可控稳定的电厂状态包括维持安全壳的压力在大气环境的水平。在严重事故情况下维持安全壳低压力有许多好处:首先,减小安全壳内裂变产物的泄漏(注意,在安全壳外仍有由于安全壳厂房泄漏引起的辐射场存在);其次,相对安全壳失效压力具有很大的裕量,因此,许多引起大的安全壳升压的现象(如氢气燃烧、RCS 蠕变失效等)引起安全壳失效的可能更小。

一般情况下,安全壳喷淋系统和安全通风系统是用来降低安全壳压力的安全壳热阱。

在严重事故情况下,安全壳热阱的建立除好处之外,也存在一些不利的影响。与 SAG-5 类似,如果换料水箱是安全壳喷淋泵的唯一水源,换料水箱的排空将限制安注泵向 RCS 注水的流量,削弱了恢复堆芯冷却的能力。如果运行安全壳喷淋系统或安全壳通风系统,喷淋或通风会去除安全壳大气中的蒸汽,使得安全壳不能保持蒸汽惰化的环境条件,那么积聚在安全壳内的氢气就可能被点燃,进而威胁安全壳的完整性。

7. 减少安全壳氢气浓度(SAG-7)

堆芯裸露后,堆芯过热并且燃料包壳因蒸汽的存在而氧化,氢气是包壳氧化反应的产物之一。如果氢气向安全壳释放,当安全壳内氢气体积份额为 4% ~ 6%(这在堆芯严重损伤后极有可能),氢气可能点燃并导致安全壳内的压力和温度峰值。如果安全壳内氢气足够多,氢气燃烧能够导致安全壳因压力峰超出其极限承载压力而失效。

严重事故期间减少安全壳内氢气可以减少潜在的安全壳失效风险。通常,用氢气复合器(十分缓慢)来减少氢气,或采用能动的点火器来提前燃烧掉氢气。(蒸汽或氮气等)惰化安全壳是较有效的氢气控制策略。安全壳排气是另一种潜在的减少氢气措施。

但是上述措施也会带来一些负面影响,例如氢气复合器或点火器均有可能因为放热的原因而引起不可控燃烧或爆炸。(蒸汽或氮气等)惰化安全壳可能会导致安全壳长期处于较高压力状态下,维持高的安全壳压力会增加裂变产物从安全壳泄漏,并危害安全壳内设备。严重事故期间,由于安全壳排气是十分极端的手段(导致裂变产物直接释放到环境),因此只有遭遇严重威胁时才用。

每个 SAG 的决策过程是需要在设计对策时经过一系列的条件判断和负面效应评价的,如图 11 -8 所示。关键步骤:识别优选的策略;指导主控室人员执行策略并评价负面效应;监测电厂状态参数等。需要注意的是,SAG 的决策过程中需要对每个投入措施进行详细的负面效应评价,因为实施的策略可能会导致其他不可接受的负面后果(表 11 -3)。

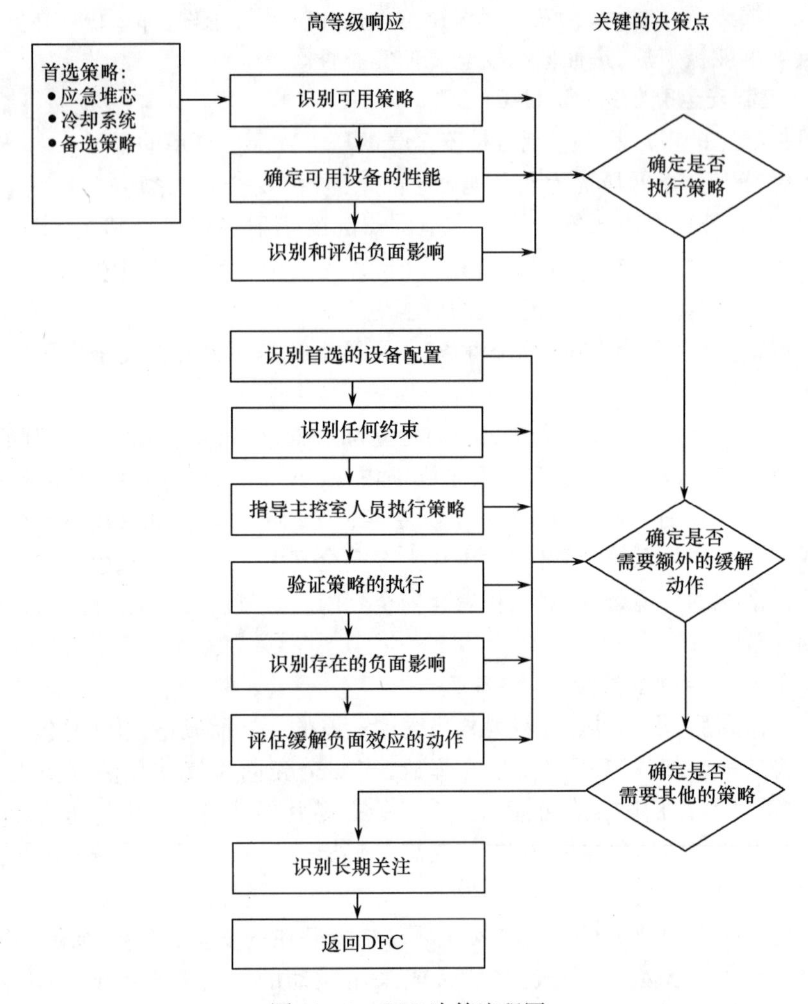

图 11－8　SAG 决策流程图

11.6.2　SCG

严重威胁状态树中涉及的严重事故管理策略包含在四个严重威胁导则（SCG）导则中。SAG 和 SCG 总的决策过程是类似的，但是也有一些区别，主要是当一个严重威胁状态存在时，采取策略的紧迫程度更高，所以 SCG 的优先级别高于 SAG。与 SAG 不同，SCG 不需要评价策略实施的正面和负面影响，如果有可以执行的策略，则一定要执行。四个 SCG 导则是[6]：

（1）SCG-1：缓解裂变产物的释放。

（2）SCG-2：安全壳卸压。

（3）SCG-3：控制安全壳氢气的可燃性。

（4）SCG-4：控制安全壳的真空度。

每个 SCG 导则都帮助 TSC 人员回答以下三个重要问题:

(1) 在可用的策略中最合适的是什么?

(2) 怎样确定策略已经被成功实施?

(3) 策略实施相关的长期关注什么?

SCG 导则主要完成四个目标功能,其诊断和启动也是分先后次序的。首要的诊断和对策是缓解与减少裂变产物对公众和环境的释放。

SCG-1 的主要对策是通过确认裂变产物的排放途径和针对性地控制排放量,优化排放量以减少后果。

当安全壳压力已经高于设计压力且接近安全壳失效阈值,而其他对策和行动又没效果时,则要考虑安全壳针对环境的可控排放对策(安全壳卸压,SCG-2);否则安全壳发生大的破损后将造成大量放射性的释放,造成无法可控的后果。

控制安全壳氢气的可燃性(SCG-3)是为了避免发生氢气爆炸。通常,大型压水堆核电厂设计了氢气复合器或氢气点火器来控制严重事故下的氢气浓度。

控制安全壳的真空度(SCG-4)是为了避免安全壳受到由外向内的超出设计基准的压力。严重事故过程中安全壳首先可能是升温升压,部分气体在此过程中会从安全壳内释放出去,留下大量蒸汽和少量其他气体。当投入安全壳喷淋后,可以使得安全壳压力下降,如果喷淋投入过度会使得大量蒸汽冷凝,从而造成安全壳压力下降过多。由于目前安全壳的主要设计强度是针对内压,对抗外压的设计裕量不大,所以在严重事故管理中有必要建立安全壳真空失效的对策。

与 SAG 的决策过程相似,SCG 的决策流程图如图 11-9 所示。与 SAG 不同,SCG 在决策过程中不需要评价策略实施负面影响。关键步骤:识别优选的策略;指导主控室人员执行策略;监测电厂状态参数等。

11.6.3 SAEG

此外,TSC 严重事故管理导则有一个单独的、用于识别某个特定策略被实施后的长期关注的导则,即技术支持中心长期监视(SAEG-1)。这些长期关注行动包括从识别策略实施中运行设备的限制条件到监测允许设备继续运行的水箱水位等的一系列动作。需要监测的行动包括:

(1) 策略实施过程中投入使用的设备。

(2) 与 DFC 参数控制相关的在严重事故管理导则实施前投入的设备。

(3) 导则(用于评价可能的策略)中识别的设备使用的限制条件。

(4) 某个实施策略被终止后,不再运行的设备。

(5) 严重事故管理导则实施后电厂状态的改变。

技术支持中心长期监视导则(SAEG-1)中的一部分操作在 SACRG-2 导则中也有描述。这样设计是为了加强主控室与 TSC 之间的交流,以及保证策略持续实施所需的电厂状态能够得到密切监测。

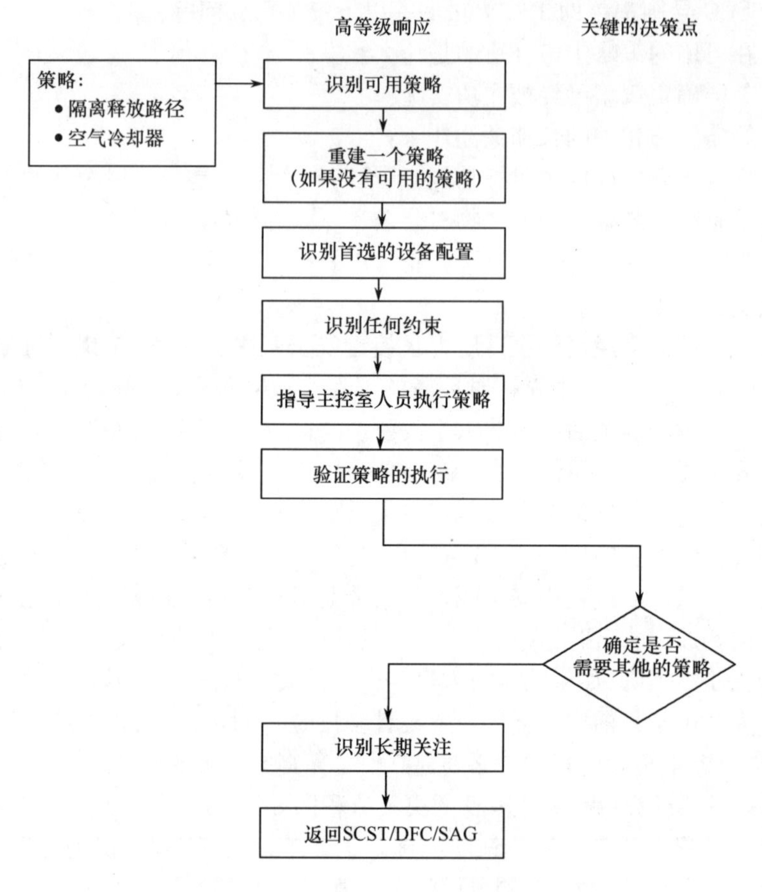

图 11－9　SCG 决策流程图

TSC 严重事故管理导则的最后一部分是严重事故管理导则出口导则,即严重事故管理导则的终止(SAEG-2)。当 DFC 中的监测参数低于整定值并维持稳定或正在下降时,就可以认为电站处于受控稳定状态。此时,认为电厂状态不会再恶化,因此不再需要新的严重事故管理策略。但是,由于堆芯已经发生损坏,在电厂各个系统和构筑物中可能存在高放射性,因此在采取后续措施时应该保持谨慎。另外,已实施一些严重事故管理策略,这些策略的持续使用也可能是合适的。因此,SAEG-2 用于识别电厂当前状态,特别是与实施严重事故管理导则有关的电厂状态。

11.7　计算辅助

为辅助 TSC 技术人员进行诊断和回答每个导则中提出的某些方面的问题,开发了许多计算辅助(CA)。由于一些计算辅助在几个不同导则中都用到,因此在严重事故管理导则中计算辅助是单独的一部分。计算辅助使用简单有效，不需要计算机。

导则中的计算辅助是通过查阅和计算相关参数，明确需要采取的相应对策，以及确认相关对策和行动是否有效。辅助计算的使用可以大大提高 TSC 技术人员的判断能力和分析能力，提高事故恢复行动的有效性。轻水堆核电厂的严重事故管理导则一般有以下几个关键的辅助计算[6,12,14-16]：

(1) CA-1：向 RCS 注水恢复堆芯冷却注入流量计算。

(2) CA-2：长期余热导出需要的注入流量计算。

(3) CA-3：安全壳氢气燃烧和氢爆的判断。

(4) CA-4：安全壳容积排放流量的计算。

(5) CA-5：安全壳水位和容积计算。

(6) CA-6：安全壳泄压时对氢浓度的影响。

下面以 CA-1 和 CA-3 为例简述辅助计算的主要功能[12]。

1. 向 RCS 注水恢复堆芯冷却注入流量计算(CA-1)

在堆芯已经裸露的严重事故中，必须向一回路注水以恢复堆芯冷却。CA-1 的目的是确认现有注水流量是否如预期的那样足以骤冷和再淹没堆芯，或者是否应该投入更多设备来恢复其他注水能力。

以国内秦山第二核电厂为例，CA-1 假设的电厂条件是：注水流量要求不仅仅是能够再淹没堆芯，而且必须考虑排出衰变热、堆芯热构件储能，以及在再淹没过程中由锆-水反应产生的氧化能。假设 1 台或 2 台高压安注泵(High Head Safety Injection，HHSI)提供注入流量，稳压器安全阀可能开启 1~3 个阀门。如图 11-10 所示，计算得到在 RCS 不同压力情况下 1 台或 2 台 HHSI 泵的注入流量曲线，和 1~3台稳压器安全阀开启情况下的 RCS 蒸汽释放流量曲线，以及带走堆芯衰变热的最小流量曲线等，由补水能力(HHSI 泵的注入流量曲线)与蒸汽释放快慢

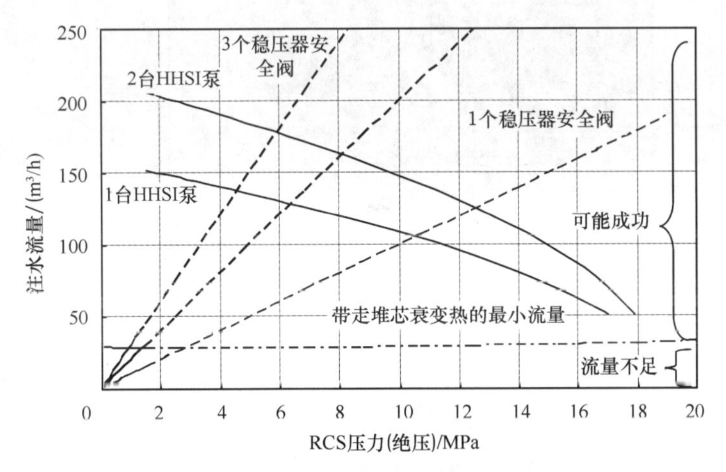

图 11-10　恢复堆芯冷却所需的注入流量

（蒸汽释放流量曲线）可以直观地判断出不同情况下恢复堆芯冷却所需的注入流量。

2. 安全壳氢气燃烧和氢爆的判断（CA-3）

当反应堆压力容器内水位下降，堆芯部分裸露后，堆芯燃料元件包壳发生过热。高温的锆合金包壳将被蒸汽氧化，产生氢气。但只有氢气的浓度超过一定的限值，才会发生燃烧。通常，为维持氢气火焰的稳定向上传播，氢气体积分数必须超过4%；而维持氢气火焰的稳定向下传播，氢气体积分数必须超过约8%。因此，尽管氢气体积分数低于8%的氢气、空气混合物可以被点燃，但燃烧并不充分，除非有另外的火焰传播机制，如安全壳通风冷却系统正在运行，则氢气体积分数为6%的氢气、空气混合物也可以完全燃烧。安全壳内氢气的可燃性还与蒸汽和其他气体有关。基于实验数据，蒸汽惰化作用对氢气可燃浓度限值有影响，有足够的蒸汽存在时，即便安全壳内氢气不断累积，也不会发生氢气燃烧。

CA-3的目的是基于锆包壳氧化份额的估计，估算安全壳内的氢气体积分数，确定安全壳内氢气是否可燃，以及整体燃烧对安全壳完整性的威胁。

CA-3中会受到安全壳内不可燃、不可凝气体显著影响的两种工况是安全壳排气和“堆芯材料—混凝土相互作用”（Core Concrete Interaction，CCI）。当操纵员进行了安全壳排气操作，或者安全壳存在泄漏时，由于安全壳内氢气、空气、蒸汽体积分数发生变化，氢气风险也会发生变化。如果发生CCI反应，不仅会产生更多的氢气、一氧化碳等可燃气体，同时也会产生更多的不可凝气体。从总体效果看，发生CCI反应后，氢气风险会增加。

以国内秦山第二核电厂为例，图11－11给出了基于湿式测量的氢气风险（未进行安全壳排气）估算。其中，湿式测量是指氢体积分数为氢气所占蒸汽、空气以及氢气的份额；而干式测量为滤去蒸汽之后，氢气所占空气以及氢气的份额。

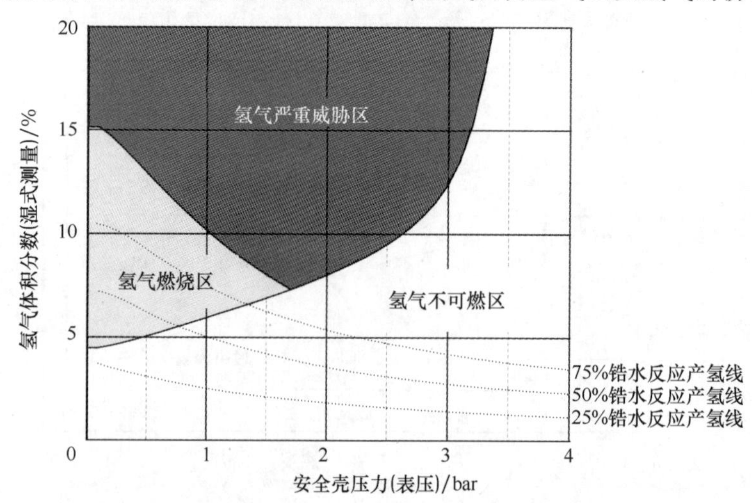

图11－11　基于湿式测量的氢气风险（未进行安全壳排气）

TSC 人员基于安全壳内氢气浓度测量、堆芯锆水反应份额、安全壳压力测量等因素综合,从图 11-11 可以判断出安全壳是处于“氢气不可燃区”“氢气燃烧区”或“氢气严重威胁区”,从而为选取正确的缓解对策争取了宝贵的时间。

11.8 SAMG 与 EOP/EP 接口

11.8.1 EOP/SAMG 的接口

目前国内外的 EOP/SAMG 的接口方法有如下几种[4,11,12]:

1. WOGSAMG(西屋业主协会的 SAMG)

在执行 EOP 过程中,如果发现堆芯发生或即将发生损伤,则开始转向严重事故管理导则。在 WOGSAMG 中,SAMG 与 EOP 有三个接口点,分别是“堆芯冷却不足的响应(FR-C.1)”“核功率产生→ATWS 的响应(FR-S.1)”和“丧失全部交流电源(ECA-0.0)”。WOGSAMG 规程的进入与否,决定权在于技术支持中心,主控室人员听命于 TSC 的指示来执行严重事故管理导则。

2. BWROG SAMG(美国沸水堆核电厂业主协会的 SAMG)

BWROG 原有的事故应急规程导则已经深入到了严重事故领域。后来,为了更明确严重事故管理规程而区分了严重事故不同阶段相应的严重事故管理导则。事故应急规程当中已经包含部分意外事故的应对规程。如果在事故执行应急规程也不能阻止堆芯损伤,则退出事故应急规程而进入严重事故管理导则,由 TSC 负责,同时退出事故应急规程。

3. 德国西门子的应急导则

德国西门子反应堆核电厂有两套事故规程手册,即操作员手册(Operator Manual,OM)与事故管理手册(Accident Management Manual,AMM)。AMM 以高度综合、可覆盖广泛的超设计基准事故(Beyond Design Basic Accident,BDBA)为特点,以 bleed&feed 为主要事故应对手段,无须进入堆芯损伤阶段。

4. 法国的事故规程

主要由 EDF 发展,应用在法国制造的压水堆核电厂。由 I、A、H 和 U 规程系列规程组成。其中:I 系列规程(异常规程)、A 系列规程(事故规程)、H 系列规程(超设计基准事故)、U 系列规程(极限事故规程)属于事件导向规程;而 SPI 规程(使用 I、A、H 规程时的事故连续监督规程)和 SPU 程序(使用 U 规程时的监督程序)则是症状导向规程。由安全工程师使用 SPI、SPU 规程,主控室人员使用 U 规程,并由安全工程师向当地应急中心建议实施严重事故管理导则。一般是当堆芯出口温度超过 1100℃或者安全壳内放射性水平超出预定义的水平,则进入严重事故管理导则。

5. 大亚湾核电厂的 EOP 运行特点

在操作员使用 I、A、H 规程的同时,安全工程师使用 SPI 规程;在操作员使用 U

规程时,安全工程师使用 SPU 规程。严重事故管理导则的入口条件:当堆芯出口温度大于650℃且执行相应的 EOP 时,堆芯冷却的操作不能成功或不起作用。由于堆芯出口温度高于 330℃时,SPI 的执行将转入到 SPU 程序,因此,EOP 与 SAMG 的接口最终选择在 SPU 程序的执行过程中。

11.8.2 SAMG/EP 的接口

建立场内应急计划的主要目的[15,17-19]:保证核电厂在核事故情况下及时有效地采取应急响应措施,控制事故状态发展,防止或最大限度地减少事故的后果和危害,保护环境,保障工作人员和公众的安全。

对核电厂偏离正常运行工况的事件或事故,按其所造成的放射性后果的严重程度以及所采取的相应的应急响应行动进行分级,通常可以将电厂应急状态依次分为应急待命、厂房应急、场区应急和场外应急四类[19]。

EP 所负责的不仅仅是传统的核电厂事故或严重事故的范围,还包括影响电厂安全的自然灾害(如地震、台风、洪水等)和其他突发事件(如遭到外部武力破坏),所以 EP 的管理范围远大于严重事故管理导则的管理范围。从减小场内和场外的释放及释放后果的共同目标来说,SAMG 和 EP 责任:TSC 通过诊断、策略分析和决策向主控室人员传达操作指令,通过隔离、注水、喷淋、净化等措施缓解严重事故后果,减小放射性释放。应急指挥部的责任主要是确定核事故应急状态分级、统筹全厂资源、向场外通报事故情况、提出公众防护建议等。因此,从管理的角度讲,SAMG 应处于 EP 的框架之内,TSC 和主控室人员应处于应急指挥部的领导之下。

EOP 与 SAMG 之间有明确的接口关系,而 EP 与 SAMG 之间的接口则不那么清晰。如图 11-2 和图 11-4 所示,通常 EP 与 EOP 在事故发生后就同时启动的,但是 EP 的范围更宽,覆盖了严重事故管理。在核电厂发生某个事故后,EOP 最先启动,同时 EP 可能启动,如果事故演变得危险,可能严重事故管理导则需要启动。例如,核电厂三道屏障(燃料包壳、一回路压力边界、安全壳)中任何两道屏障完整性丧失,电站进入场区应急状态级别,具体的标志性参数或事件可能是[12,19]:①蒸汽发生器传热管破裂事故发生后不能依靠化学与容积控制系统的正常运行来维持一回路冷却剂的总量;②堆芯出口温度高于 650℃;③一回路中破口或大破口。其中的"堆芯出口温度高于 650℃"条件同时也是由 EOP 进入 SAMG 的入口条件。SAMG/EP 接口主要指在 EP 中增加严重事故管理导则的相关内容,以便于严重事故管理与核电厂应急计划协调一致。

参 考 文 献

[1] IAEA. 核电厂安全设计[M]. Vienna:国际原子能机构 IAEA, 2012.

[2] Lui C, Cunningham M, Pangburn G, et al. A proposed risk management regulatory framework, [R]. Washington:

NRC, NUREG-2150, 2612.

[3] IAEA. Severe accident management programmes for nuclear power plants [R]. Vienna: IAEA, NS-G-2. 15, 2009.

[4] IAEA. Implementation of accident management programmes in nuclear power plants[R]. Vienna: IAEA NO. 32, 2004.

[5] Canadian Nuclear Safety Commission. Severe accident management programs for nuclear reactors[R]. Canada: Canadian Nuclear Safety Commission, Regulatory Guide G-306, 2006.

[6] Westinghouse Electric Company LLC. The westinghouse owners group severe accident management guidance [R]. USA: Westinghouse Electric Company LLC, revisiono, 1994.

[7] Felix E, Dessars N. Severe accident management development program for VVER-1000 and VVER-440/213 based on the westinghouse owners group approach[C]. International Conference Nuclear Energy for New Europe 2003, Portoroz, Slovenia, 2003.

[8] Fauske and Associate Inc. Severe accident management guidance technical basis report [R]. USA: Fauske and Associate Inc, EPRI TR-101869, 1992.

[9] Lim J Y, Byun J Y. APR1400 severe accident mitigation design[C]. Proceedings of international congress on advances in nuclear power plants (ICAPP'07), Nice, France, 2007.

[10] Prior R, Wolvaardt F, Holderbaum D, et al. Lessons learned from implementation of severe accident management guidelines at koeberg NPP[C]. International Conference on Nuclear Containment. Cambridge, UK, September, 1996.

[11] 孙吉良,肖岷,黄辉章,等.大亚湾核电厂严重事故管理导则[J].核动力工程,2003,24(6):5-8.

[12] 中核集团核电秦山联营有限公司.秦山第二核电厂严重事故管理导则[R].秦山:中核集团核电秦山联营有限公司,2011.

[13] Nuclear Regulatory Commission. Status of integration plan for closure of severe accident issues and status of nuclear energy institute severe accident research[R]. Washington: NRC, SECY96-088, 1996.

[14] Nuclear Energy Institute. Severe accident issue closure guidelines[R]. USA: Nuclear Energy Institute, NEI 91-04 revision 1, 1994.

[15] IAEA. Guidelines for the review of accident management programmes in nuclear power plants [R]. Vienna: IAEA, IAEA Services Series No. 9, 2003.

[16] IAEA. Development and review of plant specific emergency operating procedures [R]. Vienna: IAEA, Safety Reports Series No. 48, 2006.

[17] IAEA. Overview of training methodology for accident management at nuclear power plants[R]. Vienna: IAEA, IAEA-TECDOC-1440, 2005.

[18] OECD. Implementing Severe Accident Management in Nuclear Power Plants [R]. Paris: OECD, OECD/GD (97)198, 1997.

[19] 中核集团核电秦山联营有限公司. 秦山第二核电厂场内应急计划[R]. 秦山:中核集团核电秦山联营有限公司,2009.

第12章 严重事故分析软件

正如前面章节所介绍的,核电厂严重事故作为一个多成分、多相态、多物理场的复杂耦合过程,整个阶段中涉及的事故序列和事故现象可能会对反应堆的安全性产生不可估量的影响。因此,鉴于严重事故研究所具备的重要意义,技术人员可通过分析不同的严重事故现象和机理,设计出有效的缓解措施,从而降低放射性物质对周围环境所造成的影响,确保核电厂的安全性和完整性。然而,无论是堆内事故过程还是堆外事故过程,它们都属于超设计基准事故。因此,对严重事故进行相关的实验研究存在较大的局限性。随着计算机技术的飞速发展,越来越多的仿真模拟应用于核能领域,这在一定程度上使得严重事故实验难的问题得到了缓解。研究人员们已经开发出来大量计算机程序,用于分析各类严重事故现象和机理,模拟不同事故工况下对反应堆所造成的影响。这些程序在功能上大致可以分为系统性分析程序、机理性分析程序和单一功能分析程序三类。下面将逐一对这三种分析程序作简要介绍。

12.1 系统性分析程序

系统性分析程序作为一种综合的工程级别的计算机程序,可以用来模拟整个核动力系统,并计算从事故开始到裂变产物释放至大气的整个严重事故过程中所涉及的全部现象。目前,国际上各研究机构和公司已开发出两代系统性分析程序。

第一代系统性程序以美国巴特尔哥伦布实验室(Battelle Columbus Laboratories,BCL)研制的源项程序包 STCP[1] 为代表,它在基本机理模型的基础上综合了部分机理性程序,通过特定模块来计算相关现象,如裂变产物的释放和堆芯与混凝土的反应。程序总体结构由 MARCH3、THCCA、VANESA、TRAP-MELT3 和 NAUA 五个单元组成。其中,MARCH3 用于分析轻水堆内堆芯、主回路冷却系统和安全壳系统对事故的热工水力响应;还可以模拟堆芯冷却剂回路系统和安全壳建筑,计算安全壳内各工程安全设施包括 ECCS、安全壳喷淋、厂房冷却与通风的压力温度响应,并考虑了有抑压池和冷凝器、金属与水反应、氢和一氧化碳燃烧对于安全壳压力和温度响应。

随着人们对严重事故现象研究的深入,越来越多的事故机理被大家所理解,第二代系统性分析程序也呼之欲出。它是在第一代程序的基础上,结合各类已开发的程序的使用经验,总结性地将机理分析模块整合成一个快速计算模型,大大加快了事故序列的计算进程。其中,MELCOR[2]、ASTEC[3]、MAAP4[4]和ATHLET-CD[5]作为常见的系统性分析程序被广泛使用。表12-1列出了主要系统性分析程序的特点。

表12-1　主要系统性分析程序的特点

程序	研发机构	程序特点
STCP	美国BCL	由功能独立程序组合而成的第一代系统程序,属于工程实用分析工具
MELCOR	美国SNL	完整的第二代系统性程序,能模拟轻水堆严重事故进程的主要现象,并能计算放射性核素的释放及其后果。一次连续运算从初因事件开始,直到给出事故源项为止的全过程,并能在程序内部传递各个阶段对不同计算模块间的数据。用于PSA分析,可进行不确定度与敏感度分析
ASTEC	法国IRSN以及德国GRS	针对轻水堆严重事故源项分析的程序,能模拟事故初始到裂变产物释放至环境的整个序列,包括专设安全设施和严重事故管理规程。可用于二级PSA分析、事故序列研究、不确定性和敏感度研究及实验支持
MAAP4	美国EPRI	主要用于严重事故分析的一体化程序,它可以对严重事故发展的整个过程进行模拟计算,其中包括事故发生后一回路的响应、安全壳的状态和最终的裂变产物释放情况等。可进行1级和2级PSA分析
ATHLET-CD	德国GRS	通过模拟严重事故序列来获取关于整个时间过程信息的反应堆热工水力分析程序,可分析除堆芯熔化事故之外的其他设计基准事故。不仅适用于美欧传统和先进的压水堆和沸水堆,还可用于苏联设计的压水堆(VVER)和石墨水冷堆(RBMK)以及加拿大的CANDU反应堆等

12.2　机理性分析程序

机理性分析程序是在工程模型的基础上对严重事故的特定过程或现象进行数学和物理建模后开发出来的,可用于分析严重事故的进展和现象。相对于系统性分析程序而言，它侧重考虑了事故序列中某个特定过程的状态，对事故信息和特征描述更为详细。当然，程序运行也更为耗时。

机理性分析程序通常保留了大部分原有先进热工水力系统程序的优点，借用它们的计算结果可以为系统提供热工水力反馈和边界条件。目前已经开发出的机理性分析程序主要包括：

（1）SCDAP/RELAP5[6]：由 RELAP5 和 SCDAP 两大程序耦合而成，通过融入其他模型使 RELAP5 的热工水力功能得到扩展，可分析堆芯和冷却剂回路发生的联合反应。SCDAP 则可模拟严重事故发生时堆芯的全部行为，整个过程涉及燃料棒升温/膨胀和破裂、锆的熔化、二氧化铀融蚀、氧化锆破裂和流动、包壳的再凝固以及碎片的形成和特性。它除能精确模拟计算堆芯燃料、包壳、格架等在严重事故过程中的行为特性外，还包容分析严重事故现象的专用模型（如 COUPLE），不仅能够精确计算堆芯碎片床及其相邻结构如压力容器下封头的升温过程，还能计算压力容器下封头蠕变失效的时间。

（2）KESS[7]：可用来模拟反应堆整个压力容器内部的事故进展，包括堆芯升温、锆的氧化、燃料熔化/流动和再固化、压力容器内熔融池的形成和熔融物的再分布。德国核设施与安全研究中心开发的 ATHLET-SA 程序中耦合了 ATHLET 和 KESS 程序，其中 KESS 程序用于处理堆芯升温与裂变产物泄漏相关的物理化学行为。

（3）CATHARE/ICARE[8]：由热工水力程序 CATHARE 和 ICARE 耦合而成，整个程序可分别用来计算压力容器内事故进程和压力容器外事故进程。

（4）VICTORIA[9]：可用于预测严重事故后从核燃料释放出来的裂变产物份额、蒸汽与气溶胶的相对量、可能发生的化学作用以及有可能凝结在构件表面的特定的放射性核素。

（5）CONTAIN：其机理性模型提供的功能可计算安全壳内热工水力学状态和在安全壳存在缝隙时泄漏到环境的放射性物质的总量。同时，在许多安全壳分析程序都包含 COCOSYS[10]、GASFLOW[11]、GOTHIC[12]等机理性分析程序。表 12－2 列出了主要机理性分析程序特点。

表 12－2　主要机理性分析程序特点

程序	研发机构	程序特点
SCDAP/RELAP5	美国 INEEL	描述整个反应堆冷却系统热工水力响应和堆芯破损程度的进展
KESS	德国 IKE	模拟压力容器内事故进展和裂变产物的释放
SAMPSON	日本 NUPEC	模拟压力容器内燃料行为和压力容器外部进展，包括蒸汽爆炸、MCCI 和氢气爆炸
CATHARE/ICARE	法国 IRSN	模拟压力容器内燃料行为和裂变产物的释放

（续）

程序	研发机构	程序特点
VICTORIA	美国 SNL	追踪各种材料（包括裂变产物和主要的堆芯材料）及其相互间反应，预测裂变产物释放、迁移和沉积
CONTAIN	美国 SNL	用于模拟压水堆和沸水堆的安全壳，评估严重事故对安全壳的影响，预测安全壳部件之间的质量和能量流动，包括 MCCI、DCH、气溶胶分布、裂变产物衰变和迁移以及气体燃烧
COCOSYS	德国 GRS	综合模拟安全壳内严重事故所有相关的进程和电厂状态
GASFLOW	美国 LANL 和德国 FZK	主要用于分析核反应堆安全壳或其他设施中，氢气或其他气体的传输、混合与燃烧，可模拟安全壳内三维的氢气现象，包括氢气分布混合和分层、氢气燃烧和氢气爆炸
GOTHIC	美国 EPRI	用于氢气燃烧现象计算的分析程序

12.3 单一功能分析程序

上面所讨论的两种分析程序（系统性和机理性分析程序）均属于多功能分析程序，程序内部包含许多功能单一的子程序，它们的测试基准都是针对每个独立的单一功能的程序来开展。因此，可以得出：相比于多功能分析程序，单一功能分析程序更关心的是严重事故中某些特定的过程或现象。其中：TEXAS-Ⅵ[13]、MC 3D[14]和 IFCI 7.0[15]程序用于堆芯内 FCI 的模拟；COSACO[16]和 CORCON[17]程序用于 MCCI 过程分析；PLEXUS 程序[18]用于模拟由氢气 DDT 引发的直接氢气爆炸；PECLOX 为燃料元件包壳的氧化程度提供精确分布计算。

陈荣华在新的熔融物凝固模型、带表面凝固层熔融物颗粒的碎裂准则及 TEXAS-Ⅴ蒸汽爆炸模型基础上开发出了一维三流体蒸汽爆炸分析模型 TEXAS-Ⅵ[19]，该模型能考虑熔融物凝固行为对蒸汽爆炸强度的影响。TEXAS-Ⅵ模型中水及蒸汽由欧拉坐标系描述，连续相熔融物及分散熔融物颗粒由拉格朗日坐标系描述，模型中包含了汽－液相界面、汽－固相界面及液－固相界面间的质热传递结构关系式，及关键的粗混合阶段熔融物碎裂模型和爆炸膨胀过程中熔融物粉碎模型。并采用 FARO、TROI 及 KROTOS 系列蒸汽爆炸实验对 TEXAS-Ⅵ程序的蒸汽爆炸粗混合过程和爆炸膨胀过程的分析能力进行了验证，同时使用 TEXAS-Ⅵ程序对压水堆堆内、堆外蒸汽爆炸进行了分析。

表 12－3 列出了主要单一功能分析程序特点。

表 12-3　主要单一功能分析程序特点[20]

程序	研发机构	程序特点
TEXAS-V	美国威斯康星大学麦迪逊分校(UW-Madison)	TEXAS-V是一个瞬态、三流体、一维的蒸汽爆炸分析程序,它将蒸汽爆炸过程分为粗混合和爆炸两个阶段进行模拟。粗混合过程的模拟将得到熔融物颗粒、空泡份额等参数的分布,为蒸汽爆炸阶段提供初始及边界条件。蒸汽爆炸阶段的模拟则是计算蒸汽爆炸在熔融物冷却剂混合物中的传播过程,将得到蒸汽爆炸过程中的压力变化及爆炸释放的动能
MC3D	法国 IRSN 和 CEA	MC3D 程序由粗混合计算模块 PREMIXING 和蒸汽爆炸过程计算模块 EXPLOSION 组成,可用于模拟燃料—冷却剂反应之后引发的蒸汽爆炸。程序中连续相熔融物采用 VOF 方法描述,分散熔融液滴由欧拉方法描述,连续相熔融物可碎裂成分散的熔融物液滴。它具有两种碎裂模型:一种是根据实验结果开发出的熔融物碎裂经验关系式;另一种是基于 Kelvin-Helmholtz 不稳定性开发的熔融物液滴碎裂理论模型
IFCI	美国 SNL	分析熔融物与反应堆冷却剂混合产生现象的最佳估算程序,关键模型包括:熔融物碎裂模型,用于计算熔融物的碎裂速率;熔融物表面积输运方程,用于计算熔融物颗粒的表面积的变化
CORCON	美国 SNL	分析重要的堆芯熔融物和混凝土反应现象,包括热传递、混凝土消融、腔室形状变化以及气体的产生。对安全壳热工水力学和裂变产物释放进行评估
PLEXUS	法国 IRSN	模拟氢气燃烧现象、DDT 和氢气爆炸
PECLOX	德国	通过对包壳氧化的动力学过程进行简单修正,精确计算包壳氧化面的分布
CORDE	英国原子能管理委员会(UKAEA)	独立预测熔融碎片自压力容器底部破口的喷出,以及而后向安全壳的材料迁移。包含简单的 DCH 模型

12.4　系统性程序 MIDAC 的应用实例

西安交通大学长期从事核反应堆热工安全和严重事故现象机理学研究工作,在此基础上开发了堆内严重事故综合分析程序 MIDAC,MIDAC 程序将堆内过程划分为堆芯早期行为分析模块、堆芯氧化熔化过程分析模块、堆芯碎片床冷却分析模块、熔融物和下封头行为分析模块,将四大模块与一回路热工水力模块及其他相关辅助模型耦合起来可以用于堆内严重事故过程的分析计算。本节利用 MIDAC 程序对某反应堆在全厂断电事故引发的严重事故进行建模与分析。

12.4.1 MIDAC 程序简介

堆内严重事故综合分析程序(Modular In-vessel Degradation Analysis Code, MIDAC)根据严重事故序列,结合目前已有的成熟严重事故分析程序(MAAP4[4]、MELCOR[5]和 SCDAP/RELAP5[6])相关堆内事故分析模型,针对堆内严重事故过程的模拟主要开发了四个大模块,即堆芯早期行为分析模块、堆芯氧化熔化过程分析模块、堆芯碎片床冷却分析模块、熔解物和下封头行为分析模块等堆芯事故过程分析模块,并利用接口程序模块将描述堆芯严重事故现象的四大模块与一回路热工水力模块及其他相关辅助模型耦合起来形成堆内严重事故综合分析程序 MIDAC。MIDAC 程序结构总体框架如图 12-1 所示。MIDAC 程序模块结构如图 12-2所示。

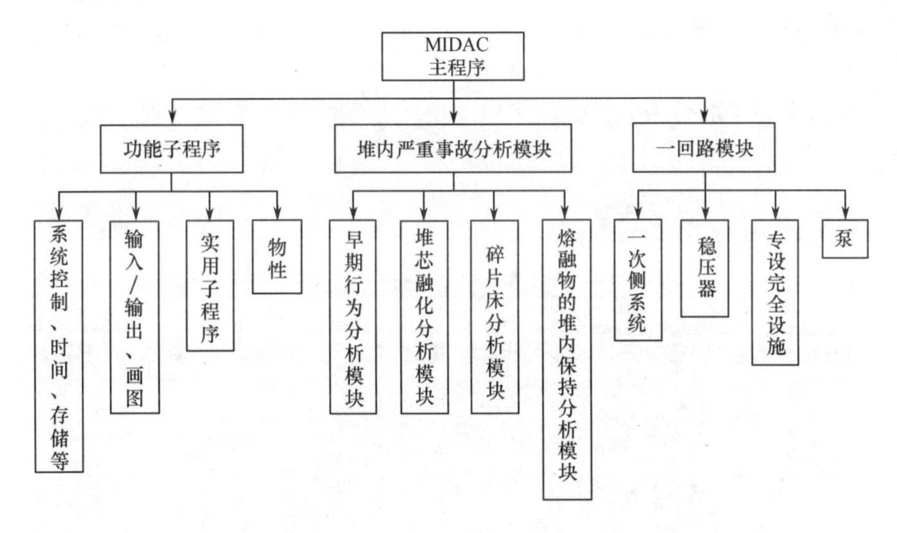

图 12-1 MIDAC 程序结构总体框架

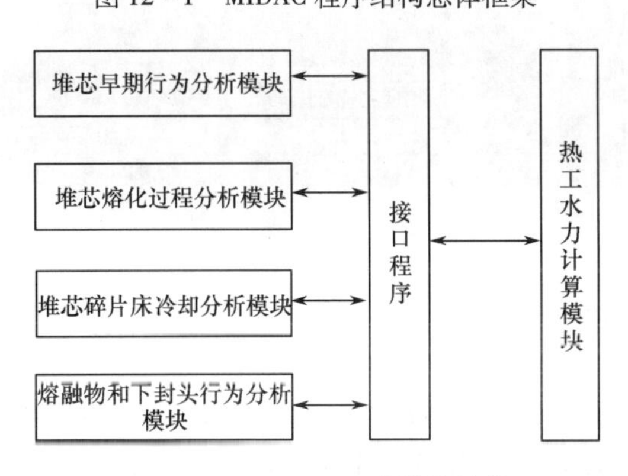

图 12-2 MIDAC 程序模块结构

最后,将各严重事故模块分析程序耦合到可视化界面的软件平台上,以此提高工程人员与严重事故程序的交互性，通过集成的GUI环境增强工程人员对上述软件的调度和管理能力，极大地降低了分析数据的工作量。

MIDAC程序的主要功能是对核电厂发生由LOCA、SBO等初始事故引起的堆芯过热氧化/熔化、熔融物流动堵塞、碎片床形成冷却、下封头行为等堆内复杂的事故过程和现象进行分析计算，对堆内严重事故过程进行综合分析计算。

1. 堆芯早期行为分析模块

严重事故早期堆芯裸露，燃料组件过热，燃料芯块、包壳受热会产生热膨胀、蠕变等复杂的应力－应变现象。燃料芯块和包壳的热膨胀导致燃料棒的弯曲。燃料的热膨胀和包壳受热蠕变导致燃料芯块与包壳直接接触，甚至导致包壳的破裂损坏等。因此，在堆芯热工水力模型基础上开发堆芯燃料组件应力－应力理论分析模型，用于分析严重事故早期堆芯燃料组件应力－应变特性。堆芯早期行为分析模块主要包括堆芯基础热工水力计算模型、燃料棒应力－应变模型和包壳早期氧化模型等。

同时，堆芯早期行为分析模块可以对事故早期堆芯再淹没过程和现象进行分析计算。图12－3给出了堆芯早期行为耦合分析模型。

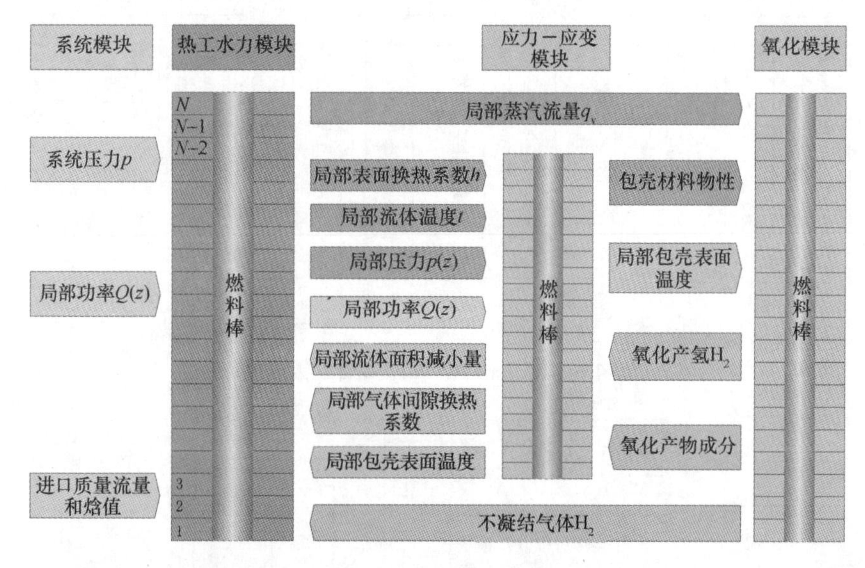

图12－3　堆芯早期行为耦合分析模型

2. 堆芯熔化过程分析模块

严重事故早期堆芯过热，燃料组件熔化过程十分复杂，熔点相对较低的控制棒材料（Ag-In-Cd）首先熔化，熔融的控制棒材料与包壳及燃料芯块之间会形成低温共晶混合物，低温共晶作用降低了包壳和芯块的熔点，这将加速堆芯包壳和燃料芯块及结构材料的熔化。堆芯燃料组件及堆内构件发生熔化后，熔融物的流动和再分布特性及再分布过程中冷凝过程特性直接影响堆芯冷却特性，进而影响堆芯的熔化过程。

燃料包壳氧化物的熔化使得事故变得更严重,如果熔化是由衰变热而不是氧化热造成的,并且堆芯不会在淹没,那么熔化进程将会稳定进行。熔融物不会立即从堆芯向下跌落,而是向堆芯更冷的区域渗透,然后凝固。但是,随着液化的继续,熔融池熔化支撑其的材料及大量熔融物突然跌落入压力容器下封头的可能性变大。因此,无衰减的燃料熔化可能导致压力容器受到热冲击,使得事故变得更加严重。对于熔融池及熔融物重定位过程需要研究熔融池周围硬壳的稳定性、熔池的扩散速率、熔融池与堆芯外围结构间的相互作用及熔融池塌落,建立堆芯熔融物流动和再分布过程的机理模型,分析堆芯熔融物流动特性和堆芯组件的冷却特性。

因此,在对堆芯熔化过程机理分析的基础上,同时结合 MAAP4 已有的堆芯熔化模型,添加控制棒材料与燃料棒低温共晶模型,结合 SCDAP/RELAP5 堆芯熔融物流动和再分布过程模型更新现有的堆芯熔融物流动和再分布过程模型,最终开发新的堆芯熔化分析模型。

3. 堆芯碎片床行为分析模块

在堆芯发生熔化,堆芯熔融再分布过程中,堆芯熔融物与压力容器内残留的冷却剂发生 FCI,在压力容器下封头内形成一个具有衰变余热的疏松的颗粒碎片床。如果压力容器的下腔室的碎片床能够被冷却,事故将会终止;如果不能冷却这些燃料碎片,则它们将在压力容器下腔室中再熔化,并形成一个熔融池,这将引起压力容器下封头局部熔化。

MIDAC 程序在 MAAP4 程序原有碎片床模型的基础上,同时结合 SCDAP/RELAP5程序中的 FCI 模型,如射流碎裂模型、颗粒沉降速率模型和碎片床干涸热流密度模型等,更新熔融物颗粒碎片形成过程模型,通过模型优化可以更好地对碎片床的形成进行模拟,并基于多孔介质理论,建立堆芯碎片床热工水力分析模型,重点考虑不同形态的堆芯碎片床的判定准则,使 MIDAC 程序的碎片床分析模块能对不同形态的碎片床进行分析计算。

4. 熔融池和下封头行为分析模块

堆芯熔融物进入下封头静止后的长期冷却状态是熔融物再分布后的终止状态,各熔融层内部的自然对流过程对熔融物的冷却起着支配作用。在熔融氧化物层内,热流向上和向下分别向两个方向传递。其内部的自然对流换热过程:上部的对流强烈,为湍流自然对流;下部的对流相对较弱。描述氧化物熔融池换热过程的实验关系式很多,图 12-4 和图 12-5 分别给出了不同换热模型计算得到的氧化物熔融池向上和向下换热量计算结果。

通过不同换热模型的比较分析,同时结合国际上最新的熔融池换热实验结果,更新 MAAP4 中原有的描述熔融池换热过程的换热模型。并结合 MAAP5[8] 中新增模块,在原有的二层熔融池模型的基础上引入重金属层模型,使得 MIDAC 程序可以对三层熔融池构型进行分析计算,扩展 MIDAC 程序的应用范围。

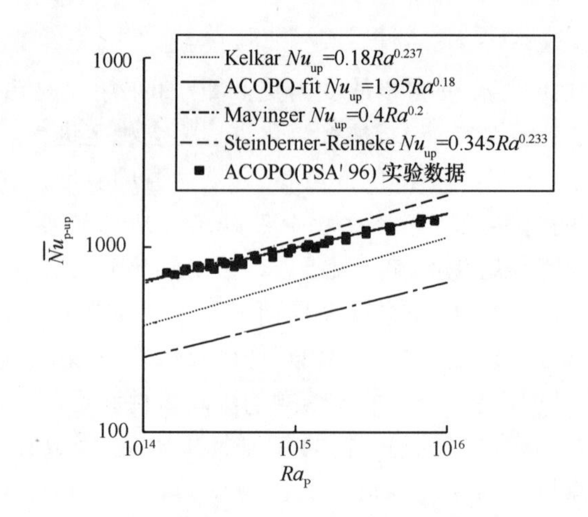

图 12-4 不同换热模型计算得到的熔融池向上换热量

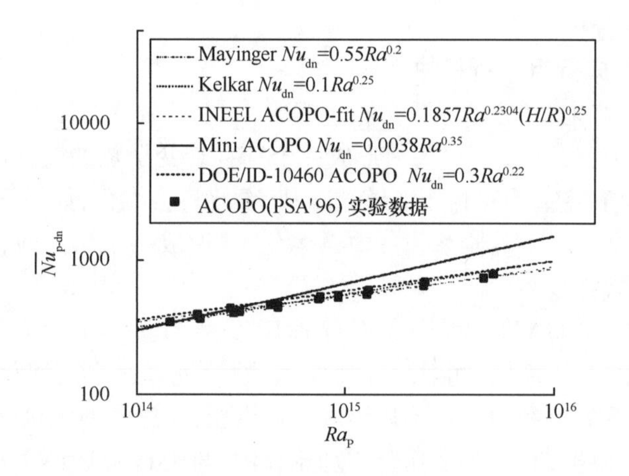

图 12-5 不同换热模型计算得到的熔融池向下换热量

12.4.2 反应堆严重事故分析模型

本次分析的系统是某反应堆核电厂，在对核电厂进行建模时参考了该核电厂的一些设计和运行参数，同时做了一些必要简化，以使得系统的模拟在保证比较真实的前提下，能够避免太过复杂。

反应堆的一回路模型划分中，由于对称性，将原有三环路简化成一环路，并带有稳压器。图 12-6 展示了某反应堆电厂的一回路和二回路结构。压力容器内部分成：环形下降段、下腔室、堆芯、堆芯旁路、上腔室、上封头 6 个控制体。蒸汽发生器的 U 形管换热段简化成上升段和下降段两个控制体，它们的体积等参数分别是所有 U 形上升和下降段总和。剩余的一回路控制体还有主管道热管段、主管道冷管段、主管道 Loopseal 段、稳压器、泄压箱、安注箱。这些控制体通过流道连接在一起，相连的控制体可以彼此进行质量和能量交换。

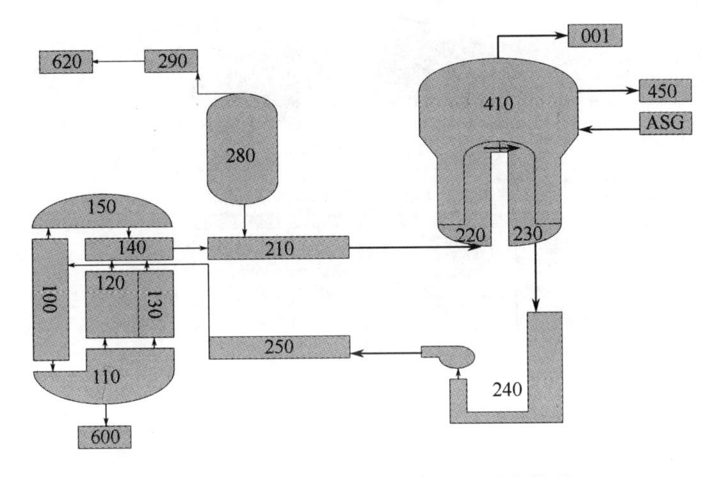

图 12－6　某反应堆一回路和二回路模型

为了更详细地研究堆芯区域的热工水力学特性，对堆芯区域（包含堆芯、下腔室两个控制体）进行了更细致的划分（图 12－7），堆芯区域划分成轴向 14 段、径向 4 环的结构。轴向的第 4 段～第 13 段属于堆芯活性区，第 1 段～第 3 段是下腔室区域，正常工况下，下支撑板是在轴向第 3 段，第 14 段是堆芯上部非活性区。安全壳的控制体划分也比较简单（图 12－8），只是粗略地将安全壳划分为安全壳上部空间、安全壳下部环形空间、堆坑、换料水池 4 个控制体，这些控制体之间由流道相互连接。

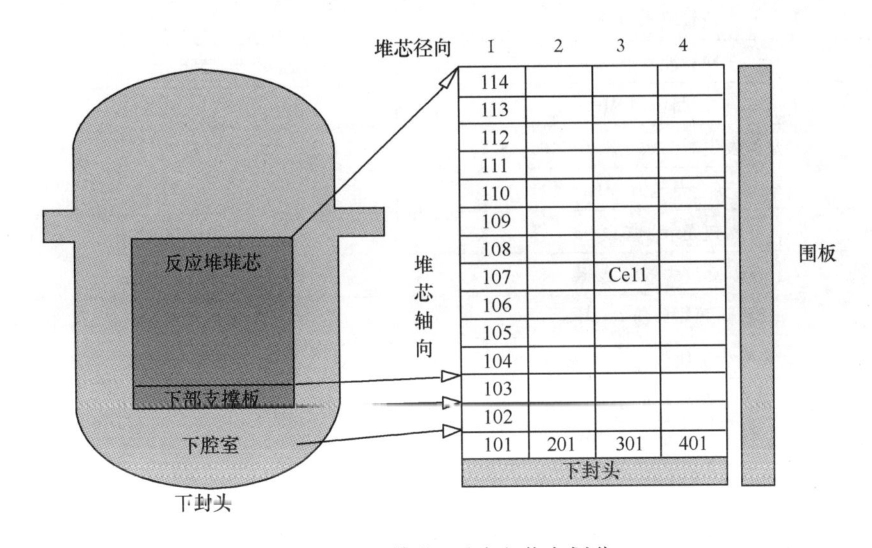

图 12－7　堆芯/下腔室节点划分

事故发生 0s 之前，通过计算得到稳态运行情况。事故发生后：一回路主泵惰转，反应堆紧急停堆，控制棒在 2s 后插入反应堆底部；二回路主给水中断，蒸汽发

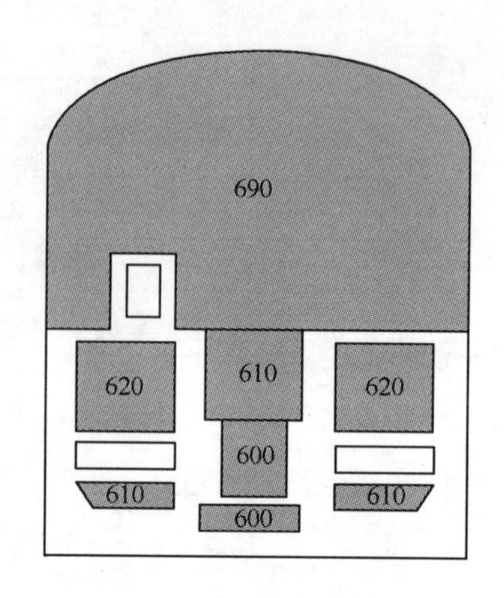

图 12-8　安全壳节点划分

生器安全阀误开启，主蒸汽系统旁通大气。由于二回路热阱的逐渐消失，一回路的温度和压力不断上升，当其压力超过稳压器泄压阀的整定值（17.1MPa）时，泄压阀打开。冷却剂通过泄压阀不断流失，使堆芯逐渐裸露，包壳温度上升。当包壳温度上升至 1273.15K 时，包壳失效，放射性物质开始泄漏，堆芯逐渐熔化，坍塌。表 12-4列出了模型初始条件与参数。

表 12-4　模型部分初始条件与参数

参数	数值
反应堆满功率/MW	3040
热管段水温/K	603.23
冷管段水温/K	566.06
一回路压力/MPa	15.122
蒸汽发生器二次侧压力/MPa	6.77
安全壳压力/MPa	0.11
锆包壳最小厚度/m	0.0001
贯穿件失效温度/K	1273.15
泄压箱爆破压力/MPa	$>p_c+0.8$
安全壳低压失效压力/MPa	0.52
安全壳高压失效压力/MPa	1.027
氢气临界摩尔份额	0.1
注：p_c 为安全壳压力	

堆芯熔化后，熔融碎片落入下支撑板上，下支撑板在温度超过其熔化温度（1700K）时失效，熔融物落入下腔室。此时，若下腔室中还有较多的水，将会发生蒸汽爆炸，产生巨大的压力冲击，有可能使压力容器超压失效。熔融物落入下腔室后，将使下封头温度不断升高，当温度超过贯穿件的熔化温度时，下封头失效，熔融

物和水将从破口处进入堆腔。熔融物进入堆腔后,可能使堆腔中的水发生蒸汽爆炸,影响安全壳的完整性。熔融物还将与堆腔地板混凝土发生反应,产生大量氢气和一氧化碳等可燃性气体,这些可燃性气体在安全壳内不断积累,当达到其燃爆的临界摩尔份额时,将发生燃爆甚至爆炸,使安全壳超压失效。

本书在计算全厂断电严重事故发生时,考虑不同电厂状况叠加影响,包括:①安注箱的投入;②轴封泄漏,在发生全厂断电时,主泵轴封可能因为断电而出现泄漏;③辅助给水的投入,全厂断电后,主给水立即丧失,由柴油发电机带动的辅助给水泵能否顺利启动,完成给水,对严重事故的进程可能会造成非常大的影响。根据不同假设,本书中将事故计算分成了三种不同类型:①TYPE1,安注箱使用,不考虑轴封泄漏和辅助给水;②TYPE2,安注箱使用,考虑轴封泄漏和辅助给水;③TYPE3,安注箱使用,考虑轴封泄漏,不考虑辅助给水。

12.4.3 计算结果及分析

全厂断电事故发生后,一回路压力变化如图 12-9 所示。从图 12-9 可以看出:在事故发生前,即0s 时,一回路压力稳定在 15.8MPa 左右;事故发生后,一回路压力出现急剧下降,这与典型的全厂断电事故结果有所区别。这是因为蒸汽发生器安全阀在 0s 后直接开启,使二回路蒸汽流动速度大增,冷却能力大为增加。另外,2s 后反应堆停堆,反应堆功率大降,两者叠加使得一回路压力降低。压力的最低点低于安注箱的投入压力,安注箱投入使用。TYPE1 和 TYPE3 中,辅助给水没有投入,蒸汽发生器二次侧快速烧干(表 12-5),使一回路压力又逐渐上升,最终它们的压力都会超过稳压器泄压阀的整定值(17.1MPa),并在泄压阀的开闭调节下稳定在这一整定值。最后,在大于 9000s 时,因为下封头失效,TYPE1 和 TYPE3 的压力会突然下降,这是高压熔堆的典型现象。对于 TYPE2,在 0s 时就有辅助给

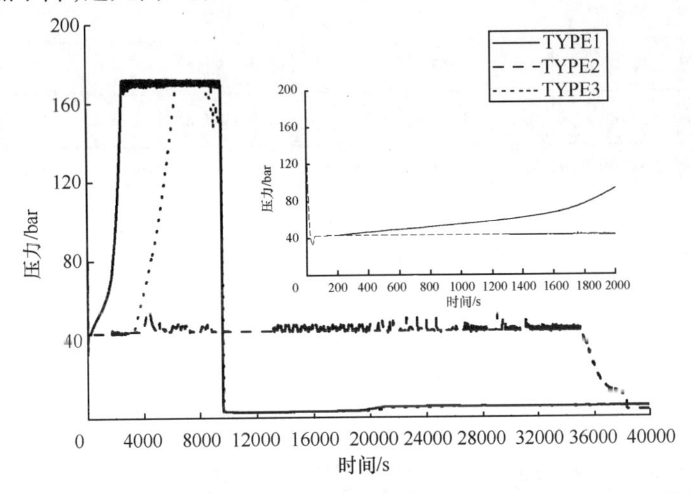

图 12-9 一回路压力

水投入,因此蒸汽发生器二次侧一直保持了很强的冷却能力,这使一回路的压力可以维持在一个较低的水平(4.3MPa 左右),直到压力容器下封头在大于 38000s 时失效,一回路压力也会在此时下降,这是低压熔堆。

表 12-5 全厂断电事故进程

事件	时间(TYPE1)/s	时间(TYPE2)/s	时间(TYPE3)/s
全厂断电发生	0	0	0
反应堆紧急停堆	2	2	2
二回路蒸汽旁路至大气	0	0	0
轴封泄漏	—	120/150	120/150
蒸汽发生器二次侧烧干	265	69221	270
安注箱投入	30	30	30
稳压器泄压阀打开	2550	—	6430
泄压箱爆破	2600	—	6570
堆芯开始裸露	5840	3760	3230
堆芯全部裸露	8975	31330	9050
环 1 燃料包壳出现破损	7875	23999	7345
环 2 燃料包壳出现破损	7837	23906	7305
环 3 燃料包壳出现破损	7897	24336	7374
环 4 燃料包壳出现破损	8227	25619	8024
下部支撑板开始失效	9570	35600	9620
下封头失效	9576	38332	9629
安全壳超压失效	124000	172800	155000

一回路的冷段温度变化如图 12-10 所示,各工况下冷段的温度首先出现了一个大的下降过程,这是因为反应堆紧急停堆及相应动作。对 TYPE1 和 TYPE3,温度又逐渐上升,达到饱和温度,最后到压力容器失效。对 TYPE2,其温度总体要比另外两种类型下的温度低。热段温度和饱和温度随时间的变化如图 12-11 ~ 图 12-13所示。比较图中热管段温度和饱和温度可以发现,TYPE1 中热管段的温度在 6000s 左右达到饱和,TYPE2 中温度达到饱和的时间约为 3200s,这是轴封泄漏引起的不同。在下封头失效瞬间,两图中两条温度线均陡降,这是压力陡降引起的。图 12-12 中,饱和温度的变化和 TYPE2 一回路压力变化是一致的,图中热管段温度则是维持在一个较低的水平。

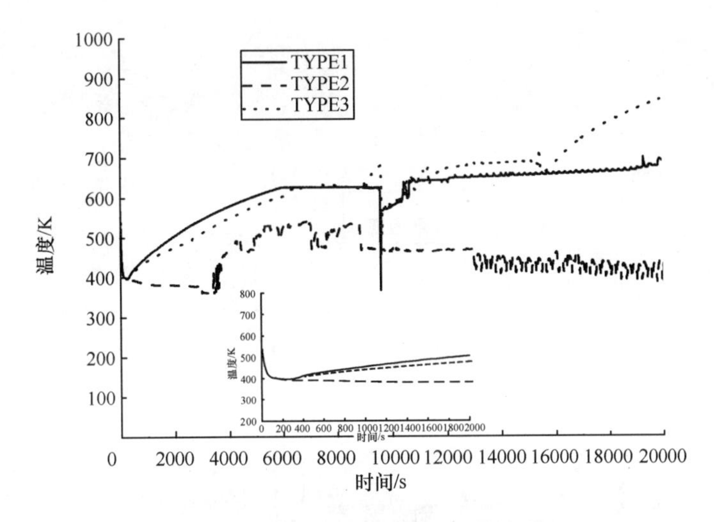

图 12－10　冷管段冷却剂温度变化

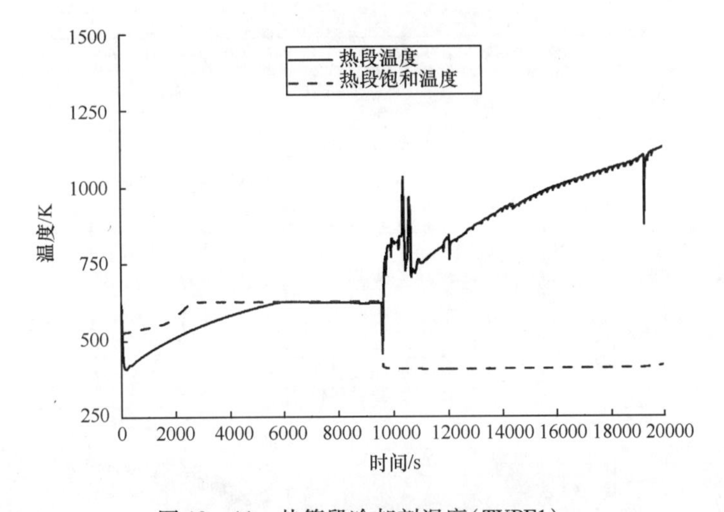

图 12－11　热管段冷却剂温度(TYPE1)

堆芯冷却剂水位和下腔室冷却剂水位变化会极大影响堆芯熔化降解的进程，这两个水位变化如图 12－14 和图 12－15 所示。严重事故的分析的最重要的任务是阻止堆芯的熔化和压力容器的失效，因此对于堆芯燃料的热工分析是非常重要的。图 12－16～图 12－18 给出了全厂断电事故的三种类型中堆芯燃料温度随时间变化情况。图中线 CELL1NN 代表了一环区轴向 1NN 号单元的燃料温度。由图可看出，三种类型中燃料温度在 0s 后都出现了陡降，这是 0s 后反应堆停堆及后续动作的结果。随后，由于衰变热的作用，堆芯温度会逐渐上升，在不同工况下冷却情况不同，于是堆芯温度上升的时间也有差别。所有单元燃料温度最终均陡降至 0，这表示单元的燃料在该时刻已经失效。这其中有些单元的燃料是温度过高而熔化，有些则是由于其他碎片破坏了单元的支持构件而变成了碎片，因此各单元燃料

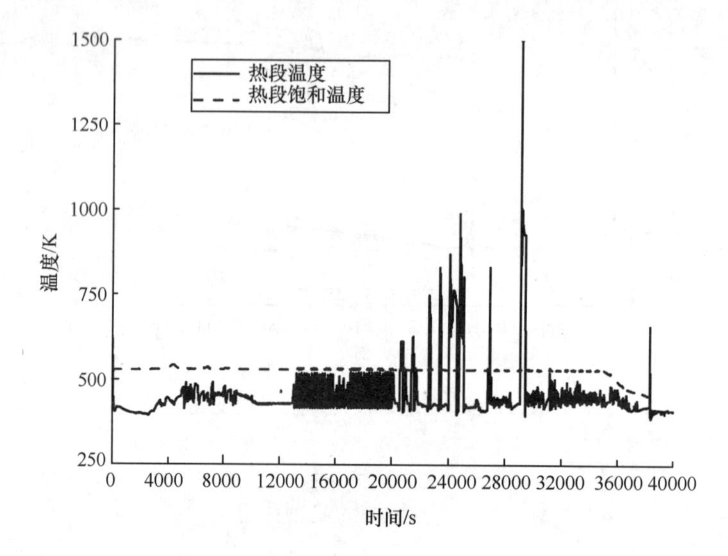

图 12－12　热管段冷却剂温度(TYPE2)

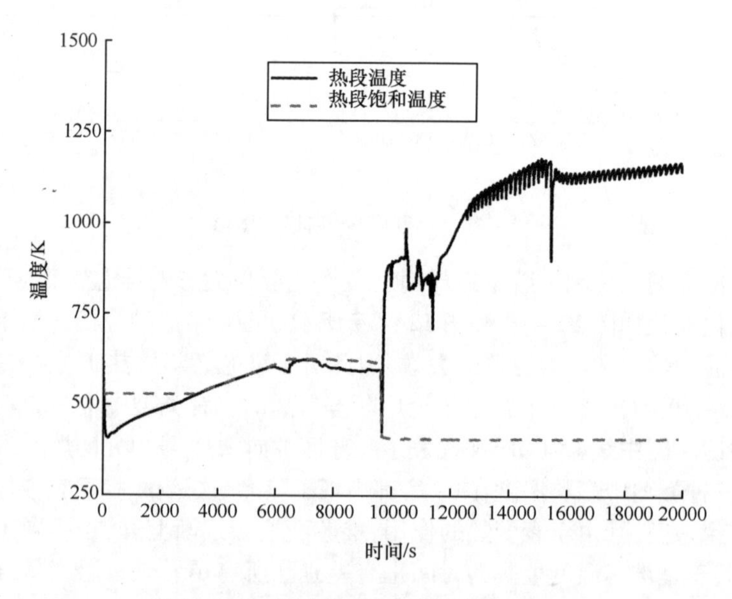

图 12－13　热管段冷却剂温度(TYPE3)

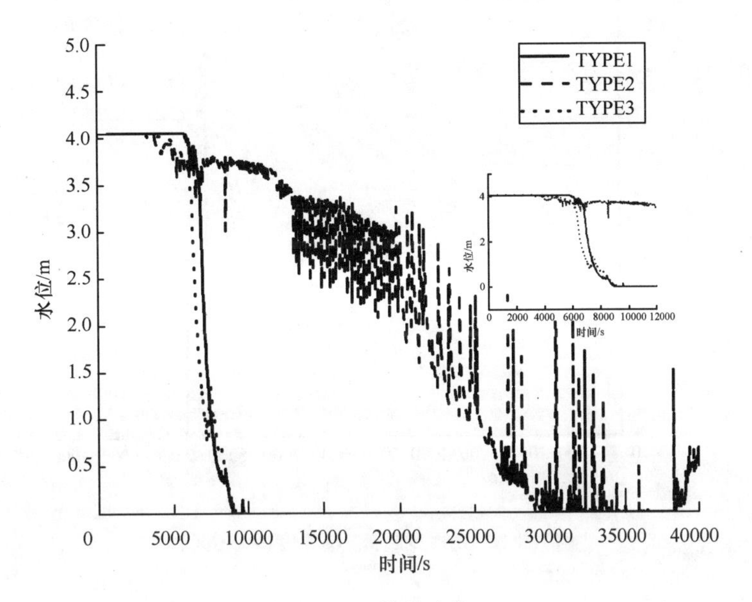

图 12－14　堆芯水位

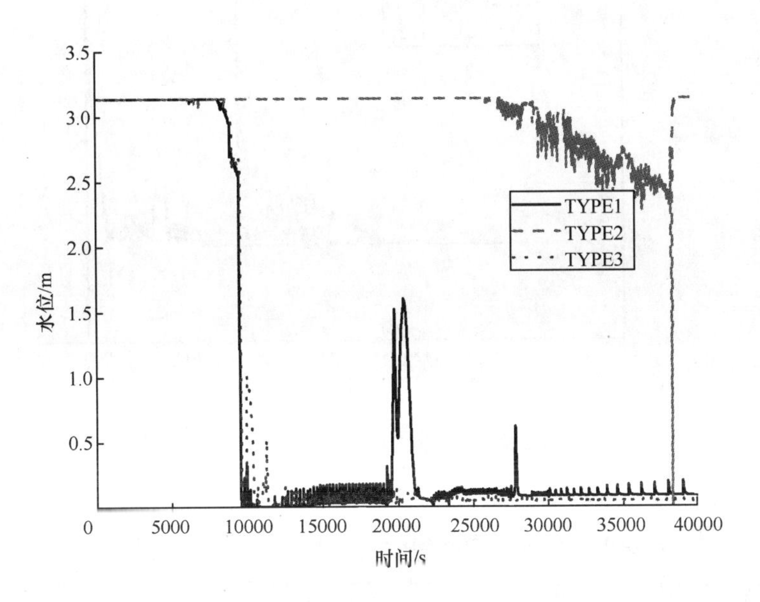

图 12－15　下腔室水位

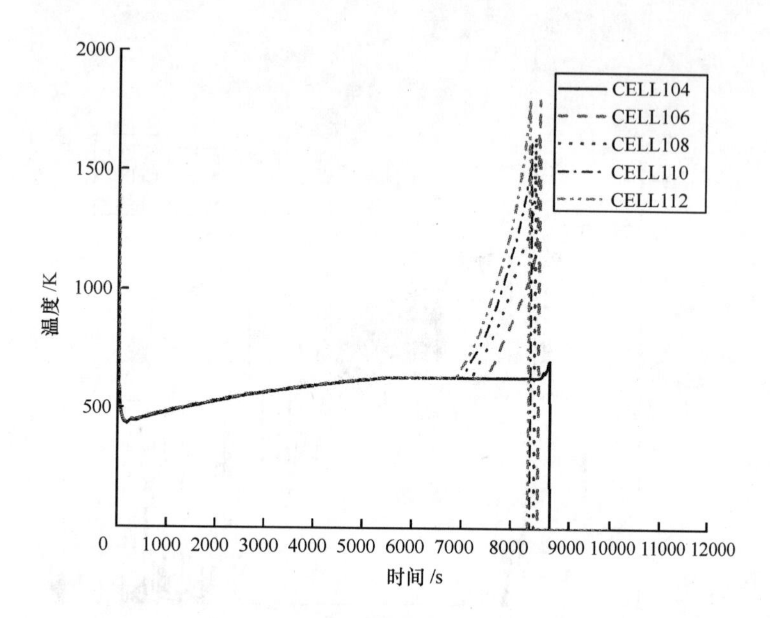

图 12－16　堆芯节点温度(一环区)

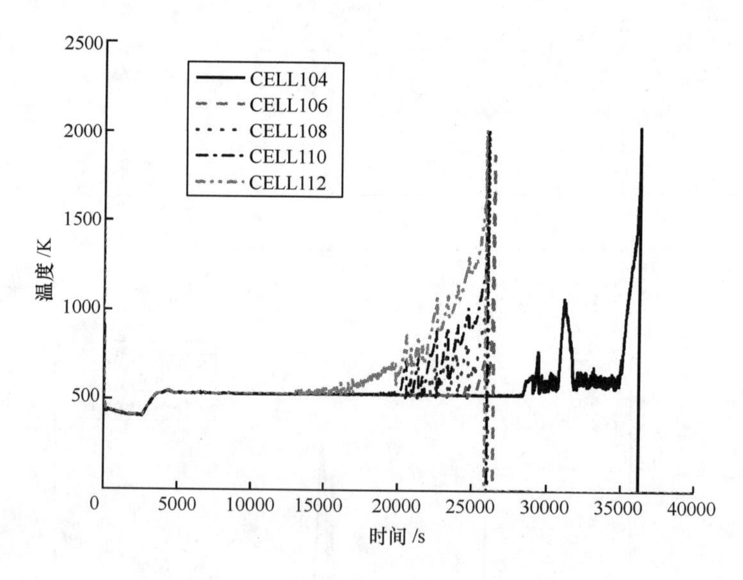

图 12－17　堆芯节点温度(二环区)

变成碎片时的温度是不一样的。

安全壳是核反应堆放射性物质包容的最后一道屏障,因此在严重事故分析中,安全壳是否失效是一个非常重要的研究内容。图 12－19、图 12－20 分别给出了事故中安全壳大气的压力和温度随时间的变化情况。由图可看出:在事故发生前,安全壳大气的温度和压力都处于一个较低水平(0.12MPa);事故发生后,安全壳大

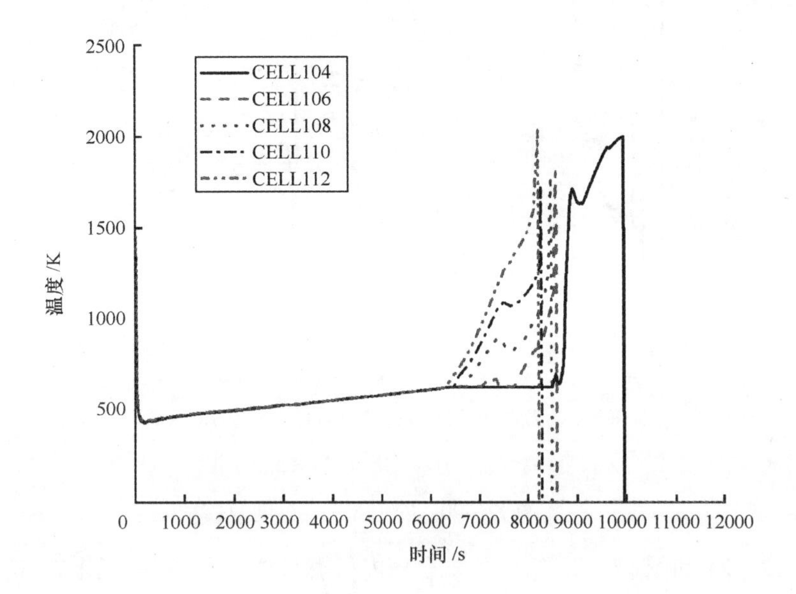

图 12－18　堆芯节点温度(三环区)

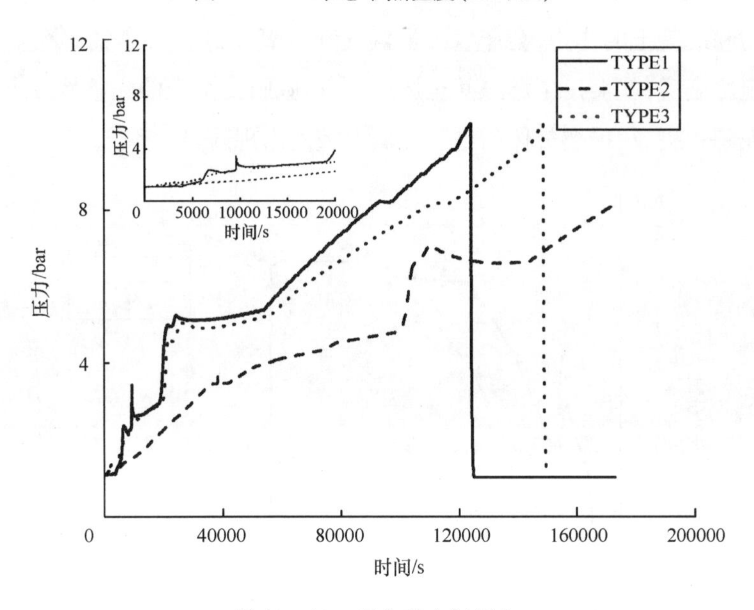

图 12－19　安全壳大气压力

气温度,压力开始上升。对于 TYPE1 和 TYPE3,压力值最后达到安全壳失效的整定值,安全壳失效,温度和压力都出现陡降;对于 TYPE2,在计算时间内,安全壳没有失效。

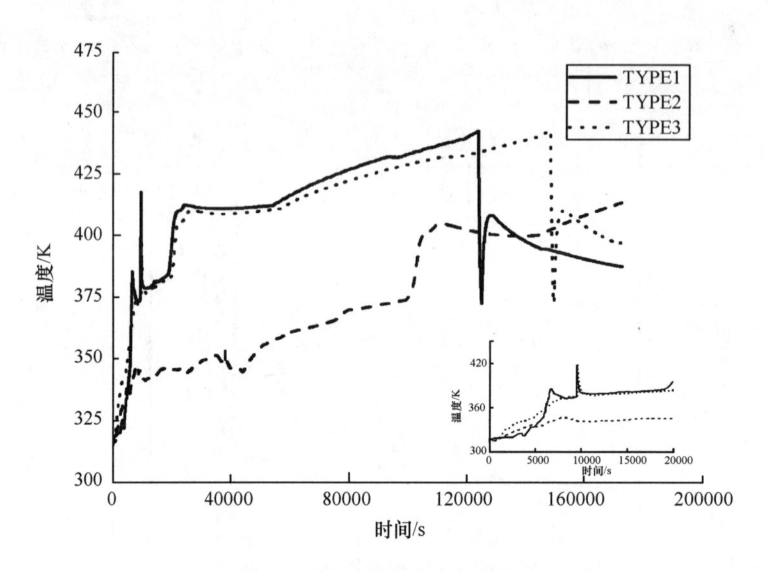

图 12－20　安全壳大气温度

图 12－21 和图 12－22 给出了安全壳内可燃气体（氢气和一氧化碳）的摩尔份额随时间的变化。事故进行一段时间后，堆芯中锆水反应会开始产生氢气，后期由于熔融物和混凝土的作用，会产生大量氢气和一氧化碳。可燃气体在安全壳内积累到一定浓度后，就会发生燃烧甚至爆炸，直接威胁安全壳的完整性。事故最终导致安全壳超压失效，可燃气体的摩尔份额也随之出现陡降。

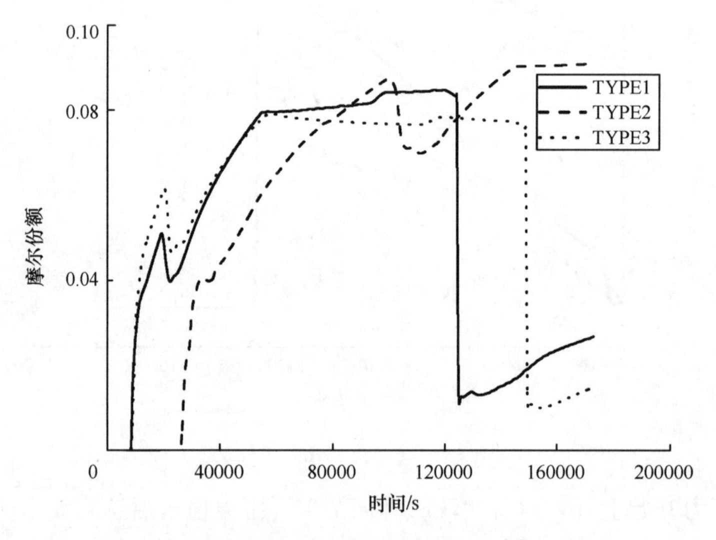

图 12－21　安全壳氢气摩尔份额

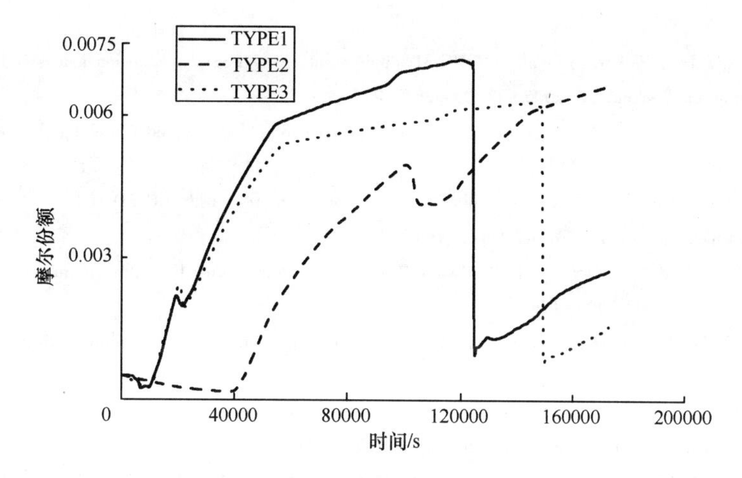

图 12－22　安全壳一氧化碳摩尔份额

参 考 文 献

[1] Gieseke J A, et al. Source term code package, user's guide (Mod 1)[R]. Washington: NRC, NUREG/CR-4587, 1986.

[2] Summers R M, et al. MELCOR 1.8.0: a computer code for nuclear reactor severeaccident source term and risk assessment analysis[R]. Albuquerque: Sandia National Laboratories, SAND90-0364, 1991.

[3] Renaud M, Siham M, Claus S, et al. Synthesis ofanalytical activities for direct containment heating [C]. The Second European Review Meeting on Severe Accident Research (ERMSAR-2007), Forschungszentrum Karlsruhe GmbH (FZK), Germany, June12-14, 2007.

[4] Fauske & Associates, Inc. MAAP4: modular accident analysis program for LWR plants, [CP]. Burr Ridge, IL: EPRI, 1994.

[5] Trambauer K, Bals C, Schubert J D, et al. ATHLET-CD mod 1.1-cycle K user's manual[CP]. Munich: Gesellschaft für Anlagen- und Reaktorsicherheit (GRS), GRS-P-2/Vol. 1, 2003.

[6] Allison C M, et al. SCDAP/RELAP5/MOD3.2 code manual, volume I-V[CP]. Washington: NRC, NUREG/CR-6150, 1997.

[7] Alfred S, Hocke K D. KESS: a modular program system to simulate and analyze core melt accidents in light water reactors[J]. Nuclear Engineering and Design, 1995, 57: 269－280.

[8] Fichot F, Chatelard P, Barrachin M, et al. ICARE/CATHARE a computer code for analysis of severe accidents in LWRs: description of physical models[R]. France: IPSN/DRS/SEMAR, SEMAR 00/03, 2001.

[9] Heames T J, Williams D A, Bixler N E, et al. VICTORIA: a mechanistic model of radionuclide ehavior in the reactor coolant system under severe accident conditions[R]. Washington: NRC, NUREG/CR-5545.

[10] Murata K K, et al. User's manual for CONTAIN 1.1: a computer code for severe nuclear reactor accident containment analysis[R] Albuquerque: Sandia National Laboratories, NUREGKR-5026, 1989.

[11] Travis J R, Royl P, Redlinger R, et al. GASFLOW-II: A three-dimensional finite volume fluid dynamics code for calculating the transport, mixing, and combustion of flammable gases and aerosols in geometrically complex domains, theory and computational model, vol. 1 [R]. Karlsruhe: FZK, Reports FZKA-5994, LA-13357-

MS,1998.

[12] Lee J J, Lee J Y, Park GC, et al. GOTHIC-3D applicability to hydrogen combustion analysis[J]. Nuclear Engineering and Technology, 2005, 37(3): 265 – 272.

[13] M L Kim B J, Oh M D. Vapour explosion in light water reactors: a theory and modelling[J]. Prog. Nucl. Energy, 1988, 22: 1 – 117.

[14] Berthoud G, Brayer C. First vapour explosion calculations performed with MC 3D code[C]. Proc. CSNI specialists meeting on FCIs, Tokai, Japan, 1997.

[15] Young M F, Reed A W, Schmidt R C. IFCI 7.0 models and correlations[R]. Albuquerque: Sandia National Laboratories, SAND99-1000, 1999.

[16] Nie M, Fischer M, Lohnert G. Advanced MCCI modelling based on stringent coupling of thermal hydraulics and real solution of thermochemistry in COSACO[C]. Proc. ICONE10, Arlington, Va., 2002.

[17] Strizhov V, Kanukova V, Vinogradova T, et al. An Assessment of the CORCON-MOD3 code. part I: thermal-hydraulic calculations[R]. Washington: NRC, NUREG/IA-0129, 1996.

[18] Studer E, Galon P. Hydrogen combustion loads-plexus calculations[J]. Nuclear Engineering and Design, 1997, 174: 119 – 134.

[19] 陈荣华. 严重事故工况下蒸汽爆炸模型开发及数值模拟研究[D]. 西安:西安交通大学,2013.

[20] 郎明刚,高祖瑛. 严重事故分析程序[J]. 核动力工程,2002,23(2):46 – 50.

第13章 严重事故分析热物性

准确描述严重事故热物性是精确估计反应堆晚期融化过程的物理进程的一个重要部分。本章热物性的主要数据、公式从MATPRO中选取[1,2]。还有一些特殊材料如纤维绝缘材料，通过采用曲线拟合原始数据的方法得到相关的热物性数据。

堆用材料分为核燃料、冷却材料、慢化材料、结构材料、控制材料五大类。对于材料的热物性主要考虑热导率、比定压热容、热膨胀率、密度、焓、熔点、黏度、热辐射率等。由于热物性与温度、压力有不同的依赖关系，将热物性只与温度有关的核燃料、结构材料、控制材料、慢化材料归为一类，并以核燃料为代表，把热物性既与温度有关又与压力有关的冷却剂作为另外一类材料分别讨论。

13.1 二氧化铀及混合氧化物

13.1.1 熔化温度和熔化潜热

1. 熔化温度

UO_2 和 $(U, Pu)O_2$ 熔化温度（铀的熔化温度约为3113K）通过Brassfield[3]实验，和用最小二乘法拟合Lyon和Baily[4]的 $(U, Pu)O_2$ 混合物相图的固液边界的抛物线方程求得：

PuO_2 质量分数大于0时，有

$$T_{sol} = 3113.15 - 5.41395C + 7.468390 \times 10^{-3}C^2 - 3.2 \times 10^{-3}\text{bu} \quad (13-1)$$

$$T_{liq} = 3113.15 - 3.21660C - 1.448518 \times 10^{-2}C^2 - 3.2 \times 10^{-3}\text{bu} \quad (13-2)$$

PuO_2 质量分数等于0时，有

$$T_{sol} = 3113.15 - 3.2 \times 10^{-3}\text{bu} \quad (13-3)$$

$$T_{liq} = T_{sol} \quad (13-4)$$

式中：T_{sol} 为固体温度（K）；T_{liq} 为液体温度（K）；C 为 PuO_2 质量分数（%）；bu为燃

耗量(MW · d/kg)。

2. UO_2 和$(U, Pu)O_2$ 熔化潜热

Leibowitz[5]认为 UO_2 的熔化潜热为 2.74×10^5J/kg;

Leibowitz[6]给出的$(U, Pu)O_2$ 的熔化潜热为 67kJ/mol。

13.1.2 比定压热容和焓

$300K < T < 4000K$。

固体 UO_2 和 PuO_2:

$$c_p = \frac{K_1 \theta^2 e^{\frac{\theta}{T}}}{T^2 [e^{\frac{\theta}{T}} - 1]^2} + K_2 T + \frac{Y K_3 E_D}{2RT^2} e^{\frac{-E_D}{RT}} \tag{13-5}$$

$$H = \frac{K_1 \theta}{e^{(\theta/T)} - 1} + \frac{K_2 T^2}{2} + \frac{Y}{2}[K_3 e^{-E_D/(RT)}] k = c_p \rho \alpha \tag{13-6}$$

式中:c_p 为比定压热容(J/(kg · K));H 为燃料焓值(J/kg);T 为温度(K);Y 为氧气-金属比率;R 为理想气体常量(8.3143J/(mol · K));θ 为爱因斯坦温度(K)。

比热容计算时的相关常数见表 13-1。

表 13-1 比热容计算时的相关常数

常数	UO_2	PuO_2
K_1/(J/(kg · K))	296.7	347.4
K_2/(J/(kg · K^2))	2.43×10^{-2}	3.95×10^{-4}
K_3/(J/kg)	8.745 × 107	3.860×10^7
θ/K	535.285	571.000
E_D/(J/mol)	1.577 × 105	1.967×10^5

液体 UO_2 和 PuO_2:

$$c_p = 503 \text{J/(kg} \cdot \text{K)} \tag{13-7}$$

UO_2 和 PuO_2 混合,采用权重的方法得到 c_p、h。

13.1.3 热导率

$$\lambda = \frac{A}{\frac{1}{B + CT} + DT^3} \tag{13-8}$$

当 $T < 3023$K 时:$A = 100.0, B = 4.0, C = 2.57 \times 10^{-2}, D = 7.3 \times 10^{-13}$。

当 $T > 3023$K 时:$A = 11.5, B = 1.0, C = 0, D = 0$。

Kim 等人[7]提出,当热扩散率为 $1.90 \times 10^{-6} \sim 3.23 \times 10^{-6} m^2/s$,熔化 UO_2 厚度为 0.813~1.219mm,温度为 3187~3315K 时,熔化的 UO_2 或 UO_2-PuO_2 混合物的热导率为

$$\lambda = c_p\rho\alpha \tag{13-9}$$

式中：λ 为 UO_2 或 UO_2-PuO_2 混合物的热导率（W/(m·K)）；c_p 为比热容，（J/(kg·K)）；ρ 为密度（kg/m^3）；α 为热扩散率（m^2/s）。

计算出的热导率为 8.5～14.5 W/(m·K)。

13.1.4 辐射系数

温度为 T 时，单位面积发射的辐射能为

$$P = e\sigma T^4 \tag{13-10}$$

式中：P 为单位面积辐射能（W/m^2）；e 为总的半球发射率；σ 为斯忒藩－玻耳兹曼常量，$\sigma = 5.671 \times 10^{-8} W/(m^2 \cdot K^4)$；$T$ 为温度（K）。

因此，总发射率为

$$\varepsilon = 0.7856 + 1.5263 \times 10^{-5} T \tag{13-11}$$

温度范围 $T < 2400K$，但是因为在 2400K 以上没有相关模型的建立，所以仍然使用这个公式。而且 $(U, Pu)O_2$ 也同样使用这个公式。

13.1.5 热膨胀率和密度

1. 热膨胀率

固体 UO_2 和 PuO_2：

$$\varepsilon = K_1 T - K_2 + K_3 e^{\left(-\frac{E_D}{kT}\right)} \tag{13-12}$$

式中：ε 为热膨胀率引起的线应变，在参考温度 300K 时等于 0；T 为温度（K）；E_D 为形成缺陷的能量（J）；k 为波耳兹曼常数，$k = 1.38 \times 10^{-23} J/K$。

计算热膨胀率的相关常数见表 13－2。

表 13－2 计算热膨胀率的相关常数

常量	UO_2	PuO_2
K_1/K^{-1}	1.0×10^{-5}	9.0×10^{-6}
K_2	3.0×10^{-3}	2.7×10^{-3}
K_3	4.0×10^{-2}	7.0×10^{-2}
E_D/J	6.9×10^{-20}	7.0×10^{-20}

固体 UO_2 和 PuO_2 混合物的热膨胀率按照其质量比加权求得。

如果燃料部分熔化，则

$$\varepsilon = \varepsilon(T_m) + 0.043 \cdot FA \tag{13-13}$$

式中：$\varepsilon(T_m)$ 为 $T = T_m$ 时固体燃料的热膨胀应变；T_m 为燃料熔化温度（K）；FA 为熔化燃料的状态，FA = 0.0，燃料全为固体，FA = 1.0，燃料全部熔化。

完全熔化的燃料的热膨胀率：

$$\varepsilon = \varepsilon(T_m) + 0.043 + 3.6 \times 10^{-5}[T - (T_m + \Delta T_m)] \quad (13-14)$$

式中：ΔT_m为(U, Pu)O_2混合物的液相线温度减去固相线温度。

当$T < 800K$时，对UO_2或PuO_2，有

$$\varepsilon = K_1 T - K_2 \quad (13-15)$$

当$T > 1000K$时，对UO_2或PuO_2，有

$$\varepsilon_D = K_3 e^{-\frac{E_D}{kT}} \quad (13-16)$$

式中：ε_D为晶格缺陷对热膨胀率的作用。

(U, Pu)O_2混合物的热膨胀率为

$$\varepsilon_{(U,Pu)O_2} = \varepsilon_{UO_2} \cdot (1 - F_P) + \varepsilon_{PuO_2} \cdot F_P \quad (13-17)$$

式中：F_P为PuO_2的质量分数。

2. 密度

$$\rho = \rho_0(1 - 3\varepsilon_{UO_2}) \quad (13-18)$$

式中：ρ为理论密度UO_2(kg/m^3)；ρ_0为常温下UO_2密度，$\rho_0 = 10980kg/m^3$；ε_{UO_2}为UO_2的线性热膨胀率，参考温度为300K。

13.1.6 黏度

对液体UO_2燃料，有

$$\mu_e = 1.23 \times 10^{-2} - 2.09 \times 10^{-6} T \quad (13-19)$$

式中：μ_e为液体动力黏度(Pa·s)；T为温度(K)。

对固体UO_2燃料，有

$$\mu_s = 1.38 e^{4.942 \times 10^4 / T} \quad (13-20)$$

式中：μ_s为熔点温度以下的UO_2燃料的动力黏度。

对固、液共存的UO_2燃料，有

$$\mu = \mu_s(1 - f) + \mu_e f \quad (13-21)$$

式中：μ为固、液共存UO_2燃料的动力黏度(Pa·s)；f为液体燃料份额。

13.2 铀合金

13.2.1 比定压热容和焓

1. 比定压热容

Touloukian[8]提出如下公式：

当$T < 938K$时，有

$$c_p = 104.82 + 5.3686 \times 10^{-3} T + 10.1823 \times 10^{-5} T^2 \quad (13-22)$$

当$938 \leqslant T < 1049K$时，有

$$c_p = 176.41311\text{J/(kg·K)} \tag{13-23}$$

当 $T \geqslant 1049\text{K}$ 时,有

$$c_p = 156.80756\text{J/(kg·K)} \tag{13-24}$$

式中:c_p为铀金属的比定压热容(J/(kg·K));T 为铀金属温度(K)。

2. 焓

Tipton[9]提出转化的热量:α-β:12500J/kg;β-γ:20060J/kg;γ-liquid:82350J/kg。推导出以下公式:

当 $300\text{K} < T < 938\text{K}$ 时,有

$$H = -3.255468\times10^4 + T[1.0466\times10^2 + T(2.685\times10^{-3} + 3.389\times10^{-5}T)] \tag{13-25}$$

当 $938\text{K} < T < 1049\text{K}$ 时,有

$$H = -5.1876776\times10^4 + 1.7092\times10^2 T \tag{13-26}$$

当 $1049\text{K} < T < 1405\text{K}$ 时,有

$$H = -2.0567496\times10^{-4} + 1.602\times10^2 T \tag{13-27}$$

当 $T > 1405\text{K}$ 时,有

$$H = 6.177850\times10^5 + 1.602\times10^2 T \tag{13-28}$$

式中:H 为铀金属焓(J/kg);T 为铀金属温度(K)。

13.2.2 热导率

$T < 1405\text{K}$,Touloukian 等人[10]提出温度-热导率多项式:

$$\lambda = 20.457 + 1.2047\times10^{-2}T - 5.7368\times10^{-6}T^2 \tag{13-29}$$

式中:λ 为铀金属热导率(W/(m·K));T 为铀金属温度(K)。

13.2.3 热膨胀率和密度

1. 热膨胀率

由 Touloukian 等人[10]的数据推导出相关多项式:

当 $300\text{K} < T < 942\text{K}$ 时,有

$$\varepsilon = [-0.30033 + T(7.1847\times10^{-4} + 1.0498\times10^{-6}T)]/100 \tag{13-30}$$

当 $942\text{K} < T < 1045\text{K}$ 时,有

$$\varepsilon = (-0.27120 + 1.9809\times10^{-3}T)/100 \tag{13-31}$$

当 $1045\text{K} < T < 1132.3\text{K}$ 时,有

$$\varepsilon = (-0.27120 + 2.2298\times10^{-3}T)/100 \tag{13-32}$$

式中:ε 为铀金属的热应变;T 为温度(K)。

2. 密度

$T = 300\text{K}$ 时的参考密度[11]为 $1.905\times10^4\text{kg/m}^3$。

13.3 锆合金

13.3.1 熔化和相变温度

1. 固体

当$x \leqslant 0.1$时,有

$$T_{sol} = 2098 + 1150x \tag{13-33}$$

当$0.1 < x \leqslant 0.18$时,有

$$T_{sol} = 2213 \tag{13-34}$$

当$0.18 < x \leqslant 0.29$时,有

$$T_{sol} = 1389.5317 + 7640.0748x - 17029.172x^2 \tag{13-35}$$

当$0.29 < x \leqslant 0.63$时,有

$$T_{sol} = 2173 \tag{13-36}$$

当$0.63 < x \leqslant 0.667$时,有

$$T_{sol} = -11572.454 + 21818.181x \tag{13-37}$$

当$x > 0.667$时,有

$$T_{sol} = -11572.454 + x(1.334 - x)21818.181 \tag{13-38}$$

2. 液体

当$x < 0.19$时,有

$$T_{liq} = 2125 + 1632.1637x - 5321.6374x^2 \tag{13-39}$$

当$0.19 < x < 0.41$时,有

$$T_{liq} = 2111.6553 + 1159.0909x - 2462.1212x^2 \tag{13-40}$$

当$0.41 < x < 0.667$时,有

$$T_{liq} = 895.07792 + 3116.8831x \tag{13-41}$$

当$x > 0.667$时,有

$$T_{liq} = 895.07792 + (1.34 - x)3116.8831 \tag{13-42}$$

式中:x为含氧锆合金中氧的原子份额。

13.3.2 比定压热容和焓

1. 比定压热容

锆合金和β相锆合金比定压热容分别见表13-3、表13-4。

表 13-3　锆合金比定压热容[12]

温度/K	比定压热容/(J/(kg·K))	温度/K	比定压热容/(J/(kg·K))
300	281	1153	719
400	302	1173	816
640	331	1193	770
1090	375	1313	619
1093	502	1233	469
1113	590	1248	356
1133	615	—	—

表 13-4　β 相锆合金比定压热容[13]

温度/K	比定压热容/(J/(kg·K))	温度/K	比定压热容/(J/(kg·K))
1093	502	1193	770
1113	590	1213	619
1133	615	1233	469
1153	719	1248	356
1173	816	—	—

从 $\alpha+\beta$ 混合相向 β 相转变的温度（$T\approx1250$K）一直到 1320K，Deem 和 Eldridge[14] 认为该温度区间内比定压热容等于常数 355.7J/(kg·K)。同时这个值与 Coughlin 和 King[15] 提出的纯 β 相值为 365.3 J/(kg·K)也很符合。

2. 焓

当 $T<1113$K 时，有

$$H_{s,Zr}=A(T-T_0) \tag{13-43}$$

$$H_{l,Zr}=0 \tag{13-44}$$

当 $1113\text{K}<T<1233$K 时，有

$$H_{s,Zr}=A(1113-T_0)+B(T-1113) \tag{13-45}$$

$$H_{l,Zr}=0 \tag{13-46}$$

当 $T>1233$K 时，有

$$H_{s,Zr}=A(1113-T_0)+B(1233-1113)+C(T-1233) \tag{13-47}$$

$$H_{l,Zr}=H_{s,Zr}+H_{sl,Zr} \tag{13-48}$$

$$H_{sl,Zr}=225356, A=339.77, B=676.6, C=356.98$$

13.3.3　热导率

当 $T<2098$K 时[16]，有

$$\lambda=7.51+2.09\times10^{-2}T-1.45\times10^{-5}T^2+7.67\times10^{-9}T^3 \tag{13-49}$$

当 $T\geqslant2098$ K 时，有

$$\lambda = 36 \tag{13-50}$$

式中:λ 为锆合金热导率(W/(m·K));T 为温度(K)。

13.3.4 热膨胀率和密度

1. 热膨胀率

当 $300\text{K} < T < 1083\text{K}$,由 Bunnell[17] 的报告中获得相关数据:

$$\varepsilon_R = 4.95 \times 10^{-6} T - 1.485 \times 10^{-3} \tag{13-51}$$

$$\varepsilon_A = 1.26 \times 10^{-5} T - 3.78 \times 10^{-3} \tag{13-52}$$

式中:ε_R为径向热膨胀率;ε_A为轴向热膨胀率;T 为温度(K)。

当 $1083\text{K} \leqslant T \leqslant 1244\text{K}$ 时[18,19],有

$$\varepsilon_R = \left[2.77763 + 1.09822\cos\left(\frac{T-1083}{161}\right)\pi\right] \times 10^{-3} \tag{13-53}$$

$$\varepsilon_A = \left[8.76758 + 1.09822\cos\left(\frac{T-1083}{161}\right)\pi\right] \times 10^{-3} \tag{13-54}$$

当 $1244\text{K} \leqslant T \leqslant 2098\text{K}$ 时[20],有

$$\varepsilon_R = 9.7 \times 10^{-6} T - 1.04 \times 10^{-2} \tag{13-55}$$

$$\varepsilon_A = 9.7 \times 10^{-6} T - 4.4 \times 10^{-3} \tag{13-56}$$

2. 密度

$$\rho = \frac{m}{V} \tag{13-57}$$

式中:ρ 为密度(kg/m^3);m 为材料质量(kg);V 为材料体积(m^3)。

热膨胀后的体积:

$$V = V_0 e^{\varepsilon_X} e^{\varepsilon_Y} e^{\varepsilon_Z} \tag{13-58}$$

式中:V_0为质量 m 的应变为 0 时的体积(m^3);ε_X、ε_Y、ε_Z为直角坐标系下的应变。

代入式(13-57),可得

$$\rho = \rho_0 e^{\varepsilon_X} e^{\varepsilon_Y} e^{\varepsilon_Z} \tag{13-59}$$

因为热应变的值总是远远小于1,所以

$$\rho = \rho_0 (1 - \varepsilon_X - \varepsilon_Y - \varepsilon_Z) \tag{13-60}$$

参考密度:$T = 300\text{K}$,$\rho = 6.510 \times 10^3 \text{kg/m}^3$[21]。

13.4 锆合金氧化物

13.4.1 熔化和相变温度

1. 固相

当 $x < 0.1$ 时,有

$$T_{sol} = 2098 + 1150x \tag{13-61}$$

当 $0.1 < x < 0.18$ 时,有

$$T_{sol} = 2213 \tag{13-62}$$

当 $0.18 < x < 0.29$ 时,有

$$T_{sol} = 1389.5317 + 7640.0748x - 17029.172x^2 \tag{13-63}$$

当 $0.29 < x < 0.63$ 时,有

$$T_{sol} = 2173 \tag{13-64}$$

当 $0.63 < x < 0.667$ 时,有

$$T_{sol} = -11572.454 + 21818.181x \tag{13-65}$$

当 $x > 0.667$ 时,有

$$T_{sol} = -11572.454 + x(1.334 - x)21818.181 \tag{13-66}$$

2. 液相

当 $x < 0.19$ 时,有

$$T_{liq} = 2125 + 1632.1637x - 5321.6374x^2 \tag{13-67}$$

当 $0.19 < x < 0.41$ 时,有

$$T_{liq} = 2111.6553 + 1159.0909x - 2462.1212x^2 \tag{13-68}$$

当 $0.41 < x < 0.667$ 时,有

$$T_{liq} = 895.07792 + 3116.8831x \tag{13-69}$$

当 $x > 0.667$ 时,有

$$T_{liq} = 895.07792 + (1.334 - x)3116.8831x \tag{13-70}$$

式中:x 为氧的原子份额;T_{sol}为固相线温度(K);T_{liq}为液相线温度(K)。

13.4.2 比定压热容和焓

1. 比定压热容

ZrO_2 的比定压热容[22]为

当 $300K < T < 1478K$ (单斜晶体的 ZrO_2)时,有

$$c_p = 565 + 6.11 \times 10^{-2}T - 1.14 \times 10^7 T^{-2} \tag{13-71}$$

当 $1478K < T < 2000K$(正方晶体 ZrO_2)时,有

$$c_p = 604.5 \text{J/(kg·K)} \tag{13-72}$$

当 $2000K < T < 2973K$ (正方晶和立方晶 ZrO_2)时,有

$$c_p = 171.7 + 0.2164T \tag{13-73}$$

当 $T > 2973K$(液体 ZrO_2)时,有

$$c_p = 815 \text{J/(kg·K)} \tag{13-74}$$

2. 焓

当 $300K < T < 1478K$ (单斜晶体的 ZrO_2)时,有

$$H(T)-H(300)=565T+3.055\times10^{-2}T^2+1.14\times10^7T^{-1}-2.102495\times10^5 \quad (13-75)$$

当 $1478K<T<2000K$（正方晶体 ZrO_2）时，有

$$H(T)-H(300)=604.5T-1.46\times10^5 \quad (13-76)$$

当 $2000K<T<2558K$（正方晶和立方晶 ZrO_2）时，有

$$H(T)-H(300)=171.7T+0.1082T^2+2.868\times10^5 \quad (13-77)$$

当 $2558K<T<2973K$（液体 ZrO_2）时，有

$$H(T)-H(300)=171.7T+0.1082T^2+3.888\times10^5 \quad (13-78)$$

当 $T>2973K$（液体 ZrO_2）时，有

$$H(T)-H(300)=815T+1.39\times10^5 \quad (13-79)$$

13.4.3 热导率

ZrO_2 的热导率[23]为

$$\lambda_{ZrO_2}=1.67+3.62\times10^{-4}T \quad (13-80)$$

当 Gilchrist[24]提出 black oxide 相关数据代表包层氧化物以后，锆合金包层氧化物热导率修正为

$$\lambda_0=0.835+1.81\times10^{-4}T \quad (13-81)$$

液态锆氧化物热导率[25,26]（$T>2973K$）为

$$\lambda_{0(liquid)}=1.4W/(m\cdot K) \quad (13-82)$$

13.4.4 热膨胀率和密度

1. 热膨胀率

Hammer[27]提出：

当 $300K<T<1478K$ 时，单斜晶体的（ZrO_2）热膨胀率为

$$\varepsilon=7.8\times10^{-6}T-2.34\times10^{-3} \quad (13-83)$$

当 $1478K<T<2973K$ 时，正方晶和立方晶（ZrO_2）热膨胀率为

$$\varepsilon=1.302\times10^{-5}T-3.338\times10^{-2} \quad (13-84)$$

式中：ε 为锆氧化物热膨胀率，液体锆氧化物 $T\geqslant2973K$。

假设氧化物熔化时体积减少5%（5%的孔隙率消失），则有

$$\varepsilon=-1.1\times10^{-2} \quad (13-85)$$

2. 密度

$$\rho_x=\rho_{xo}(1-3\varepsilon) \quad (13-86)$$

式中：ε 为由式(13-83)和式(13-84)得出；ρ_x 为给定温度的 ZrO_2 密度(kg/m^3)；ρ_{xo} 为 300K 时的 ZrO_2 密度为 $5800kg/m^3$，由 Gilchrist[28] 报告中获得。

13.5 控制棒材料

13.5.1 熔化温度

熔化温度范围：$1671K < T < 1727K$[29]。

分别用来表示固体(液体首次出现)、液体(固体最后出现)温度。

13.5.2 比定压热容和焓

1. 比定压热容

由 Touloukian 和 Buyco[30] 的数据经过拟合得到的比定压热容：

当 $300K < T < 1671K$ 时，有

$$c_p = 326 - 0.242T + 3.71T^{0.719} \tag{13-87}$$

当 $T > 1671K$ 时，有

$$c_p = 691.98 \tag{13-88}$$

式中：c_p 为控制棒包层的比定压热容(J/(kg · K))；T 为控制棒包层温度(K)。

2. 焓

当 $300K < T < 1671K$ 时，有

$$H = 326T - 0.121T^2 + 2.15823T^{1.719} \tag{13-89}$$

当 $1671K < T < 1727K$ 时，有

$$H = -85.55565 \times 10^5 + 5691.98T \tag{13-90}$$

当 $T > 1727K$ 时，有

$$H = 0.79435 \times 10^5 + 691.98T \tag{13-91}$$

式中：H 为控制棒包层焓值(J/kg)；T 为控制棒包层温度(K)。

13.5.3 热导率

MATPRO[31] 中关于热导率的公式：

当 $300K < T < 1671K$ 时，有

$$\lambda = 7.58 + 0.0189T \tag{13-92}$$

当 $1671K < T < 1727K$ 时，有

$$\lambda = 610.9393 - 0.3421767T \tag{13-93}$$

当 $T > 1727K$ 时，有

$$\lambda = 20 \tag{13-94}$$

式中：λ 为控制棒包层热导率(W/(m · K))；T 为控制棒包层温度(K)。

13.5.4 热膨胀率和密度

1. 热膨胀率

当 $300K < T < 1671K$ 时，有

$$\varepsilon = 1.57 \times 10^{-5} \times T + 1.69 \times 10 \times T^2 \tag{13-95}$$

当 $1671K < T < 1727K$ 时，有

$$\varepsilon = -2.986634 \times 10^{-1} + 1.972573 \times 10^{-4} \times T \tag{13-96}$$

当 $T > 1727K$ 时，有

$$\varepsilon = 4.2 \times 10^{-2} \tag{13-97}$$

式中：ε 为控制棒包层热膨胀率；T 为控制棒包层温度（K）。

2. 密度

300K 时的参考密度为 7.9×10^3 kg/m^3[32]

$$\rho_x = \rho_{xo}(1 - 3\varepsilon_0) \tag{13-98}$$

遵循密度与热应变的一般关系式。

13.6 不锈钢氧化物

13.6.1 比定压热容和焓

下面的公式由 Touloukian[33] 报告中的数据推导出来。

1. 比定压热容

（1）FeO：

当 $300K < T < 1642K$（固相）时，有

$$c_p = 676.2 + 0.1432T \tag{13-99}$$

当 $T > 1642K$（液相）时，有

$$c_p = 989J/(kg \cdot K) \tag{13-100}$$

（2）Fe_2O_3：

当 $300K < T < 950K$（α 相）时，有

$$c_p = 337.6 + T(1.099 - 2.372 \times 10^{-5}T) \tag{13-101}$$

当 $950K < T < 1050K$（β 相）时，有

$$c_p = 1248 \tag{13-102}$$

当 $1050K < T < 1838K$（γ 相）时，有

$$c_p = 829.9 + 4.26 \times 10^{-2}T \tag{13-103}$$

当 $T > 1838K$（液相）时，有

$$c_p = 829.9 + 4.26 \times 10^{-2}T \tag{13-104}$$

（3）Fe_3O_4：

当 300K < T < 1000K（α 相）时，有

$$c_p = 394.9 + T(0.8705 - 4.976 \times 10^{-7} T) \quad (13-105)$$

当 1000K < T < 1864K（β 相）时，有

$$c_p = 866.5\text{J/(kg·K)} \quad (13-106)$$

当 T > 1864K（液相）时，有

$$c_p = 866.5\text{J/(kg·K)} \quad (13-107)$$

$$c_{p(\text{avg})} = \frac{[c_{p(\text{FeO})} + c_{p(\text{Fe}_2\text{O}_2)} + c_{p(\text{Fe}_3\text{O}_4)}]}{3} \quad (13-108)$$

2. 焓

当 300K < T < 950K 时，有

$$H = -1.7264166 \times 10^5 + T[469.6 + T(0.3521 - 2.691 \times 10^{-6} T)] \quad (13-109)$$

当 950K < T < 1000K 时，有

$$H = -2.9379084 \times 10^5 + T[773.0 + T(0.1690 - 5.53 \times 10^{-7} T)] \quad (13-110)$$

当 1000K < T < 1050K 时，有

$$H = -3.530784 \times 10^5 + T(930.2 + 2.387 \times 10^{-2} T) \quad (13-111)$$

当 1050K < T < 1642K 时，有

$$H = -1.6657291 \times 10^5 + T(790.0 + 3.07 \times 10^{-2} T) \quad (13-112)$$

当 T > 1642K 时，有

$$H = -2.7403984 \times 10^5 + T(895.1 + 7.1 \times 10^{-3} T) \quad (13-113)$$

式中：H 为由于不锈钢氧化物而改变的焓（J/kg）；T 为不锈钢氧化物的温度（K）。

13.6.2 热导率

通过相关数据[34]拟合出多项式（T < 800K）：

$$\lambda = 4.6851 + 100T(-3.3292 \times 10^{-7} - 2.5618 \times 10^{-8} T) \quad (13-114)$$

式中：λ 为不锈钢氧化物的热导率（W/(m·K)）；T 为不锈钢氧化物的温度（K）。

13.6.3 热膨胀率和密度

1. 热膨胀率

$$\varepsilon_{\text{FeO}} = -0.409 + 1.602 \times 10^{-3} T - 7.913 \times 10^{-7} T^2 + 5.348 \times 10^{-10} T^3 \quad (13-115)$$

$$\varepsilon_{Fe_2O_3} = -2.537 + 7.30 \times 10^{-4} T + 4.964 \times 10^{-7} T^2 - 1.140 \times 10^{-10} T^3 \tag{13-116}$$

$$\varepsilon_{Fe_3O_4} = -0.214 + 6.929 \times 10^{-4} T - 1.107 \times 10^{-7} T^2 + 8.078 \times 10^{-10} T^3 \tag{13-117}$$

$$\varepsilon_{avg} = \frac{\varepsilon_{FeO} + \varepsilon_{Fe_2O_3} + \varepsilon_{Fe_3O_4}}{3} \tag{13-118}$$

式中：$\varepsilon_{(FeO)}$ 为 FeO 的热膨胀率；$\varepsilon_{(Fe_2O_3)}$ 为 Fe_2O_3 的热膨胀率；$\varepsilon_{(Fe_3O_4)}$ 为 Fe_3O_4 的热膨胀率；ε_{avg} 为三种氧化物的热膨胀率的平均值；T 为不锈钢氧化物温度(K)。

2. 密度

300K 时的参考密度[35]为 $8.0 \times 10^3 kg/m^3$。

$\rho_x = \rho_{xo}(1 - 3\varepsilon_0)$ 遵循密度与热应变的一般关系式。

13.7 中子吸收剂

银－铟－镉控制棒(80%银、15%铟、5%镉)、碳化硼控制叶片。

13.7.1 熔化温度

Ag-In-Cd 合金：

熔化温度范围 $1073K < T < 1123K$[36]，分别用来表示固体(液体首次出现)、液体(固体最后出现)温度。

B_4C：2743K[37]。

13.7.2 比定压热容和焓

Ag－In－Cd 合金的比定压热容：

$$c_p = \frac{0.808 c_{pm_{Ag}} + 0.143 c_{pm_{In}} + 0.049 c_{pm_{Cd}}}{0.109 \dfrac{kg}{mol} \text{Alloy}} \tag{13-119}$$

式中：c_p 为合金的比定压热容(J/(kg · K))；$c_{pm_{Ag}}$ 为银的摩尔比定压热学(J/(mol · K))；$c_{pm_{In}}$ 为铟的摩尔比定压热学(J/(mol · K))；$c_{pm_{Cd}}$ 为镉的摩尔比定压热容(J/(mol · K)；c_{pm} 为摩尔比定压热容(J/(mol · K))，可表示为

$$c_{pm} = a + b \times 10^{-3} T + d \times 10^5 T^{-2} \tag{13-120}$$

其中：T 为温度

当温度大于 1073K 时，认为 c_p 与 1073K 时相同。

式(13－120)摩尔比定压热容见表 13－15。

表 13-5 式(13-120)摩尔比定压热容常数[38]

金属	$a/(J/(mol \cdot K))$	$b/(J/(mol \cdot K))$	$c/(J/mol \cdot K))$
银	21.3	12.3	1.51
铟	24.3	10.5	0
镉	22.2	12.3	0

B_4C 的比定压热容由文献[39]的数据拟合:

当 $T<2700K$ 时,有

$$c_p = 563 + T(1.54 - 2.94 \times 10^{-4} T) \quad (13-121)$$

当 $T>2700K$ 时,有

$$c_p = 2,577.740 J/(kg \cdot K) \quad (13-122)$$

Ag-In-Cd 合金的熔化潜热为 $9.5610^4 J/kg$。

B_4C 的熔化潜热通常认为是 UO_2 的 $2.74 \times 10^5 J/kg$。

13.7.3 热导率

1. Ag-In-Cd 合金

当 $300K < T < 1073K$ 时,有

$$\lambda = 2.805 \times 10 + T(1.101 \times 10^{-1} - 4.436 \times 10^{-5} T) \quad (13-123)$$

当 $1073K < T < 1123K$ 时,有

$$\lambda = 1.119736 \times 10^3 - 0.954592T \quad (13-124)$$

当 $T > 1123K$ 时,有

$$\lambda = 47.730 \quad (13-125)$$

式中:λ 为吸收体的热导率(W/(m·K));T 为吸收体温度(K)。

2. B_4C

由 Touloukian[40]两组数据进行拟合($T \geqslant 300$ K):

$$\lambda = 4.60 + 0.00205T + 2.65e^{(-T/448)} \quad (13-126)$$

式中:λ 为吸收体的热导率(W/(m·K));T 为吸收体温度(K)。

13.7.4 热膨胀率和密度

1. 热膨胀率

(1) Ag-In-Cd 合金的热膨胀率:

当 $300K < T < 1050K$ 时,有

$$\varepsilon = 2.25 \times 10^{-5}(T - 300) \quad (13-127)$$

当 $1050K < T < 1100K$ 时,有

$$\varepsilon = -0.25875 + 2.625 \times 10^{-4} \times T \quad (13-128)$$

当 $T>1100$K 时，有

$$\varepsilon=3.0\times10^{-2} \tag{13-129}$$

式中：ε 为吸收体热膨胀率；T 为吸收体温度（K）。

（2）B_4C 的热膨胀率，由文献[41]中的数据拟合得

$$\varepsilon=-1.10\times10^{-3}+T(3.09\times10^{-6}+1.88\times10^{-9}T) \tag{13-130}$$

2. 密度

（1）Ag-In-Cd 合金的密度：

300K 时的参考密度[42]为 10.17×10^3kg/m^3。

$\rho_x=\rho_{xo}(1-3\varepsilon_0)$遵循密度与热应变的一般关系式。

（2）B_4C 的密度：

300K 时的参考密度[43]为 2.5×10^3kg/m^3。

$\rho_x=\rho_{xo}(1-3\varepsilon_0)$遵循密度与热应变的一般关系式。

13.7.5 表面张力

表面张力[44] $\sigma=0.3$N/m。

13.7.6 黏度

1. Ag-In-Cd 合金

当 $T<1050$K 时，黏度为 10^{10}Pa·s。

当 $T>1100$K 时，有

$$\mu=\mu_1(f_{Ag}\mu_{Ag}+f_{In}\mu_{In}+f_{Cd}\mu_{Cd}) \tag{13-131}$$

式中：μ 为 Ag-In-Cd 合金黏度（Pa·s）；μ_1为液态吸收体黏度（Pa·s）；f_{Ag}为合金中银的摩尔分数，$f_{Ag}=0.808$；μ_{Ag}为银的黏度（Pa·s）；f_{In}为合金中铟的摩尔分数，$f_{In}=0.143$；μ_{In}为铟的黏度（Pa·s）；f_{Cd}为合金中的镉的摩尔分数，$f_{Cd}=0.049$；μ_{Cd}为镉的黏度（Pa·s）。

各组分的黏度参考 Nazare、Ondracek 和 Schulz[45]的文献：

$$\mu_{Ag}=2.95\times10^{-4}e^{\frac{3187}{T}} \tag{13-132}$$

$$\mu_{In}=3.18\times10^{-4}e^{\frac{768}{T}} \tag{13-133}$$

$$\mu_{Cd}=3.19\times10^{-4}e^{\frac{1190}{T}} \tag{13-134}$$

当 $1050\text{K}<T<1100$K（两相温度范围）时，有

$$\mu=\frac{\mu_1(T-050)+10^{10}(1100-T)}{50} \tag{13-135}$$

2. B_4C

当 $T<2700$K，黏度为 10^{10} Pa·s。

当 $T \geqslant 2700$K 时，有

$$\mu_{B_4C} = 1.21 \times 10^{-4} e^{\frac{9158}{T}} \tag{13-136}$$

13.8 镉

13.8.1 比定压热容

镉的比定压热容见表 13－6。

表 13－6 镉的比定压热容[46]

温度/K	比定压热容/(J/(kg·K))	温度/K	比定压热容/(J/(kg·K))
298.15	231.3	594.0	263.7
400.0	241.8	594.001(液相)	264.4
500.0	252.6	—	—

如果温度在列表温度范围内，则用线性插值法获得该温度的比定压热容。如果超出列表值给的温度范围，则认为是第一个或最后一个列表值。

13.8.2 热导率

镉的热导率见表 13－7。

表 13－7 镉的热导率

温度/K	热导率/(W/(m·K))	温度/K	热导率/(W/(m·K))
273.15	97.5	533.15	90.8
293.15	97.0	573.15	88.9
303.15	96.8	594.0	87.9
333.15	96.2	594.001(液相)	41.6
403.15	94.7	600.0	42.0
433.15	94.2	700.0	49.0
473.15	92.9	800.0	55.9
503.15	91.9	1040.0	72.5

如果温度在列表温度范围内，则用线性插值法获得该温度的热导率如果超出列表值给的温度范围，则认为是第一个或最后一个列表值。

13.8.3 密度

镉的密度见表 13－8。

表 13-8　镉的密度

温度/K	密度/(kg/m^3)	温度/K	密度/(kg/m^3)
273.15	8670	573.15	8360
303.15	8640	594.0	8336
333.15	8610	594.001(液相)	8020
403.15	8541	602.0	8010
433.15	8511	623.0	7990
473.15	8470	773.0	7820
503.15	8439	873.0	7720
533.15	8406	—	—

如果温度在列表温度范围内,则用线性插值法获得该温度的密度。如果超出列表值给的温度范围,则认为是第一个或最后一个列表值。

13.8.4　焓

镉的焓见表 13-9。

表 13-9　镉的焓

温度/K	焓/(J/kg)	温度/K	焓/(J/kg)
298.0	0	594.001(液相)	128050.0
400.0	24050.0	600.0	129650.0
500.0	48770.0	800.0	182510.0
594.0	72960.0	1000.0	235370.0

如果温度在列表温度范围内,则用线性插值法获得该温度的焓。如果超出列表值给的温度范围,则认为是第一个或最后一个列表值。

13.9　定位格架

13.9.1　熔化温度

铬镍铁合金 718 熔化温度范围[47] $1533K < T < 1609K$。

13.9.2　焓

铬镍铁合金的焓见表 13-10。

表 13－10　铬镍铁合金的焓

温度/K	焓/(J/kg)	温度/K	焓/(J/kg)
298	127420	1663	869100
373	160100	1664	117190
473	205550	1800	125290
573	253170	2000	137200
673	302950	2200	149100
873	409030	2400	161010
973	465.320	2600	172920
1073	523770	6000	375360
1533	791700	—	—

如果温度在列表温度范围内,则用线性插值法获得该温度的焓。如果超出列表值给的温度范围,则认为是第一个或最后一个列表值。

参考温度为0K。

13.9.3　热导率

铬镍铁合金的热导率见表 13－11。

表 13－11　铬镍铁合金的热导率

温度/K	热导率/(W/(m·K))	温度/K	热导率/(W/(m·K))
298	11.45	773	19.03
373	12.68	873	20.62
473	14.27	973	22.21
573	15.85	1073	23.80
673	17.44	6000	23.80

如果温度在列表温度范围内,则用线性插值法获得该温度的焓。如果超出列表值给的温度范围,则认为是第一个或最后一个列表值。

13.9.4　密度

$$\rho = 8000\mathrm{kg/m^3}$$

13.10　锆铀化合物

13.10.1　比定压热容和焓

Zr-U-O 混合物的公式由 MATPRO[48] 中获得:

$$c_p = \frac{c_{pUO_2} 0.207 f_{UO_2} + c_{pZrO_2} 0.123 f_{ZrO_2} + c_{pZr} 0.091 f_{Zr}}{0.207 f_{UO_2} + 0.123 f_{ZrO_2} + 0.091 f_{Zr}} \quad (13-137)$$

式中：c_p 为混合物的比定压热容（J/(kg·K)）；c_{pUO_2} 为 UO_2 比定压热容（J/(kg·K)）；c_{pZrO_2} 为 ZrO_2 比定压热容（J/(kg·K)）；c_{pZr} 为锆合金比定压热容（J/(kg·K)）；f_{UO_2} 为 UO_2 原子份额；f_{ZrO_2} 为 ZrO_2 原子份额；f_{Zr} 为锆合金的原子份额。

同样，运用这种权重的方法来计算焓值。

13.10.2 热导率

Zr-U-O 混合物的公式由 MATPRO 中获得：

$$\lambda = f_{UO_2} \lambda_{UO_2} f_{ZrO_2} \lambda_{ZrO_2} + f_{Zr} \lambda_{Zr} - 0.4 f_{UO_2} \lambda_{ZrO_2} + 7.8 f_{UO_2} f_{Zr} + 7.8 f_{ZrO_2} f_{Zr} \quad (13-138)$$

式中：λ 为混合物的热导率（W/(m·K)）；λ_{UO_2} 为 UO_2 的热导率（W/(m·K)）；λ_{ZrO_2} 为 ZrO_2 的热导率（W/(m·K)）；λ_{Zr} 为锆合金的热导率（W/(m·K)）；f_{UO_2} 为 UO_2 的原子份额；f_{ZrO_2} 为 ZrO_2 的原子份额；f_{Zr} 为锆合金的原子份额。

13.10.3 热膨胀率

Zr-U-O 混合物的公式由 MATPRO 中获得：

$$\varepsilon = \frac{2.46 f_{UO_2} \varepsilon_{UO_2} + 2.12 f_{ZrO_2} \varepsilon_{ZrO_2} + 1.39 f_{Zr} \varepsilon_{Zr}}{2.46 f_{UO_2} + 2.12 f_{ZrO_2} + 1.39 f_{Zr}} \quad (13-139)$$

式中：ε 为混合物的热膨胀率；ε_{UO_2} 为 UO_2 的热膨胀率；ε_{ZrO_2} 为 ZrO_2 的热膨胀率；ε_{Zr} 为 Zr 的热膨胀率；f_{UO_2} 为 UO_2 的原子份额；f_{ZrO_2} 为 ZrO_2 的原子份额；f_{Zr} 为锆合金的原子份额。

13.10.4 Zr-U-O 混合物摩擦系数

$$f = (0.0791 Re)^{-0.25}, \quad Re > 7539.42 \quad (13-140)$$

$$f = \frac{64}{Re}, \quad 7539.42 \geqslant Re > 10^{-6} \quad (13-141)$$

$$f = 6.4 \times 10^7, \quad Re < 10^{-6} \quad (13-142)$$

式中：f 为混合物的摩擦系数；Re 为雷诺数。

13.10.5 Zr-U-O 混合物表面张力

表面张力[49] $\sigma = 0.45$ N/m。

13.10.6 Zr-U-O 混合物黏度

当 T 小于固相线温度，混合物黏度为

$$\mu_s = 1.38e^{\frac{4.942\times10^4}{T}} \tag{13-143}$$

当 T 大于液相线温度，混合物黏度为

$$\mu_1 = f_{UO_2}\mu_{UO_2} + f_{ZrO_2}\mu_{ZrO_2} + f_{Zr}\mu_{Zr} \tag{13-144}$$

式中：f_{UO_2}为液体 UO_2 原子份额；f_{ZrO_2}为液体 ZrO_2 原子份额；f_{Zr}为液体 Zr 原子份额。

$$\mu_{UO_2} = 1.23\times10^{-2} - 2.09\times10^{-6}T \tag{13-145}$$

$$\mu_{ZrO_2} = 1.22\times10^{-4}e^{\frac{10500}{T}} \tag{13-146}$$

$$\mu_{Zr} = 1.90\times10^{-4}e^{\frac{6500}{T}} \tag{13-147}$$

$T_{sol} < T < T_{liq}$，混合物黏度为

$$\mu = \frac{\mu_l(T - T_{sol}) + \mu_s(T_{liq} - T)}{T_{liq} - T_{sol}} \tag{13-148}$$

式中：T_{sol}为固相线温度（K）；T_{liq}为液相线温度（K）。

13.10.7 Zr-U-O 混合物熔化潜热

Zr-U-O 混合物的熔化潜热为

$$L = \frac{2.74\times10^5\times0.270\times f_{UO_2} + 7.06\times10^5\times0.123\times f_{ZrO_2} + 2.25\times10^5\times0.091\times f_{Zr}}{0.270f_{UO_2} + 0.123f_{ZrO_2} + 0.091f_{Zr}} \tag{13-149}$$

式中：L 为 Zr-U-O 混合物的熔化潜热（J/kg）。

13.10.8 热膨胀系数

液化混合物的热膨胀系数为

$$\beta = \frac{\frac{\rho(T)}{\rho(T+\Delta T)} - 1}{\Delta T} \tag{13-150}$$

式中：T 为混合物温度（K）；ΔT 为假设的温度差（K）。

13.11 不凝结气体

本书主要介绍的不凝结气体包括氦、氩、氪、氙、氢、氮、氧、一氧化碳、二氧化碳、蒸汽混合物等。

13.11.1 比定压热容

恒压单原子气体氦、氩、氪、氙：

$$c_p = 2.0786\times10^4 \text{J/(kg·K)} \tag{13-151}$$

氢、氮、氧、一氧化碳、二氧化碳、蒸汽混合物用与温度相关的二次多项式计算

其摩尔比定压热容：

$$c_p(\text{mixture}) = \sum_{k=1}^{i} c_p(k)X(k) \tag{13-152}$$

式中：$X(k)$为气体成分k的摩尔分数；$c_p(k)$为混合物成分k恒压下纯试样的摩尔比定压热容(J/(kg · mol · K))。

比定压热容计算时的相关常数见表13-12。

表13-12　比定压热容计算时的相关常数[50]

气体	零次	一次	二次
H_2	2.88×10^4	0.276	1.17×10^{-3}
N_2	2.64×10^4	7.913	-1.44×10^{-3}
O_2	2.62×10^4	11.50	-3.22×10^{-3}
CO	2.62×10^4	8.755	-1.92×10^{-3}
CO_2	2.87×10^4	3.573	-1.036×10^{-2}
H_2O	2.88×10^4	13.75	-1.436×10^{-3}

13.11.2　热导率

$$\lambda = AT^B \tag{13-153}$$

式中：λ为热导率(W/(m · K))；T为温度(K)。

表13-13　热导率计算中的相关常数

气体	A	B	气体	A	B
He	2.639×10^{-3}	0.7085	H_2	1.097×10^{-3}	0.8785
Ar	2.986×10^{-4}	0.7224	N2	5.314×10^{-4}	0.6898
Kr	8.247×10^{-5}	0.8363	O_2	1.853×10^{-4}	0.8729
Xe	4.351×10^{-5}	0.8616	CO	1.403×10^{-4}	0.9090

CO_2：

$$\lambda_{CO_2} = 9.460\times10^{-6}T^{1.312} \tag{13-154}$$

H_2O：

当$T \leqslant 973.15$K[51]时，有

$$\lambda_{\text{steam}} = (-2.8516\times10^{-8} + 9.424\times10^{-10}T - 6.005\times10^{-14}T^2)\frac{p}{T} + \frac{1.009p^2}{T^2(T-273)^{4.2}} \times$$
$$17.6 + 5.87\times10^{-5}(T-273) + 1.08\times10^{-7}(T-273)^2 -$$
$$4.51\times10^{-11}(T-273)^3 \tag{13-155}$$

当 $T > 973.15\text{K}$ 时,有

$$\lambda_{\text{steam}} = 4.44 \times 10^{-6} T^{1.45} + 9.5 \times 10^{-5} \left(\frac{2.1668 \times 10^{-9}}{T} p \right)^{1.3} \tag{13-156}$$

式中:p 为气体压力(N/m^2)。

13.11.3 黏度

混合气体黏度[50]为

$$\mu_{\text{mix}} = \sum_{i=1}^{n} \frac{X_i \mu_i}{\sum_{j=1}^{n} X_j \Phi_{ij}} \tag{13-157}$$

式中:μ_{mix}为混合气体黏度(Pa·s);n 为混合物中的化学物类数目;X_i、X_j 为成分 i 和 j 的摩尔分数;μ_i、μ_j 为成分 i 和 j 的黏度(Pa·s);Φ_{ij}为无量纲参数,可表示成

$$\Phi_{ij} = \frac{1}{\sqrt{8}} \left(1 + \frac{M_i}{M_j} \right)^{-1/2} \left(1 + \left(\frac{\mu_i}{\mu_j} \right)^{1/2} \left(\frac{M_j}{M_i} \right)^{1/4} \right)^2 \tag{13-158}$$

其中:M_i、M_j 为成分 i 和 j 的相对分子质量;

μ_i 为成分 i 的黏度(Pa·s),可表示成

$$\mu_i = 8.4411 \times 10^{-24} \left(\frac{\sqrt{MT}}{\sigma^2 k \dfrac{T}{\varepsilon}} \right) \tag{13-159}$$

其中: M 为成分 i 的分子量(kg/mol);σ 为碰撞直径(m);T 为热力学温度(K);ε 为分子的最大吸引力(J/molecule);k 为玻耳兹曼常数,$k = 1.38 \times 10^{-23}\text{J/K}$。

$$\mu_s = (0.407\text{T} - 30.8) \times 10^{-7} \tag{13-160}$$

式中:μ_s为蒸汽的黏度(Pa·s);T 为温度(K)。

参 考 文 献

[1] Hohorst J K, et al. SCDAP/RELAP/MOD2 code manual, vol. 4: MATPRO-a library of material properties for light-water-reactor accident analysis[R]. Washington:NRC,NUREGICR-5273-Vol. 4, T190-008333,1990.

[2] Touloukian Y S. Thermophysical properties of high temperature solid materials[M]. West Lafayette:Macmillan Compamy,1967.

[3] Brassfield H C, et al. Recommended property and reactor kinetics dta for use in evaluating a light-water-coolant reactor loss-of-coolant incident involving zircaloy-4 or 304-SS-clad UO_2[R]. Cincinnati,OH:General Electroc Co.,GEMP-482, 1968.

[4] Lyon W F, Baily W E. The solid-liquid phase diagram for the UO_2-PuO_2 system[J]. Journal of Nuclear Materials, 1967, 22: 332.

[5] Leibowitz L, et al. Enthalpy of liquid uranium dioxide to 3500 K[J]. Journal of Nuclear Material, 1971, 39: 115.

[6] Leibowitz L, Fischer D F, Chasanov M G. Enthalpy of molten uranium-plutonium oxide[R]. Argonne,IL:

Argonne National Laboratory, ANL-8082, 1975.

[7] Kim C S, et al. Measurement of thermal diffusivity of molten UO_2 [C]. Proceedings of the Seventh Symposium on Thermophysical Properties at the National Bureau of Standards, Gaithersberg, MD, CONF 770537-3, May 10-12, 1977: 338 – 343.

[8] Touloukian Y S, Buyco E H. Thermal physical properties of matter, V4, specific heat-metallic elements and alloys[M]. New York: IFI/Plenum, 1970: 270.

[9] Tipton C R. Reactor handbook[M]. New York: Interscience Publishers, Inc., 1960.

[10] Touloukian Y S, Powell R W, Ho C Y, et al. Thermal physical properties of matter, V1, thermal conductivity metallic elements and alloys[M]. New York: Springev, 1970.

[11] Touloukian Y S, Kirby R K, Taylor R E, et al. Thermal physical properties of matter, V12, thermal expansion-metallic elements and alloys[M]. New York: IFI/Plenum, 1970.

[12] Brooks C R, Stansbury E E. The specific heat of zircaloy-2 from 50 to 700℃[J]. Journal of Nuclear Materials, 1966, 18: 223.

[13] Gilchrist K E. Thermal property measurements on Zircaloy-2 and associated oxide layers upto 1200℃[J]. Journal of Nuclear Materials, 1976, 62(2 – 3): 257 – 264.

[14] Deem H W, Eldridge E A. Specific heats and heats of transformation of zircaloy-2 and low nickel zircaloy-2 [R]. Columbus: Battelle Memorial Inst., USAEC BM1-1803, 1967.

[15] Coughlin J P, King E G. High temperature heat contents of some zirconium containing substances[J]. Journal of the American Chemical Society, 1950, 72: 2262.

[16] Hohorst J K. SCDAP/RELAP/MOD2 code manual, vol. 4: MATPRO-a library of material properties for light water reactor accident analysis[R]. Washington: NRC, NUREGICR-5273-Vol. 4, 1990.

[17] Bunnell L R, et al. high temperature properties of zircaloy oxygen alloys[R]. Palo, Alto, California: Electric Power Research Institute, EPRI NP-524, 1977.

[18] Douglass D L. The physical metallurgy of zirconium [J]. Eos Transactions American Geophysical Union, 1989, 70(5): 67 – 67.

[19] Kittel C. Introduction to solid state physics[M]. 3rd Ed. NewYork: John Wiley and Sons, Inc., 1966.

[20] Skinner G B, Johnston H L. Thermal expansion of zirconium between 298 and 1600 K[J]. Journal of Chemical Physics, 1953, 21: 1383 – 1384.

[21] Scott P B. Physical and mechanical properties of zircaloy-2 and -4[R]. Pittsburgh, Pa: Westinghouse Electric Corp., WCAP-3269-41, 1965.

[22] Hammer R R. Zircaloy-4, uranium dioxide, and materials formed by their interaction. Aliterative review with extrapolation of physical properties to high temperatures[R]. Idaho Falls (USA): Idaho Nuclear Corp., IN-1093, 1967.

[23] Adams M. Thermal conductivity: Ⅲ, prolate spheroidal envelope method[J]. Journal of the American Ceramic Society, 1954, 37: 74 – 79.

[24] Gilchrist K E. Thermal property measurements on zircaloy-2 and associated oxide layers[J]. Journal of Nuclear Materials, 1976, 62: 257 – 264.

[25] Cathcart J V. Quarterly progress report on the zirconium metal water oxidation kinetics program sponsored by the NRC division of reactor safety research for april-june 1976[R]. TN (USA): Oak Ridge National Lab., ORNL/ NUREG-TM-41, 1976.

[26] Card D H. Quarterly technical progress report on water reactor safety programs sponsored by the Nuclear Regulatory Commission's Division of Reactor Safety Research, January-March 1977[R]. Idaho Falls (USA): EG and G Idaho, Inc., 1977.

[27] Hammer R R. Zircaloy-4, uranium dioxide and materials formed by their interaction. A literature review with extrapolation of physical properties to high temperatures[R]. Idaho Falls (USA): Idaho Nuclear Corp., IN-1093, 1967.

[28] Gilchrist K E. Thermal property measurements on zircaloy-2 and associated oxide layers[J]. Journal of Nuclear Materials, 1976, 62: 257-264.

[29] Peckner D, Bernstein I M. Handbook of stainless steel[M]. New York: McGraw-Hill Book Company, 1977.

[30] Touloukian Y S, Buyco E H. Thermophysical properties of matter, V 4: specific heat-metallic elements and alloys[M]. New York: IFI/Plenum Data Corp., 1970: 708-710.

[31] Hohorst J K. SCDAP/RELAP/MOD2 code manual, Vol. 4: MATPRO-a library of material properties for light-water-reactor accident analysis[R]. Washington: NRC, NUREGICR-5273-Vol. 4, 1990.

[32] Brassfield H C, White J F, Sjodahl L, et al. Recommended property and reaction kinetics data for use in evaluating a light water cooled reactor loss-of-coolant incident involving zircaloy-4 of 304-SS clad UO_2 [R]. Cincinnati, OH (United States): General Electric Co., GEMP 482, 1968.

[33] Touloukian Y S, Buyco E H. Thermal physical properties of matter, V5, specific heat-nonmetallic solids[M]. New York: Springer 1970.

[34] Touloukian S, Powell R W, Ho C Y, et al. Thermal physical properties of matter, V2, thermal conductivity-non-metallic solids[M]. New York: IFI/Plenum, 1970.

[35] Robert C. Handbook of chemistry and physics[M]. New York: Chemical Rubber Pub., 1972.

[36] Petti D A. Silver-indium-cadmium control rod behavior and aerosol formation in severe reactor accidents[R]. Washington: NRC, NUREG/CR-4876, EGG-2501, 1987.

[37] Chase, et al. JANAF thermochemical tables[M]. New York: American Institute of Physics for the National Bureau of Standards, 1986.

[38] Lynch C T. Handbook of materials science, Ⅱ: metals, composites and refractory materials[M]. Cleveland: CRC Press, Inc., 1975.

[39] Metals R. Materials properties data book. Volume 1-a. Nickel-base alloys, refractory metals, other nonferrous metals[R]. Sacramento: Aerojet Nuclear Systems Co., AGC2275, 1970.

[40] Touloukian Y S, et al. Thermophysical properties of matter V2: thermal conductivity-nonmetallic solids[M]. New York: IFI/Plenum Data Corp., 1970.

[41] Goldsmith A, Waterman T E, Hirschhorn H J. Handbook of thermophysical properties of solid materials, Volume Ⅲ: ceramics[M]. Revised Ed. New York: The MacMillan Company, 1961.

[42] Cohen I, Losco E F, Eichenberg J D. Metallurgical design and properties of silver-indium-cadmium alloys for PWR control rods[R]. USA: Bettis Technical, WAPD-BT-6, 1958.

[43] Goldsmith A, Waterman T E and Hirschhorn H J. Handbook of thermophysical properties of solid materials. Revised edition volume Ⅲ: ceramics[M]. New York: The Macmillan Company, 1961.

[44] Allen B C. The surface tension of liquid transition metals at Their telting points[J]. Transactions of the Metallurgical Society of AIM, 1963, 227: 1175-1183.

[45] Nazare S, Ondracek G, Schulz B. Properties of light water reactor core melts[J]. Nuclear Technology, 1977, 32: 239-246.

[46] Cronenberg A. Handbook of material melt properties for savannah river plant accident analysis studies[M]. Aiken: Depertment of Energy, 1989.

[47] Lynch C T. Handbook of materials science, Volume II: metals, composites, and refractory materials[M]. Cleveland, OH: CRC Press, Inc., 1975.

[48] Hohorst J K. SCDAP/RELAP/MOD2 code manual, Vol. 4: MATPRO-a library of material properties for light-

water-reactor accident analysis[R]. Washington: NRC, NUREGICR-5273-Vol. 4,1990.
[49] Siefken L J. Private communication[R]. Idaho Falls:Idaho Nuclear Corp., 1982.
[50] Zemansky M W. Heat and thermodynamics[M]. 4th Ed. New York: McGraw-Hill Book Company, Inc., 1957.
[51] Pitts D R, Sissom L E. Schaum's outline of theory and problems of heat transfer[M]. New York: McGraw-Hill Book Company, 1977.

内 容 简 介

本书是一部系统介绍轻水堆核电厂严重事故相关机理及现象学的专著，汇集了作者及其课题组多年来在严重事故领域的研究成果。同时，为了尽可能全面反映国际研究动态，书中也介绍了其他研究者的成果。

本书共分为13章，其中：第1、2章对核电厂严重事故及其历史进行了回顾；第3章至第9章详细介绍了严重事故进程中的各种现象学及相应的理论和实验研究；第10、11章对严重事故后的管理和评价方法进行了介绍；第12章对国内外严重事故分析程序进行了系统的分析和总结；第13章整理给出了核电厂及相关核动力系统严重事故分析过程中需要的各种材料的热物性。

本书有助于提高对核电厂严重事故的认识水平，增强对核安全的重视。本书可供核电厂设计和研究单位开展相关工作时参考，也可以作为核电厂相关专业研究生课程的教材。

The book is a monograph on severe accident mechanism and phenomenology of light water reactors, which collects the research work by the authors team in the last decades. Meanwhile, the work of many other researchers is also included for a better view of the international development in this field.

The book is divided into 13 chapters, in the first two chapters of which the nuclear power plant severe accident and its history are introduced. The severe accident phenomenology and corresponding theoretical and experimental studies are described in detail in chapters 3 ~ 9. In chapters 10 and 11, the severe accident measurement and management methods are summrized and analyzed. The main severe accident analysis codes at home and abroad are summarized in chapter 12. Physical properties of all probable materials in nuclear power plant and other nuclear power system are sorted out in chapter 13.

The book can benefit the public with better knowledge of nuclear power plant severe accident, drawing attention to the nuclear safety. It can not only be the reference for research work in nuclear power plant design and research institutes, but also be the textbook for graduate courses of nuclear power plant related majors.

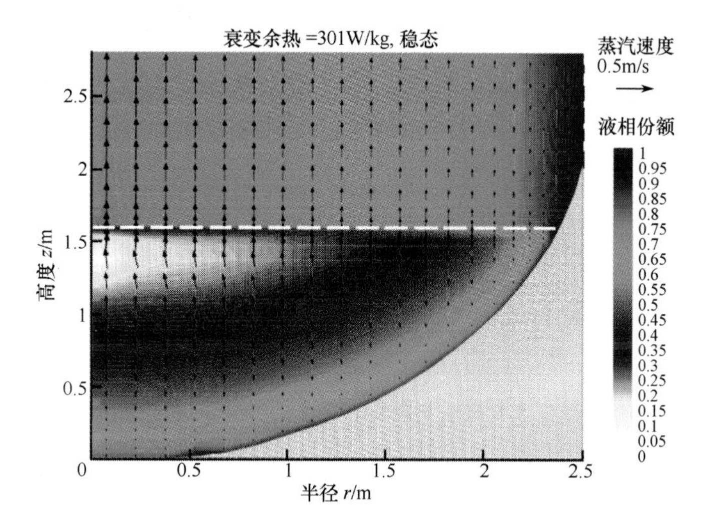

图 5－9　衰变功率是 301W/kg 时,碎片床达到稳态时的液相份额分布

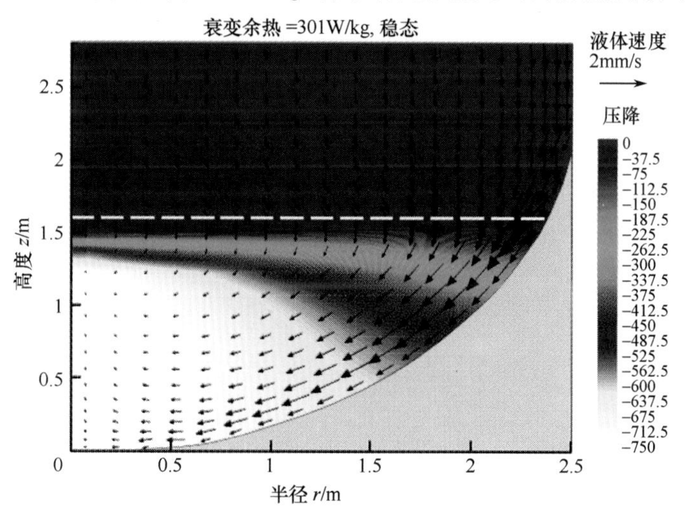

图 5－10　衰变功率是 301W/kg 时,碎片床达到稳态时的压降分布

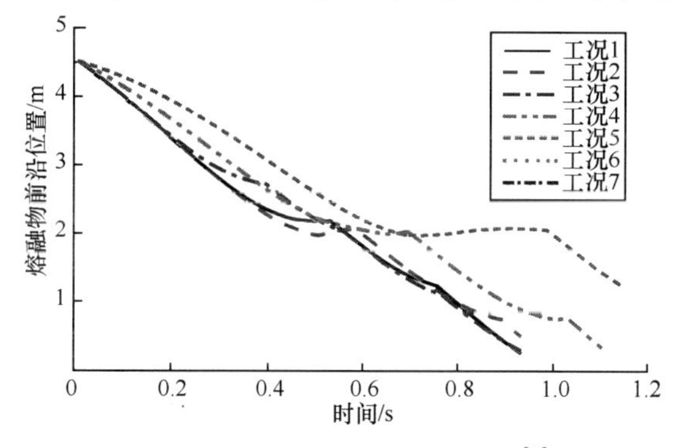

图 6－19　熔融物前沿运动情况[5]

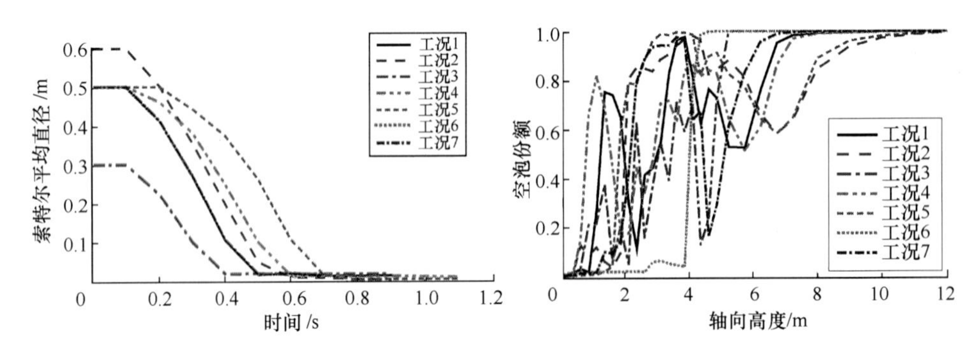

图 6-20　熔融物索特尔平均直径变化曲线[5]　图 6-21　粗混合结束时刻空泡份额分布[5]

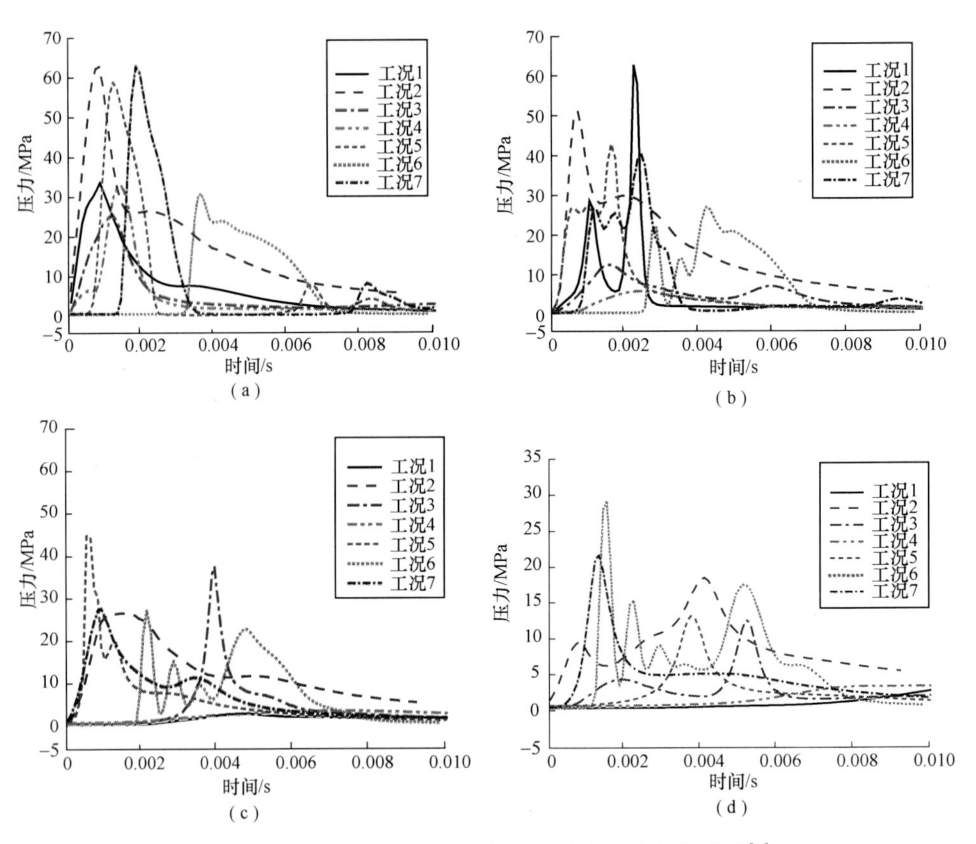

图 6-22　蒸汽爆炸过程中不同位置处的压力变化曲线[5]

(a)高度 0.5m 处；(b)高度 1.0m 处；(c)高度 1.5m 处；(d)高度 2.0m 处。

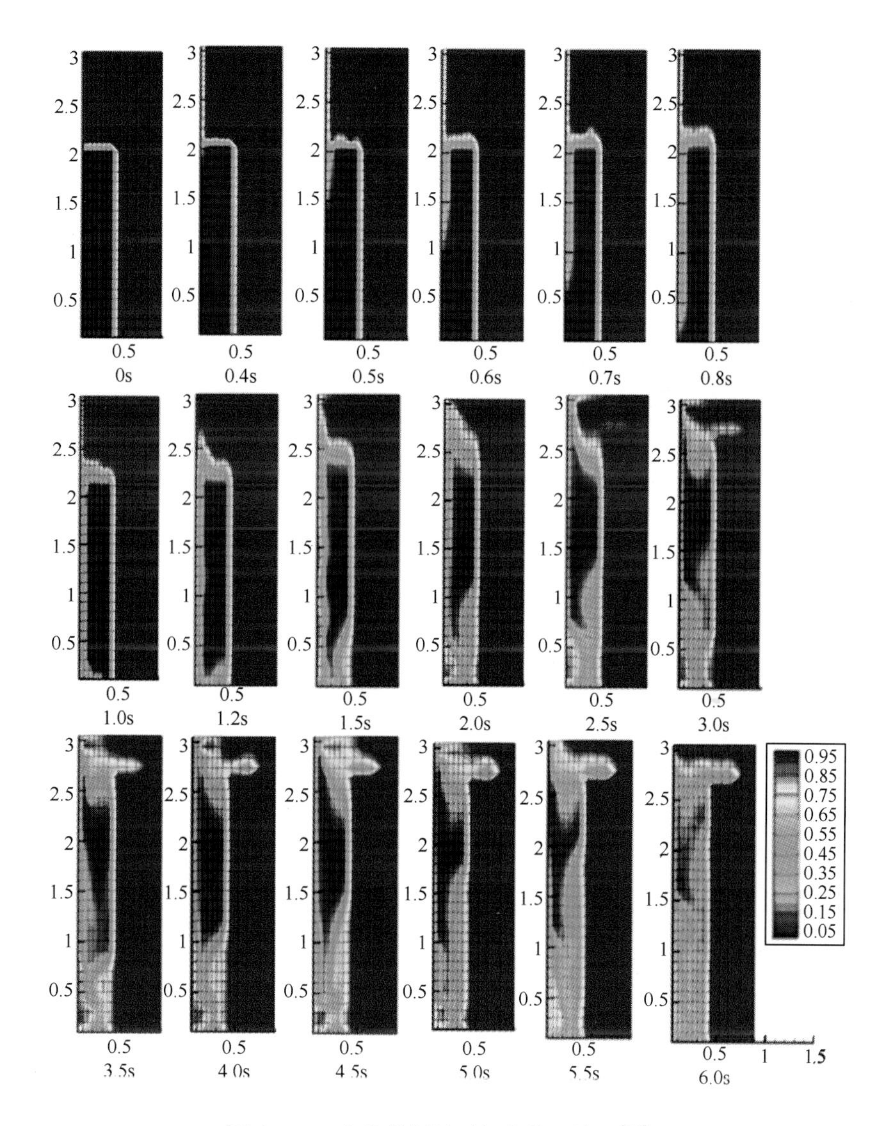

图 6－30　空泡份额随时间变化二维图[60]

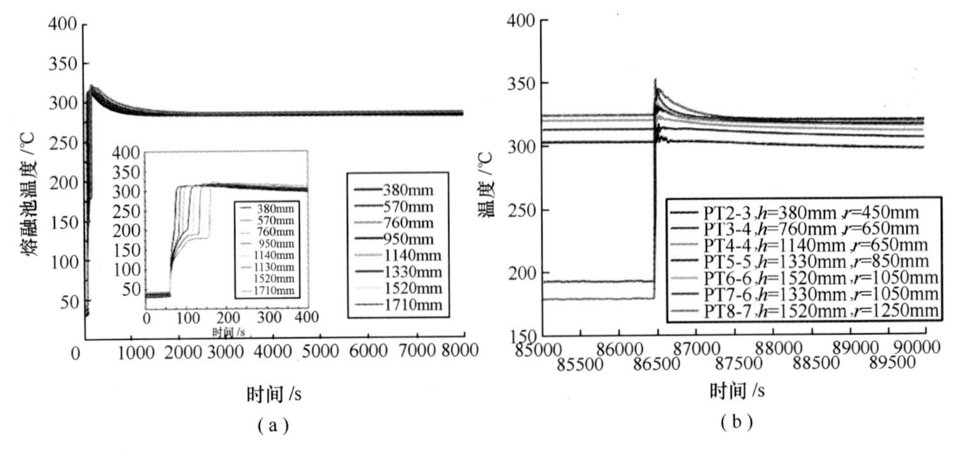

图 7－9　初始注入和二次注入熔盐时的熔融池温度变化

(a)初始注入；(b)二次注入。

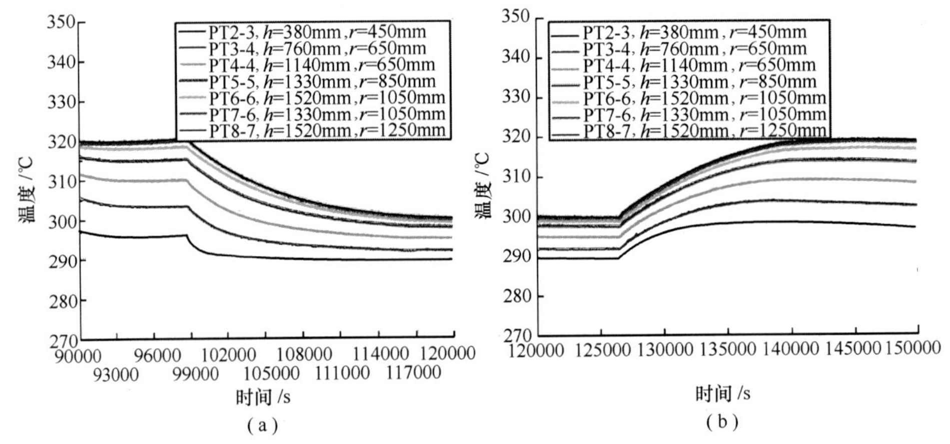

图 7－10　降功率和升功率时的熔融池温度变化

(a)降功率时；(b)升功率时。

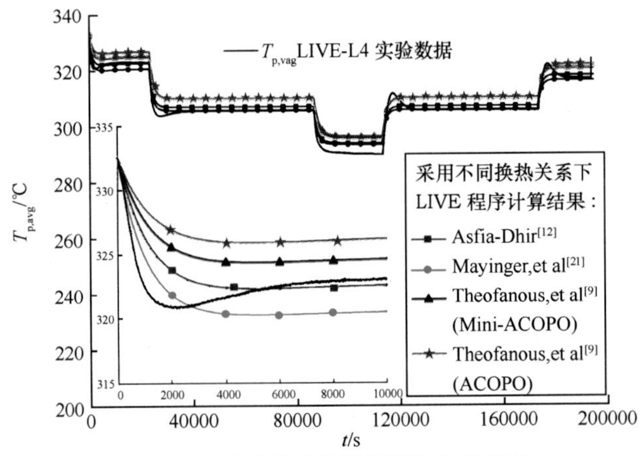

图 7－21　熔融池平均温度随时间的变化

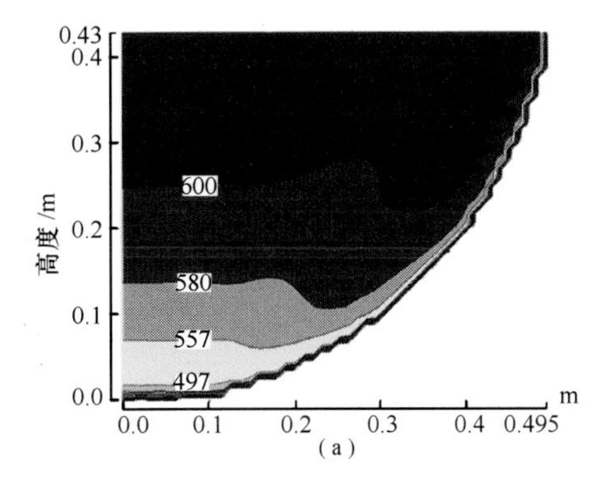

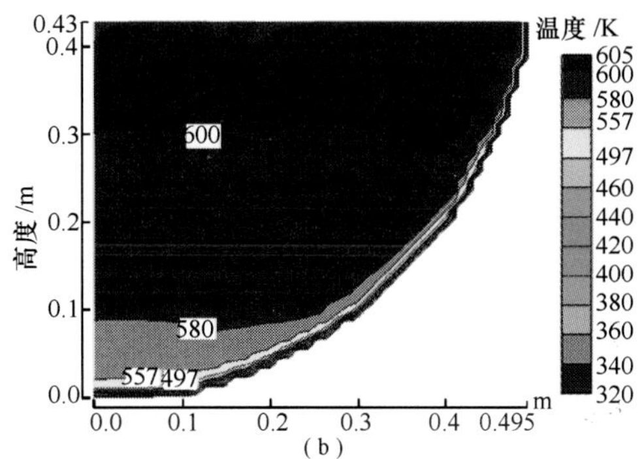

图 7－27　熔融池温度云图

(a)不考虑相变;(b)考虑相变。

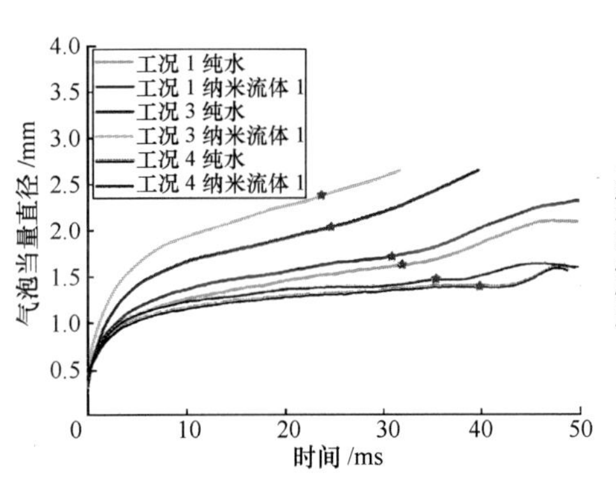

图 7－81　过热度和过冷度对纳米流体 1、纯水沸腾过程气泡的当量直径的影响

图 7－82　流速对纳米流体 1、纯水沸腾过程气泡的当量直径的影响

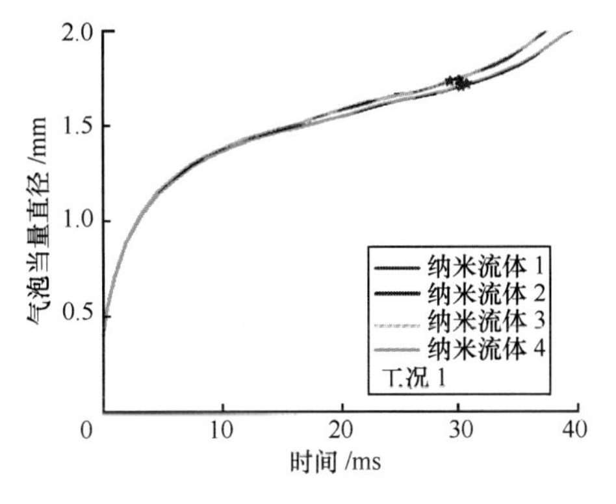

图 7－83　纳米颗粒份额和粒径配比对纳米流体内气泡的当量直径的影响

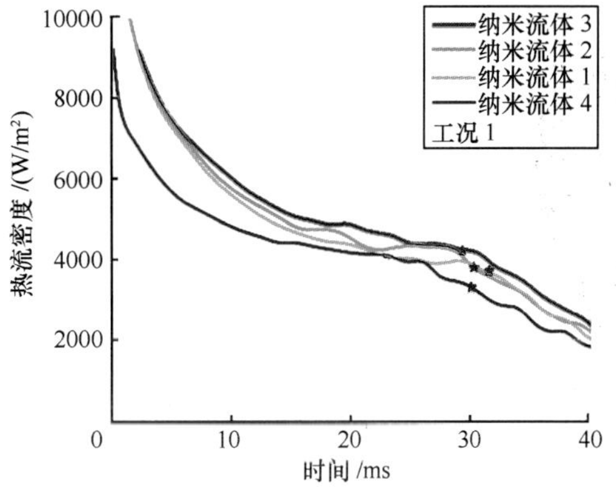

图 7－84　纳米颗粒份额和粒径配比对纳米流体内加热面的热流密度的影响

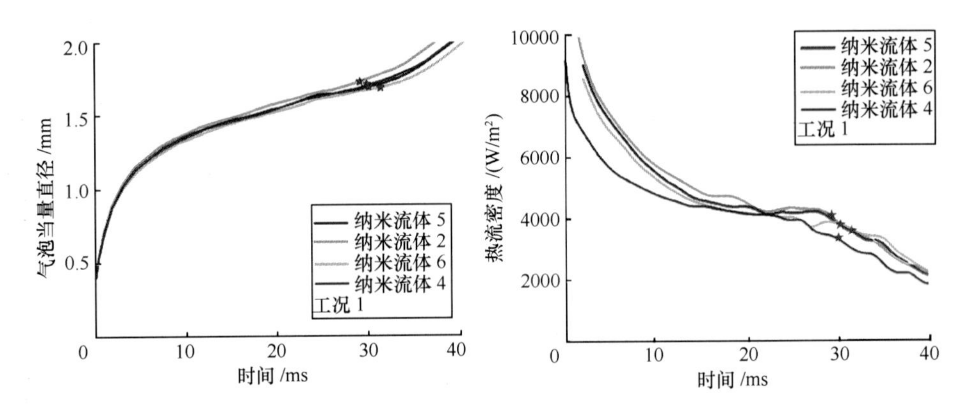

图 7－85　纳米颗粒份额和种类配比对纳米流体内气泡的当量直径的影响

图 7－86　纳米颗粒份额和种类配比对纳米流体内加热面的热流密度的影响

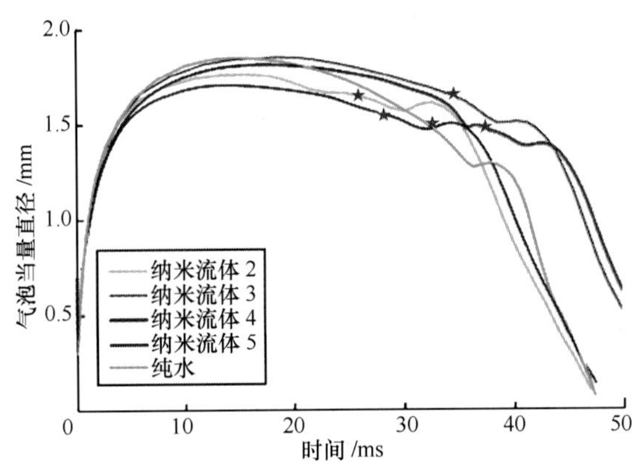

图 7－91　较高过冷度下纳米颗粒份额对纳米流体池式沸腾过程中气泡生长、脱离以及冷凝的影响

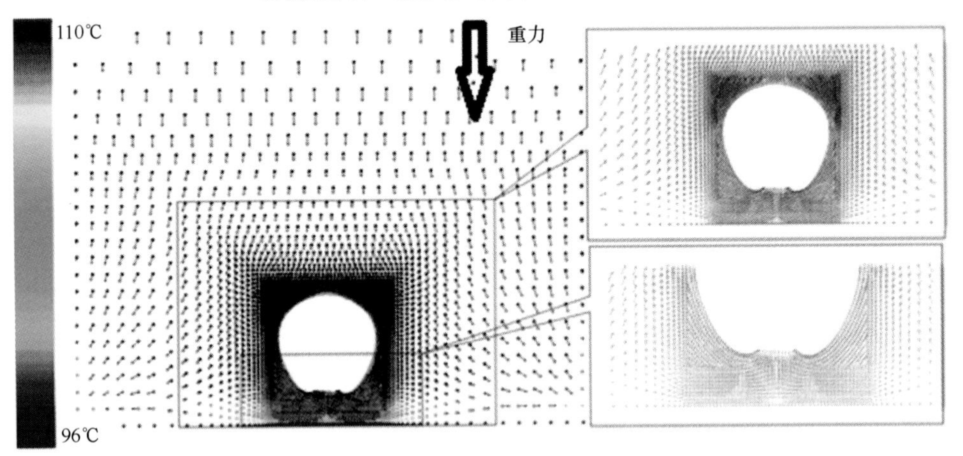

图 7－93　气泡脱离壁面后流场速度分布矢量图

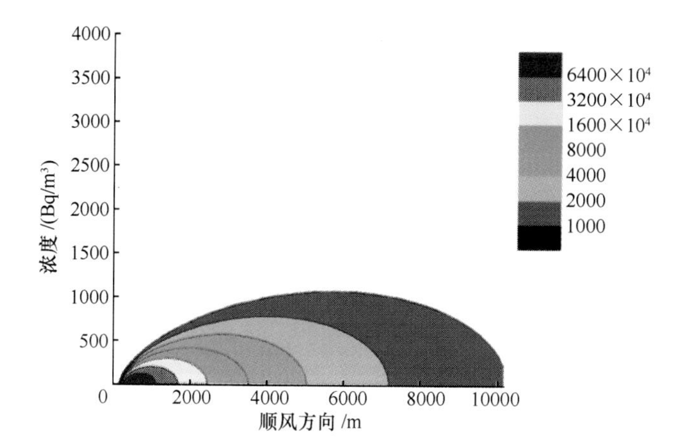

图 9－2　高斯模型计算结果

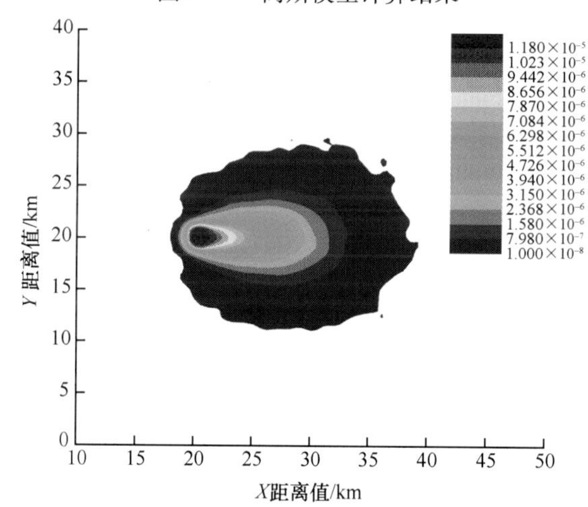

图 9－4　粒子总运行时间 $t = 3\text{h}$

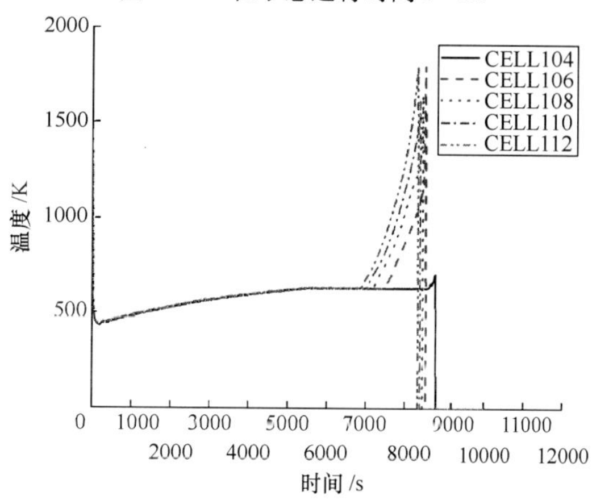

图 12－16　堆芯节点温度(一环区)

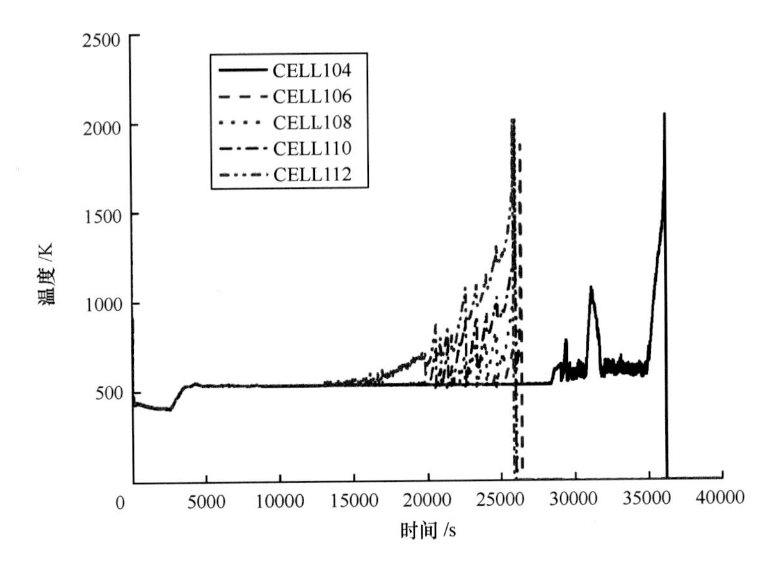

图 12－17　堆芯节点温度（二环区）

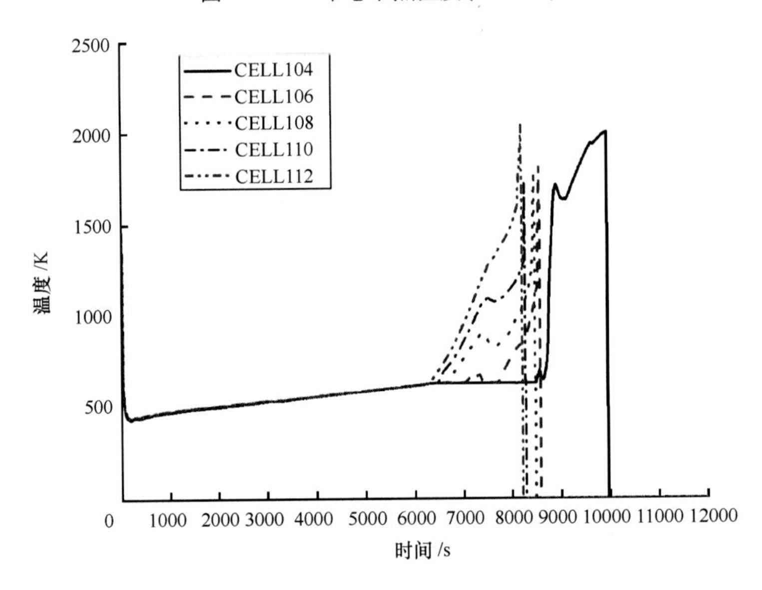

图 12－18　堆芯节点温度（三环区）